普通高等教育"九五"国家教委重点教材

电极过程动力学导论

（第三版）

查全性等 著

U0389513

科 学 出 版 社

北 京

内 容 简 介

电极过程动力学主要研究电极与电解质溶液接触形成的界面的基本物理化学性质,特别是通过电流时这一界面上发生的过程——电极过程.

本书由两部分组成:第一部分(第一至六章)为基础篇,主要阐述"电极/电解质溶液"界面的基本结构和性质、电极过程的基本动力学性质、动力学参数的测定方法、控制步骤及研究方法等;第二部分(第七至十章)为应用篇,侧重实际电极过程和电极体系的介绍与分析,包括在化学电源、工业电解、金属表面处理及防护等应用领域中的一些重要电极过程和电极体系.

本书主要供高等学校物理化学(电化学)专业研究生和化学专业高年级大学生作参考教材使用,也可供电化学和物理化学专业的科研、教学人员及化学电源、工业电解、金属表面处理和电分析工作者参考.

图书在版编目(CIP)数据

电极过程动力学导论/查全性等著. —3 版. —北京:科学出版社,2002
(普通高等教育"九五"国家教委重点教材)
ISBN 978-7-03-010013-9

Ⅰ. 电… Ⅱ. 查… Ⅲ. 电极-电化学反应-高等学校-教材
Ⅳ. O646.54

中国版本图书馆 CIP 数据核字(2002)第 001095 号

责任编辑:操时杰 杨向萍 丁 里/封面设计:王 浩
责任印制:赵 博

科 学 出 版 社 出版
北京东黄城根北街 16 号
邮政编码:100717
http://www.sciencep.com

天津市新科印刷有限公司印刷
科学出版社发行 各地新华书店经销

*

1976 年 12 月第 一 版   开本:B5(720×1 000)
1987 年 6 月第 二 版   印张:28 1/2
2002 年 6 月第 三 版   字数:528 000
2025 年 1 月第十八次印刷

定价:98.00元

第 三 版 前 言

《电极过程动力学导论》(第二版)一书问世已十多年了.由于近年来我国电化学教学与研究队伍快速成长,该书较快售缺,早已无法满足读者的需要.另一方面,电化学科学虽已有百年以上的历史,近来的发展仍方兴未艾.第二版的部分内容已有必要补充或更新.遂有再次修订出版之议.

然而,对再次整理出版本书,作者仍不免有所顾虑,主要是电化学文献日益浩瀚,涉及的学科也日益繁多.即使不考虑自然规律对作者能力的限制,不断更新一本能基本反映电化学科学发展水平的教材,已成为一项愈来愈繁重的任务.

综合考虑以上两方面的情况,目前版本仍定位为最基础的研究生用电化学动力学教材,目的在于为从事有关电化学研究和阅读各种更专门的专著和科学论文提供最基本的电化学知识系统.

与第一版、第二版相比,第三版的主要变化大致有以下两个方面:

一、补充和更新了部分内容,如微电极方法、电子交换机理、酶电极、时域和频域方法、固体电极/电解质溶液界面结构等等.第七、九、十章(电化学催化、多孔电极和固体活性电极材料)则基本上是新建的,其内容的选择一方面与近年来化学电源的迅速发展密切相关,另一方面也反映了作者及武汉大学电化学研究室近年的研究兴趣.这些选择希望能得到一定数量读者的首肯.

二、有些内容则有所删减.例如,由于滴汞电极的实际应用已显著减少,取消了"极谱方法"一章而改为第三章中的一节.此外,有些内容则由于发展较快,且已有高水平专著问世,已无必要也不可能在本书中用较少篇幅来实现较完整的阐述,就索性割爱了.属于后一类的有第二版中曾列入的有关"波谱电化学"及"半导体电化学和光电化学"两章.这样就使目前版本更具有"经典电化学"的特色,是否恰当则尚待读者评议.

在目前版本的成稿过程中,部分内容曾得到陆君涛(电子交换机理)、吴秉亮(时域、频域方法)、陈永言(金属电结晶)和杨汉西(固体活性材料)的大力支持.邹津耘和肖莉芬认真校阅了打印稿.肖莉芬、周琴、汪海川、董华等人还精心绘制了全部图稿,并由庄林统一制图.科学出版社操时杰、杨向萍等人则为本书的编辑和出版、印刷作了大量的工作.作者在此向他们表示衷心感谢.

查全性

2001 年 7 月于武昌珞珈山

第 二 版 前 言

本书的第一版是根据作者在 60 年代初期对高年级大学生讲课的讲稿整理,于 1966 年完成的.由于众所周知的原因,延误到 1976 年底才略加增补后出版.因此,第一版主要反映了直到 60 年代中期这一学科的发展情况.

以后十多年间,电极过程动力学发展相当迅速.一方面是基础研究和新的实验方法的进展;更重要的是,它们对于研究各种新材料、新体系、新问题和新领域的广泛应用.迄今累积的大量资料,远远超过了 60 年代初期所能预期的情况.

在本书第二版的整理过程中,一方面努力试图增加一些新内容,如波谱方法的应用和半导体电化学及光电化学等;另一方面,仍将主要精力集中在对基本原理和基本概念的介绍和讨论,对于文献的引用则更注意精选.

本书第二版内容主要是根据作者近年对物理化学专业低年级研究生讲课的讲稿内容整理而成.与第一版比较,对基本原理的阐述和讨论要略深一些.但作者仍然希望本书能对高年级大学生及从事实际电化学生产与应用研究的同志有所裨益,也希望他们能对本书中存在的问题和缺点批评指正.

在第二版中,请陆君涛同志编写了波谱技术应用一章(第十三章);刘佩芳同志编写了半导体电化学与光电化学一章(第十二章);由陈永言同志协助修改了第十和第十一两章;并由周仲伯同志校阅大部分原稿;科学出版社白明珠同志则为本书的定稿和印刷出版做了大量的工作.作者在此向他们表示衷心感谢.

查全性

1984 年 12 月于武昌珞珈山

第 一 版 前 言

电极过程动力学是一门由于实际需要而发展起来的学科.它在电化学实践,特别是化学电源、电镀、电解等工业中以及金属保护、电分析化学等方面得到广泛的应用.

本书的主要目的在于向初学者介绍这一学科的基本理论,并结合若干实际电极过程来说明这些理论的应用.全书主要分为两大部分:第一至七章介绍组成电极过程的各类分部步骤及其研究方法;第八至十一章则介绍研究电极反应历程的基本方法及若干应用.

由于这一学科还处在发展的阶段,目前对某些问题尚缺乏一致的看法.为了不使初学者感到繁琐,本书中并未企图详尽地罗列各种不同的看法以及有关文献,而用了较多的篇幅来介绍和讨论作者认为是最基本的一些概念,引用的文献也只限于说明问题和进一步学习所必需的.还有,由于作者水平及篇幅的限制,本书中对许多重要的实际问题或者未曾涉及,或者只限于泛论处理这些问题的一般原则而未深入其细节.这样,为了解决某些实际问题,或者是深入了解某些方面的动向,还必须考虑更多的具体问题和参阅更多的文献.作者只是企图使本书中所介绍的基本概念和分析方法多少有助于读者正确地解决所遇到的问题以及运用和评价有关文献.

在书稿的准备过程中,陆君涛、罗明道、陈永言、李少丰、易应文、刘佩芳、黄清安、蔡年生、李国栋、严河清、费锡民、白力军、邹津耘和周运鸿等同志曾参加抄稿及核对工作,尤其是陆君涛同志精心绘制了全部插图,作者在此向他们表示衷心的感谢.

书中必然还存在不少缺点和谬误,希望广大读者指正.

1974 年 8 月于武汉大学

目　　录

符 号 表

a 常数(Tafel 公式、Фрумкин 吸附等温式等中的常数项)

b 半对数极化曲线的斜率、半覆盖浓度

c 浓度(一般用 $mol \cdot L^{-1}$ 表示,但计算流量时常用 $mol \cdot cm^{-3}$ 表示)

     真空中光速($2.998 \times 10^{10} cm \cdot s^{-1}$)

e_0 单元正电荷($=4.80 \times 10^{-10} esu$①)

e^- 电子

f 作用力/N

     活度系数

g 重力加速度

h 高度/cm

     Plank 常量

i 电流强度/A(多用于微电极)

     相应于某一方向绝对反应速度的电流密度/$A \cdot cm^{-2}$

i^0 交换电流密度/$A \cdot cm^{-2}$

j $\sqrt{-1}$

k Boltzmann 常量

     动力学公式中的指前因子,反应速度常数

l 长度/cm

     粉末微电极深度/cm

m 质量/g

     物质的量/mol

     流汞速度/$mg \cdot s^{-1}$

n 反应电子数

     半导体中的载流子浓度

p^+ 半导体中的空穴

q 面电荷密度/$C \cdot cm^{-2}$

     统一反应坐标,溶剂化坐标

r 半径/cm

s 面积、电极表面积/cm^2

---

①   esu 为非法定单位,$1esu = 3.335\,641 \times 10^{-10} C$.

t 时间(s)
　　　离子迁移数
u^0 离子的淌度
　　　液体的对流速度(平行于电极表面的)
v 反应速度
　　　速度$/cm \cdot s^{-1}$
　　　电势扫描速度$/V \cdot s^{-1}$
　　　反应粒子的反应数
　　　控制步骤的"计算数"
x 垂直于电极表面的坐标方向
y 平行于电极表面的坐标方向
z 粒子所带电荷数(包括符号)

A 电子亲合势
　　　电极面积
B 吸附平衡常数
C_d 界面微分电容$/\mu F \cdot cm^{-2}$
D 扩散系数$/cm^2 \cdot s^{-1}$
E 电场强度
　　　能量,能级位置
E_F Fermi 能量,Fermi 能级
$E_{F,O/R}$ 溶液中 O/R 电对的 E_F
$E_{F,O/R}^0$ 溶液中标准 O/R 电对的 E_F
E_g 禁带宽度
F Faraday 常量
$F(E)$ Fermi 分布函数
G Gibbs 自由能
H 焓
I 电流密度$/A \cdot cm^{-2}$,一般选择阴极电流为正电流
　　　电离势
I_D 旋转环盘电极中的盘电流强度
I_d 由极限扩散速度控制的电流密度
I_k 由表面反应速度控制的电流密度
I_p 峰值电流密度
I_R 旋转环盘电极中的环电流强度
$I_溶^0$ 不通过外电流时金属的自溶解速度(用电流密度表示)

J　流量/$(mol \cdot cm^{-2} \cdot s^{-1})$

K　平衡常数

　　标准平衡电极电势下($\varphi = \varphi_{平}^{0}$)的反应速度常数

K'　平衡电极电势下($\varphi = \varphi_{平}$)的反应速度常数

K^{0}　相对电极电势等于零($\varphi = 0$)时的反应速度常数

K^{*}　任一电势下($\varphi = \varphi$)的反应速度常数

L　特征长度/cm

　　多孔电极厚度,或其中反应层的有效厚度

　　反应深度

N　Avogadro 常量($= 6.02 \times 10^{23}$ mol^{-1})

　　晶核活性点密度,晶格点位密度

　　半导体中杂质能级的浓度

　　旋转环盘电极中环电极的收集系数

N^{0}　旋转环盘电极中环电极的理论收集系数

$N(E)$　电子能级密度分布函数

P　压力,渗透压力

Q　净电荷总量

　　反应热

R　摩尔气体常数

　　电阻/Ω

S　熵

　　电极面积

　　比表面

T　温度/K

V　电压,电池电动势/V

　　体积,摩尔体积/$(cm^{3} \cdot mol^{-1})$

W　功

　　活化能

$W_{e^{-}}$　电子脱出功

$W(E)$　溶液中电子能级密度分布函数

X　嵌入度

　　摩尔分数

Z　电化学反应级数

　　交流阻抗

$Z(E)$　固体中电子能级密度分布函数

α　　阴极反应的传递系数

β　　阳极反应的传递系数

　　　多孔体中某一相的曲折系数

γ　　活度系数

δ　　扩散层厚度/cm

$\delta_\text{表}$　　表面层厚度/cm

ε　　介电常数

ε^0　　真空的电容率

η　　超电势/V,一般选择阴极超电势为正值

　　　黏滞系数

　　　能量转换效率,电流效率/%

θ　　表面覆盖度

　　　离子点位占据度

　　　相位移角

κ　　比电导

λ　　跃迁距离

　　　波长

　　　改组能

μ　　化学势

　　　反应区厚度

　　　偶极矩

$\bar{\mu}$　　电化学势

ν　　动力黏度$(=\eta/\rho)$

　　　电磁波频率/s^{-1}

π　　3.1416

ρ　　密度

　　　比电阻

　　　体电荷密度

σ　　界面张力/N·cm^{-1}

　　　电导率/Ω^{-1}·cm^{-1}

τ　　过渡时间,暂态过程的时间常数

　　　非平衡载流子的寿命

φ　　相对电极电势

φ^0　　平衡电极电势

$\varphi_\text{平}^0$　　标准平衡电极电势

φ_0　　零电荷电势

φ_p 相应于峰值电流的电势

$\varphi_{1/2}$ 半波电势

$\varphi_{p/2}$ 半峰电势

φ_{ph} 光生电势

χ 表面电势

ϕ 内部电势

   角坐标,角度

ψ 溶液中任一点的电势(相对于距电极表面无穷远处的溶液而言)

   外部电势

ψ_1 距电极表面距离等于粒子半径处的电势

ψ^o "外层"的电势

ψ^i "内层"的电势

ω 角速度

   角频率

Γ 吸附量$/mol \cdot cm^{-2}$

Λ 当量比电导

Φ 量子效率/%

Ψ 波函数

第一章 绪 论

§1.1 电极过程动力学的发展

20 世纪 40 年代以来,电化学科学的主要发展方向是电极过程动力学. 所谓电极过程系指在电子导体与离子导体二者之间的界面上进行的电化学过程,包括在电化学反应器(如各种化学电池、工业电槽、实验电化学装置等)中的过程,也包括并非在电化学反应器中进行的一些过程,如金属在电解质溶液中的腐蚀过程等. 因此,电极过程动力学一方面是一门基础学科,一直在不断以新的概念和新的实验方法来加深对这一界面过程的认识;另一方面,它在化学工业、能源研究、材料科学和环境保护等许多重要领域中有着广泛的应用. 在登月飞行中首先得到实际应用的燃料电池,近年来正在迅速发展成为新一代汽车的动力源. 卤碱工业中高效钌钛阳极和离子交换膜电解槽已广泛推广使用. 最初用于心脏起搏器的高度可靠的锂电池已发展成为便携式电器中首选的高比能二次电池. 这些都是电化学科学和工艺发展的几个比较突出的例子. 正是这些应用背景,使电化学科学的发展具有强大的生命力. 近几十年来,这一学科一直在快速纵深发展,并形成了一系列新的学科方向,如半导体电化学和光电化学、生物电化学、波谱电化学等等.

若是仔细地考察电极过程动力学的发展过程,则大致可以看到下列一些发展阶段:

虽然早在 1905 年 Tafel 就根据实验结果总结出半对数极化曲线公式[1],其后 Butler[2]和 Erdey-Gruz, Volmer[3]等人在 20 世纪 30 年代初期已根据电极电势对电极反应活化能的影响提出了电极反应动力学的基本公式,但电极过程动力学这一学科的主要形成时期是从 40 年代中期开始的. 其中苏联 Фрумкин 学派抓住了电极和溶液的净化对电极反应动力学数据重现性有重大影响这一关键问题,首先从实验技术上开辟了新局面. 他们还在分析和总结大量实验数据的基础上证实了迟缓放电理论,并着重研究了双电层结构和各类吸附现象对电极反应速度的影响[4]. 稍后,当时在英国的 Bockris, Parsons, Conway 等人也在同一领域作出了奠基性的工作[5,6]. 同一时期,Grahame 开创了用滴汞电极研究"电极/溶液"界面的系统工作. 文献[7]至今仍然不失为界面研究工作的典范.

20 世纪 50 年代是经典电化学方法蓬勃发展和全球性电化学研究队伍迅速扩

大的年代,也是这一学科的重要成熟期. Delahay 系统分析过的各类电化学测试方法[8], Gerischer 等人着力创建的各种快速暂态方法[9], 以及 Фрумкин 等人提出的带环的旋转圆盘电极系统[10], 在当代电化学实验室中仍然是基本的测试手段. 这一时期内由于多种实验方法的建立和完善, 以及研究队伍的扩展, 电化学研究的内容也迅速扩大. 从氢析出过程和金属离子(包括金属络离子)的反应到氧和氧化物电极、许多阴离子和简单有机化合物的电化学反应, 以及一些包含非电化学转换步骤的复杂电极过程等, 均先后成为常见的研究对象. 这样, 到 60 年代初期, 已有可能根据较丰富的实验结果对各类实验方法及各类电极反应的动力学性质进行较系统的初步综合. Vetter 的专著[11]就是一例.

此后, 电化学实验技术仍然不断发展. 由于微电子学和计算技术迅猛发展的推动, 线性电势扫描方法("循环伏安法")、交流阻抗方法和一系列更复杂灵巧的极化程序控制方法已在很大程度上取代了经典极化曲线测量和极谱方法. 近年来, 界面波谱技术对电化学研究的影响也愈来愈显著[34~36]. 另一方面, 许多重要的进展是通过对新材料和新体系的研究而取得的. 如果将主要是 20 世纪 70 年代中期出版的《元素电化学大全》[12], 80 年代中期出齐的《电化学综论》[13]及 90 年代出版的《电化学前沿》[40]与上述 Vetter 的专著作一比较, 就不能不对电化学科学的发展速度有深刻印象.

在有关电极过程动力学的大量文献中, 有一些是主要作为教材或参考教材编写的专著, 其中最重要的可能是文献[4,8,14~28,37~39]. 这些书可作为阅读本书的参考材料. 最重要的系列出版物则为文献[29~33].

§1.2　电池反应与电极过程

所谓电化学反应大多是在各种化学电池和电解池中实现的. 如果实现电化学反应所需要的能量是由外部电源供给的, 就称为电解池中的电化学反应. 如果体系自发地将本身的化学自由能变成电能, 就称为化学电池中的电化学反应. 但二次化学电池(蓄电池)中进行的充电过程属于前一类. 不论是电解池或化学电池中的电化学反应, 都至少包括两种电极过程——阳极过程和阴极过程, 以及电解质相(在大多数情况下为溶液相)中的传质过程——电迁过程、扩散过程等. 由于电极过程涉及电极与电解质间的电量传送, 而电解质中不存在自由电子, 因此通过电流时在"电极/电解质"界面上就会发生某一或某些组分的氧化或还原, 即发生了化学反应. 电解质相中的传质过程只会引起其中各组分的局部浓度变化, 不会引起化学变化.

就电池和电解池中稳态进行的过程而言, 上述三种过程是串联进行的, 即每一过程中涉及的净电量转移完全相同. 但是,除此而外,这三种过程又往往是彼此独立的,即至少在原则上我们可以选择任一对电极和任一种电解质相来组成电池反应. 基于这一原因,电池反应可以分解为界面上的电极过程及电解质相中的传质过程来分别加以研究,以便弄清每一种过程在整个电池反应中的地位和作用. 例如,电解池的槽压——阴、阳极之间的电压差——是一个比较复杂的参数,影响槽压的因素包括阳极电势、阴极电势和电极及电解质相中的 IR 降等. 如果用参比电极分别测出每一电极电势的数值,就能弄清影响槽压的各种因素.

　　静止液相中的电迁过程属于经典电化学的研究范畴,有关这方面的知识可以在许多专著中找到,本书中不再介绍. 况且,在大多数实际电化学装置中引起液相传质过程的主要因素是搅拌和自然对流现象,而不是静止液相中的电迁移过程. 因此,在讨论电池反应的动力学时,我们较少注意两个电极之间溶液中的传质过程,而将注意力集中在电极表面上发生的过程.

　　不过,由于溶液的黏滞性,不论搅拌或对流作用如何强烈,附着于电极表面上的薄层液体总是或多或少地处于静止状态. 这一薄层液体中的电迁过程和扩散过程对电极反应的进行速度有着很大的影响. 有时在这一薄层中还进行着与电极反应直接有关的化学变换. 因此,习惯上往往将电极表面附近薄层电解质层中进行的过程与电极表面上发生的过程合并起来处理,统称为"电极过程". 换言之,电极过程动力学的研究范围不但包括在电极表面上进行的电化学过程,还包括电极表面附近薄层电解质中的传质过程及化学过程等.

　　在本书以后各节中,一般是讨论单个电极上发生的过程. 为了适应这种将电池反应分解为电极过程来研究的方法,在实验工作中往往采用所谓"三电极"法(图 1.1),其中"研究电极"上发生的电极过程是我们研究的对象,"参比电极"被用来测量研究电极的电势,至于"辅助极化电极"的作用,则只是用来通过电流,使研究电极上发生电化学反应并出现电极电势的变化. 由此测得的研究电极上电流密度随电极电势的变化即单个电极的极化曲线. 在早期的研究工作中曾采用分解电压曲线,即通过电池的电流随槽压的变化;但是,对研究电极过程的动力学性质,单个电极的极化曲线比分解电压曲线有用得多.

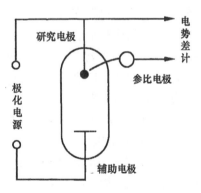

图 1.1 "三电极"方法

　　然而,若完全将电池反应分解为单个电极反应来研究也有其缺点,即忽视了两个电极之间的相互作用,而这类相互作用在不少电化学装置中是不容忽视的. 经常可以遇到这样一类情况:某一电极上的活性物质或反应产物能在电解质相中溶解,然后通过电解质相迁移到另一电极上去,并显著影响后一电极上发生的过程.例如,在甲醇-空气燃料电池中,甲醇往往扩散到空气电极一侧并使后者的性能显著变劣,而这种情况在单独研究空气电极时是观察不到的.因此,我们一方面常将整个电池反应分解为若干个电极反应来分别加以研究,以弄清每一电极反应在整个电池反应中的作用和地位;另一方面又必须将各个电极反应综合起来加以考虑.只有这样,才能对电化学装置中发生的过程有比较全面的认识.由于本书中用较多的篇幅来讨论单个电极过程,更有必要在这里强调指出,处理任何实际电化学问题时都不可以脱离电化学装置整体而只是孤立地考虑单个电极过程.

§1.3　电极过程的主要特征及其研究方法

按反应类型来说,电极反应属于氧化还原反应.然而,由于这种反应是在电极表面上进行的,它与一般的氧化-还原反应又有许多不同.

电极的作用表现在两个方面:一方面,电极是电子的传递介质.由于反应中涉及的电子能通过电极和外电路传递,因此氧化反应和还原反应可以分别在阳极和阴极上进行.另一方面,电极表面又是"反应地点",起着相当于异相催化反应中催化剂表面的作用.因此,可以将电极反应看作是特殊的异相氧化还原反应.

电极反应的特殊性主要表现在电极表面上存在双电层和表面电场.虽然在一般催化剂表面上也存在表面力场和电场,但电极表面的特点是我们可以在一定范围内任意地和连续地改变表面上电场的强度和方向,因而就可以在一定范围内随意地和连续地改变电极反应的活化能和反应速度.换言之,在电极表面上我们有可能随意地控制反应表面的"催化活性"与反应条件.具有这种特性的反应表面在动力学研究中是不多见的.

由于电极反应具有上述基本特性,这类反应的动力学规律也是比较特殊的.大致说来,有关电极反应的基本动力学规律可分为两大类:

1. 影响异相催化反应速度的一般规律.如传质过程动力学(反应粒子移向反应界面及反应产物移离界面的规律)、反应表面的性质对反应速度的影响(如真实表面积,活化中心的形态及毒化,表面吸附及表面化合物的形成)、生成新相的动力学等等.

2. 表面电场对电极反应速度的影响.这可以看作是电极反应的特殊规律,我们将在第四章中详细地加以讨论.

这两类规律并不是截然无关的.例如,若电极电势不同(表面电场不同),则同一电极的表面状态也往往不同.反过来,改变了电极的表面状态,也会影响"电极/

溶液"界面上电场的分布情况.

既然影响电极反应速度的因素如此多种多样,在一般情况下其中往往有一两种是主要的,起着决定性的作用,其他则处于次要和服从的地位. 为了有效地控制电极过程,就必须首先分清主次,即要弄清究竟是哪一种因素或哪一种动力学规律对电极反应速度起着决定性的作用.

为了解决这个问题,需要首先简单地分析一下电极反应的基本历程. 一般说来,电极反应由下列一些个别步骤(又称"分部步骤","分部反应"或"单元步骤")串联组成的:

1. 反应粒子向电极表面传递——电解质相中的传质步骤;

2. 反应粒子在电极表面上或表面附近的液层中进行"反应前的转化过程",例如反应粒子在表面上吸附或发生化学变化——"前置的"表面转化步骤;

3. 在电极表面上得到或失去电子,生成反应产物——电化学步骤;

4. 反应产物在电极表面上或表面附近的液层中进行"反应后的转化过程",例如从表面上脱附、反应产物的复合、分解、歧化或其他化学变化等——"随后的"表面转化步骤;

5a. 反应产物生成新相,例如生成气泡或固相沉积层——生成新相步骤;

5b. 反应产物从电极表面向溶液中或向电极内部传递——电解质相中的传质步骤(有时反应产物也可能向电极内部扩散).

在某些场合下,电极反应的实际历程还可能更复杂一些. 例如,除了彼此串联进行的分部反应以外,反应历程中还可能包括若干"并联"的(平行进行的)分部反应. 有时还可能出现"自催化"反应,即某些反应产物参与诱发电极反应.

这些分部步骤的动力学规律颇不相同. 其中有些与异相化学反应的一般动力学规律并无不同(如扩散步骤),有的则是电极反应的"特殊规律"(如电化学步骤),还有的实际上是均相化学反应(如电极表面液层中化学转化步骤).

若是电极反应的进行速度达到了稳态值,即串联组成连续反应的各分部反应均以相同的速度进行,则在所有的分部反应中往往可以找到一个"瓶颈步骤"①. 这时整个电极反应的进行速度主要由这个瓶颈步骤的进行速度所决定,即整个反应所表现的动力学特征与这个瓶颈步骤的动力学特征相同. 例如,如果反应历程中扩散步骤为"瓶颈步骤",则整个电极反应的进行速度服从扩散动力学的基本规律;如果电化学步骤为"瓶颈",则整个电极反应的动力学特征与电化学步骤相同. 因

---

① "瓶颈步骤"有时也被称为"最慢步骤",但所谓"最慢"并非指各分部步骤的实际进行速度而言. 当连续反应稳态地进行时,每一个分部反应的净速度都是相同的. 这里所谓"最慢",系就反应进行的"困难程度"而言,在§1.4中我们将仔细地分析这个问题.

此,瓶颈步骤又称为"控制步骤".

可以认为,当存在单一的控制步骤时,组成连续反应的其他分部反应都能以比控制步骤"快"得多的速度进行. 因此,决定这些过程进行限度的主要因素来自热力学方面——平衡常数,而不是动力学方面——反应速度常数. 换句话说,当电极反应以一定的净速度进行时,可以认为这些"非控制步骤"仍然近似地处在平衡状态,因而容许我们用热力学方法而不必用动力学方法去处理. 习惯上常认为控制步骤处在"不可逆状态"或"部分可逆状态",而其他分部步骤则处在"可逆状态". 应该看到,这里所谓"可逆"或"不可逆"与严格的热力学定义并不全同. 既然整个反应以确定的净速度稳态地进行,严格说来,任一分部反应也都必然处在"不可逆"状态. 然而,在§1.4中我们将要看到,若是反应历程中存在一个"合格的"瓶颈步骤,我们还是可以足够精确地认为其他分部步骤处在热力学平衡状态. 例如,若某一电极反应单纯地受电化学步骤的反应速度所控制,就可以近似地认为溶液中不发生反应粒子的浓度极化,各种表面转化步骤也处在平衡状态. 因此,可以用吸附等温式来计算表面吸附量,采用平衡常数来处理表面层中的化学转化平衡等;但是,我们却不能用 Nernst 公式来计算电极电势. 又如果某电极反应速度系由液相中的传质速度所决定,则不能认为溶液中反应粒子的浓度是均匀的;但是,若知道了电极表面附近的反应粒子的浓度,就仍然可以利用 Nernst 公式来计算电极电势.

还应注意到,决定整个电极反应速度的控制步骤是可能变化的. 如果采取了足够强有力的措施,以致大大加速了原来控制步骤的反应速度,那么也可能改由另一个步骤形成新的控制步骤. 当控制步骤改变后,整个反应的动力学特征也就随之发生变化.

例如,当液相对流速度比较小时,许多电极反应的进行速度是由液相中反应粒子的扩散速度所控制的. 因此,可用加强搅拌的方法来提高液相传质速度及电极反应速度(图1.2中"扩散区"). 但是,如果其他表面步骤进行得并不太快,则当液相传质速度提高到一定程度后就会发生控制步骤的转化. 继续加大搅拌强度并不能进一步提高反应速度(图1.2中"动力区").

显然,如果发生控制步骤的转化,则转化过程总会经历一个过渡阶段. 当反应处在这个过渡阶段时,就同时存在两种控制步骤,因而整个反应的动力学特

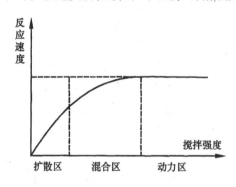

图1.2　改变搅拌强度时控制步骤的转化

征表现得比较复杂. 习惯常称这时反应处在"混合控制区"(或简称"混合区").

发展科学的目的不仅在于认识客观世界的规律性,因而能够解释世界,还在于应用对客观规律性的认识去能动地改造世界. 研究电极过程动力学的主要目的在于弄清影响电极反应速度的各种基本因素,以及藉此有效地按照我们的主观愿望去影响电极反应的进行方向与进行速度. 为了达到这一目的,往往需要弄清下列三个方面的情况:

1. 弄清整个电极反应的历程,即所研究的电极反应包括哪些分部步骤以及它们的组合方式和顺序;

2. 在组成电极反应的各个分部步骤中,找出决定整个电极反应速度的控制步骤. 若反应处在"混合区",则存在不只一个控制步骤;

3. 测定控制步骤的动力学参数(也就是整个电极反应的动力学参数)及其他步骤的热力学平衡常数.

进行这三方面研究的主要目的往往在于识别控制步骤和找到影响这一步骤进行速度的有效方法. 为此,需要首先分别弄清组成电极反应的各类单元步骤(主要是液相中的传质步骤、电化学步骤和表面转化步骤)的动力学特征.

研究各类单元步骤动力学特征的意义是双重的:首先,由于当反应稳态地进行时整个电极反应所表现的动力学特征就是控制步骤的动力学特征,如果我们熟悉地掌握了各类单元步骤的动力学特征,就可以根据电极反应的动力学性质来识别控制步骤的性质. 其次,根据各类分部步骤的动力学特征,还可以提出影响控制步骤及整个电极反应速度的有效方法. 换言之,研究各类单元步骤的动力学规律既有利于识别控制步骤,又有助于找到影响其反应速度的有效方法,也就是这样做既有助于找出主要矛盾,又有助于"对症下药".

在本书的第一部分中(第二至五章),着重阐述"电极/溶液"界面的基本性质和各类单元步骤的基本动力学特征,以及由这些单元步骤组成的电极过程的研究方法. 研究这些单元步骤时,我们总是尽量选取这样一些反应条件,使电极反应速度单纯地受制于我们所希望研究的单元步骤. 为此,有时需要设法增大其他步骤的反应速度,或利用其他单元步骤的动力学特征来校正其干扰作用.

§1.4 附录:连续反应中控制步骤的分析

前一节中已提到,在处理已达到稳态的连续反应时,我们往往假定反应历程中存在一个控制步骤. 整个连续反应的进行速度决定于控制步骤的进行速度,而其他步骤则基本上处在平衡状态,因而可以用热力学方法处理. 现在我们要进一步分析这一种简化处理方法的适用范围,特别是将这种处理方法当作普遍方法来处理电极过程是否合理.

设连续反应由分部步骤"0→1","1→2","2→3"等串联组成,且起始态"0"和中间各态"1","2","3"等的标准自由能分别为 G_0^0 及 $G_1^0, G_2^0, G_3^0, \cdots$,各分部步骤中活化态的标准自由能则分别为 $G_{0,1}^{0\neq}, G_{1,2}^{0\neq}, G_{2,3}^{0\neq}$ 等,又各分部反应的标准活化自由能分别为 $\Delta G_{0\rightarrow1}^{0\neq}, \Delta G_{1\rightarrow2}^{0\neq}, \Delta G_{2\rightarrow3}^{0\neq}$ 等. 仿此,任何两个中间态"k","p"之间标准自由能的差异可用 $G_{k\rightarrow p}^0$ 表示,而用 $\Delta G_{0\rightarrow i,j}^{0\neq}$ 表示起始态"0"与"i→j"反应中活化态之间标准自由能的差异(图1.3).

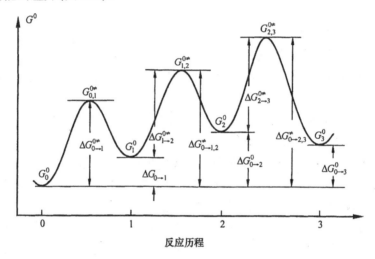

图 1.3 连续反应历程中标准自由能的变化

按照绝对反应速度理论,任一分部步骤"i→j"的绝对反应速度应为

$$v_{i\rightarrow j} = c_i k_{i\rightarrow j} = \kappa_{i\rightarrow j} \frac{kT}{h} c_i \exp\left(-\frac{\Delta G_{i\rightarrow j}^{0\neq}}{RT}\right) \tag{1.1}$$

式中:c_i 为中间态 i 的浓度;$k_{i\rightarrow j}$ 为"i→j"反应的反应速度常数;$\kappa_{i\rightarrow j}, k, T, h$ 的意义与一般习惯用法相同,其中 $\kappa_{i\rightarrow j}$ 一般接近于1,以后将忽略不计.

如果假定从 0 到 i 各态之间近似地存在热力学平衡关系,并忽略活度与浓度之间的差别,则根据 $-\Delta G^0 = RT\ln K$,应有

$$\frac{c_i}{c_0} = K_{0,i} = \exp\left(-\frac{\Delta G_{0\rightarrow i}^0}{RT}\right) \tag{1.2}$$

其中 $K_{0,i}$ 为 0,i 之间的平衡常数. 由(1.2)式可得到

$$c_i = c_0 \exp\left(-\frac{\Delta G_{0\rightarrow i}^0}{RT}\right) \tag{1.3}$$

将式(1.3)代入式(1.1),则略去 $\kappa_{i\rightarrow j}$ 后得到

$$v_{i \to j} = c_0 \frac{kT}{h} \exp\left[-\frac{1}{RT}(\Delta G_{0 \to i}^0 + \Delta G_{i \to j}^{0 \neq})\right]$$

$$= c_0 \frac{kT}{h} \exp\left(-\frac{\Delta G_{0 \to i,j}^{0 \neq}}{RT}\right) \tag{1.4}$$

式(1.4)表明,分部反应的绝对速度不仅由本步骤的标准活化自由能($\Delta G_{i \to j}^{0 \neq}$)所决定,还与以前各步骤的平衡常数($\Delta G_{0 \to i}^0$项)有关. 在图1.3中可看到,出现在式(1.4)中的$\Delta G_{0 \to i,j}^{0 \neq}$就是以$G_0^0$为"基点"时活化能垒的"高度".

若假定控制步骤以前经历的中间各态之间存在平衡关系,则根据式(1.4)两个分部反应"m→n"和"p→q"进行速度之比应为

$$\frac{v_{m \to n}}{v_{p \to q}} = \exp\left[-\frac{1}{RT}(\Delta G_{0 \to m,n}^{0 \neq} - \Delta G_{0 \to p,q}^{0 \neq})\right]$$

$$= \exp\left[-\frac{1}{RT}\Delta(\Delta G^{0 \neq})_{m,n \to p,q}\right] \tag{1.5}$$

其中,$\Delta(\Delta G^{0 \neq})_{m,n \to p,q} = \Delta G_{0 \to m,n}^{0 \neq} - \Delta G_{0 \to p,q}^{0 \neq}$,为两种分部反应活化态标准自由能的差别. 在图1.3中,$\Delta(\Delta G^{0 \neq})$表现为两个活化能垒的"高度差".

若$\Delta(\Delta G^{0 \neq}) = 10kJ \cdot mol^{-1}$,则在常温下$\frac{v_{m \to n}}{v_{p \to q}} < 2\%$;由此可见,只要整个反应历程中有一个活化能垒比其余的高出$8 \sim 10kJ \cdot mol^{-1}$以上,即能构成"合格的"控制步骤. 当满足这一条件时,整个连续反应的进行速度完全决定于此控制步骤的进行速度. 我们知道,一般反应中活化能的数值往往不小于$50 \sim 100kJ \cdot mol^{-1}$. 因此,反应历程中某一活化能垒比其他的高出$8 \sim 10kJ \cdot mol^{-1}$的可能性是很大的. 换言之,我们假定在大多数连续反应中均存在一个决定整个反应速度的、"合格的"控制步骤,是有一定根据的.

然而,如果反应历程中最高的两个活化能垒相差不到$4 \sim 5kJ \cdot mol^{-1}$,则相应的两种分部反应的绝对速度差不超过$5 \sim 7$倍. 在这种情况下,就必须同时考虑两个控制步骤的协同影响,即反应处在"混合控制区".

下面进一步分析:若整个连续反应中存在一个"合格的"控制步骤,认为其他各中间态之间近似地存在平衡关系是否合理.

设这控制步骤的绝对进行速度为v^*,则达到稳态后整个反应的净速度$v_{净} \leqslant v^*$(由于存在逆反应,$v_{净}$可能小于v^*). 根据控制步骤的定义,任一其他分部反应的绝对进行速度$v_{i \to j}$均应满足下列不等式:

$$v_{i \to j} \gg v^* \geqslant v_{净} \tag{1.6}$$

根据式(1.1)(忽略$\kappa_{i \to j}$项),i,j二态之间的正、反向交换速度(图1.4)分别为

$$v_{i \to j} = c_i \frac{kT}{h} \exp(-\Delta G_{i \to j}^{0 \neq}/RT)$$

和
$$v_{j\to i} = c_j \frac{kT}{h} \exp(-\Delta G^{0\neq}_{j\to i}/RT)$$

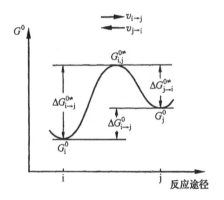

图 1.4

当 i,j 二态之间存在平衡关系时，有 $v_{i\to j} = v_{j\to i}$，即

$$\frac{c_j}{c_i} = \exp\left[-\frac{1}{RT}(\Delta G^{0\neq}_{i\to j} - \Delta G^{0\neq}_{j\to i})\right]$$

$$= \exp\left(-\frac{\Delta G^0_{i\to j}}{RT}\right) = K_{i,j}$$

与热力学公式一致.

若达到稳态后整个反应以净速度 $v_{净}$ 进行，则有

$$v_{净} = v_{i\to j} - v_{j\to i}$$

或 $$v_{j\to i} = v_{i\to j} - v_{净} \tag{1.7}$$

考虑到式(1.6)，在式(1.7)右方可以忽略 $v_{净}$ 一项的影响而认为

$$v_{j\to i} \approx v_{i\to j} \tag{1.8}$$

式(1.8)表明，当整个连续反应以一定的净速度进行时仍然有 $\frac{c_j}{c_i} \approx K_{i,j}$，即可以近似地认为平衡关系没有受到破坏.

由此可见，只要反应历程中存在一个"合格的"控制步骤，则认为其他中间态之间仍然近似地存在热力学平衡关系是完全合理的.

以上的分析对于理解连续反应的动力学性质及控制步骤的意义可能有些帮助. 然而，这种简单的推导方式也有一些严重的缺点：

首先，本节中推导公式时均忽略了浓度与活度的差别. 根据绝对反应速度理论，反应速度与活化络合物的浓度成正比，而其活度决定于参与形成该活化络合物诸组分的活度及热力学平衡常数. 考虑这一因素后，式(1.1)应改写为

$$v_{i\to j} = \kappa_{i\to j} \frac{kT}{h} c_i \left(\frac{\gamma_i}{\gamma^{\neq}}\right) \exp\left(-\frac{\Delta G^{0\neq}_{i\to j}}{RT}\right) \tag{1.1a}$$

其中，γ_i、$\gamma^{\neq}$ 分别表示 i 粒子和活化络合物的活度系数.

如果反应粒子是电极上覆盖度比较大的表面粒子，活度系数的影响就往往特别显著. 当表面覆盖近乎饱和时，粒子的表面浓度几为恒定值而与其活度无关.

还应看到，式(1.1)表达的是单位体积内的反应速度. 若用于界面反应速度（或单位截面积上的反应速度），就要在该式中加入相应于"跃迁距离"（λ）的校正项而写成

$$v_{i \to j} = \kappa_{i \to j} \frac{kT}{h} c_i \lambda \exp\left(-\frac{G^{0 \neq}_{i \to j}}{RT}\right) \tag{1.1b}$$

最后还应指出,在本节的分析中均假定各分部反应的标准活化自由能 ($\Delta G^{0 \neq}_{i \to j}$)不变,因此各分部反应绝对速度的变化完全是中间态粒子的浓度变化所引起的. 然而,组成电极过程的某些分部步骤的 $\Delta G^{0 \neq}$ 并非常数. 例如电化学步骤的标准活化自由能随电极电势而变化;又如表面粒子的吸附功及吸附活化能常随表面覆盖度变化. 因此,当反应体系偏离平衡状态后,某些步骤的活化能垒高度也会有所变化,并可能因此引起控制步骤的转化.

参 考 文 献

[1] Tafel J. *Z. Physik. Chem.* 1905,50:641

[2] Butler J A V. *Trans. Faraday Soc.* 1924,19:734;1932,28:379

[3] Erdey-Gruz T, Volmer M. *Z. Physik. Chem.* 1930,150A:203

[4] Фрумкин А Н, Багоцкий В С, Иофа З А, Кабанов Б Н. Кинетика Электродных Процессов. Изд. МГУ,1952;朱荣昭译. 电极过程动力学. 北京:科学出版社,1957

[5] Bockris J O'M. Modern Aspects of Electrochemistry, ed. by J. O'M. Bockris, and B. E. Conway, Chap. 4, Butterworth,1954

[6] Parsons R. *ibid*, Chap 3

[7] Grahame D C. *Chem. Rev.* 1947,41:441

[8] Delahay P. New Instrumental Methods in Electrochemistry. Interscience,1954

[9] Gerischer H. *Z. Elektrochem.* 1955,59:604; Gerischer H, Krause M. *Z. Physik. Chem. N. F.* 1957, 10:267

[10] Frumkin A, Nekrasov L, Levich B and Ivanov Ju. *J. Electroanal. Chem.* 1959,1:84

[11] Vetter K J. Elektrochemische Kinetik. Springer-Verlag,1961

[12] Encyclopedia of Electrochemistry of Elements, Vol. 1~15. ed. by A. J. Bard, and H. Lund, Marcel Dekker,1973~1984

[13] Bockris J O'M, Conway B E, Yeager E et al. ed. Comprehensive Treatise of Electrochemistry, Vol. 1~ 10. 1980~1985

[14] Conway B E. Theory and Principles of Electrode Processes. Ronald Press,1965

[15] Bockris J O'M, Reddy A K N. Modern Electrochemistry. Plenum,1970, 1998~2000 再版

[16] Bard A J, Faulkner L R. Electrochemical Methods. Wiley,1980,2001 年再版;谷林锳等译. 电化学方法原理及应用.北京:化学工业出版社, 1986

[17] Дамаскин Б Б, Петрий О А. Введение в Электрохимическую Кинетику. Вышая Школа,1983;谷林锳等译. 电化学动力学导论. 北京:科学出版社,1989

[18] Pletcher D. A First Course in Electrode Processes. Electrosynthetic Co. Lancaster:NY,1991

[19] Bagotzky V S. Fundamentals of Electrochemistry. Pleum,1993

[20] Bockris J O'M, Khan S U M. Surface Electrochemistry, a Molecular Level Approach. Pleum,1993

[21] Brett C M A, Brett A M O. Electrochemistry: Principles, Methods and Applications. Oxford University:

Oxford, 1993

[22]　Gileadi E. Electrode Kinetics for Chemists, Chemical Engineers, and Material Scientists. VCH. NY, 1993

[23]　Sato N. Electrochemistry at Metal and Semiconductor Electrodes. Elsevier, 1998

[24]　Hamann C H, Hamnett A, Vielstich W. Electrochemistry. Wiley-VCH, 1997

[25]　田昭武. 电化学研究方法. 北京:科学出版社, 1984

[26]　杨文治. 电化学基础. 北京:北京大学出版社, 1982

[27]　周伟舫. 电化学测量. 上海:上海科学技术出版社, 1985

[28]　吴浩青,李永舫. 电化学动力学. 北京:高等教育出版社, 1998

[29]　Bockris J O'M, Conway B E, et al. ed. Modern Aspects of Electrochemistry, Vol. 1～33. Plenum. 1954～1999

[30]　Delahay P, Tobias C W, Gerischer H et al. Advances in Electrochemistry and Electrochemical Engineering, Vol. 1～13. Wiley, 1961～1984

[31]　Bard A J ed. Electroanalytical Chemistry, Vol. 1～21. Marcel Dekker, 1966～1999

[32]　Steckhan E, ed. Electrochemistry, Vol. 1～6. Springer, 1987～1997(Topics in Current Chemistry, Vol. 142, 143, 148, 152, 170, 185)

[33]　Gerischer H, Tobias C W. ed. Advances in Electrochemical Science and Engineering, Vol. 1～6. VCH, NY, 1990～1999 [自 Vol. 6 起改由 R. C. Alkire 及 D. M. Kolb 主编]

[34]　Gale R J ed. Spectroelectrochemistry, Theory and Practice. Pleum, 1988

[35]　Abruna H D ed. Electrochemical Inferaces: Modern Techniques for In-situ Interface Characterization. VCH, 1991

[36]　Wiechowski A ed. Interfacial Electrochemistry: Theory, Experiments and Applications. Dekker, 1999

[37]　Bamtord C H, Compton R G ed. Electrode Kinetics: Principles and Methodology(Comprehensive Chemical Kinetics, Vol. 26). Elsevier, 1986

[38]　Compton R G ed. Electrode Kinetics: Reactions(Comprehensive Chemical Kinetics, Vol. 27). Elsevier, 1987

[39]　Compton R G, Hamnett A ed. New Techniques for the Study of Electrodes and Their Reactions(Comprehensive Chemical Kinetics, Vol. 29). Elsevier, 1989

[40]　Liphowski J, Ross P N ed. Frontiers of Electrochemistry, Vol. 1～5. VCH Publisher, WY, 1992～1999

第二章 "电极/溶液"界面的基本性质

§2.1 研究"电极/溶液"界面性质的意义

由于许多常见电极反应的进行速度是扩散过程所控制的,在电化学发展过程中一度有人认为,直接在界面上发生的反应总是很快的,因而在研究电极过程动力学时可以不加考虑. 然而,在下一章中将要看到,纯粹由扩散速度控制的电流值应在距平衡电势仅几十毫伏的电势范围内迅速上升到接近极限值;而许多电极反应当电极电势偏离平衡值十分之几伏,甚至超过 1V 时,电流密度仍然小于扩散极限值. 这就只可能是界面反应本身缓慢所导致的.

各种界面反应,包括电化学步骤——反应粒子得到或失去电子的步骤——是直接在"电极/溶液"界面上实现的. 换言之,这一界面是实现界面反应的"客观环境". 它的基本性质对界面反应的动力学性质有很大的影响. 我们研究"电极/溶液"界面性质,主要目的就是为了弄清界面性质对界面反应速度的影响. 此外,研究"电极/溶液"界面性质本身也具有基础意义.

在不同的电极表面上,同一电极反应的进行速度可以很不相同,有时差别甚至超过 10 多个数量级. 导致电极表面"反应能力"如此不同的主要因素大致可以归纳为下列两个方面:

首先,电极材料的化学性质和表面状况对电极反应速度,也即是电极反应的活化能,往往有很大的影响. 例如,在同一电极电势下,氢在铂电极上的析出速度要比在汞电极上的析出速度大 10^{10} 倍以上. 又如,当电极表面出现吸附的或成相的有机化合物层或氧化物层时,许多电极反应的进行速度就大大降低了. 制备电极表面的方法也常对电极表面的反应能力有很大的影响,甚至在同一晶体的不同晶面上电极反应速度也各不相同. 这些因素,可暂称之为影响电极表面反应能力的"化学因素".

其次,"电极/溶液"界面上的电场强度对电化学反应的活化能有很大影响. 在同一电极表面上,同一电极反应的进行速度可以随着电极电势的改变而有很大的变化. 对于许多电极反应,只要电极电势改变 100~200mV,就可以使反应速度改变 10 倍. 通常电极电势的变化范围为 1~2V. 因此,通过改变电极电势,也能使电极反应速度约改变 10 个数量级. 以后我们还将看到,即使保持电极电势不变,改变界面层中的电势分布情况也对电极反应速度有一定的影响. 这些因素,可暂称之为影响电极反应速度的"电场因素".

当然,将影响电极表面反应能力的各种因素区分为"化学因素"和"电场因素",只是为了讨论上的方便. 我们知道,一切"化学作用"的本质都与电现象有关,而表面电场的数值和分布情况也与组成"电极/溶液"界面的各种粒子的化学性质有关.

影响电极表面反应能力的"化学因素"无疑是十分重要的. 通过控制这些因素,可以大幅度地改变电极反应速度. 若仅依靠改变电极电势来控制电极反应速度,就往往需要消耗额外的能量,有时还会引起有害的副反应. 然而,在本章中,我们主要讨论"电极/溶液"界面的电性质,即电极和溶液两相间的电势差和界面层中的电势分布情况. 至于电极材料和界面的化学性质对电化学反应速度的影响,则将在第四章和第七章中涉及.

除了由电极过程动力学的角度出发外,研究"电极/溶液"界面的电性质还有助于我们加深对"界面电势"和"电极电势"等物理化学概念的理解. 早期有关这些概念的知识基本上是通过热力学方法得到的,因而就不可能对界面的微观结构与建立界面电势的机理提供明确的图像.

§2.2　相间电势和电极电势

电极电势是电化学科学中最基础的概念之一. 由于电极电势是实物相之间电势差的一个特例,因此,为了清晰阐明电极电势这一概念,不能不从相电势、相间电势差及其测量等问题谈起.

§2.2.1　实物相的电势

在真空中任何一点的"电势"等于将一个单位正电荷自无穷远处(参考零电势处)移至该点时所作的功. 这时可以完全不考虑非库仑力的作用. 然而,如果我们所关心的不是真空中,而是"实物相"中的一点,则情况要复杂得多. 作为一个最简单的例子,暂时假设我们所研究的对象是一个由良导电体构成的球,因此球体所带的电荷完全均匀地分布在球面上. 在这种情况下,试验电荷的转移过程可分割为两个阶段(图2.1):

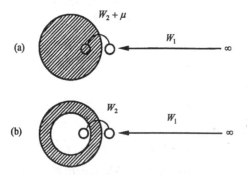

图 2.1　将试验电荷自无穷远处移至实物相内部时所作的功

首先,设想将试验电荷自无穷远处移至距球面约 $10^{-4} \sim 10^{-5}$ cm 处[图 2.1 (a)]. 在这一过程中,可认为镜像电荷效应可以忽视,且球体与试验电荷之间的短程力尚未开始作用. 然而,由于库仑力是一种长程力,若将试验电荷自无穷远处移到距球面这样近的距离,所作的功(W_1)事实上已相应于球体所带净电荷与试验电荷之间库仑相互作用所引起的全部静电势[①]. 这一电势数值称为球体的外部电势(ψ),也就是所带净电荷引起的电势($W_1 = ze_0\psi$, 此处 ze_0 为试验电荷所带的电量).

然后,设想试验电荷越过球面而达到球的内部. 这一过程所涉及的能量变化包括两个组成部分,即越过表面时对表面电势(χ)所作的电功(W_2)和由于试验电荷与组成球体的物质粒子之间的短程相互作用("化学作用")而引起的自由能变化(μ).

若设想后一种相互作用不存在,或是想象能不破坏球体内的电荷与偶极分布情况而在球体内部创立一个"空穴"[②],则将试验电荷自无穷远处移至这种"空穴"中所涉及的全部能量变化仅为 $W_1 + W_2$[图 2.1(b)]. 与此相应的电势 $\phi = \dfrac{W_1 + W_2}{ze_0}$,称为带电球体的"内部电势",其数值等于 $\psi + \chi$. 显然,不论"外部电势"或"内部电势"都只决定于球体所带的净电荷及球面上的电荷与偶极子等的分布情况,而与试验电荷及组成球体物质的化学本质无关.

然而,若不能忽略组成球体物质与试验电荷之间的短程相互作用,则将试验电荷自无穷远处移至球体内部时所涉及的全部能量变化为 $W_1 + W_2 + \mu = \bar{\mu}$,称为该试验电荷在球体内部的"电化学势". 此时显然有 $\bar{\mu} = \mu + ze_0\phi = \mu + ze_0(\psi + \chi)$. "电化学势"的数值不仅决定于球体所带电荷的数量及分布情况,还与试验电荷及组成球体物质的化学本质有关.

另一个常用到的参数是粒子的脱出功(W_i),其定义为将 i 粒子从实物相内部逸出至表面近处真空中所需要作的功. 显然, $-W_i = \mu_i + z_i e_0\chi$. 脱出功的数值也和实物相以及脱出粒子的化学本质有关. 最常用到的是电子的脱出功 W_{e^-}.

在表 2.1 和图 2.2 中综合了上述各种参数值随位置的变化,以及粒子在各个位置之间转移时涉及的能量变化. 各符号中用上标表示所在的"相",而用下标表示"粒子". $z_i e_0$ 为 i 粒子所带有的电荷.

---

① 设球体的半径为 r_0,又球体所带净电荷为 Q,则球面上各点由于库仑力所引起的电势为

$$\psi = \int_{\infty}^{r_0} \frac{Q}{kr^2}\mathrm{d}r = \frac{Q}{k}\left(-\frac{1}{r}\right)\Big|_{\infty}^{r_0} = -\frac{Q}{kr_0}$$

若上限不用 r_0,而代之以 $r_0 + \mathrm{d}r$,则在 $\mathrm{d}r \ll r_0$ 时结果仍然相同.

② 换言之,系假定在所建立的空穴与球体之间的界面上不存在表面电势.

表 2.1　各种参数随位置的变化

位　　　置	静 电 势	α 相中 i 粒子的能量参数		
		化学势(μ_i)	电化学势$(\overline{\mu}_i)$	脱出功(W_i)
真空中无穷远处	0	0	0	
α 相表面附近	ψ^f	0	$z_ie_0\psi^f$	0
α 相内空穴中	ϕ^α	0	$z_ie_0\phi^\alpha$	$-z_ie_0\chi^\alpha$
α 相内部	ϕ^α	μ_i^α	$\mu_i^\alpha+z_ie_0\phi^\alpha$	$-(\mu_i^\alpha+z_ie_0\chi^\alpha)$

需要指出,在表 2.1 和图 2.2 中各参数的基准位置(零值位置)并不完全一致. 静电势、化学势和电化学势均以真空中距实物相无穷远处为基准;化学势也可简称为"以真空中为基准". 然而,定义粒子的脱出功时则选取实物相表面外侧近处为基准,因此脱出功的定义有两种说法:

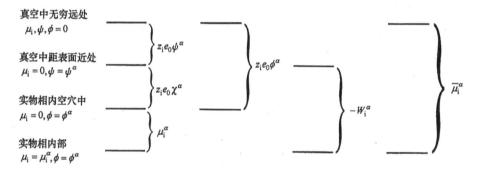

图 2.2　i 粒子在 α 相内外各处的能级图

1. 将粒子从实物相内部移至其表面外侧附近时所耗的功;

2. 将粒子从不带电的实物相内部移至真空中时所耗的功. 显然,这两种说法是等价的.

一个需要进一步分析的问题是:由于凝聚相中的电子能离域而构成电子系统,使电子分布在相应于不同能量的各个"能级"上,那么,应如何确定凝聚相中"电子的能级"呢?

我们知道:由于电子具有的自旋量子数为 $\frac{1}{2}$ 的奇倍数,它们在各能级上的分布服从 Fermi-Dirac 统计分布. 在电子导电能力良好的实物相中,电子能级密度函数(图 2.3)为

$$Z(E) = CE^{\frac{1}{2}} \qquad (2.1a)$$

式中:C 为常数;电子能量 E 由能带("价带")底部起算. 在电子能量为 E 与 $E+dE$ 之间的能级密度为

$$Z(E)dE = CE^{\frac{1}{2}}dE \qquad (2.1b)$$

而在能量为 E 的能级上电子的充满程度为

$$F(E) = \frac{1}{\exp\left(\dfrac{E - E_F}{kT}\right) + 1} \tag{2.2}$$

式中, E_F 表示某一特定能级——Fermi 能级——上电子的能量. 根据式(2.2),当 $(E - E_F) \gg kT$ 时,

$$F(E) = \exp\left(-\frac{E - E_F}{kT}\right),$$

即高能级上电子的分布与 Boltzmann 分布相同. 在 $(E_F - E) \gg kT$ 的低能级上 $F(E) = 1$,即完全充满. 在 $E = E_F$ 的 Fermi 能级上 $F(E) = \dfrac{1}{2}$.

因此,能量在 E 与 $E + \mathrm{d}E$ 之间的电子密度为

$$N(E)\mathrm{d}E = Z(E)F(E)\mathrm{d}E$$

$$= \frac{CE^{\frac{1}{2}}}{\exp\left(\dfrac{E - E_F}{kT}\right) + 1}\mathrm{d}E \tag{2.3}$$

图 2.3 中用阴影区标出了能级被电子占据的情况. 在 $E = E_F$ 附近有一突变; $N(E)$ 在宽度约为几个 kT(常温下相当于几十电子毫伏) 的范围内由最大值急降至几乎等于零.

粒子系统中粒子的化学势用以下偏微分式定义:

$$\mu_i = \left(\frac{\partial G}{\partial N_i}\right)_{T,P} \tag{2.4}$$

即在 T, P 不变条件下向系统增减 ∂N_i 粒子与所引起的 ∂G 两者之间的比值. 根据图 2.3,如果向电子系统增减少量电子,则变化必然发生在紧靠 E_F 的能级上,由此引起的能量变化则决定于 Fermi 能级上电子的能量. 因此,可以用费

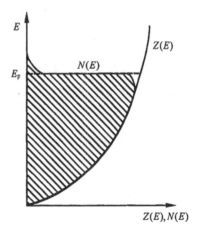

图 2.3　良电子导体中的电子能级密度分布和被电子占据的情况

米能级来表征电子系统的化学势(μ_{e^-}) 与电化学势($\bar{\mu}_{e^-}$);电子的脱出功(W_{e^-}) 也可以看成是电子自 Fermi 能级脱出至表面附近真空中时所耗用的能量. 由此可见,电子系统的化学势和电化学势并非由电子系统中诸电子能量的平均值所决定,而决定于处在能级分布高端的 Fermi 能级上的电子能量.

在固体物理书中常用下式来表示 Fermi 能级的位置:

$$E_F = \frac{h^2}{2m_{e^-}} \left(\frac{3n_{e^-}}{8\pi} \right)^{2/3} \tag{2.5}$$

其中, $n_{e^-} = N_{e^-}/V$, 是电子的体积浓度. 由式(2.5)可知当 $n_{e^-} \to 0$ 时 $E_F \to 0$, 表示在该式中 E_F 是由固体内电子的基态(即固体内动能为零的电子, 相当于图 2.3 中曲线的底部)能级起算的. 这种表示方法不可与前述以真空中无穷远处或表面附近为基态混为一谈, 否则会引起谬误的结 论[1].

§2.2.2　相间电势差

以上所述均只涉及单个孤立相的电势. 已提出几种不同的电势与电化学势的定义. 可以想见, 两相(α, β)之间的电势差也会有几种定义, 其中较常用的有

　　1. 外部电势差　$\Delta^\alpha \psi^\beta = \psi^\alpha - \psi^\beta$, 又称 Volta 电势;

　　2. 内部电势差　$\Delta^\alpha \phi^\beta = \phi^\alpha - \phi^\beta$, 又称 Galvani 电势;

　　3. 电化学势差　$\Delta^\alpha \bar{\mu}_i^\beta = \bar{\mu}_i^\alpha - \bar{\mu}_i^\beta$ (必须加注下标, 表明是对于哪一种粒子而言的).

如果两相相互孤立, 以致不存在交换粒子的可能性, 则各相的电势只与其荷电状态及所在位置的电势有关. 在这种情况下, 可通过由外部进行的充、放电或改变其相对位置来改变两相之间的电势差(例如平版电容器).

另一类情况是 α, β 两相之间可以发生某些粒子的转移. 当达到相间平衡后, 对于所有能在两相间转移并达到平衡的粒子 i, j 等均有

$$\bar{\mu}_i^\alpha = \bar{\mu}_i^\beta, \ \bar{\mu}_j^\alpha = \bar{\mu}_j^\beta, \cdots \tag{2.6}$$

对于能在 α, β 两相之间转移的电子则有

$$\bar{\mu}_{e^-}^\alpha = \bar{\mu}_{e^-}^\beta \tag{2.7}$$

及

$$\mu_{e^-}^\alpha - e_0 \phi^\alpha = \mu_{e^-}^\beta - e_0 \phi^\beta \tag{2.8}$$

式(2.7)还可以写成

$$\Delta^\alpha \bar{\mu}_{e^-}^\beta = \bar{\mu}_{e^-}^\alpha - \bar{\mu}_{e^-}^\beta = 0 \tag{2.9}$$

或是

$$\Delta^\alpha E_F^\beta = E_F^\alpha - E_F^\beta = 0 \tag{2.10}$$

表示两相中的 Fermi 能级具有同样的高度. 式(2.9)和(2.10)是两相间电子交换达到平衡的表述. 由式(2.8)还可以导出

$$\Delta^\alpha \phi^\beta = \phi^\alpha - \phi^\beta = (\mu_{e^-}^\alpha - \mu_{e^-}^\beta)/e_0 \tag{2.11}$$

表示相互接触的两相之间的内部电势差是与两相中电子的化学势差相联系的.

利用图 2.2 中所示的 $\bar{\mu}_{e^-}^\alpha = -W_{e^-}^\alpha - e_0 \psi^\alpha$ 关系, 从式(2.7)还可以导出

$$\Delta^\alpha \psi^\beta = \psi^\alpha - \psi^\beta = -(W_{e^-}^\alpha - W_{e^-}^\beta)/e_0 \tag{2.12}$$

表示相互接触的两相之间的外部电势差(又称接触电势差)是与两相中电子的脱出功之差相联系的. 测量接触电势差可采用振动电容器法(又称 Kelvin 探头法)[37].

图 2.4 表示,式(2.11)和式(2.12)都是两相中 Fermi 能级等高的直接后果. 如果 α, β 两相的化学组成不同,则一般有 $\mu_{e^-}^\alpha \neq \mu_{e^-}^\beta$ 及 $W_{e^-}^\alpha \neq W_{e^-}^\beta$,因此 $\Delta^\alpha\phi^\beta$ 及 $\Delta^\alpha\psi^\beta$ 均不等于零.

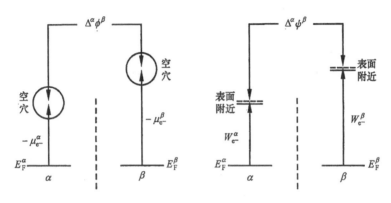

图 2.4 相互接触两相之间的内部电势差和外部电势差

然而,若将电压测量仪表(V)的引线分别与相互接触的两相连接,则测得值 $^\mathrm{I}V^\beta$ 必然等于零(否则将成为永动机!). 由此可见,用 V 测得的不可能是 $\Delta^\alpha\phi^\beta$ 或 $\Delta^\alpha\psi^\beta$,而可能与 $\Delta^\alpha E_F^\beta$ 及 $\Delta_{\mu_{e^-}}^{\alpha-\beta}$ 有关. 下面我们将具体论证这一推想.

可设想采用如图 2.5 所示的电位计式的电路来测量被测系统两引出端 Ⅰ, Ⅱ 之间的电势差. 首先可设全部测量电路均由同一种金属(Cu)构成(包括引线 CuⅠ 及 CuⅡ). 当两引线与两引出端分别接触时有 $\bar\mu_e^{\mathrm{Cu}\,\mathrm{I}} = \bar\mu_e^{\mathrm{I}}$ 及 $\bar\mu_e^{\mathrm{Cu}\,\mathrm{II}} = \bar\mu_e^{\mathrm{II}}$,因此当通过外电路的 I = 0 时有

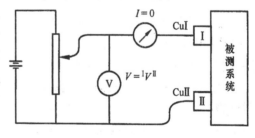

图 2.5 被测系统"端电压"(V)的测量

$$^\mathrm{I}V^\mathrm{II} = -(\bar\mu_e^{\mathrm{Cu}\,\mathrm{I}} - \bar\mu_e^{\mathrm{Cu}\,\mathrm{II}})/e_0$$

$$= -(\bar\mu_e^{\mathrm{I}} - \bar\mu_e^{\mathrm{II}})/e_0 \tag{2.13}$$

即测出值 ($^\mathrm{I}V^\mathrm{II}$) 确是与两引出"端相"中电子系统的"电化学势差"或"Fermi 能级差"相联系. 不难证明,即使仪表回路并非由同一种金属构成,式(2.13)仍然成立.

至于被测系统两个端相中的电子电化学势差与系统的内部组成二者之间的关系,则可用下面的例子来讨论.

　　设被测系统由 1→n 诸相串联组成,其中有些相可能不是电子导体(但两个引出端相必须是电子导体),则电子由端相 1 转移另一端相 n 之间的过程可想象为电子先由第 1 相中的 E_F 移至同一相的空穴中,然后逐一在相邻各相的空穴之间转移,最后由 n 相的空穴中迁移至同一相的 E_F 上. 因此,两个端相中 E_F 的高度差等于 $-(\mu_{e^-}^1 - \mu_{e^-}^n) + e_0(\Delta^1\phi^2 + \Delta^2\phi^3 + \cdots + \Delta^{n-1}\phi^n)$,而

$$^1V^n = \sum_1^{n-1} \Delta^i\phi^{i+1} + (\mu_{e^-}^n - \mu_{e^-}^1)/e_0 = \sum_1^{n-1} \Delta^i\phi^{i+1} + \Delta^n\phi^1 \qquad (2.14a)$$

　　上述过程也可以想像为电子先从第 1 相的 E_F 移至其表面附近真空中,然后逐一在各相表面附近真空之间转移,最后回到 n 相的 E_F 上. 如此,利用 $\Delta^{n-1}\varphi^n = -(W_{e^-}^n - W_{e^-}^1)/e_0$ 关系可以得到

$$^1V^n = \sum_1^{n-1} \Delta^i\varphi^{i+1} + \Delta^n\varphi^1 \qquad (2.14b)$$

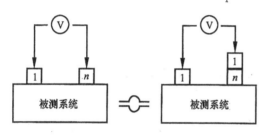

图 2.6　被测系统等效电路的正确表示方法

由此可见,用测量仪表测得的引出端之间的电势差可以看成是串联的各个界面上内部电势差的代数和,也可以看作是各串联界面上外部电势差的代数和. 然而,如果"1","n"两个端相并非由同一材料组成,则必须加上对应于"n/1"界面的一项(图 2.6).

　　如被测系统全由相互接触的电子导体组成,内部温度均一,且不与外电源联通,则各相(包括端相 I,II)之间均能建立电子交换平衡,因此,即使两端相并不直接接触,仍然有 $\bar{\mu}_{e^-}^I = \bar{\mu}_{e^-}^{II}$ 及 $^IV^{II} = 0$,即不会有电势输出.

　　上述结论只适用于电子顺次移经各相时不会留下"化学痕迹"的场合,即各相间电势差 $\Delta^i\phi^{i+1}$ 和 $\Delta^i\varphi^{i+1}$ 均由 $\bar{\mu}_{e^-}^i = \bar{\mu}_{e^-}^{i+1}$ 决定[式(2.11),式(2.12)]. 如电子导相 α 和 β 之间通过电解质相联接,则在电子从 α 相流经电解质达到 β 相的过程中会在两个"电子导体/离子导体"界面上引起电化学反应. 如电子流入时引起的还原反应并非正好是流出时引起的氧化反应的逆反应,则电子流经电解质相后会在体系中留下"化学痕迹". 在后一类情况下,平衡判据将不再是 $\bar{\mu}_{e^-}^\alpha = \bar{\mu}_{e^-}^\beta$,而必须引入电化学反应引起的自由能变化,因此式(2.11)、式(2.12)不再适用,而 $^IV^{II} \neq 0$. 下一节中将要讨论的电极电势问题就是后一类情况的重要例子.

§2.2.3　电极电势

　　电化学电池由两个电子导电相(又称"电极")I、II 和电解质相 S 组成[图 2.7

(a)]. 按上节的讨论,图2.7(a)和2.7(b)是等效的. 因此,测出的电池端电压既可看成是"Ⅰ/S","S/Ⅱ"和"Ⅱ/Ⅰ"三个界面上内部电势差的代数和,又可看成是外部电势差的代数和:

$$V = \Delta^{\mathrm{I}}\phi^{\mathrm{S}} + \Delta^{\mathrm{S}}\phi^{\mathrm{II}} + \Delta^{\mathrm{II}}\phi^{\mathrm{I}}$$
$$= \Delta^{\mathrm{I}}\psi^{\mathrm{S}} + \Delta^{\mathrm{S}}\psi^{\mathrm{II}} + \Delta^{\mathrm{II}}\psi^{\mathrm{I}} \tag{2.15}$$

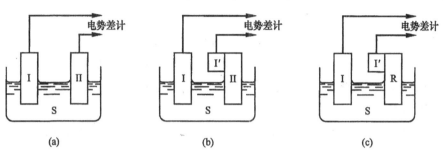

图 2.7

(a) 电化学电池;(b) 电池电动势的等效电路;(c) 测量相对电极电势时的等效电路.

各图中Ⅰ、Ⅱ为电极,S为溶液,R为参比电极.

　　从形式上看,电化学电池系由两个反向串联的"电极/电解质"系统(又称半电池)所组成. 因此,整个电池的性质应为两个反向串联的半电池性质的加和. 如果我们能测出每一种半电池的"绝对电极电势",就可以推算出各种电化学电池的电势. 然而,不仅测量或计算电极和电解质两相之间的电势差涉及一系列困难,而且在处理电化学问题时也没有必要这样做,对此具体证明如下:

　　首先,电化学电池至少由三个相串联组成. 在大多数情况下,电化学电池的两个端相由不同的材料组成. 上面我们已经证明:用仪表测得的电池的电动势包括三个组成部分,因而仅知道两个"电极/电解质"界面上的电势差不足以推出电池的电动势. 以铜锌电池为例,并假设其中的液接电势已经消除,其反应式可写成:

$$\mathrm{Zn} \underset{(\mathrm{I})}{\rightleftharpoons} \mathrm{Zn}^{2+}(\mathrm{S}) + 2e^-(\mathrm{Zn})$$
$$(\mathrm{III}) \updownarrow$$
$$\mathrm{Cu}^{2+}(\mathrm{S}) + 2e^-(\mathrm{Cu}) \underset{(\mathrm{II})}{\rightleftharpoons} \mathrm{Cu}$$

因此,总的电池反应包括分别在"Zn/S","Cu/S"和"Cu/Zn"(Cu和Zn通过外电路联接)三个界面上实现的(Ⅰ),(Ⅱ)和(Ⅲ)反应,总的电池电动势中也必然包括三个(而不是两个)界面上的电势差. 在这些反应中,电子不仅是作为负电荷,而且是作为具有化学性质的粒子参加反应. 例如,Cu/Zn界面上的平衡条件不是$\Delta^{\mathrm{Cu}}\phi^{\mathrm{Zn}}=0$,而是$\bar{\mu}_{e^-}^{\mathrm{Cu}} = \bar{\mu}_{e^-}^{\mathrm{Zn}}$.

　　为了将电化学电池的电动势分解为两个半电池电势的代数和,最成功的办法是采用"相对电极电势"标度法. 例如,用被测半电池 I/S 与"参比电极"半电池 R/S 组成电池,其电动势可看作是被测电极 I(半电池 I/S)相对于参比电极 R(半电池 R/S) 的相对电极电势 $^R\varphi_{相对}^I$,常简称为 $\varphi_{相对}$ [图 2.7(c)]. 按式(2.15)应有

$$^R\varphi_{相对}^I = \Delta^I\phi^S + \Delta^S\phi^R + \Delta^R\phi^I \tag{2.16}$$

同样,对于另一半电池 II/S 可以写出

$$^R\varphi_{相对}^{II} = \Delta^{II}\phi^S + \Delta^S\phi^R + \Delta^R\phi^{II}$$

因此有

$$^R\varphi_{相对}^I - {}^R\varphi_{相对}^{II} = \Delta^I\phi^S - \Delta^{II}\phi^S + (\Delta^R\phi^I - \Delta^R\phi^{II})$$
$$= \Delta^I\phi^S + \Delta^S\phi^{II} + \Delta^I\phi^{II} = {}^IV^{II} \tag{2.17}$$

换言之,可以根据组成电化学电池的两个半电池的相对电极电势之差来计算电池的电动势.

在式(2.16)中,当两电极材料 R,I 不变时,$\Delta^S\phi^R$ 及 $\Delta^R\phi^I$ 均为常数,因而

$$\Delta^I\phi^R = \Delta(\Delta^I\phi^S) \tag{2.18}$$

该式表示,虽然采用参比电极并不能测出 $\Delta^I\phi^S$ 的绝对值,却可以测出 $\Delta^I\phi^S$ 的变化值. 这一结论对研究界面性质随 $\Delta^I\phi^S$ 的变化是十分重要的.

将式(2.13)用于图 2.7(c),可以得到 $^R\varphi_{相对}^I = -(\bar\mu_{e^-}^I - \bar\mu_{e^-}^R)/e_0$. 因此,若 $^R\varphi_{相对}^I = {}^R\varphi_{相对}^{II}$,则 $\bar\mu_{e^-}^I = \bar\mu_{e^-}^{II}$,$E_F^I = E_F^{II}$,表示 I,II 两个电极中的电子系统具有相同的氧化还原势(或称 E_F 等高). 相对电极电势 $^R\varphi_{相对}$ 的数值(用伏特表示)等于两个端相 I 与 R 中 E_F 的高度差(用电子伏特表示). 由此可见,采用"相对电极电势"方法实际上是采用参比电极中电子导电相(端相 R)内的费米能级 E_F^R 为电子系统的"标态"[①].

电化学习惯上常选用标准氢电极(SHE)为相对电极电势标的零点. 可以用图 2.8 所示的循环来计算相对于真空中无穷远处 SHE 端相中 E_F 的高度. 由此得到 $e_{真空}^- \longrightarrow e_{SHE}^-$ 时涉及的能量变化为 $-459.9\ kJ \cdot mol^{-1}$,即两种状态之间的能级差为 $-4.77eV$. 根据不同循环计算得出的数值略有差异,目前基本受到公认的数值为 $-4.7eV$. 图 2.9 中据此绘出以真空中无穷远处为基点的能级标度与以 SHE 为参比电极的相对电极电势两者之间的对应关系.

半电池反应一般写成 $O + e^- \longrightarrow R$,而不注明电子的标态. 然而,在计算相对

---

① 在本章中至此已先后采用下列四种不同的电子标态,使用时应小心避免相互混淆:
　　a. 真空中无穷远处(用于定义 ϕ,φ);
　　b. 实物相表面外侧近处真空中(用于定义 W_{e^-});
　　c. 实物相中动能为零时(固体物理中常用);
　　d. 参比电极电子导电端相中的 E_F(用于定义相对电极电势).

电极电势时应理解为式中的 e^- 只是 e^-_{SHE} 的简略写法,这样才能略去 e^- 的 $\Delta G^0_{生成}$ 而直接根据 O ⟶ R 反应的 $\Delta(\Delta G^0_{生成})$ 来计算相对于 SHE 的标准电极电势.

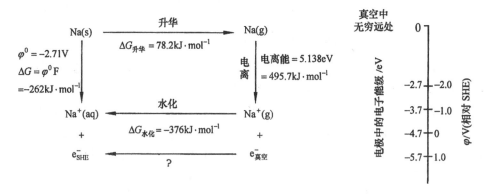

图 2.8 估算 SHE 中 E_F 高度的热力学循环

图 2.9 相对于标准氢电极的电极电势与电子能级之间的相应关系

§2.3 采用理想极化电极研究"电极／溶液"界面结构的实验方法及主要结论

由于最常见的"电极／电解质"界面是"电极／电解质溶液"界面,在本章中主要讨论后一种界面,并简称之为"电极／溶液"界面. 所得结论在很大程度上亦适用于其他类型的"电极／电解质"界面.

研究"电极／溶液"界面结构的基本方法是一方面通过实验测量一些可测的界面参数(如界面张力、界面剩余电荷密度、各种粒子的界面吸附量、界面电容等),一方面根据一定的界面结构模型来推算这些界面参数. 如果通过实验测出的参数值与理论计算值较好地吻合,就可认为所假设的界面结构模型在一定程度上反映了界面的真实结构. 由于"电极／溶液"界面参数大多与界面上的电势分布有关,在实验测量和理论推算时都必须考虑界面电势的影响,即研究这些参数随界面电势(相对电极电势)的变化.

§2.3.1 理想极化电极

首先要区别两类"电极／溶液"界面:

若电极能与溶液之间发生某些带电粒子的交换反应(如金属晶格与溶剂化离子之间交换金属离子,或是溶液中的氧化还原电对与电极之间交换电子),则当电极与溶液接触时一般会发生这些带电粒子的转移,并伴随着电极电势的变化,直至这些粒子在两相中具有相同的电化学势. 这些转移反应具有电化学性质. 若通过外电路使电荷流经这种界面,则在界面上将发生电化学反应. 这时为了维持一定的稳态反应速度,就必须由外界不断地补充电荷,即在外电路中引起"持续的"电流.

在另一类"电极/溶液"界面上,全部流向界面的电荷均用于改变界面构造而不发生电化学反应. 这时为了形成一定的界面结构只需要耗用有限的电量,即只会在外电路中引起瞬间电流(与电容器的充电过程相似).

显然,为了研究界面电性质,最好选择那些在"电极/溶液"界面上不可能发生电化学反应的电极体系. 在这种界面上,全部由外界输入的电量都被用来改变界面构造,因而既可以很方便地将电极极化到不同的电势,又便于定量计算用来建立某种表面结构所耗用的电量. 这种电极称为"理想极化电极".

在一定的电势范围内,是可以找到基本符合"理想极化电极"条件的实际电极体系的. 例如,当纯净的汞表面与仔细除去了氧及其他氧化还原性杂质的 KCl 溶液接触时,可能发生的电极反应只有汞的溶解及钾和氢的析出. 前一反应只能在电极电势比 +0.1V(相对 SHE,下同)更正时才能以可察觉的速度进行. 钾离子也只能在电极电势比 -1.6V 更负时才能在汞电极上以可以测量的速度形成汞齐. 又由于汞电极上的氢析出过程伴随着很高的超电势,虽然从热力学角度看在较负电势区氢的析出是可能发生的,实际上 φ 达到 -1.2V 以前氢的析出电流小于几个微安/厘米^2. 因此,在 +0.1 到 -1.2V 之间的电势区间内,这一电极体系可以近似地看作是"理想极化电极",并被用来研究界面电性质. 当采用某些可以允许通过微量电解电流的实验方法时,可用的电势范围甚至扩展到 -1.6V. 某些其他"电极/溶液"体系也可以在一定的电势范围内近似地满足"理想极化"条件.

在有些"电极/溶液"界面上,则情况与上述后一种界面略有不同:引起界面结构变化的粒子主要是通过电化学反应产生的,但生成的数量仅限于改变界面结构的需要. 处于析氢和析氧电势之间的贵金属电极基本属于这类情况. 在这一电势区间内,贵金属电极/溶液界面的结构主要由氢原子吸附层和含氧粒子吸附层所决定,而它们的生成和消失则是通过电化学反应实现的. 这类界面不能称"理想极化"界面,但仍然可采用电量测量方法来研究其界面结构,只是需要同时考虑法拉第电量与非法拉第电量的贡献.

§2.3.2 电毛细曲线

若将理想极化电极极化至不同电势(φ),同时测出相应的界面张力(σ)值,就得到所谓"电毛细曲线"(图 2.12). 例如,对于液态金属可以采用滴重法或毛细管静电计法. 前一方法所需设备最简单,但测量精确度要差一些,因为液滴不可能是

在完全平衡的状态下开始下落的. 毛细管静
电计的基本结构见图 2.10. 测量时在每一
电势下调节汞柱高度(h),使倒圆锥形的毛
细管(K)内汞弯月面的位置保持一定,因此
界面张力与汞柱高度成正比.

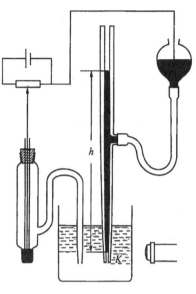

　　毛细管静电计实验方法在 20 世纪初即
已由于 Gouy,Фрумкин 等人的工作而达到
了很高的精确度. 利用界面张力数据,可以
计算界面吸附量和界面剩余电荷密度,其出
发点是 Gibbs-Duham 公式. 对于整体相这
一公式可写成

$$SdT - VdP + \sum n_i d\mu_i = 0 \quad (2.19a)$$

对界面相则还需要考虑界面自由能的影响,
因此应改写为

$$SdT - VdP + Ad\sigma + \sum n_i d\mu_i = 0$$
$$(2.19b)$$

图 2.10　毛细管静电计

式中,A 为界面的面积. 若 T,P 不变则上式简化为 Gibbs 吸附等温式

$$d\sigma + \sum \Gamma_i d\mu_i = 0 \quad (2.20)$$

式中,$\Gamma_i = n_i/A$,称为 i 粒子的界面吸附量,用"$mol \cdot cm^{-2}$"表示.

　　设想在 A,B 间界面的两侧划出一定的界面区,其宽度足够包括组成与整体
A,B 相有所不同的全部区域,并在此区域内设定某一平面作为"分界面"(图
2.11). 按照这一模型,Γ_i 的定义为

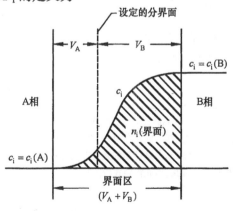

图 2.11　界面区模型[$c_i(A) \ll c_i(B)$]

$$\Gamma_i = [n_{i(界面)} - c_i(A)V_A - c_i(B)V_B]/A$$

式中右方 $n_{i(界面)}$ 为界面区内 i 粒子的总量，而后两项为假设 V_A,V_B 两区内 i 的浓度仍然保持 A,B 两相中 i 的整体浓度时界面区中应有的 i 总量.

显然，Γ_i 的数值与所选定的分界面位置有关. 习惯上选择分界面位置使 $\Gamma_{溶剂}=0$，因此式(2.20)中不必再包括溶剂项. 对于"电极/溶液"界面，如果认为电极相中除电子外不含有能在界面区中富集的其他粒子，则式(2.20)可改写为

$$d\sigma = -qd\varphi - \sum \Gamma_i d\mu_i \qquad (2.21)$$

式中右方最后一项累计液相中除溶剂外的各种粒子. 推导式(2.21)时将电势可改变的电极中的电子看作是一种界面活性粒子. 若电极表面上的剩余电荷密度为 q，则电子的界面吸附量 $\Gamma_{e-} = -q/F$，而其偏克粒子自由能的变化为 $d\mu_{e-} = -Fd\varphi$，因而 $\Gamma_{e-}d\mu_{e-} = qd\varphi$. 若溶液的组成不变，则式(2.21)简化为

$$q = -\left(\frac{\partial \sigma}{\partial \varphi}\right)_{\mu_1,\mu_2,\cdots} \qquad (2.22)$$

式(2.22)通常称为 Lippman 公式[1].

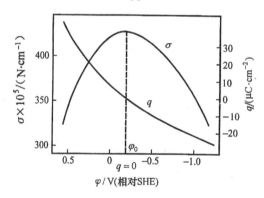

图2.12　汞电极上的界面张力(σ)与表面电荷密度(q)随电极电势的变化

电毛细曲线一般有着如图2.12中所示的形状. 可以根据曲线的斜率及式(2.22)计算电极表面电荷密度[2]. 在图2.12中电毛细曲线的左边分支上 $d\sigma/d\varphi < 0$，故 $q > 0$，即电极表面荷正电；在曲线的右边分支上则有 $d\sigma/d\varphi > 0$，即电极表面荷负电（$q < 0$）. 在曲线最高点处有 $d\sigma/d\varphi = 0$，即 $q = 0$，相应的电势称为"零电荷电势"（φ_0）.

用汞电极在不同无机盐溶液中

---

① 还可以利用下列循环来推导式(2.22)：设想在电极电势为 φ 时将电极表面扩展 $1cm^2$，这时所需要作的功为 $W_1 = \sigma + q\varphi$，其中第一项为克服界面张力所作的功，第二项为外电流对表面的充电功. 然后将表面电荷密度增大至 $q + dq$，则新表面上相应的充电功为 $dW = \varphi dq$. 设此时电极电势变为 $\varphi + d\varphi$，界面张力变为 $\sigma + d\sigma$. 如果此后再使表面收缩 $1cm^2$，则伴随的能量降低为 $-W_2 = \sigma + d\sigma + (\varphi + d\varphi)(q + dq)$. 显然应有 $W_1 + dW = -W_2$，即 $d\sigma = -qd\varphi$，由此得到式(2.22).

② 用实用单位时式(2.22)可写成

$$q(C \cdot cm^{-2}) = -\frac{\partial \sigma(N \cdot cm^{-1})}{\partial \varphi(V)} \times 10^{-2}$$

测得的电毛细曲线在较负电势区基本重合(图2.13),表示当电极表面荷负电时界面结构基本相同. 但在较正电势区各曲线相差较大,表示当电极荷正电时界面结构与阴离子的特性有关. 零电荷电势的位置也与所选用的阴离子有关.

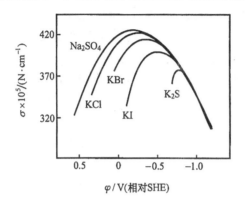

图 2.13　无机阴离子的吸附对电毛细曲线的影响

§2.3.3　微分电容法

对于理想极化电极,可将"电极/溶液"界面当作一个电容性元件来处理. 当有很小的电量 dq 引至电极上时,溶液一侧必然出现电量绝对值相等的异号离子. 设因此引起的电极电势变化为 $d\varphi$,则仿照电容的定义可以认为界面双电层的微分电容值为

$$C_d = \frac{dq}{d\varphi} \qquad (2.23)$$

C_d 的数值可以用交流电桥法精确地加以测量,其基本电路见图2.14. 电桥的两个比例臂由阻值相同的标准电阻 R_1 及 R_2 组成,第三臂由可变标准电容箱 C_S 及标准电阻箱 R_S 组成,第四臂则为电解池. 交流信号发生器 G 接在电桥的一个对角线上,示零器(示波器 O)则接在另一对角线上. 为了避免高次谐波出现,测量信号振幅一般不超过几个毫伏. 当 R_S 和 C_S 分别等于电解池等效阻抗的电阻部分与电容部分时,整个电桥处于平衡状态. 图中直流电源 (B) 和 R_3 系用来供给直流极化电压,俾得以将被研究电极 (K) 极化到不同的电势. 扼流圈 (L) 则系用

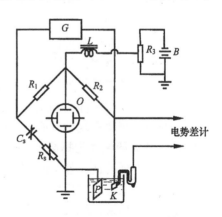

图 2.14　测量界面微分电容的实验电路

来避免直流极化电路对示零器的分路作用.

示零信号输向示波器前一般要先经过放大. 为了避免干扰,可采用选频放大器. 若采用相敏检波器或锁相放大器示零,则不但可以更有效地改善信噪比,且能分别测定电阻和容抗. 利用按相关技术设计的频率分析仪,还可以直接测量电阻和电抗. 但这些仪器的输出电路中往往包括时间常数较大的低通滤波器或平均器,因而不适用于测量界面阻抗的瞬间值(例如滴汞电极的微分电容).

测量微分电容时,辅助极化电极(P)的表面积一般比被研究电极大得多,因而辅助电极上界面电容的影响可以忽略. 在电桥平衡时 C_S 值等于被研究电极的界面微分电容值,而 R_S 的值等于两个电极之间的溶液电阻(参考 §6.1).

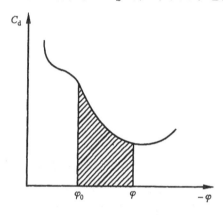

图 2.15 根据微分电容曲线计算 q

微分电容曲线的大致形状如图 2.15. 为了测出不同电势下 q 的数值,需将式 (2.23)积分,如此得到

$$q = \int C_d d\varphi + 常数$$

上式右方的积分常数可以利用 $\varphi = \varphi_0$ 时 $q = 0$ 求得,即可写成

$$q = \int_{\varphi_0}^{\varphi} C_d d\varphi \qquad (2.24)$$

因此,电极电势为 φ 时 q 的数值(负值)相当于图 2.15 中曲线下方用斜线标出的面积.

电毛细法利用曲线的斜率求 q;而微分电容法利用曲线的下方面积求 q. 因此,两种测量方法的差别在于采用电毛细法时实际测量的 σ 是 q 的积分函数$\left(\sigma = -\int q d\varphi\right)$;而采用微分电容法时实际测量的 C_d 是 q 的微分函数($C_d = dq/d\varphi$). 在一般情况下,微分函数总是要比积分函数更敏锐地反映出原变数的微小变化. 由此不难理解,为什么微分电容法的灵敏度要比电毛细法高得多. 但是不应该忘记,采用微分电容法求 q 时所需要的积分常数一般还是要靠电毛细方法测定的,因此两种方法不可偏废.

微分电容法很早即受到重视,但只在 Фрумкин 等人充分重视避免微量杂质沾染的影响后才获得重现性良好的实验数据. 随后由于 Grahame 成功地采用了滴汞电极而使测量精度大为提高[2],并通过 Мелик-Гайказян[3] 和 Дамаскин[4] 等人的努力进一步得到改进. 迄今有关"电极/溶液"界面结构最精确的定量实验研究,几乎全是用微分电容法在滴汞电极上获得的. 将同一方法用于固体电极则不易得到重现性良好的结果;然而,原苏联学者采用这一方法在固体电极上仍得到不少有意义的结果,包括固体电极零电荷电势的测量,以及表面上的吸附研究等(详见

§2.5~2.7).

用滴汞电极在不同无机盐溶液中测得的微分电容曲线见图 2.16. 与用电毛细曲线法测得的结果相似,在电极电势较正的区域内界面微分电容的数值强烈依赖于阴离子的特性. 利用上述计算方法求得不同溶液中汞电极上表面电荷密度随电极电势的变化见图 2.17(注意图 2.12 和图 2.17 中电荷密度坐标方向相反). 在无机盐稀溶液中测得的微分电容曲线上有一明显的极小值,其位置与稀溶液中的零电荷电势吻合(图 2.18).

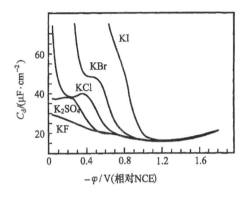

图 2.16　无机阴离子的吸附对汞电极微分电容曲线的影响

(溶液浓度除 K_2SO_4 为 $0.05\,mol \cdot L^{-1}$ 外均为 $0.1\,mol \cdot L^{-1}$)

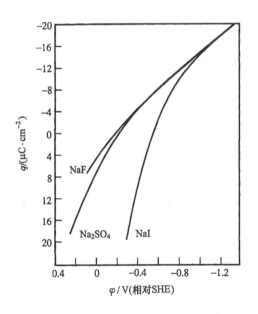

图 2.17　汞电极与 $1\,mol \cdot L^{-1}$ 盐溶液接触时的表面电荷密度

(25℃,φ 相对于 SHE)

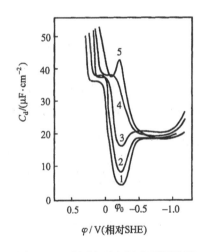

图 2.18　采用滴汞电极在不同浓度 KCl 溶液中测得的微分电容曲线,KCl 的浓度($mol \cdot L^{-1}$):1. 0.0001;　2. 0.001;　3. 0.01;　4. 0.1;　5. 1.0

§2.3.4　界面离子剩余电荷

界面双电层中电极一侧的剩余电荷(q)系由电子的剩余或不足所引起,其测

量方法已在上节中讨论. 溶液一侧的剩余电荷(q_s)在数值上等于$-q$, 来自液相中各种离子的吸附, 即

$$q_s = \sum z_i F \Gamma_i \tag{2.25}$$

利用实验测得的电毛细曲线或微分电容曲线, 可以分别求出各种离子的表面剩余量, 所依据的基本原理如下:

由式(2.21)可以直接导出

$$\Gamma_i = -\left(\frac{\partial \sigma}{\partial \mu_i}\right)_{\varphi,\ \mu_{j \neq i}} \tag{2.26}$$

但企图直接用式(2.26)求某一种离子的表面吸附量时遇到两方面的困难: 一是我们不可能只改变一种离子的浓度, 一是溶液的浓度改变后参比电极本身的电势也会发生一些变化(除非引入缺乏热力学严格性的"液接电势"). 因此, 需要首先推导离子吸附量的计算公式.

设电解质 $M_{v_+} A_{v_-}$ 在溶液中按 $M_{v_+} A_{v_-} \rightarrow v_+ M^{z_+} + v_- A^{z_-}$ 离解, 则应有

$$v_+ z_+ + v_- z_- = 0$$

$$z_+ \Gamma_+ F + z_- \Gamma_- F = q_s = -q$$

$$d\mu_{MA} = v_+ d\mu_+ + v_- d\mu_-$$

又当溶液成分发生变化时, 由于参比电极电势$(\varphi_{参比})$变化而引起的电极电势变化为

$$d\varphi = d\varphi_{相对} + d\varphi_{参比}$$

其中, $d\varphi_{相对}$ 为相对于浸在组成经历了同样变化的溶液中的参比电极测得的研究电极电势的变化. 根据电极电势公式, 若所用参比电极对于溶液中的正离子是可逆的(如氢电极), 应有 $d\varphi_{参比} = \dfrac{d\mu_+}{z_+ F}$; 若参比电极对于溶液中的负离子是可逆的(如甘汞电极, 氧化汞电极), 则应有 $d\varphi_{参比} = \dfrac{d\mu_-}{z_- F}$.

将上述各式代入 $d\sigma = -q d\varphi - \Gamma_+ d\mu_+ - \Gamma_- d\mu_-$, 整理后可以得到, 当参比电极对负离子为可逆时有

$$\Gamma_+ = -v_+ \left(\frac{\partial \sigma}{\partial \mu_{MA}}\right)_{\varphi_{相对}} \tag{2.27a}$$

而当参比电极对正离子为可逆时有

$$\Gamma_- = -v_- \left(\frac{\partial \sigma}{\partial \mu_{MA}}\right)_{\varphi_{相对}} \tag{2.27b}$$

因此, 对于对称型电解质 $(v_+ = v_-)$, (2.21)式可改写为

$$d\sigma = q d\varphi_\pm + \Gamma_\mp d\mu_\mp \tag{2.21*}$$

式中,φ_+,φ_-分别表示用对正离子和负离子可逆的参比电极测出的电势. 若在不同浓度的电解质溶液中测出电毛细曲线,就可以运用这些式子来分别求出正、负离子的表面吸附量. 利用微分电容数据也可以求出正、负离子的表面吸附量. 有关的公式推导及实验结果见文献[5]. 实验还表明,即使采用了浸在组成不变的溶液中的参比电极来测量研究电极电势,当校正了"液接电势"的影响后,仍然可以相当准确地求得离子吸附量.

根据这些方法求得在 $0.1\mathrm{mol\cdot L^{-1}}$ 盐溶液中汞电极表面上正、负离子的吸附量(用离子剩余电荷密度表示)见图2.19. 曲线上用小竖线标出各该溶液中零电荷电势的位置. 由图中可以看到,当电极表面荷负电时,正离子的吸附量随电极电势变负而线性地增大,同时负离子有微弱的负吸附. 在 Sb,Bi 等固体电极上也获得了类似的结果[6]. 这类结果可以用电荷间的静电作用来解释. 但是,当电极表面荷正电时,负离子吸附量随电极电势变正而增加的速度要更快一些;同时正离子的吸附量并不趋向负值,而是通过某一最小正值后又上升(除 KF 外). 这些现象表明负离子与电极表面之间的相互作用已不能完全用静电引力来解释,而必须考虑它们之间更深刻的相互作用.

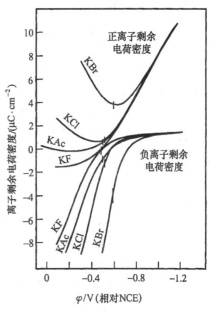

图 2.19 $0.1\mathrm{mol\cdot L^{-1}}$盐溶液中不同正、负离子吸附量随汞电极电势的变化

在下一节中我们还将回到这个问题上来.

§2.4 "电极/溶液"界面模型的发展

在上一节提到的表面电荷密度及正、负离子表面吸附量等都是通过热力学方法计算求得的,因而也就不可能提供有关界面结构(包括电荷分布)的具体图像. 为了解释所观察到的实验现象,在电化学发展过程中曾一再提出或修正"电极/溶液"界面结构的模型. 本节中我们将介绍有关"电极/溶液"界面模型的发展情况. 在人类认识自然的过程中不断提出的种种模型不但应能解释当时已经获得的主要实验事实,还必须不断经受此后实验事实的考验. 因此,任何模型总是不断发展的,愈来愈接近客观事物的真实状况. 换言之,对于任何模型都要用发展的观点来

看待,而不能期望有什么"完美无缺"的模型. 对于"电极/溶液"界面模型也是如此.

§2.4.1 "电极/溶液"界面的基本图像

在讨论界面模型以前,有必要先根据一般知识分析"电极/溶液"界面的基本图像. 为此首先要看到被称为"电极/溶液"界面这一局部区域的特殊性来源于电极与溶液两相之间的相互作用,包括两相中剩余电荷所引起的静电相互作用,以及电极表面与溶液中的各种粒子(溶剂分子、溶剂化了的离子和分子等)之间更深刻的相互作用. 前一种相互作用具有长程性质,而后一种相互作用只在几个埃(Å)的距离内才比较显著. 因此,应有可能首先将整个界面区域划分为两个部分:在距电极表面距离不超过几埃(Å)的"内层"中,需要同时考虑上述两种相互作用;而在距电极表面更远一些的液相里的"分散层"中,只需要考虑静电相互作用. 按此定义,分散层应该从与电极表面只有静电相互作用的离子能接近电极表面的最近距离处算起.

两相中的剩余电荷在界面区中的分布可以具有不同的分散性. 如果电极系由电子导电性良好的材料所构成(金属、PbO_2 等),则由于自由电子浓度大,少量剩余电荷的局部集中并不严重破坏自由电子的最概然分布,故可以认为电极中的全部剩余电荷都是紧贴地分布在界面上,而电极内部各点的电势均相等.

基于同一原因,如果电解质溶液的总浓度很大(几个 $mol \cdot L^{-1}$ 以上),同时电极表面电荷密度也较大,则溶液相中的剩余电荷(离子)也倾向于紧密地分布在界面上分散层的最内侧. 表面层中离子与电极表面之间的距离约等于或略大于溶剂化离子的半径. 如果离子与电极表面之间存在更深刻的相互作用(所谓"特性相互作用"),则离子与电极表面之间的距离可以更小. 这样形成的"紧密双电层"(图2.20)与一个荷电的平板电容器相似.

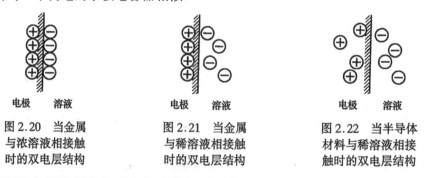

图 2.20　当金属　　　图 2.21　当金属　　　图 2.22　当半导体
与浓溶液相接触　　　与稀溶液相接触　　　材料与稀溶液相接
时的双电层结构　　　时的双电层结构　　　触时的双电层结构

然而,如果溶剂中离子浓度不够大,或电极表面电荷密度比较小,则由于热运动的干扰致使溶液中的剩余电荷不可能全部集中排列在分散层的最内侧. 在这种

情况下,溶液中剩余电荷的分布就具有一定的"分散性"(图 2.21),而双电层包括
"紧密层"和"分散层"两部分. 有时也称后者为"扩散层",但这样称呼易与出现浓
度极化时电极表面上的扩散层混淆. 其实二者的物理意义全然不同,厚度相差也
很大.

　　仿此,如果电极由半导体材料所构成,则由于半导体中载流子的浓度不大,故
电极表面层中剩余电荷的分布也会具有一定的分散性. 如果这类电极材料与稀电
解质溶液接触,则"电极/溶液"界面两侧的双电层都是分散的(图 2.22).

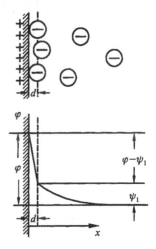

　　我们首先考虑当电极与溶液中离子之间不存在
特性相互作用时的情况. 设溶剂化离子能接近电极表
面的最短距离为 d,则在 $x = 0$ 到 $x = d$ 的内层中不
可能存在电荷. 若认为内层的介电常数 ε 为恒定值,
则内层中的电场强度也应为恒定值($= 4\pi q/\varepsilon$,其中 q
为金属表面上的剩余电荷密度),电势梯度也是不变
的. 当 x 在 $x > d$ 的区间内增大时,由于异号电荷的
存在,电力线密度迅速减少,电场强度和电势梯度的
数值也随之减小,直至趋近于零值. 在比较简单的情
况下,可以认为由于存在表面剩余电荷而引起的界面
电势具有图 2.23 所表示的分布形式. 这时电极与溶
液之间的电势差 φ 实际上包含有两个组成部分:

图 2.23　电极/溶液界面上
电势及剩余电荷的分布情况

　　1. 紧密双电层中的电势差,又称为"界面上的"电
势差,其数值为 $\varphi - \psi_1$;

　　2. 分散层中的电势差,又称为"液相中的"电势差,其数值为 ψ_1.

　　由于双电层包括紧密部分及分散部分,计算双电层电容时可利用

$$\frac{1}{C_d} = \frac{d\varphi}{dq} = \frac{d(\varphi - \psi_1)}{dq} + \frac{d\psi_1}{dq} = \frac{1}{C_{紧}} + \frac{1}{C_{分散}} \qquad (2.28)$$

$$C_{紧} = \left[\frac{dq}{d(\varphi - \psi_1)}\right] \qquad C_{分散} = \left(\frac{dq}{d\psi_1}\right)$$

即将双电层电容看成是由紧密双层的电容
($C_{紧}$)及分散层的电容($C_{分散}$)串联而组成(图
2.24).

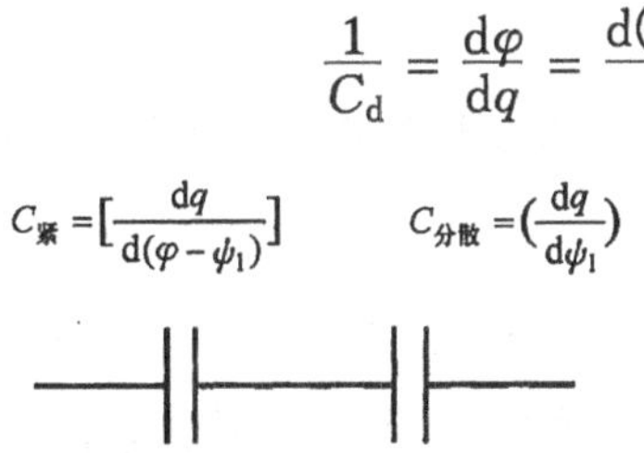

$$C_{紧} = \left[\frac{dq}{d(\varphi - \psi_1)}\right] \qquad C_{分散} = \left(\frac{dq}{d\psi_1}\right)$$

图 2.24　界面微分电容的组成部分

由于在分散层中只需要考虑静电相互作用,建
立分散层模型显然要比内层模型简单些,但这一点却不是一开始就被认识到的.
在电化学发展过程中,首先是 Helmholtz 提出"平板电容器"模型,或称为"紧密双
电层"模型. 按照这种模型,电极表面上和溶液中的剩余电荷都紧密地排列在界面

两侧,形成类似荷电平板电容器的界面双电层结构(图 2.20). 根据电容器公式 $V = \frac{4\pi d}{\varepsilon}q$,界面微分电容 $C_d = \frac{dq}{dV} = \frac{\varepsilon}{4\pi d}$. 采用这种模型,并假设溶液中负离子能比正离子更接近电极表面(即具有较小的 d 值),可以解释某些溶液中(例如图 2.18 曲线4)测得的微分电容曲线在零电荷电势两侧各有一平段. 但是,这种模型完全无法解释为什么在稀溶液中会出现极小值,也没有触及微分电容曲线的精细结构.

为了绕过平板电容器模型所遇到的困境,20 世纪初叶 Gouy 和 Chapman 提出"分散双电层"模型. 他们考虑到:由于粒子热运动的影响,溶液中的剩余电荷不可能完全紧密地排列在界面上,而应按照势能场中粒子的分布规律分散在邻近界面的薄液层中,即形成电荷"分散层". 按照这种模型,并假设离子电荷为理想的点电荷,可以较满意地解释稀溶液中零电荷电势附近出现的电容极小值. 但由于他们完全忽略了溶剂化离子的尺寸及紧密层的存在,当溶液浓度较高或表面电荷密度值较大时,按分散层模型计算得出的电容值远大于实验测得的数值.

值得提出的是 1910 年 Gouy-Chapman 处理分散双电层即已采用了与 13 年后 Debye-Hückel 建立强电解质溶液中离子氛理论时大致相近的基本概念与数学方法.

1924 年 Stern 综合了上述两种模型中的合理部分,建立了当今被称为 Gouy-Chapman-Stern 模型(GCS 模型)的双电层模型. GCS 模型主要是分散层模型. 虽然这一模型承认紧密双层的存在与作用,却并未认真分析紧密双层的结构与性质,因而常被称为 GCS 分散层模型.

§2.4.2 GCS 分散层模型

这一模型主要处理分散层中剩余电荷的分布与电势分布,其基本出发点有二:

1. Boltzmann 分布公式

此即势能场中粒子的浓度分布公式. 若只考虑静电场的作用,则对 1-1 型电解质溶液该公式具有下列形式:

$$c_+ = c^0 \exp\left(-\frac{\psi F}{RT}\right), \qquad c_- = c^0 \exp\left(\frac{\psi F}{RT}\right) \tag{2.29}$$

式中:c_+, c_- 分别表示溶液中电势为 ψ 处的正离子和负离子浓度;c^0 为远离电极表面($\psi = 0$)处的正、负离子浓度,也就是电解质溶液的整体浓度.

2. Poisson 公式

$$\frac{\partial^2 \psi}{\partial x^2} = -\frac{\partial E}{\partial x} = -\frac{4\pi\rho}{\varepsilon} \tag{2.30}$$

式中:ρ 为体电荷密度;E 为电场强度;ε 为介质的介电常数.

将自式(2.29)得到的 $\rho = F(c_+ - c_-) = c^0 F \left[\exp\left(-\frac{\psi F}{RT}\right) - \exp\left(\frac{\psi F}{RT}\right) \right]$ 代入式

(2.30),得到

$$\frac{\partial^2 \psi}{\partial x^2} = -\frac{4\pi c^0 F}{\varepsilon} \left[\exp\left(-\frac{\psi F}{RT}\right) - \exp\left(\frac{\psi F}{RT}\right) \right]$$

再将 $\frac{\partial^2 \psi}{\partial x^2} = \frac{1}{2} \frac{\partial}{\partial \psi} \left(\frac{\partial \psi}{\partial x}\right)^2$ 的关系代入,并且考虑到在 $x = \infty$ 处有 $\psi = 0$ 和 $\frac{\partial \psi}{\partial x} = 0$,

可以得到

$$\left(\frac{\partial \psi}{\partial x}\right)^2 = \frac{8\pi c^0 RT}{\varepsilon} \left[\exp\left(-\frac{\psi F}{RT}\right) + \exp\left(\frac{\psi F}{RT}\right) - 2 \right]$$

$$= \frac{32\pi c^0 RT}{\varepsilon} \sinh^2\left(\frac{\psi F}{2RT}\right) \tag{2.31}$$

根据图 2.23 所示的双电层模型,在 $x = d$ 处有 $\psi = \psi_1$,因而(2.31) 式又可写成

$$\left(\frac{\partial \psi}{\partial x}\right)^2_{x=d} = \frac{8\pi c^0 RT}{\varepsilon} \left[\exp\left(-\frac{\psi_1 F}{RT}\right) + \exp\left(\frac{\psi_1 F}{RT}\right) - 2 \right]$$

$$= \frac{32\pi c^0 RT}{\varepsilon} \sinh^2\left(\frac{\psi_1 F}{2RT}\right) \tag{2.31a}$$

再将式(2.30) 在 $x = d$ 到 $x = \infty$ 的范围内积分,可以得到 $\left(\frac{\partial \psi}{\partial x}\right)_{x=d} = \frac{4\pi}{\varepsilon} \int_d^\infty \rho \mathrm{d}x$.

若认为不存在能在电极表面上特性吸附的离子,即假设在 $x = 0$ 到 $x = d$ 的内层空

间中不存在剩余电荷,则 $\int_d^\infty \rho \mathrm{d}x$ 应等于分散层中的全部剩余电荷 $q_{\text{分散}}$ 且

等于 $-q$,即

$$\left(\frac{\partial \psi}{\partial x}\right)_{x=d} = -\frac{4\pi q}{\varepsilon} \tag{2.31b}$$

与式(2.31a)比较,立即得到

$$q = \sqrt{\frac{2\varepsilon RT c^0}{\pi}} \sinh\left(\frac{\psi_1 F}{2RT}\right)$$

$$= +\sqrt{\frac{\varepsilon RT c^0}{2\pi}} \left[\exp\left(\frac{\psi_1 F}{2RT}\right) - \exp\left(-\frac{\psi_1 F}{2RT}\right) \right] \tag{2.32}$$

式中右方正号是根据在 $\psi_1 > 0$ 时应有 $q > 0$ 而得到的.

仿此,对于 z-z 型电解质,可以得到

$$q = \sqrt{\frac{2\varepsilon RT c^0}{\pi}} \sinh\left(\frac{|z|\psi_1 F}{2RT}\right) \tag{2.32a}$$

应用式(2.32)和式(2.32a)时各参数均需用静电单位,如改用实用单位,并用

25℃的数值($\varepsilon = 78.5$,$T = 298\mathrm{K}$)代入,则整理后得到

$$q(\mu C \cdot cm^{-2}) = 372\sqrt{c^0}\sinh(19.46|z|\psi_1) \tag{2.32b}$$

式中：c^0 用 mol·cm^{-3} 表示；ψ_1 用 V 表示.

从式(2.31)出发,利用积分公式 $\int \sinh x dx = \int \operatorname{cosech} x dx = \ln\tanh(x/z)$ 及 $x=d$ 时 $\psi=\psi_1$,还可以求得分散层中的电势分布公式

$$\psi = \frac{4RT}{|z|F}\tanh^{-1}\exp[p - \kappa(x-d)] \tag{2.33}$$

式中 $p=\ln\tanh\left(\dfrac{|z|F\psi_1}{4RT}\right)$；$\kappa = \left(\dfrac{8\pi z^2 F^2 c^0}{\varepsilon RT}\right)^{\frac12}$. 当 ψ 值不高时,式(2.33)可简化为

$$\psi = \psi_1\exp[-\kappa(x-d)] \tag{2.33a}$$

按式(2.33a),分散层中的电势呈指数型衰减,可以认为分散层的"有效厚度"(或称为 Debye 长度)为

$$L_{分散} = 1/\kappa = \frac{1}{|z|F}\left(\frac{\varepsilon RT}{8\pi c^0}\right)^{\frac12}$$
$$= 0.096(c^0)^{-\frac12}\text{Å} \quad (25℃, z=1) \tag{2.34}$$

将不同 c^0 值(用 mol·cm^{-3} 表示)代入,可知在稀溶液中(<0.001mol·L^{-1})$L_{分散}$ 可达 100Å 以上,而在较浓溶液中(>0.1mol·L^{-1})只有几个埃(Å).

综合上述,只要设定电极表面上的剩余电荷密度 q,就可以用式(2.32)计算 ψ_1 值,并用式(2.33)或(2.33a)计算分散层中的电势分布. 利用这些关系,还可以进一步计算一些可测量的参数(如 C_d, Γ_i 等). 例如,将式(2.32a)微分,可求得分散层电容

$$C_{分散} = \frac{dq}{d\psi_1} = \frac{|z|F}{RT}\sqrt{\frac{\varepsilon RTc^0}{2\pi}}\cosh\left(\frac{|z|\psi_1 F}{2RT}\right) \tag{2.35a}$$

在 25℃并采用实用单位时,可写成

$$C_{分散}(\mu F \cdot cm^{-2}) = 7.23\times10^3|z|\sqrt{c^0}\cosh(19.46|z|\psi_1) \tag{2.35b}$$

当 $\psi_1=0$ 时,$\cosh(0)=1$,此时 $C_{分散}$ 具有最小值. 而当 q 和 ψ_1 增大时 $C_{分散}$ 迅速增大(图 2.25). 由此可见,采用分散双层模型可以较好地解释稀溶液中零电荷电势附近出现的电容最小值. 在稀溶液中,零电荷电势附近分散层电容比紧密层电容要小,因而前者是决定界面电容的主要因素[参见式(2.28)]. 但在远离零电荷电势处及较浓溶液中,按照式(2.35a)求出的电容值却比实验测得值大得多,表示在这些情况下决定界面电容的主要因素已不再是分散层电容而是紧密层电容了.

利用式(2.33)或(2.33a)表达 ψ,可以根据下式计算分散层中 i 离子的吸附量

$$\Gamma_{i,分散} = c_i^0\int_d^\infty\left[\exp\left(-\frac{z_i F}{RT}\psi\right)-1\right]dx \tag{2.36}$$

注意用此式表示的 $\Gamma_{i,分散}$ 中不包括内层中的特性吸附量.

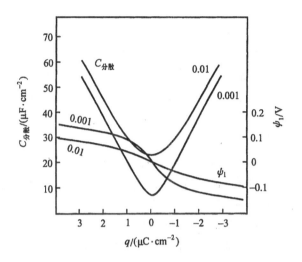

图 2.25　1-1 型电解质溶液中表面剩余电荷密度对分散层

微分电容及 ψ_1 电势的影响

溶液浓度单位为 $mol\cdot L^{-1}$.

用式(2.36) 计算 Γ_i 一般要用数值积分法,但对于对称型电解质,可以从式(2.31) 得到

$$\mathrm{d}x = -\left(\frac{\varepsilon}{32\pi c^0 RT}\right)^{\frac{1}{2}}\left[\sinh\left(\frac{\psi F}{2RT}\right)\right]^{-1}\mathrm{d}\psi$$

代入式(2.36),并注意到在 $x = d$ 处有 $\psi = \psi_1$ 和 $x \to \infty$ 时 $\psi \to 0$,则整理后可得到

$$\Gamma_{i,\text{分散}} = \left(\frac{\varepsilon c^0}{8\pi RT}\right)^{\frac{1}{2}}\int_{\psi_1}^{0}\exp\left(-\frac{z_i F\psi}{2RT}\right)\mathrm{d}\psi$$

积分后得到

$$\Gamma_{+,\text{分散}} = \left(\frac{RT\varepsilon c^0}{2\pi z^2 F^2}\right)^{\frac{1}{2}}\left[\exp\left(\frac{zF\psi_1}{2RT}\right)-1\right] \tag{2.37a}$$

和

$$\Gamma_{-,\text{分散}} = \left(\frac{RT\varepsilon c^0}{2\pi z^2 F^2}\right)^{\frac{1}{2}}\left[\exp\left(-\frac{zF\psi_1}{2RT}\right)-1\right] \tag{2.37b}$$

用实验来验证 GCS 模型是有困难的,因为这一模型只处理了界面的一部分(分散层)而不是全部界面区域. 换言之,上述公式均只能用来计算分散层的参数(如 ψ_1,$C_{\text{分散}}$,$\Gamma_{i,\text{分散}}$ 等),与实验测出的 φ,C_d,Γ_i 等显然不同. 此外,从推导上述公式的过程也不难看出这些式子的一些不足之处.

例如,推导公式时将分散层的介电常数 ε 当作恒定值. 若将式(2.31b)改写成实用单位,并用 $\varepsilon=78.5$ 代入,则可得到

$$\left(\frac{\mathrm{d}\psi}{\mathrm{d}x}\right)_{x=d} = -1.44\times10^5 q /(\mathrm{V}\cdot\mathrm{cm}^{-1})$$

式中, q 用 $\mu\mathrm{C}\cdot\mathrm{cm}^{-2}$ 表示. 由此可见, 分散层内侧的电场强度很容易达到 $10^6\sim10^7\mathrm{V}\cdot\mathrm{cm}^{-1}$. 在这样强的电场中, 必须考虑由于介电饱和而引起的介电常数降低. 另一方面, 式(2.29)在 ψ 值较大时显然也是不适用的. 设 $\psi=0.2\mathrm{V}$, 则按 (2.29)式该处与 ψ 异号的离子浓度应约为 c^0 的 3000 倍. 这时至少必须考虑离子所占体积和活度系数的变化.

GCS 模型的另一个缺点是未考虑剩余电荷的"粒子性". 即使认为处理金属表面剩余电荷时这样做还是可以允许的, 在液相中处理由离子组成的界面双电层时就不应忽视电荷的粒子性了. 显然, 在与电极表面平行的平面上($x=$定值), 并不是每一点都是等电势的, 因为每一离子附近还存在着由于离子电荷而引起的微观电场. 由此可见, 按上述理论求出的 ψ_1 电势等参数值只能理解为某种平均值, 与局部电势可能有出入. 例如, 在电极表面正离子附近的局部 ψ_1 电势就要比平均值更高一些. 如果还考虑到当液相中的点电荷距金属表面很近时将导致金属表面层中出现"镜像电荷", 则金属表面电荷分布也不再是均匀的了.

不少人曾针对上述一些问题对 GCS 模型进行修正. 他们的计算结果表明: 若溶液的浓度不超过 $10^{-2}\mathrm{mol}\cdot\mathrm{L}^{-1}$, ψ_1 不超过 $0.1\mathrm{V}$, 则按 GCS 模型估算 ψ_1 时误差不超过 3%; 但在许多常用的条件下, ψ_1 的计算误差也可高达 30%～40%.

§2.4.3　不存在离子特性吸附时的内层模型

界面层的两个组成部分——内层(或称为紧密层)和分散层——的实验参数都是难以单独测量的. 然而, 如果认为描述分散层性质的 GCS 模型基本正确, 就有可能从整个界面的实验参数中扣除分散层的影响而推知内层的性质.

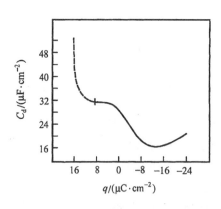

最易行的是按式(2.32)和(2.35)从 q 计算 $C_{分散}$, 再利用式(2.28)从实验数据推算出 $C_{紧}$, 由此得到 $C_{紧}$-q 或 $C_{紧}$-φ 关系曲线. 事实上, 由于只在溶液很稀和 q 较小时 $C_{分散}$ 才有较小的数值(图 2.25), 在大多数情况下, $C_{分散}$ 对整个微分电容曲线的影响并不大. 在较浓溶液中测得的 C_d-φ 曲线可以近似地看成就是 $C_{紧}$-φ 曲线.

用这一方法处理 NaF 溶液中测得的微分电容曲线后得到的 $C_{紧}$-q 曲线见图 2.26. 在 $|q|<10\mu\mathrm{C}\cdot\mathrm{cm}^{-2}$ 时, $C_{紧}$ 只由 q 决定而

图 2.26　NaF 溶液中紧密层微分电容

与 NaF 的浓度$(0.001 \sim 0.916 \text{mol·L}^{-1})$基本无关[7]. 这一事实也反证了 GCS 分散层模型的正确性. 选用 NaF 溶液是由于已知 Na^+ 和 F^- 离子均几乎不在汞电极上特性吸附,因而内层中不存在离子电荷. 当电极表面荷正电时,$C_{\text{紧}}$ 值较高. 这显然是由于 F^- 的水化程度小于 Na^+ 的水化程度,因而可以更接近汞电极表面.

当电极上 q 为较大的负值时,在汞电极上测得的微分电容值几乎为常数而与所选用的阳离子种类与水化阳离子的大小无关. 例如 Li^+ 和 Al^{3+} 的水化离子半径估计分别为 3.4Å 和 6.1Å,然而,在 0.1mol·L^{-1} 的 LiCl 和 $AlCl_3$ 溶液中汞电极上负电势区的界面微分电容值却基本相同. 在许多其他金属的荷负电表面上,紧密层电容也具有相近的数值$(\approx 20 \mu F \cdot cm^{-2})$[8].

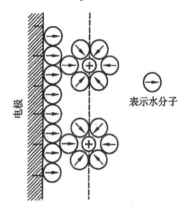

图 2.27　荷负电表面上水化正离子的位置(示意图)

为了解释观察到的实验数据,Bockris 等人[9]曾经假设电极表面上有一层在一定程度上定向吸附的水分子偶极层,而大多数阳离子由于水化自由能较高并不能逸出水化球而突入表面水分子层. 因此,在这种情况下,界面有着如图 2.27 所示的结构. 如果假设第一层水分子由于在强电场中偶极定向排列导致介电饱和,因而使介电常数降至 ~ 6,以及正离子周围水化球的介电常数 ~ 40,则界面电容值主要由第一层水分子所决定而与溶液中正离子的种类几乎无关.

由于阳离子可能接近电极表面的最短距离比较长,其水化层中水分子的排列方式应主要由中心离子的电场所决定,而与电极荷电情况基本无关. 在不荷电或 $|q|$ 很小的情况下,紧靠电极表面的第一层水分子的排列情况主要由电极表面与水分子之间的相互作用所决定. 实验证明,当中性有机分子排除第一层水分子而吸附在汞电极上时,只引起零电荷电势略正移,表示所排除的水分子层并未曾引起显著的表面电势[10]. 这一现象表明不带电的汞电极与水分子之间并无显著的相互作用,与一般认为汞表面"憎水性"较强(与水滴间的接触角大,不易被水打湿)是一致的.然而,随着 $|q|$ 的增大,第一层水分子的定向排列程度也逐渐加强,直至在强表面电场中完全定向排列而使 $C_{\text{紧}}$ 具有恒定值.

如果认为在较宽广的电势范围内 $C_{\text{紧}}$ 具有基本恒定的数值,则可近似地认为 $C_{\text{紧}} = q/(\varphi - \psi_1)$,代入式(2.32)后得到

$$\varphi = \psi_1 + \frac{1}{C_{\text{紧}}} \left(\frac{\varepsilon RTc^0}{2\pi} \right)^{1/2} \left[\exp\left(\frac{\psi_1 F}{2RT} \right) - \exp\left(-\frac{\psi_1 F}{2RT} \right) \right] \quad (2.38)$$

若在电极表面荷负电时取 $C_{\text{紧}} = 18 \mu F \cdot cm^{-2}$,则代入式(2.38)后可以算出 φ 与 ψ_1

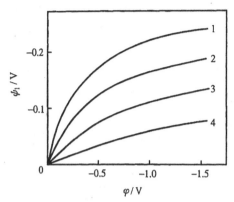

图 2.28　1-1 价型电解质溶液中
ψ_1 与 φ 之间的关系

电解质浓度(mol·L^{-1})：

1. 0.001; 2. 0.01; 3. 0.1; 4. 1.0.

之间的关系,如图 2.28 所示.

这些关系形象地说明:当电极表面上不存在离子的特性吸附时,表面电荷所造成的相间电势(φ)是如何分配在紧密层($\varphi-\psi_1$)和分散层(ψ_1)中. 当溶液浓度和电极电势发生变化,相间电势的分配情况也就随之变化. 这一点我们可以通过两种极端情况来加以说明.

首先,当 c^0 和 φ 都很小时,ψ_1 的数值也必然很小. 这时式(2.38) 右方第二项可以忽略不计,从而有 $\varphi \approx \psi_1$,而相间电势主要是分布在液相中的,即剩余电荷和相间电势的分布具有很大的分散性. 与此相反,当溶液中离子总浓度较高及 φ 的绝对值较大时,式(2.38) 中右方第二项要比第一项大. 在这种情况下,$|\varphi| \gg |\psi_1|$,即液相中的剩余电荷主要分布在 $x = d$ 附近处,相间电势也主要分布在紧密层中.

若认为后一种情况下 $|\varphi| \gg |\psi_1|$ 和 $|\psi_1| > 50\text{mV}$,则可略去式(2.30) 中右方第一项和第二项括号中较小的一项,由此得到

$$|\varphi| \approx \frac{1}{C_紧} \left(\frac{\varepsilon RT c^0}{2\pi} \right)^{1/2} \exp\left(\pm \frac{\psi_1 F}{2RT} \right)$$

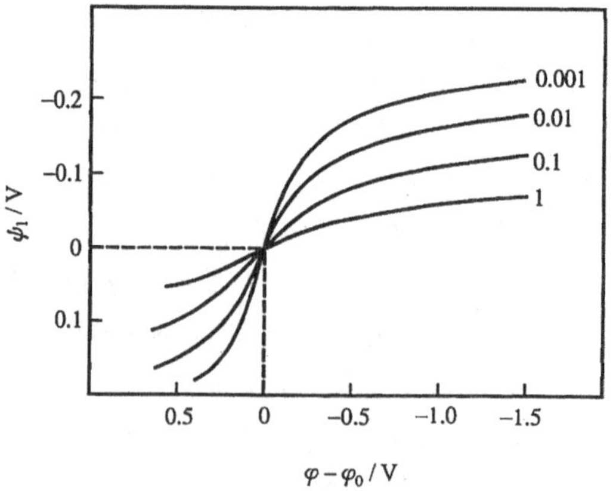

图 2.29　利用在 NaF 溶液中测得的实验数据计算
得到的 ψ_1 随电极电势的变化

溶液浓度单位为 mol·L^{-1}.

式中,正、负号分别用于正的和负的 φ 值. 将此式改成对数形式并偏微分,得到

$$\left(\frac{\partial \psi_1}{\partial \lg c^0}\right)_\varphi = \mp \frac{2.303RT}{F} \tag{2.39}$$

式中,右方的负号与正号分别用于正的和负的 φ 值.式(2.39)表示,若在较浓的 1-1 型电解质溶液中及电极电势远离 φ_0 处保持 φ 不变,则溶液浓度每增大 10 倍, ψ_1 的绝对值减小 59mV.

虽然在上述推导过程中作了不少近似处理,但由此引入的误差似乎并不严重. Parsons 曾根据在 NaF 溶液中测得的微分电容数据算出 ψ_1 的数值,得到如图 2.29 所示的关系[11]. 不难看出,该图与图 2.28 之间的吻合程度是相当好的.

§2.4.4 离子的特性吸附及其对界面电势分布的影响

在图 2.13 和图 2.16 中我们已经看到,当汞电极表面荷负电时,电毛细曲线和微分电容曲线与所选用的电解质基本无关. 然而,当电极荷正电时,情况就全然不同了.

当 $q < 0$ 时,溶液一侧的剩余电荷主要由阳离子组成. 这些阳离子的化学性质对 σ,C_d 等界面参数几乎无影响,表示它们与电极表面之间的相互作用只限于静电作用. 这与 GCS 模型中假设阳离子电荷只分布在分散层中而不突入内层是一致的.

然而,在荷正电的汞电极表面上,卤素离子等阴离子却可以导致出现高得多的电容值. 这只能解释为这些阴离子能排除电极表面上的第一层水分子而直接吸附在表面上,从而使它们与电极表面之间的距离显著小于阳离子所能接近电极表面的最小距离[图 2.30(a)].这类离子吸附有时称为"接触吸附"(contact adsorption).

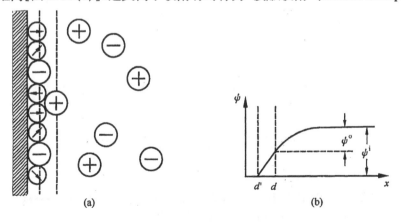

图 2.30 阳离子和阴离子能接近电极表面的最短距离不同对双电层结构的影响

导致出现这类离子吸附的原因可能有二:首先,体积较大而溶剂化程度较低的 ClO_4^- ,PF_6^- 等离子在溶液中会破坏溶剂分子的短程有序结构,而若它们移至金属

表面就会减少这种破坏作用而使体系的自由能降低. 当卤素离子等充分接近电极表面后还会出现表面金属原子与被吸附离子之间更强烈的相互作用,而使后者在表面上稳定下来. 后一类接触吸附常称为"特性吸附",表示这时涉及的相互作用已超出静电相互作用而与粒子的化学性质有关.

当表面上存在阴离子的特性吸附时,由于阳离子和阴离子接近电极表面的最短距离各不相同,因而只采用单一 ψ_1 电势的概念就不够了,需要分别用 ψ^i 和 ψ^o 来代表"内层"和"外层"的电势(图 2.30b). 图中阴离子距电极表面比较近,因而 ψ^i 相当于阴离子特性吸附层所在处的电势.

"内层"和"外层"的物理意义是不同的. 内层是被直接特性吸附在电极表面的一层阴离子的"最稳定位置",由化学吸附键的键长所确定;而外层只是不断进行着热运动的分散层中的阳离子能接近电极表面的"极限距离",并不存在这一位置上稳定停留的阳离子层.

当离子能在电极表面上特性吸附时,按式(2.27a)和(2.27b)计算得到的 Γ_i 值包括两项组成部分[①]

$$\Gamma_i = \Gamma_{i, \text{分散}} + \Gamma_{i, \text{特性吸附}} \tag{2.40}$$

为了计算阴离子的特性吸附量,最简单的办法是假定阳离子不在电极表面上特性吸附,即按式(2.27a)计算出的 $\Gamma_+ = \Gamma_{+, \text{分散}}$. 将此值代入式(2.37a) 计算出 ψ_1 的

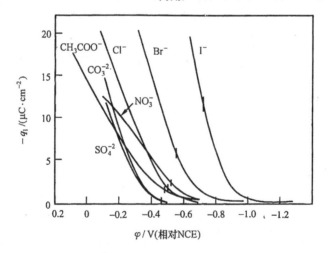

图 2.31　0.1mol·L^{-1} 盐溶液中不同阴离子在汞电极上的特性吸附量

曲线上的小竖线表示该溶液中 φ_0 的位置.

---

① 实际上,Γ_i 还包括由于内层中不包含非特性吸附离子而引起的后者在内层中相对于溶剂的负吸附. 不过在不太浓的溶液(≤0.1mol·L^{-1})中这一项很小,因而一般可以忽略.

数值后再代入式(2.37b),就可以求 $\Gamma_{-,分散}$;然后从 Γ_- 中减去 $\Gamma_{-,分散}$,可求出 $\Gamma_{-,特性吸附}$·

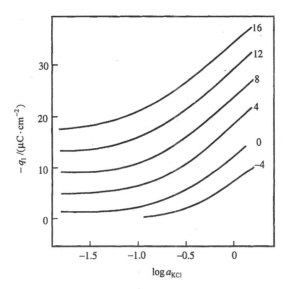

图 2.32　汞电极上 Cl^- 的特性吸附量与溶液中 KCl 的活度之间的关系(25℃)

[曲线旁数字表示电极上的电荷密度($\mu C\cdot cm^{-2}$)]

　　按照上述方法在不同溶液中求得的 $\Gamma_{i,特性吸附}$ 随电极电势的变化见图 2.31.

在不同浓度 KCl 和 KI 溶液中测出的 q 为定值时 Cl^- 和 I^- 的特性吸附等温线见图 2.32 和图 2.33. 这三个图中均用电荷密度 $-q_1$ 来表示负离子的特性吸附量.

　　在汞电极上,无机阴离子的表面活性顺序为 $HS^->I^->Br^->Cl^->OH^->SO_4^{2-}>F^-$. 这一顺序大致与 Hg_2^{2+} 和这些离子所生成的难溶盐的溶解度顺序相似,显示导致这些离子在汞电极上特性吸附时涉及的相互作用可能与形成化学键时涉及的相互作用颇为相似.

　　当阴离子能在电极上特性吸附时,分散层中的剩余电荷密度为 $q_{分散}=-(q+q_1)$,其中 q_1 为每单位电极表面上内层中特性吸附阴离子所带的电量.

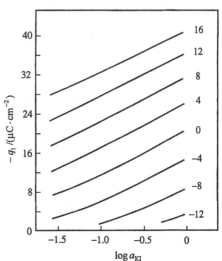

图 2.33　汞电极上 I^- 的特性吸附量与溶液中 KI 的活度之间的关系

(表示方法同图 2.32)

只要在式(2.32)及式(2.32a,b)中用 $-q_{\text{分散}}$ 代替 q 及用 ψ° 代替 ψ_1,则描述分散层性质的各公式仍然有效.

若不考虑特性吸附阴离子的粒子性,而将内层和外层处的电场看成是完全均匀的,则可采用与前相似的方法来推导界面上的电势分布情况. 例如,当 $q=0$ 时,可认为紧密层中的电势变化全部发生在内、外层之间的区域内(图2.30b).

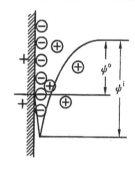

图2.34　出现超载吸附时界面电势的分布

当无机阴离子在电极上特性吸附时,不但会使 φ_0 发生显著移动,并往往对界面层中的电势分布影响很大.例如,在一些情况下特性吸附的阴离子所带的电量 $-q_1 > q$,因此分散层中的离子剩余电荷 $q_{\text{分散}}$ 与 q 同号. 这种情况称为阴离子的"超载吸附". 当出现超载吸附时,双电层的结构具有"三电层"的性质(图2.34).

不少实验结果表明,实际情况还要更复杂一些. 当阴离子在电极表面上特性吸附时,特别是吸附离子的表面覆盖度较小时,离子电荷的粒子性质不容忽视. 例如,若假设平板电容器的两个平板上电荷完全均匀分布,则电场(电力线)和电势变化仅存在于平板之间(图2.35a). 然而,若在左侧平板上的负电荷具有明显的粒子性,则电场和电势变化可以超越左侧平面而溢出至负电荷的"后方"(图2.35b). 仿此,设 $q=0$ 及 $q_{\text{分散}}$ 主要集中在 $x=d$ 处,则当特性吸附阴离子的表面覆盖度不大时,电极表面上界面层中的电势变化将具有图2.36中曲线1的形状,而曲线2表示当内层上电荷分布完全均匀时应有的情况. 该图表明,实际的 ψ^i 高于假定内层电荷完全均匀分布时应有的数值,也就是阴离子在内层上吸

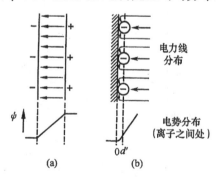

图2.35　电荷的"粒子性"对电力线分布和电势分布的影响
(a)平板电容器(不考虑电荷粒子性);
(b)阴离子在不荷电表面上的特性吸附(考虑电荷粒子性,d'为吸附阴离子距电极表面距离).

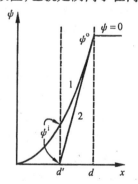

图2.36　特性吸附阴离子的粒子性对紧密双电层中电势分布的影响
图中 d 为阳离子接近电极表面的最短距离,d'定义见图2.35.

附时受到的斥力较小. 这一效应导致阴离子的特性吸附量更快地随其浓度增长,所引起的零电荷电势的变化也更大. 后一效应被称为 Esin-Markov 效应[12].

§2.4.5 "电极／溶液"界面模型概要

综合上述,主要是根据在液态汞电极上所获得的实验结果,当今对于无机盐电解质溶液中的"电极／溶液"界面有如下的基本认识:

1. 由于界面两侧存在剩余电荷(电子及离子电荷)所引起的界面双电层包括紧密层与分散层两个部分. 前者是带有剩余电荷的两相之间的界面层,其厚度不超过几个埃(Å),而后者是液相中具有剩余离子电荷及电势梯度的表面层. 在稀溶液中及表面电荷密度很小时后者的厚度可达几百埃(Å),但在浓溶液中及表面电荷密度不太小时几乎可以忽视分散层的存在,即可近似地认为分散层中的剩余电荷均集中在紧密层的外表面上.

2. 分散层是离子电荷的热运动所引起的,其结构(厚度、电势分布等)只与温度、电解质浓度(包括价型)及分散层中的剩余电荷密度有关,而与离子的个别特性无关. 它们之间的基本关系可用式(2.32)表示. 如果存在离子的特性吸附,则该式中需用 $-q_{分散}$ 代替 q.

3. 紧密层的性质决定于界面层的结构,特别是两相中剩余电荷能相互接近的程度. 大多数无机阳离子剩余电荷由于水化程度较高,且不能与电极表面上的金属原子发生化学相互作用,故不能逸出水化球而直接吸附在电极表面上,此时紧密层较厚. 但不少无机阴离子由于水化程度较低,特别是能与电极表面原子发生类似生成化学键的相互作用,它们往往能直接吸附在电极表面上而组成更薄的紧密层. 后一种情况称为离子的"特性吸附"或"接触吸附".

4. 能在电极表面"特性吸附"的阴离子可能在电极表面上"超载吸附". 当出现"超载吸附"时,紧密层中的电势降与分散层中的电势降方向相反. 此时界面结构及其中电势分布具有"三电层"的形式.

5. 由于分散层中的离子剩余电荷处在全然无序的热运动状态,可以统计地认为每一与电极表面平行的面上各点具有等电势. 然而,特性吸附的阴离子具有相对稳定的表面位置. 因此,特别是当这些阴离子的表面覆盖度不大时,它们可以表现出明显的"粒子性",即所在平面上各点的电势具有二维的不均匀性,并由此导致所谓 Esin-Markov 效应.

§2.5　"固体金属电极／溶液"界面

上节中有关"电极／溶液"界面的研究结果几乎全是在液态汞电极上获得的.

由此必然引出下列问题:在固体电极上能获得什么样的测量结果?以及在液态汞电极上导出的结论能在多大程度上适用于各种固体金属电极?我们知道,液态汞电极的主要优点首先是能在较广阔的电势范围内基本满足"理想极化电极"条件,其次是汞易于提纯和液态汞电极表面具有完全平滑及易于重现和更新的特点.因此,不妨先分析在各种固体电极上能多大程度实现这些性质.

如果溶液中不含能在电极上氧化或还原的组分,则在各种固体电极上大多亦可在一定电势范围内(通常是在金属的氧化电势与溶剂的还原电势之间)基本实现理想极化电极条件.在氢超电势较高的金属(Pb,Cd,Zn 等)表面上,有可能将电极极化到更负的电势而仍基本保持理想极化性质;在一些"较不活泼"的金属(Pt,Au,Ag 等)表面上,则有可能将电极极化至较正的电势.然而,大多数贵金属电极表面在达到氧化电势之前就开始了表面的"预氧化"(生成吸附态含氧粒子或表面氧化物),在铂族金属表面上还能发生原子氢的欠电势沉积(UPD).这些现象严重地限制了能实现"理想极化条件"的电势范围.例如,在铂电极表面上能满足理想极化条件的电势区间的宽度只有 300mV 左右.在一些本身较活泼(金属氧化电势较负)而氢超电势不高的金属(如 Fe,Ni 等)表面上,或是虽氢超电势不低但本身的氧化电势很负的金属(如 Zn)表面上,也很难找到能基本满足理想极化条件的电势区间.

如何使金属电极表面具有重现性良好的平滑性质,也是研究固体金属电极时必须解决的重要技术问题.对熔点较低的金属,如 Pb,Cd,Zn 等,可用毛细管区域熔炼法得到单晶丝,然后剥离出大致与长轴方向垂直的解理面作为工作电极.对于一些熔点较高的金属,则往往先制备小球状单晶,再用 X 射线确定晶面方向后切割出所需要的晶面(精度可达 1°,用激光束定向还可将精度提高十倍).这一技术的优点是可以制备任选的晶面.对于某些金属(Ag,Cd,等)还可用电解法制备确定的晶面.对这方面有兴趣的读者可进一步阅读一般参考文献[7].

在文献[13]中系统收集了 Ag,Au,Cu,Zn,Pb,Sn,Bi 等电极上获得的实验数据.除特别注明外,在本节中所引用的实验数据均可在文献[13]中找到出处.

熔点较低的 sp 区金属具有较低的晶格能,因而在这些金属电极表面上的金属原子有较大的流动性.这些表面往往具有自趋平滑的性能,而使各种晶面的影响不显著.在 Pb,Cd,Bi,Tl,Zn 等电极上获得的 C_d-φ 曲线与在 Hg 电极上获得的很相似.图 2.37 就是典型的例子.在文献[14]中比较了用"载波扫描法"在 Hg,Pb 和 Cd 电极上获得的结果.图 2.38 显示在 $1mol \cdot L^{-1}$ KBr 中测得的三种电极的载波扫描图,其上方包线即为 C_d-φ 曲线.各种电极上在表面负电荷密度较大时 C_d 均趋近 $18 \sim 20 \mu F \cdot cm^{-2}$,表示这种情况下紧密双层有着与 Hg 电极上基本相同的结构.当电极电势由负向正方向变化趋近及越过 φ_0 后,均观察到由于阴离子能更接近电极表面而引起的电容升高. 各卤素离子在各固体电极上的吸附顺序亦与它们在汞电极上的顺序相同($I^- > Br^- > Cl^-$). 在稀溶液中则可在 φ_0 附近观察到显然是由于分散层引起的电容降低.

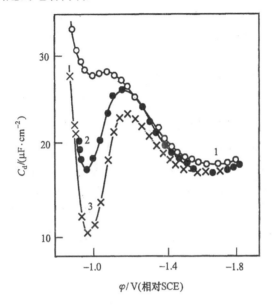

图 2.37　Cd 电极的微分电容曲线

NaF 浓度为:1, 0.1; 2, 0.01; 3, 0.001($mol \cdot L^{-1}$).

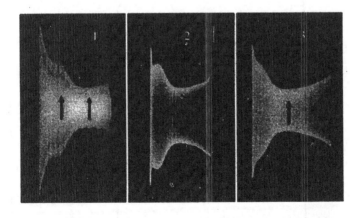

图 2.38　用载波扫描法在 $1mol \cdot L^{-1}$ KBr 溶液中测得的图形

电极材料:1. Hg; 2. Pb; 3. Cd.

Ag,Au 和 Pt 等金属的熔点要比上述金属高得多,导致很容易观察到不同晶面的行为差别. 因此,介绍和讨论数据时必须注明所选用的晶面. Au 电极在不含能在电极上有显著特性吸附的阴离子的中性溶液中,基本符合理想极化条件的电势区间约为 $-1.0\sim +0.70\text{V}$(相对 SHE,下同),其宽度与汞电极上相似;而 Ag 电极由于氧化电势较负,在相同条件下这一区间约为 $-1.0\sim +0.2\text{V}$.

在 Au 电极上测得的典型 $C_d-\varphi$ 曲线如图 2.39 所示. 在稀溶液中测得曲线上的最小值对应于该晶面的零电荷电势,而当 $|q|$ 足够高时在荷正电和荷负电的表面上 C_d 分别趋近约 $30\mu\text{F}\cdot\text{cm}^{-2}$ 和 $20\mu\text{F}\cdot\text{cm}^{-2}$,表示在这些情况下紧密层的结构与 Hg 电极上相近. 然而,当溶液浓度较高时,在 Ag 和 Au 电极上均观察到在 φ_0 附近出现 $C_\text{紧}$ 峰. 其最大值可达 $80\sim 100\mu\text{F}\cdot\text{cm}^{-2}$. 这一现象可能是在电极表面上吸附较强的水分子改变排列方式所引起的. 各种无机阴离子在 Au 和 Ag 电极上的吸附顺序(用在荷正电表面上出现 C_d 升高的电势来衡量)为 BF_4^-,$\text{PF}_6^-<\text{F}^-<\text{ClO}_4^-$,均与 Hg 电极上相似. 图 2.40 是用电势扫描法在铂电极上测得的电势扫描曲线. 曲线上半部是电极电势逐渐变正时测得的,此时阳极电流顺序用于吸附氢的脱除(氧化)、双电层正充电和含氧粒子的吸附. 曲线下半部是负向扫描(电势渐变负)时测得的,阴极电流依次用于含氧粒子的脱附(还原)、双电层负充电和氢

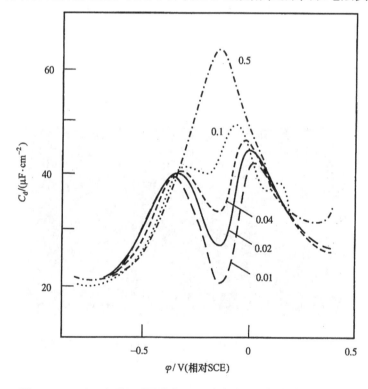

图 2.39　Au(210)面上不同浓度 NaF 溶液中测得的微分电容曲线
曲线旁数字表示溶液浓度$(\text{mol}\cdot\text{L}^{-1})$.

的吸附. 在其他铂族金属电极表面上,也可以得到具有类似特征的曲线.

由此可见,Pt 电极表面上只在"氢区"和"氧区"之间很窄的电势区间(即所谓"双层区")内近似满足理想极化条件. 事实上,当以常规扫描速度(不小于几个毫伏/秒)测量时,按双层区电流计算得到的 C_d 值均在 $100\mu F\cdot cm^{-2}$ 以上,表示仍受氢区和氧区电化学反应的影响. 只有十分仔细地净化电极表面及排除吸附氢的影响,并始终将电极电势保持在双层区内,才可能在稀溶液中测得数值约为 $20\sim40\mu F\cdot cm^{-2}$ 的电容值,并在很稀溶液中观察到 C_d 的极小值[15]. 然而,由

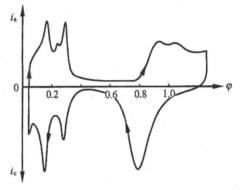

图 2.40　$0.5mol\cdot L^{-1}$ H_2SO_4 中铂电极(多晶)的电势扫描曲线(φ 相对 SHE)

于数据的精度不高,很难由此得到有关界面结构的可靠结论.

以上实验结果主要是用微分电容方法测得的. 原位(拉曼和红外)振动光谱方法可达到高得多的能量分辨能力,但由于整体液相中水分子的干扰而很难用于研究界面上水分子的结构. 采用表面增强拉曼光谱(SERS)方法可在特殊制备的表面上得到增强至百万倍的表面结构信号. 然而,由于 SERS 信号往往来自以表面金属吸附原子、某些特殊阴离子及水分子组成的"表面络合物",故很难判定如此得到的水分子信号与"正常"双层中的水分子结构有着什么样的关系.

微分电容方法的突出优点在于紧密双层电容值主要由"电极/溶液"界面结构(特别是界面上"第一层"水分子的结构)所决定,而与电极和溶液两相的整体性质基本无关. 这一方法的主要局限性是只适用于理想极化电极以及电极必须具有明确的表面积,因而不适用于许多具有实用价值的复杂体系(表面增强拉曼光谱方法也主要只适用于 Ag,Au 和 Cu 电极).

迄今用微分电容方法和表面波谱方法在不同电极上获得的实验数据似乎都表明,在基本不荷电(电势为 φ_0 附近)的电极表面上水分子具有与在整体液相中相似的结构,而在表面电荷密度增大时逐渐加强表面取向. 特别是当过渡金属电极表面上存在弱吸附氢原子时,水分子可通过表面上的氢键而形成有序结构[16].

§2.6　零电荷电势

§2.6.1　测量方法

在上一节中已介绍了利用电毛细曲线法测量 φ_0 的基本原理,以及在液态金属

(Hg、Ga、汞齐、熔融金属等)上直接测量"电极/溶液"界面张力的方法. 采用这一方法测量 φ_0 时精确程度(除熔融金属外)可达到 1mV 左右. 对于固体金属,目前还不能直接测量"电极/溶液"界面的界面张力. 不过,考虑到测定 φ_0 时只需要知道电毛细曲线上最大值的位置,可以通过测量一些与界面张力有关的参数来决定 φ_0. 例如,可以测定附着在界面上气泡的临界接触角、金属毛细管中液面的升降、半浸没金属丝上弯月面的变化,以及固体的硬度、润湿性等. 若将这类参数随电极电势的变化绘成曲线,则根据曲线上最大值或最小值的位置也可以估计 φ_0. 还曾利用毛细静电计测量过许多熔融金属在熔融盐中的零电荷电势. 然而,采用这些方法测定固体电极 φ_0 值时能达到的精确性与重现性均显著低于用电毛细曲线法对液态金属的测量结果.

还可以利用电动现象来估计 φ_0. 如果不存在特性吸附,则当 $q = 0$ 时,$\psi_1 = 0$,电动电势(ζ 电势) 也等于零. 此时不显示电动现象. 在文献中还曾经提出利用快速磨削电极表面时的充电过程及荷电细丝之间的斥力来测定界面电荷.

如果被测电极具有很大的比表面(如活性炭、铂黑电极等),可以根据形成双电层时溶液浓度的变化来测定界面电荷总量. 例如,铂在酸性溶液中按 $Pt + H^+ + e^-$ $\Longrightarrow Pt-H$ 形成双电层. 如果溶液中的 H^+ 浓度远小于阳离子总浓度,则可近似地认为 H^+ 不参与形成双电层中的离子剩余电荷,因此可根据溶液中 H^+ 浓度的降低来计算电极上的电荷总量的变化. 还可以利用示踪原子法直接测量阴、阳离子在电极表面上的吸附量,并由此估计 φ_0 的位置.

目前最精确的测定 φ_0 的方法是利用稀溶液中的微分电容曲线. 在图 2.18 中可以看到,当溶液浓度小于 $0.01 mol \cdot L^{-1}$ 时,在微分电容曲线上相应于 φ_0 处出现电容最小值. 溶液愈稀,这个最小值也愈明显.

微分电容曲线上的最小值是 $C_{分散}$ 所引起的. 按照式(2.35a),$C_{分散}$ 在 $\psi_1 = 0$(即 $q_{分散} = 0$) 时呈现最小值(图 2.25). 当 $c^0 = 10^{-5} mol \cdot cm^{-3}$(0.01 $mol \cdot L^{-1}$) 时,此值为 $22.8 \mu F \cdot cm^{-2}$,已足以在微分电容曲线上引起最小值了. 若

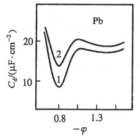
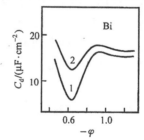
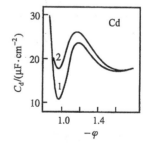

图 2.41　不同浓度 NaF 溶液中几种金属的微分电容曲线

溶液浓度:1. 0.001; 2. 0.01 mol·L$^-$[$\varphi(V)$,相对饱和甘汞电极].

溶液浓度更稀,则 $C_{\text{分散}}$ 的最小值更小,微分电容曲线上的最小值也更明显.

Лейкис,Паст,Пальм 等人曾精心发展在固态金属表面上测量 C_d 的实验技术[17,18]. 由图 2.41 中可以看到于稀溶液中在 Pb,Bi,Cd 等电极上均呈现明确的最小电容值电势[①].

然而,应用这一原理测定 φ_0 时还必须考虑到微分电容曲线上的最小值并不一定是由于双电层分散程度加大而引起的. 如果界面上发生了电化学反应或是有机分子的吸附过程,则往往在微分电容曲线上会出现峰值. 在这种情况下,曲线上两处峰值之间的最小值的位置显然不一定与 φ_0 重合.

§2.6.2 φ_0 的实验数据

在文献[13,19~23]中曾较系统地收集了不同金属电极上的 φ_0 数据. 表 2.2 中列出用微分电容法在高纯金属表面上测出的 φ_0 数值,对早期的数据颇有修正.

表 2.2 中所列的主要是一些不具有吸附氢能力的金属,即所谓"类汞金属". 属于这类的还有 Zn,其 φ_0 曾被估计为 -0.75V,此值比 Zn 的标准平衡电势 $(-0.76$V$)$更正. 因此,可以认为在一般情况下 Zn 电极表面总是带有负电荷.

表 2.2 在不含能在电极上有特性吸附的阴离子的稀溶液中测得的 φ_0 值

电极材料	溶 液 组 成	φ_0/V(相对于 SHE)
Hg	$0.01\text{mol}\cdot\text{L}^{-1}\text{ NaF}$	-0.19
Pb	$0.01\text{mol}\cdot\text{L}^{-1}\text{ NaF}$	-0.60
Tl	$0.001\text{mol}\cdot\text{L}^{-1}\text{ NaF}$	-0.71
Cd	$0.001\text{mol}\cdot\text{L}^{-1}\text{ NaF}$	-0.75
Cu	$0.01\sim0.001\text{mol}\cdot\text{L}^{-1}\text{ NaF}$	$+0.09$
Ga(液)	$0.008\text{mol}\cdot\text{L}^{-1}\text{ HClO}_4$	-0.69
Sb	$0.002\text{mol}\cdot\text{L}^{-1}\text{ NaF}$	-0.15
Sn	$0.00125\sim0.005\text{mol}\cdot\text{L}^{-1}\text{ Na}_2\text{SO}_4$	-0.38
In	$0.01\text{mol}\cdot\text{L}^{-1}\text{ NaF}$	-0.65
Bi (111 面)	$0.01\text{mol}\cdot\text{L}^{-1}\text{ KF}$	-0.42

---

① 微分电容曲线上出现最小值的原因还可以从另一角度去理解,根据定义

$$C_d = \frac{dq}{d\varphi} = \frac{dq}{d(\varphi - \psi_1)}\frac{d(\varphi - \psi_1)}{d\varphi} = C_{\text{紧}}\frac{d(\varphi - \psi_1)}{d\varphi}$$

当溶液浓度较大及电极电势远离 φ_0 时,由于双电层结构主要是紧密的,因而 $\frac{d(\varphi - \psi_1)}{d\varphi} \approx 1$,遂有 $C_d \approx C_{\text{紧}}$.

然而在稀溶液中 φ_0 附近的电势处,改变 φ 时 ψ_1 的变化较大(见图 2.29),因而 $\frac{d(\varphi - \psi_1)}{d\varphi} < 1$ 并有 $C_d < C_{\text{紧}}$,

即出现最小值.

续表

电 极 材 料	溶 液 组 成	φ_0/V(相对于 SHE)
(多晶)	0.0005mol·L^{-1} H_2SO_4	-0.39
Ag(111 面)	0.001mol·L^{-1} KF	-0.46
(100 面)	0.005mol·L^{-1} NaF	-0.61
(110 面)	0.005mol·L^{-1} NaF	-0.77
(多晶)	0.0005mol·L^{-1} Na_2SO_4	-0.7
Au(110 面)	0.005mol·L^{-1} NaF	$+0.19$
(111 面)	0.005mol·L^{-1} NaF	$+0.50$
(100 面)	0.005mol·L^{-1} NaF	$+0.38$
(多晶)	0.005mol·L^{-1} NaF	$+0.25$

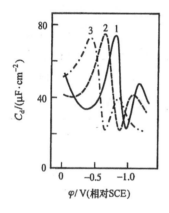

图 2.42　0.01mol·L^{-1} NaF
溶液中在银的不同晶面上测
得的微分电容曲线
1. (110 面); 2. (100 面);
3. (111 面).

值得指出的是,固体金属的不同晶面可以具有颇不相同的 φ_0(见表 2.2). 这一点在 Au 和 Ag 电极上表现得最明显. φ_0 的差别引起 φ-C_d 曲线平移. 在 Ag 的(111)和(110)面上,φ_0 的差别达到约 300mV(图 2.42). 多晶电极的微分电容

$$C_{d(多晶)} = \sum \theta_i C_{d(i)} \qquad (2.41)$$

其中 $C_{d(i)}$ 为 i 晶面上的微分电容值,θ_i 为单位面积上 i 晶面所占的面积. 可以按(2.41)式模拟出多晶电极的微分电容曲线.

在所有这些金属上,φ_0 的位置均与溶液中的阴离子有关. 各种阴离子引起 φ_0 负移的顺序一般为 $I^- > Br^- > Cl^- > SO_4^{2-} > ClO_4^- > F^-$,即与汞电极上基本相同.

对于那些在电极表面上存在吸附氢原子的金属(所谓"类铂金属"),则不宜用微分电容法来测定 φ_0,因为 $H_{吸} \rightleftharpoons H^+ + e^-$ 这一反应也能消耗输向界面的电量,使电极不再具有理想极化电极的性质. 曾用浓度分析法和示踪原子法测出铂族金属在微酸性溶液中的 φ_0 值(见表 2.3)均在相应于"氢区"的电势范围内. 因此,这些数值应理解为当金属电极表面存在吸附原子氢层时的 φ_0 值. 此外,这类金属的 φ_0 值与 pH 有关,且 Cl^-,Br^- 等同样引起 φ_0 负移. 然而,对有很大实用价值的 Fe,Ni 等仍缺乏可靠的 φ_0 数据. 在文献中曾报道它们的 φ_0 分别为 -0.37V 和 -0.30V 左右,均已接近金属的标准平衡电势或是比之更正.

表 2.3 类铂金属的 φ_0 值

电 极	溶 液 组 成	φ_0/V(相对于 SHE)
Pt	$0.5\text{mol}\cdot L^{-1} Na_2SO_4 + 0.005\text{mol}\cdot L^{-1} H_2SO_4$	+0.16
Pd	$0.005\text{mol}\cdot L^{-1} Na_2SO_4 + 0.001\text{mol}\cdot L^{-1} H_2SO_4$	+0.10
Rh	$0.5\text{mol}\cdot L^{-1} Na_2SO_4 + 0.005\text{mol}\cdot L^{-1} H_2SO_4$	-0.04
Ir	$0.5\text{mol}\cdot L^{-1} Na_2SO_4 + 0.005\text{mol}\cdot L^{-1} H_2SO_4$	-0.06

如果电极表面上存在吸附氧或氧化物,则往往由于 M—O 键的极性而使 φ_0 显著正移. 例如在氧化了的 Pt 表面上测得的 φ_0 在 +0.4V 以上. Cd 电极表面轻度氧化后 φ_0 也正移了约 0.4V. 由此可见,测定 φ_0 时必须十分注意电极的表面处理,否则易造成可观的偏差.

由于以上原因,有时在同一金属上可以测出两个不同的 φ_0,其中数值较负的相应于在还原表面(包括有吸附氢的表面)上的 φ_0,而另一数值较正的相应在氧化(或有吸附氧的)表面上的 φ_0.

§2.6.3 φ_0 与电子脱出功

不少人曾经试图将各种金属的 φ_0 值与其他物理化学参数联系起来,其中比较成功的是在 φ_0 与金属自由表面上的电子脱出功 W_{e^-} 之间找到了下列经验公式

$$W_{e^-}(\text{eV}) = \varphi_0(\text{V, 相对 SHE}) + 常数 \qquad (2.42)$$

对表 2.2 中列出的"类汞金属",式中的常数项曾被估计为 4.6→5.0,文献中较多采用 4.7 或 4.8. 图 2.43 中两条斜线的位置分别相当于常数值等于 4.6 和 5.0,而各种"类汞金属"的 φ_0 均在两线之间. 对这一近似线性关系可以理解如下:

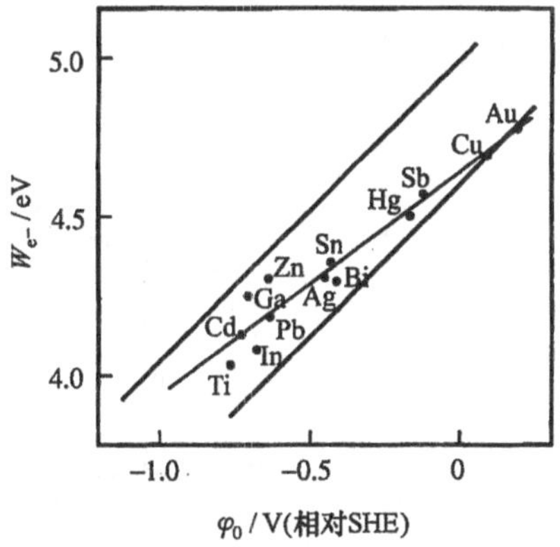

设同一溶液中有两块均不带剩余电荷的不同金属 I 和 II,且在两处"金属/溶液"界面上均不存在离子的特性吸附,则按式 (2.15)此时用电位差计测出的两种金属的 φ_0 差别应为

$$V = \varphi_0^I - \varphi_0^{II} = \Delta^I\phi^S - \Delta^{II}\phi^S + \Delta^{II}\phi^I$$

图 2.43 零电荷电势与电子脱出功

在 $q = 0$ 及不发生离子特性吸附的界面上,$\Delta^I\phi^S, \Delta^{II}\phi^S$ 两项中只包括由于溶剂偶极分子在界面附近的定向排列及金属表面电子部分逸出所引起的界面电势. 又

$$\Delta^{II}\phi^{I} = \Delta^{II}\psi^{I} + (\chi^{II} - \chi^{I}) = -\frac{W_{e^-}^{II} - W_{e^-}^{I}}{e_0} + \chi^{II} - \chi^{I},\text{故有}$$

$$\varphi_0^{I} - \varphi_0^{II} = \frac{W_{e^-}^{I} - W_{e^-}^{II}}{e_0} + \Delta^{I}\phi_{q=0}^{S} - \Delta^{II}\phi_{q=0}^{S} + \chi^{II} - \chi^{I}$$

前面已经提及,在不荷电的电极表面上,由于水分子定向排列而引起的 $\Delta^{M}\phi_{q=0}^{S}$ 是不大的. 另一方面,金属表面电子部分逸出这一因素对 $\Delta^{M}\phi_{q=0}^{S}$ 项与 χ^{M} 的影响在很大程度上相互抵消了. 因此,上式中只有右方第一项是最主要的,由此可引起如式(2.42)的近似线性关系.

然而,也不应完全忽视水分子在界面一侧定向排列的影响. 在不荷电的金属表面上水分子一般倾向以偶极的正端指向溶液,因此,金属表面的亲水性愈强,φ_0 就愈负,只是这一项的影响与 4.6~5.0V 相比可能并不重要而已.

还可以利用式(2.42)来估计氢电势标中电子能级的绝对数值. 在图 2.44 中用 SHE 中的 E_F 表示标准氢电极系统中电子的能级,显然有

$$- e_0\varphi_0^{M} + W_{e^-}^{M} - e_0\Delta^{M}\psi^{S} = W_{e^-}^{*\,SHE} \tag{2.43}$$

式中,$W_{e^-}^{*\,SHE}$ 表示将 SHE 中 E_F 能级上的电子脱出至溶液上方真空处所消耗的功,也就是相对于溶液表面附近真空中电子而确定的 SHE 能级的位置. 式(2.43)中 $\Delta^{M}\psi^{S}$ 一项在两相均不荷电时主要是界面上偶极分子的定向排列所引起的,估计 $-e_0\Delta^{M}\psi^{S}$ 一般不超过 0.2eV. 比较式(2.42)与式(2.43),可知

$$W_{e^-}^{*\,SHE} \approx 4.6 \pm 0.2 \text{ eV} \tag{2.44}$$

与图 2.9 基本一致.

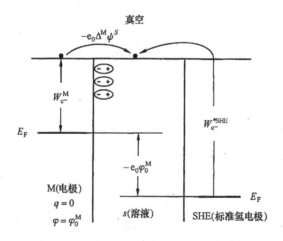

图 2.44　零电荷电势与电子脱出功之间线性关系的分析

§2.6.4　研究零电荷电势的意义

由于零电荷电势是一个可以实际测量的参数,很自然地使人联想到,能不能利用零电荷电势来解决绝对电极电势的问题. 然而,通过下面的分析可以看到,不能将零电荷电势与所谓绝对电极电势的零点混为一谈.

首先,虽然 $\varphi = \varphi_0$ 时在金属相中与溶液相中均不存在剩余电荷,因而也不会出现由于表面剩余电荷而引起的相间电势,但任何一相表面层中某些离子的特性吸附、偶极分子的定向排列、金属相表面层中的原子极化等因素都可以引起表面电势. 因此,即使 $\varphi = \varphi_0$,一般仍然有 $\Delta^S\phi_{电极} \neq 0$,即不能将零电荷电势看成相间电势的绝对零点.

其次,根据前节讨论可以看到,均处于零电荷电势的两块金属之间仍然存在电势差. 因此,并不能根据相对于 φ_0 测得的电势来计算电池电动势等. 何况,前面曾经分析过,如果几种不同的电极相对于同一参比电极有着相同的相对电势,则这些电极中电子的电化学势相同. 在电化学反应中,电极中的电子是直接作为反应粒子或反应产物出现的,它们的电化学势直接与电极反应的平衡条件及反应速度有关. 因此,在电极反应中起作用的应该是 $\varphi_{相对}$ 而不是 $\Delta^I\varphi^S$. 换句话说,电子总是作为有化学性质的荷电粒子,而不是只具有单纯电荷性质的粒子参加电极反应的. 因此,起作用的是与 $\bar{\mu}_{e^-}^I$ 相联系的 $\varphi_{相对}$ 而不是 $\Delta^I\varphi^S$,后一数值只与电化学势中的电势部分有关. 由此可见,在处理电极过程动力学问题时,真正起作用的仍然是相对于某一参比电极测得的相对电极电势,而不是绝对电极电势.

然而,也应该看到,虽然运用零电荷电势的概念并没有解决绝对电极电势问题,将这一概念与相对电极电势联合用于处理电极过程动力学问题却是有益的.

"电极／溶液"界面的许多重要性质都是由相对于零电荷电势的电极电势数值所决定或参与决定的,其中最主要的有表面剩余电荷的符号与数量、双电层中的电势分布情况、参加反应和不参加反应的各种无机离子和有机粒子在界面上的吸附行为、电极表面上气泡附着情况和电极被溶液润湿的情况等. 虽然电极反应速度的基本驱动因素是相对电极电势而不是"电极／溶液"界面的性质,界面性质对反应速度还是可以有相当大的影响. 例如,以后将要看到,极化曲线上许多"反常现象"是由于界面性质的变化而引起的. 基于上述原因,在研究电极过程动力学问题时往往需要同时考虑下列两项因素的影响:(1)相对于某一参比电极的电极电势($\varphi_{相对}$),(2)相对于零电荷电势的电极电势($\varphi - \varphi_0$).

Grahame 曾经倡议采用以 φ_0 作为零点的电势标,称为"合理电势标". 在式(2.38)和图 2.28、图 2.29 中采用的就是这种电势标.

§2.7　有机分子在"电极/溶液"界面上的吸附

如果形成双电层时只涉及荷电粒子之间的库仑引力,则影响界面电性质的因素不外是电解质的价型、浓度、溶剂化离子的大小以及相对于 φ_0 而确定的电极电势等. 换句话说,按照 GCS 理论,在同浓度、同价型的电解质溶液中测得的电毛细曲线和微分电容曲线应基本相同. 若加入少量中性分子,则只要不严重影响离子的活度系数及溶液的介电常数,也就不会影响界面的电性质. 然而,这种推论却是与实际情况全然不符的. 例如,在测量电毛细曲线或微分电容曲线时,必须十分仔细地纯化溶液和处理金属表面,否则就得不到重现的结果. 若有意向溶液中加入少量的表面活性物质,更能大大改变所测得曲线的形状.

大量事实表明,在电极/溶液界面上,除了由表面剩余电荷引起的离子静电吸附外,还经常出现各种表面活性粒子的富集现象(吸附现象). 电极表面上的吸附现象对电极反应动力学的影响主要有两种表现形式:若表面活性粒子本身不参加电极反应(即所谓"局外"的表面活性粒子),那么,当它们在电极上吸附后就会改变电极表面状态以及界面层中的电势分布情况,从而影响反应粒子的表面浓度及界面反应的活化能;如果反应粒子或反应产物(包括中间粒子)能在电极表面上吸附,则对有关的分部步骤的动力学参数更有直接的影响. 因此,研究电极表面上的吸附现象对了解电极过程有很大的意义. 在 §2.4 中已经讨论过无机离子吸附对界面电场分布的影响,本节中则主要介绍不参加电化学反应的各类有机分子的吸附行为. 与无机离子相比,后者的表面活性一般要强得多,对电极过程的影响也更显著.

绝大部分能溶于水中的有机分子在"电极/溶液"界面上都具有程度不同的表面活性. 还有不少化合物是专门合成出来作为"表面活性剂"使用的,其中主要有各种有机磺酸盐和硫酸盐——"阴离子型"活性物质、各种季铵盐——"阳离子型"活性物质、以及各种"非离子型"表面活性物质(例如环氧乙烷与高级醇的缩聚物)等等. 它们在国民经济中有着广泛的用途. 在电化学体系中也常将它们用作添加剂来控制电极过程,如各种"缓蚀剂"、"光亮剂"、"表面润滑剂"和"极谱极大抑制剂"等都是. 这些添加剂影响电极过程的机理大多是通过它们在电极表面上吸附而实现的.

§2.7.1　测定有机分子表面活性的实验方法

最经典的测定电极表面上有机分子吸附量的实验方法是前面介绍过的电毛细曲线法和微分电容法.

当向溶液中加入有机活性分子后,在 φ_0 附近的一段电势范围内可以观测到"电极／溶液"界面的界面张力下降. 活性分子的加入浓度愈大,界面张力就愈低,出现界面张力下降的电势范围也愈广(图 2.45). 根据式(2.21),如果除了所加入的活性物质外溶液中各组分浓度保持不变,则在电势一定时应有

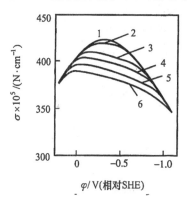

$$\Gamma_i = - \left(\frac{\partial \sigma}{\partial \mu_i}\right)_{\varphi, \mu_{j\neq i}}$$

$$= - \frac{1}{RT}\left(\frac{\partial \sigma}{\partial \ln c_i}\right)_{\varphi, c_{j\neq i}} \quad (2.45)$$

因此,可以根据改变活性物质浓度时界面张力的变化情况来测定电极表面上活性粒子的吸附量. 式(2.45)的热力学严格性是无可非议的. 然而,当采用毛细管静电计方法时,由于加入的活性物质往往还在毛细管的内壁上吸附,使毛细管中汞

图 2.45　在含有 $t\text{-}C_5H_{11}OH$ 的 $1\,mol\cdot L^{-1}\ NaCl$ 溶液中测得的电毛细曲线

醇的浓度为:1. 0; 2. 0.01; 3. 0.05; 4. 0.1; 5. 0.2; 6. 0.4mol·L^{-1}.

弯月面的运动受到阻滞,以致这种实验方法的灵敏度和重视性往往不够好.

得到更广泛应用的是界面电容法,特别是微分电容法. 当加入有机活性分子

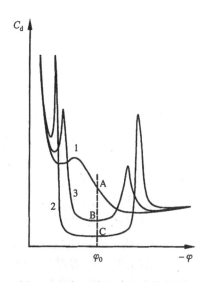

图 2.46　加入有机表面活性物质对微分电容曲线的影响

1. 未加入活性物质;　2. 在 φ_0 附近达到饱和覆盖;　3. 未达到饱和覆盖.

后,在 φ_0 附近一段电势范围内界面微分电容(C_d)的数值显著降低,两侧则往往出现很高的电容峰值(图 2.46). 随着活性物质表面覆盖度(θ)的加大,φ_0 附近 C_d 的数值逐渐减小,最后达到极限值($C_{\theta=1}$). 对这种实验现象可以作如下的解释:当界面层中介电常数较大的水分子被介电常数较小而体积较大的有机分子所取代后,界面电容值就降低了,且在活性分子的表面覆盖度趋近1时趋近极限值 $C_{\theta=1}$. 若先将微分电容曲线二次积分求出 σ,也可以利用式(2.45)计算 Γ_i. 采用这一做法不需先假设表面模型(如以下图 2.47),因而具有热力学严格性;但这样做需要知道两项积分常数($q=0$ 时的 φ 及 σ),使这一方法的应用受到限制. 电容峰值附近曲线的形状往往与所用的测量频率有关,表示界面上并未达到真正的吸附平衡,因此不能用来精确计算 q 和 σ.

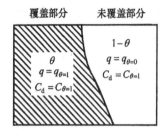

图 2.47 被活性分子部分
覆盖的电极表面模型

作为根据界面微分电容数值计算活性分子表面覆盖度的经验方法，Фрумкин 曾经假定可以将电极表面上被活性分子覆盖的部分与未覆盖部分看作是彼此无关的. 如此应有

$$q = \theta q_{\theta=1} + (1 - \theta) q_{\theta=0} \qquad (2.46)$$

其中 q 为部分被活性分子覆盖的电极表面上的电荷密度，$q_{\theta=1}$ 和 $q_{\theta=0}$ 则分别为完全覆盖($\theta = 1$) 和未覆盖($\theta = 0$) 表面上的电荷密度(图 2.47).

设覆盖表面和未覆盖表面上紧密双电层中的电势降相同，则将式(2.46)微分后得到

$$C_{\mathrm{d}} = \frac{\mathrm{d}q}{\mathrm{d}\varphi} = \theta \left(\frac{\mathrm{d}q}{\mathrm{d}\varphi} \right)_{\theta=1} + (1 - \theta) \left(\frac{\mathrm{d}q}{\mathrm{d}\varphi} \right)_{\theta=0} - (q_{\theta=0} - q_{\theta=1}) \frac{\mathrm{d}\theta}{\mathrm{d}\varphi}$$

$$= \theta C_{\theta=1} + (1 - \theta) C_{\theta=0} - (q_{\theta=0} - q_{\theta=1}) \frac{\mathrm{d}\theta}{\mathrm{d}\varphi} \qquad (2.47)$$

式中，$C_{\theta=1} = \left(\dfrac{\mathrm{d}q}{\mathrm{d}\varphi} \right)_{\theta=1}$ 和 $C_{\theta=0} = \left(\dfrac{\mathrm{d}q}{\mathrm{d}\varphi} \right)_{\theta=0}$ 分别表示完全覆盖表面和未覆盖表面的界面微分电容值. 在微分电容曲线的最低点附近，活性分子的表面覆盖度很少随电极电势变化，因此上式中右方最后一项可以略去，整理后得到

$$\theta = \frac{C_{\theta=0} - C_{\mathrm{d}}}{C_{\theta=0} - C_{\theta=1}} \qquad (2.48)$$

在图 2.46 中则有 $\theta = AB/AC$. 利用这一关系，可根据微分电容曲线求得 θ 的数值. 若已知达到完全覆盖后活性分子的饱和吸附量 Γ_∞，还可以按照 $\Gamma = \theta \Gamma_\infty$ 计算活性分子的吸附量.

这种处理方法相当简便，因而在文献中应用颇广泛. 然而，由于式(2.47)和式(2.48)都是按照一定的吸附层模型[式(2.46)]推出的，因此不能认为这些式子具有热力学的严格意义. 例如，若 θ 增大时吸附层的结构发生了变化——活性分子的排列方式变化，或者是覆盖表面与未覆盖表面上紧密双电层中的电势降变化不同，或是两部分表面上 ψ_1 电势的变化不同，就必须在这些式子中引入校正项.

在接近活性分子脱附的电势区间内，$\mathrm{d}\theta/\mathrm{d}\varphi$ 一项可以达到很大的数值，致使式(2.48)完全失效. 加入有机活性物质后在微分电容曲线两侧出现的峰值电容就是由含 $\mathrm{d}\theta/\mathrm{d}\varphi$ 一项所引起的，称为由于吸附／脱附过程而引起的"假电容峰". 可以证明，在出现峰值电容的电势，电极上活性分子的覆盖度约为最大覆盖度的一半. 根据假电容的位置可以粗略地估计电极表面上活性分子吸附的电势范围.

由于电容峰的幅值很高，只需将幅值为几个毫伏的交变电压叠加在直流极化电压上，并测量由此引起的交变电流的幅值随电极电势的变化，也可以观察到峰

值. 这一方法常称为交流极谱方法. 若采用叠加有小幅值高频信号的低频三角波作为极化电源,就称为"载波扫描法"[14],可用来很方便地估计有机分子在固体电极上的吸附电势范围.

在汞电极上微分电容值测量可以达到很高的精度与重现性. 采用这一方法获得的有关有机活性分子吸附的实验结果曾在文献[24,25]中被系统地整理和介绍. 在文献[25,13]中还包括了在一系列固体电极上获得的测量结果. 然而,在固体电极上测量的精度和重现性要比在汞电极上的差得多,以致根据实验数据往往难以精确计算有机分子的表面吸附量.

为了测量固体电极表面上有机分子的表面吸附量,还曾试用过以下一些方法:

1. 浓度变化法

根据溶液中活性分子的浓度降低可以估算表面吸附总量. 此法主要适用于表面积很大的电极,如大面积铂黑电极和碳粉电极;缺点则为有时难以精确测定电极的真实表面积.

2. 电化学氧化还原法

如果被吸附的有机分子能在比吸附电势更正(或更负)的电势下氧化(或还原),则有可能先将电极电势保持在吸附电势区,使电极表面上达到吸附平衡,然后用电势扫描或电势阶跃方法将电极电势推向能使吸附分子氧化(或还原)的电势区间,并根据氧化(或还原)电量来估算吸附量. 采用快速电势变化可以避免活性分子表面吸附量的变化.

3. 标记原子法

还可以利用放射性标记化合物来测定表面吸附量. 为了避免电极材料吸收射线,可以将电极制成薄箔并贴在计数管的窗口上(图 2.48). 这种方法在溶液的组

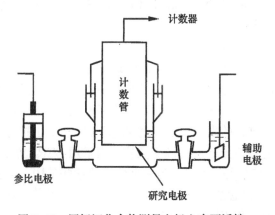

图 2.48　用标记化合物测量电极上表面活性
物质吸附量的实验装置

成比较复杂时最适用,并可以同时分别测定几种活性粒子的表面吸附量(如果这些活性物质中各标记原子的辐射能谱差别很大).

4. 电化学石英晶体微天平(EQCM)法

电化学石英晶体微天平法可根据镀有金属薄膜电极的石英晶片的共振频率变化来计算界面上质量的变化.在文献[26]中对用 EQCM 法研究电极界面反应有系统阐述,其中涉及电极上有机分子自组装单层(SAM)和电荷转移络合物及氧化还原聚合物的行为,然而未提及表面活性有机分子的吸附行为.在文献[36]中则对有机分子的吸附有较多的介绍.最近在文献[27]中报道了利用这一方法在 Au 和 Ni 电极上研究有机分子吸附的结果.

原则上说,测定界面层的吸收光谱应是确定界面层分子组成及其排列方式最有效的方法.但由于界面层极薄,而厚层溶液的干扰甚大,因此用常规方法往往无法得到足够强的信号.当前在界面吸附研究中用得最多的是电化学调制红外反射光谱(EMIRS)和表面增强拉曼光谱(SERS).红外和拉曼光谱同属振动光谱,但二者的选律不同,因此两种方法往往起着相辅相成的作用.与电化学方法相比,振动光谱方法的主要优点在于能给出所谓"分子水平"的信息,因而在下列几方面显示其优越性:

(1) 辨认吸附分子种类

振动光谱有高的分辨率($1cm^{-1}$约相当于 $10^{-4}eV$),而且大多数情况下一种吸附分子有多条谱线,这就非常有利于对吸附分子的辨认.特别是当溶液中有几种物质可能被吸附时,振动光谱可辨认哪一种或哪几种分子被吸附.确认被观测到的谱线属于吸附分子而不是溶液中分子的主要判据有二:首先,谱线位置随电势而变是该分子被吸附的确切无疑的证据(但吸附分子的谱线不一定都随电势变化);其次,在许多(不是所有)情况下,被吸附分子的谱线与溶液中同种分子的谱线位置及相对强度有所不同.

(2) 吸附分子的取向

用红外反射光谱研究吸附分子取向的理论依据是红外表面选律:只有偶极矩的变化在电极表面垂直方向有非零分量的正则振动才是红外活性的,即能吸收与之作用的红外光.当吸附分子中有不只一个偶极矩变化方向不同的正则振动时,则可根据某些振动谱线的出现或不出现判断吸附取向.曾报道根据红外反射光谱定量地推算出自组装单分子层的倾斜角度.当采用 SERS 方法时,判断吸附取向的主要依据是 SERS 的短程性质.当一个分子的某些基团与电极表面接触而另一些基团指向溶液时,前者的 SERS 效应明显大于后者,且前者更容易发生谱线随电势的变化(位置、强度和谱线形状等).

(3) 吸附分子间的相互作用及吸附分子与电极之间的相互作用

在电化学测量中,根据吸附等温线及电活性吸附分子的线性伏安曲线可推知吸附分子间的相互作用是推斥或吸引. 根据振动光谱则可从哪些谱线发生了位移探知是通过哪些基团发生相互作用. 不同种分子间的协同增强吸附作用是几十年前电化学测试已观测到的现象. 现在 SERS 不仅可观察两种同时被吸附的分子,而且还能判断他们之间的作用是物理还是化学的,以及是通过哪些基团相互作用的.

然而,总的说来光谱方法的灵敏度不高于(常低于)电化学方法. 如无 SERS 效应,拉曼光谱观测单分子层时必须依靠并不普遍存在的共振拉曼光谱(RRS)或前共振拉曼光谱效应. SERS 的出现大大拓宽了拉曼光谱应用于表面研究的领域,然而迄今为止最强的 SERS 效应只出现在 Ag, Au 和 Cu 三种金属电极上,最大增强倍数约为 10^6. 最近用共焦拉曼光谱仪和特殊的表面处理方法,在 Fe, Ni 和 Pt 上也观察到了 SERS 效应,但增强倍数只有 $10 \sim 10^3$. 在无 SERS 效应的表面上吸附分子后,如将少量 Ag 沉积其上,有时可观察到吸附分子的 SERS 谱线. 这在一定程度上克服了 SERS 的局限性;但被吸附分子的行为也可能因 Ag 的沉积而有所改变. 有关这些方面的进展可参阅文献[28].

红外光谱的灵敏度也因近来发现的表面增强红外效应而有所提高,但增强倍数远不如 SERS. 红外反射光谱必须用薄液层电解池. 这对研究工作也带来一定局限,例如反应物有限,不能进行快速电化学调制等.

现代高性能的光谱仪的价格比电化学仪器至少要高一个数量级,这也对前者的推广使用构成相当障碍.

采用光谱方法研究界面吸附现象的另一局限是不易获得有关表面吸附量的数据. 换言之,这类方法提供的主要是有关被吸附分子品种、它们与电极表面之间以及被吸附分子之间相互作用性质等定性数据,而不是表面吸附量等定量数据. 从这个角度看,经典吸附研究方法与近代界面光谱方法之间有很好的互补性.

§2.7.2 "电极／溶液"界面上的吸附自由能

"电极／溶液"界面上的吸附现象是比较复杂的. 一方面,在"电极／溶液"界面上和在一般表面上的吸附现象都服从某些共同规律;另一方面,由于溶液相的存在以及在这一界面上具有可以在一定范围内连续变化的电场,"电极／溶液"界面上的吸附现象还具有某些特殊规律.

根据热力学原理,引起溶液中某活性粒子在界面层中吸附的基本原因是吸附过程伴随着体系自由能的降低,即吸附自由能必须为负值. 当水溶液中的活性粒子在"电极／溶液"界面上吸附时,吸附自由能主要由下列几项所组成:

1. 憎水项

由于水分子之间能通过形成氢键缔合,水溶液中存在由水分子组成的短程四面体结构. 溶液中的溶质粒子总会或多或少地破坏这种短程有序结构. 因而,若溶质粒子自溶液内部移向界面层中,就会减弱这种破坏作用而使体系的自由能降低. 然而,溶液中的溶质粒子又是或多或少地被溶剂化了,若它们自溶液内部移向界面层,又会由于溶剂化程度减少而使自由能增高.

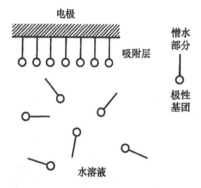

图 2.49　吸附层中有机分子的排列方式

各种带有极性基团的有机化合物(如醇、醛、酸、胺等)在"电极/溶液"界面上的吸附自由能主要来自"憎水项". 这些分子中包括基本上不能水化的碳氢链部分("憎水部分")和易于水化的极性基因("亲水部分"). 为了使体系具有最低的能量,这些有机分子倾向于使亲水部分存留在溶液中,而憎水部分脱离溶液. 因此,它们很容易在界面上形成如图 2.49 所示的吸附层.

由于类似的原因,一些体积较大而水化程度较小的无机离子如 ClO_3^- ,ClO_4^- 等也往往具有微弱的表面活性.

由于"憎水项"的作用机理没有涉及到电极表面与活性粒子之间的相互作用,由此引起的吸附现象应主要是"非特性的",即活性粒子的吸附行为与电极表面的化学性质无关. 在"空气/溶液"界面上也可以观察到相似于图 2.49 的极性有机分子的定向排列.

2. 电极表面与活性粒子之间的相互作用

电极表面与活性粒子之间的相互作用可以大致上分为静电相互作用和化学作用二类. 前者包括由于镜像力及色散力所引起的金属表面与离子及偶极子之间的相互作用,以及表面电荷与偶极子之间的相互作用. 至于表面剩余电荷与离子间的库仑引力,则已在 GCS 理论中加以考虑. 所谓电极表面与活性粒子之间存在化学相互作用,系指吸附键的性质与强度已与化学键相近. 电极表面与活性粒子之间可以形成共价键、离子键或配位键,其共同点是二者之间发生了电子转移. 氢、氧等气体在许多电极上的吸附,就主要是化学相互作用所引起的. 化学吸附过程显然是特性的. 在不同的电极表面上,同一种活性粒子的吸附行为可以很不相同.

3. 吸附层中活性粒子之间的相互作用

在吸附层中,活性粒子之间可能存在吸引力,也可能存在排斥力. 引起活性粒子互吸的原因可以是范德华力. 若吸附层中存在带有电荷的离子,则由于离子间静电力而引起的相互作用就更加强烈. 当活性粒子与电极表面之间不存在化学的相互作用时,吸附层中的中性活性粒子之间往往表现吸力,但定向排列的偶极分子之间则存在斥力.

如果被吸附粒子之间存在斥力,则随着覆盖度的加大,活性粒子的吸附就变得愈来愈困难. 同号离子或定向排列的偶极子之间的静电斥力是易于理解的. 但是,即使是不具有偶极矩的中性粒子在电极上化学吸附时,在被吸附粒子间有时也表现斥力. 对于这种实验现象现在尚缺乏统一的看法. 一种比较普遍的看法是:当活性粒子在固体电极上吸附后,就改变了表面电势与费米能级,因而使继续吸附的粒子与表面之间所形成的吸附键减弱了. 这一效应即使在表面覆盖度很小时也可能比较显著,因此表现为吸附层中活性粒子之间存在长程的斥力. 根据导致斥力的原因,被吸附粒子间的相互作用可以是"特性"的(与电极材料的化学性质有关),也可以是"非特性的"(与电极材料的化学性质无关).

无论被吸附粒子之间存在吸力或斥力,这种相互作用的共同特点是相互作用的强度与活性粒子之间的平均距离即活性粒子的表面覆盖度有关. 随着覆盖度增大,相互作用随之很快地增强.

4. 置换电极表面上的水分子

当活性粒子,特别是有机分子,在电极表面上吸附时,往往同时排除若干个原来吸附在电极表面上的水分子. 换言之,电极表面上有机分子的吸附过程可以写成

$$RH_{溶液} + nH_2O_{吸附} \rightleftharpoons RH_{吸附} + nH_2O_{溶液} \tag{2.49}$$

因此,吸附自由能中应包括这些水分子的脱附自由能. 由于水分子的偶极矩比较大,它们与电极表面,特别是与带有剩余电荷的电极表面之间的相互作用也是比较大的. 大多数研究工作者认为,至少当水分子以偶极负端指向电极表面时,二者之间的相互作用与电极材料的化学性质有关.

伴随活性分子吸附过程的自由能变化是上述四项因素的总和. 其中第一、第二和第三项中的吸力部分导致体系自由能降低,因而有利于实现吸附过程;第三项中的斥力部分和表面水分子的脱附则能使体系的自由能增高,即不利于活性粒子的吸附. 如果某种粒子在电极表面上吸附时这四项因素的总和导致体系的自由能降低,就能实现吸附过程. 而当这几项因素的强度发生变化时,活性粒子在界面上的吸附行为也随之发生变化. 如果活性粒子是"离子型"的,则还要考虑离子电荷与表面电荷之间的静电作用.

由此可知,除了活性粒子本身的化学性质和浓度以外,能影响它们吸附行为的主要因素是表面电荷密度及电极表面的化学性质,在不同的电极表面上以及不同电势下同一活性物质的吸附行为可以极不相同.

电极表面的化学性质对活性粒子吸附行为的影响与上述几项因素中的"特性

吸附"部分有关. 即使电极表面与活性粒子之间不存在"特性的"相互作用,但由于水分子的特性吸附以及由于电极表面和偶极子之间的色散力与电极材料的磁化率有关,同一活性物质在不同电极上的吸附行为总不会完全相同. 然而,如果这些项目对吸附自由能的贡献不大,同一活性物质在不同电极上的吸附行为还是可以类比的. 若是电极表面与活性粒子之间存在化学相互作用,那么吸附过程就主要是"特性"的了,导致在不同的电极表面上同一活性物质的吸附行为可以极为不同.

还可以根据式(2.49)来分析电极表面上与"气/固"界面上吸附过程的差别:在吸附自由能的表达式 $\Delta G_{吸附} = \Delta H_{吸附} - T\Delta S_{吸附}$ 中,对于"气/固"界面上的化学吸附过程 $\Delta H_{吸附}$ 恒为负值;且由于吸附分子的运动自由度减少,$\Delta S_{吸附}$ 也恒为负值. 因此,使 $\Delta G_{吸附}$ 具有负值的主要贡献只可能来自 $\Delta H_{吸附}$ 项,即"气/固"界面上的化学吸附主要是"热焓驱动"的.

对于电极表面上有机分子的吸附过程,则由于涉及若干水分子自电极表面上排除,使 $\Delta H_{吸附}$ 负值减少,甚至成为正值;同时,水分子自表面上排除意味着体系运动自由度的增加,并使 $\Delta S_{吸附}$ 的负值也减少,甚至转为正值. 因此,可以认为电极表面上有机分子的吸附过程更多地是"熵驱动"的.

仿此,按吸附平衡常数随温度倒数的变化式 $\dfrac{\mathrm{d}\log K_{吸附}}{\mathrm{d}(1/T)} = -\dfrac{\Delta H_{吸附}}{2.3R}$,由于"气/固"表面上的 $\Delta H_{吸附}$ 恒为负值,故升高温度总是使化学吸附减弱. 然而当电极表面上有机分子吸附时 $\Delta H_{吸附}$ 可能出现正值,故升温有可能加强吸附过程. 后一现象在亲水性强的电极表面上更容易被观察到. 例如,曾在 Pt 电极上观察到苯的吸附随温度升高而增强.

§2.7.3 "电极/溶液"界面上有机分子的吸附等温线

研究吸附现象的基本方法是测定活性粒子在给定表面上的吸附等温线——活性粒子整体浓度与表面吸附量之间的关系曲线. 根据吸附等温线的形式,可以求出吸附平衡常数和吸附自由能,并判明存在哪一些类型的相互作用. 由于电极电势对相互作用的性质以及吸附自由能有很大的影响,研究电极/溶液界面上的吸附现象时需要测定活性粒子的吸附电势范围,并在不同电势下分别测定吸附等温线.

如果电极表面是完全均匀的,且被吸附粒子之间没有相互作用,那么,所得到的吸附等温线应该是所谓"Langmuir 型"的(图 2.50 中曲线 1),其表达式为

$$\frac{\theta}{1-\theta} = Bc \tag{2.50a}$$

$$\theta = \frac{Bc}{1+Bc} = \frac{c}{b+c} \tag{2.50*}$$

其中:B 称为吸附平衡常数;$b = \dfrac{1}{B}$,其数值等于当 $\theta = 0.5$ 时溶液中活性物质的浓度,因此又称为"半覆盖浓度",可用来衡量有机分子的表面活性. 有机分子的表面活性愈大,则 B 愈大而 b 愈小.

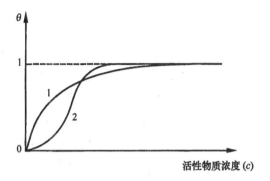

图 2.50　不同形式的吸附等温线

在这些式子中可采用 Γ 来表示表面吸附量. θ 与 Γ 之间的关系为 $\Gamma = \theta\Gamma_\infty$,其中 Γ_∞ 为表面被单层有机分子完全覆盖时的极限吸附量. 值得提出的是吸附等温线中用 Γ(或 θ) 表示表面浓度,而式(2.20) 和(2.21) 中 Γ 的定义是表面剩余量,但事实上二者之间差别很小,以下均不加区分.

当 $\theta \ll 1$ 时,式(2.50) 可简化为

$$\theta = Bc \tag{2.50b}$$

即覆盖度与溶液中活性物质的浓度成正比. 此时常称为吸附等温线处在 Henry 区.

若考虑自电极表面上取代 n 个水分子的效应,则根据式(2.49) 对于有机分子可将用摩尔分数(X) 表示的吸附平衡常数写成

$$K_{\text{吸附}} = \frac{(X_{\text{RH, 吸}})(X_{\text{H}_2\text{O, 溶液}})^n}{(X_{\text{RH, 溶液}})(X_{\text{H}_2\text{O, 吸}})^n} \tag{2.51}$$

在稀溶液中可认为 $X_{\text{H}_2\text{O, 溶液}} = 1$,$X_{\text{RH, 溶液}} = c^{\circ}_{\text{RH, 溶液}}/55.4$,而在表面上则有

$$X_{\text{RH, 吸}} = \frac{\Gamma_{\text{RH}}}{\Gamma_{\text{RH}} + \Gamma_{\text{H}_2\text{O}}} \quad \text{及} \quad X_{\text{H}_2\text{O, 吸}} = \frac{\Gamma_{\text{H}_2\text{O}}}{\Gamma_{\text{RH}} + \Gamma_{\text{H}_2\text{O}}} \tag{2.52}$$

若再考虑到一个 RH 分子与 n 个 H_2O 分子对应的关系,则有

$$\Gamma_{\text{H}_2\text{O}, \infty} = n\Gamma_{\text{RH}, \infty}$$

$$\Gamma_{\text{RH}} = \theta\Gamma_{\text{RH}, \infty}$$

$$\Gamma_{\text{H}_2\text{O}} = \Gamma_{\text{H}_2\text{O}, \infty} - n\Gamma_{\text{RH}} = n(1-\theta)\Gamma_{\text{RH}, \infty}$$

式中:$\Gamma_{\text{H}_2\text{O}, \infty}$ 和 $\Gamma_{\text{RH}, \infty}$ 分别表示 H_2O 和 RH 的极限吸附量. 将这些关系代入式(2.52) 后得到

$$X_{\text{RH, 吸}} = \frac{\theta}{\theta + (1-\theta)n} \quad \text{及} \quad X_{\text{H}_2\text{O, 吸}} = \frac{(1-\theta)n}{\theta + (1-\theta)n}$$

再代入式(2.51) 后得到

$$\left[\frac{\theta}{(1-\theta)^n}\right]\left\{\frac{[\theta+n(1-\theta)]^{n-1}}{n^n}\right\}=\frac{K_{吸附}}{55.4}\cdot c_{RH,溶液}^{\circ} \tag{2.53}$$

式(2.53)被称为 Bockris-Swinkels 吸附等温式[29]. 当 $n=1$ 时,该式还原为 Langmuir 吸附等温式[式(2.50)]. 可用式(2.53)来解释实测结果与 Langmuir 吸附等温式之间的偏差,也可用该式来估计 n 值及有机分子在电极上的排列方式.

在以上各种吸附等温式的推导过程中均不曾考虑被吸附粒子之间的相互作用. 仿照范德华气体状态方程中的压力校正项,Фрумкин 认为由于被吸附粒子互吸而引起的界面张力变化与 θ^2 成正比,并由此导出如下的吸附等温线公式[①]:

$$Bc=\frac{\theta}{1-\theta}\exp(-2a\theta) \tag{2.54}$$

式(2.54)常称为 Фрумкин 吸附等温式,其中 a 为常数. 当被吸附粒子之间存在引力时,$0<a<2$,就出现"S"形吸附等温线;若它们之间存在斥力,则 $a<0$. 选用适当的 a 值后,在许多情况下式(2.54)与实验曲线很好地符合. 当有机阴、阳离子在电极上联合吸附时,这些粒子之间的相互作用表现得更明显[30].

已经测定了许多有机化合物在电极表面上的吸附行为. 根据这些实验数据(特别是汞电极上获得的),在不带有剩余电荷或表面电荷密度很小的电极表面上,许多有机化合物的吸附行为与它们在"空气/溶液"界面上的行为相似. 例如,对于同一系列的化合物,如脂肪醇、酸、胺等,只要溶解度许可,表面活性总是随着碳氢链的长度而加大的,并且每增减一节 CH_2 所引起的活性改变服从 Traube 规律. 此外,增加碳氢链的数目也总是有利于增大活性的,例如,在 R 一定时,各种胺类化合物的活性顺序为 $NH_3<RNH_2<R_2NH<R_3N<R_4N^+$. 这些实验事实表明,它们在电极表面上吸附时涉及的能量变化主要来自"憎水项"和原来定向排列在界面上的水分子的排除. 这些分子中极性基团的主要功能是增大整个分子的水溶性,而对吸附自由能贡献不大,其原因可能是由于界面层中极性基团距电极表面较远.

---

① 根据式(2.45),应有 $-d\sigma=\Gamma RTd\ln c$. 加入表面活性分子引起的界面张力变化 $-\Delta\sigma=\sigma_0-\sigma$,其中 σ_0 为原溶液的界面张力,故 $\Delta\sigma$ 可看作是吸附层中活性分子的表面压力(二维压力). 因此,原式可改写为

$$-d(\Delta\sigma)=\Gamma RTd\ln c \tag{2.45a}$$

若仿照理论气体公式 $P=cRT$ 将表面压力写成 $-\Delta\sigma=\Gamma RT$,即 $-d(\Delta\sigma)=RTd\Gamma$,则代入原式并积分得到式(2.50a). 当考虑到覆盖度的影响时,可假设

$$-\Delta\sigma=-RT\Gamma_\infty\ln(1-\theta)$$

按此式,当 $\theta\to0$ 时,$\ln(1-\theta)\to-\theta$,故有 $-\Delta\sigma\to\Gamma RT$;而 $\theta\to1$ 时,$-\Delta\sigma\to\infty$. 将由上式得到的 $-d(\Delta\sigma)$ 代入式(2.45a)积分后得到式(2.50). 如果在式中右方再加上一项由于吸附层中活性分子互吸而引起的校正项

$$-\Delta\sigma=-RT\Gamma_\infty\ln(1-\theta)-a'\theta^2$$

则用 $-d(\Delta\sigma)$ 代入式(2.45a)并积分得到式(2.54),其中 $a=a'/RT\Gamma_\infty$.

在电极表面上,特别是当表面荷正电时,芳香族和杂环化合物的表面活性要比在"空气/溶液"界面上大得多,表示吸附功中电极与活性分子之间的相互作用项不可忽视. 这一现象可能是由于分子中的 π 电子云与表面正电荷(或镜像电荷)相互作用的结果. 当用氟取代芳环中的氢原子后,π 电子云密度大为减低,上述现象也就几乎消失.

与此相似,离子型表面活性粒子,特别是半径较大的季胺阳离子,在电极表面上的活性也显著大于"空气/溶液"界面上的活性. 这一情况大概也是离子电荷与镜像电荷相互作用的结果. 一些每段碳链不长而含有多个重复单元的有机活性分子(如多醇、多乙烯多胺、聚醚等)在电极表面上也具有较高的活性,其吸附自由能可能来自重复结构中各个单元的联合效应.

全氟表面活性剂(活性分子中的憎水部分由全氟碳链构成)在电极上的表面活性远低于它们在"气/液"界面上的活性. 在后一界面上,全氟表面活性剂在迄今已知的各类活性剂中具有最强的降低界面张力的能力;然而在汞电极上它们的表面活性还不如由碳氢链构成憎水部分的常规表面活性剂. 引起这种差别的可能原因是全氟碳链在电极表面上吸附时涉及较多水分子的排除[31].

§2.7.4 电极电势对界面吸附的影响

电极电势对有机活性物质的吸附平衡常数有很大的影响. 在电毛细曲线(图 2.45)和微分电容曲线(图 2.46)上都可以看到,φ_0 附近活性分子的吸附量最大,而当电极电势偏离 φ_0 后吸附量就很快地降低了,终至完全脱附(图 2.51). 这种现象主要是由于有机分子的介电常数比水小而引起的. 当电极电势偏离 φ_0 时,电极表面上的电场强度逐渐增大,本来吸附在电极表面上的有机分子也愈来愈容易被水分子所取代①. 这种现象的本质与水溶液中有机化合物的(由离子电荷周围的微电场引起的)盐析现象很相近,因此常常可以观察到二者之间的平行关系,即在浓电解质溶液中溶解度比较大的那些表面活性物质往往也能在较广的电势范围内在电极表面上吸附.

---

① 设真空中某平板电容器储有电量 Q,且此时两板间的电势差为 V_0,则在电容器中储蓄的能量等于 $\frac{1}{2}QV_0$. 若将此电容器改浸在介电常数为 ε 的介质中,则由于介质分子在两板间极化并引起了反向的附加电场,故使电容器两板间的电势差及其中所储蓄的能量均下降到原来数值的 $\frac{1}{\varepsilon}$. 由此可见,若保持 Q 不变,用介电常数大的介质去取代介电常数小的介质时就会引起荷电体系的能量降低,且降低的数值与 QV_0 成正比. 同理,随着 q 与 $|\varphi-\varphi_0|$ 的增大,由于这一效应在电极表面上由水分子取代有机分子的过程中释出的能量也愈来愈大,并相应地使有机分子的吸附自由能向正方向变化. 如果由此引起的能量降低足以补偿由于有机分子自表面上脱附而引起的能量升高,后者即从电极上脱附.

　　Фрумкин 曾经导出[32],改变电极电势对式(2.54)中吸附平衡常数的影响可用下式表示

$$B = B_0 \exp\left[-\frac{\int_{\varphi_0}^{\varphi} q_{\theta=0}\mathrm{d}\varphi + C_{\theta=1}\varphi\left(\Delta\varphi_0 - \dfrac{\varphi}{2}\right)}{RT\Gamma_{\infty}}\right] \tag{2.55}$$

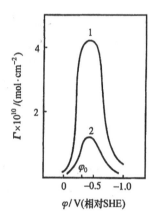

图 2.51　3mol·L⁻¹ KCl 溶液
中正丁醇的吸附量随
电极电势的变化
正丁醇浓度为:1. 0.03;
2. 0.01mol·L⁻¹.

式中:B_0 为 $\varphi = \varphi_0$ 时的吸附平衡常数;$\Delta\varphi_0$ 为有机分子饱和覆盖层所引起的零电荷电势移动. 推导公式时假设 $C_{\theta=1}$ 为常数,即饱和吸附层的结构不随电极电势变化. 然而,这一假定并不总是符合实际情况的. 利用式(2.55),并考虑到活性粒子之间的相互作用项随电势的变化,对于一些简单的脂肪族化合物可以推算出与实测结果相近的微分电容曲线.

　　Bockris 等人[9]则主要根据水分子在界面吸附过程中的作用,提出以下的式子来描述电极电势对电极表面上有机分子吸附平衡常数的影响:

$$K_{吸附(\varphi)} = K_{吸附(\varphi_0)}\exp\left[-nZ\left(\frac{\mu E - Z\sigma}{kT}\right)\right] \tag{2.56}$$

式中:μ 为水分子的偶极距;E 为紧密双电层中的场强;σ 为横向相互作用系数;n 为每个有机分子在表面吸附时排除的水分子数;Z 为描述界面上水分子定向排列方式的函数,其定义为

$$Z = \frac{N\downarrow - N\uparrow}{N\downarrow + N\uparrow}$$

其中:$N\downarrow$ 表示以偶极正端指向电极表面的水分子数;$N\uparrow$ 为以负端指向电极的水分子数.

　　在实际应用中,我们往往只需要知道各类有机表面活性分子在电极上吸附的大致电势范围,及不同电势下吸附层中有机分子大致排列情况,借以估计各类"添加剂"应用的可能性.

　　一般说来,简单的脂肪族化合物只在 φ_0 附近一段电势区间内吸附,其宽度约为 1V 左右,且半脱附电势($\varphi_{\theta=0.5}$)与活性物质浓度之间有近似的半对数关系(图2.52). 在发生吸附的全部电势范围内,吸附层结构变化不大.

　　芳香族和杂环化合物在电极上有两种基本排列方式. 在荷正电的电极表面上,由于 π 电子云与表面正电荷之间的相互作用,这些分子中的环平面倾向于和电极表面平行,即形成"平卧"的吸附层. 当电极表面荷负电时,则转变为环平面与电极表面垂直的吸附层,其半脱附电势与脂肪族化合物相近.

如果活性物质是离子型的,则由于离子电荷与表面电荷之间的静电作用,导致发生吸附的电势区向与离子电荷异号的电势方向显著移动. 例如,季胺阳离子在汞电极上的吸附电势范围可延伸到$-1.6V$左右.

某些亲水基团比重较大的活性分子(如多醇、聚醚、多乙烯多胺等)具有较高的介电常数. 它们在电极上的吸附电势区域最宽广,在汞电极上可延伸到$-1.8V$以上. 常用的聚氧乙烯醚类非离子型表面活性剂即属于这种类型,因而可以在很负的电势区吸附. 但由于这

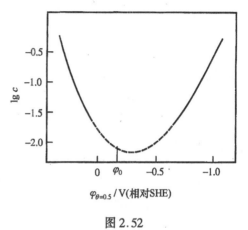

图 2.52
$1mol·L^{-1}$ KF 溶液中 t-$C_5H_{11}OH$ 浓度(c/mol·L^{-1})与半脱附电势($\varphi_{\theta=0.5}$)之间的关系.

类活性分子中还包含独立的憎水端,它们在电极上吸附时吸附层结构随电势的变化往往具有较复杂的形式[33].

当有机分子在电极上吸附后,所引起的零电荷电势移动与吸附层中有机分子的排列方式有关. 大多数中性有机分子在汞电极上吸附后能使 φ_0 略向正电势方向移动(图2.45). 然而,不应由此得出结论,认为吸附层中有机分子系以偶极的正端指向电极表面. 更可能的情况是:零电荷电势的移动主要是由于原来以偶极负端指向电极表面的水分子自表面上脱附而引起的,而吸附层中的有机分子则主要是以其憎水部分指向电极表面,由于这些分子中极性基团定向排列而引起的表面电势则是不大的. 但含硫的有机分子(如硫脲)往往使 φ_0 向负方向移动,这种现象无疑主要是由于偶极分子的负端指向电极表面所导致的.

§2.7.5 电极材料的影响

当同一表面活性分子在不同电极表面上吸附时,如果不涉及活性分子与电极之间的特性相互作用,则区别往往在于界面上水分子的吸附自由能. 例如,在镓电极上异戊醇的活性显著地低于汞电极上同一物质的活性,与水分子在镓电极表面上吸附较强有关[34]. 许多芳香族化合物在 Bi 表面上的活性要比在 Hg 表面上低[17],估计也是由于同一原因. Cd 电极表面的亲水性更强. 实验发现苯胺在 Cd 电极上的表面活性要比在 Hg 和 Bi 电极上都要低[18].

确定有机分子在各种电极上的吸附电势区间有重要的实际意义. 由于大部分有关有机分子吸附行为的研究是在 Hg 电极上进行的,如何将在 Hg 电极上获得的数据搬用到其他金属电极表面上去就成了一个有意义的课题. 有人曾经设想,若

引入 φ_0 的概念,即可利用汞电极上测得的数据来推知其他电极上的吸附电势范围. 也就是说,可认为同一活性物质在不同电极上的吸附电势范围在以 φ_0 为零点的电势坐标上是几乎相同的. 这一概念曾经一再被引用,但其正确性是颇为可疑的. 例如,储荣邦等曾用载波扫描法比较过十几种典型表面活性物质在 Pb,Cd,Hg,Zn 等电极上的吸附电势范围[14]. 虽然这几种金属的 φ_0 相差可达 0.5V 以上(见表2.2),但同一活性物质在不同电极上引起峰值电容的电势(约相当于半脱附电势)相差不超过 0.1~0.2V(图2.53),与上述设想全然不符. 在文献[35]中曾提出,同一活性物质在不同电极上的脱附电势主要由表面电荷密度所决定,例如,在七种金属上 $0.1\,\mathrm{mol\cdot L^{-1}}$ 正戊醇均在 q 达到 $-13.1\pm0.6\,\mu\mathrm{C\cdot cm^{-2}}$ 时自电极表面脱附,而相对于 φ_0 的脱附电容峰值的位置各不相同(图2.54).

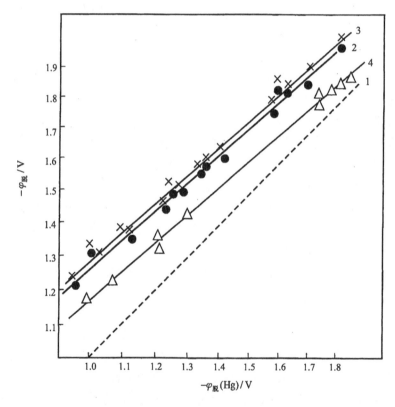

图 2.53　各种表面活性物质在不同金属上的脱附峰电势 $\varphi_{脱}$
与汞电极上 $\varphi_{脱}$ 之间的关系
1. Hg; 2. Cd; 3. Pb; 4. 40% Tl汞齐.

因此,实验结果显示的基本趋势是:金属电极的 φ_0 愈负,同一有机分子在该电极上相对于 φ_0 的脱附电势就愈正. 事实上,如果考虑到在电极表面上定向排列的

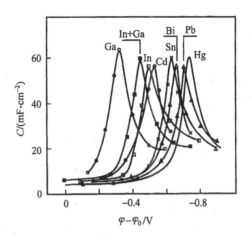

图2.54 在不同金属电极上测得的正戊醇
(0.1mol·L^{-1})的脱附电容峰

水分子所引起的相间电势是 φ_0 中一项不可忽略的组成部分,而在处于 φ_0 电势的不同金属表面上这一项的数值不同(与表面的亲水性有关),但在表面负电荷密度较大时水分子与电极表面的特性相互作用并不显著,则同一活性物质在不同电极上的负电势区脱附电势差别应小于 φ_0 的差别. 在图2.55中示意地表示了几种亲水性不同的金属的 q-φ 关系曲线. 在 φ_0 附近出现的弯曲是由于水分子改为以偶极负端指向电极表面而引起的. 不荷电表面的亲水性愈强,则弯曲愈早出现,并引起 φ_0 的负移. 因此,在不同电极上相应于同一 q 值的电势差别小于 φ_0 的差别.

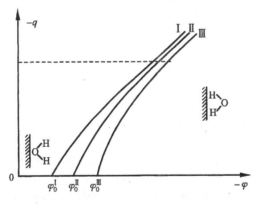

图2.55 表面亲水性对零电荷电势的影响

以上讨论的是有机分子在负电势区的脱附电势. 由于金属的阳极溶解和阴离子的强烈特性吸附,在大多数电极材料上难以观察到荷正电表面上的脱附电容峰值.

　　本节中主要介绍在"类汞金属"表面上不参加电极反应的有机分子的吸附行为."类铂金属"表面的亲水性显著高于"类汞金属",因而在前一类金属表面上各类有机分子只有在与电极表面有较深刻的相互作用时才能在电极上显著吸附,其中包括在电极上"离解吸附".另一方面,由于"类铂金属"多具有较强的电催化性能,能高效催化不少有机分子的电化学还原或氧化,并往往生成一些中间粒子.反应粒子、中间粒子和反应产物与电极表面之间的强烈相互作用对这类化合物的电极过程动力学有极重要的影响.然而,由于在这类情况下"电极/溶液"界面已不符合理想极化电极的要求,以及这类粒子吸附时还往往涉及电荷的部分转移甚至键的断裂,对于这些复杂表面反应本节中介绍的一些方法与结论已不适用.例如乙烯在 Pt 电极表面上可按下列三种方式反应,均涉及表面铂原子与乙烯分子的深刻相互作用,包括分子的离解与还原.

$$
H-\overset{\overset{H}{|}}{C}=\overset{\overset{H}{|}}{C}-H +2Pt \longrightarrow H-\overset{\overset{H}{|}}{\underset{\underset{Pt}{|}}{C}}-\overset{\overset{H}{|}}{\underset{\underset{Pt}{|}}{C}}-H
$$

$$
H-\overset{\overset{H}{|}}{C}=\overset{\overset{H}{|}}{C}-H +4Pt \longrightarrow 2\ Pt\ +\ H-\overset{\overset{H}{|}}{\underset{\underset{Pt}{|}}{C}}=\overset{}{\underset{\underset{Pt}{|}}{C}}-H
$$

$$
H-\overset{\overset{H}{|}}{C}=\overset{\overset{H}{|}}{C}-H +2Pt-2e^- \longrightarrow H-\overset{}{\underset{\underset{Pt}{|}}{C}}=\overset{}{\underset{\underset{Pt}{|}}{C}}-H +2H^+
$$

参 考 文 献

一般性文献

1. 茀鲁姆金 A H 等著,朱荣昭译.电极过程动力学,绪论部分.北京:科学出版社,1957
2. Grahame D C. *Chem. Rev.* 1947,41:441
3. Parsons R. Modern Aspects of Electrochemistry, Vol. 1. Butterworths, 1954,103~179
4. Delahay P. Double Layer and Electrode Kinetics. Interscience, 1965. Chap. 1~6
5. Comprehensive Treatise of Electrochemistry, Vol. 1. The Double Layer, ed. by Bockris J O'M Conway B E, Yeager E. 1980,Plenum
6. Фрумкин A H. Потенциалы Нулевого Заряда. Наука,1979, 第二版,1982
7. Parson R. *Chem. Rev.* 1990,90:813
8. Lipkowski J, Ross P N. Eds. Adsorption of Molecules at Metal Electrodes. VCH,1992

书中引用文献

[1] 查全性.物理化学学报. 1986,2:478

[2] Grahame D C. *J. Am. Chem. Soc.* 1941,63:1207;1946,68:301; 1949,71:2975; *J. Phys. Chem.*, 1957,61:701

[3] Мелик-Гайказян В И, *ЖФХ*. 1952,26:560

[4] Дамаскин Б Б, *ЖФХ*. 1958,32:2199; *Успех Хим.* 1961,30:220

[5] Grahame D C, Soderberg B A. *J. Chem. Phys.* 1954,22:449

[6] Дамаскин Б Б, Петрий О А. *ЖВХО*. 1971,16:605

[7] Grahame D C. *J. Am. Chem. Soc.*, 1954,76:4819

[8] Frumkin A, Bagotskaya I, Grigoryev N. 电气化学. 1975,43:2

[9] Bockris J O'M, Devanathan M A, Müller V K. *Proc. Royal Soc.* 1963,A274, 55

[10] Hansen R S, Kelsh D J, Grathame D H. *J. Phy. Chem.* 1963,67:2316

[11] Parsons R. *Adv. Electrochem and Electrochem. Engineering.* 1961,1:1

[12] Esin O, Markov B. *Acta Physicochim. URSS.* 1939,10:353; Есин О А, Шихов В М,*ЖФХ.* 1943,20:236

[13] Hamelin A, Vitanov T, Sevast'yanov E S, Popov A. *J. Electroanal. Chem.* 1983,145:225

[14] 储荣邦,查全性. 化学学报. 1981,39:581

[15] Bockris J, Argade S, Geleadi E. *Electrochim. Acta.* 1969,14:1259

[16] Habib M A, Bockris J O'M. *Langmuir.* 1986,2:388

[17] Пальм У В, Паст В Э. *Успех Хим.* 1975,44:2035

[18] Рабалка Л Е, Дамаскин Б Б, Лейкис Д И. *Электрохим.* 1974,10:1367

[19] Frumkin A N, Petrii O A, Damaskin B B. 见一般性文献5. Chap. 5

[20] 同一般性文献6

[21] Campanella L. *J. Electroanal. Chem.* 1970,28:228

[22] Trasatti S. *J. Electroanal. Chem.* 1971,33:351

[23] Хрущева Е Ц, Казаринов В Е. *Электрохим.* 1986,22:1262

[24] Jehring H. Elektrosorption-Analyse mit der Wechselstrompolarographie. Akademie, Berlin,1974

[25] Damaskin B B, Kazarinov V E. 见一般性文献5. Chap. 8

[26] Buttry D A, Ward M D. *Chem. Rev.* 1992,92:1355

[27] Zhou A, Xie N. *Colloid J. Interfacial Sci.* 1999,220:281

[28] Tiao Z Q (田中群), Ren B (任斌). *Chinese J. Chem.* 2000,18:135

[29] Bockris J O'M, Swinkels D A J. *J. Electrochem. Soc.* 1964,111:736

[30] 查全性,周运鸿,邹津耘,陆君涛. *Scientia Sinica.* 1965,14:65

[31] Cha C S (查全性), Zu Y B (祖延兵). *Langmuir.* 1998,14:6280

[32] Frumkin A N. *Z. Phys.* 1926,35:792

[33] 黄全安,周运鸿,查全性. 材料保护. 1965,11~18

[34] Frumkin A N, Poljanovskaja N S, Grigoriyev N B, Bagotskaya I A. *Electrochim Acta.* 1965,10:793

[35] Frumkin A, Damaskin B, Grigoryev N, Bagotskaya I. *Electrochim. Acta.*1974,19:69

[36] Hepel M. in Interfacial Electrochemistry. ed. by Wieckowski A. Marcel Dekker,1999. 577~597

[37] Morrison S R. The Chemical Physics of Surface. Pleum,1977;赵壁英等译.表面化学物理. 北京:北京大学出版社,1984.61

第三章 "电极/溶液"界面附近液相中的传质过程

§3.1 研究液相中传质动力学的意义

在构成电极反应的各个分部步骤中,液相的传质步骤往往进行得比较慢,因而常形成控制整个电极反应速度的限制性步骤. 例如,对于大多数涉及金属溶解和金属离子沉积的电极反应,以及那些反应粒子在得失电子前后结构基本不变的反应,或是在高效电化学催化剂影响下进行的反应,电化学步骤及其他表面步骤往往进行得比较快,几乎除了热力学限制外就总是由液相传质速度决定整个电极反应的进行速度. 即使某些电极反应的电化学步骤在平衡电势附近进行得比较慢,只要加强电场对界面反应的活化作用——增大极化电势——就一般地可以使这一步骤的反应活化能降低而速度大大加快,因而最后作为控制步骤剩下的往往仍然是液相中的传质步骤.

在电化学装置(电解池、化学电池等)中,液相传质步骤也常是反应速度的限制性步骤. 若提高这一步骤的进行速度,就可以增大装置的反应能力. 根据估计,如果反应粒子与电极表面的每一次碰撞都能引起电化学反应,则当反应粒子浓度为 $1\,\text{mol}\cdot\text{L}^{-1}$ 时电极反应的最大速度有可能达到约 $10^5\,\text{A}\cdot\text{cm}^{-2}$;但是,实际电化学装置中采用的最高电流密度极少超过每平方厘米几个安培[①](例如食盐电解槽、高功

---

① 异相反应速度一般用"$\text{mol}\cdot\text{cm}^{-2}\cdot\text{s}^{-1}$"表示,但电化学反应速度常用电流密度来表示. 二者之间的关系可通过 Faraday 定律找到. 设电极反应为

$$v_A A + v_B B + \cdots + n e^- \Longleftrightarrow -v_P P - v_Q Q - \cdots \tag{3.1}$$

式中:v_A, v_B, v_P, v_Q 等称为各种粒子的"反应数",对参加还原反应的粒子用正号,对参加氧化反应的粒子则用负号;又电子的反应数常用 n 表示(恒为正值).

如此,设电极反应中涉及的 i 粒子在电极上的反应速度为 $-\dfrac{\mathrm{d}m_i}{s\mathrm{d}t}(\text{mol}\cdot\text{cm}^{-2}\cdot\text{s}^{-1})$,则相应的电流密度为

$$I = -\frac{n\cdot F}{v_i}\frac{\mathrm{d}m_i}{s\mathrm{d}t}(\text{A}\cdot\text{cm}^{-2}) \tag{3.2}$$

式中,$F = 96\,500\text{C}$,m 为摩尔数,s 为电极面积.

对于阴极反应,在电极上消耗的反应粒子具有正的反应数,即式(3.2)中 v_i 与 $-\dfrac{\mathrm{d}m_i}{\mathrm{d}t}$ 同号,因此 I 具有正值;对于阳极反应则相反. 换言之,今后我们除特别注明者外,总是以阴极电流(还原电流)为正电流,而以阳极电流(氧化电流)为负电流.

率化学电池、金属阳极加工等). 二者之间相差 5 个数量级以上,表示电极表面的反应潜力还远远没有被充分利用.

另一方面,也可以通过减缓液相传质速度来延缓电化学反应速度,例如,用多孔隔膜来防止电极间的对流传质,用选择透过性隔膜来减少干扰性组份对电极过程的影响等等.

在研究电极过程时,则往往由于液相中传质速度的限制,致使我们无法观测一些快速分部步骤的动力学特征. 这时整个电极反应只显示液相传质步骤的动力学特征. 例如,若不搅拌溶液,仅靠自然对流引起的传质过程所能达到的电流密度上限约为 $0.01 \sim 0.1 A \cdot cm^{-2}$(按反应粒子浓度为 $1 mol \cdot L^{-1}$ 估计). 采用了目前所能做到的最强烈的搅拌措施,可以将上限提高到约为 $10 \sim 100 A \cdot cm^{-2}$.

研究液相传质动力学的重要目的之一在于寻求控制这一步骤进行速度的方法,特别是消除或减少由于这一步骤进行缓慢而带来的各种限制作用. 即使不能完全做到这一点,掌握了液相传质过程的动力学规律对研究电极过程也是很有用处的. 例如,当反应处在混合区时,可以利用这些规律来校正液相传质步骤的影响;还可以利用由液相传质速度所控制的电极过程来测定扩散系数和组分浓度等. 为此都需要研究和掌握液相传质动力学的基本规律.

§3.2 有关液相传质过程的若干基本概念

§3.2.1 对流、扩散、电迁移

液相中的传质过程可以由三种不同的原因引起:

1. 对流

所谓对流传质,即物质的粒子随着流动的液体而移动. 引起对流的原因可能是液体各部分之间存在由于浓度差或温度差所引起的密度差(自然对流),也可能是外加的搅拌作用(强制对流). 传质速度一般用单位时间内所研究物质通过单位截面积的量来表示,称为该物质的流量(J). 对流导致的 i 粒子的流量为

$$J_{\text{对},i} = vc_i = (v_x + v_y + v_z)c_i \tag{3.3}$$

式中,$J_{\text{对}}$ 和流速 v 均为向量,二者的指向相同. v_x, v_y 和 v_z 则为三个坐标方向上的速度分向量. 如截面积用 cm^2 表示,则 c_i 用 $mol \cdot cm^{-3}$ 表示(下同). 又若只考虑与所关心平面(例如电极表面)正交方向(常称为 x 方向,见图 3.1)的流量,则式(3.3)可简化为

$$J_{\text{对},i} = v_x c_i \tag{3.3a}$$

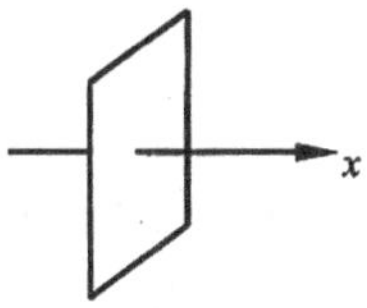

2. 扩散

如果溶液中某一组分存在浓度梯度,那么,即使在静止液

图 3.1

体中也会发生该组分自高浓度处向低浓度处转移的现象,称为扩散现象. 由于扩散传质过程而引起的流量为

$$J_{扩,i} = -D_i\left[\left(\frac{\partial c_i}{\partial x}\right)i + \left(\frac{\partial c_i}{\partial y}\right)j + \left(\frac{\partial c_i}{\partial z}\right)k\right]$$
$$= -D_i\nabla c_i = -D_i \mathbf{grad} c_i \tag{3.4}$$

式中:i,j 和 k 分别为 x,y 和 z 方向上的单位向量. 向量算符

$$\nabla = i\frac{\partial}{\partial x} + j\frac{\partial}{\partial y} + k\frac{\partial}{\partial z}$$

$\mathbf{grad} c_i$ 称为 i 粒子的浓度梯度,亦为向量. D_i 称为 i 粒子的扩散系数,也就是单位浓度梯度作用下该粒子的扩散传质速度. 式(3.4)右方的负号表示扩散传质方向与浓度增大的方向正好相反.

同样,如果只考虑 x 方向的扩散传质,则式(3.4)简化为

$$J_{扩,i} = -D_i\left(\frac{dc_i}{dx}\right) \tag{3.4a}$$

式(3.4a)常称为 Fick 第一律.

3. 电迁移

如果 i 粒子带有电荷,则除了上述两种传质过程外,还可能发生由于液相中存在电场而引起的电迁传质过程. 这一过程所引起的流量为

$$J_{迁,i} = \pm Eu_i^0 c_i = \pm(E_x + E_y + E_z)u_i^0 c_i \tag{3.5}$$

式中右方正号用于荷正电粒子,而负号用于荷负电粒子. E 为电场向量,而 E_x,E_y 和 E_z 分别为 x,y 和 z 方向的场强. u_i^0 称为该荷电粒子的"淌度",即该粒子在单位电场强度作用下的运动速度. 若只考虑 x 方向的电迁过程,则有

$$J_{迁,i} = \pm E_x u_i^0 c_i \tag{3.5a}$$

当上述三种传质方式同时作用时,则有

$$J_i = J_{对,i} + J_{扩,i} + J_{迁,i}$$
$$= vc_i - D_i\mathbf{grad}c_i \pm Eu_i^0 c_i \tag{3.6}$$

注意式中右方三项均为向量,因此总流量 J_i 是按这三项的向量和而不是代数和. 若只考虑 x 方向的传质,则可用下式按代数和求总流量

$$J_{x,i} = v_x c_i - D_i\left(\frac{dc_i}{dx}\right) \pm E_x u_i^0 c_i \tag{3.6a}$$

若将各种带电的粒子的流量乘以所带电荷($z_i F$,包括符号),则可以累计得到流经该处的净电流密度. 例如

$$I_x = \sum z_i F J_{x,i}$$

$$= -F\sum z_i D_i \left(\frac{\mathrm{d}c_i}{\mathrm{d}x}\right) + FE_x \sum |z_i| u_i^0 c_i + v_x F \sum z_i c_i$$

根据电中性原理($\sum z_i c_i = 0$),式中右方第三项等于零,即对流传质作用不能引起净电流. 于是有

$$I_x = -F\sum z_i D_i \left(\frac{\mathrm{d}c_i}{\mathrm{d}x}\right) + FE_x \sum |z_i| u_i^0 c_i \tag{3.7}$$

还可以将总电流密度中每种粒子的贡献写成

$$I_{x,i} = -Fz_i D_i \left(\frac{\mathrm{d}c_i}{\mathrm{d}x}\right) + FE_x |z_i| u_i^0 c_i \tag{3.8}$$

在不出现扩散传质过程$\left(\frac{\mathrm{d}c_i}{\mathrm{d}x} = 0\right)$时,可用$\frac{I_{x,i}}{I_x} = t_i$表示$i$粒子的输电份额,$t_i$称为该粒子的迁移数.

应用式(3.7)和(3.8)时还应注意,由于习惯上选取自电极表面指向溶液的方向作为x的正方向,同时又以自溶液流向电极的还原电流为正电流,因此电流$I = -I_x$.

在电解池中,上述三种传质过程总是同时发生的. 然而,在一定条件下起主要作用的往往只有其中的一种或两种. 例如,即使不搅拌溶液,在离电极表面较远处由于自然对流而引起的液流速度v的数值也往往比D和u^0大几个数量级,因而扩散和电迁传质作用可以忽略不计. 但是,在电极表面附近的薄层液体中,液流速度却一般很小,因而起主要作用的是扩散及电迁过程. 如果溶液中除参加电极反应的i粒子外还存在大量不参加电极反应的"惰性电解质",则液相中的电场强度和粒子的电迁速度将大大减小. 在这种情况下,可以认为电极表面附近薄层液体中仅存在扩散传质过程.

还不难看到,由于远离电极表面处的对流传质速度要比电极表面附近液层中的扩散传质速度大得多,而这两种传质过程又是连续(串联)进行的;因此,只要液相中存在足够大量的惰性电解质[1],则液相中的传质速度主要是电极表面附近液层中的扩散传质速度所决定的. 在许多实际情况中,后一条件很好地被满足,因而本章的重点在于讨论电极表面附近液层中的扩散过程.

§3.2.2 传质过程引起的浓度变化

若通过传质过程移入某一体积单元的i粒子的总量不同于移出的总量,则该单元中将发生该粒子的浓度变化. 下面首先分析一维扩散传质过程引起的浓度

---

[1] 这一条件可理解为惰性电解质的浓度超过反应粒子浓度50倍以上(参见本书§3.6).

变化.

图 3.2 中两个与 x 方向正交的截面 1,2 之间相距 dx,根据式(3.4a),两个截面上的扩散流量分别应为

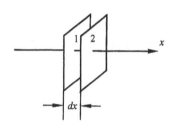

图 3.2

$$J^1 = -D_i\left(\frac{\partial c_i}{\partial x}\right)_{x=x}$$

$$J^2 = -D_i\left(\frac{\partial c_i}{\partial x}\right)_{x=x+dx}$$

$$= -D_i\left[\left(\frac{\partial c_i}{\partial x}\right)_{x=x} + \frac{\partial}{\partial x}\left(\frac{\partial c_i}{\partial x}\right)dx\right]$$

若 $J^1 \neq J^2$,则两个截面之间 i 粒子的浓度将随时间而变化,其变化速度显然应为

$$\left(\frac{\partial c_i}{\partial t}\right)_{扩} = \frac{J^1 - J^2}{dx} = D_i\left(\frac{\partial^2 c_i}{\partial x^2}\right) \tag{3.9}$$

式(3.9)常称为 Fick 第二律.

仿此不难导出,三维扩散过程引起的浓度变化应为

$$\left(\frac{\partial c_i}{\partial t}\right)_{扩} = D_i\left(\frac{\partial^2 c_i}{\partial x^2} + \frac{\partial^2 c_i}{\partial y^2} + \frac{\partial^2 c_i}{\partial z^2}\right) = D_i\boldsymbol{\nabla}^2 c_i$$

$$= -\boldsymbol{\nabla} J_{扩,i} = D_i\mathrm{div}(\mathbf{grad}c_i) \tag{3.10}$$

式中,$\mathrm{div}(\mathbf{grad}c_i)$ 称为浓度梯度向量的"散度". 算符 $\boldsymbol{\nabla}$ 作用于向量 $\boldsymbol{J}$ 时有 $\boldsymbol{\nabla}\,\boldsymbol{J} = \frac{\partial J_x}{\partial x} + \frac{\partial J_y}{\partial y} + \frac{\partial J_z}{\partial z}$,为无向量. Laplace 算符 $\boldsymbol{\nabla}^2$ 的定义为

$$\boldsymbol{\nabla}^2\phi = \frac{\partial^2\phi}{\partial x^2} + \frac{\partial^2\phi}{\partial y^2} + \frac{\partial^2\phi}{\partial z^2} = \mathrm{div}(\mathbf{grad}\phi)$$

同理,也可应用 $\left(\frac{\partial c_i}{\partial t}\right)_{迁} = -\boldsymbol{\nabla}\,J_{迁,i}$ 来计算由于电迁过程引起的浓度变化. 从式(3.5)得到

$$\left(\frac{\partial c_i}{\partial t}\right)_{迁} = \mp u_i^0 c_i\left(\frac{\partial \boldsymbol{E}_x}{\partial x} + \frac{\partial \boldsymbol{E}_y}{\partial y} + \frac{\partial \boldsymbol{E}_z}{\partial z}\right) \mp u_i^0\left(\boldsymbol{E}_x\frac{\partial c_i}{\partial x} + \boldsymbol{E}_y\frac{\partial c_i}{\partial y} + \boldsymbol{E}_z\frac{\partial c_i}{\partial z}\right)$$

$$= \mp u_i^0 c_i\mathrm{div}\boldsymbol{E} \mp u_i^0\boldsymbol{E}\,\mathbf{grad}c_i \tag{3.11}$$

式中右方第一项为电场散度引起的浓度变化,而第二项为电场作用于浓度梯度场而引起的浓度变化,不可与扩散传质过程混淆.

对流引起的浓度变化则为

$$\left(\frac{\partial c_i}{\partial t}\right)_{对} = -\boldsymbol{\nabla}\,J_{对,i}$$

$$= - c_i\left(\frac{\partial \boldsymbol{v}_x}{\partial x} + \frac{\partial \boldsymbol{v}_y}{\partial y} + \frac{\partial \boldsymbol{v}_z}{\partial z}\right) - \left(\boldsymbol{v}_x \frac{\partial c_i}{\partial x} + \boldsymbol{v}_y \frac{\partial c_i}{\partial y} + \boldsymbol{v}_z \frac{\partial c_i}{\partial z}\right)$$

$$= - c_i \mathrm{div}\boldsymbol{v} - \boldsymbol{v}\,\mathbf{grad}c_i \tag{3.12}$$

对于不可压缩的液体,$\mathrm{div}\boldsymbol{v}=0$,故式(3.12)可简化为

$$\left(\frac{\partial c_i}{\partial t}\right)_{对} = - \boldsymbol{v}\,\mathbf{grad}c_i \tag{3.12a}$$

当三种传质过程联合作用时,可将以上各式相加得到

$$\left(\frac{\partial c_i}{\partial t}\right) = - \boldsymbol{\nabla}\,\boldsymbol{J}_i = D_i \mathrm{div}(\mathbf{grad}\,c_i) \mp u_i^0 c_i \mathrm{div}\boldsymbol{E} \mp u_i^0 \boldsymbol{E}\,\mathbf{grad}c_i - \boldsymbol{v}\,\mathbf{grad}c_i \tag{3.13}$$

式(3.13)中 $\boldsymbol{E}$,$\boldsymbol{v}$ 和 $\mathbf{grad}c$ 是向量,然而 $\mathrm{div}\boldsymbol{E}$ 和 $\mathrm{div}(\mathbf{grad}c)$ 不是向量. $\boldsymbol{E}\,\mathbf{grad}c$ 和 $\boldsymbol{v}\,\mathbf{grad}c$ 则是两个向量的无向量积. 因此 $\left(\frac{\partial c_i}{\partial t}\right)$ 不是向量. 式(3.11)和(3.13)中负号均用于正离子,而正号用于负离子.

当溶液中存在大量惰性电解质时,电迁项的作用可以忽视(详见§3.6),此时式(3.13)简化为

$$\left(\frac{\partial c_i}{\partial t}\right) = D_i \mathrm{div}(\mathbf{grad}\,c_i) - \boldsymbol{v}\,\mathbf{grad}c_i \tag{3.13a}$$

式(3.13a)主要用于分析两类问题:

1. 稳态对流扩散问题

此类问题中 $\frac{\partial c_i}{\partial t}=0$,故式(3.13a)简化为

$$D_i \mathrm{div}(\mathbf{grad}c_i) - \boldsymbol{v}\,\mathbf{grad}c_i = 0 \tag{3.13b}$$

在§3.4中我们将据此分析平面电极和旋转圆盘电极上的传质问题.

2. 静止液体中的暂态扩散问题

此类问题中 $\boldsymbol{v}=0$,故式(3.13a)简化为

$$\frac{\partial c_i}{\partial t} = D_i \mathrm{div}(\mathbf{grad}c_i) \tag{3.13c}$$

Fick 第二律[式(3.9)]即为此式的一维形式.

§3.2.3 稳态过程和非稳态过程

当电极表面上进行着电化学反应时,反应粒子不断在电极上消耗而反应产物不断生成. 因此,如果这些粒子处在液相中,则在电极表面附近的液层中会出现这些粒子的浓度变化,从而破坏了液相中的浓度平衡状态,称为出现了浓度极化现象. 然而,在电极表面液层中出现了浓度极化的同时,也往往出现导致浓度变化减缓的扩散传质和对流传质过程. 电极表面液层中的浓度分布情况及其随时间的变化,就是这两种对立因素共同作用的结果.

一般说来,在电化学反应的开始阶段,由于反应粒子浓度变化的幅度还比较小,且主要局限在距电极表面很近的静止液层中,因而指向电极表面的液相传质过程不足以完全补偿由于电极反应所引起的消耗. 这时浓度极化处在发展阶段,即电极表面液层中浓度变化的幅度愈来愈大,涉及的范围也愈来愈广. 习惯上称为传质过程处在"非稳态阶段"或"暂态阶段".

然而,在浓度极化发展的同时,上述两种对立因素的相对强度也往往逐渐发生了变化,使浓度极化的发展愈来愈缓慢. 若出现浓度极化的范围延伸到电极表面附近的静止液层之外,以致出现了对流传质过程,就更有利于实现所谓"稳态"过程. 当过程处于"稳态阶段"时,表面液层中指向电极表面的反应粒子的流量已足以完全补偿由于电极反应而引起的反应粒子的消耗. 这时表面液层中浓度极化现象仍然存在,然而,却不再发展. 后一种情况的数学表达式是在表面液层中各处均有 $\frac{\partial c_i}{\partial t} = 0$.

还需要指出,由于反应粒子不断在电极上消耗,电解过程中反应粒子的整体浓度一般说来总是逐渐减小的,因而,严格地说,大多数电解池中的液相传质过程都具有一些非稳态性质. 只有在溶液中反应粒子的含量能通过外面加入或另一电极反应而不断得到补充,或者是通过的电量比较少,以致可以忽略反应粒子整体浓度的变化时,才能近似地认为存在稳态扩散过程.

稳态扩散过程的数学处理比较简单,只要能找到稳态下扩散粒子的浓度分布函数,即可根据式(3.4)计算流量. 我们将在下一节中首先讨论这类过程.

若扩散过程处在非稳态阶段,则反应粒子的浓度同时是空间位置与时间的函数,因而数学处理要复杂得多. 在大多数情况下,需要按照特定的起始条件和边界条件解出传质偏微分方程,借此求得包含时间变数的浓度分布函数,再根据式(3.4)计算流量. 在这种情况下,需要采用暂态浓度梯度,例如对一维扩散过程可采用

$$J_{扩,i} = - D_i \left(\frac{\partial c_i}{\partial x} \right)_t \qquad (3.4a^*)$$

§3.3　理想情况下的稳态过程

前节中曾经提到:在远离电极表面的液体中,传质过程主要依靠对流作用来实现,而在电极表面附近液层中,起主要作用的是扩散传质过程. 在一般情况下,我们很难严格区分这两种传质过程的作用范围,因为总是存在一段两种传质过程交迭作用的空间区域. 为了不使问题一开始就具有很复杂的形式,我们首先分析一

种比较理想的实验装置,其中扩散传质区(以下简称"扩散区")和对流传质区(以下简称"对流区")可以截然划分. 与此同时,我们还假设溶液中存在大量惰性电解质,因此可以忽视电迁传质作用.

在图 3.3 中,电解池由容器 A 及焊接在侧方其长度为 l 的毛细管所组成,两个电极则分别装在毛细管末端和容器 A 中. 由于采用了搅拌设备,可以认为容器 A(对流区)中不出现浓度极化,即各点浓度相同. 又由于溶液的总体积较大,因此,只要电解持续时间不太长,可以近似地认为容器 A 中反应粒子 i 的浓度(c_i)不随时间变化,即恒等于初始浓度 c_i^0. 与此相反,可以认为毛细管中的液体总是静止的,因而其中仅存在扩散传质过程(扩散区).

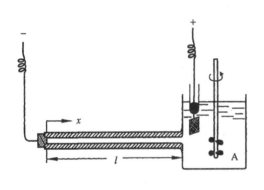

图 3.3

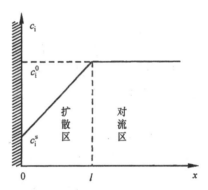

图 3.4 电极表面液层中反应粒子的浓度分布(理想情况)

设通过电流时反应粒子 i 能在位于毛细管末端的电极上作用,则该电极附近将出现 i 粒子的浓度极化,并不断向 x 增大的方向发展. 但是,由于对流区中的传质速度很快,出现浓度极化的空间范围不会超过 $x = l$. 当达到稳态后,毛细管内各点 c_i 不再变化,故 i 的流量必为常数. 根据式(3.4a),此时应有 $\dfrac{\mathrm{d}c_i}{\mathrm{d}x} =$ 常数,也即是毛细管内反应粒子的浓度分布必然是线性的(图 3.4). 若电解时设法保持 $x = 0$ 处电极表面上的 c_i 为恒定值($= c_i^s$),则达到稳态后毛细管内浓度梯度由下式表示:

$$\frac{\mathrm{d}c_i}{\mathrm{d}x} = \frac{c_{i(x=l)} - c_{i(x=0)}}{l} = \frac{c_i^0 - c_i^s}{l} \tag{3.14}$$

代入式(3.4a)后得到稳态下的流量为

$$\boldsymbol{J}_{\text{扩},i} = -D_i \frac{c_i^0 - c_i^s}{l} \tag{3.15}$$

式中,负号表示反应粒子的流动方向指向电极表面. 与式(3.15)相应的稳态扩散

电流密度则为[①]

$$I = \frac{nF}{v_i}(-\boldsymbol{J}_{扩, i}) = \frac{nF}{v_i}D_i \frac{c_i^0 - c_i^s}{l} \tag{3.16}$$

显然,相应于 $c_i^s \to 0$(称为"完全浓度极化"),I 将趋近最大极限值. 这一极限电流密度值习惯上称为"极限扩散电流密度"(I_d),

$$I_d = \frac{n}{v_i}FD_i \frac{c_i^0}{l} \tag{3.16*}$$

当浓度梯度为确定值时,决定电流密度(I, I_d)的主要因素是扩散系数的数值. 经典扩散理论认为引起扩散的原因是渗透压力场,由此可以导出

$$D_i = \frac{kT}{6\pi r_i \eta} \tag{3.18}$$

式中:r_i 为 i 粒子的有效半径;η 为介质的黏度系数. 根据式(3.18)可按 $D_i \propto T/\eta$ 来估计不同温度下的扩散系数. 当温度和介质的黏度系数一定时,D_i 主要由 r_i 决定. 在表 3.1 中给出各种离子在无限稀释时的扩散系数. 表中大多数无机离子的扩散系数很接近于 1×10^{-5} cm$^2 \cdot$s^{-1},这主要是由于水化过程对离子半径起了平均化作用. H^+ 离子和 OH^- 离子的扩散系数则比其他粒子大得多,其原因是这些离子在水溶液中迁移时涉及特殊的跃迁历程.

表 3.1　各种离子在无限稀释时的扩散系数(25℃)

离　子	$D/(\text{cm}^2 \cdot \text{s}^{-1})$	离　子	$D/(\text{cm}^2 \cdot \text{s}^{-1})$
H^+	9.34×10^{-5}	Cl^-	2.03×10^{-5}
Li^+	1.04×10^{-5}	NO_3^-	1.92×10^{-5}
Na^+	1.35×10^{-5}	Ac^-	1.09×10^{-5}
K^+	1.98×10^{-5}	BrO_3^-	1.44×10^{-5}
Pb^{2+}	0.98×10^{-5}	SO_4^{2-}	1.08×10^{-5}
Cd^{2+}	0.72×10^{-5}	CrO_4^{2-}	1.07×10^{-5}
Zn^{2+}	0.72×10^{-5}	$Fe(CN)_6^{3-}$	0.76×10^{-5}
Cu^{2+}	0.72×10^{-5}	$Fe(CN)_6^{4-}$	0.64×10^{-5}
Ni^{2+}	0.69×10^{-5}	$C_6H_5COO^-$	0.86×10^{-5}
OH^-	5.23×10^{-5}		

---

① 参加电极反应[式(3.1)]的粒子的流量与电流密度之间存在如下关系:

$I = \frac{nF}{v_i} \times$ 指向电极表面的反应粒子 i 的流量($\boldsymbol{J}_{x, i}^*$). 由于我们采用了自电极表面指向溶液的方向作为 x 方向,因而对来自溶液中的反应粒子应有 $\boldsymbol{J}_{x, i}^* = -\boldsymbol{J}_{x, i}$,而对于来自电极中的反应粒子有 $\boldsymbol{J}_{x, i}^* = \boldsymbol{J}_{x, i}$. 因此得到

$$I = \mp \frac{nF}{v_i}\boldsymbol{J}_{x, i} \tag{3.17}$$

对来自溶液的粒子,式中的右方用负号,对来自电极中的粒子,则用正号.

若干气体及有机分子在稀溶液中的扩散系数见表 3.2. 其数值也与无机离子的扩散系数相近.

表 3.2　稀的水溶液中的扩散系数(20℃)

分　　　子	$D/(cm^2 \cdot s^{-1})$	分　　　子	$D/(cm^2 \cdot s^{-1})$
O_2	1.8×10^{-5}	CH_3OH	1.3×10^{-5}
H_2	4.2×10^{-5}	C_2H_5OH	1.0×10^{-5}
CO_2	1.5×10^{-5}	抗坏血酸	$5.8 \times 10^{-6}(25℃)$
Cl_2	1.2×10^{-5}	葡萄糖	$6.7 \times 10^{-6}(25℃)$
NH_3	1.8×10^{-5}	多巴胺	$6.0 \times 10^{-6}(25℃)$

无限稀释时离子的扩散系数可根据无限稀释时的离子淌度值按 $D_i = \dfrac{RT}{|z_i|F} u_i^0$ 求出,但较浓溶液中的离子扩散系数的数据并不多见. 一般说来,在较浓溶液中的扩散系数要比无限稀释时小一些,但离子扩散系数随浓度的变化是不大的. 例如,在 $0.1 mol \cdot L^{-1}$ KCl 溶液中,根据无限稀释时的扩散系数计算得到的极谱极限扩散电流值(见§3.10)与实验值只相差百分之几. 理论上还可根据 $D_i = D_{i,\infty} \dfrac{t_i \Lambda}{t_{i,\infty} \Lambda_\infty}$ 来估计不同浓度的电解质溶液中离子的扩散系数. 其中:$D_{i,\infty}, t_{i,\infty}$ 和 Λ_∞ 分别表示无限稀释时的离子扩散系数、电迁数和溶液的当量比电导;D_i, t_i 及 Λ 则表示给定溶液中的各对应参数值. 但是,由于影响 D_i 与 u_i^0 的因素不尽相同,这一方法只在很稀的溶液中才比较准确. 另一可能较好的方法是根据电解质的扩散系数及离子电迁数来估计离子的扩散系数. 例如,对于对称型电解质溶液可用 $D_i = D_{电解质}/2(1 - t_i)$. 计算及实验结果均表明,即使在浓度为 $1 \sim 4 mol \cdot L^{-1}$ 的浓溶液中,离子的扩散系数也与无限稀释时相差不大,一般不超过 $10\% \sim 20\%$. 在更浓的溶液中则扩散系数一般较快下降,但极少可靠数据. 氧在 KOH 溶液中的扩散系数随碱浓度的增高而迅速下降,在 40% 的 KOH 中只有约 $1.0 \times 10^{-6} cm^2 \cdot s^{-1}$,比在稀水溶液中减小近 20 倍. 与此同时,40% KOH 的黏度只比纯水高 4 倍左右,表示扩散系数的降低并非全由 η 的增大所引起.

常温下 D 的温度系数约为每℃ 2%. 这一数值表示液相中的扩散机理与气相中的不同. 液相中扩散速度并非由全部粒子的平均运动速度(与 $\sqrt{T}$ 成正比)所决定,而是涉及某种活化过程,其活化能约为 $10 \sim 15 kJ \cdot mol^{-1}$. 近代液体理论认为:液相中的粒子只能向"空穴"扩散,而形成空穴时需要一定的活化能,其数值相当于溶剂蒸发能的某一分数.

根据绝对反应速度理论,可以把通过整个扩散层厚度的扩散过程分割为许多单次扩散跃迁过程. 如果设扩散粒子沿 x 方向每一次跃迁的平均迁移距离为λ,而

跃迁过程的活化能为 $\Delta G_{\mathcal{H}}^{\neq}$,则正、反向绝对扩散速度分别为

$$\vec{v}_x = c_{i(x=x)}\lambda\,\frac{kT}{h}\exp\left(-\frac{\Delta G_{\mathcal{H}}^{\neq}}{RT}\right)$$

及

$$\overleftarrow{v}_x = c_{i(x=x+\lambda)}\lambda\,\frac{kT}{h}\exp\left(-\frac{\Delta G_{\mathcal{H}}^{\neq}}{RT}\right)$$

而

$$c_{i(x=x+\lambda)} = c_{i(x=x)} + \left(\frac{\mathrm{d}c_i}{\mathrm{d}x}\right)\lambda$$

故净扩散流量

$$\boldsymbol{J}_{\mathcal{H},i} = \vec{v}_x - \overleftarrow{v}_x = -\left(\frac{\mathrm{d}c_i}{\mathrm{d}x}\right)\lambda^2\,\frac{kT}{h}\exp\left(-\frac{\Delta G_{\mathcal{H}}^{\neq}}{RT}\right)$$

与式(3.4a)比较,可知

$$D_i = \lambda^2\,\frac{kT}{h}\exp\left(-\frac{\Delta G_{\mathcal{H}}^{\neq}}{RT}\right) \tag{3.18a}$$

§3.4　实际情况下的稳态对流扩散过程和旋转圆盘电极

在本章以后几节中我们将要看到,如果液相中只出现扩散传质过程,则平面电极上的液相传质过程不可能达到稳态. 而且,除了微电极外,在具有其他形状的电极表面上,实际上也不存在仅由于扩散作用而引起的稳态过程. 对流作用——包括自然对流及人为搅拌——在大多数情况下是出现稳态液相传质过程的必要前提.

水溶液的黏度一般不大,因此其中很容易出现对流现象. 在化学电池及大多数工业用电解池中,只要适当地安排电极位置,仅依靠液体密度差及气体产物上升所引起的自然对流现象已足以维持常用的液相传质速度和电流密度. 据报道在失重条件下,银锌电池的容量和输出功率大幅下降. 根据这一事实,可以体会到在常用电化学设备中自然对流现象起了不受人注意的巨大作用. 当然,如果在电解池中采用了搅拌装置,则液相传质速度更可以大大提高.

由前一节中讨论过的事例过渡到实际电化学装置时首先需要解决的问题是:在实际装置中如何处理"扩散层厚度"的概念.

Nernst 曾经假定,在电极表面附近存在一层"静止的"液体,其厚度 δ 随着溶液中对流现象的加剧而减小. 他还认为,在 $x \leqslant \delta$ 的静止液层内部只出现扩散传质过程;而在 $x > \delta$ 处则由于对流作用较强,不会出现浓度极化现象. 这种假说可以用来定性地解释搅拌对液相传质速度的影响以及极化曲线的形式等,在电化学发展过程中曾起过一定的有益作用. 然而,Nernst 所提出的物理图像却显然是不真

实的. 例如,根据极限扩散电流密度的数值可以算出,当不搅拌溶液时,δ 的有效值约为 $1 \sim 5 \times 10^{-2}$ cm(与电流密度及其他实验条件有关). 当电极上有大量气体析出时,δ 可减小约一个数量级. 但是,即使很猛烈地搅拌溶液,在一般情况下 δ 的有效值也不会小于 10^{-4} cm. 后一数值约相当于几千个分子层的厚度. 很难想象,具有这种厚度的表面液层能在搅拌溶液时完全保持静止. 我们也无法解释,为什么在 $x = \delta$ 处液流速度会有着突然的变化. 事实上,目前已有方法可以直接观察到在距电极表面仅约 10^{-5} cm 处的液流运动,这就直接证明了所谓静止液层的概念是与客观实际不符的.

液体的流动有两种基本方式:层流和湍流. 后一种流动方式的数学处理相当复杂,因而本章中我们主要分析液体按层流方式流动时的对流扩散传质过程. 处理这类过程一般分两步进行:首先计算液体流速的分布情况,然后计算在流动着的液体中实现的传质过程. 处理液流问题的基本出发点是 Navier-Stoke 公式

$$\rho \frac{d\boldsymbol{v}}{dt} = -\boldsymbol{\nabla} P + \eta \boldsymbol{\nabla}^2 \boldsymbol{v} + \boldsymbol{f} \tag{3.19}$$

式中:左侧表示单位体积液体所受的力(ρ 为液体的密度);右侧第一项压力散度表示这一体积单元所受的净压力;第二项表示当存在流速差异时液体黏度(η)引起的液层间的摩擦力;第三项表示重力项,当存在密度差别时就引起自然对流. 自然对流的定量处理也极复杂,而且它的传质能力一般远小于人为搅拌作用,因而处理时往往略去这一因素的影响. 换言之,我们主要处理在不出现湍流的前提下人为引起的按确定方式对流的液体中的传质过程. Левич 等人首先由流体动力学的基本方程出发,成功地处理了异相界面附近的液流现象以及与此联系的传质过程,使我们对电极表面附近的液相传质过程有了较深刻的了解. 不过,由于这些理论的数学推导超出了本书的范围,本节中只介绍这种处理方法的基本原理及所得到的若干主要结论. 对此有兴趣的读者可参阅本章末一般性参考文献 3.

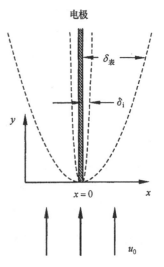

图 3.5 电极表面上表面层($\delta_\text{表}$)和扩散层(δ_i)的厚度

§3.4.1 平面电极上切向液流中的传质过程

在图 3.5 中,设流速为 u_0,以及流动方向与电极表面平行的切向液流在坐标原点处开始接触电极表面.

若不出现湍流,则根据流体力学中的边界层理论,在电极表面上覆有一层"表面层". 在表面层中,除 $x = 0$ 处外,液体都不是完全静止的,但切向液流速度

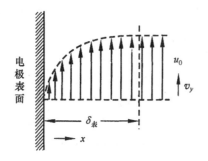

图 3.6　电极表面上切向液流速度的分布情况

(v_y) 比表面层外的切向流速 (u_0) 要小一些. 离表面愈近,则切向流速也愈小. 表面层中切向流速的分布大致如图 3.6 所示. 在表面层内侧距电极表面很近处有

$$v_y \doteq 0.33\sqrt{\frac{u_0}{\nu y}} \cdot x \qquad (3.20a)$$

式中 $\nu = \eta/\rho$, 称为动力黏度系数. 式 (3.20a) 表示距电极表面很近处 v_y 随 x 线性地增大. 在距表面较远处则式(3.20a) 不再适用, v_y 的变化减慢,最后趋近于 u_0. 表面层的厚度被定义为 $v_y = 0.99u_0$ 处的 x 值. 可以证明

$$\delta_{\text{表}} \doteq 5.2\sqrt{\frac{\nu y}{u_0}} \qquad (3.21)$$

与电极表面垂直的流速分量 (v_x) 是由于 $\mathrm{d}v_y/\mathrm{d}y \neq 0$ $(\mathrm{d}v_y/\mathrm{d}y < 0)$ 而引起的. 表面层中 v_x 的变化大致如图 3.7 所示. 在表面内侧薄层中 v_x 的变化

$$v_x \approx \frac{\nu}{\delta_{\text{表}}^3}x^2 \qquad (3.20b)$$

若反应粒子在电极表面上消耗,则表面层中将出现反应粒子的浓度极化. 设溶液中存在大量惰性电解质因而可忽视电迁传质作用,且不考虑 z 方向的传质作用,则在稳态下 $(\partial c_i/\partial t = 0)$ 根据式(3.13b)应有

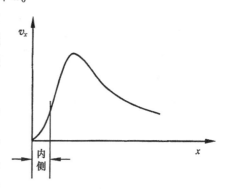

图 3.7　表面层中 v_x 的变化

$$D_i\left(\frac{\partial^2 c_i}{\partial x^2} + \frac{\partial^2 c_i}{\partial y^2}\right) - \left(v_x\frac{\partial c_i}{\partial x} + v_y\frac{\partial c_i}{\partial y}\right) = 0 \qquad (3.22)$$

在远离电极表面处流速值远大于 D_i 值,因此式(3.22)可简化为 $\boldsymbol{v}\,\mathbf{grad}c_i = 0$,即 $c_i = $ 常数,表示不出现浓度极化. 然而,在图 3.5 中所示的表面层内侧,由于切向流速很小和在 x 方向上存在较快的浓度梯度变化,扩散项的作用不可忽视. 在一般情况下,由于切向液流导致 $\left|\dfrac{\partial^2 c_i}{\partial y^2}\right| \ll \left|\dfrac{\partial^2 c_i}{\partial x^2}\right|$,故式(3.22)可简化为

$$D_i\frac{\partial^2 c_i}{\partial x^2} - \left(v_x\frac{\partial c_i}{\partial x} + v_y\frac{\partial c_i}{\partial y}\right) = 0 \qquad (3.22a)$$

式(3.22a)表明,表面层中主要存在三种传质作用. 式中第一项表示扩散传质引起

的反应粒子的流失;后两项表示对流传质引起的变化. 由于 $\partial c_i/\partial x > 0$, 而 $\partial c_i/\partial y < 0$, 故 v_x 引起 c_i 下降, 而 v_y 引起 c_i 上升, 但二者的联合作用(总的对流作用)还是使 c_i 上升的, 即 v_y 的效应大于 v_x, 从而补偿了由于扩散传质引起的 c_i 的变化, 且由此建立稳定状态. 由于主要用于无向量(c, δ 等)的计算, 自式(3.20a)起诸 v 值均未采用粗体表示.

在 $x = \delta_{表}$ 附近, 由于切向流速较大, 且 $\partial c_i/\partial x$, $\partial c_i/\partial y$ 和 $\partial^2 c_i/\partial x^2$ 都很小, 因而 $c_i \approx$ 常数(c_i^0), 即在表面层外侧部分中基本上不出现浓度极化. 这是由于能量传递要比质量传递容易实现, 因而其中存在着切向流速散度的表面层要比其中存在着反应粒子浓度梯度的扩散层(δ_i)更厚一些(图 3.5).

为了估计扩散层的厚度, 可以定义为在这一层的外侧 $x = \delta_i$ 处按式(3.22a)引起浓度降低的 $v_x(\partial c_i/\partial x)$ 项已与 $D_i(\partial^2 c_i/\partial x^2)$ 项数值相等(在扩散层外则 $|v_x(\partial c_i/\partial x)| > |D_i(\partial^2 c_i/\partial x^2)|$). 利用近似公式 $\partial c_i/\partial x = c_i^0/\delta_i$, $\partial^2 c_i/\partial x^2 = c_i^0/\delta_i^2$, 并注意到按式(3.20b)在 $x = \delta_i$ 处有 $v_x = \nu\delta_i^2/\delta_{表}^3$ 和 $v_x(\partial c_i/\partial x) \approx \nu\delta_i c_i^0/\delta_{表}^3$, 则代入 $D_i(\partial^2 c_i/\partial x^2) = v_x(\partial c_i/\partial x)$ 后, 得到

$$\delta_i \approx (D_i/\nu)^{1/3}\delta_{表} \tag{3.23}$$

用 $D \approx 10^{-5}$, $\nu \approx 10^{-2}$ 代入上式, 可知 $\delta_i \approx 0.1\delta_{表}$(图 3.5). 从式(3.23)也可以看出, δ_i 与 $\delta_{表}$ 的差别是由于 D 与 ν 的数值数量级不同所引起的

将式(3.21)代入式(3.23), 得到

$$\delta_i \approx D_i^{1/3}\nu^{1/6}y^{1/2}u_0^{-1/2} \tag{3.24}$$

根据以上分析可以明显地看到, 若溶液中存在对流现象, 则在电极表面附近并不存在完全静止的液层. 此外, 表面层与扩散层也是不同的物理概念. 前者的厚度较大, 只由电极的几何形状与流体动力学条件所决定;后者则不仅具有较小的厚度, 而且除几何及流体动力学条件外还依赖于反应粒子的扩散系数. 即使在同一电极上与同一液流条件下, 具有不同扩散系数的反应粒子可以形成不同厚度的扩散层. 扩散系数愈大, 相应的扩散层也愈厚.

在扩散层内部($0 < x < \delta_i$ 处), 仍然存在液体的切向运动, 因而其中的传质过程仍然是扩散和对流两种作用的联合效果. 即使在稳态下, 扩散层中各点的浓度梯度亦非定值(图 3.8). 然而, 由于在 $x = 0$ 处不存

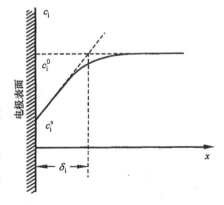

图 3.8

电极表面液层中反应粒子的浓度分布(实际情况).

在对流传质过程,还是可以根据 $x = 0$ 处的浓度梯度值来计算 δ_i 的有效值

$$\delta_i = \frac{c_i^0 - c_i^s}{(\mathrm{d}c_i/\mathrm{d}x)_{x=0}} \tag{3.25}$$

在求得扩散层的有效厚度后,就可以仿照式(3.15)~(3.16*)计算指向电极表面的反应粒子流量及相应的电流密度. 为此,需要在这些式子中用 δ_i 代替 l,从而得到指向电极表面的流量

$$-J_i = D_i \frac{c_i^0 - c_i^s}{\delta_i} \tag{3.15a}$$

$$I = \frac{nFD_i}{v_i} \frac{c_i^0 - c_i^s}{\delta_i} \tag{3.16a}$$

和

$$I_d = \frac{nF}{v_i} D_i \frac{c_i^0}{\delta_i} \tag{3.16a*}$$

如果电极附近的液体流动情况如图 3.5 所示,可将式(3.24)代入上式后得到电极表面上各处的电流密度为

$$I \approx \frac{nF}{v_i} D_i^{2/3} u_0^{1/2} \nu^{-1/6} y^{-1/2} (c_i^0 - c_i^s) \tag{3.26}$$

及相应的极限电流密度

$$I_d \approx \frac{nF}{v_i} D_i^{2/3} u_0^{1/2} \nu^{-1/6} y^{-1/2} c_i^0 \tag{3.26a}$$

在式(3.26),(3.26a)中 I 和 I_d 均与 $D_i^{2/3}$ 成正比,与式(3.16)和(3.16*)中不同.

在式(3.24)和式(3.26),(3.26a)中均包含 y 项,表示电极表面上各部分所受到的搅拌作用均不相同,因而电流密度也是不均匀的. 在工业用电化学装置中,若电流密度分布不均匀,就意味着不能充分利用电极表面上每一部分的生产潜力,并可能引起反应产物的不均匀分布. 在实验室中研究电极反应时,我们也力图避免电流密度不均匀的现象,因为这意味着电极表面上各处的极化情况不同,使数据处理变得复杂.

为了在整个电极表面上获得均匀的电流密度,曾经设计过各种电极装置和搅拌方式(参见一般性参考文献 5),其中最常用的是各种形式的旋转圆盘电极.

§3.4.2 旋转圆盘电极

所谓"旋转圆盘电极"(图 3.9),实际使用的电极系圆盘的底部表面,而整个电极绕通过其中心并垂直于盘面的轴转动. 电极下方的液体在圆盘的中心处上升;与圆盘接近后又被抛向周边,因此圆盘中心相当于搅拌起点. 在距圆盘中心愈远的电极表面上,由于圆盘旋转而引起的相对切向液流速度也同比例地增大. 因此,

式(3.24)中 $u_0^{-1/2}y^{1/2}$ 一项可认为是常数. 这就意味着在整个圆盘电极表面各点上扩散层的厚度均相同,因而扩散电流密度也应该是均一的.

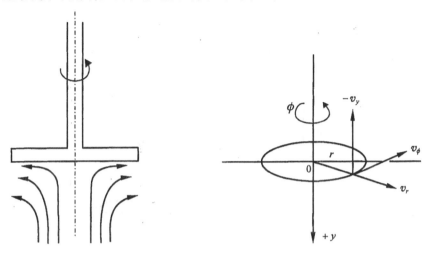

图 3.9 旋转圆盘电极 　　　　　　　　图 3.10 圆柱坐标系统

分析这类旋转系统时,最好将式(3.22)改写成圆柱坐标 (r, ϕ, y) 形式 (图 3.10). 稳态下三个坐标方向对流传质效应的总和应等于扩散流失效应的总和,即有

$$D_i\left[\frac{\partial^2 c_i}{\partial y^2} + \frac{\partial^2 c_i}{\partial r^2} + \frac{1}{r}\frac{\partial c_i}{\partial r} + \frac{1}{r^2}\left(\frac{\partial^2 c_i}{\partial \phi^2}\right)\right]$$

$$= v_y\left(\frac{\partial c_i}{\partial y}\right) + v_r\left(\frac{\partial c_i}{\partial r}\right) + \frac{v_\phi}{r}\left(\frac{\partial c_i}{\partial \phi}\right). \tag{3.27}$$

考虑到旋转圆盘电极的轴对称性,显然可略去含有 $\partial c_i/\partial \phi$, $\partial^2 c_i/\partial \phi^2$ 的项;又根据前段的分析,在这种电极上不同半径处扩散层厚度及扩散电流密度应相同,故还可以略去含 $\partial c_i/\partial r$, $\partial^2 c_i/\partial r^2$ 的项. 因此式(3.27)可简化为

$$D_i\frac{\partial^2 c_i}{\partial y^2} = v_y\frac{\partial c_i}{\partial y} \tag{3.27a}$$

求解式(3.27a)时需要知道表面层中流速的分布情况. 流体力学计算表明:旋转圆盘附近液层中轴向流速(v_y)、径向流速(v_r)和切向流速(v_ϕ)的变化分别为

$$-v_y = \sqrt{\nu\omega}H(a)$$

$$v_r = r\omega F(a)$$

$$v_\phi = r\omega G(a)$$

各式中:ω 为旋转角速度;$H(a)$,$F(a)$ 和 $G(a)$ 分别为三个坐标方向上的流速函

数,其中 a 是由圆盘表面起算的无因次距离

$$a = \left(\frac{\omega}{\nu}\right)^{1/2} y$$

在图 3.11 中画出了这三个流速函数的变化情况.

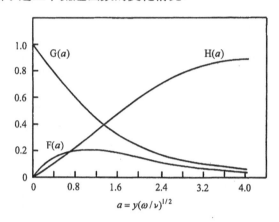

图 3.11　速度分布函数随无因次距离(a)的变化

当 $a \leqslant 2$ 时,v_y 的变化可近似地用 $v_y = -0.51\omega^{3/2}\nu^{-1/2}y^2$ 表示,代入式 (3.27a)得到

$$D_i \frac{\partial^2 c_i}{\partial y^2} = -Ay^2\left(\frac{\partial c_i}{\partial y}\right) \tag{3.27b}$$

式中,$A = 0.51\omega^{3/2}\nu^{-1/2}$. 作为边界条件,可用 $y = 0$ 处 $c_i = c_i^s$ 及 $y \to \infty$ 时 $c_i = c_i^0$. 由此可得到电极表面的浓度分布为(详见 §3.12)

$$c_i(y) = c_i^s + \frac{c_i^0 - c_i^s}{0.8934(3B)^{1/3}}\int_0^y \exp(-y^3/3B)\mathrm{d}y \tag{3.28}$$

式中,$B = D_i/A = D_i\omega^{-3/2}\nu^{1/2}/0.51$.

$c_i(y)$ 的变化如图 3.12 所示. 扩散层的有效厚度则为

$$\delta_i = (c_i^0 - c_i^s)\Big/\left(\frac{\partial c_i}{\partial y}\right)_{y=0} = 1.61 D_i^{1/3}\omega^{-1/2}\nu^{1/6} \tag{3.29}$$

将式(3.29)代入式(3.16a)和(3.16a*),得到

$$I = 0.62 \frac{nF}{v_i} D_i^{2/3}\omega^{1/2}\nu^{-1/6}(c_i^0 - c_i^s)$$

$$= \frac{nF}{v_i}\gamma_i\omega^{1/2}(c_i^0 - c_i^s) \tag{3.30}$$

和 　　　　　　$$I_d = \frac{nF}{v_i}\gamma_i\omega^{1/2}c_i^0 \tag{3.30a}$$

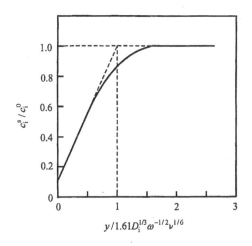

图 3.12 旋转圆盘电极表面液层中的浓度分布

式中, $\gamma_i = 0.62 D_i^{2/3} \nu^{-1/6}$. 实验证明:如果溶液体积较大,且搅动在电极表面附近不引起湍流,则式(3.30)和(3.30a)基本是正确的. 由液相传质速度控制的电流与 $\omega^{1/2}$ 成正比(图 3.13). 今后我们将常利用这一性质来判别电极反应的控制步骤,还可利用 I-$\omega^{1/2}$ 关系的斜率来估计反应电子数.

旋转圆盘电极装置在电化学实验室中已得到相当广泛的应用. 电极的转速最高可达约每分钟十万转. 运用了这种装置,可将稳态扩散传质速度提高到 $10 \sim 100 A \cdot cm^{-2}$,比不加搅拌时提高了约 3 个数量级. 然而,如果我们希望采用同一方法将目前已达到的最大电流密度再提高一个数量级,就必须再将搅拌速度提高两个数量级,为此需要建立转速约为每分钟 1000 万转的

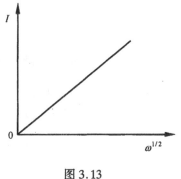

图 3.13

旋转电极装置. 显然,目前还不具备实现这一指标的技术.

对旋转圆盘电极有兴趣的读者可进一步阅读参考文献[1,2].

§3.5 当电极反应速度由液相传质步骤控制时 稳态极化曲线的形式

经常遇到这样一类电极过程,其反应速度完全受制于液相中的传质步骤. 为了能正确识别和充分利用这类电极过程,首先应对它们的基本性质,特别是稳态极化曲线的形式有所了解.

为了简便起见,可设某一纯粹由液相传质步骤控制的阴极反应的净反应为
$O + ne^- \rightarrow R$[即式(3.1)中 $v_O = 1$, $v_R = -1$],式中 O 表示"氧化态"(反应粒子),R
表示"还原态"(反应产物). 我们还假定溶液中存在足够大量的惰性电解质,因而
可以忽视扩散层中的电迁效应.

在式(3.16a)和(3.16a*)中消去 δ_i,得到

$$c_i^s = c_i^0 \left(1 - \frac{I}{I_d}\right) \tag{3.31}$$

利用式(3.31)可以计算通过电流时反应粒子表面浓度的变化. 由于推导式(3.31)
时只涉及液相传质过程,因而不论电极反应历程中是否还包括其他的慢步骤,这一
式子均为正确.

根据假设,整个电极反应中惟一控制步骤是液相传质步骤. 因此,只要考虑到
反应粒子表面浓度的可能变化,就仍然可以利用热力学公式来计算电极电势,即可
以认为通过电流时仍然有

$$\varphi = \varphi_{\text{平}}^0 + \frac{RT}{nF} \ln \frac{a_O^s}{a_R^s} = \varphi_{\text{平}}^0 + \frac{RT}{nF} \ln \frac{f_O c_O^s}{f_R c_R^s} \tag{3.32}$$

式中,$\varphi_{\text{平}}^0$ 为 O/R 电对的标准平衡电势,又 a_O^s, a_R^s 和 f_O, f_R 分别表示表面液层中
氧化态和还原态的活度和活度系数.

可以分下面两种情况来分析极化曲线的具体形式:

§3.5.1　反应产物生成独立相

若假设反应开始前已有 $a_R^s = 1$,或是通过电流后很快达到 $a_R^s = 1$,则将式
(3.31)代入式(3.32)并整理,可以得到

$$\varphi = \varphi_{\text{平}}^0 + \frac{RT}{nF} \ln f_O c_O^0 + \frac{RT}{nF} \ln\left(1 - \frac{I}{I_d}\right)$$

$$= \varphi_{\text{平}} + \frac{RT}{nF} \ln\left(1 - \frac{I}{I_d}\right) \tag{3.33}$$

式中,$\varphi_{\text{平}}$ 为未发生浓度极化时的平衡电极电势. 图 3.14(a),(b)分别表示在直线
坐标及半对数坐标中式(3.33)的具体形式(后一情况以常用对数表示).

根据式(3.33)可以看到,由于反应粒子浓度极化所引起的电极电势的变
化——又称"扩散超电势"($\eta_{\text{扩散}}$)——可用下式表示:

$$\eta_{\text{扩散}} = \varphi_{\text{平}} - \varphi = \frac{RT}{nF} \ln\left(\frac{I_d}{I_d - I}\right) \tag{3.34}$$

习惯上对于阴极反应采用 $\eta = \varphi_{\text{平}} - \varphi$,是为了使 η 具有正的数值.

这类极化曲线的一个特征是 $-\varphi$ (或 η)与 $\lg \frac{I_d}{I_d - I}$ 之间存在线性关系

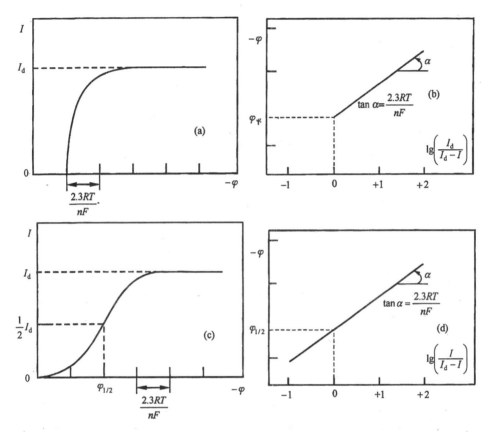

图 3.14 当电极反应速度由扩散步骤控制时的极化曲线

(a),(b) 中反应产物的活度为恒定值;(c),(d) 中反应产物可溶.

[图 3.14(b)],其斜率为 $2.3\dfrac{RT}{nF}$,因而根据半对数极化曲线的斜率可以获知电极反应涉及的电子数(n).

§3.5.2 反应产物可溶

在这种情况下 $a_R^s \neq 1$,因而首先需要计算反应产物的表面浓度.

在单位电极表面上 R 的生成速度为 $\dfrac{I}{nF}$,其扩散流失速度则为 $\pm D_R \left(\dfrac{\partial c_R}{\partial x}\right)_{x=0}$ (R 向电极内部扩散时用正号,向溶液中扩散时用负号). 由于稳态下这两种速度相等,以及可用 $D_R \dfrac{c_R^s - c_R^0}{\delta_R}$ 来表示扩散流失速度,故有

$$c_R^s = c_R^0 + \frac{I\delta_R}{nFD_R} \tag{3.35}$$

若反应开始前还原态不存在,也不考虑电极反应在溶液或电极内部引起反应产物积累,即认为 $c_R^0 = 0$,则式(3.35)简化为

$$c_R^s = \frac{I\delta_R}{nFD_R} \tag{3.35*}$$

将式(3.35*)和 $c_O^s = \dfrac{\delta_O(I_d - I)}{nFD_O}$ 代入式(3.32),整理后得到

$$\varphi = \varphi_平^0 + \frac{RT}{nF} \ln \frac{f_O}{f_R} \frac{\delta_O}{\delta_R} \frac{D_R}{D_O} + \frac{RT}{nF} \ln \frac{I}{I_d - I} \tag{3.36}$$

该式右方最后一项在 $I = \dfrac{I_d}{2}$ 时消失,因此,相应于 $I = \dfrac{I_d}{2}$ 的电极电势

$$\varphi_{1/2} = \varphi_平^0 + \frac{RT}{nF} \ln \frac{f_O}{f_R} \frac{\delta_O}{\delta_R} \frac{D_R}{D_O} \tag{3.37}$$

在一定的对流条件下,δ_O, δ_R 均为常数;又在含有大量惰性电解质的溶液及稀汞齐中 f_O, f_R, D_O, D_R 各项均很少随反应体系的浓度而变化. 因此,$\varphi_{1/2}$ 可以看作是一个不随反应体系浓度改变的常数,习惯上常称为"半波电势". 用式(3.37) 代入式(3.36),则后式可简化为

$$\eta = -\varphi = -\varphi_{1/2} + \frac{RT}{nF} \ln \frac{I}{I_d - I} \tag{3.36*}$$

在一般情况下,$\varphi_{1/2} \neq \varphi_平^0$;但是,如果 O,R 均溶解于液相中,且二者的结构很相似,则往往有 $D_R \approx D_O, \delta_R \approx \delta_O$ 和 $f_R \approx f_O$. 代入式(3.37) 中就得到近似公式 $\varphi_{1/2} \approx \varphi_平^0$. 应用这一关系,可以根据半波电势的数值来估计氧化还原电对的标准平衡电势. 这种方法对于由有机化合物组成的氧化还原电对较为适用.

在直线和半对数坐标中,式(3.36*)的具体形式见图 3.14(c),(d). 与图 3.14(b)相似,在图 3.14(d)中 $-\varphi$(或 η)与 $\lg \dfrac{I}{I_d - I}$ 之间也存在直线关系,以及根据其斜率$\left(= 2.3 \dfrac{RT}{nF} \right)$同样可以求 n.

从图 3.14(a),(c) 中还可以看到,在这两类极化曲线上当极化电势足够负时均出现极限扩散电流. 若已知反应粒子的浓度,扩散层厚度以及 n 的数值,就可以根据式(3.16a*) 来测定反应粒子的扩散系数. 反过来,也可以利用在已知浓度溶液中测出的 I_d 值来求出 $\dfrac{nFD}{\delta}$ 的数值,再根据同样扩散条件下在未知浓度溶液中测得的 I_d 值计算未知溶液的浓度. 后一方法在电化学分析中得到广泛的应用.

本节中所采用的分析方法对于氧化过程以及氧化还原联合过程同样适用.

以上的讨论主要适用于稳态下的电极过程,因此上述各极化曲线公式又称为

稳态极化曲线公式. 然而,如果测量时能在暂态传质过程开始后某一确定的瞬间"采样",且注意保持在该瞬间 δ 具有定值,或是在确定的一段暂态反应时间中测量电流平均值,则上述各极化曲线公式也可适用. 以后我们还要回到这个问题上来.

§3.6 扩散层中电场对稳态传质速度和电流的影响

在§3.3~§3.5中均假设溶液内存在大量惰性电解质,因此在电极表面上的薄液层中只存在扩散传质作用. 如果溶液中不存在足够大量的惰性电解质,则分析电极表面液层中的传质过程时还必须考虑电迁传质作用. 可以通过下面的例子来说明这类情况的分析方法.

设溶液中只存在一种电解质,其阳离子 M^{z+} 能在电极上还原,而阴离子 A^{z-} 不参加电极反应. 当液相传质过程达到稳态后,扩散层中各组分的浓度不再随时间而变化. 因此,根据式(3.6a)及 $v_x = 0$,对于能在电极上消耗的阳离子应有

$$\boldsymbol{J}_{M^{z+}} = -D_{M^{z+}}\left(\frac{dc_{M^{z+}}}{dx}\right) + \boldsymbol{E}_x u^0_{M^{z+}} c_{M^{z+}}$$

$$= -\frac{v_{M^{z+}} I}{nF} \tag{3.38}$$

对于不参加电极反应的阴离子则应有

$$\boldsymbol{J}_{A^{z-}} = -D_{A^{z-}}\left(\frac{dc_{A^{z-}}}{dx}\right) - \boldsymbol{E}_x u^0_{A^{z-}} c_{A^{z-}} = 0 \tag{3.38*}$$

作为最简单的情况,可设 $|z_-| = z_+ = n$,此时利用电中性关系($c_{M^{z+}} = c_{A^{z-}} = c$)及 $D_i = \frac{RT}{nF}u^0_i$,可以将式(3.38) 和(3.38*) 改写成

$$I = \frac{nF}{v_{M^{z+}}}u^0_{M^{z+}}\left(\frac{RT}{nF}\frac{dc}{dx} - \boldsymbol{E}_x c\right)$$

和

$$\frac{RT}{nF}\frac{dc}{dx} + \boldsymbol{E}_x c = 0$$

在二式中消去 $\boldsymbol{E}_x$(在所设情况下为负值)后得到

$$I = 2RT u^0_{M^{z+}}\frac{dc}{dx} = \frac{2nF}{v_{M^{z+}}}D_{M^{z+}}\frac{dc_{M^{z+}}}{dx} \tag{3.39}$$

将式(3.39)与式(3.16a)相比较可以看到,由于在扩散层中存在电场,致使电流值正好增大了一倍(与离子的浓度和迁移数无关!).

图 3.15 表示了这种情况下扩散层中浓度梯度与电场的联合作用.

对于阳极反应以及有阴离子参加的电极反应,也可以用类似的方法分析扩散

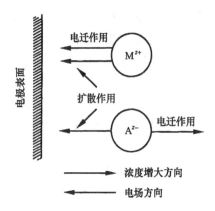

图 3.15　当扩散层中存在电场时
作用在离子上的力

层中电场对各种离子浓度分布和电流的影响. 如果反应产物是溶解在溶液中的荷电粒子,则还需要考虑这些粒子的影响. 作为最一般的情况,可以假设电极反应由式(3.1)表示,又在稳态下扩散层中共存在 p 个离子品种,其中 p' 个品种参加电极反应(包括反应产物). 对于每一种不参加电极反应的离子品种分别有

$$- D_i \frac{dc_i}{dx} \pm E_x u_i^0 c_i = 0 \qquad (3.40)$$

而对每一种参与电极反应的离子品种(包括溶液中的反应产物)则分别有

$$- D_i \frac{dc_i}{dx} \pm E_x u_i^0 c_i = - \frac{v_i I}{nF} \qquad (3.41)$$

式(3.40)和(3.41)中 $E_x u_i^0 c_i$ 项前方的符号与离子电荷的符号一致. 将这 p 个方程与电中性关系 $\sum_{i=1}^{p} c_i z_i = 0$ 联解,即可以消去 E_x 而得到通过电流时每一种离子在扩散层中的稳态分布情况.

定性地说,不论溶液的组成及电极反应如何复杂,若是正离子在电极上还原,或是负离子在电极上氧化,则扩散层中反应粒子的电迁传质方向与扩散传质方向一致,因而总是有助于增大稳态电流的;若是正离子在电极上氧化,或负离子在电极上还原,则结果正好相反.

还可以用类似的方法来分析惰性电解质的作用. 设溶液中除 MA 外还有大量惰性电解质 M'A,并用 M,M',A 表示三种离子(均略去电荷,下同),则按上法在稳态下应有

$$- D_M \left(\frac{dc_M}{dx} \right) + E_x u_M^0 c_M = - \frac{v_M I}{nF}$$

$$- D_{M'} \left(\frac{dc_{M'}}{dx} \right) + E_x u_{M'}^0 c_{M'} = 0$$

和
$$- D_A \left(\frac{dc_A}{dx} \right) - E_x u_A^0 c_A = 0$$

根据 $c_M + c_{M'} = c_A, c_{M'} \gg c_M$ 和 $D_M \approx D_{M'} \approx D_A, u_M^0 \approx u_{M'}^0 \approx u_A^0$,整理后可以得到

$$I \approx \frac{nF}{v_M} D_M \left(1 + \frac{1}{2} \frac{c_M}{c_{M'}} \right) \frac{dc_M}{dx}$$

若 $c_{M'} \geqslant 50 c_M$,则括号中第二项最多只占 1%,略去后得到

$$I \approx \frac{nF}{v_M} D_M \frac{dc_M}{dx}$$

表示加入大量惰性电解质可以忽视电迁传质作用.

§3.7 静止液体中平面电极上的非稳态扩散过程

所谓静止液体,主要指电极表面附近的液层而言,包括全部溶液处于静止状态,也包括溶液本体中虽有对流但表面液层中对流传质速度可以忽视的场合.

前面曾经指出,即使有可能在电极上建立稳态传质过程,也必须先经历一段非稳态阶段. 通过研究非稳态扩散过程可以进一步认识建立稳态扩散过程的可能性以及所需要的时间,还可以直接利用非稳态过程来实现电化学反应或研究电极过程.

分析非稳态扩散过程时,首先要找到非稳态浓度场的表示式,即各处粒子浓度随时间的变化式 $[c_i(x,t)]$,然后利用式(3.4a*)求得各点流量的瞬间值,并利用下式求瞬间扩散电流

$$I(t) = \frac{nF}{v_i} D_i \left(\frac{\partial c_i}{\partial x} \right)_{x=0,\, t} \tag{3.42}$$

处理电极表面上的非稳态扩散过程时,一般从 Fick 第二律[式(3.9)]出发. 由于该式是一个二阶偏微分方程,因此只有在确定了初始条件及两个边界条件后才有具体的解. 一般求解时我们常作下列假定:

1. $D_i =$ 常数,即扩散系数不随扩散粒子的浓度改变而变化;

2. 开始电解前扩散粒子完全均匀地分布在液相中,即作为初始条件可用

$$c_i(x,0) = c_i^0 \tag{3.43}$$

其中,c_i^0 称为 i 粒子的初始浓度,时间则是由接通极化电路的那一瞬间开始计算的;

3. 作为边界条件之一,可以认为

$$c_i(\infty, t) = c_i^0 \tag{3.44}$$

即距离电极表面无穷远处总不出现浓度极化. 后一条件不应理解为只有在溶液体积为无限大时才能实现;事实上,只要液相的体积足够大,以致在非稳态扩散过程实际可能进行的时间内,在远离电极表面的液层中不会发生可察觉的浓度极化,就可以采用式(3.44). 这种边界条件常称为"半无限扩散条件". 所谓"半"无限扩散,系指扩散只在"电极／溶液"界面的一侧(一般为 $x > 0$ 一侧)进行.

至于另一个边界条件,则取决于电解时在电极表面上($x = 0$ 处)所维持的具

体极化条件. 正是由于这一边界条件的不同,电极表面附近液层中的非稳态扩散过程才具有各种不同的形式. 下面我们通过两个例子来说明平面电极上非稳态扩散过程的处理方法及其基本性质.

§3.7.1　反应粒子表面浓度为定值时的非稳态扩散过程

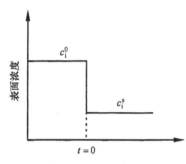

图 3.16　浓度阶跃曲线

这种极化方式称为"浓度阶跃法". 极化开始前后电极表面反应粒子的浓度变化如图 3.16 所示. 实现这种极化条件主要有两种途径:首先,如电极反应中只涉及一种可溶性粒子(反应粒子),而通过电流时电极表面上的电化学平衡又基本上没有受到破坏,则只要维持一定的电极电势就可以使反应粒子的表面浓度保持不变,即

$$c_i(0, t) = c_i^s = 常数 \qquad (3.45)$$

其次,如果在电极上加上足够大的极化电势,以致反应粒子的表面浓度与 c_i^0 相比较时小到可以忽略不计,那么,即使并不精确地将电极电势保持在某一定值也可以导致

$$c_i(0, t) = 0 \qquad (3.45^*)$$

当满足式(3.45*)时常称为在电极表面上保持"完全浓度极化"条件.

由此可见,如图 3.16 所示的浓度阶跃往往是通过极化电势的阶跃来实现的,因此这种极化方法又常称为"电势阶跃法". 实验研究中常用阶跃发生器及快速恒电位仪来实现浓度阶跃,同时用快速记录仪来观测暂态持续过程中的电流变化.

当以式(3.43)作为初始条件及式(3.44)和(3.45)作为边界条件时,式(3.9)具有下列形式的解(具体解法见§3.12.1):

$$c_i(x, t) = c_i^s + (c_i^0 - c_i^s)\mathrm{erf}\left(\frac{x}{2\sqrt{D_i t}}\right) \qquad (3.46)$$

若改用边界条件式(3.45*)代替式(3.45),则式(3.46)简化为

$$c_i(x, t) = c_i^0 \mathrm{erf}\left(\frac{x}{2\sqrt{D_i t}}\right) \qquad (3.46^*)$$

两式中"erf"代表误差函数,其定义为

$$\mathrm{erf}(\lambda) = \frac{2}{\sqrt{\pi}} \int_0^\lambda \mathrm{e}^{-y^2} \mathrm{d}y$$

其中,y 只是一个辅助变数,在积分上下限代入后即不再出现. $\mathrm{erf}(\lambda)$ 的数值在一般数学用表中可以查到,其基本性质可用图 3.17 表示. 这一函数最重要的性质是,当 $\lambda = 0$ 时,$\mathrm{erf}(\lambda) = 0$,当 $\lambda \geqslant 2$ 时,$\mathrm{erf}(\lambda) \approx 1$. 又曲线在起始处的斜率为

$$\left(\frac{\mathrm{derf}(\lambda)}{\mathrm{d}\lambda}\right)_{\lambda=0} = \frac{2}{\sqrt{\pi}}$$

因此在 $\lambda < 0.2$ 的区域内近似地有

$\mathrm{erf}(\lambda) = \frac{2\lambda}{\sqrt{\pi}}$.

掌握了误差函数的基本性质,就可以进一步分析给定极化条件下非稳态扩散过程的特征. 为了简便起见,我们暂时只讨论式(3.46*).

图 3.18 中画出了任一瞬间电极表面附近液层中反应粒子浓度分布的具体形式[式(3.46*)]. 显然,这一曲线的形式与图3.17 中误差函数曲线完全相同,其中 λ 与

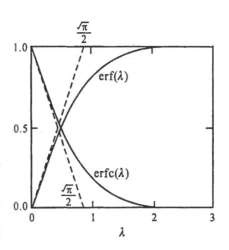

图 3.17 误差函数及其共轭函数的形式

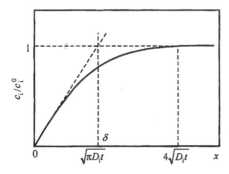

图 3.18 电极表面液层中反应粒子的暂态浓度分布

$\frac{x}{2\sqrt{D_i t}}$ 相当. 由图 3.18 中可以看到,在 $x = 0$ 处,$c_i = 0$;而当 $\frac{x}{2\sqrt{D_i t}} \geqslant 2$,即 $x \geqslant 4\sqrt{D_i t}$ 后,$c_i \approx c_i^0$. 换言之,可以粗略地认为,其中出现了浓度极化的扩散层"总厚度"为 $4\sqrt{D_i t}$;而在任一瞬间扩散层的有效厚度(δ)则可按下式求得

$$\delta = c_i^0 \Big/ \left(\frac{\partial c_i}{\partial x}\right)_{x=0} = \sqrt{\pi D_i t} \qquad (3.47)$$

用 $D_i = 10^{-5}\,\mathrm{cm^2 \cdot s^{-1}}$ 代入上式,可以求出平面电极上扩散层厚度随时间的变化:

开始反应后经历的时间(t)	1	10	100	1000/s
扩散层的"总厚度"	1.3×10^{-2}	4×10^{-2}	1.3×10^{-1}	4×10^{-1}/cm
扩散层的有效厚度(δ)	0.6×10^{-2}	1.8×10^{-2}	6×10^{-2}	1.8×10^{-1}/cm

由此可见,扩散层的延伸速度是比较慢的,且延伸速度与反应粒子的浓度无关.

若将不同时间下的浓度分布曲线画在同一图中,就得到图 3.19 中的一族曲线. 这些曲线比较形象地表示了浓度极化的发展过程. 由图 3.19 和式(3.46*)都可看到,任何一点的 c_i 值都是随时间增长而不断减小的. 而且,当 $t \to \infty$ 时,任何一点的 $c_i(x, \infty) \to c_i^0 \mathrm{erf}(0) = 0$,表示在平面电极上单纯由于扩散作用不可能

建立稳态传质过程.

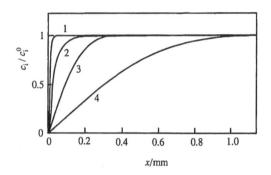

图 3.19　电极表面液层中反应粒子浓度极化的发展
开始极化后经历的时间(t)：1. 0.1；　2. 1；　3. 10；　4. 100s.

将式(3.47)代入式(3.42)，立即得到任一瞬间的非稳态扩散电流为

$$I(t) = \frac{nF}{v_i} c_i^0 \sqrt{\frac{D_i}{\pi t}} \qquad (3.48)$$

式(3.48)常称为 Cottrell 公式. 该式表明：非稳态扩散电流总是随着反应时间的延长而减小的 $\left(I(t) \propto \dfrac{1}{\sqrt{t}} \right)$；而且，当 $t \to \infty$ 时 $I(t) \to 0$，因此这种电流不具有稳态值. 当 n 和 v_i 已知时，可利用 $I(t)$-$t^{-\frac{1}{2}}$ 直线关系的斜率求 D_i 或 c_i^0.

如果 $c_i^s \neq 0$，则由式(3.46)可导出的非稳态电流的表示式为

$$I(t) = \frac{nF}{v_i} (c_i^0 - c_i^s) \sqrt{\frac{D_i}{\pi t}} \qquad (3.49)$$

由式(3.47)和(3.48)等还可以看到，由于在电极反应开始后最初一段时间内扩散层的有效厚度还比较薄，因而液相传质速度和扩散电流密度可以具有较高的数值，也即是电化学反应有可能较快地进行. 例如，设 $c_i^0 = 10^{-3} \text{mol} \cdot \text{cm}^{-3}$，$n = 1$，$v_i = 1$，$D = 10^{-5} \text{cm}^2 \cdot \text{s}^{-1}$ 和 $t = 10^{-5} \text{s}$，按式(3.48)应有 $I = 56 \text{ A} \cdot \text{cm}^{-2}$.

还需要指出，虽然根据式(3.48)，(3.49)在平面电极上不可能建立稳态电流，但在绝大多数情况下，液相中的对流现象总是存在的，因此单纯由于扩散作用而导致的传质过程不会延续很久. 一旦 $\sqrt{\pi D_i t}$ 的数值接近或达到由于对流作用所造成的扩散层有效厚度[式(3.23)]，则电极表面上的传质过程逐渐转为稳态. 当溶液中仅存在自然对流时，稳态扩散层的有效厚度约为 10^{-2}cm. 根据式(3.47)，非稳态扩散层达到这种厚度只需要几秒钟，表示非稳态过程的持续时间是很短的，即式(3.46)~(3.49)只在开始电解后几秒钟之内适用，然后出现稳态电流. 如果采取搅拌措施使扩散层减薄，则非稳态过程的持续时间还要更短一些. 然而，如果电

极反应不生成气相产物,则在小心避免振动和仔细保持恒温的情况下,非稳态过程也可能持续达几分钟以上. 在凝胶电解质中或在失重的条件下,非稳态过程的持续时间还要更长.

§3.7.2 "恒电流"极化时的非稳态扩散过程

若开始极化后在电极表面上通过的极化电流密度保持不变,则称为"恒电流"极化或"电流阶跃法"(图3.20). 根据式(3.17),在这种极化条件下,电极表面上的边界条件可以写成

$$\left(\frac{\partial c_i}{\partial x}\right)_{x=0} = \pm \frac{v_i I_0}{nFD_i} = 常数 \quad (3.50)$$

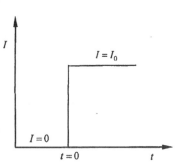

图3.20 电流阶跃曲线

式中,I_0 为恒定的极化电流密度,正、负号分别用于溶液中及电极中的反应粒子.

当以式(3.43)作为初始条件及式(3.44)和(3.50)作为边界条件时,式(3.9)的解为

$$c_i(x,\ t) = c_i^0 + \frac{v_i I_0}{nF}\left[\frac{x}{D_i}\mathrm{erfc}\left(\frac{x}{2\sqrt{D_i t}}\right) - 2\sqrt{\frac{t}{\pi D_i}}\exp\left(-\frac{x^2}{4D_i t}\right)\right] \quad (3.51)$$

式中,$\mathrm{erfc}(\lambda) = 1 - \mathrm{erf}(\lambda)$,称为误差函数的共轭函数(图3.17).

由于电极反应是直接在电极表面上进行的,我们最感兴趣的是各种粒子的表面浓度. 将 $x = 0$ 代入式(3.51),可知在电极表面上

$$c_i(0,\ t) = c_i^0 - \frac{2v_i I_0}{nF}\sqrt{\frac{t}{\pi D_i}} \quad (3.52)$$

式(3.52)表示,不论反应粒子(v_i 与 I_0 同号)或反应产物(v_i 与 I_0 异号)的表面浓度都随 $t^{1/2}$ 而线性地变化(图3.21).

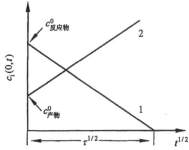

图3.21 反应粒子及反应产物
表面浓度随时间的变化
1. 反应粒子; 2. 反应产物.

以上各种粒子浓度分布公式的推导过程是完全独立的. 因此,如某一种反应粒子或反应产物不能溶解,则对于该粒子式(3.51),(3.52)不适用,但其他粒子的浓度分布公式仍然不变.

由图3.21及式(3.52)还可以看到,若 $t^{1/2} = \frac{nFc_i^0}{2v_i I_0}\sqrt{\pi D_i}$,则反应粒子i的表面浓度下降到零. 因此,经过这一段时间以后,只有依靠其他的电极反应才可能维持极化电流密度不

变. 此时为了实现新的电极反应,电极电势会急剧变化. 自开始恒电流极化到电极电势发生剧变所经历的时间称为"过渡时间"(τ_i),显然

$$\tau_i = \frac{n^2 F^2 \pi D_i}{4 v_i^2 I_0^2} c_i^{0\,2} \tag{3.53}$$

将式(3.53)代回到式(3.52)中,则该反应粒子的浓度变化式简化为

$$c_i(0,\ t) = c_i^0 \Big[1 - \Big(\frac{t}{\tau_i} \Big)^{\frac{1}{2}} \Big] \tag{3.54}$$

对于另一种反应粒子 j 则有

$$c_j(0,\ t) = c_j^0 - c_i^0 \Big(\frac{v_j}{v_i} \Big) \Big(\frac{D_i}{D_j} \Big)^{\frac{1}{2}} \Big(\frac{t}{\tau_i} \Big)^{\frac{1}{2}} \tag{3.54*}$$

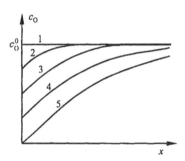

图 3.22　恒流极化时电极表面液层中反应粒子浓度极化的发展

1. $t = 0$; 2. $t = \frac{\tau}{16}$; 3. $t = \frac{\tau}{4}$; 4. $t = \frac{9\tau}{16}$; 5. $t = \tau$.

式(3.51)的曲线形式见图 3.22. 图中各曲线在 $x = 0$ 处的斜率始终保持不变. 这种性质是由于采用了恒电流极化边界条件[式(3.50)]而直接导致的. 显然,式(3.50),(3.51),(3.52)及(3.54)均只在 $t < \tau$ 时适用.

知道了各种粒子表面浓度随时间的变化,并假设电极表面上的电化学平衡基本上没有受到破坏,且忽略活度系数的影响,就可以利用下式来计算电极电势的瞬间值

$$\varphi(t) = \varphi_{\overline{\Psi}}^0 + \frac{RT}{nF} \sum v_i \ln c_i(0,\ t) \tag{3.55}$$

例如,若电极反应为 O+ ne^- →R,而且 R 不溶;则将 $c_R(0,\ t) = $ 常数和 $c_O(0,\ t) = c_O^0 \Big[1 - \Big(\frac{t}{\tau_O} \Big)^{\frac{1}{2}} \Big]$ 代入式(3.55)并整理,得到

$$\varphi(t) = 常数 + \frac{RT}{nF} \ln \frac{\tau_O^{\frac{1}{2}} - t^{\frac{1}{2}}}{\tau_O^{\frac{1}{2}}} \tag{3.56}$$

如果 R 可溶,则可推出

$$c_R(0,\ t) = c_R^0 + c_O^0 \Big(\frac{t}{\tau_O} \Big)^{\frac{1}{2}} \Big(\frac{D_O}{D_R} \Big)^{\frac{1}{2}}$$

若再假设 $D_R = D_O$ 及 $c_R^0 = 0$,则代入式(3.55)并整理,有

$$\varphi(t) = \varphi_{\overline{\Psi}}^0 + \frac{RT}{nF} \ln \frac{\tau_O^{\frac{1}{2}} - t^{\frac{1}{2}}}{t^{\frac{1}{2}}} \tag{3.57}$$

式(3.57)的曲线形式见图 3.23. 在 $t = \tau_O$ 附近电极电势发生突跃,而在 $t = \frac{\tau_O}{4}$ 时

$\varphi_{1/4} = \varphi_平^0$. 因此，$\varphi_{1/4}$ 的性质可与稳态极化曲线上的半波电势相类比.

如果用 $\varphi(t)$ 对 $\lg \dfrac{\tau_O^{\frac{1}{2}} - t^{\frac{1}{2}}}{\tau_O^{\frac{1}{2}}}$ 或 $\lg \dfrac{\tau_O^{\frac{1}{2}} - t^{\frac{1}{2}}}{t^{\frac{1}{2}}}$ 作图，则可以得到一条直线. 根据直线的斜率 $\left(= 2.3 \dfrac{RT}{nF}\right)$ 能求出 n 的数值. 电分析化学中还利用 $\tau_i \propto c_i^{0^2}$ [式(3.53)]来进行定量分析，称为"时间电势法".

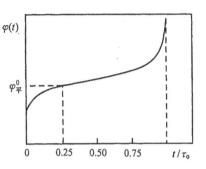

图 3.23 "时间-电势"曲线

以上有关暂态扩散过程的讨论都是针对平面电极而言的. 然而，如前面曾经指出的，在大多数情况下非稳态扩散过程不会持续很久. 只要电极尺寸以及表面曲率半径不太小，则不论电极的形状如何，非稳态浓度极化过程往往是局限在厚度比电极表面曲率半径小得多的薄层液体中，因而大都可以近似地当作平面电极上的扩散过程来处理. 换言之，本节中的主要结论对大多数电极上的非稳态扩散过程都有不同程度的适用性.

§3.7.3 双电层充放电("电容电流")对暂态电极过程的影响

在上面的讨论中，均不曾考虑界面双电层的存在及其影响. 然而，在暂态过程中当电极电势经历变化时，界面双电层中的电荷密度也会相应地变化. 此时流经外电路的电流并非全部用于电极反应，而是有一部分耗用在双电层的充放电过程. 这一部分电流称为"电容电流"或"充电电流".

例如，当采用电势阶跃法时，理论上电极电势应在开始极化的那一瞬间突跃至预选的数值，但这就要求电极电势的变化速度为无限大，瞬间充电电流也应为无限大. 事实上，恒电势仪所能实现的电势变化速度是有限的(一般不超过几伏/微秒)，所能提供的最大电流也是有限的(一般不超过几安). 另一方面，双电层充放过程的时间常数也限制了电极电势的变化速度. 因此，实际上电极电势不可能瞬间阶跃至预选数值，而必须经历一段"过渡时间"(一般不少于几个微秒，见图 3.24 中 τ). 在这段时间里，由于电极电势并未达到预选值，反应粒子的表面浓度也不可能恒定. 前面推导出的各种参数的暂态变化公式，都只适用于 $t > \tau$ 的区间，这就限制了实验方法的快速性与适用范围.

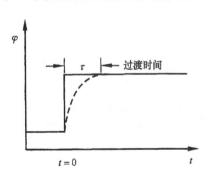

图 3.24 实际电势阶跃曲线(虚线)

同样,对于电流阶跃法,通过电极的 I_0 中也有一部分用于改变表面剩余电荷密度. 与电势阶跃法不同的是,采用电流阶跃法时电极电势在测量过程中总是不断地变化(图 3.23),因而电容电流的影响在全部暂态过程持续时间内均不可忽视,也较难校正. 从这一角度看,电势阶跃法比电流阶跃法似乎较为精确合理.

§3.8　线性电势扫描方法

采用图 3.25 所示的实验装置,可使电极电势在一定范围内以恒定的变化速度扫描. 通常采用如图 3.26(a)所示的三角波电势扫描讯号,称为"线性循环扫描法".

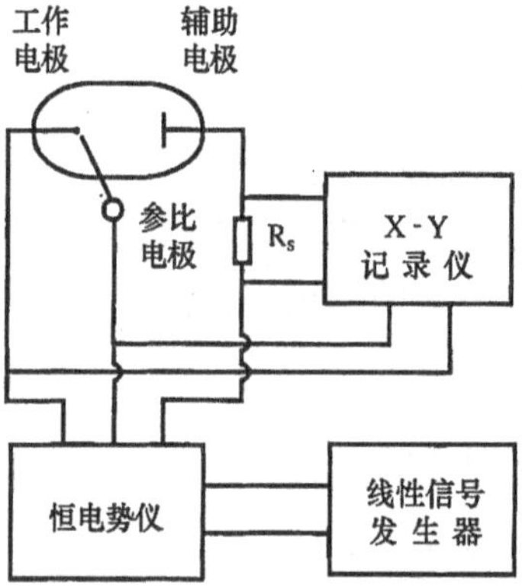

图 3.25　线性电势扫描实验装置

若电极反应为 $O + ne^- \rightleftharpoons R$ 及初始溶液中只含有 O 而不含有 R,且扫描的起始电势(φ_i)比 O/R 电对的标准平衡电势更正,则开始扫描的一段时间内电极上只有不大的充电电流通过. 当电极电势接近 $\varphi_\text{平}^0$ 时,O 开始在电极上还原,并随着电势变负出现愈来愈大的阴极电流;而当电极电势显著超越 $\varphi_\text{平}^0$ 后,又因表面层中反应粒子的显著消耗而使电流趋于下降,因而得到具有峰值的曲线. 当扫描电势达到三角波的顶点(φ_r)后,又改为反向扫描. 随着电极电势的逐渐变正,首先是 O 的浓度极化进一步发展和还原电流进一步下降,然后电极附近生成的 R 又重新在电极上氧化,引起愈来愈大的阳极电流. 随后,又由于 R 的耗用而引起阳极电流的衰减和出现阳极电流峰值. 整个曲线的进程如图 3.26(b)所示,称为循环电势扫描曲线,或"循环伏安曲线". 有时也采用单向一次扫描讯号(不折回)而得到单程扫描曲线;或是多次反复循环扫描而得到循环伏安曲线族.

采用电势扫描方法,一方面能较快地观测较宽的电势范围内发生的电极过程,为电极过程研究提供丰富的信息;另一方面又能通过对扫描曲线形状的分析,估算电极反应参数. 这一方法已成为电化学实验室广泛采用的常规实验手段.

设电势向负值增大方向的扫描速度为 v (V·s^{-1}),则单向扫描时的瞬间电极电势为

$$\varphi(t) = \varphi_i - vt \tag{3.58}$$

若设电极表面上的电化学平衡在通过电流时仍然保持,则按式(3.32)应有

$$\left(\frac{c_O^s}{c_R^s}\right)_t = \exp\left[\frac{nF}{RT}\left(\varphi(t) - \varphi_{\Psi}^0 - \frac{RT}{nF}\ln\frac{f_O}{f_R}\right)\right]$$

$$= \exp\left[\frac{nF}{RT}(\varphi_i - vt - \varphi_{\Psi}^{0'})\right]$$

式中:$\varphi_{\Psi}^{0'} = \varphi_{\Psi}^0 + \frac{RT}{nF}\ln\frac{f_O}{f_R}$.

因此,对于线性电势扫描过程,解 Fick 第二律时应采用的初始条件为

$$\begin{cases} c_O(x, 0) = c_O^0 \\ c_R(x, 0) = 0 \end{cases} \tag{3.59}$$

距离电极表面远处的边界条件为

$$\begin{cases} c_O(\infty, t) = c_O^0 \\ c_R(\infty, t) = 0 \end{cases} \tag{3.60a}$$

而电极表面上的边界条件为

$$\begin{cases} \dfrac{c_O(0, t)}{c_R(0, t)} = \exp\left[\dfrac{nF}{RT}(\varphi_i - vt - \varphi_{\Psi}^{0'})\right] \\ D_O\left(\dfrac{\partial c_O}{\partial x}\right)_{x=0} + D_R\left(\dfrac{\partial c_R}{\partial x}\right)_{x=0} = 0 \end{cases} \tag{3.60b}$$

最后一式来自粒子流的连续性. 当 O,R 均在溶液相中溶解时,稳态下 O 扩散达到电极表面的速度必然与 R 的扩散流失速度相等.

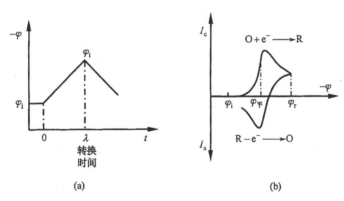

图 3.26 线性电势正、反向扫描时电极电势和电流随时间的变化

若电势扫描在 φ_r 处折回(见图 3.26),然后改用同一速度反向扫描,则反扫时的瞬间电极电势为

$$\varphi(t) = \varphi_i - v\lambda + v(t - \lambda)$$

$$= \varphi_i - 2v\lambda + vt \tag{3.58a}$$

其中, λ 为单向扫描达到 φ_r 所需的时间. 这时边界条件式(3.60b)中第一式应作相应的修改.

在这些条件下, 解 Fick 第二律要采用数值方法, 有兴趣的读者可参阅文献 [3~5]. 此处只列出计算得到的主要结论如下:

1.第一次单向扫描得到的曲线如图 3.27 所示, 主要参数有 I_p (峰值电流), φ_p (峰值电势) 和 $\varphi_{p/2}$ (电流为 $I_p/2$ 处的电势, 称为"半峰电势"). 这些参数的定量表达式为

$$I_p = 2.69 \times 10^5 n^{3/2} D_O^{1/2} v^{1/2} c_O^0 (\mathrm{A \cdot cm^{-2}}) \tag{3.61a}$$

$$\varphi_{p/2} - \varphi_{1/2} = \varphi_{1/2} - \varphi_p = \frac{28.0}{n}(\mathrm{mV}) \tag{3.61b}$$

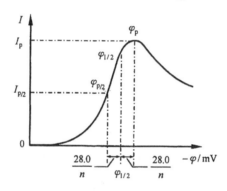

图 3.27　单次扫描曲线上的峰值电流与特征电势

式中, $\varphi_{1/2}$ 为稳态极化曲线上的半波电势[参见式(3.37)].

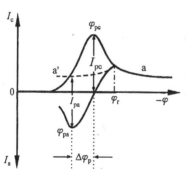

图 3.28　循环扫描曲线

2. 第一周循环扫描得到的曲线如图 3.28 所示, 主要参数有 I_{pc} 和 I_{pa} (阴极和阳极峰值电流) 以及 φ_{pc} 和 φ_{pa} (阴极支和阳极支曲线上的峰值电势). 对于完全由液相传质速度控制的电极反应, 它们之间的关系是:

$$\frac{I_{pc}}{I_{pa}} = 1 \tag{3.62a}$$

$$\Delta\varphi_p = \varphi_{pa} - \varphi_{pc} = \frac{56.5}{n}(\mathrm{mV}) \tag{3.62b}$$

需要指出的是, 由于电势开始反扫时相应于 O→R 的阴极电流尚未衰减到可以忽略不计, 计算 I_{pa} 时不能像计算 I_{pc} 那样从零电流基线起算, 而要以正向扫描时的电流衰减曲线作为基线. 图 3.28 中 a 段表示正

向衰减曲线(用一次独立的实验求出),而 a' 是 a 的镜像(以 $\varphi = \varphi_r$ 为对称轴),用作计算 I_{pa} 的基线.

可以根据由式(3.61a, b)~(3.62a, b)表示的性质来判别电极过程是否完全由电极表面附近静止液层中的扩散传质速度所控制. 从式(3.61a)还可以看到, I_p 与 $v^{1/2}$ 之间存在线性关系,因此可以根据这一关系来分析反应粒子的浓度或估算电极反应中涉及的电子数(n).

采用线性扫描方法时,由于电势改变的速度恒定,可用下式计算双电层的充电电流密度

$$I_{充} = \frac{dq}{dt} = \frac{dq}{d\varphi} \cdot \frac{d\varphi}{dt} = C_d v \tag{3.63}$$

式中,若 C_d 用 $\mu C \cdot cm^{-2}$ 表示,则 $I_{充}$ 用 $\mu A \cdot cm^{-2}$ 表示. 若在所研究的电势范围内 C_d 变化不大,则 $I_{充}$ 几乎为恒定值. 因此,与阶跃方法相比,采用线性扫描法时较易校正电容电流的影响.

细心的读者还可能注意到,按式(3.61a)当 $v \to 0$ 时 $I_p \to 0$,即采用很慢的扫描速度时不应出现氧化还原电流,然而实验事实并非如此. 实际上当扫描速度足够慢时,随着电极反应持续时间变长,扩散层的厚度将趋近由对流作用规定的数值,而不可能无限制发展. 换言之,当采用足够小的扫描速度时,测得的曲线将十分接近稳态极化曲线(图3.14),而不是暂态的循环伏安曲线. 这种性质在采用微电极时表现得尤为明显(详见§3.11).

因此,在实验室中常用循环伏安方法来实现两类测量:或是采用较快的电势扫描速度来研究暂态过程;或是采用很慢的扫描速度来测量稳态极化曲线. 当进行后一类测量时,双层充电电流的影响几可忽视.

§3.9 球状电极表面上的非稳态扩散过程

以上各节中处理平面电极上的扩散过程时,均只考虑一个坐标方向上的浓度分布情况,即假设平面电极的二维尺寸是无限的. 然而,实际电极都具有有限的几何尺寸和由封闭曲面所构成的电极表面,因此扩散过程实际是在三维空间内进行的. 如果电极表面的曲率半径并不比扩散层的厚度大得多,电极表面上的非稳态扩散过程就必然具有向周围空间发散的性质.

在各种电极中,球状电极具有最简单的表面形状,在实验工作中也经常用到,因此我们首先选择这种电极来进行分析.

不难想到,在球状电极周围的浓度分布应具有球对称性(没有方向性),即在半径为定值的球面上,各点的情况应该相同. 因此,选用球坐标必然会使浓度分布公

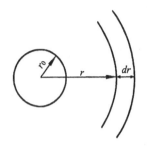

图 3.29

式具有更简单的形式. 为此, 首先需要导出球坐标中 Fick 第二律的表达式.

在图 3.29 中, 球状电极的半径为 r_0, 并以球心作为坐标原点. 由于在 $r = r$ 的球面上各点的径向流量

$$\boldsymbol{J}_{i(r=r)} = - D_i \left(\frac{\partial c_i}{\partial r} \right)_{r=r}$$

又在 $r = r + \mathrm{d}r$ 的球面上各点的径向流量

$$\boldsymbol{J}_{i(r=r+\mathrm{d}r)} = - D_i \left(\frac{\partial c_i}{\partial r} \right)_{r=r+\mathrm{d}r}$$

$$= - D_i \left[\left(\frac{\partial c_i}{\partial r} \right)_{r=r} + \frac{\partial}{\partial r} \left(\frac{\partial c_i}{\partial r} \right) \mathrm{d}r \right]$$

故在两个球面之间的极薄球壳中 i 粒子的浓度变化速度应为

$$\frac{\partial c_i}{\partial t} = \frac{4\pi r^2 \boldsymbol{J}_{i(r=r)} - 4\pi (r + \mathrm{d}r)^2 \boldsymbol{J}_{i(r=r+\mathrm{d}r)}}{4\pi r^2 \mathrm{d}r}$$

$$= D_i \left[\left(\frac{\partial^2 c_i}{\partial r^2} \right) + \frac{2}{r} \left(\frac{\partial c_i}{\partial r} \right) \right] \tag{3.64}$$

在球状电极表面上, 相应于式(3.43), (3.44)和式(3.45)的初始条件及边界条件分别为

$$c_i(r, 0) = c_i^0 \tag{3.65}$$

$$c_i(\infty, t) = c_i^0 \tag{3.66}$$

和

$$c_i(r_0, t) = c_i^s \tag{3.67}$$

相应的式(3.64)的解则为

$$c_i(r, t) = c_i^s + (c_i^0 - c_i^s) \left[1 - \frac{r_0}{r} \mathrm{erfc} \left[\frac{r - r_0}{2\sqrt{D_i t}} \right] \right] \tag{3.68}$$

若 $c_i^s = 0$, 即在电极表面上保持"完全浓度极化"条件, 则式(3.68)简化为

$$c_i(r, t) = c_i^0 \left[1 - \frac{r_0}{r} \mathrm{erfc} \left[\frac{r - r_0}{2\sqrt{D_i t}} \right] \right] \tag{3.69}$$

式(3.69)的曲线形式见图 3.30(设 $r_0 = 0.1\mathrm{cm}$). 将式(3.69)对 r 进行偏微分, 然后令 $r = r_0$, 就可以得到电极表面上的瞬间浓度梯度为

$$\left(\frac{\partial c_i}{\partial r} \right)_{r=r_0, t} = c_i^0 \left(\frac{1}{r_0} + \frac{1}{\sqrt{\pi D_i t}} \right) \tag{3.70}$$

因此, 由于 i 粒子在电极上反应而引起的瞬间电流密度为

$$I(t) = \frac{nF}{v_i} D_i \left(\frac{\partial c_i}{\partial r} \right)_{r=r_0, t} = \frac{nF}{v_i} D_i c_i^0 \left(\frac{1}{r_0} + \frac{1}{\sqrt{\pi D_i t}} \right) \tag{3.71}$$

若 $c_i^s \neq 0$,则可以导出

$$I(t) = \frac{nF}{v_i} D_i(c_i^0 - c_i^s)\left(\frac{1}{r_0} + \frac{1}{\sqrt{\pi D_i t}}\right) \tag{3.72}$$

将式(3.70),(3.71)与平面电极上的公式
[式(3.47)和(3.48)]相比较,可以看到球
状电极上诸公式的特点是右方括号中多了
$1/r_0$ 一项,因而扩散传质速度要大一些.
这是由于扩散过程有可能向周围空间发散
而引起的. 我们可以从两个方面来分析这
一项所起的作用.

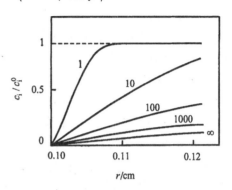

图 3.30　球状电极表面液层中反应
粒子浓度极化的发展
(数字表示开始极化后经历的时间 /s)

首先,若 $\sqrt{\pi D_i t} \ll r_0$,即扩散层的有
效厚度远比电极表面的曲率半径小,则式
(3.70)→(3.72)中 $1/r_0$ 一项可以略去.
在这种情况下,可以完全忽视表面曲率的
影响,而将电极当作平面电极来处理,即与
以前各节中所讨论的情况完全相同. 因此,在任何形状的电极表面上,非稳态扩散
过程的初始阶段 $\left(t \ll \dfrac{r_0^2}{\pi D_i}\right)$ 总是可以按平面电极上的方式来处理.

若反应时间不断延长,则 $\dfrac{1}{\sqrt{\pi D_i t}}$ 一项愈来愈小,而包括表面曲率半径一项的
影响愈来愈大,因而逐渐变得不再能将球状电极当作平面电极来处理了. 特别值
得指出的是,按照式(3.71),当 $t \to \infty$ 时,电流密度趋近于稳态值 $\dfrac{nFD_i c_i^0}{v_i r_0}$,而并不
完全消失. 换言之,在球状电极表面上单纯由于扩散作用就可以建立 $I \neq 0$ 的稳态
传质过程,与平面电极上的扩散过程全然不同.

事实上,这一结论并不只适用于球状电极,而是广泛适用于由任何封闭曲面组
成的"三维电极". 还不难证明:Fick 第二律的通式可以写成

$$\left(\frac{\partial c_i}{\partial t}\right) = D_i\left[\frac{\partial^2 c_i}{\partial r^2} + \frac{n-1}{r}\left(\frac{\partial c_i}{\partial r}\right)\right] \tag{3.73}$$

对于平面("一维")电极、圆柱("二维")电极和球状("三维")电极, n 分别等于1,
2,3,而只有 $n=3$ 时才能导出极限稳态扩散电流不为零.

然而,为了弄清在三维电极表面实现上述极限稳态扩散电流的实际可能性,还
需要具体计算建立稳态前所需要经历的时间. 在式(3.71)右方括号中第二项与第
一项之比为 $\dfrac{r_0}{\sqrt{\pi D_i t}}$. 若此值减至1%,则可以大致认为电流密度已达到稳态值. 为

此,所需要经历的时间为$t^* = \dfrac{r_0^2}{\pi D_i} \times 10^4$s. 设 $r_0 = 0.1$cm, $D_i = 10^{-5}$cm·s^{-1},则

$t^* \approx 3 \times 10^6$s ≈ 35 天. 若 r_0 更大,则 t^* 更长. 由此可见,虽然原则上可以在球状电极和其他由封闭曲面组成的电极表面上建立速度不为零的稳态扩散过程,但在具有常规尺寸的电极表面上为此所需要经历的时间却长得不具有现实意义. 因此,在实际电化学装置中出现的稳态电流几乎总是与对流传质作用有关.

但是,如果电极尺寸进一步缩小,则建立稳态所需时间可以大为缩短. 例如,若 $r_0 = 1\mu$m,则在一秒内式(3.71)中右方第二项可衰减至第一项的 2% 以下. 而且,r_0 愈小则极限稳态扩散电流密度愈大. 在 $r_0 = 1\mu$m 的电极表面上,极限稳态扩散电流密度竟与转速为每分钟 300 000 转的旋转圆盘电极相当. 由于极限稳态电流密度与 r_0 成反比而充电电流密度与 r_0 无关,减小微电极的尺寸也有助于降低充电电流的干扰. 在以下 §3.11 中,我们还将进一步讨论这些方面.

§3.10　滴汞电极和极谱方法

以软管将一根内径约为 30~80μm 的玻璃毛细管与贮汞瓶相联接,并调节贮汞容器的高度,使汞滴能由毛细管末端逐滴落下,则得到所谓"滴汞电极"(图3.31). 应用滴汞电极进行电化学测量习惯上称为极谱方法,而测出的极化曲线就称为"极谱曲线"或简称为"极谱".

将滴汞电极用于电化学研究约在 1920 年由 Heyrovsky 创立,他并因此在 1959年获得诺贝尔奖. 极谱方法曾经是电化学研究的一种重要手段,在工厂实验室中也曾获得广泛的应用. 只是在近年内由于循环伏安法日益广泛的使用,以及人们对汞中毒的担心,这种方法的重要性有所下降. 因此,本节中对这一方法的介绍将不如本书的初版和第二版中那么详尽. 对这一方法有兴趣的读者可参阅本书以前的版本或参阅文献[6,7].

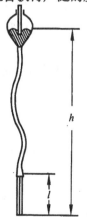

图 3.31　滴汞电极

§3.10.1　流汞速度(m)、滴下时间($t_{滴下}$)和电极面积(s)

当内半径为 r,长度为 l 的毛细管与高度为 h 的汞柱相连接时(图 3.31),根据 Poiseuille 公式,汞流过毛细管的速度为

$$m = \frac{\pi r^4 \rho_{Hg} P}{8l\eta} \tag{3.74}$$

式中:ρ_{Hg} 为汞的密度;η 为其黏度;$P = h\rho_{Hg}g$,为汞柱静压力.

将 25℃ 时的数值 $\rho_{Hg} = 13.53$g·cm^{-3}, $\eta = 1.52 \times 10^{-7}$

$N \cdot s \cdot cm^{-2}$ 及 $g = 980$ cm·s^{-2}代入式(3.74)后得到流汞速度

$$m = 4.64 \times 10^9 r^4 h / l \ (mg \cdot s^{-1})$$

若汞滴重量超过界面张力所能引起的最大向上拉力,则汞滴下落,故临界条件为

$$mt_{滴下}g\left(1 - \frac{\rho_{H_2O}}{\rho_{Hg}}\right) = 2\pi r_{颈}\sigma$$

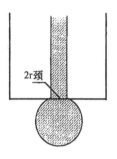

图 3.32

式中:σ 为汞/溶液界面的界面张力;$r_{颈}$ 为汞滴颈部最细处的半径,一般可以粗略地认为 $r_{颈} = r$(图3.32),$t_{滴下}$ 为每滴汞从开始生长到滴下所需时间. 将上式整理后得到

$$t_{滴下} = \frac{2\pi r\sigma}{mg\left(1 - \frac{\rho_{H_2O}}{\rho_{Hg}}\right)} \tag{3.75}$$

对于具有一定几何尺寸的毛细管,则在 σ 不变时有 $m \propto h$ 和 $t_{滴下} \propto 1/h$.

理论和经验证明,滴汞电极最适当的参数值大致为

$r = 25 - 40\mu m, l = 5 - 15cm, h = 30 - 80cm, m = 1 - 2mg \cdot s^{-1}, t_{滴下} = 3 - 6s$

如果我们从每一汞滴开始生长的那一瞬间起计算时间(t),则在生长过程中汞滴面积 s 与体积 V 之间的关系为

$$s = \sqrt[3]{36\pi V^2} = 0.850 m^{2/3} t^{2/3} \tag{3.76}$$

及

$$\frac{ds}{dt} = 0.567 m^{2/3} t^{-1/3} \tag{3.76a}$$

§3.10.2 瞬间电流和平均电流

由于滴汞电极上进行的过程一般是非稳态过程,同时电极表面又不断随时间增大,故极化电流是时间的函数. 在大多数的情况下,这种电流可写成 $i(t) = kt^n$ 的形式.

测量滴汞电极上的电流可以采用两种不同的方法:

1. 如果测量仪器的"反应时间"比 $t_{滴下}$ 短得多,则我们有可能测出汞滴上每一瞬间的"瞬间电流值"$i(t)$[①]. 例如用示波器可以测出这种瞬间电流的数值,如图3.33中曲线1所示.

2. 如果测量仪器的反应时间比 $t_{滴下}$ 长,则指示仪表无法跟踪瞬间电流的迅速变化,因而只能在平均电流 $\bar{i}$ 附近作幅度不大的振动,如图3.33中曲线2所示. 例如,将长周期检流计(周期 $\geqslant 10s$)接在电路中时光点就在平均值附近摆动.

---

① 在本节中我们均用 i 表示单个汞滴上的电流强度,而不是电流密度.

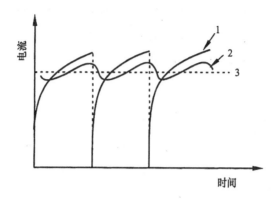

图 3.33　各种极谱电流随时间的变化

1. 瞬间电流 $i(t)$；　2. 反应时间长的仪表所指示的
电流波动；　3. 平均电流 $\bar{i}$.

平均电流与瞬间电流之间的关系是

$$\bar{i} = \frac{1}{t_{滴下}} \int_0^{t_{滴下}} i(t)\mathrm{d}t \tag{3.77}$$

如果设 $i(t) = kt^n$，则有

$$\bar{i} = \frac{k}{n+1} t^n_{滴下} \tag{3.77a}$$

注意在 $i(t)$ 和 $\bar{i}$ 的表达式中 t 和 $t_{滴下}$ 的因次相同

§3.10.3　扩散极谱电流

当滴汞电极上的反应速度完全由电极表面附近液层中的扩散传质速度控制时，瞬间电流由下式确定：

$$i(t) = \frac{n}{v_i} F s D_i \left(\frac{\partial c_i}{\partial x} \right)_{x=0} \tag{3.78}$$

注意式中 x 坐标系由球电极表面起算. 考虑到在汞滴开始生长后的几秒钟内扩散层厚度 $\delta \ll r$，若认为可近似搬用平面电极上的暂态表面浓度梯度公式

$$\left(\frac{\partial c_i}{\partial x} \right)_{x=0} = \frac{c_i^0 - c_i^s}{\delta} = \frac{c_i^0 - c_i^s}{\sqrt{\pi D_i t}} \tag{3.79}$$

则将式(3.76)与式(3.79)一并代入式(3.78)，得到

$$i(t) = 0.85 \frac{n}{v_i} F m^{2/3} t^{2/3} D_i \frac{c_i^0 - c_i^s}{\sqrt{\pi D_i t}}$$

$$= 0.48 \frac{n}{v_i} F m^{2/3} t^{1/6} D_i^{1/2} (c_i^0 - c_i^s) \tag{3.80}$$

在推导式(3.80)的过程中,没有考虑由于汞滴膨胀而引起的减薄扩散层的效应;当考虑了这一效应后,得到的结果是在式(3.80)中引入一项校正系数 $\sqrt{7/3}$,此时得到 Ilkovič 公式

$$i(t) = \sqrt{\frac{7}{3}} \times 0.48 \frac{n}{v_i} Fm^{2/3} t^{1/6} D_i^{1/2} (c_i^0 - c_i^s)$$

$$= 0.732 \frac{n}{v_i} Fm^{2/3} t^{1/6} D_i^{1/2} (c_i^0 - c_i^s) \tag{3.81}$$

及平均扩散极谱电流

$$\bar{i} = \frac{1}{t_{滴下}} \int_0^{t_{滴下}} i(t) dt$$

$$= 0.627 \frac{n}{v_i} Fm^{2/3} t_{滴下}^{1/6} D_i^{1/2} (c_i^0 - c_i^s) \tag{3.82}$$

若 $c_i^s \to 0$,则得到平均极限扩散电流

$$\bar{i}_d = 0.627 \frac{n}{v_i} Fm^{2/3} t_{滴下}^{1/6} D_i^{1/2} c_i^0 \tag{3.82a}$$

这个式子 $(\bar{i}_d \propto c_i^0)$ 是"极谱定量分析"的基础. 根据同一公式,还可以测定扩散系数 D_i.

Ilkovič 公式一般来说与实验结果颇为符合,但是,这并不是由于公式推导十分严密,而往往是几种偏差在很大程度上相互补偿了. 通过更严密的推导过程可以得到 Koutecky 公式. 但由于后一公式比较复杂,且在一般情况下所给出的结果与 Ilkovič 公式相差很少,故本章中仍主要采用 Ilkovič 公式,只在附录中介绍 Koutecky 公式.

§3.10.4 极谱曲线(极谱波)公式

比较式(3.16, 16*)与式(3.82, 82a),可见 $\bar{i}$ 及 $\bar{i}_d$ 随 $c_i^0 - c_i^s$ 及 c_i^0 变化的规律与 I 及 I_d 完全相同,即有 $I, \bar{i} \propto c_i^0 - c_i^s$ 和 $I_d, \bar{i}_d \propto c_i^0$. 因此,由式(3.82)和(3.82a)导出的极谱曲线公式(平均极谱电流随极化电势的变化,又称"极谱波")与式(3.33)和(3.36*)在形式上完全相同,只要分别用 $\bar{i}$ 及 $\bar{i}_d$ 代替 I 及 I_d 即可. 例如:如反应产物可在溶液或汞滴中溶解,则极谱曲线公式可写作

$$\varphi = \varphi_{1/2} + \frac{RT}{nF} \ln \frac{\bar{i}_d - \bar{i}}{\bar{i}} \tag{3.83}$$

但是应该指出,在这两类情况中扩散过程的性质是不同的. 在§3.5中我们讨论的是稳态极化曲线,即电极表面上薄液层内存在稳定的反应粒子浓度场. 而在滴汞电极上扩散过程具有暂态性质,只是由于汞滴不断更新故暂态过程不会无

限制地发展,使周期变化的表面浓度场具有某种确定的平均状态.

作为更具广泛概括性的一个例子,还可以分析电极反应粒子 O 与反应产物 R 的初始浓度均不为零时的情况.

在所设情况下,当通过电流的方向不同时,电极反应可以是 O 还原为 R,也可以是 R 氧化为 O. 根据式(3.82a),两种情况下出现的平均极限扩散电流分别为

$$\bar{i}_{dO} = 0.627nFm^{2/3}t_{滴下}^{1/6}D_O^{1/2}c_O^0$$

$$\bar{i}_{dR} = -0.627nFm^{2/3}t_{滴下}^{1/6}D_R^{1/2}c_R^0$$

式中, $\bar{i}_{dO}$ 及 $\bar{i}_{dR}$ 分别表示 O 还原及 R 氧化时所引起的平均极限扩散电流.

考虑到界面上 O 与 R 的流量相等,即

$$D_O\left(\frac{\partial c_O}{\partial x}\right)_{x=0} = \pm D_R\left(\frac{\partial c_R}{\partial x}\right)_{x=0}$$

(式中右方在 O,R 处于同一相时用负号,不同相时用正号),可以用下面两种方法来表示平均扩散电流

$$\bar{i} = 0.627nFm^{2/3}t_{滴下}^{1/6}D_O^{1/2}(c_O^0 - c_O^s)$$

$$= 0.627nFm^{2/3}t_{滴下}^{1/6}D_R^{1/2}(c_R^s - c_R^0)$$

将以上各式联解得到

$$c_O^s = \frac{\bar{i}_{dO} - \bar{i}}{0.627nFm^{2/3}t_{滴下}^{1/6}D_O^{1/2}} \tag{3.83a}$$

和

$$c_R^s = \frac{\bar{i} - \bar{i}_{dR}}{0.627nFm^{2/3}t_{滴下}^{1/6}D_R^{1/2}} \tag{3.83b}$$

若设此时电极上的电化学步骤仍然处于平衡态,即可将此二式代入

$$\varphi = \varphi_{平}^0 + \frac{RT}{nF}\ln\frac{f_O c_O^s}{f_R c_R^s}$$

而得到

$$\varphi = \varphi_{平}^0 + \frac{RT}{nF}\ln\frac{f_O}{f_R}\sqrt{\frac{D_R}{D_O}} + \frac{RT}{nF}\ln\frac{\bar{i}_{dO} - \bar{i}}{\bar{i} - \bar{i}_{dR}} \tag{3.84}$$

若 $c_R^0 = 0(\bar{i}_{dR} = 0)$,则式(3.84) 变成

$$\varphi = \varphi_{平}^0 + \frac{RT}{nF}\ln\frac{f_O}{f_R}\sqrt{\frac{D_R}{D_O}} + \frac{RT}{nF}\ln\frac{\bar{i}_{dO} - \bar{i}}{\bar{i}} \tag{3.85}$$

与反应体系中仅存在 O 及电极反应为稳态扩散过程控制时的极化曲线公式[式(3.36)]在形式上完全相同.

式(3.84)和(3.85)的图形见图 3.34. 在极谱曲线上相应于 $\bar{i} = \frac{1}{2}(\bar{i}_{dO} - \bar{i}_{dR})$

处的电极电势

$$\varphi_{1/2} = \varphi_{\text{平}}^{0} + \frac{RT}{nF}\ln\frac{f_{\text{O}}}{f_{\text{R}}}\sqrt{\frac{D_{\text{R}}}{D_{\text{O}}}} \tag{3.86}$$

称为"极谱半波电势",在溶液的离子强度不
变时是一个既与反应粒子浓度无关,又与毛
细管参数(m, $t_{\text{滴下}}$)无关的常数〔注意式
(3.86)与式(3.37)略有不同,这是由于在推
导式(3.86)时未考虑 O 和 R 扩散层厚度的
差别〕.

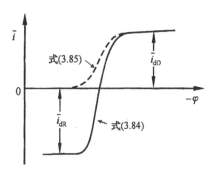

图 3.34 联合阴极-阳极极谱曲线

根据极化曲线上阴、阳极极限电流的数
值,可以分别测定 O,R 的浓度或扩散系数;
还可以根据式(3.84)或式(3.85),利用

$\varphi\text{-}\lg\dfrac{\bar{i}_{\text{dO}} - \bar{i}}{\bar{i} - \bar{i}_{\text{dR}}}$ 或 $\varphi\text{-}\lg\dfrac{\bar{i}_{\text{dO}} - \bar{i}}{\bar{i}}$ 曲线的斜率求得

电极反应中涉及的电子数 n. 对于均相氧化还原电对(O、R 均处在同一相中)还可
以根据式(3.84)估计氧化还原体系的标准平衡电势 $\varphi_{\text{平}}^{0}$.

综合上述,式(3.84)→(3.86)的形式均与相应的稳态扩散电流公式基本相同.
在微电极方法(详见§3.11)得到广泛应用以前,重现性比较良好的稳态扩散电流
只能在旋转圆盘电极上获得,而后一方法所需的实验设备比极谱设备复杂得多.
这就解释了为什么极谱方法曾一度在电化学实验中广泛应用. 然而,在更为简便
的循环伏安方法和微电极技术渐趋普及后,极谱方法的重要性有所下降.

§3.10.5 峰值电流("极谱极大"现象)

当某些反应粒子在滴汞电极上还原或氧化时,在极谱波的前部往往可以观察
到峰值电流. 在相应于反应粒子开始在电极上反应的一段电势范围内,通过电解
池的电流随极化电势的加大而迅速增大,但达到某一电势后又突然下降到正常的
极限扩散电流的数值(图3.35). 习惯上将这种峰值电流称为"极谱极大"或简称为
"极大".

有许多因素能影响极谱极大的出现、峰值电流高度以及极化曲线的形状等.
一般说来,溶液愈稀,极大现象愈明显;但若溶液的电阻太大,就不可能通过很大的
电流,因此最明显的极大现象多在底液浓度为 $10^{-3} \sim 10^{-2}\text{mol·L}^{-1}$ 的溶液中出现.
极大的出现与滴汞电极表面所带的电荷密度有密切的关系. 在带有正电荷的电极
表面上出现的极大称为"正极大". 这种电流峰的前部上升很快,能达到很高的电
流值(有时竟达正常极限扩散电流的几十倍),然后在零电荷电势附近突然下降到

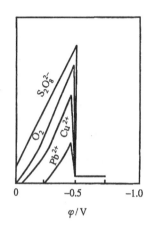

图 3.35　在 $0.005 \text{mol} \cdot \text{L}^{-1}$
$KClO_4$ 底液中出现的极大现象
反应物浓度均为 $1 \times 10^{-3} \text{mol} \cdot \text{L}^{-1}$.

正常极限扩散电流的数值(图 3.35). 在带有负电荷的电极表面上出现的极大称为"负极大". 这种极大的峰值一般比较低, 持续的电势范围也比较窄, 而且出现峰值后电流往往下降到比正常极限扩散电流略低的数值. 若反应粒子的极谱半波电势与 φ_0 很接近(例如 Cd^{2+}), 则一般在极谱曲线上不出现极大. 极大现象还与溶液中是否存在能在电极表面上吸附的表面活性物质有很大关系. 往往只需要向溶液中加入 10 万分之几的明胶等表面活性物质, 就可以完全抑制极大现象.

由于峰值电流远大于正常极限扩散电流的数值, 引起极谱极大的原因只可能是在电极表面附近液层中发生了对流运动, 加快了指向电极表面的液相传质过程. 溶液中加入少量石墨粉后, 可直接观察到当出现极谱极大时电极表面附近溶液的快速切向流动, 而当电流回复到正常数值后切向流动消失.

目前基本得到公认的对极谱极大现象的解释是: 由于毛细管末端的屏蔽作用, 汞滴上的电流密度是不均匀的. 汞滴下方与辅助极化电极之间的电阻较小, 因此该处的电流密度较大; 上方的电流密度则较小(图 3.36). 我们知道, 电极电势的数值是电流密度的函数, 因此在阴极电流密度较大的电极表面上(汞滴下方)电极电势比较负, 而在汞滴上方则电极电势较正[1]. 由于电极表面上各点与附近溶液之间有着不同的相间电势, 电极表面上各处的界面张力也有所不同, 并由此引起了界面层的切向运动(界面张力较大处收缩, 较小处扩张).

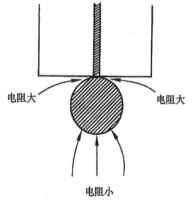

图 3.36　毛细管末端的屏蔽作用

按照电极表面上所带有电荷的符号, 可分为下列几种情况来进行讨论:

1. 若发生"极大"的电势 $\varphi > \varphi_0$, 则电极表面带正电. 根据电毛细曲线(图 3.37), 这时电极下方的界面张力比上方大, 因此引起向下的界面切向运动[图

3.38(a)]与正极大.

2. 若 $\varphi < \varphi_0$，则电极表面带负电. 这时电极上方的界面张力比下方大，引起界面向上切向运动[图3.38(b)]与负极大.

3. 在 φ_0 附近，界面张力随电极电势的变化很小. 因此，即使汞滴表面上各点与附近溶液之间的电势不同，也不会引起切向运动，故不出现极大现象.

根据这种图像，可以较好地解释大部分实验事实：例如，如果极谱极大出现在相应于电极表面荷正电的电势区域内，则由对流作用引向电极的新鲜溶液首先接触汞滴上方，使该处的浓度极化减小；而在与汞滴下方接触的切向液流中反应粒子就比较贫乏，使该处的浓度极化

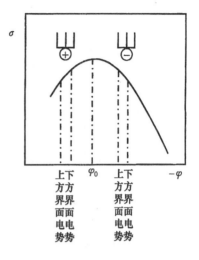

图 3.37 不同的电极电势下汞滴上方与下方的界面电势差

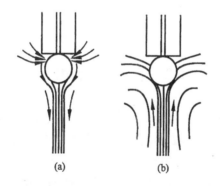

图 3.38 出现极大时汞滴附近的液流方向

(a)电极表面荷正电； (b)电极表面荷负电.

增大. 这样一来，汞滴上、下方的电势差异更加显著，因而切向流动也随之加强，导致出现很高的峰值电流，直到电极电势接近 φ_0 才停止.

对于在荷负电的电极表面上出现的"负极大"，则切向液流所引起的效应正好与上面相反. 这种情况下，新鲜溶液首先接触汞滴下方，致使这部分电极表面上浓度极化减小；而在与汞滴上部相接触的溶液中反应粒子浓度比较小，因此该处浓度极化增大. 这样，就减小了汞滴表面上各部分之间的极化差异. 因此，在荷负电的汞滴表面上，电流峰值要比较低一些.

根据以上的图像，还可以很好地解释为什么加入表面活性物质能抑制极大出现：

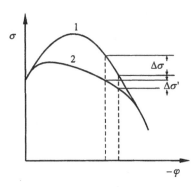

图 3.39　加入表面活性物质对汞滴
上界面张力差异的影响
1. 加入前；2. 加入后.

首先,当表面活性物质在汞滴上吸附之后,会导致电极/溶液界面上的界面张力降低,并使电毛细曲线变得平坦(图 3.39).在这种情况下,即使电极表面各点与溶液间的相间电势有着不同的数值,各点间界面张力的差别($\Delta\sigma'$)却不会很大,这就大大减弱了切向运动的"动力".

其次,当汞滴表面上存在活性物质的吸附层时,如果发生界面层的切向流动,则界面张力较小处由于扩张将出现汞的"新鲜表面".然而,由于在"新鲜表面"上活性粒子的覆盖度较小,因此这部分表面上的界面张力将是比较大的,致使切向运动不易发生.

在极谱实验中最常用到的极大抑制剂大多是一些能在较广的电势范围内在电极上吸附的表面活性物质,如明胶、聚氧乙烯醚类非离子型表面活性物质等.应当注意,除了抑制极大现象以外,它们还可能在其他方面影响电极过程.

§3.11　微 盘 电 极

在§3.9结尾处我们曾经指出,若球状电极的尺寸显著缩小,则建立稳态扩散场所需的时间将随之大为缩短,同时极限稳态扩散电流密度急剧增大.这一结论不仅适用于微球电极或微半球电极,也适用于尺寸微小的微丝电极(微圆柱电极)和微平面电极(包括微盘和微带电极)等各式各样的微电极,其中微盘电极由于制备最简易,应用最为广泛(虽然微盘电极的理论分析要比微球电极更困难).

制备微盘电极时先将金属微丝(其半径 r_0 一般在一至几十微米之间)加热密封于玻璃毛细管内,然后于密封处折断并将端面打磨成与毛细管轴基本垂直的镜面.此时显现的微圆盘形金属截面即为工作电极表面,经清洗后用于电化学测量.

分析微盘电极表面上的液相传质过程和浓度极化,最好采用如图 3.40 所示的圆柱坐标.在这种坐标系中,Fick 第二律可写成下列形式

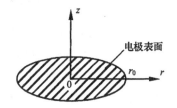

图 3.40　圆柱坐标中的微盘电极

$$\left(\frac{\partial c_i}{\partial t}\right) = D_i\left(\frac{\partial^2 c_i}{\partial r^2} + \frac{1}{r}\frac{\partial c_i}{\partial r} + \frac{\partial^2 c_i}{\partial z^2}\right) \tag{3.87}$$

而在达到稳态后有

$$\frac{\partial^2 c_i}{\partial r^2} + \frac{1}{r}\frac{\partial c_i}{\partial r} + \frac{\partial^2 c_i}{\partial z^2} = 0 \tag{3.87a}$$

作为解式(3.87a)的边界条件(对应完全浓度极化)可选用

$$z = 0,\ r \leqslant r_0;\ c_i = 0$$

$$z = 0,\ r > r_0;\ \frac{\partial c_i}{\partial z} = 0$$

$$z \to \infty,\ 任何\ r\ 值;\ c_i = c_i^0 \tag{3.88}$$

及

$$r \to \infty,\ 任何\ z\ 值;\ c_i = c_i^0$$

由此得到在 $r \leqslant r_0$ 处的解(详见文献[8])为

$$\left(\frac{\partial c_i}{\partial z}\right)_{z=0} = \frac{2c_i^0}{\pi} \cdot \frac{1}{\sqrt{r_0^2 - r^2}} \tag{3.89}$$

而微盘电极上的总稳态极限扩散电流可按下式将各个微环上的电流积分获得

$$i_d = nFD_i \int_0^{r_0} \left(\frac{\partial c_i}{\partial z}\right)_{z=0} \cdot 2\pi r\, dr$$

$$= 4nFD_i c_i^0 r_0 \tag{3.90}$$

如果能在全部电极表面上 $(z = 0,\ r \leqslant r_0)$ 保持反应粒子的浓度为不等于零的恒定值 c_i^s,则圆盘电流

$$i = 4nFD_i(c_i^0 - c_i^s)r_0 \tag{3.90a}$$

由此导出电极端面上的稳态极限扩散电流密度和稳态扩散电流密度分别为

$$I_d = 4nFD_i c_i^0 / \pi r_0 \tag{3.91}$$

及

$$I = 4nFD_i(c_i^0 - c_i^s)/\pi r_0 \tag{3.91a}$$

与式(3.16a)比较,可认为微盘电极上的有效稳态扩散层厚度

$$\delta_{有效} = \pi r_0/4 \approx 0.79 r_0 \tag{3.92}$$

该式表明若电极尺寸愈小,则 $\delta_{有效}$ 愈薄而稳态液相传质速度和扩散电流密度愈大. 在 $r_0 = 1\ \mu m$ 的微盘电极上,能达到的稳态液相传质速度竟然与转速为 30 万转的旋转圆盘电极相近. 由此不能不对小小微电极表面上的稳态液相传质能力有深刻印象.

然而需要指出,由于 $\left(\frac{\partial c}{\partial z}\right)_{z=0}$ 随 r 变化,圆盘电极表面上的电流密度并不均匀. 在圆心处电流密度最小,而在 $r \to r_0$(圆盘边缘)处按式(3.89)传质速度应趋近无限大,虽然由于溶液电阻的影响实际上不可能达到这种情况. 由此可见,用式(3.91)和(3.91a)表示的电流密度只是平均值.

当电极电势由不出现电化学反应的电势阶跃至能在电极表面上引起完全浓度极化($c_i^s \to 0$)的电势后,微盘电极上的非稳态扩散电流值可通过在相应的初始和边界条件下解式(3.87)获得. 精确解需用无穷级数表示. 在文献[9]中提出 $i_d(t)$ 可用下式近似表示,在全部时间范围内误差不超过 0.6%:

$$i_d(t) = 4nFD_i c_i^0 r_0 \left[\frac{\pi}{4} + \sqrt{\frac{\pi}{4}} \tau^{-\frac{1}{2}} + 0.2146 \exp(-0.7823/\tau^{\frac{1}{2}}) \right] \quad (3.93)$$

式(3.93)中的无量纲时间 $\tau = 4D_i t/r_0^2$. 当 $\tau \gg 1$ 时,$\tau^{-\frac{1}{2}} \to 0$ 而 $\exp(A\tau^{-\frac{1}{2}}) \to 1$,因而上式还原为式(3.90). 当 $\tau \ll 1$ 时,只需考虑式(3.93)右方中的第二项,此时该式还原为 $i_d = \frac{nF}{\sqrt{\pi}} D_i^{\frac{1}{2}} c_i^0 (\pi r_0^2) t^{-\frac{1}{2}}$,与平面电极上的式(3.48)一致,表示浓度极化尚局限在厚度比 r_0 小得多的薄层液体中.

用 $D_i = 1 \times 10^{-5} cm^2 \cdot s^{-1}$ 代入式(3.93),可知在 r_0 为几个微米的圆盘电极表面上,暂态扩散电流能在几秒钟内衰减至与稳态扩散电流只相差不超过2% ~ 3% 的数值. 因此,有可能采用基本属于常规的电势扫描速度(例如 10 ~ 50mV·s⁻¹)获得与稳态极化曲线很相近的极化曲线,对电化学测量显然十分方便. 图 3.40 显示在含 2.5mmol·L⁻¹ TCNQ 的 0.1mol·L⁻¹ $(C_4H_9)_4N^+ \cdot PF_6^-$ 溶液中用 $r_0 = 10\mu m$ 的金微盘电极①以 50mV·s⁻¹ 扫速测得的曲线. 正向扫描与反向扫描时曲线几乎完全重合,表示曲线具有稳态性质. 图 3.41 中两个分离良好的电流平台,显示 TCNQ 按下式分两步在电极上反应:

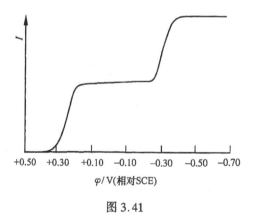

图 3.41

① 虽然在微盘电极上电流密度分布并不均匀,然而由于在式(3.90)及(3.90a)中 i_d 和 i 分别与 c_i^0 及 $c_i^0 - c_i^s$ 成正比,和式(3.16a)及(3.16a*)中的 I_d 和 I 相同,用微盘电极测得的由液相传质速度控制的极化曲线与用一维平面电极测得的曲线在形式上完全相同.

$$TCNQ + e^- \rightleftharpoons TCNQ^-$$

$$TCNQ^- + e^- \rightleftharpoons TCNQ^{2-}$$

微电极的另一优点是这种电极上的极限传质速度和极限扩散电流密度很高. 若"电极／溶液"界面上的反应速度显著低于此值,则液相中基本上不出现浓度极化($c_i^s \approx c_i^0$). 换言之,和高速旋转电极一样,微电极方法为测量不受液相传质过程干扰的极化曲线提供了更广泛的可能性,而后一方法所需的设备比前一方法简单得多.

还可以利用微盘电极上的暂态扩散电流 $i_d(t)$ 来进行电化学测量. 合并式(3.90) 和(3.93),且在 $\tau \ll 1$ 时略去 $\exp(A\tau^{-\frac{1}{2}})$ 项,得到

$$\frac{i_d(t)}{i_d} = \frac{\pi}{4} + \frac{r_0}{4}\left(\frac{\pi}{D_i}\right)^{\frac{1}{2}} t^{-\frac{1}{2}} \tag{3.94}$$

因此 $\frac{i_d(t)}{i_d}$-$t^{-\frac{1}{2}}$ 关系的斜率为 $\frac{r_0}{4}\sqrt{\frac{\pi}{D_i}}$,由此可不需预知反应物浓度和反应电子数而直接求出 D_i 值[10].

影响稳态和高速暂态测量精度的主要因素是溶液电阻和界面电容. 微盘电极的电容值 $C^* = \pi r_0^2 C_d$,其中 C_d 为单位面积上的电容值;而电极与整体溶液之间的电阻为 $R^* = \rho/4r_0$,其中 ρ 为溶液的电阻率[11]. 因此,界面时间常数 $R^*C^* = \frac{\pi\rho C_d}{4}r_0$ 随 r_0 减少而降低;但由于金属微丝本身电阻($\propto r_0^{-2}$)的影响,实际界面的时间常数随 r_0 减小而趋近定值.

对于稳态电流的测量,由于 $i_d \propto r_0$ 而 $R^* \propto r_0^{-1}$,因此 $i_d R^*$ 不随 r_0 变化. 换言之,虽然在微电极上极限扩散电流密度要比在常规电极上高得多,由此引起的液相中的 iR 降并不增大. 不难证明:当微盘电极上的电流密度与常规平面电极上的相同时,由于 iR 降而在后一电极上引起的误差是微电极上的 $4l/\pi r_0$ 倍,式中 l 为平面电极上参比电极鲁金毛细管口距电极表面的距离. 因此,微电极($r_0 \ll l$)特别适用于高阻体系的电化学测量.

对于电势扫描测量,由于在常规平面电极上 $i_p \propto v^{1/2}$ 而 $i_{充电} \propto v$,因此增大 v 时 $i_p/i_{充电}$ 值降低,即充电电流的干扰增大. 然而,在微电极上大致有 $i_p \propto r_0$ 及 $i_{充电} \propto r_0^2$,导致 $i_p/i_{充电}$ 随 r_0 减小而增大,正好补偿了高速扫描方法的上述缺点,使这一方法的适用范围更广. 当采用 r_0 为亚微米或几微米的微盘电极和精心设计的高速恒电势仪,并适当补偿 iR 降引起的误差后,可将电势扫速提高至 500 $kV \cdot s^{-1}$ 以上[12~14].

对微电极有兴趣的读者可进一步阅读文献[15~17].

综上所述,已介绍过四种测量稳态极化曲线的实验方法. 现在简要地将这些方法比较如下:

1. 在静止溶液中用常规尺寸电极测量

此法最简便,而且所得结果往往与实际电化学装置中的情况比较接近. 然而,由自然对流引起的有效扩散层厚度不仅较大,且不均匀,重现性也欠佳. 因此,此法测量精度不高;反应电流密度分布也往往并不均匀. 此外,自然对流所能达到的极限扩散传质速度有限. 因此,此法很少用于精确电化学测量,也不适用于高速表面反应的研究.

2. 旋转圆盘电极法

在旋盘电极表面上有效扩散层具有可控制的恒定厚度,因此反应电流密度分布均匀且重现性良好. 此法广泛适用于精确研究具有不同表面反应速度的电极过程;缺点则是实验设备较复杂,以及能用于制造旋转电极的材料和电极转速都有一定限制.

3. 微盘电极方法

如所用电极材料适合于制备微盘电极,采用此法既简便而又重现性良好. 微电极上的极限扩散电流密度可与高速旋盘电极相当,因此这一方法特别适用于测量快速电极过程. 此法的主要缺点是微盘电极上有效扩散层厚度及反应电流密度并非均匀. 因此,若电极反应速度并非全由扩散速度控制,则数据处理的难度较大. 从原则上讲,采用微球电极应可避免此一缺点,但制造各种材料的微球电极绝非易事.

4. 滴汞电极方法

此法提供了最简易的微球电极制备方法(虽然半径只能小到毫米级),且电极表面的重现性极好,但仅适用于汞及少数其他液态金属. 用此法测得的并非稳态极化曲线,而是不断重复的暂态过程的时间平均值. 因此,采用此法研究复杂反应时往往涉及较困难的数据解析过程.

§3.12　附录:本章中若干公式的推导

§3.12.1　式(3.46)和(3.51)的推导

与推导热传导公式时相似,推导非稳态扩散公式时最好采用 Laplace 变换法[①]. 为此,先需要将原函数 $f(t)$ 按下式变换为象函数 $\bar{f}(p)$

---

① 关于 Laplace 变换方法,可参考文献[18].

$$\bar{f}(p) = \int_0^\infty f(t)e^{-pt}dt \tag{3.95}$$

将式(3.9)的左右方分别按此式变换后得到

$$\int_0^\infty \frac{\partial c_i}{\partial t}e^{-pt}dt = c_i e^{-pt}\bigg|_0^\infty + p\int_0^\infty c_i e^{-pt}dt$$

$$= -c_i(x, 0) + p\bar{c}_i(x, p)$$

及

$$\int_0^\infty D_i\frac{\partial^2 c_i}{\partial x^2}e^{-pt}dt = D_i\frac{\partial^2}{\partial x^2}\int_0^\infty c_i e^{-pt}dt$$

$$= D_i\frac{\partial^2 \bar{c}_i(x, p)}{\partial x^2}$$

也就是原式换成

$$-c_i(x, 0) + p\bar{c}_i(x, p) = D_i\frac{\partial^2}{\partial x^2}\bar{c}_i(x, p) \tag{3.96}$$

若将初始条件 $c_i(x, 0) = c_i^0$ 代入上式,就得到

$$D_i\frac{\partial^2 \bar{c}_i}{\partial x^2} - p\bar{c}_i + c_i^0 = 0$$

此式的一个特解显然为 $\bar{c}_i = c_i^0/p$,故其通解为

$$\bar{c}_i = \frac{c_i^0}{p} + Be^{\lambda_1 x} + Ae^{\lambda_2 x} \tag{3.97}$$

其中 A, B 为待定的常数,又 $\lambda_1 = +\sqrt{p/D_i}$, $\lambda_2 = -\sqrt{p/D_i}$. 对于边界条件式(3.44),(3.45) 和(3.50)[①],进行变换后得到

$$c_i(\infty, t) = c_i^0 \rightarrow \bar{c}_i(\infty, p) = c_i^0/p \tag{3.44a}$$

$$c_i(0, t) = c_i^s \rightarrow \bar{c}_i(0, p) = c_i^s/p \tag{3.45a}$$

和

$$\left(\frac{\partial c_i}{\partial x}\right)_{x=0} = \frac{v_i I_0}{nFD_i} = \lambda \rightarrow \left(\frac{\partial \bar{c}_i}{\partial x}\right)_{x=0} = \frac{v_i I_0}{nFD_i p} = \frac{\lambda}{p} \tag{3.50a}$$

由于 $\bar{c}_i(\infty, p)$ 为有限值,故必然有 $B = 0$. 因此式(3.97) 简化为

$$\bar{c}_i = \frac{c_i^0}{p} + A\exp\left(-\sqrt{\frac{px^2}{D_i}}\right) \tag{3.98}$$

若再将边界条件式(3.50a)代入上式,还可以得到 $A = \dfrac{c_i^s - c_i^0}{p}$,从而有解

$$\bar{c}_i = \frac{c_i^0}{p} - \frac{c_i^0 - c_i^s}{p}\exp\left(-\sqrt{\frac{px^2}{D_i}}\right)$$

---

① 暂时只利用边界条件 $\left(\dfrac{\partial c_i}{\partial x}\right)_{x=0} = \dfrac{v_i I_0}{nFD_i}$ 求解.

再利用还原公式 $\dfrac{c_i^0}{p} \leftarrow c_i^0$

$$\frac{c_i^0 - c_i^s}{p}\exp\left(-\sqrt{\frac{px^2}{D_i}}\right) \leftarrow (c_i^0 - c_i^s)\mathrm{erfc}\left(\frac{x}{2\sqrt{D_i t}}\right)$$

可以得到式(3.9)的解为

$$c_i(x,\ t) = c_i^0 - (c_i^0 - c_i^s)\mathrm{erfc}\left(\frac{x}{2\sqrt{D_i t}}\right)$$

$$= c_i^s + (c_i^0 - c_i^s)\mathrm{erf}\left(\frac{x}{2\sqrt{D_i t}}\right) \tag{3.46}$$

当 $c_i^s = 0$ 时得到

$$c_i(x,\ t) = c_i^0 \mathrm{erf}\left(\frac{x}{2\sqrt{D_i t}}\right) \tag{3.46*}$$

若将式(3.98)微分,可得到 $\left(\dfrac{\partial \bar{c}_i}{\partial x}\right)_{x=0} = -A\sqrt{p/D_i}$,再用边界条件式(3.50a)代入,则可以得到 $A = -\lambda D_i^{1/2}/p^{3/2}$. 由此得到式(3.98)的解为

$$\bar{c}_i = \frac{c_i^0}{p} - \lambda \frac{D_i^{1/2}}{p^{3/2}}\exp\left(-\sqrt{\frac{px^2}{D_i}}\right)$$

利用还原公式

$$\frac{\exp(-ax\sqrt{p})}{p^{3/2}} \leftarrow 2\sqrt{\frac{t}{\pi}}\exp\left(-\frac{a^2 x^2}{4t}\right) - ax\,\mathrm{erfc}\left(\frac{ax}{2\sqrt{t}}\right)$$

可以得到

$$c_i(x,\ t) = c_i^0 - \frac{2\lambda D_i^{1/2} t^{1/2}}{\pi^{1/2}}\exp\left(-\frac{x^2}{4D_i t}\right) + \lambda x\,\mathrm{erfc}\left(\frac{x}{2\sqrt{D_i t}}\right)$$

$$= c_i^0 + \frac{v_i I_0}{nF}\left[\frac{x}{D_i}\mathrm{erfc}\left(\frac{x}{2\sqrt{D_i t}}\right) - 2\sqrt{\frac{t}{\pi D_i}}\exp\left(-\frac{x^2}{4D_i t}\right)\right] \tag{3.51}$$

如果用边界条件 $\left(\dfrac{\partial c_i}{\partial x}\right)_{x=0} = -\dfrac{v_i I_0}{nFD_i}$ 和 $c_i(-\infty,\ t) = c_i^0$ 代入,则得到的结果与式(3.51) 相同

§3.12.2　式(3.28)的推导

式(3.27b)可写成

$$\frac{\partial^2 c_i}{\partial y^2} = -\frac{A}{D_i}y^2\left(\frac{\partial c_i}{\partial y}\right) = -\frac{y^2}{B}\left(\frac{\partial c_i}{\partial y}\right)$$

其中, $B = D_i/A$. 由此得到

$$\int \partial \frac{\partial c_i}{\partial y} \bigg/ \left(\frac{\partial c_i}{\partial y}\right) = -\frac{1}{B}\int y^2 \partial y$$

及

$$\ln\left[\left(\frac{\partial c_i}{\partial y}\right)\bigg/ k\right] = -y^3/3B$$

其中 k 为积分常数. 由于 $y = 0$ 时

$$\left(\frac{\partial c_i}{\partial y}\right) = \left(\frac{\partial c_i}{\partial y}\right)_{y=0}$$

故有

$$k = \left(\frac{\partial c_i}{\partial y}\right)_{y=0}$$

代入原式,有

$$\frac{\partial c_i}{\partial y} = \left(\frac{\partial c_i}{\partial y}\right)_{y=0} \exp(-y^3/3B) \tag{3.99}$$

$$\int_{c_i^s}^{c_i^0} \partial c_i = c_i^0 - c_i^s = \left(\frac{\partial c_i}{\partial y}\right)_{y=0} \int_0^\infty \exp(-y^3/3B)\partial y$$

$$\left(\frac{\partial c_i}{\partial y}\right)_{y=0} = \frac{c_i^0 - c_i^s}{0.8934(3B)^{1/3}}$$

[按: $\int_0^\infty \exp(-y^3/3B)\mathrm{d}y = (3B)^{1/3} \cdot \Gamma(4/3)$,其中 $\Gamma(x)$ 表示 Gamma 函数; $\Gamma(4/3) = 0.8934$] 代回式(3.99),则有

$$\frac{\partial c_i}{\partial y} = \frac{c_i^0 - c_i^s}{0.8934(3B)^{1/3}}\exp(-y^3/3B)$$

$$\int_{c_i^s}^{c_i(y)} \partial c_i = c_i(y) - c_i^s = \frac{c_i^0 - c_i^s}{0.8934(3B)^{1/3}}\int_0^y \exp(-y^3/3B)\partial y$$

由此直接得到式(3.28).

§3.12.3 Ilkovič 公式[式(3.81)]的推导

由于滴汞电极是一个不断长大的圆球,扩张时电极附近的扩散层就会减薄. 这种效应与吹胀气球时球壁的减薄相似,其效果相当于出现了指向电极表面的液体流动. 这种对流运动把反应粒子带到电极表面,从而增大了传质速度和电流强度. 下面我们按照 Ilkovič 所提出的方法定量地分析这种效应.

在图 3.42 中 r 为汞滴半径,x 则为溶液中某一体积单元距电极表面的距离. 由于溶液的不可压缩性,在汞滴长大时该体积单元距电极表面的距离应满足下式:

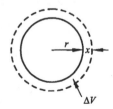

图 3.42

$$\frac{4\pi}{3}(r+x)^3 - \frac{4\pi}{3}r^3 = \Delta V = 常数 \tag{3.100}$$

式中, ΔV 为紧贴在电极表面上厚度为 x 的薄层球壳的体积. 虽然 x 是一个变数, 但 ΔV 代表一定量的溶液的体积, 因而必然为常数.

由于滴汞电极上扩散层的厚度往往比汞滴半径小得多, 我们所关心的主要是 $x \ll r$ 处的情况, 这时在式(3.100) 中可以忽略 x 的高次项而使该式简化为

$$4\pi r^2 x = sx = 常数 \tag{3.100a}$$

将式(3.100a)对时间微分, 并用式(3.76)和(3.76a)代入, 得到由于汞滴增大而引起的溶液指向电极表面的相对流动速度为

$$v_x = \frac{\mathrm{d}x}{\mathrm{d}t} = -\frac{x}{s}\frac{\mathrm{d}s}{\mathrm{d}t} = -\frac{2}{3}\frac{x}{t} \tag{3.101}$$

因为我们主要是分析 $x \ll r$ 的情况, 为了简化计算可以近似地借用平面电极表面附近液相中的传质公式. 在考虑上述对流运动后, 这一公式有着如下的形式:

$$J_{x,i} = -D_i\frac{\partial c_i}{\partial x} + v_x c_i \tag{3.102}$$

式中右方第一项是扩散项. 第二项是对流项. 将式(3.102)对 x 微分, 得到

$$\frac{\partial c_i}{\partial t} = -\frac{\partial J_{x,i}}{\partial x} = D_i\frac{\partial^2 c_i}{\partial x^2} - v_x\frac{\partial c_i}{\partial x} \tag{3.103}$$

在式(3.103) 中忽略了含有 $\frac{\partial v_x}{\partial x}$ 的一项, 这是近似地将汞滴当作平面电极处理的结果. 在平面电极表面上的液层中, 不可压缩流体的流速散度为零, 即 $\mathrm{div}v = \frac{\partial v_x}{\partial x} = 0.$

将式(3.101)代入式(3.103)后得到

$$\frac{\partial c_i}{\partial t} = D_i\frac{\partial^2 c_i}{\partial x^2} + \frac{2}{3}\frac{x}{t}\frac{\partial c_i}{\partial x} \tag{3.104}$$

解式(3.104)时可用新的变数 $Z = t^{2/3}x$ 代入 [①], 如此式(3.104)简化为

---

① 令 $Z = f(t)x$, 则

$$\left(\frac{\partial c_i}{\partial t}\right)_x = \left(\frac{\partial c_i}{\partial t}\right)_Z + \left(\frac{\partial c_i}{\partial Z}\right)_t\left(\frac{\partial Z}{\partial t}\right)_x = \left(\frac{\partial c_i}{\partial t}\right)_Z + \left(\frac{\partial c_i}{\partial Z}\right)_t xf'(t)$$

$$\left(\frac{\partial c_i}{\partial x}\right)_t = \left(\frac{\partial c_i}{\partial Z}\right)_t\left(\frac{\partial Z}{\partial x}\right)_t = f(t)\left(\frac{\partial c_i}{\partial Z}\right)_t, \quad \left(\frac{\partial^2 c_i}{\partial x^2}\right) = [f(t)]^2\left(\frac{\partial^2 c_i}{\partial Z^2}\right),$$

代入式(3.104), 得到 $\left(\frac{\partial c_i}{\partial t}\right)_Z + \left[xf'(t) - \frac{2}{3}\frac{x}{t}f(t)\right]\left(\frac{\partial c_i}{\partial Z}\right)_t = D_i[f(t)]^2\left(\frac{\partial^2 c_i}{\partial Z^2}\right)$

因此若令 $f'(t) = \frac{2}{3t}f(t)$, 即 $f(t) = t^{2/3}, Z = t^{2/3}x$, 便可使含有 $\frac{\partial c_i}{\partial Z}$ 的一项消失.

$$\frac{\partial c_i}{\partial t} = D_i t^{4/3} \frac{\partial^2 c_i}{\partial Z^2}$$

若再用 $\tau = \frac{3}{7} D_i t^{7/3}$ 代入,则原式进一步简化为

$$\frac{\partial c_i}{\partial \tau} = \frac{\partial^2 c_i}{\partial Z^2} \tag{3.105}$$

作为初始条件及边界条件可以选取

$$\tau = 0 \text{ 时}(t = 0 \text{ 时}), \qquad c_i = c_i^0$$

$$\tau > 0, \ Z = 0 \text{ 时}(t > 0, \ x = 0 \text{ 时}), \qquad c_i = c_i^s$$

$$\tau > 0, \ Z \to \infty \text{ 时}(t > 0, \ x = \infty \text{ 时}), \quad c_i = c_i^0$$

在这些条件下式(3.105)的解可参照§3.7写成

$$c_i(Z, \ \tau) = c_i^s + (c_i^0 - c_i^s)\mathrm{erf}\!\left(\frac{Z}{2\sqrt{\tau}}\right) \tag{3.106}$$

由此得出汞滴上的电流为

$$
\begin{aligned}
i(t) &= s\,\frac{n}{v_i} F D_i \left(\frac{\partial c_i}{\partial x}\right)_{x=0} \\
&= s\,\frac{n}{v_i} F D_i \left(\frac{\partial c_i}{\partial Z}\right)_{Z=0}\left(\frac{\partial Z}{\partial x}\right) \\
&= 0.85 m^{2/3} t^{2/3}\,\frac{n}{v_i} F D_i \frac{(c_i^0 - c_i^s)}{\sqrt{\frac{3}{7}\pi D_i t^{7/3}}}\, t^{2/3} \\
&= 0.732\,\frac{n}{v_i} F m^{2/3} t^{1/6} D_i^{1/2} (c_i^0 - c_i^s) \tag{3.81}
\end{aligned}
$$

实际上,在 Ilkovič 公式的推导过程中,只在引入式(3.101)时考虑了生长着的球体对周围液层的展薄作用,此外就仍是将滴汞电极当作平面电极($x \ll r$)来处理的,这就引起了某些不大的误差. Koutecky 等人由球面电极的扩散公式出发,最后得到的结果是[19]

$$i(t) = 0.732\,\frac{n}{v_i} F m^{2/3} t^{1/6} D_i^{1/2}(c_i^0 - c_i^s)(1 + 39 D_i^{1/2} m^{-1/3} t^{1/6}) \tag{3.107}$$

和 $$\bar{i} = 0.627\,\frac{n}{v_i} F m^{2/3} t_{滴下}^{1/6} D_i^{1/2}(c_i^0 - c_i^s)(1 + 34 D_i^{1/2} m^{-1/3} t_{滴下}^{1/6}) \tag{3.107a}$$

在一般情况下,式(3.107)和(3.107a)中修正项的贡献不超过10%. 因此,式(3.81)基本上仍是正确的,只有在较精密的计算中才需要应用式(3.107)和式(3.107a).

参 考 文 献

一般性文献

1. 弗鲁姆金 A H 等著,朱荣昭译. 电极过程动力学. 科学出版社,1957.第一章

2. 柯尔蜀夫 I M 等著,许大兴译. 极谱学,第一册.科学出版社,1955

3. 列维奇 B Γ 著,戴干策,陈敏恒译. 物理化学流体动力学. 上海科学技术出版社,1965.第二章,§6~11

4. Newman J. *Adv. Electrochem and Electrochem. Engineering*. 1967,5:87

5. Arvia A J, Marchiano S L. *Modern Aspects of Electrochem*. 1971,6:159

6. Bockris J O'M, Conway B E, Sarangapani S. Comprehensive Treatise of Electrochemistry, ed. by E. Yeager. Vol. 6.1983. Chap 1~3. Plenum

书中引用文献

[1] Albery W J, Hitchman M L. Ring-Disc Electrodes. Oxford Press,1971

[2] Плесков Ю В, Филиновский В Ю. Вращающийся дисковый электроде и его применение. Наука,1972

[3] Randles J E B. *Trans. Faraday Soc*. 1948,44:327

[4] Sevcik A. *Coll. Czech. Chem. Commun*. 1948,13:349

[5] Nicholson R S, Shain I. *Anal. Chem*. 1964,36:706

[6] Heyrovský J, Kůta S 著; 汪尔康译. 极谱学基础. 北京:科学出版社,1966

[7] 高鸿,张祖训. 分析化学丛书,第五卷第四册,极谱电流理论. 北京:科学出版社,1986

[8] Sato Y. *Rev. Polarography*. 1968,15: 177

[9] Shoup D, Szabo A. *J. Electroanal. Chem*. 1982,140:237

[10] Winlove C P, Parker K H. *J. Electroanal. Chem*. 1984,170:293

[11] Newman J. *J. Electrochem. Soc*. 1966,113:501

[12] Andrieux C P, Hapiot P, Saveant J-M. *Electroanalysis*. 1990,2:183

[13] Garreau D, Hapiot P, Saveant J-M. *J. Electroanal. Chem*. 1990,281:73

[14] Wightman R M, Wipf D O. *Acc. Chem. Res*. 1990,23:64

[15] Fleischmann M. et al(eds). Ultramicroelectrodes. Datatech,1987

[16] Montenegro M I, Daschbach J L(eds). Microelectrodes: Theory and Applications. NATO ASI Series, Kluwar,1991

[17] Michael A C, Wightman R M., in Laboratory Techniques in Electrochemistry. Chap. 12. (ed. by Kissinger P T, Heineman W R.), Marcel Dekker,1996

[18] 田昭武. 电化学研究方法. 北京:科学出版社,1984.第二章

[19] Koutecky J. *Czech. J. Phys*. 1953,2:50

第四章 电化学步骤的动力学

§4.1 电极电势对电化学步骤反应速度的影响

我们在第一章中已经指出,电极反应的特点是反应速度与电极电势有关. 在保持其他条件不变时,仅改变电极电势就可以使反应速度改变许多个数量级. 具体说来,电极电势可以通过两种不同的方式来影响电极反应速度.

在一些情况下,电极上电化学步骤的平衡状态基本上没有受到破坏. 但是,按照热力学电势公式,可以通过改变电极电势来改变某些粒子的表面浓度,从而影响有这些粒子参加的控制步骤的反应速度. 因此,可以称为电极电势是通过"热力学方式"来影响电极反应速度的. 在第三章中讨论过的电极电势对扩散步骤控制的电极反应速度的影响,就是按照这种方式实现的. 处理这类问题时,我们并不需知道电化学步骤的进行速度,只要确知这一步骤的平衡基本上未受到破坏,因此仍能运用热力学电极电势公式来计算反应粒子的表面浓度就行了.

在另一些情况下,电化学步骤本身的反应速度比较小,以致形成整个电极反应的控制步骤或控制步骤之一. 若改变电极电势,就可以直接改变电化学步骤和整个电极反应的进行速度. 因此,可称为电极电势是按照"动力学方式"来影响电极反应速度的. 本章中我们将要讨论后一类情况.

§4.1.1 改变电极电势对电化学步骤活化能的影响

电极电势对电化学步骤反应速度的影响主要是通过影响反应活化能来实现的. 为了说明这个问题,首先可以分析几个具体的例子.

当银电极与 $AgNO_3$ 水溶液相接触时,电极反应为 $Ag^+ + e^- \rightleftharpoons Ag$. 这一反应可以看作是溶液中的 Ag^+ 转移到晶格上及其逆过程. Ag^+ 在两相间转移时涉及的活化能及电极电势对活化能的影响可用图 4.1 示意地加以说明.

设电极电势为某一定值时可用图中曲线 1(实线)来表示 Ag^+ 在两相之间转移时势能的变化情况. 这一曲线是由曲线 1a 和 1b 综合而成的,其中曲线 1a 表示 Ag^+ 自晶格中逸出时的势能变化情况,曲线 1b 则表示 Ag^+ 自水溶液中逸出时的势能变化情况. 在曲线 1 的最高点,Ag^+ 具有最大的势能. 因此,阳极反应与阴极反应的活化能分别为图中的 W_1 和 W_2.

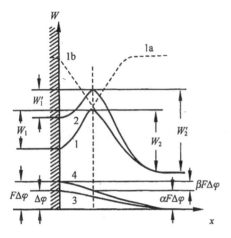

图 4.1　改变电极电势对 Ag^+ 势能曲线的影响

如果将电极电势改变 $\Delta\varphi$,并假设 ψ_1 电势没有变化[①],则紧密层中的电势变化有如图中曲线 3 所示. 由此引起附加的 Ag^+ 的势能变化应如曲线 4 所示. 与改变电极电势前比较,电极上 Ag^+ 的势能提高了 $F\Delta\varphi$. 将曲线 1 与曲线 4 相加得到曲线 2,它表示改变电极电势后 Ag^+ 在两相间转移时势能的变化情况. 从曲线 4 上不难看出,电极电势改变了 $\Delta\varphi$ 后阳极反应和阴极反应的活化能分别变成

$$W_1' = W_1 - \beta F\Delta\varphi \qquad (4.1a)$$
$$W_2' = W_2 + \alpha F\Delta\varphi \qquad (4.1b)$$

式中,α,β 均为小于 1 的正值. 由此可见,增大电极电势后阳极反应的活化能降低了,因此阳极反应速度会相应地增大;同理,由于阴极反应的活化能增大了,阴极反应将受到阻化. 从图 4.1 中还可看到,$\alpha F\Delta\varphi + \beta F\Delta\varphi = F\Delta\varphi$,因此 $\alpha + \beta = 1$. α 和 β 分别表示改变电极电势对阴极和阳极反应活化能的影响程度,称为阴极反应和阳极反应的"传递系数".

　　还可按照相似的方法来分析惰性电极上的氧化还原反应. 例如,若含有 Fe^{3+} 和 Fe^{2+} 的溶液与铂电极相接触,则电极反应式为 $Fe^{3+} + e^- \rightleftharpoons Fe^{2+}$. 可以认为,当实现还原反应时电子从电极中转移到溶液中 Fe^{3+} 的外层电子轨道上;实现氧化反应时则 Fe^{2+} 中的外层价电子转移到电极上来. 实现这一过程时涉及的活化能以及改变电极电势对反应活化能的影响可用图 4.2 示意地说明. 图中曲线 1 表示改变电极电势前当电子在两相之间转移时势能的变化情况. 这一曲线也是由两个分支合并而成的,其中曲线 1a 和 1b 分别表示电子自电极上和自溶液中逸出时势能的变化情况. 阳极反应和阴极

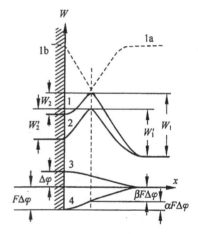

图 4.2　改变电极电势对
电子势能曲线的影响

反应的活化能在图中用 W_1 和 W_2 表示.

同样,当电极电势改变了 $\Delta\varphi$ 以后,在紧密层中引起的电势变化如图中曲线 3 所示,由此引起的电子势能的变化则用曲线 4 表示. 由于电子带有负电荷,增大电极电势后电极上电子的势能降低了 $F\Delta\varphi$. 将曲线 4 和曲线 1 相加而得到增大电极电势后的电子势能变化曲线(曲线 2). 在图中不难看到,改变电极电势对阳极反应和阴极反应活化能的影响与前例中完全一致[式(4.1a)和(4.1b)].

通过这两个例子我们可以比较形象地分析电极电势如何影响电极反应活化能. 然而,需要指出的是,上述处理方法虽然具体易懂,但是所采用的图象却往往与实际情况有一定差别. 实际的电极反应往往并不只是某一种荷电粒子的转移过程,也不能认为这种粒子所带有的电荷在全部转移过程中保持不变. 因此,图 4.1 和 4.2 中曲线 1 和曲线 2 所表示的应该是全部反应体系的势能变化,而不只是某一种粒子的势能变化. 在 §4.6 中,我们还将进一步讨论这一问题.

然而,虽然在上面两个例子中我们所选用的图象不够精确,但所得到的结论并无错误. 因为,不论反应的细节如何,当还原反应按照 $O+ ne^- \longrightarrow R$ 进行时,伴随着每一摩尔物质的变化总有数值为 nF 的正电荷由溶液中移到电极上[1]. 若电极电势增加 $\Delta\varphi$,则反应产物(终态)的总势能必然也增大 $nF\Delta\varphi$,因此反应过程中反应体系的势能曲线由图 4.3 中曲线 1 上升为曲线 2. 虽然我们不知道反应的细节

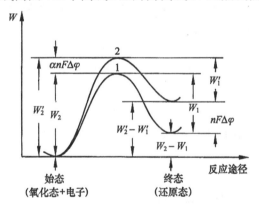

图 4.3　改变电极电势对电极反应活化能的影响

和电极电势改变前后反应体系的势能变化曲线的具体形式,还是可以认为阳极反应和阴极反应的活化能分别减小和增大了 $nF\Delta\varphi$ 的某一分数,即改变电极电势后阳极反应和阴极反应的活化能分别为

---

① 　电子由电极上移到溶液中与正电荷自溶液中移到电极上是完全等效的.

$$W_1' = W_1 - \beta nF\Delta\varphi \qquad\qquad (4.1a^*)$$

和
$$W_2' = W_2 + \alpha nF\Delta\varphi \qquad\qquad (4.1b^*)$$

其中传递系数 α，β 可以看作是用来描述电极电势对反应活化能影响程度的参数. 从图 4.3 中还可以看到，由于 $W_2' - W_1' = W_2 - W_1 + nF\Delta\varphi$，由此将式($4.1a^*$) 和($4.1b^*$)代入后总可以得到 $\alpha + \beta = 1$. 换言之，后一关系的正确性与所假设的反应细节无关.

Brønsted[1]在研究水溶液中的酸碱催化反应时曾经得到经验公式 $W = -\alpha Q + k$，其中 W 为反应活化能，Q 为反应的热效应（$= -\Delta H$），α 和 k 均为常数，且 $0 < \alpha < 1$. 当同一系列的化合物（例如脂肪酸）进行同一类型的反应时，α 和 k 保持不变. 因此，改变实验条件时反应活化能的变化可以写成

$$\Delta W = -\alpha\Delta Q = \alpha\Delta(\Delta H) \qquad\qquad (4.2)$$

Тёмкин还发现[2]，这种关系对于吸附反应和异相催化反应也是适用的. 不难看出，式($4.1a^*$)等事实上就是这种线性关系式的一种特殊形式.

§4.1.2　改变电极电势对电极反应速度的影响

设电极反应为 $O + ne^- \rightleftharpoons R$，又设在所选用电势坐标的零点处阳极和阴极反应的活化能分别为 W_1^0 和 W_2^0. 根据反应动力学基本理论，此时单位电极表面上的阳极反应和阴极反应速度分别为

$$v_a^0 = k_a c_R \exp\left(-\frac{W_1^0}{RT}\right) = K_a^0 c_R \qquad\qquad (4.3a)$$

$$v_c^0 = k_c c_O \exp\left(-\frac{W_2^0}{RT}\right) = K_c^0 c_O \qquad\qquad (4.3b)$$

二式中：k_a，k_c 为指前因子，K_a^0，K_c^0 为 $\varphi = 0$ 时的反应速度常数 $\left[K^0 = k\exp\left(-\frac{W^0}{RT}\right)\right]$.

若用电流密度表示反应速度，则有

$$i_a^0 = nFK_a^0 c_R, \quad i_c^0 = nFK_c^0 c_O \qquad\qquad (4.4)$$

式中，i_a^0，i_c^0 为 $\varphi = 0$ 时相应于正、反向绝对反应速度的阳、阴极电流密度，二者均为正值.

如果将电极电势改变至 $\varphi = \varphi$（即 $\Delta\varphi = \varphi$），则根据式($4.1a^*$)和($4.1b^*$)应有

$$W_1 = W_1^0 - \beta nF\varphi \text{ 和 } W_2 = W_2^0 + \alpha nF\varphi$$

代入动力学公式后，得到这一电势下的电流密度为

$$i_a = nFk_a c_R \exp\left(-\frac{W_1^0 - \beta nF\varphi}{RT}\right) = nFK_a^0 c_R \exp\left(\frac{\beta nF}{RT}\varphi\right) \tag{4.5a}$$

$$i_c = nFk_c c_O \exp\left(-\frac{W_2^0 + \alpha nF\varphi}{RT}\right) = nFK_c^0 c_O \exp\left(-\frac{\alpha nF}{RT}\varphi\right) \tag{4.5b}$$

再将式(4.4)代入后得到

$$i_a = i_a^0 \exp\left(\frac{\beta nF}{RT}\varphi\right) \tag{4.6a}$$

$$i_c = i_c^0 \exp\left(-\frac{\alpha nF}{RT}\varphi\right) \tag{4.6b}$$

改写成对数形式并整理后得到

$$\varphi = -\frac{2.3RT}{\beta nF}\lg i_a^0 + \frac{2.3RT}{\beta nF}\lg i_a \tag{4.7a}$$

$$\varphi = \frac{2.3RT}{\alpha nF}\lg i_c^0 - \frac{2.3RT}{\alpha nF}\lg i_c \tag{4.7b}$$

式(4.7a)和(4.7b)表示 φ 与 $\lg i_a$ 及 $\lg i_c$ 之间均存在线性关系,或称为 φ 与 i_a, i_c 之间存在"半对数关系". 这种关系是电化学步骤最基本的动力学特征. 在半对数坐标中,式(4.7a)和(4.7b)是两条直线(图4.4).

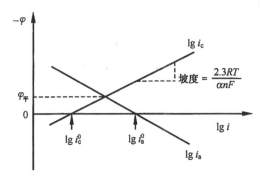

图4.4　电极电势对 i_a 和 i_c 的影响

需要着重指出:在式(4.7a)和(4.7b)及图4.4中,i_a, i_c 是与阳极反应和阴极反应单向反应速度相当的电流密度,因此决不能将这种电流值与外电路中可以用测量仪表测出的电流(I)混为一谈,更不要误认为 i_a 和 i_c 是电解池中"阳极上"和"阴极上"的电流. i_a 和相应的 i_c 总是在同一电极上出现的. 不论在电化学装置中的阳极上或阴极上,都同时存在 i_a 和 i_c.

§4.1.3　电化学步骤的基本动力学参数

在上面的讨论中我们所选用的电势坐标是任意的. 因此,如果我们选取氧化还原体系的平衡电势($\varphi_{平}$)作为电势标的零点,则电极电势的数值就表示电极电势与体系平衡电势之间的差别. 这种电势数值称为"超电势"(η). 为了使大多数情况下 η 具有正值,习惯上对阳极反应和阴极反应采用了不同的超电势定义,并分别称为阳极超电势(η_a)和阴极超电势(η_c). 其中对于阳极反应常用

$$\eta_a = \varphi - \varphi_{平} = -\frac{2.3RT}{\beta nF}\lg i_a^0 + \frac{2.3RT}{\beta nF}\lg i_a \tag{4.8a}$$

对于阴极反应,则用

$$\eta_c = \varphi_{平} - \varphi = -\frac{2.3RT}{\alpha nF}\lg i_c^0 + \frac{2.3RT}{\alpha nF}\lg i_c \tag{4.8b}$$

在所取电势标的零点,即反应体系平衡电势下,显然应有 $i_a^0 = i_c^0$. 因此,在式 (4.8a) 和(4.8b) 中可用统一的符号 i^0 来代替 i_a^0 和 i_c^0,称为"交换电流密度"(图 4.5). 如此,式(4.8a)和(4.8b)可以写成

$$\eta_a = -\frac{2.3RT}{\beta nF}\lg i^0 + \frac{2.3RT}{\beta nF}\lg i_a = \frac{2.3RT}{\beta nF}\lg\frac{i_a}{i^0} \tag{4.9a}$$

和

$$\eta_c = -\frac{2.3RT}{\alpha nF}\lg i^0 + \frac{2.3RT}{\alpha nF}\lg i_c = \frac{2.3RT}{\alpha nF}\lg\frac{i_c}{i^0} \tag{4.9b}$$

若将这些式子改写成指数形式,则有

$$i_a = i^0\exp\left(\frac{\beta nF}{RT}\eta_a\right) \tag{4.9*a}$$

和

$$i_c = i^0\exp\left(\frac{\alpha nF}{RT}\eta_c\right) \tag{4.9*b}$$

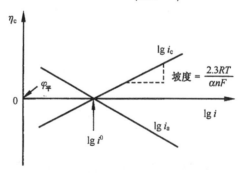

图 4.5　超电势对 i_a, i_c 的影响

根据式(4.9a),(4.9b)和(4.9*a),(4.9*b),可以认为电极反应的基本动力学参数是"传递系数"(α 和β)和平衡电势($\varphi_{平}$)下的"交换电流密度"(i^0),后者常简称为"交换电流". 知道了这两个基本参数,就可以利用式(4.9a),(4.9b)或式(4.9*a),(4.9*b)推求任一电势下的绝对电流密度.

这两项参数中,传递系数主要决定于电极反应的类型而与反应粒子浓度关系不大,但 i^0 却与反应体系中各种组分的浓度有关. 若改变了某一种反应粒子的浓度,则 φ_{Ψ} 和 i^0 的数值都会随之发生变化. 换言之,若用 i^0 来表示电极反应的动力学性质,就必须同时说明反应体系中各种反应粒子的浓度. 显然,这样是不太方便的.

为了使基本参数具有更广泛的适用性,可以用所谓"电极反应速度常数"来代替 i^0. 为了说明这一问题,可以分析当电极电势为氧化还原体系 O/R 的标准平衡电势(φ_{Ψ}^0) 时的情况.

将 $\varphi = \varphi_{\Psi}^0$ 代入式(4.5a)和(4.5b),得到

$$i_a = nFK_a^0 c_R \exp\left(\frac{\beta nF}{RT}\varphi_{\Psi}^0\right) = nFK_a c_R \tag{4.10a}$$

和

$$i_c = nFK_c^0 c_O \exp\left(-\frac{\alpha nF}{RT}\varphi_{\Psi}^0\right) = nFK_c c_O \tag{4.10b}$$

式中 $K_a = K_a^0 \exp\left(\frac{\beta nF}{RT}\varphi_{\Psi}^0\right)$, $K_c = K_c^0 \exp\left(-\frac{\alpha nF}{RT}\varphi_{\Psi}^0\right)$.

若 $c_O = c_R$,则 $\varphi = \varphi_{\Psi}^0$ 时体系处在平衡状态,此时应有 $i_c = i_a$. 将这些关系式代入式(4.10a)和(4.10b),立即可以看出 K_a 和 K_c 必然相等,因此可用统一的常数 K 来代替 K_a 和 K_c. 这一常数称为"电极反应速度常数".

按式(4.10a)和(4.10b),在任一电极电势 φ 时应有

$$i_a = nFKc_R \exp\left[\frac{\beta nF}{RT}(\varphi - \varphi_{\Psi}^0)\right] \tag{4.11a}$$

和

$$i_c = nFKc_O \exp\left[-\frac{\alpha nF}{RT}(\varphi - \varphi_{\Psi}^0)\right] \tag{4.11b}$$

需要指出,虽然在推导 K 时我们采用了 $c_O = c_R$ 的标准体系,但由于 K 是一个常数,因此式(4.11a)和(4.11b)在 $c_O \neq c_R$ 时,即非标准体系中同样可用,只是在后一种体系中,当 $\varphi = \varphi_{\Psi}^0$ 时 $i_c \neq i_a$ 而已. 还应看到,此处我们所选用的电势标仍然是任意的. 若换用不同的电势标,则 φ 和 φ_{Ψ}^0 的数值虽有所不同,但 $\varphi = \varphi_{\Psi}^0$ 时所表示的客观情况总是不变的,因此 K 的数值不会改变.

在式(4.11a)和(4.11b)中,用作电极反应基本动力学参数的是传递系数 (α, β) 和电极反应速度常数(K),其中 K 的物理意义是,当电极电势为反应体系的标准平衡电势及反应粒子为单位浓度时,电极反应的进行速度. K 的量纲是"$cm \cdot s^{-1}$",与质量平动速度的量纲相同. 因此,也可以将 K 看作是 $\varphi = \varphi_{\Psi}^0$ 时反应粒子越过活化能垒的速度.

式(4.9a),(4.9b)与式(4.11a),(4.11b)之间可以通过 Nernst 电极电势公式联系起来. 根据电极电势公式(忽略活度系数的影响)

$$\varphi_{\text{平}} - \varphi_{\text{平}}^0 = \frac{RT}{nF} \ln \frac{c_O}{c_R}$$

及在 $\varphi = \varphi_{\text{平}}$ 时 $i_a = i_c = i^0$,代入式(4.11a)和(4.11b),可以得到

$$i^0 = nFKc_O \left(\frac{c_O}{c_R} \right)^{-\alpha} = nFKc_O^{(1-\alpha)} c_R^{\alpha} \qquad (4.12)$$

将 K, c_O, c_R 和 α 的数值代入式(4.12),就可以算出任何反应体系浓度时电极上的交换电流密度 i^0.

§4.2 平衡电势与电极电势的"电化学极化"

对立统一规律是宇宙的根本规律. 在电极上这一规律的特殊表现形式就是阳极反应和阴极反应这一对矛盾的对立与统一. 一般情况下,阳极反应与阴极反应总有一方构成矛盾的主要方面,并决定整体电极反应的动力学性质(电流密度、电极电势等). 但另一方(矛盾的次要方面)仍然存在,并或多或少地对电极反应有一些影响. 对立的双方也可能处于均衡对峙的状态,此时体系处在"平衡状态".

§4.2.1 平衡电势

当电极体系处于平衡状态时 ($\varphi = \varphi_{\text{平}}$),不出现宏观的物质变化,即没有净反应发生. 但是,此时微观的物质交换仍然在进行,只是正、反两个方向的反应速度相等而已. 应用示踪原子已经直接证实这种看法的正确性[3].

如果在电极表面上惟一可能发生的电极反应是 $O + ne^- \rightleftharpoons R$,则平衡电势下这一反应体系的 i_a 和 i_c 应相等. 因此,在采用半对数坐标的极化曲线上,$\varphi_{\text{平}}$ 相当于 $\lg i_a$ 和 $\lg i_c$ 两根直线交点处的电势(图 4.4 和图 4.5). 利用这一关系将式(4.5a)和(4.5b)联系起来,则有

$$c_O k_c \exp\left(-\frac{W_2^0 + \alpha n \varphi_{\text{平}} F}{RT} \right) = c_R k_a \exp\left(-\frac{W_1^0 - \beta n \varphi_{\text{平}} F}{RT} \right)$$

写成对数形式并整理后得到

$$\varphi_{\text{平}} = \frac{W_1^0 - W_2^0}{nF} + \frac{2.3RT}{nF} \lg \frac{k_c}{k_a} + \frac{2.3RT}{nF} \lg \frac{c_O}{c_R} = \varphi_{\text{平}}^0 + \frac{2.3RT}{nF} \lg \frac{c_O}{c_R}$$

$$(4.13)$$

式中
$$\varphi_{\text{平}}^0 = \frac{1}{nF}(W_1^0 - W_2^0) + \frac{2.3RT}{nF} \lg \frac{k_c}{k_a} \qquad (4.14)$$

式(4.13)就是我们熟知的热力学电极电势公式. 由此可见,不论用热力学方法或

动力学方法都可以导出同一结果[①]. 但是,仅知道 $\varphi_{\text{平}}$ 的数值,还不足以说明处于平衡电势下的电极体系的动力学性质. 在不同的电极表面上,同一电极反应的 i^0 值可以大不相同. 例如在 $1.0\ \text{mol}\cdot\text{L}^{-1}$ HCl 中汞电极上氢电极反应($H^+ + e^- \rightleftharpoons \frac{1}{2}H_2$)的 $i^0 \approx 1.7\times10^{-12}A\cdot cm^{-2}$,而同一反应在铂电极上进行时则 $i^0 \approx 1.6\times10^{-3}A\cdot cm^{-2}$,二者相差约 10 亿倍. 若比较不同电极反应的交换电流,还可以看到更大的悬殊. 如某些金属-金属离子反应的 i^0 可以大到 $10^4\sim10^5 A\cdot cm^{-2}$,而氮分子电离过程的 i^0 估计小于 $10^{-70}A\cdot cm^{-2}$,约相应于 10^{44} 年实现半个电子的反应,因而只具统计意义.

§4.2.2　电极电势的电化学极化

若体系处于平衡电势下,则 $i_c = i_a$,因而电极上不会发生净电极反应. 发生净电极反应的必要条件是正、反方向反应速度不同,即 $i_c \neq i_a$. 这时流过电极表面的净电流密度等于

$$I = i_c - i_a \tag{4.15}$$

将式(4.9*a)和(4.9*b)代入式(4.15),并利用 $\eta_c = -\eta_a$ 的关系,可以得到净阴极电流和净阳极电流密度分别为

$$I = i^0\left[\exp\left(\frac{\alpha nF}{RT}\eta_c\right) - \exp\left(-\frac{\beta nF}{RT}\eta_c\right)\right] \tag{4.16a}$$

$$-I = i^0\left[\exp\left(\frac{\beta nF}{RT}\eta_a\right) - \exp\left(-\frac{\alpha nF}{RT}\eta_a\right)\right] \tag{4.16b}$$

与 i_a, i_c 不同,净电流是可以用串接在外电路中的测量仪表直接测量的. 因此,净电流有时又称为"外电流". 在式(4.15)和(4.16a),(4.16b)中我们沿用了以阴极电流为正电流的习惯用法(参见§3.1).

当电极上有净电流通过时,由于 $i_c \neq i_a$,故电极上的平衡状态受到了破坏,并会使电极电势或多或少地偏离平衡数值. 这种情况就称为电极电势发生了"电化学极化".

决定"电化学极化"数值的主要因素是净电流与交换电流的相对大小. 下面我们选择两种极端情况来进行分析.

---

① 乍看起来,在热力学常数 $\varphi_{\text{平}}^0$ 的表达式(4.14)中出现动力学参数 k 是费解的;但是,要看到在该式中出现的不是单个反应速度常数,而是正、反向反应速度常数的比值. 根据反应速度理论,k 与由基态转变为过渡态时的熵变($\Delta S^{\neq}$)有关,故 $\lg\frac{k_c}{k_a}$ 一项只决定于反应粒子与反应产物之间的熵差异. 换言之,式(4.14)实际上只是 $\Delta G^0 = \Delta H^0 - T\Delta S^0$ 的一种特殊的形式.

1. $|I| \ll i^0$

在这种极化条件下,净电流密度是两个数值几乎相等的大数(i_c, i_a)之间的差,只要电极电势稍稍偏离平衡数值,以致 i_c 和 i_a 的数值略有不同,即足以引起这种比 i^0 小得多的净电流(图4.6).因此,当$|I| \ll i^0$时,出现的超电势必然是很小的,而通过电流时仍然保持 $\varphi \approx \varphi_{平}$ 和 $i_c \approx i_a$.习惯上称此时的电极反应处于"近乎可逆"状态.

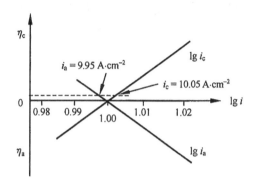

图 4.6　当 $I \ll i^0$ 时出现的超电势

(设 $i^0 = 10\,\mathrm{A \cdot cm^{-2}}$; $I = 0.1\,\mathrm{A \cdot cm^{-2}}$)

当 $|\eta_c| \ll \dfrac{RT}{\alpha nF}$ 和 $\dfrac{RT}{\beta nF}$ 时,式(4.16a)可近似地改写为[①]

$$I = i^0 \left(\frac{\alpha nF}{RT} + \frac{\beta nF}{RT} \right) \eta_c = \frac{i^0 nF}{RT} \eta_c \tag{4.17}$$

根据式(4.17),超电势与净电流密度之间有正比关系.为了模拟欧姆定律的形式,有时就将"$RT/i^0 nF$"看成一个电阻项(R^*);i^0 愈大,则相应的 R^* 就愈小.然而,应该指出,这种模拟只是形式上的.净电流密度与超电势之间的正比关系是 i_c 和 i_a 两种半对数关系相互补偿所引起的近似结果,而不是在反应界面上真有什么电阻 R^* 存在.

若 i^0 很大,则电极上可以通过很大的净电流密度而电极电势改变很小.这种电极常称为"极化容量大"或"难极化电极".由于在这种电极上通过外电流时正、反向电流的数值仍然几乎相等,有时就称为电极反应的"可逆性大".显然,若

---

① 大多数电极反应的 α 及 β 均接近 0.5,故 $\dfrac{RT}{\alpha nF}$ 及 $\dfrac{RT}{\beta nF}$ 在 $n=1$ 时大约等于 50mV.因此,所提出的条件约相当于 $|\eta_c| \leqslant 25/n$ mV,此时 x 与 $\mathrm{sh}(x)$ 的差别不超过 4%.当 $\eta \leqslant 12/n$ mV 时,二者的差别不超过 1%.还需要指出,只有当 $\alpha = \beta = 0.5$ 时才能完全忽视二次项的影响而使原式线性化成为式(4.17).因此,若 $\alpha \neq \beta$,则极化曲线将在 η 更小时偏离直线关系,而且阴、阳极极化曲线也不完全对称.

$i^0 \to \infty$，则无论通过多大的净电流也不会引起电化学极化. 这种电极称为"理想可逆电极" 或"理想不极化电极". 测量电极电势时用作"参比电极" 的体系应或多或少地具有"不极化电极" 的性质(应满足的条件是 i^0 显著大于测量仪表耗用的输入电流).

2. $|I| \gg i^0$

由于 i_c，i_a 中总有一项比 $|I|$ 更大，因而只有在二者之一比 i^0 大得多时才可能满足 $|I| \gg i^0$. 在这种情况下，i_c，i_a 之间的差别必然是很大的(图 4.7). 这就意味着由于通过净电流而使电极上的电化学平衡受到很大的破坏. 因此，在式(4.15) 右方，可以完全忽略 i_c，i_a 二项中较小的一项 [1] 而不影响计算结果，即 I 仅由 i_c 和 i_a 中较大的一项所单独决定. 当满足 $|I| \gg i^0$ 时，$\varphi = \varphi_\text{平}$ 和

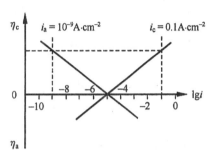

图 4.7　当 $I \gg i^0$ 时出现的超电势
(设 $i^0 = 10^{-5} \text{A·cm}^{-2}$；$I = 0.1 \text{A·cm}^{-2}$)

$i_c \approx i_a$ 等关系均不再成立，习惯上常称此时的电极反应是"完全不可逆" 的. 例如，对于阴极电流，式(4.15) 可写成

$$I = i_c = i^0 \exp\left(\frac{\alpha n F}{RT} \eta_c \right) \tag{4.18}$$

或

$$\eta_c = -\frac{2.3RT}{\alpha n F} \lg i^0 + \frac{2.3RT}{\alpha n F} \lg I \tag{4.19}$$

即净电流密度与超电势之间也具有半对数关系. 式(4.19)即为在电化学科学中广泛应用的 Tafel 公式.

当 i^0 很小时，即使通过不大的净电流也能使电极电势发生较大的变化. 这种电极称为"极化容量小" 或"易极化电极"，有时也称为电极反应的"可逆性小". 若 $i^0 = 0$，则不需要通过电解电流(即没有电极反应) 也能改变电极电势，因而称为"理想极化电极". 第二章中我们曾经提到，研究双电层构造时所用电极体系最好应有近似于"理想极化电极" 的性质.

如果 i_a，i_c 中有一项占主导位置，但另一项的影响仍然不可忽视，即在 $n = 1$ 时大致相当于 η 为 $25 \sim 100 \text{ mV}$ 之间的情况，则式(4.16a)和(4.16b)中右方两项均不能忽略，也不能利用近似公式线性化. 此时极化曲线具有比较复杂的形式. 习惯上常称为此时电极反应为"部分可逆".

---

[1]　根据式(4.16a)和(4.16b)，$i_c \gg i_a$(或 $i_a \gg i_c$)相当于 η_c(或 η_a)$\geqslant 100/n$ mV，此时式中括号内第二项只占不到 2%.

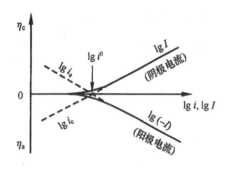

图 4.8　超电势对阴极电流 (I)
和阳极电流 $(-I)$ 的影响

在图 4.8 中统一表示了 I, i_a, i_c, i^0 和 $\varphi_平$, η_a, η_c 诸参数之间的关系. 综合上述,极化曲线的基本形式与 I 和 i^0 的比值有关:在 $I \ll i^0$ 时,电化学步骤的平衡几乎没有受到破坏,因而 η 很小,故得到线性极化曲线[式(4.17)];在 $I \gg i^0$ 时,电化学步骤的平衡受到严重的破坏,因而 η 的数值就很大,在这种情况下出现半对数极化曲线[式(4.19)]. 由于在生产实践和科学实验中净电流密度的变化幅度不可能太大,一般不超过 $10^{-6} \sim 1 \mathrm{A \cdot cm^{-2}}$,仅根据 i^0 的绝对数值也可以大致推知极化曲线的形式. 例如,若 $i^0 \geqslant 10 \sim 100 \mathrm{A \cdot cm^{-2}}$,则电化学步骤的平衡几乎不可能受到严重破坏;若 $i^0 \leqslant 10^{-8} \mathrm{A \cdot cm^{-2}}$,则测得的极化曲线就几乎总是半对数型的. 当然,这里我们只考虑了电化学步骤进行速度对电极电势的影响. 如果在反应历程中除这一步骤外还存在其他的慢步骤,则在 $|I| \ll i^0$ 时仍然可能出现较大的极化.

由此可见,可用 i^0 的数值来定量描述电极反应的"可逆程度",并可用 $|I|$ 与 i^0 的比值来判别电极反应的"可逆性"是否受到严重破坏. 此处"可逆"一词的用法与热力学上的习惯用法不完全相同. 本节中所谓电极反应"可逆程度"的大小及这一反应的"可逆性"是否受到破坏,仅指电化学步骤正、反方向的交换速度的大小及这一交换平衡是否受到破坏. 这种习惯用法在有关电极过程动力学文献中经常见到. 根据 i^0 的数值可将各种电极体系分为下列几类:

电极体系 的动力学性质 ＼ i^0的数值	$i^0 \to 0$	i^0 小	i^0 大	$i^0 \to \infty$
电极的极化性能	理想极化电极	易极化电极	难极化电极	理想不极化电极
电极反应的"可逆程度"	完全"不可逆"	"可逆程度"小	"可逆程度"大	完全"可逆"
I-η 关系	电极电势可以任意改变	一般为半对数关系	一般为直线关系	电极电势不可能因通过外电流而改变

§4.2.3　根据极化曲线测定电极反应动力学参数

测定电极反应动力学参数的基本方法可分成两大类:一类是测量稳态极化曲线;一类是利用交流或短暂电脉冲. 前者称为"经典方法",在本节中我们先介绍.

如果电化学步骤比较慢 (i^0 小),以致有可能将电极电势极化到 $\eta > 100/n$ mV

而不引起严重的浓度极化,就可以忽略反方向电流. 在这种情况下,若将实验数据整理成经验公式 $\eta = a + b \lg I$,并与式(4.19)比较,就得到

$$a = -\frac{2.3RT}{\alpha nF} \lg i^0 \tag{4.20}$$

和

$$b = \frac{2.3RT}{\alpha nF} \tag{4.21}$$

根据这些关系可以计算 α 和 i^0 并利用式(4.12)求 K.

例如,在 $0.1 \text{mol} \cdot \text{L}^{-1}$ HCl 中测得汞电极上氢超电势的实验数据满足经验公式 $\eta = 1.40 + 0.118 \lg I$,即 $a = 1.40\text{V}$, $b = 0.118\text{V}$. 与式(4.21)比较,立即求得 $\alpha = 0.5$,再代入式(4.20)中得到 $i^0 \approx 1.6 \times 10^{-12} \text{A} \cdot \text{cm}^{-2}$. 若利用式(4.11)还可以求出

$$K = \frac{i^0}{nFc_{H^+}} \exp\left[\frac{\alpha nF}{RT}(\varphi_{\Psi} - \varphi_{\Psi}^0) \right] \approx 5 \times 10^{-13} \text{ cm} \cdot \text{s}^{-1}$$

也可以利用平衡电势附近的线性极化曲线的坡度根据式(4.17)求 i^0,但无法求出 α 或 β,也就求不出 K. Лосев 曾首先利用放射性同位素在平衡电势附近分别直接求出 i_a 和 i_c,并由此计算了 α, β 和 i^0 的数值,这是一项很有意义的工作[3].

§4.2.4　如何建立平衡电极电势

在电化学测量中用作参比电极的体系应具备下面两方面性能:

1. 平衡电极电势的重现性良好,即容易建立相应于热力学平衡值的电极电势;

2. 容许通过一定的"测量电流"而不发生明显的极化现象. 例如在用电位差计进行测量时就经常有强度不等的"不平衡电流"通过参比电极. 由于当代电子学技术的进步,这一条件已变得很容易做到. 一般电子仪表的测量电流不超过 $10^{-8} \sim 10^{-10}\text{A}$.

前面已经看到,若希望某一电极体系在通过电流时不出现显著的电势极化,则该体系的交换电流数值必须比较大. 这样,当通过的电流 $I \ll i^0$ 时,出现的极化现象就不会很大.

表面看来,热力学平衡电势是否容易建立应与交换电流的数值无直接关系,因为平衡状态的判据是 i_a 与 i_c 相等,而与其绝对数值无关. 但是,这种想法只有当体系中不含有任何可在电极上作用的杂质组分时才是正确的,而在一切实用体系中,都不能忽视杂质组分的影响.

例如,若在参比电极的平衡电势附近某一杂质组分可以在电极上还原并引起还原电流 i_c^*,则不通过外电流时存在下列关系式:

$$i_c + i_c^* = i_a$$

可以据此分析杂质组分对建立平衡电极电势的影响. 为了说明这一问题,不妨考虑两种比较极端的情况:

1. $i^0 \gg i_c^*$

在这种情况下显然 $i_c^* \ll i_c$,因而上式中可以忽视 i_c^* 一项的影响而认为 $i_a = i_c$,即杂质组分的存在并不影响热力学平衡电势的建立;

2. $i^0 \ll i_c^*$

此时 $i_c^* \approx i_a \gg i_c$,表示原有的电势平衡严重地被破坏了. 在这种情况下,虽然不通过外电流,电极上却有净化学反应发生,因此不能称电极电势为"平衡电势". 习惯上将这时建立的电极电势称为"混合电势"或"稳定电势".

显然,若存在可以在电极上氧化的杂质组分,则类似的分析方法同样适用. 由此可见,不通过外电流时测出的电极电势并不一定是热力学平衡电势. 在电化学测量中必须经常记住这一点.

此外,如果除了参比电极的电极反应 O $\rightleftharpoons$ R 外在电极上还进行着另一对氧化还原反应(O* $\rightleftharpoons$ R*),其交换电流 i^{0*} 比 O $\rightleftharpoons$ R 反应的交换电流 i^0 大得多,则不通过外电流时应存在下列关系式:

$$i_c + i_c^* = i_a + i_a^*$$

根据所假设的条件 ($i^{0*} \gg i^0$) 上式可以简化为

$$i_c^* = i_a^* = i^{0*}$$

式中, i_c^* 和 i_a^* 分别表示 O* $\rightleftharpoons$ R* 反应所引起的还原电流及氧化电流. 显然,这时建立的电极电势只可能是 O*/R* 体系的平衡电势,而与参比电极的平衡电势根本无关了.

由此可见,若同时存在不止一对氧化还原体系,则不通过外电流时的电极电势主要由交换电流值较大的那一体系所决定.

如不经过特殊的净化处理,在水溶液中由于杂质组分所引起的电解电流往往可达 $10^{-6} \sim 10^{-7} \mathrm{A \cdot cm^{-2}}$. 因此,如果希望建立某一氧化还原体系的平衡电极电势,则该体系的交换电流应满足 $i^0 \geqslant 10^{-4}\ \mathrm{A \cdot cm^{-2}}$. 这就说明了为什么常用来建立平衡氢电极的材料总不外是 Pt(其表面上氢电极反应的 $i^0 \approx 10^{-3} \mathrm{A \cdot cm^{-2}}$)或 Pd(其表面上氢电极反应的 $i^0 \approx 10^{-4} \mathrm{A \cdot cm^{-2}}$),而在"高超电势"金属电极上根本不可能建立氢的平衡电势了. 例如,在汞电极上氢电极反应的交换电流约为 $10^{-11} \sim 10^{-13} \mathrm{A \cdot cm^{-2}}$. 因而,只有将杂质所引起的电流降低到 $10^{-15} \mathrm{A \cdot cm^{-2}}$ 左右,并采用输入阻抗很高($> 10^{15}\Omega$)的测量仪表,才有可能在汞电极上测得平衡氢电极电势. 这些显然都是很难做到的.

§4.3 浓度极化对电化学步骤反应速度和极化曲线的影响

在前几节的讨论中,我们均假设通过电极体系的净电流密度比极限扩散电流密度小得多,因此电极表面上不出现浓度极化现象. 但是,当极化电势增大时,电流密度随之指数性地增长,其数值迟早终将接近极限扩散电流密度(I_d)的数值,这时就不能忽视浓度极化的影响了.

显然,若可能出现浓度极化,则动力学公式[式(4.3)]中应该采用反应粒子的表面浓度 c^s,而不是整体浓度 c^0. 例如,若 $I \gg i^0$,则极化曲线公式[式(4.18)]应改写为

$$I = \frac{c_O^s}{c_O^0} i^0 \exp\left(\frac{\alpha n F}{RT}\eta_c\right) \tag{4.22}$$

将式(3.31)代入式(4.22)并改写成对数形式后有

$$\eta_c = \frac{RT}{\alpha n F} \ln \frac{I}{i^0} + \frac{RT}{\alpha n F} \ln\left(\frac{I_d}{I_d - I}\right) \tag{4.23}$$

式(4.23)表明,此时出现的超电势由两项组成. 式中右方第一项系由电化学极化所引起,其数值决定于 $\frac{I}{i^0}$,即与式(4.19)完全一致. 第二项是浓度极化所引起的,其数值决定于 I 与 I_d 的相对大小.

我们知道,决定 I_d 数值的因素与决定 i^0 数值的因素很不相同. 除了 I_d 和 i_0 均与反应体系的浓度有关外,二者之间不存在确定的关系. 这样,就可以根据 i^0,I_d 和 I 三个数值的相对大小而分成下列四种不同的情况来分析导致出现超电势的主要原因:

1. 若 $I_d \gg I \gg i^0$,则式(4.23)右方第二项可以忽略不计. 此时式(4.23)与式(4.19)完全重合,表示超电势完全是电化学极化所引起的.

2. 若 $I_d \approx I \ll i^0$,则超电势主要是浓度极化所引起的. 但是,由于推导式(4.19)的前提($I \gg i^0$)不再成立,故不能利用式(4.23)中右方第二项来计算浓度极化所引起的超电势. 此时应按照式(3.34)计算扩散超电势.

3. 若 $I_d \approx I \gg i^0$,则式(4.23)右方二项中的任一项均不能忽略;但是,往往还是其中只有一项起主要作用. 例如,在 I 较小时,电化学极化的影响往往较大;而当 $I \to I_d$ 时,则浓度极化变为决定超电势的主要因素.

4. 若 $I \ll i^0,I_d$,则几乎不出现任何极化现象(η 不超过几个毫伏). 这时电极上基本保持不通过电流时的平衡状态.

当 $I_d \gg i^0$ 时,由式(4.23)所表示的极化曲线的具体形式如图[4.9(a)]. 图中

虚线表示单纯由于浓度极化而导致的极化曲线[式(3.36*)]. 比较两条曲线,可以看到当极化电流密度相同时前一条曲线的极化要大一些,因此半波电势也更负一些. 将 $I = I_d/2$ 代入式(4.23),可以得到 $\varphi_\Psi - \varphi_{1/2} = \dfrac{RT}{\alpha nF} \ln \dfrac{I_d}{i^0}$ 及 $\left(\dfrac{\partial \varphi_{1/2}}{\partial \ln i^0}\right)_{I_d} = \dfrac{RT}{\alpha nF}$,表示不可逆波的半波电势是由 I_d 与 i^0 的比值决定的. 由于此二式源自式(4.22),只适用于逆向电流可以忽视的"完全不可逆"电极过程.

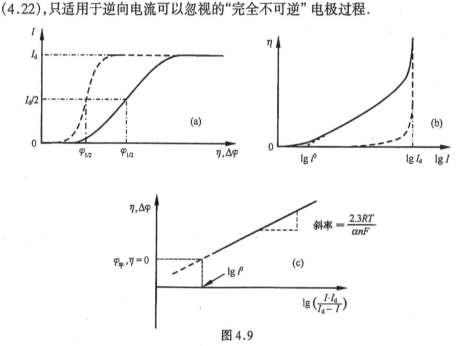

图 4.9

由式(4.23)表示的极化曲线的各种形式(虚线为纯粹由扩散步骤控制的极化曲线).
(a) 线性坐标; (b) 半对数坐标; (c) 校正了浓差极化后(半对数坐标).

在图 4.9(a)和图 4.9(b)中,相应于式(4.23)的用实线表示的极化曲线大体上都可以划分为三个区域:

1. 在 $i^0 \ll I < 0.1\,I_d$ 的电流密度范围内,测得的极化曲线为半对数型. 这时极化现象纯粹是由电化学极化所引起的. 利用这一段曲线来测量电化学步骤的动力学参数是比较方便的.

2. 当 I 约在 $0.1I_d$ 到 $0.9I_d$ 的范围内变化时,反应处在"混合控制区",即逐渐由电化学控制转变为扩散控制. 这时若利用式(4.23)在总的超电势中较正浓度极化的影响而得到纯粹由电化学极化引起的超电势,仍然可用来计算电化学步骤的动力学参数.

式(4.23)还可改写为

$$\eta_c = \frac{RT}{\alpha nF}\ln\frac{1}{i^0} + \frac{RT}{\alpha nF}\ln\left(\frac{I \cdot I_d}{I_d - I}\right) \tag{4.23a}$$

在 I 不过分接近 I_d 的电流密度范围内,可以用 $\lg\left(\dfrac{I \cdot I_d}{I_d - I}\right)$ 对 η(或 φ)作图[图 4.9(c)],并根据直线的斜率求 αn 值,以及由直线在 $\eta = 0(\varphi = \varphi_\mp)$ 处的 $\lg\left(\dfrac{I \cdot I_d}{I_d - I}\right)$ 值来求 i^0 值. 图 4.9(c) 在形式上与纯粹由浓度极化引起的图 3.14(d) 很相似,然而后一图中直线的斜率值公式不包含动力学参数 α,因而斜率较小.

3. 若 $I > 0.9I_d$,则电流渐具有极限电流的性质,即反应几乎完全为"扩散控制"了. 在这种情况下,只要在测量 I 或 I_d 时引入微小误差,就将在计算 $[I_d/(I_d - I)]$ 一项时导致出现重大误差. 因此,就无法精确校正浓度极化的影响来计算电化学极化的净值了.

当反应粒子的浓度约为 $10^{-3}\mathrm{mol\cdot cm^{-3}}$ 时,在一般电解池中由于自然对流所引起的搅拌作用可以允许通过约为 $10^{-2}\mathrm{A\cdot cm^{-2}}$ 的电流密度而不发生严重的浓度极化. 若此时 $\eta \geqslant 100\mathrm{mV}$,则代入式(4.18),并设 $\alpha \approx 0.5$,$n = 1$,就得到 $i^0 \leqslant 10^{-3}$ $\mathrm{A\cdot cm^{-2}}$,代入式(4.12)可以得到 $K \leqslant 10^{-5}\ \mathrm{cm\cdot s^{-1}}$. 这一数值大致可以看作是用经典方法测量反应速度常数的上限.

值得注意的是,若 $I_d \gg i^0$,当 I 达到极限扩散电流后,虽然电极反应速度已完全受扩散速度控制,但这时电化学步骤仍是不可逆的. 这种情况与在第一章中曾经提到的"非控制步骤的平衡态基本没有受到破坏"是有出入的. 这种情况正是电化学步骤的特点所引起的. 电化学步骤的活化自由能随电极电势而变化. 因而,当电极电势偏离平衡电势时,虽然电极平衡受到破坏,i_a(或 i_c)却能大大提高,而且一般不会出现极限值. 换言之,对于电化学步骤,可以采用破坏电极平衡的方法来降低反应活化能和增大单向反应速度. 这样,虽然电极反应变为不可逆,但电化学步骤却迟早会变成不再是控制步骤了.

利用旋转圆盘电极,可以最方便地校正浓度极化的影响. 对于不可逆电极反应,设某一电势下不出现浓度极化时由界面反应速度控制的"动力电流密度"为 $I_k = nFkc_i^0$,则出现浓度极化时的电流密度显然为 $I = nFkc_i^s$,故有 $I/I_k = c_i^s/c_i^0$. 代入式(3.31) 并整理后得到

$$\frac{1}{I} = \frac{1}{I_k} + \frac{1}{I_d} \tag{4.24}$$

用式(3.30)代入并设 $v_i = 1$,就得到

$$\frac{1}{I} = \frac{1}{I_k} + \frac{1}{nF\gamma_i c_i^0}\omega^{-1/2} \tag{4.24a}$$

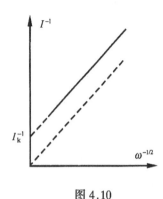

图 4.10

根据旋转圆盘电极上电流密度
与转速之间的关系外推求界面
反应控制的电流密度.

若在同一电势下改变电极转速测出一系列相应的 I 值,然后将 I^{-1} 对 $\omega^{-1/2}$ 作图,可得到一条直线.将此直线外延至与纵轴相交,即可根据截距值求得 I_k(图4.10).外推至 $\omega^{-1/2} \to 0$ 相当于 $\omega \to \infty$,此时不必再考虑浓度极化显然是完全合理的.图 4.10 中通过原点的虚线表示 $I_k \gg I_d$ 时的情况.由此可见,若 I_k 比最高转速下的 I_d 还要大几十倍以上,则将由于截距太小而难以精确估算 I_k.计算结果表明,若最高电极转速约为每分钟一万转,则 K 的测量上限约为 $0.1 \sim 1 \ \mathrm{cm \cdot s^{-1}}$,与下节中介绍的一些暂态方法大致相同.

事实上,式(4.24)和(4.24a)不仅适用于由电化学步骤构成的表面反应,也同样适用于任何 $I_k \propto c_i^s$(即 i 的反应级数为 1) 的表面反应.式(4.24) 的实质是溶液中的扩散过程与电极表面上的反应过程串联进行.推而广之,如果 n 个有 i 粒子按反应级数为 1 直接参加的过程串联进行,则总电流密度的倒数

$$I^{-1} = \sum_{j=1}^{n} I_j^{-1} \tag{4.24*}$$

式中,各 I_j 为组成串联反应各过程的极限电流密度(即 $c_i = c_i^0$ 时的反应电流密度).

§4.4 测量电化学步骤动力学参数的暂态方法

利用经典方法或旋转电极方法测得的都是稳态极化曲线,即相应于每一电极电势的稳态电流值.另一类测量电化学步骤动力学参数的方法是利用暂态电流.例如,在第二章中我们曾经指出,若能将测量时间缩短到 10^{-5} s 以下,则瞬间扩散电流密度可达每平方厘米几十安.与旋转电极方法比较,暂态方法有几方面的优点:首先,运用现代电子技术将测量时间缩短到几个微秒要比制造每分钟旋转几万转的机械装置简便得多;其次,稳态法不适用于研究那些反应产物能在电极表面上累积或电极表面在反应时不断受到破坏的电极过程,而暂态测量方法就没有这些缺点.

最常用的暂态测量方法有"电流阶跃法"、"电势阶跃法"和"循环伏安法".在第三章中我们已经介绍过当扩散步骤为惟一的控制步骤时这三种方法的应用,下面进一步分析当整个电极反应的进行速度由扩散步骤和电化学步骤联合控制时的情况.

§4.4.1 电流阶跃法

可采用大致如图 4.11 所示的实验设备,其中电解池与高电阻串联接在高压(几十伏)脉冲方波电源的输出端. 由于通过电流时绝大部分的电压降都发生在高电阻上,故流经电解池的电流不随电极电势

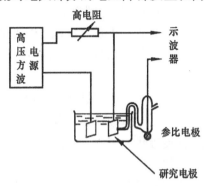

图 4.11 恒电流极化用实验电路示意图

而变化. 近年来则更多地采用由快速运算放大器组成的"恒电流仪"来达到同一目的. 通过电流时电极电势随时间的变化大都采用示波器或经快速 A/D 转换由微机记录.

在第三章中我们曾经分析过恒电流极化时反应粒子和反应产物表面浓度随时间的变化[式(3.54)]. 这些结果完全是根据液相中的传质公式及恒流边界条件而推导出来的. 因此,不论电极反应是否可逆,即电化学步骤的平衡状态是否受到破坏,这些公式都同样适用.

若电化学步骤的平衡状态没有受到破坏,则"电极电势-时间"曲线有着式(3.57)所表示的形式. 然而,若电极反应不完全可逆,则可能出现下面几种情况:

首先,如果电极反应 $O + ne^- \longrightarrow R$ 完全不可逆,即假设通过电流时引起的超电势 $\eta_c \geqslant 100/n$ mV,就可以忽略逆反应的影响而得到

$$I_0 = nFK'c_O(0, t)\exp\left[-\frac{\alpha nF}{RT}(\varphi - \varphi_平)\right]$$

$$= nFK'c_O^0\left[1 - \left(\frac{t}{\tau}\right)^{1/2}\right]\exp\left(\frac{\alpha nF}{RT}\eta_c\right) \tag{4.25}$$

式中: I_0 为恒定的极化电流密度;K' 为 $\varphi = \varphi_平$ 时的反应速度常数 $\left(K' = K\exp\left[\frac{\alpha nF}{RT}(\varphi_平^0 - \varphi_平)\right]\right)$. 将式(4.25)整理后得到

$$\eta_c(t) = -\frac{RT}{\alpha nF}\ln\frac{nFK'c_O^0}{I_0} - \frac{RT}{\alpha nF}\ln\left[1 - \left(\frac{t}{\tau}\right)^{1/2}\right] \tag{4.25a}$$

所表示的"电极电势-时间"曲线的基本形式见图 4.12,但该图中 $t < \tau_c$ 一段与式(4.25a)不同(见下).

若将 $\eta_c(t)$ 与 $\left[1 - \left(\frac{t}{\tau}\right)^{1/2}\right]$ 在半对数坐标上作图,可以得到一条直线,根据直线的斜率可以求出 αn 的数值. 根据式(4.25a)可以看到,若将半对数关系外推到 $t = 0$,即 $\ln\left[1 - \left(\frac{t}{\tau}\right)^{1/2}\right] = 0$,则不应出现浓度极化,因此有

$$\eta_c(0) = -\frac{RT}{\alpha nF}\ln\frac{nFK'c_O^0}{I_0} \tag{4.26}$$

由此可以求出 K' 和 K.

其次，若电极反应比较快，以致通过恒定电流所引起的超电势数值不大（$< 100/n$ mV），则逆反应的影响不能忽视. 这时仍然可以将电势-时间曲线外推到 $t = 0$ 处以求得不出现浓度极化时相应于 I_0 的超电势 $\eta_c(0)$，但整个曲线的数学分析式却复杂得多，只在一些特殊的情况下才具有比较简单的形式，因此我们暂不讨论.

可以利用不同强度的电流（I_0）脉冲——求出相应的 $\eta_c(0)$ 值，再利用一组 $[\eta_c(0), I_0]$ 数值制成 极化曲线. 由于采用这种方法测量极化曲线时已完全消除了浓度极化的影响，就可以采用 §4.2 中所介绍的方法来计算电化学步骤的动力学参数.

乍看起来，只要信号发生器所发生电流脉冲信号的上升时间足够短，且测量仪器的反应足够快，我们就可以任意地缩短测量时间；但是，事实上并非如此. 例如，根据式（4.25a），在接通电解电流的瞬间，电极电势应突变到相应于

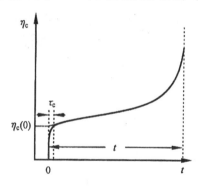

图 4.12　当电极反应完全不可逆时的"电极电势-时间"实验曲线

$\eta_c(0) = -\dfrac{RT}{\alpha nF}\ln\dfrac{nFK'c_O^0}{I_0}$ 的数值. 然而，这种突变实际上并不出现，在实验曲线上只表现为初期电势较快地上升（图 4.12）. 引起这种滞后现象的原因是有一部分电量被用来对双电层充电. 严格说来，只要电极电势在测试过程中不断改变，则经常总是要有一部分电流用于充电过程；但是，由于 $I_{充电} = C_{双层}\dfrac{d\varphi}{dt}$，故只在电势迅速变化的"初期"（图 4.12 中 $t < \tau_c$ 的部分）引起较显著的电势变化滞后现象. 当 $t < \tau_c$ 时，$I_{充电}$ 在整个电流（I_0）中占很大比例，因此式(4.25a) 完全不能适用.

如果电极反应不太快，则选用不太高的 I_0 值即可引起足够大的电化学极化. 由于这种情况下往往 $\tau \gg \tau_c$，故可以利用 $\tau > t > \tau_c$ 的那一段曲线正确外推出 $\eta_c(0)$ 的值. 但是，如果电极反应很快，就必须采用较高的 I_0 值；若因此 $\tau \approx \tau_c$，则全部曲线的形状都将由于充电过程的影响而受到歪曲，因而无法正确外推到 $t = 0$

处①. 仔细分析了双电层的充电过程后,可以找到更精确的外推方法[4],但这样也只能略微提高测量上限. 计算及实验表明,上述方法的测量上限约为 $K \leqslant 1\text{cm·s}^{-1}$.

为了缩短 τ_c, Gerischer 等人曾经试用双脉冲方法[4],即在最初 $1\sim 2\mu\text{s}$ 采用较大电流脉冲使双层较快地充电,然后降低电流值来研究电化学反应. 据估计,当适当地选择两个阶段的脉冲电流比时,可以将测量上限提高到 $K \approx 10\text{cm·s}^{-1}$.

§4.4.2　电势阶跃法

应用电势阶跃法测量时将研究电极的电势保持在某一预先选定的数值. 为此,最好采用高速"恒电势仪",其工作原理见图 4.13. 这种仪器工作时随时将用参比电极测得的研究电极电势与给定电压在差分放大器的输入端进行比较. 如果二者数值不同,则差分信号经过放大后被用来控制电流输出极的输出电流,使研究电极电势与给定电压保持一致.

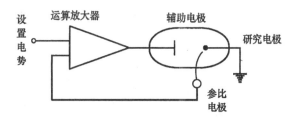

图 4.13　恒电势仪工作原理图

当进行恒电势极化时,也可以利用式(4.16a)来计算暂态极化电流密度,但为此需要首先将该式改写为如下的形式

$$I(t) = i^0 \left\{ \frac{c_\text{O}(0, t)}{c_\text{O}^0} \exp\left[\frac{\alpha n F}{RT} \eta_\text{c} \right] - \frac{c_\text{R}(0, t)}{c_\text{R}^0} \exp\left[\frac{-\beta n F}{RT} \eta_\text{c} \right] \right\} \quad (4.27)$$

式中, $I(t)$ 代表暂态电流密度.

如果 $\eta_\text{c} > \dfrac{2RT}{\alpha n F}$,即电极反应完全不可逆,则只需要考虑一个方向的反应速度. 此时式(4.27)简化为

$$I(t) = i^0 \frac{c_\text{O}(0, t)}{c_\text{O}^0} \exp\left(\frac{\alpha n F}{RT} \eta_\text{c} \right) \quad (4.28)$$

如果 $\eta_\text{c} \ll \dfrac{RT}{\alpha n F}$ 及 $\dfrac{RT}{\beta n F}$,即电极反应近乎可逆,则式(4.27)简化为

---

① 由于 $\tau \propto \dfrac{1}{I_0^2}$,而 $\tau_\text{c} \propto \dfrac{1}{I_0}$,故增大 I_0 时 τ 要比 τ_c 减小得快得多.

$$I(t) = i^0 \left\{ \frac{c_O(0, t)}{c_O^0} - \frac{c_R(0, t)}{c_R^0} + \frac{nF}{RT} \left[\alpha \frac{c_O(0, t)}{c_O^0} + \beta \frac{c_R(0, t)}{c_R^0} \right] \eta_c \right\}$$

(4.29)

电势阶跃后 η_c = 常数,但由于式(4.29)中包含特定的 $c_O(0, t)$ 和 $c_R(0, t)$,不宜直接用作边界条件. 分析表明:电势阶跃后极化电流随时间的变化一般有着如下的形式:

$$I(t) = I_{\eta_c}^* \exp(\lambda^2 t) \mathrm{erfc}(\lambda t^{1/2})$$

(4.30)

式中: $I_{\eta_c}^*$ 为不发生浓度极化时 $[c_O(0, t) = c_O^0, c_R(0, t) = c_R^0]$ 相应于超电势 η_c 的极化电流值;λ 为一个包括反应速度常数的函数 $\left(\lambda = \frac{K_c^*}{D_O^{1/2}} + \frac{K_a^*}{D_R^{1/2}}; \text{式中 } K_c^* \text{ 和} \right.$

K_a^* 分别为给定电势下的阴极及阳极反应速度常数 $\Big)$.

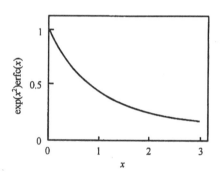

图 4.14　$\exp(x^2)\mathrm{erfc}(x)$ 随 x 的变化情况

根据式(4.30),电流随时间的变化应与函数 $\exp(x^2)\mathrm{erfc}(x)$ 具有相同的形式(图 4.14). 当 $t = 0$, 即 $x = \lambda t^{1/2} = 0$ 时, $\exp(x^2)\mathrm{erfc}(x) = 1$,从而应有 $I(0) = I_{\eta_c}^*$. 这是很容易理解的,因为当 $t = 0$ 时浓度极化还没有发生. 其次, 当 $x \ll 1$ 时 $\exp(x^2) \approx 1$ 和 $\mathrm{erfc}(x) \approx 1 - \frac{2x}{\pi^{1/2}}$,所以在 $\lambda t^{1/2} \ll 1$ 时近似地有

$$I(t) = I_{\eta_c}^* \left(1 - \frac{2\lambda}{\pi^{1/2}} t^{1/2} \right) \quad (4.31)$$

因此,可以利用开始电解后最初一段时间内 $I(t)$ 与 $t^{1/2}$ 之间的线性关系外推求出相应于 $t = 0$ 的 $I(t)$ 值($I_{\eta_c}^*$).

如果用不同幅值的恒电势脉冲加在研究电极上,并逐一求出相应于每一 η_c 值的 $I_{\eta_c}^*$ 值,就可以得到完全消除了浓度极化影响的极化曲线,利用这种极化曲线也可以求出电化学步骤的动力学参数.

根据式(4.30),电流-时间曲线应有着图 4.15 中虚线所示的形式;但是,实

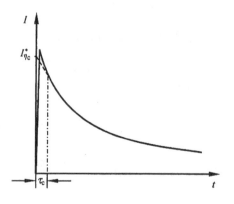

图 4.15　电势阶跃后瞬间电流随时间的变化

验测得的曲线如图中实线所示. 与理论曲线比较,实验曲线有两点不同:

首先,在实验曲线上开始极化后电流上升需要一定时间,而不是如理论公式所预测的那样瞬间达到最大值. 这种滞后现象大都是由恒电势仪及测量电路的"时间常数"所引起的. 运用了当代脉冲技术可将"上升时间"缩短到几个微秒以下,故不致因此严重影响测量结果.

其次,在图 4.15 中 $t < \tau_c$ 的一段时间内,实际电流大于理论值. 这是由于改变电极电势时需要耗费一定电量来对双电层充电,而在前面推导公式时忽略了这一点.

显然,如果 λ 很大(即 K_c^*, K_a^* 大,表示电极反应速度快),则为了满足 $\lambda t^{1/2} \ll 1$ 的条件就必须在很短的一段曲线上利用式(4.31)外推. 但如果这一段时间短到与 τ_c 相当,则将受到充电电流的干扰而无法准确外推了. 因此,与电流阶跃法相同,电势阶跃法的测量上限也受到充电过程的限制. 实验结果表明,这两种方法的测量上限均大致为 $K \leqslant 1$ cm·s^{-1}.

§4.4.3 循环伏安法

当采用循环伏安法(参见§3.8)时,在电极/溶液界面保持的电势由式(3.58)和(3.58a)表示,而由表面电化学反应速度控制的瞬间电流密度

$$I(t) = nFD_O\left[\frac{\partial c_O(0, t)}{\partial x}\right]_{x=0}$$

$$= i^0\left\{\frac{c_O(0, t)}{c_O^0}\exp\left[\frac{\alpha nF}{RT}\eta_c(t)\right] - \frac{c_R(0, t)}{c_R^0}\exp\left[-\frac{\beta nF}{RT}\eta_c(t)\right]\right\} \quad (4.27a)$$

式中, $\eta_c(t) = \varphi(t) - \varphi_\Psi$.

在这种边界条件下,暂态扩散方程的解只能通过数值积分法求出. 对此有兴趣的读者可参阅文献[5]. 本节中只介绍主要结论.

与纯粹由扩散过程控制的循环伏安曲线(图3.27)比较,当电极过程不完全可逆时,曲线的主要特征是 $\Delta\varphi_p > \frac{58}{n}$mV(图4.16). 计算结果表明:如果 $c_R^0 = 0$,则 $\Delta\varphi_p$ 主要由无量纲参量 Ψ 决定

$$\Psi = K\left(\frac{D_O}{D_R}\right)^{\alpha/2}\bigg/\left(\pi D_O v \frac{nF}{RT}\right)^{1/2} \quad (4.32)$$

当 $n = 1$ 及 $D_O \approx D_R$ 时, $\Psi \approx 29 \cdot Kv^{-1/2}$,其中 K 用 cm·s^{-1}, v 用 V·s^{-1} 表示. $\Delta\varphi_p$ 与 Ψ 的关系见图4.17. 应用这一关系时可调节扫描速度 v 使 $\Delta\varphi_p$ 达到 100mV 左右,然后利用曲线上斜率较大的那一段曲线求出相应的 Ψ 值,再代入式(4.32)估算 K 的数值.

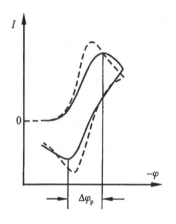

图 4.16　电极反应不完全可逆
时的循环伏安曲线
（虚线表示电极反应完全可逆时的曲线）

　　显然,若选用较高的 v 值,就有可能测出较大的 K 值. 但是,由于双电层的充电电流随 v 的增大而正比地变大[式(3.63)],而用于实现电化学反应的电流则变化较慢,故扫描速度也不能无限制增大. 采用 $100V \cdot s^{-1}$ 的扫描速度,大约可测出 $0.1 \sim 1.0\ cm \cdot s^{-1}$ 的 K 值,即本法的测量上限与上述其他两种方法大致相同. 但近年采用微电极及超高速恒电势仪可以达到更高的电势扫速与 K 的测量上限[6].

　　除充电电流的影响外,溶液电阻引起的 IR 降对以上三种暂态测量方法也都会导致电势测量误差. 参比电极毛细管接近电极表面的最适宜距离约为 $2d$,其中 d 为毛细管的直径[7]. 若毛细管端口过分接近电极表面,则将屏蔽电极表面而使局部电流密度显著降低. 由于采用阶跃方法及快速电势扫描方法时瞬间电流密度相当高,在毛细管端口与电极表面之间可能引起可观的 IR 降. 采用适当的补偿电路可减少这种误差,但很难完全避免.

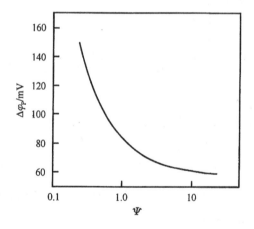

图 4.17　根据 $\Delta\varphi_p$ 估计无量纲反应速度参数 Ψ

　　企图同时减小上述两类误差往往是困难的. 例如,若减小反应粒子的浓度,对减小暂态电流和 IR 降会是有利的,但同时却会使充电电流(其数值与反应粒子浓度无关)的影响更为严重.

§4.5　相间电势分布对电化学步骤反应速度的影响——"ψ_1 效应"

在本章以前各节中,均假定改变电极电势($\Delta\varphi$)时只有紧密双电层中的电势差发生了改变,即认为分散层中的电势变化 $\Delta\psi_1 \approx 0$,而紧密层中的电势变化 $\Delta(\varphi - \psi_1) \approx \Delta\varphi$(图 4.1 和图 4.2). 这一假定即使在浓溶液中及电极电势远离零电荷电势时也只能近似地被满足[参考图 2.28 和式(2.38)]. 在稀溶液中,特别是当电极电势接近零电荷电势时,ψ_1 随电势的变化就比较显著. 若是发生了离子的特性吸附,则 ψ_1 的变化更大. 例如,根据电毛细曲线上最高点位置的移动,可知某些离子在不带电荷的表面上吸附时竟能使 ψ_1 电势改变半伏以上. 在这些离子开始吸附或接近脱附的电势范围内,ψ_1 电势值随电极电势的改变也是很显著的. 这样,就自然地提出了一个问题,即以前各节中不考虑 $\Delta\psi_1$ 时所导出的各式到底具有多大的适用范围及精确程度?若考虑到 $\Delta\psi_1$ 对电极反应速度的影响,又应该如何将有关的动力学公式加以修正?

按照以前讨论过的双电层模型(图 2.23)以及电化学步骤的动力学公式,可以认为 $\Delta\psi_1$ 对电化学步骤反应速度的影响主要表现在两个方面:

一方面,如果认为界面反应粒子距电极表面的距离与紧密双层的厚度(d)基本相同,则改变 ψ_1 电势也就是改变电极／溶液界面上液相表面层粒子所在处的电势. 根据式(2.29),在 $x = d$ 的平面上带有电荷 $z_i e^0$ 的 i 粒子的浓度应为

$$c_i^* = c_i^0 \exp\left(-\frac{z_i F}{RT}\psi_1\right) \qquad (2.29a)$$

只有当反应粒子不带电时,才可以忽略 ψ_1 电势对粒子浓度的影响而认为 $c_i^* = c_i^0$ [1].

---

[1]　注意不要将 c_i^* 与 c_i^s 混淆. 当反应粒子反应前距电极表面的距离等于紧密双层厚度时,c_i^* 为 $x = d$,即 $\psi = \psi_1$ 处 i 粒子的浓度;而 c_i^s 应理解为分散层以外 $\delta \gg x \gg d$ 处 i 粒子的浓度,其中 δ 为扩散层厚度. 在 $x = \delta$ 处 $\psi_1 = 0$. 若 $\psi_1 \neq 0$,则 $c_i^* \neq c_i^s$. 出现了 i 粒子的浓度极化,则式(2.29a)应改写成

$$c_i^* = c_i^s \exp\left(-\frac{z_i F}{RT}\psi_1\right) \qquad (2.29b)$$

在从 $x = d$ 到分散双层外界的薄层空间中,i 粒子的浓度分布场基本处于热力学平衡状态,即各处 i 粒子的电化学势相同. 在热力学电极电势公式中,原则上可以采用 c^* 值,也可以采用 c^s 值. 但采用前者时还需要在公式中引入包含 ψ_1 的项,因为 $x = d$ 处 i 粒子的电化学势中包含 ψ_1 项. 因此,若电极电势公式写成 $\varphi = \varphi^0 + \frac{RT}{nF}\sum v_i \ln c_i$ 的形式,则其中应以 c_i^s 而不是 c_i^* 代入. 与此相反,当 $c_i^s \neq c^0$ 时,在扩散层中 i 粒子的浓度分布具有非平衡分布的性质,即与电极表面平行的各平面上 i 粒子的电化学势不同. 因此,在扩散层中会出现由于电化学势梯度引起的扩散传质过程,而在分散双层中不会因各平面上 i 粒子的局部浓度不同而引起传质过程.

另一方面,考虑到 ψ_1 电势的影响后,在式(4.5a) 和(4.5b) 中显然应该用 c_O^* 和 c_R^* 代替 c_O 和 c_R,以及用紧密层中的电势降 $\varphi - \psi_1$ 代替 φ,如此得到

$$i_a = nFK_a^0 c_R^* \exp\left[\frac{\beta nF}{RT}(\varphi - \psi_1)\right] \tag{4.33a}$$

和
$$i_c = nFK_c^0 c_O^* \exp\left[-\frac{\alpha nF}{RT}(\varphi - \psi_1)\right] \tag{4.33b}$$

用 $c_R^* = c_R^0 \exp\left(-\frac{z_R F}{RT}\psi_1\right)$ 和 $c_O^* = c_O^0 \exp\left(-\frac{z_O F}{RT}\psi_1\right)$ 代入,并注意到 $\beta = 1 - \alpha$ 和 $z_R = z_O - n$,则整理后得到

$$i_a = nFK_a^0 c_R^0 \exp\left(\frac{\beta nF}{RT}\varphi\right) \cdot \exp\left[\frac{(\alpha n - z_O)F}{RT}\psi_1\right] \tag{4.34a}$$

和
$$i_c = nFK_c^0 c_O^0 \exp\left(-\frac{\alpha nF}{RT}\varphi\right) \cdot \exp\left[\frac{(\alpha n - z_O)F}{RT}\psi_1\right] \tag{4.34b}$$

这两式中右方最后一项表示 ψ_1 电势的影响,对 i_a 和 i_c 均相同[①]. 显然,当 z_O 为负值,即阴离子在电极上还原时,$(\alpha n - z_O)$ 项的数值较大,也就是 ψ_1 电势对电极反应的影响(常称为"ψ_1 效应")最明显.

将式(4.34a)和(4.34b)代入 $I = i_c - i_a$,就得到考虑了 ψ_1 电势影响后的极化曲线公式. 例如,当 $I \gg i^0$ 时 $I = i_c$,写成半对数形式则有

$$-\varphi = 常数 + \frac{RT}{\alpha nF} \ln I + \frac{z_O - \alpha n}{\alpha n}\psi_1 \tag{4.35}$$

若再用"$\eta_c = -\varphi + 常数$"代入(4.35) 式,则有

$$\eta_c = 常数 + \frac{RT}{\alpha nF} \ln I + \frac{z_O - \alpha n}{\alpha n}\psi_1 \tag{4.36}$$

当阳离子在电极上还原时,一般有 $z_O \geq n$,故式(4.36) 中含 ψ_1 一项的系数 $(z_O - \alpha n)/\alpha n > 0$. 因此,那些使 ψ_1 向正方向变化的因素,例如,阳离子吸附或当电极表面带有负电荷时溶液中离子强度增大,都会引起 η_c 增大,或在 η_c 保持不变时使 I 减小;反之,那些引起 ψ_1 向负方向变化的因素,例如阴离子吸附等,则有助于阴极反应的进行.

式(4.35)还可以方便地改写成

$$-\frac{\alpha nF}{2.3RT}(\varphi - \psi_1) = 常数 + \lg I + \frac{z_O F \psi_1}{2.3RT} \tag{4.35a}$$

因此 $\varphi - \psi_1$,与 $\lg I + \frac{z_O F \psi_1}{2.3RT}$ 之间有线性关系. 在文献中常称式(4.35a)为"考虑了

---

① 注意在式(4.34a)和(4.34b)中 K^0 项的定义与前面不完全相同. 在此二式中,K^0 表示当 $\varphi = \psi_1 = 0$ 时的反应速度常数.

ψ_1 效应"的 Tafel 公式.

在图 4.18 中画出了 ψ_1 电势对半对数极化曲线的影响. 图中纵坐标采用相对于 φ_0 的"合理电势标". ψ_1 的数值系按式(2.32b)算出(参见图 2.28),即假设不存在离子的特性吸附. 横坐标用阴极电流(I_c)或阳极电流(I_a)与 $\varphi = \varphi_0$ 时的阴极电流($I_{z,c}$)或阳极电流($I_{z,a}$)的比值的对数. 由图可以看到,在稀溶液中当阴离子在电极上还原时,出现的 ψ_1 效应特别显著.

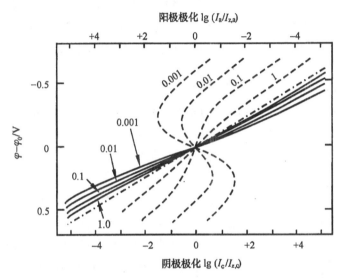

图 4.18　无离子特性吸附时 ψ_1 电势对极化曲线的影响

上方无量纲电流坐标用于阳极极化;下方用于阴极极化. 实线表示 $z_O = 1$ 时的电极反应;

虚线表示 $z_O = -1$ 时的电极反应. 曲线旁数字表示 1-1 型电解质溶液的浓度($mol \cdot L^{-1}$).

事实上,对于阳离子的还原反应,ψ_1 电势对反应速度的影响是两项对立因素的联合作用. 一方面,当 ψ_1 电势变负时能使反应粒子的表面浓度增大,这是有利于反应速度增大的;但是,另一方面,若保持电极电势不变,则 ψ_1 变负就意味着 $\varphi - \psi_1$ 变正了,这又不利于阴极反应的进行. 由于前一项的影响与 $\exp\left(-\dfrac{z_O F}{RT}\Delta\psi_1\right)$ 成正比,而后一项则与 $\exp\left(\dfrac{\alpha nF}{RT}\Delta\psi_1\right)$ 成正比,因此,前一项的影响要大一些,即 ψ_1 电势变负时总地说来还是有利于加速阳离子的还原反应的.

在许多情况下,$z_O = n$,$\alpha \approx 0.5$,此时式(4.36)有着最简单的形式

$$\eta_c = 常数 + \frac{RT}{\alpha nF}\ln I + \psi_1 \tag{4.37}$$

氢的折出反应即属于此类;在第七章中我们将详细介绍.

如果反应粒子是中性的($z_O = 0$),则式(4.36)变为

$$\eta_c = 常数 + \frac{RT}{\alpha n F} \ln I - \psi_1 \qquad (4.38)$$

这时改变 ψ_1 所起的效果与式(4.37)所描述的正好相反. 例如,发生正离子吸附将有助于阴极反应的进行,而当负离子在电极上吸附时则会阻碍阴极反应. 这是由于 ψ_1 电势的变化并不能改变反应粒子的表面浓度,因而,若 φ 不变,则在 ψ_1 电势变正时 $\varphi - \psi_1$ 变负,使反应速度加快.

如果电极反应是阴离子(例如 IO_3^- ,BrO_3^- ,$Fe(CN)_6^{3-}$,$PtCl_6^{2-}$ 等)的还原反应,则 $z_O < 0$. 此时式(4.36)中含有 ψ_1 一项的系数 $(z_O - \alpha n)/\alpha n$ 为绝对值大于1的负值. 对于这类电极过程,ψ_1 电势对 η_c 的影响与当反应粒子为中性时方向相同,但程度更大.

以上所述均为 ψ_1 效应理论公式的推导. 然而,要实验验证这些公式决非易事. 这首先是由于缺乏测试 ψ_1 电势的通用实验方法. 其次,对 ψ_1 电势也缺乏明确的定义. 所谓"$x = d$ 平面的电势"只是一个笼统的说法,与"反应粒子所在处的电势"并不一定一致. 因此,以下我们首先介绍那些定性显示存在 ψ_1 效应的实验事例. 由于改变 ψ_1 电势对阴离子还原反应速度的影响特别显著,而稀溶液中 $S_2O_8^{2-}$ 还原为 SO_4^{2-} 的过程研究得尤为详细[8~10],我们主要介绍与此有关的实验结果.

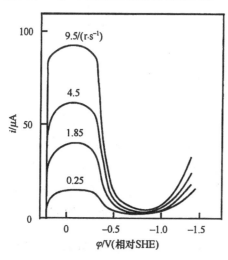

用旋转铜汞齐电极在不含支持电解质的 $K_2S_2O_8$ 溶液中测得的极化曲线见图4.19. 图中极化曲线在达到 $S_2O_8^{2-}$ 的还原电势后,电流首先很快地上升到相当于正常极限扩散电流的数值;但若极化电势继续增大,电流却再度下降到很低的数值,后又重新上升. 在 0.2 ~ -0.4V 之间,电流随电极旋转速度的二分之一次方而增大,表示过程是扩散步骤所控制的. 然而,在最低点附近电流却很少随电极转速改变,表示电流是表面反应速度所控制的.

图 4.19 电极旋转速度对极化曲线的影响
溶液组成:$10^{-3} mol \cdot L^{-1} K_2S_2O_8$(不含支持电解质).

若采用不同金属作为电极材料,刚开始出现电流下降的电势各不相同(图4.20). 图中用箭头表示了各种金属上零电荷电势的位置. 可以清楚地看到,电流下降总是在极化电势刚刚越过 φ_0,即电极表面上开始出现负电荷时发生的. 这就明显地表示电极上载有负电荷,即 ψ_1 电势变为负值,是引起 $S_2O_8^{2-}$ 还原速度减低的主要原因.

若向溶液中加入支持电解质,则电流下降程度减小,终至完全消失(图 4.21). 若用具有较高表面活性的 La^{3+} 或 $(C_4H_9)_4N^+$ 代替 Na^+,则效果尤其显著. 这就更有力地证明了极化曲线上的异常现象是由于 ψ_1 效应所引起的.

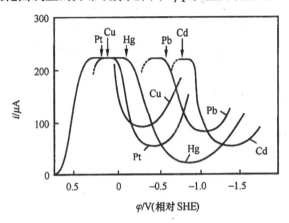

图 4.20 电极材料对极化曲线的影响(箭头指示各种金属的零电荷电势)

溶液组成:$10^{-3}mol \cdot L^{-1} K_2S_2O_8 + 10^{-3} mol \cdot L^{-1} Na_2SO_4$.

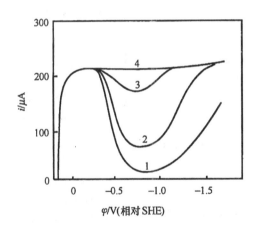

图 4.21 支持电解质浓度对极化曲线形式的影响

Na_2SO_4 浓度$(mol \cdot L^{-1})$:

1. 0; 2. 8×10^{-3}; 3. 0.1; 4. 1.0(内含 $10^{-3}mol \cdot L^{-1} K_2S_2O_8$)

若认为 $S_2O_8^{2-}$ 还原过程的控制步骤是第一个电子的传递过程,则仿照式(4.34)并用 $z_O = -2$ 和 $n = 1$ 代入后得到

$$I = 2FK_c^0 c_{S_2O_8^{2-}}^0 \cdot \exp\left(-\frac{\alpha F}{RT} \varphi\right) \exp\left[\frac{(2 + \alpha)F}{RT}\psi_1\right] \qquad (4.39)$$

式中,右方两个指数项中 $\exp\left(-\dfrac{\alpha F}{RT}\varphi\right)$ 随 φ 变负而增大,然而 $\exp\left[\dfrac{(2+\alpha)F}{RT}\psi_1\right]$ 却随 φ 变负而减小. 因此,当阴极极化加大时,电流究竟随之上升或下降就决定于这两项中哪一项起主要作用. 在稀溶液中,当电极电势自零电荷电势附近向负方向移动时,ψ_1 电势很快地变负,因此式(4.39)中第二项的影响较大,即引起电流下降. 在远离 φ_0 的电势范围内,则 ψ_1 很少随 φ 而变化,因而极化曲线转为"正常". 在图 4.18 中我们已经看到过这种变化趋势. 有关双电层中电势分布对阴离子还原反应的影响的综合论述见文献[11,12].

为了定量验证 ψ_1 效应的理论公式,则最好选用那些 ψ_1 值易于估算或测定的体系. 不含能在电极表面上特性吸附离子的电解质稀溶液基本上属于这类体系. 为此,可将式(4.35a)改写成

$$-\frac{\alpha nF}{2.3RT}(\varphi-\psi^\circ) = 常数 + \lg I + \frac{z_O F\psi^\circ}{2.3RT} \qquad (4.35a^*)$$

式中,ψ° 为可按 GCS 模型计算的紧密双层中"外层"的电势.

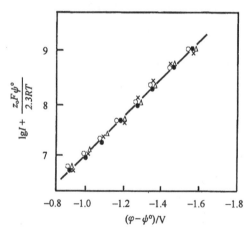

图 4.22 为稀 NaF 溶液中 $S_2O_8^{2-}$ 阴离子在 Bi 电极上还原时测得的"考虑了 ψ° 效应"的 Tafel 曲线,其中可见在 $\varphi-\psi^\circ$ 与 $\lg I + \dfrac{z_O F\psi^\circ}{2.3RT}$ 之间存在良好的线性关系. 在文献[13] 中对此有详尽的讨论.

然而,用 ψ° 来代替 ψ_1 至多只适用于不含能在表面特性吸附离子的稀溶液体系. 何况 ψ° 只是距电极表面某一定距离处电势的平均值,与动力学公式中所要求的"反应粒子所在处的电势" 可能颇不一致. 例如,由于各种粒子能接近电极表面的最短距离各不相同,即使双电层结构保持不变,不同

图 4.22　Bi 电极上 $S_2O_8^{2-}$ 阴离子还原时测得的修正了的 Tafel 曲线

$S_2O_8^{2-}$ 浓度为 1×10^{-3}mol·L^{-1},含不同浓度 NaF.

粒子所在处的 ψ_1 电势值也可以各不相同. 其次,考虑到双电层中的荷电粒子和反应粒子都是具有一定几何尺寸的微粒子,则在式(2.29a) 中还应该采用 ψ_1 电势的局部值,而不是离开电极表面一定距离处的平均电势. 例如,在阴离子附近 ψ_1 电势的局部值就要比平均值更负一些. 因此,阳离子在阴离子附近出现的机会也要大一些. 有时还要考虑到表面层中可能形成离子偶,而这些表面离子偶在电子交换反应中可以起着对加速反应有利的"离子桥" 作用,则情况更加复杂了.

最近在文献[14]中报道了当溶液中含有表面活性很强的四烷基胺阳离子时，计算出当阴离子在电极上还原时表面活化络合物所在处的 ψ_1 电势的数值，并由此得到 $\lg I + \dfrac{z_0 F \psi_1}{2.3 RT}$ 与 $\varphi - \psi_1$ 之间的线性关系.

事实上，除了以上由于 ψ_1 电势发生比较激烈的变化而引起的"异常现象"以外，我们更常遇到的是当电极电势远离零电荷电势且不出现离子的特性吸附时，ψ_1 电势对电极反应速度的影响. 对于后一种情况，可以根据图 2.28 来估计电极电势变化时 ψ_1 电势的变化. 由图上可以清楚地看出，当 $\varphi - \varphi_0$ 达到 1V 左右以后，在 φ 与 ψ_1 之间近似地存在线性关系，即 $\dfrac{\mathrm{d}\psi_1}{\mathrm{d}\varphi} \approx$ 常数. 若设 $\dfrac{\mathrm{d}\psi_1}{\mathrm{d}\varphi} = k$，则用"$\psi_1 = k\varphi +$ 常数" 代入式(4.37)并整理后得到

$$
\begin{aligned}
\eta_c &= \text{常数} + \frac{RT}{(1+k)\alpha nF} \ln I \\
&= \text{常数} + \frac{RT}{\alpha^* nF} \ln I
\end{aligned}
\tag{4.40}
$$

式中，$a^* = (1+k)\alpha$. 换言之，如果 ψ_1 随 φ 的变化是线性的，则只要在超电势公式中用 α^* 代替传递系数 α，即可使公式中不再包括 ψ_1 项. 由图 2.28 可以求出，当 $\varphi - \varphi_0$ 达到 1V 左右时，$k = \dfrac{\mathrm{d}\psi_1}{\mathrm{d}\varphi} \approx 5\% \sim 7\%$. 因此，$a^*$ 与 α 之间的差别是不大的；即使 k 值略有变化，仍然可以近似地认为 α^* 是一个不随电极电势改变的常数.

由此可以证明，如果电极电势远离 φ_0，且不出现离子的特性吸附，则动力学公式中没有必要加入包含 ψ_1 的项，即在前几节中导出的各个公式仍然是正确的.

§4.6　电子交换步骤的反应机理

在 §4.1 中我们虽曾对电化学步骤作了一些描述(图 4.1，图 4.2 和图 4.3)，但不曾涉及这一步骤的细致历程，因而也就没有回答一系列从理论到实际上都很重要的问题. 例如，电化学步骤的过渡态和活化能的物理实质是什么，电极材料的选择性对活化能和反应速度会有什么影响等.

在各种电极反应中，就电化学步骤的复杂性而言可分为两大类. 在一类电极反应中，电极与反应物之间无强的相互作用，电极只起电子的供体或受体的作用；反应粒子运动到电极表面附近双电层的外层就发生电子得失. 这类反应与在溶液里进行的均相氧化还原反应中的所谓外球电子迁移反应(outer sphere charge transfer reactions)相对应，而电极反应速度与电极材料关系不大. 在另一类电极反应中，反应粒子能进入双电层的内层，与电极有类似于成键的强相互作用，情况就

复杂得多. 这类电极反应与溶液里均相氧化还原反应中的内球电子迁移反应
(inner sphere charge transfer reactions)有相似之处,其电极反应速度与电极材料有
密切关系. 半个多世纪以来,对这两类电极反应的研究都取得了显著进展. 但由
于上述第二类反应的复杂性,现在对其的认识还不能令人满意. 对于前一类电极
反应的研究,则可以 Marcus 获 1993 年诺贝尔化学奖为标志,认为已达到"情况基
本清楚". Marcus 理论从对溶液中不涉及化学键破坏和形成的外球电子迁移反应
的研究出发,逐步发展成为具有较普遍适用性的电子迁移反应理论,已被成功地应
用到包括电极反应在内的许多不同领域[15].

§4.6.1　电子迁移反应与 Frank-Condon 原理

电极反应或溶液中的均相氧化还原反应过程和光谱学中电子光谱(电子吸收
光谱、荧光和磷光光谱)的发生过程有一共同点,即都涉及电子迁移. Frank-Con-
don 原理早已是电子光谱的理论基础之一. 在电子迁移反应理论的发展过程中,正
是 Libby(1952 年)将 Frank-Condon 原理引入溶液相氧化还原反应的研究导致了
后来 Marcus 理论的出现.

Frank-Condon 原理的基本内容是:由于原子和电子的质量悬殊,因而它们改
变位置所需的时间尺度有数量级的差别. 例如,分子内电子在不同能级间跃迁的
时间尺度约为 10^{-16}s,而离子与其配体间键长改变的时间尺度约为 10^{-14}s. 因而,
在分子吸收光子引起电子跃迁的瞬间,分子中原子的位置来不及改变. 同样地,当
电子由激发态回落到电子基态并发射光子时,分子中原子的位置也来不及发生改
变. 应用这一原理,能很好解释电子－振动光谱中谱峰出现的位置和相对强度.

Libby 首先考察了有关不同价态的同位素之间的电子交换反应(isotopic ex-
change electron transfer reactions)和净反应为零的自交换反应(self-exchange reac-
tions)的实验数据[16]. 他发现,不同价态的小阳离子(例如 Fe^{2+}/Fe^{3+})之间的电子
交换反应速度,要比大的络离子($Fe(CN)_6^{3-}/Fe(CN)_6^{4-}$,$MnO_4^-/MnO_4^{2-}$)之间的电
子交换反应慢得多,并将产生这种差别的原因归结为溶剂化结构的不同. 根据
Frank-Condon 原理,电子交换时溶剂化层的结构来不及进行调整. 因此,新生成的
Fe^{2+} 处在其前身 Fe^{3+} 的水化层中;而新生成的 Fe^{3+} 处在其前身 Fe^{2+} 的水化层中.
Libby 认为,这种不相称的水化层使反应产物处在高能态,对反应不利,因而反应
速度很慢. 与此相反,$Fe(CN)_6^{3-}/Fe(CN)_6^{4-}$,$MnO_4^-/MnO_4^{2-}$ 等大离子的水化程度
比小阳离子的水化程度低,电子交换前后配体本身的结构及配体与中心离子间的
键都无明显变化,故电子交换反应速度很快.

在 Libby 的理论中,提出了新生成的产物因中心离子与所处的微环境不协调
而处在高能态的新观点,但没有指出转移至高能态所需能量的来源. 因此,这一理

论中存在着能量不守恒的缺陷. 在光谱过程中,电子要从外界吸收光子的能量才能从低能态跃迁到高能态;但溶液中的氧化还原反应,一般而言既不需要光激发也不辐射出光.

§4.6.2　等能级电子迁移原则和均相氧化还原反应的活化能

为了同时满足 Frank-Condon 原理和能量守恒定律,氧化还原反应中电子迁移只能在等能级间进行,而在电子迁移之前反应物体系的结构必须作某种改组以使涉及的电子能级相等. 反应体系的结构由最概然的状态转化到能满足电子等能级迁移的状态的过程即反应的活化过程;这一过程所需要的能即活化能. 此处所称结构改组系指得失电子的中心离子所处的微环境的改组. 对络离子,这包括配体与中心离子之间的结合、配体内部结构和络离子外部的溶剂化层的改组;对简单离子,则包括内外溶剂化层的结构改组. 由于反应体系的这种结构改组涉及许多个原子,故需用多维坐标空间来描述体系的能量变化. 后来 Marcus 基于统计力学,推导出一维的统一反应坐标 q(global reaction coordinate),用来取代多维反应坐标;再经近似处理,得到可用二维空间表示的体系的自由能与反应坐标的关系曲线. 由于对许多反应粒子而言微环境的改组主要是中心离子周围溶剂化层的改组,q 坐标有时被称为"溶剂化坐标".

图 4.23 中曲线 R 和 P 分别表示反应物和产物(包括它们的微环境)的自由能随反应坐标的变化.曲线 R 的最低点表示反应物的最概然状态. 由于热运动引起的微环境的波动,反应物体系的自由能可沿曲线 R 变化. 曲线 P 则表示产物体系相似的变化. 二曲线的交点代表过渡态. 该处产物和反应物的自由能相等,在这一反应坐标处电子可进行等能量跃迁. 二曲线的交点与曲线 R 的最低点的高差即反应的活化自由能.

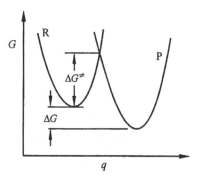

图 4.23　在统一反应坐标上反应物和产物的自由能变化

对于图 4.23 有两点需特别加以说明:其一,图 4.23 的纵坐标不用势能 U(对溶液相反应,U 与焓 H 近似相同),而用自由能 G,这是因为必须考虑反应过程中熵的变化;其二,假设曲线 R 和 P 都是抛物线,而且形状相同. 曲线的抛物线性质是 Marcus 对 q 的定义和对相关公式作近似处理的结果.

有了图 4.23,并注意到图中二曲线是形状相同的抛物线,就可推导出反应活化自由能 $\Delta G^{\neq}$ 与反应自由能变化 ΔG 及改组能 λ 之间的关系式:

$$\Delta G^{\neq} = (\lambda + \Delta G)^2/4\lambda \qquad (4.41)$$

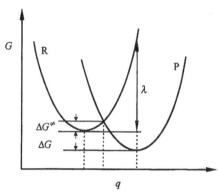

图 4.24　反应自由能 ΔG、反应活化
自由能 $\Delta G^{\neq}$ 与改组能 λ 之间的关系

λ 是当反应物(R)的微环境由对反应物最合适的状态(R 的 G 为最小值)变为对产物最合适的状态(P 的 G 为最小值)时涉及的自由能变化(图 4.24),常称为"改组能". 从式(4.41)和图 4.25 都可看出,当反应的自发性增大,即 ΔG 变得越来越负时,$\Delta G^{\neq}$ 先减小,而在 ΔG 的绝对值与 λ 相等时达到 $\Delta G^{\neq} = 0$,即成为"无活化反应";但若 ΔG 继续变负,则 $\Delta G^{\neq}$ 反而增大(图 4.25 中曲线 4). 后一种情况与通常认为的"反应的推动力越大则反应越快"的规律正好相反,因此 Marcus 称其为"翻转区"(inverted region). Miller 等人对一系列具有相似结构的长链有机分子二端基间的电子交换反应进行了研究. 在反应自由能 $-\Delta G$ 从接近零到约 2.5eV 的范围内,反应速度常数的变化跨越约三个半数量级,而在 $-\Delta G$ 为 1.2eV 附近出现极大值(图 4.26),由此证实了"翻转区"的存在[17].

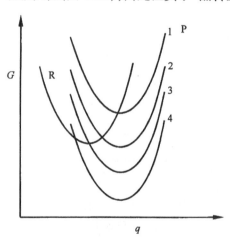

图 4.25　反应自由能变化
引起的"翻转区"

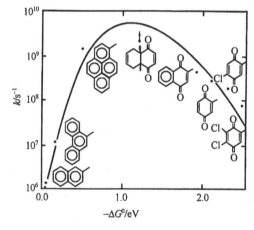

图 4.26
系列有机分子二端基间电子交换反应
自由能与反应速度常数之间关系的"翻转区".
图中化学式表示分子中一个端基的结构.

Marcus 理论还曾被用来估算过渡金属离子"自交换反应"(不同价态的同种离

子之间的)和"交叉反应"(不同种离子之间的)两类反应速度常数之间的关系、反应活化能(关键是计算改组能)以及估算反应速度常数公式中的指前因子项,均得到一定的成功[18]

§4.6.3　电极反应中电子迁移步骤的活化能

以上有关溶液中均相氧化还原反应活化能的讨论原则上可推广到在电极上发生的异相电子迁移反应. 如以 Fe^{3+} 在电极上还原为 Fe^{2+} 为例,反应物是 Fe^{3+} 加上电极上的电子(E_F 附近的电子),其自由能曲线可用图 4.27 中的曲线 R 表示;产物为 Fe^{2+},其自由能曲线由图中的曲线 P 表示. 与均相反应不同的是图中曲线 R 将随电极电势变化而垂直移动. 在平衡电势下电极反应的 $\Delta G = 0$,此时 R,P 二曲线的最低点处于同一高度. 当阴极极化到出现超电势 η 时,曲线 R 上移 $F\eta$. 对比图 4.24 和图 4.27,可知式(4.41)中的 ΔG 相应于 $-F\eta$,并由此得到电极反应活化能的表达式

$$\Delta G^{\neq} = (\lambda - F\eta)^2/4\lambda \tag{4.42}$$

还可以用类似的方法推导出阳极反应的活化能,其表达式与式(4.42)相同.

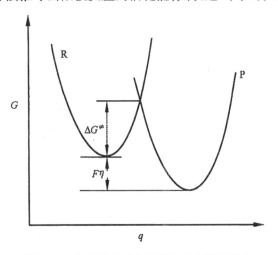

图 4.27　电极极化对电极反应自由能的影响

在 §4.1 中,电极电势变化对电极反应活化能的影响主要表现在 $\alpha F\eta$, $\beta F\eta$ 项[参见式(4.16a, b)]. 传递系数 α 通常是接近 0.5 的常数. 然而,根据 α 的定义,$\alpha = (RT/F)(d\ln i/d\eta)$ 以及可由式(4.42)导出的 Marcus 速度常数 $k = A\exp[-(\lambda - F\eta)^2/4\lambda RT]$(其中 A 为指前因子),应有

$$\alpha = (RT/F) \cdot (d\ln i/d\eta) = (RT/F) \cdot (d\ln k/d\eta)$$
$$= (RT/F) \cdot d[-(\lambda - F\eta)^2/4\lambda RT]/d\eta$$

$$= 0.5(1 - F\eta/\lambda) \tag{4.43}$$

由此可见，α 应随 η 增大而减小，只是在一般情况下由于 $F\eta \ll \lambda$ 而使 $\alpha \approx 0.5$.

当电极极化较大，但还未大到进入翻转区的时候，α 将随极化之增大而减小. 这一现象被称为"弯曲了的 Tafel"关系. Frumkin 等人曾报道过 $Fe(CN)_6^{3-}/Fe(CN)_6^{4-}$ 体系所表现的弯曲了的 Tafel 关系. 随阳极极化增大，Tafel 斜率从大于 0.5 逐步减小到小于 0.5[19]. Parsons 等也曾发现 Cr^{3+}/Cr^{2+} 体系的 Tafel 斜率与电极极化值有关[20].

然而，要在电极反应极化曲线上实际观察到"翻转区"，涉及的困难甚大. 根据式(4.22)，实现"翻转区"的条件是 $F\eta > \lambda$. 因此，要看到极化增大时电流反而减小的现象，必须用特别大的极化(除非改组能特别小)，但当极化很大时易出现传质控制和其他副反应. 迄今未见实验观测到电极反应翻转区的报道.

对 Marcus 理论有兴趣的读者除阅读他本人的原著外，还可参阅文献[21].

§4.6.4　从电极和溶液中电子能级的匹配看电化学极化

在§2.2 中我们已经讨论过电极中的电子能级分布以及电子在各能级上的分布情况(参见图 2.3). 然而，对于溶液中氧化还原电对体系的电子能级分布，我们的认识则不那么确定. 为了分析后一类能级分布及其对电化学极化的影响，Gerischer 曾提出以下的假定和推断[22]：

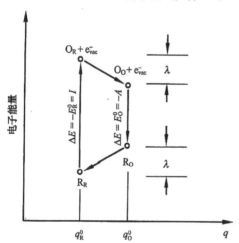

图 4.28　用来计算 E_O^0 和 E_R^0 之间差别的热力学循环

首先，由于溶液中存在溶剂化程度不同的两种反应粒子(氧化态 O 和还原态 R)，可认为氧化还原体系 O/R 中也相应地存在两个基态价电子能级 E_O^0 和 E_R^0. 利用图 4.28 中的热力学循环，可以计算这两个基态能级之间的能量差别.

在图 4.28 中，为了从处于基态的还原态(R_R)中将价电子移至溶液表面附近的真空中，所需作的功即 R 的电离势(I)，其数值正好等于 $-E_R^0$ (E_R^0 为相对于真空中电子测得的基态 R 中价电子的势能，具有负值). 然而，通过这一过程生成的不是处于基态的 O_O，而是微环境与处于基态的 R 相同的 O_R(在本节中用下标表示微环境).

为了将 O 周围的微环境转变为能量最低的稳定态,即从 O_R 转变为更稳定的 O_O,释出的能量等于图 4.27 中的改组能 λ. 仿此,将电子从真空中移至 O_O 价电子能级上时涉及的能量变化应为 E_O^0,其数值等于 O 的电子亲和势 A 的负值. 同样,通过这一过程形成的是不稳定的 R_O. 为了使 $R_O \to R_R$,又要释放改组能 λ. 由此导出

$$| E_R^0 - E_O^0 | = 2\lambda \tag{4.44}$$

即基态 $O(O_O)$ 中价电子能级要比基态 $R(R_R)$ 中的同一能级高 2λ (图 4.29).

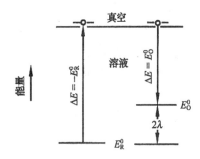

图 4.29　E_R^0 和 E_O^0 的位置

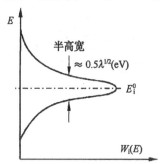

图 4.30　微环境波动引起的价电子态密度分布

　其次,由于微环境的波动,溶液里 O 和 R 中的电子能级也会在 E_O^0 和 E_R^0 附近波动. Gerischer 提出用下列高斯分布型函数来表示 E_i^0 附近的电子态概率分布(图 4.30)

$$W_i(E) = (4\pi\lambda kT)^{-1/2}\exp\left[-\frac{(E-E_i^0)^2}{4\lambda kT}\right] \tag{4.45}$$

而能量在 $E \to E + dE$ 之间的电子能态数则等于 $c_i W_i(E)dE$.

　在图 4.31 中,$W_O(E)$ 和 $W_R(E)$ 分别表示溶液里 O 和 R 中价电子态密度分布函数. 图中虚线为 $W(E) = W_O(E) + W_R(E)$ 表示整个 O/R 体系的价电子态密度分布. 此图中 c_O 与 c_R 画成相等,因此该图也可用来描述标准体系 $(c_O = c_R = 1mol \cdot L^{-1})$ 的情况. 由于 R 中价电子能级已被电子占据,图中阴影区表示整个体系中价电子能级被电子占据的情况. 在图中 $W_O(E) = W_R(E)$ 处,电子的充满程度 $F(E) = 0.5$,故可以仿照 Fermi 能级的定义认为该处即为标准 O/R 体系中电子系统的 Fermi

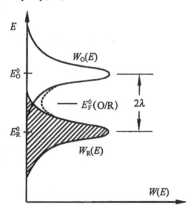

图 4.31　溶液中 O/R 体系价电子的态分布及被电子占据的情况

能级 $E_{F,O/R}^0$.

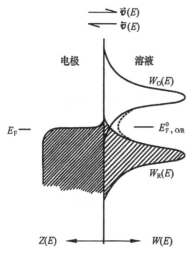

图 4.32 "电极/溶液"界面两侧的
电子态分布及被电子占据的情况

利用图 2.9 所示的对应关系,就可以进一步将图 2.3 和图 4.31 联合起来而得到图 4.32. 该图表示体系处于电化学平衡时的情况. 此时二相中的电子 Fermi 能级相等. 当纵轴采用电化学电势标时,图中 $E_{F,O/R}^0$ 也就是 O/R 体系的标准电极电势 $\varphi_{平,O/R}^0$.

由于电子只能从被电子占据的能级向能量相同的空能级上转移,在能量为 $E \rightarrow E + \mathrm{d}E$ 的能级微区内正、反向电子交换速度应分别为

$$\vec{v}(E)\mathrm{d}E \propto c_O W_O(E) Z(E) F(E)\mathrm{d}E \tag{4.46a}$$

和

$$\overleftarrow{v}(E)\mathrm{d}E \propto c_R W_R(E) Z(E) [1 - F(E)]\mathrm{d}E \tag{4.46b}$$

而同一能级微区中的正、反向电流密度(图 4.33)

$$\vec{i}(E)\mathrm{d}E = F \vec{v}(E)\mathrm{d}E \tag{4.47a}$$

和

$$\overleftarrow{i}(E)\mathrm{d}E = F \overleftarrow{v}(E)\mathrm{d}E \tag{4.47b}$$

由此导出正、反方向的总电流密度分别为

$$\vec{i} = F \int_{-\infty}^{0} \vec{v}(E)\mathrm{d}E \tag{4.48a}$$

和

$$\overleftarrow{i} = F \int_{-\infty}^{0} \overleftarrow{v}(E)\mathrm{d}E \tag{4.48b}$$

在图 4.33 中两侧阴影区的面积分别等于 $\vec{i}$ 和 $\overleftarrow{i}$.

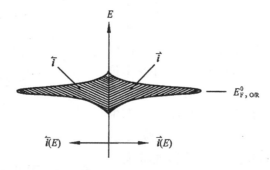

图 4.33　不同电子能级上的正、反向电流

在图中可以看到,虽然式(4.48a)和(4.48b)中积分是在 $-\infty \to 0$ 的全部能级区间内进行,但 $v(E)$ 和 $i(E)$ 均主要分布在 $\varphi^0_{\mathrm{平},\mathrm{O/R}}$ 附近. 这是由于只有在 $\varphi^0_{\mathrm{平},\mathrm{O/R}}$ 附近一侧的"满能级"与另一侧的"空能级"同时具有较大的密度.

值得提出的是:在电化学平衡条件下不仅 $\vec{i} = \overleftarrow{i}(= i^0)$,在每一能级微区内也有 $\vec{i}(E)\mathrm{d}E = \overleftarrow{i}(E)\mathrm{d}E$,即图4.33左右两侧完全对称. 这就意味着不仅存在总的电化学平衡,且在每一能级微区内也都存在电化学平衡.

电极的极化就是电极中 E_F 的移动. 当发生极化时 E_F 与 $E^0_{\mathrm{F},\mathrm{O/R}}$ 不再相等. 在图4.34中示意地画出了阳极极化和阴极极化时电极与溶液中电子能级对应分布的变化及由此引起的内电流的变化.

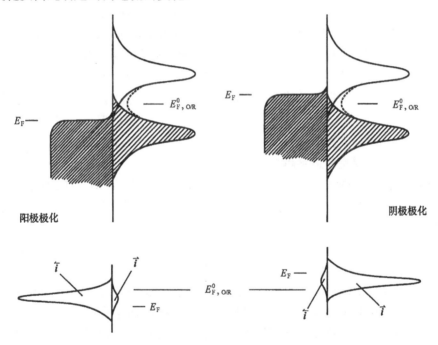

图 4.34 阳极极化和阴极极化对电子能级分布和正、反向电流的影响

图4.32和图4.34相当形象地描绘了"电极/溶液"两侧电子系统中电子能级的分布及占满程度,也对电化学极化引起净反应电流作出了解释. 用式(4.45)及图4.30和图4.31表示的 $W(E)$ 函数形式在电化学文献中曾一再被引用. 然而,对于这种能级分布情况迄今并无令人信服的证明和充分的实验根据. 有人认为,可能是由于分子内振动能级的影响,能级分布函数可能并不具有"正态分布"形式,其半宽度也要比 $0.5\lambda^{1/2}$ 宽得多[23]. 甚至有人认为,溶液中电子能级分布基本上是连续的而不具有明显的能带结构[24]. 换言之,对于溶液中电子能级的分布,还

不能认为目前已有完全成熟的认识.

以上 Gerischer 提出的处理方法与 Marcus 理论基本一致. 图 4.23 中表示的是反应粒子周围的微环境发生变化时反应体系自由能的变化,在曲线最低处体系具有最小的自由能与最高的稳定性,而不论向哪一方向偏离时均引起体系自由能升高. 图 4.31 则表示态密度随电子势能的变化,其中态密度最大处表示反应粒子中电子势能的最概然值,即相当于最稳定的状态. 当反应粒子的微环境向某一方向单调变化时,电子势能也按一定方向单调地变化.

§4.6.5　关于隧道效应

应当指出,在图 4.23 中反应物和产物曲线的交点处发生的电子转移过程是通过电子隧道效应(tunneling)机理实现的. 在电极和其表面附近的反应粒子之间,对电子的转移而言不仅在空间上有一定距离,而且还存在着一定高度的能垒. 电子从能垒的一边转移到另一边有两个可能的方式:一是所谓经典方式,即电子从环境取得能量(活化能)以便从能垒上方越过;另一种方式即隧道穿越,而不需要活化能,属量子效应. 计算表明,在通常的电极反应温度下,按经典方式进行的电子转移远不可能提供如实验中观察到的那么大的电流密度. 因此,在电极反应中,电子转移的机理应主要是隧道穿越.

电子穿越隧道的效率(概率)决定于能垒的高度和宽度. 对简单的矩形能垒,隧道穿越的概率为 $k(x) = \exp(-x/L)$,式中 x 为能垒的宽度,L 是一项与能垒高度 ΔE 有关的特征长度:

$$L = h/4\pi(2m\Delta E)^{-1/2} \tag{4.49}$$

式中,h 和 m 分别为普朗克常量和电子质量. 文献中常用 L 的倒数 $\beta = L^{-1}$ 来表征矩形能垒高度对隧道效应距离依赖性的影响. Weaver 等人在金电极上修饰不同链长的自组装单分子层来改变电极与溶液中反应物分子间距离,并测量外球反应在修饰电极上的反应速度常数,首次实测出 $\beta = 1.4\text{Å}^{-1}$,相当于垒高 2 eV[25]. Marcus 报道对于不少芳香族分子 $\beta = 1.2\text{Å}^{-1}$. 文献中已有不少关于 β 值的报道. 随反应体系和介质的不同,β 的值虽不完全一致,但总在 1Å^{-1} 附近. 文献中描述隧道效应和电子迁移距离(r)关系时常用的公式为

$$k(r) = \exp[-\beta(r - r_0)] \tag{4.50}$$

式中:k 为实现隧道效应的概率;r_0 为某一常数,一般取作约 3Å. 此式表示当 $r = r_0$ 时 $k = 1$,即反应体系每一次沿反应物曲线(图 4.23)到达交叉点时总能实现有效的电子转移,随之体系沿产物曲线前进到稳定的产物. $k = 1$ 的电子转移反应称为"绝热的"(adiabatic)电子转移反应. 由于 k 随($r - r_0$)的增大而指数性地衰减,电子隧道效应的有效距离不可能很大,一般不超过 1nm.

当体积很大的反应分子接触电极表面时,其氧化还原活性中心往往仍远离电极,因而不能实现有效的电子隧道转移. 这种情况常见于生物大分子,如葡萄糖氧化酶和细胞色素 C 等的氧化还原. 细胞色素 C 等相对较小的生物大分子能在用某些本身非氧化还原性的分子(称为促进剂,promoters)修饰的电极上实现与电极之间的直接电子交换. 促进剂的可能作用机理是使生物分子在电极表面取向合理,使其氧化还原中心与电极之间的距离最短. 葡萄糖氧化酶分子的体积更大(平均直径 8nm),而氧化还原中心深埋其中,已不能用促进剂的方法实现与电极之间的直接电子交换,而只能通过电子中继体进行间接的电子交换. 中继体本身是氧化还原性的小分子,它能通过生物大分子内的孔道接近其氧化还原中心,并被后者氧化(或还原),再经孔道离开生物大分子,到达电极上被还原(或氧化). 在此过程中,中继体起着电子载体的作用.

　　生物体内共存着许多不同的氧化还原电对. 由于上述原因,它们之间不能任意自由交换电子,而只能通过特定的中继体或当特定的靶分子以特定方式趋近时才可能发生氧化还原反应. 这对生命过程显然有着非常重要的意义. 若不存在反应限制,则生物体内的各种氧化还原体系将会很快趋于同一氧化还原电势,使许多生命过程必需的反应不能正常进行.

　　根据量子力学原理,不仅电子有隧道效应,原子核甚至原子团都有隧道效应. 然而,即使是质量最小的原子核——质子,其质量也比电子大近两千倍. 因此,质子的有效穿越距离短得多,只有约 0.1nm. 其他原子核的隧道效应就更微弱. 但原子核的隧道效应(nuclear tunneling)毕竟还是存在的,在一定条件下还可能成为反应的重要甚至主要途径. 图 4.35 中 a 和 b 点间的水平线示意核隧道穿越. 在这种情况下,反应体系不是通过热激发到达曲线交点处,而是通过核隧道效应穿越自由能垒. 不论电子还是原子核,其隧道效应都不受温度影响. 在常温下,电极

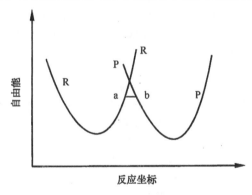

图 4.35　核的隧道转移

反应的活化主要是经典的热激发;随着温度的降低,热激发对反应的贡献减小,而核隧道效应的贡献相对增大. 在很低温度下,核隧道穿越成为实现电子等能级交换的惟一途径. 此时反应速度与温度无关. 故如发现反应速度在较高温度随温度改变而低温下与温度无关,则表明存在核的隧道穿越.

参 考 文 献

一般性文献

1. 萌鲁姆金 A H 等著,朱荣昭译. 电极过程动力学. 北京:科学出版社,1957. 第三章

2. Bockris J O'M, Reddy A K N. Modern Electrochemistry, Vol. 2. Plenum,1973. Chap. 8

3. Albery J. Electrode Kinetics. Clarendon Press: Oxford,1975. Chap. 4

书中引用文献

[1]　Brønsted G N. *Trans. Faraday Soc.* 1928,24:630

[2]　Тёмкин М И.　*ЖФХ*. 1940,14:1153; 1941,15: 296

[3]　Лосев В В. Труды института физ. хим. вып. 1957,6:21

[4]　Gerischer H, Krause M. *Z. Physik. Chem.* (*N. F.*). 1957,10:264; 1958,14:184

[5]　Nicholson R S. *Anal. Chem.* 1965,37:1351 '

[6]　参见本书第三章一般性文献表中的[12~14]

[7]　Barnartt S. *J. Electrochem. Soc.* 1961,108:102

[8]　Berzins T, Delahay P. *JACS.* 1955,77:6448

[9]　Флорианович Г М, Фрумкин А Н.　*ЖФХ*. 1955,29:1827

[10]　Фрумкин А Н.　*Успех хим*. 1955,24:933

[11]　Delahay P. Double Layer and Electrode Kinetics. Interscience, 1966. 217~226

[12]　Frumkin A N, Nikolaeva-Fedorovich N. Progress in Polarography, ed. by Zuman P, Kolthoff I M. Interscience,1962. Chap. 9

[13]　Фрумкин А Н. Потенциалы Нулевого Заряда. Наука,1982. Глава 9

[14]　Ferapontova E E , Fedorovich N Y. *Russ. J. Electrochem.* 1998,35:1022

[15]　Marcus R A. *J. Chem. Phys.* 1956,24:966, 979; 1965,43:679; *Ann. Rev. Phy. Chem.* 1964,15:155; *Rev. Modern Phys.* 1993,65:599

[16]　Libby W. *J. Phy. Chem.* 1952,56:863

[17]　Miller J R, Calcaterra L T, Closs G L. *JACS.* 1984,106:3047

[18]　Hale M. Reaction of Molecules at Electrodes, ed. by Hush, N S. Wiley-Interscience,1971. 229

[19]　Frumkin A N, Petry O A, Nicholaeva-Fedorovich N N. *Electrochim. Acta*, 1963,8:177

[20]　Parsons R. 见本章一般性参考文献3, p.116

[21]　Levich V G. Physical Chemistry, Vol. 9B, ed. by Ering H. Acad. Press,1970. Chap 12

[22]　Gerischer H. *Photochem. Photobiol.* 1972,16:243

[23]　Nakabayashi S, Fujishima A, Honda K. *J. Phy. Chem.* 1983,87:3487; Fujishima A, Nakabayashi S. *J. Photochem.* 1985,29:151

[24]　Khan S U M. *Modern Aspects of Electrochem.* 1983,15:305

[25]　Weaver M J. *JACS.* 1984,106:106

第五章 复杂电极反应与反应机理研究

§5.1 多电子步骤与控制步骤的"计算数"

§5.1.1 简单多电子反应

许多重要电化学反应涉及一个以上电子的转移. 显然,这些电子的转移过程不可能是一次完成的. 在前一章中,我们未考虑多电子转移过程的细节,而用单一的 i^0 和 αn 项代入动力学公式. 那么,按此求出的动力学参数与各单电子步骤的动力学参数之间有什么联系呢?下面我们先通过对最简单的多电子反应 —— 简单双电子反应的分析来初步探讨这类体系. 为了使结果比较简明,暂不考虑始态和终态的浓度极化及 ψ_1 电势等因素的影响.

设双电子反应 $O + 2e^- \rightleftharpoons R$ 由下列两个单电子步骤串联组成

$$O + e^- \underset{}{\overset{i_a^0}{\rightleftharpoons}} X \tag{a}$$

$$X + e^- \underset{}{\overset{i_b^0}{\rightleftharpoons}} R \tag{b}$$

其中:X 表示中间价反应粒子; i_a^0 和 i_b^0 分别表示平衡体系中(a)和(b)两步骤的交换电流. 当电极反应在稳态下进行时,中间粒子的浓度不随时间改变,而由每一单电子步骤供应总电流的一半. 因此,仿前可写出稳态下的动力学方程组

$$\frac{I}{2} = i_a^0 \left[\exp\left(\frac{\alpha_a F}{RT}\eta_c\right) - \frac{c_X}{c_X^0}\exp\left(-\frac{\beta_a F}{RT}\eta_c\right) \right] \tag{5.1a}$$

$$\frac{I}{2} = i_b^0 \left[\frac{c_X}{c_X^0}\exp\left(\frac{\alpha_b F}{RT}\eta_c\right) - \exp\left(-\frac{\beta_b F}{RT}\eta_c\right) \right] \tag{5.1b}$$

诸式中传递系数的下标表示各单电子步骤,又 c_X^0 和 c_X 分别为平衡电势下和出现极化时的中间粒子浓度.

在式(5.1a)和(5.1b)中消去 c_X/c_X^0 项,可以得到极化曲线的表达式

$$\frac{I}{2} = \frac{\exp\left[\dfrac{(\alpha_a + \alpha_b)F}{RT}\eta_c\right] - \exp\left[-\dfrac{(\beta_a + \beta_b)F}{RT}\eta_c\right]}{\dfrac{1}{i_a^0}\exp\left(\dfrac{\alpha_b F}{RT}\eta_c\right) + \dfrac{1}{i_b^0}\exp\left(-\dfrac{\beta_a F}{RT}\eta_c\right)} \tag{5.2}$$

对此式可以分几种情况分析如下:

首先,如果某一单电子步骤的 i^0 显著地大于另一单电子步骤的 i^0,例如设 $i_a^0 \gg i_b^0$,则可在式(5.2)分母中略去含 i_a^0 的项,并利用 $\alpha_a + \beta_a = 1$ 关系将上式简化为

$$I = 2i_b^0 \left\{ \exp\left[\frac{(1+\alpha_b)F}{RT}\eta_c \right] - \exp\left[-\frac{\beta_b F}{RT}\eta_c \right] \right\} \tag{5.3a}$$

将式(5.3a)与式(4.16a)($n = 2$)比较,对应的参数为 $i^0 = 2i_b^0$, $\alpha = \dfrac{1+\alpha_b}{2}$ 和 $\beta = \dfrac{\beta_b}{2}$,故表观传递系数 α 往往显著地大于 β.

同样,如果设 $i_b^0 \gg i_a^0$,则(5.2)式可简化为

$$I = 2i_a^0 \left\{ \exp\left[\frac{\alpha_a F}{RT}\eta_c \right] - \exp\left[-\frac{(1+\beta_a)F}{RT}\eta_c \right] \right\} \tag{5.3b}$$

相应于式(4.16a)中的 $i^0 = 2i_a^0$, $\alpha = \dfrac{\alpha_a}{2}$ 和 $\beta = \dfrac{1+\beta_a}{2}$,即 β 常显著地大于 α.

推而广之,如果多电子反应 $O + ne^- \rightleftharpoons R$ 由 n 个单电子步骤串联组成:

$$O + e^- \xrightleftharpoons{i_1^0} X_1$$
$$X_1 + e^- \xrightleftharpoons{i_2^0} X_2$$
$$\vdots \qquad \vdots \qquad \left.\right\} \text{控制步骤前共 } j-1 \text{ 个单电子步骤}$$
$$X_{j-2} + e^- \xrightleftharpoons{i_{j-1}^0} X_{j-1}$$
$$X_{j-1} + e^- \xrightleftharpoons{i_j^0} X_j \qquad \text{控制步骤}$$
$$X_j + e^- \xrightleftharpoons{i_{j+1}^0} X_{j+1}$$
$$\vdots \qquad \vdots \qquad \left.\right\} \text{控制步骤后共 } n-j \text{ 个单电子步骤}$$
$$X_{n-1} + e^- \xrightleftharpoons{i_n^0} R$$

其中第 j 个电子的传递步骤为整个反应的控制步骤,则总电流可以写为

$$I = ni_j^0 \left\{ \exp\left[\frac{(\alpha_j + j - 1)F}{RT}\eta_c \right] - \exp\left[-\frac{(\beta_j + n - j)F}{RT}\eta_c \right] \right\} \tag{5.4}$$

与式(4.16a)比较,则有 $i^0 = ni_j^0$, $\alpha = (\alpha_j + j - 1)/n$ 和 $\beta = (\beta_j + n - j)/n$.

由式(5.3a, b)和(5.4)可知,整个电极反应的动力学参数仅由交换电流最小的那一单电子步骤的动力学参数及其在整个反应历程中的位置 (j) 所决定.

在式(5.4)中,由于 $(\alpha_j + j - 1) + (\beta_j + n - j) = n$,故在小极化时可略去高次项而线性化成为

$$I = ni_j^0 \frac{nF}{RT}\eta_c \tag{5.5}$$

与式(4.17)比较,可见表观交换电流密度 $i^0 = ni_j^0$. 在高极化区则可略去逆向反应电流项而得到

阴极电流　　　　　　$I = ni_j^0\exp\left[\frac{(\alpha_j + j - 1)F}{RT}\eta_c\right] \tag{5.6a}$

和阳极电流　　　　　$-I = ni_j^0\exp\left[\frac{(\beta_j + n - j)F}{RT}\eta_a\right] \tag{5.6b}$

如果多电子反应中有两个"相对较慢"的单电子步骤的 i^0 相差不大,则情况要复杂得多. 例如,设双电子反应中 i_a^0 与 i_b^0 相差不大,则式(5.2)分母中两项均不能忽略,极化曲线公式在低极化区也不能用近似公式线性化. 然而,在高极化区仍然可以略去逆向反应项而得到

阴极电流　　　　　　$I = 2i_a^0\exp\left(\frac{\alpha_a F}{RT}\eta_c\right) \tag{5.7a}$

和阳极电流　　　　　$-I = 2i_b^0\exp\left(\frac{\beta_b F}{RT}\eta_a\right) \tag{5.7b}$

式(5.7a)和(5.7b)在形式上分别与阴极反应的控制步骤为(a)及阳极反应的控制步骤为(b)时的公式相同,因而容易使人误认为反应速度是仅由"第一步"[对阴极反应为步骤(a),对阳极反应为步骤(b)]所控制的. 事实上,"第一步"只是参与控制反应速度,在略去逆反应项时立即可以从式(5.1a)得到不包括中间粒子浓度项的式(5.7a). 原则上也可以用"第二步"的动力学参数来表达整个反应的动力学公式,但如此将涉及中间粒子的浓度变化而使极化曲线公式的形式较为复杂.

为了判定反应(a)、(b)中哪一个较慢,可以试检测中间粒子浓度随极化的变化. 联解式(5.1a)和式(5.1b)消去 I 后可以得到

$$\frac{c_x}{c_x^0} = \frac{i_a^0\exp\left(\frac{\alpha_a F}{RT}\eta_c\right) + i_b^0\exp\left(-\frac{\beta_b F}{RT}\eta_c\right)}{i_a^0\exp\left(-\frac{\beta_a F}{RT}\eta_c\right) + i_b^0\exp\left(\frac{\alpha_b F}{RT}\eta_c\right)}$$

若 $i_a^0 \gg i_b^0$,则可在上式中略去含 i_b^0 的项并整理后得到

$$\frac{c_x}{c_x^0} = \exp\left(\frac{\alpha_a + \beta_a}{RT}F\eta_c\right) = \exp\left(\frac{F}{RT}\eta_c\right)$$

而若 $i_b^0 \gg i_a^0$ 则得到

$$\frac{c_x}{c_x^0} = \exp\left(-\frac{F}{RT}\eta_c\right)$$

表示若 i_a^0 较大,则 c_x 随 η_c 增大而升高;反之若 i_b^0 较大,则 c_x 随 η_c 增大而降低.

以上二式与热力学电极电势公式完全一致,表示交换电流密度相对很大的那一单电子步骤的热力学平衡基本上未受到破坏.

§5.1.2　多电子反应中控制步骤的"计算数"

以上分析了最简单的多电子反应,即全部反应历程仅由若干个单电子反应串联组成.实际的反应历程则可能更为复杂.例如,在单电子反应之间可能穿插非电化学反应步骤;而各单电子反应也不一定总是串联进行的.为了研究多电子反应的机理,有时可测定控制步骤的"计算数"(stoichiometric number,文献中常用 v 表示).这一概念是堀内研究氢析出反应机理时首先提出的[1].

设反应 $O + ne^- \longrightarrow R$ 中的控制步骤为某一单电子转移步骤,而每生成一个 R 粒子这一控制步骤要重复进行 v 次,则反应历程可以写成

$$mO + je^- \rightleftharpoons vX_j \qquad\qquad \text{控制步骤前的 } j \text{ 个快的单电子步骤}$$

$$v(X_j + e^- \rightleftharpoons X_{j+1}) \qquad\qquad \text{控制步骤(重复 } v \text{ 次)}$$

$$vX_{j+1} + (n-j-v)e^- \rightleftharpoons R \quad \text{控制步骤后的}(n-j-v) \text{个快的单电子步骤}$$

若设控制步骤前诸步骤均处于平衡态,则根据电化学热力学平衡原理应有

$$c_{X_j}^v = \vec{K} c_O^m \exp(-j\varphi F/RT)$$

式中,平衡常数 $\vec{K} = \exp\left(\dfrac{j\varphi}{RT}\varphi_{\Psi(O/X_j)}^0\right)$. 由此得到控制步骤的正向电流密度

$$\vec{i}_{控} = \vec{k} c_{X_j} \exp\left(-\frac{\alpha\varphi F}{RT}\right)$$

$$= \vec{k}\, \vec{K}^{1/v} c_O^{m/v} \exp\left[-\left(\frac{j}{v} + \alpha\right)\frac{\varphi F}{RT}\right] \tag{5.8a}$$

而采用类似的推导方法可得到同一步骤的逆向电流密度

$$\overleftarrow{i}_{控} = \overleftarrow{k}\, \overleftarrow{K}^{1/v} c_R^{1/v} \exp\left[\left(\frac{n-j}{v} - \alpha\right)\frac{\varphi F}{RT}\right] \tag{5.8b}$$

其中,平衡常数 $\overleftarrow{K} = \exp\left[\dfrac{j+v-n}{RT}\varphi_{\Psi(X_{j+1}/R)}\right]$. 又由于每当单电子控制步骤进行 v 次相应于实现 n 个单电子反应,因此流经外电路的净电流密度为

$$I = \frac{n}{v}(\vec{i}_{控} - \overleftarrow{i}_{控}) = \vec{i} - \overleftarrow{i} \tag{5.9}$$

上面各式中 $\vec{k}$ 和 $\overleftarrow{k}$ 分别为控制步骤的正、逆向反应速度常数,$\vec{i}$ 和 $\overleftarrow{i}$ 分别为整个电极反应的正、逆向电流密度.

当 $\varphi = \varphi_{\Psi(O/R)}$ 时,$i_{控}^0 = \vec{i}_{控} = \overleftarrow{i}_{控}$,因而有

$$i^0 = \frac{n}{v} i_{控}^0 = \frac{n}{v} \vec{k}(\vec{K} c_O^m)^{1/v} \exp(-\vec{\alpha}\,\varphi_{\Psi(O/R)} F/RT)$$

$$= \frac{n}{v} \overleftarrow{k} (\overleftarrow{K} c_R)^{1/v} \exp(\overleftarrow{\beta} \varphi_{\Psi(O/R)} F / RT) \tag{5.10}$$

式中: $\overrightarrow{\alpha} = \frac{j}{v} + \alpha$; $\overleftarrow{\beta} = \frac{n-j}{v} - \alpha$.

合并以上各式,可以得到

$$I = i^0 \Big[\exp\Big(\frac{\overrightarrow{\alpha} F}{RT} \eta_c\Big) - \exp\Big(- \frac{\overleftarrow{\beta} F}{RT} \eta_c\Big) \Big] \tag{5.11}$$

在阴极极化和阳极极化足够大时得到

$$\eta_c = - \frac{RT}{\overrightarrow{\alpha} F} \ln i^0 + \frac{RT}{\overrightarrow{\alpha} F} \ln I$$

和

$$\eta_a = - \frac{RT}{\overleftarrow{\beta} F} \ln i^0 + \frac{RT}{\overleftarrow{\beta} F} \ln(- I)$$

因而,从半对数阴、阳极极化曲线的斜率可以求出 $\overrightarrow{\alpha}$ 和 $\overleftarrow{\beta}$,然后可按下式计数 v 的数值

$$v = n/(\overrightarrow{\alpha} + \overleftarrow{\beta}) \tag{5.12}$$

在许多情况下,难以同时得到大极化下的阴、阳极极化曲线. 这时,可利用小极化下的行为将式(5.11)在 η 小时线性化,由此得到 $I = i^0 (nF\eta / vRT)$,故有

$$v = i^0 \frac{nF}{RT} \Big(\frac{\partial \eta}{\partial I}\Big)_{\eta \to 0} \tag{5.13}$$

因此,只要利用大极化下测得的阴极或阳极半对数极化曲线求出整个电极反应的 i^0,再和在平衡电势下测得的 $(\partial \eta / \partial I)_{\eta \to 0}$ 一起代入式(5.13),也可以求出计算数 v 的数值.

关于"控制步骤计算数"的详细讨论可参考文献[2].

§5.2　均相表面转化步骤(一):前置转化步骤

迄今我们主要讨论扩散动力学和电化学步骤的的动力学. 然而,不少电极反应的历程要更复杂得多. 反应粒子的主要存在形式(初始反应粒子)往往并不直接参加电化学反应,而是要经过某些转化步骤才形成能直接参加电化学步骤的品种. 同样,在电化学步骤中形成的初始反应产物也往往要经过一些转化步骤才能形成最终的反应产物. 若电极反应涉及一次以上的电子转移,则转化步骤还可能发生在两次电子交换步骤之间. 这些转化反应主要在电极/溶液界面上或电极表面附近的薄层溶液中发生,因此称为表面转化步骤.

表面转化步骤可以是化学步骤,如离解、复合、二聚、异构化反应等,也可以是吸、脱附步骤,或是生成新相的步骤. 这类步骤的共同特点是它们的反应速度常数一般与电极电势无关.

　　按照发生转化反应的地点,可以将表面转化反应分为"均相反应"和"异相反应". 所谓"均相反应",系指那些在电极表面附近薄层溶液中进行的反应. 所谓"异相反应",系指那些直接在电极表面上发生的反应. 例如,吸、脱附过程、吸附层中不涉及电子交换的转化反应以及其他有被吸附粒子参加的反应等均属后者.

　　还可以按照整个反应历程中表面转化步骤所占的位置来分类. 通常以电化学步骤在反应历程中的位置作为"参考点". 如果转化步骤发生在电化学步骤之前,就称之为"前置"转化步骤;如果发生在电化学步骤之后,就称之为"随后"转化步骤. 有时转化步骤还可能与电化学步骤平行进行,则称为"平行"转化步骤. 采用这种分类方法时必须同时说明反应的进行方向. 那些对于阴极反应而言是"前置"的转化步骤,在阳极反应中就变成"随后"的转化步骤了.

　　在电化学文献中常用 E 表示电子交换步骤,而用 C 表示转化反应. 因此,包括前置转化步骤的电极过程常称为 CE 型过程,而用 EC 表示涉及随后转化步骤的过程,以及用 ECE 表示在两次电子交换步骤之间涉及转化步骤的过程,其余可类推.

　　当电极反应历程中存在表面转化步骤时,这一步骤是否会成为整个电极反应的控制步骤主要取决于表面转化速度与其他步骤进行速度的相对大小. 如果转化反应进行得很快,以致通过电流时实际上并不破坏转化反应的平衡,就不会出现由于这一步骤而引起的超电势,甚至不易察觉表面转化步骤的存在. 然而,如果与其他步骤相比表面转化步骤进行得并不快,就有可能出现由于这一步骤进行缓慢而引起的极化现象. 在极端的情况下,表面转化速度(用电单位表示)比 i^0 和 I_d 都小得多;这时电极反应速度完全由转化步骤所控制,即通过电流时既不出现电化学极化,也不出现浓度极化,然而却能引起"表面转化极化".

　　处理涉及表面转化步骤的电极过程时所采用的方法与在第三和第四章中介绍的大致相仿,但需要对基本微分方程及初始条件和边界条件作一些修改. 例如,对于参加均相转化反应的粒子(包括反应产物),要在式(3.13a)中加入由于转化反应而引起的浓度变化项. 因此,对流扩散问题的基本方程应改写为

$$\left(\frac{\partial c_i}{\partial t}\right) = D_i \operatorname{div}(\mathbf{grad}\ c_i) - \boldsymbol{v}\ \mathbf{grad}\ c_i + \left(\frac{\partial c_i}{\partial t}\right)_{转化} \tag{5.14}$$

其中最后一项的具体形式则由转化反应的动力学性质所决定. 随着转化反应类型的不同, $\left(\dfrac{\partial c_i}{\partial t}\right)_{转化}$ 可以具有各种不同的表达式.

　　可以采用下列反应式来表示最简单的包括均相前置转化步骤的电极过程(CE):

$$O \underset{\overleftarrow{k}}{\overset{\overrightarrow{k}}{\rightleftharpoons}} O^* \xrightarrow{ne^-} R$$

式中 $\vec{k}$ 和 $\overleftarrow{k}$ 分别为前置转化步骤的正、反向速度常数. $K = \vec{k}/\overleftarrow{k}$ 为这一步骤的平衡常数. 设 $K < 1$,即 O 为反应粒子的主要存在形式;并设当电极电势为 φ^* 时只有 O^* 能在电极上还原并达到完全浓度极化. 根据转化反应进行速度与 O, O^* 扩散传质速度二者的相对大小,在电极上可以出现三种不同的稳态极限电流(见图 5.1).

　　1. 如果表面层中 O 转化为 O^* 的速度很慢,以致由于 O 转化为 O^* 再在电极上反应产生的电流与原存于溶液中的 O^* 所引起的极限扩散电流(I_{dO^*})相比可以忽略不计,则转化反应的影响可以忽视而稳态极限电流为 $I_{d(I)} = I_{dO^*}$.

　　2. 如果表面层中 O 转化为 O^* 的速度很快,以致由于 O 转化为 O^* 再参加电极反应所产生的效果有如 O, O^* 均能直接参加电化学反应,则同时出现两种粒子的完全浓度极化. 此时稳态极限电流 $I_{d(II)} = I_{dO^*} + I_{dO}$,其中 I_{dO} 为如果 O 能在电极上直接还原时所能引起的极限扩散电流.

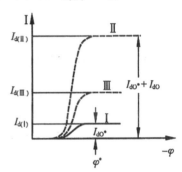

图 5.1　前置转化反应速度
对极化曲线的影响

　　3. 如果表面层中 O 转化为 O^* 的速度比较快,但与 O 的极限扩散速度相比还是要慢一些,则不会引起 O 的完全浓度极化,因而出现的极限电流 $I_{d(III)} < I_{dO^*} + I_{dO}$. 这种极限电流的数值与转化反应速度有关,习惯上称之为"极限动力电流"($I_{k,d}$). 以下主要分析这种情况.

　　仿照式(3.9),并考虑到均相转化反应的影响,可以用下列微分方程

$$\frac{\partial c_O}{\partial t} = D_O\left(\frac{\partial^2 c_O}{\partial x^2}\right) + \overleftarrow{k}c_{O^*} - \vec{k}c_O \tag{5.15a}$$

$$\frac{\partial c_{O^*}}{\partial t} = D_{O^*}\left(\frac{\partial^2 c_{O^*}}{\partial x^2}\right) + \vec{k}c_O - \overleftarrow{k}c_{O^*} \tag{5.15b}$$

来描述电极表面液层中 c_O, c_{O^*} 的变化情况. 二式中右方第一项表示扩散传质作用的影响,后二项表示转化反应的影响. 这种偏微分方程称为"包括物质源的扩散方程". 若转化反应速度很小,即 $\overleftarrow{k}_1, \overleftarrow{k}_2$ 的数值都很小,则可以忽视转化反应的影响而上式简化为 Fick 第二律. 式(5.15a, b)中均未包括对流传质作用项,故只适用于对流速度很小的扩散层深处(紧靠电极表面的部分).

　　在稳态下,$\frac{\partial c_O}{\partial t} = 0$ 和 $\frac{\partial c_{O^*}}{\partial t} = 0$,代入式(5.15a, b)后得到

$$D_O\left(\frac{\partial^2 c_O}{\partial x^2}\right) + \overleftarrow{k}c_{O^*} - \vec{k}c_O = 0 \tag{5.16a}$$

$$D_{O^*}\left(\frac{\partial^2 c_{O^*}}{\partial x^2}\right) + \vec{k}c_O - \overleftarrow{k}c_{O^*} = 0 \tag{5.16b}$$

作为一种最简单的情况,可以假设 $c_O^0 \gg c_{O^*}^0$,即 $K \ll 1$;并假定表面层中转化速度不太快,因此 $I_k \ll I_{dO}$. 在这种情况下,表面层中 O 的浓度几乎没有变化,因而式 (5.16b)可改写为

$$D_{O^*}\left(\frac{\partial^2 c_{O^*}}{\partial x^2}\right) + \vec{k}c_O^0 - \overleftarrow{k}c_{O^*} = 0 \tag{5.16b*}$$

若用 O^* 达到完全浓度极化时的边界条件

$$\begin{cases} x = 0 \text{ 时}, c_{O^*} = 0 \\ x \to \infty, c_{O^*} = c_{O^*}^0 = Kc_O^0 \end{cases}$$

代入,则解式(5.16b*)后得到的表面层中 O^* 的浓度分布公式为

$$c_{O^*} = c_{O^*}^0\left[1 - \exp\left(-\sqrt{\frac{\overleftarrow{k}}{D_{O^*}}}\,x\right)\right] \tag{5.17}$$

以及

$$\left(\frac{\partial c_{O^*}}{\partial x}\right)_{x=0} = c_{O^*}^0\sqrt{\frac{\overleftarrow{k}}{D_{O^*}}} \tag{5.18}$$

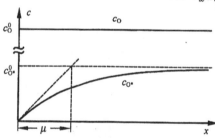

图 5.2 不发生电极惰性粒子(O)的浓度极化时电极表面液层中 O 和 O^* 的浓度分布

在图 5.2 中画出了表面层中 O^* 的浓度分布情况[式(5.17)]. 可以看到,浓度变化实际上只发生在很薄的表面液层中. 这一薄层液体习惯上称为"反应区",其有效厚度可按下式定义:

$$\mu_k = \frac{c_{O^*}^0}{\left(\dfrac{\partial c_{O^*}}{\partial x}\right)_{x=0}} = \sqrt{\frac{D_{O^*}}{\overleftarrow{k}}} \tag{5.19}$$

O^* 在电极上还原所引起的"极限动力电流"则为

$$I_{k,d} = nFD_{O^*}\left(\frac{\partial c_{O^*}}{\partial x}\right)_{x=0} = \frac{nFD_{O^*}}{\mu_k}c_{O^*}^0 = nFD_{O^*}^{1/2}\overleftarrow{k}^{1/2}c_{O^*}^0 = nFD_{O^*}^{1/2}(\overleftarrow{k}K)^{1/2}c_O^0 \tag{5.20}$$

如果电极表面上 O^* 尚未达到完全浓度极化,则边界条件应改为

$$x = 0 \text{ 处}, c_{O^*} = c_{O^*}^s \neq 0$$

并由此得到

$$I_k = \frac{nFD_{O^*}}{\mu_k}(c_{O^*}^0 - c_{O^*}^s) = nFD_{O^*}^{1/2}\overleftarrow{k}^{1/2}(c_{O^*}^0 - c_{O^*}^s) \tag{5.20*}$$

式(5.19),(5.20)和(5.20*)表示,由于转化过程部分地补偿了电极反应所引起的浓度极化,因而浓度极化局限在比扩散层更薄的表面层中."动力电流"是O^*的扩散传质过程与O的转化过程两个因素联合作用的结果;因而,不能认为除了"动力电流"外还存在O^*的扩散电流.

式(5.20*)与O^*的扩散电流公式$\left[I_{O^*} = \dfrac{nFD_{O^*}}{\delta}(c_{O^*}^0 - c_{O^*}^S)\right]$很相近,只是其中用$\mu_k$代替了$\delta$. 在许多情况下,反应区的厚度$\mu_k$比扩散层的厚度$\delta$要小得多,因而极限动力电流要比纯粹由于$O^*$扩散而引起的极限电流大得多,这是由于O间接参加了电极反应.

乍看起来,似乎不易理解为什么在式(5.19)中包括$O^* \rightarrow O$的反应速度常数$\overleftarrow{k}$,而不是$O \rightarrow O^*$的反应速度常数$\overrightarrow{k}$. 事实上,由于$\overrightarrow{k} = K\overleftarrow{k}$,采用任一表示方法均可,只是用$\overleftarrow{k}$时$\mu_k$和$I_k$的表达式更简捷一些[①].

进一步我们分析当表面转化速度比较快,因而不再满足$I_k \ll I_{dO}$时的情况. 这时必须考虑表面层中O的浓度极化. 为此,可以首先将式(5.16a),(5.16b)相加得到

$$D_O\left(\frac{\partial^2 c_O}{\partial x^2}\right) + D_{O^*}\left(\frac{\partial^2 c_{O^*}}{\partial x^2}\right) = 0$$

若近似地认为$D_O = D_{O^*}$,则有

$$\frac{\partial^2(c_O + c_{O^*})}{\partial x^2} = \frac{\partial^2 c_{总}}{\partial x^2} = 0$$

即

$$\frac{\partial c_{总}}{\partial x} = 常数 \tag{5.21}$$

式中,$c_{总} = c_O + c_{O^*}$.

式(5.21)的合理性是很明显的:表面层中可能发生的反应只是O与O^*之间的转化过程;因此,若将二者当作一体来考虑,则浓度场的形式与是否存在转化反应无关. 换言之,在平面电极上达到稳态后,表面液层中必然有$\frac{\partial c_{总}}{\partial x} = 常数$.

图5.3表明$c_{总}$在扩散层中的变化情况,在扩散层内部是一根直线. 在一般情况下$c_O^0 \gg c_{O^*}^0$,因此还可以认为,$c_{总} \approx c_O$,即可近似地认为图5.3中表示的也就

---

① 还可以用反应粒子平均寿命的概念来推导反应区的厚度. 前面已谈到,在反应区内O与O^*之间的平衡关系受到破坏,这种情况只有当反应粒子在反应区内经历的时间不大于其平均寿命时才可能发生. 已知O^*的平均寿命$\tau_{O^*} = 1/\overleftarrow{k}$,而$O^*$流经反应区的速度为$v_{O^*} = \dfrac{D_{O^*}}{c_{O^*}^0} \cdot \dfrac{dc_{O^*}}{dx} = \dfrac{D_{O^*}}{\mu_k}$,故反应区的厚度

$\mu_k = v_{O^*}\tau_{O^*} = D_{O^*}/\mu_k\overleftarrow{k}$,即$\mu_k = \sqrt{D_{O^*}/\overleftarrow{k}}$.

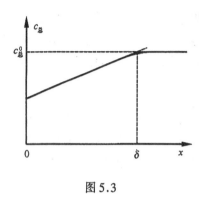

图 5.3

是表面层中 O 的浓度分布情况.

　　一般情况下,反应区的厚度 $\mu_k \ll \delta$. 因此,只要电极表面上 O 尚未达到完全浓度极化,就可以近似地认为在扩散层深处的整个反应区内 c_O 具有恒定值

$$c_O^s = c_O^0 \left(1 - \frac{I_k^*}{I_{dO}}\right) \qquad (5.22)$$

式中,用 I_k^* 表示出现 O 浓度极化时的动力电流. 借以与式(5.20*)有别. 若认为在反应区以外 O, O* 之间的转化平衡没有受到严重破坏,则在 $\mu_k < x \ll \delta$ 的液层中可近似地认为有

$$c_{O^*} = K c_O^s \qquad (5.23)$$

如果这些近似假设能够被满足,那么在 $x \ll \delta$ 的反应区中式(5.17) ～ (5.20)还是可用的,只要用由式(5.22)表示的 c_O^s 代替 c_O^0,以及用由式(5.23)表示的 c_{O^*} 代替 $c_{O^*}^0$ 就行了. 因此,表面层中两种粒子的浓度分布有着如图 5.4 中所表示的形式.

　　将式(5.22)和(5.23)代入式(5.20),并注意到 $\delta = \dfrac{nFDc_O^0}{I_{dO}}$,则整理后得到

$$I_{k,d}^* = I_{dO}/(1 + \mu_k/K\delta) \qquad (5.24)$$

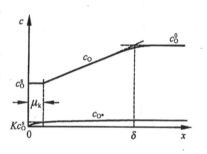

图 5.4

出现了电极惰性粒子(O)的浓度
极化后电极表面液层中的浓度分布.

式中: $I_{k,d}^*$ 表示出现 O 的浓度极化时的极限动力电流;右方分母中第二项表示扩散传质作用与转化反应二者的相对重要性. 转化反应愈快(即 μ_k/K 愈小)而扩散传质愈慢(δ 愈大),则 $I_{k,d}^*$ 与 I_{dO} 愈接近. 若转化速度足够快,因而 $\dfrac{\mu_k}{K\delta} \ll 1$,则 $I_{k,d}^* \approx I_{dO}$,即好像 O 也能在电极上直接还原一样.

　　根据式(5.20*)和(5.20),在不发生 O 的浓度极化和未达到 O* 的完全浓度极化前 I_k 与 $(c_{O^*}^0 - c_{O^*}^s)$ 成正比,在 $c_{O^*}^s \to 0$ 时 $I_{k,d}$ 与 $c_{O^*}^0$ 成正比. 这两种关系分别与扩散电流及极限扩散电流的表示式完全相同. 因此,只要电化学步骤的平衡没有受到破坏,由扩散过程和由前置转化过程所控制的极化曲线必然有着完全相同的形式. 只要在式(3.33),(3.34)及式(3.36)等式中用 $I_{k,d}$ 代替 I_d 及用 μ_k 代替 δ_O 就可以得到出现动力电流时极化曲线的表示式. 若将不同电势下测出的动力电流数据仿照图 3.14b, d 的方法进行对数分析,则根据直线的坡度也可以计算电

极反应中涉及的电子数.

如果希望根据动力电流的数值来测定转化步骤的速度常数,则一般需要校正由于出现 O 的浓度极化而造成的影响. 为此最好采用旋转圆盘电极. 将 $\delta = 1.62D^{1/3}\nu^{1/6}\omega^{-1/2}$ 代入式(5.24) 后得到

$$I_{k, d}^* = \frac{I_{dO}}{1 + K^* \sqrt{\omega}} \qquad (5.25)$$

式中

$$K^* = \frac{D^{1/6}}{1.62\nu^{1/6} K \hat{k}^{1/2}}$$

I_{dO} 与 $I_{k, d}^*$ 随 $\omega^{1/2}$ 的变化见图 5.5. 当 ω 足够小以致 $\frac{1}{\sqrt{\omega}} \gg K^*$ 时, $I_{k, d}^* \approx I_{dO}$, 二者均随 $\omega^{1/2}$ 而线性地增长. ω 增大后, $I_{k, d}^*$ 逐渐偏离线性关系, 直到 ω 足够大时由于 $K^* \sqrt{\omega} \gg 1$ 及 $I_{dO} \propto \sqrt{\omega}$, $I_{k, d}^*$ 变得与 ω 无关, 其数值 $(I_{k,d})$ 完全由前置转化速度决定. I-$\omega^{1/2}$ 曲线上出现不再随 ω 增大的极限电流值, 是存在表面转化步骤的明显征兆.

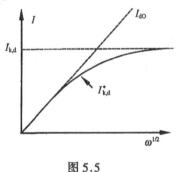

图 5.5

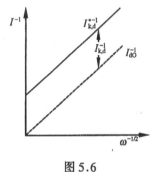

图 5.6

式(5.25)还可以很容易地改写为

$$\frac{1}{I_{k, d}^*} = \frac{1}{I_{k, d}} + \frac{1}{I_{dO}} \qquad (5.25a)$$

式中, $I_{k, d}$ 为用式(5.20)表示的不发生 O 的浓度极化时的动力电流, 其数值与 ω 无关. 图 5.6 中 I_{dO}^{-1} 与 $\omega^{-1/2}$ 成正比, 而 $I_{k, d}^{*-1}$-$\omega^{-1/2}$ 关系不通过原点. 两根直线之间的垂直距离即为 $I_{k, d}^{-1}$, 由此可计算前置转化反应的速度常数.

比较式(5.25a)与式(4.24), 或者将图 5.6 与图 4.10 相比较, 可见当电极反应速度由扩散步骤和表面转化步骤联合控制时, 或是由扩散步骤与电化学步骤联合控制时, 极限电流的倒数随 $\omega^{-1/2}$ 的变化十分近似. 事实上, 式(4.24)和(5.25a)均为式(4.24*)的具体形式.

以上各式的适用范围大约是 $l \ll \mu_k \ll \delta$, 其中 l 是双电层分散部分的厚度. 如

果 $\mu_k \leqslant l$,则在反应区内存在电势梯度,此时由于电场的影响会引起反应粒子的不均匀分布,致使前节中的分析方法不再适用. 当溶液不太稀时,l 的数量级约为 10 Å;故可以认为反应区厚度不应小于 100 Å,相应的 $\vec{k}$ 值测量上限约为 $10^7 s^{-1}$. 若在浓溶液中进行测量,则测量上限还可以更提高一些. 由此可见,利用动力电流来测定快速反应速度常数是很好的方法. 另一方面,由于自然对流等因素的干扰,δ 也不可能很厚($\leqslant 10^{-2}$cm). 若满足 $\mu_k \ll \delta$,则 μ_k 不应超过 10^{-4}cm,约相应于 $\vec{k} \geqslant 10^3 s^{-1}$.

也可以采用电流阶跃、电势阶跃、线性电势扫描或循环伏安法等暂态方法来研究表面转化过程,为此需要在相应的边界条件下解式(5.15a)和(5.15b). 采用电势阶跃条件时可以得到如下的解析解:

$$I(t) = nFD^{1/2}c_{\text{总}}^0 t^{-1/2}z\exp(z^2)\text{erfc}(z) \tag{5.26}$$

式中,$z = (\vec{k}Kt)^{1/2}$. 式(5.26)在形式上与电子交换步骤不可逆时得到的式(4.30)完全一致. 因此,采用电势阶跃法无法区别二者. 当 z 很小时,$z\exp(z^2)\text{erfc}(z) \approx z$,此时式(5.26)简化为式(5.20). 换言之,外推至 $t = 0$ 处可以求得完全由前置转化反应速度控制的极限电流.

当采用线性电势扫描方法时,伏安曲线的形状随电势扫描速度(v)的变化大致如图 5.7 所示. 当 v 足够大时,曲线上先出现电流峰,然后电流值逐渐衰减至完全由 O→O* 速度控制的 $I_{k,d}$ 值[式(5.20)]. 但若 v 太慢则由于出现 O 的浓度极化而使极限电流值进一步降低.

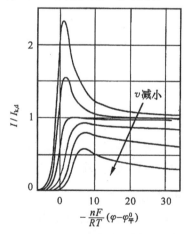

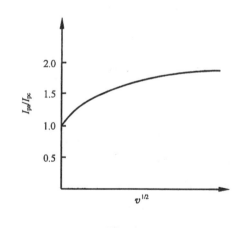

图 5.7　存在前置转化反应时线性
扫描曲线形式随扫速的变化

图 5.8

在文献[3]中较详尽地讨论过前置转化步骤对循环伏安曲线的影响. 由于前

置转化步骤的障碍,正向扫描时出现的电流峰值(I_{pc})有所降低,并使 $\varphi_{p/2}$ 负移. 扫描速度愈快,则 $I_{pc}/v^{1/2}$ 下降和 $\varphi_{p/2}$ 负移愈不明显. 另一方面,由于反向扫描时电化学步骤不存在前置障碍,$I_{pa}/v^{1/2}$ 较少受到影响,因而 $I_{pa}/I_{pc} > 1$. 扫描速度愈快,这一比值也愈大(图5.8). 可以根据这一特性来判别是否存在前置转化步骤.

§5.3 均相表面转化步骤(二):平行和随后转化步骤

§5.3.1 平行转化步骤——"催化电流"

所谓均相平行转化步骤,系指电极反应 $O \xrightarrow{ne^-} R$ 的产物 R 能与液相中某一氧化剂 X_O 作用而按 $R + X_O \underset{\overleftarrow{k}}{\overset{\overrightarrow{k}}{\rightleftharpoons}} O + X_R$ 重新生成 O. 后一反应与电化学步骤平行,因此称为平行转化步骤. 当反应达到稳态后,净反应式是 $X_O \xrightarrow{ne^-} X_R$,只不过这一反应不是直接在电极上发生的,而是通过电极活性较大的 O/R 体系的"催化作用"完成的. O/R 体系常称为电极反应的"中继体"(mediator).

由于 O 不断通过平行转化步骤得到补充,而 X_O 的浓度一般比 c_O^0 大得多,故"极限催化电流"(I_c)的数值往往比 I_{dO} 大得多.

在 Fe^{3+}/Fe^{2+} 体系影响下 H_2O_2 的催化还原反应是均相平行转化步骤的经典例子,其反应式为

电极反应　　$Fe^{3+} + e^- \longrightarrow Fe^{2+}$

液相反应　　$Fe^{2+} + \frac{1}{2}H_2O_2 \underset{\overleftarrow{k}}{\overset{\overrightarrow{k}}{\rightleftharpoons}} Fe^{3+} + OH^-$

净反应　　　$\frac{1}{2}H_2O_2 \xrightarrow{e^-} OH^-$

在这个例子中,虽然 H_2O_2/H_2O 电对的热力学平衡电势很高,但是由于 H_2O_2 直接在电极上还原时需要很高的活化能,因此在 Fe^{3+}/Fe^{2+} 体系的平衡电势附近实际上不可能发生 H_2O_2 的直接还原. 图5.9表示,加入 H_2O_2 后 Fe^{3+} 的还原电流显著地增大了.

如果在实验时保持 c_{X_O}, c_{X_R} 远大于 c_O,因而通过电流时不发生 X_O, X_R 的浓

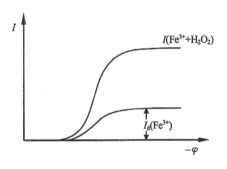

图5.9 H_2O_2 对铁离子还原电流的影响

度极化,则反应 $R + X_O \rightleftharpoons O + X_R$ 的正、反方向都是假一级反应,即在动力学公式中, c_{X_O}, c_{X_R} 可并入 $\vec{k}, \overleftarrow{k}$ 项. 当表面层中各组分的浓度分布达到稳态后,可以仿照式(5.16a),(5.16b)写出下列微分方程:

$$D_O \left(\frac{\partial^2 c_O}{\partial x^2} \right) - \overleftarrow{k} c_O + \vec{k} c_R = 0 \tag{5.27a}$$

$$D_R \left(\frac{\partial^2 c_R}{\partial x^2} \right) + \overleftarrow{k} c_O - \vec{k} c_R = 0 \tag{5.27b}$$

考虑到当反应稳态进行时不发生 O 转变为 R 的净反应,因此也就不可能发生 O/R 体系的净转移,故这一体系的总扩散流量应为零,即

$$\boldsymbol{J}_O + \boldsymbol{J}_R = -D_O \left(\frac{\partial c_O}{\partial x} \right) - D_R \left(\frac{\partial c_R}{\partial x} \right) = 0$$

若认为 $D_O = D_R$,则上式可进一步简化为

$$\frac{\partial c_O}{\partial x} + \frac{\partial c_R}{\partial x} = \frac{\partial c_总}{\partial x} = 0$$

由此立即得到在表面层中必然保持下列条件:

$$c_总 = c_O + c_R = 常数 = c_总^0 \tag{5.28}$$

式中 $c_总^0 = c_O^0 + c_R^0$,即不发生浓度极化时 O/R 体系的总浓度. 将 $c_R = c_总^0 - c_O$ 代入式(5.27a)后得到

$$D_O \left(\frac{\partial^2 c_O}{\partial x^2} \right) - (\vec{k} + \overleftarrow{k}) c_O + \vec{k} c_总^0 = 0 \tag{5.29}$$

　　比较式(5.29)与式(5.16b*),立即可以看出二式具有完全相同的形式,其中变数 c_O 对应 c_{O^*},常数 $c_总^0$ 对应 c_O^0,又 $(\vec{k} + \overleftarrow{k})$ 对应 $\overleftarrow{k}$. 此外,若认为电极表面上已达到 O 的完全浓度极化,则在解式(5.29)时应选取的边界条件为

$$\begin{cases} x = 0, & c_O = 0 \\ x \rightarrow \infty, & c_O = c_O^0 = \dfrac{\vec{k} c_总^0}{\vec{k} + \overleftarrow{k}} \end{cases}$$

与解式(5.16b*)时所用的边界条件也是完全对应的. 因此,只要将式(5.29)与(5.16b*)对比,即可获知式(5.29)的解必然为

$$c_O = c_总^0 \left[1 - \exp\left(\frac{-x}{\sqrt{D_O/(\vec{k} + \overleftarrow{k})}} \right) \right] \tag{5.30a}$$

再用 $c_R = c_总^0 - c_O$ 代入,得到

$$c_R = c_总^0 \exp\left(\frac{-x}{\sqrt{D_O/(\vec{k} + \overleftarrow{k})}} \right) \tag{5.30b}$$

若 $\vec{k} \gg \overleftarrow{k}$，即 X_O 的氧化能力比 O 强得多，则 $c_O^0 \approx c_{\text{总}}^0$ 而 $c_R^0 \approx 0$．这种情况下表面层中 O，R 的浓度分布如图 5.10 所示，而反应区的有效厚度则为

$$\mu_c = \frac{c_{\text{总}}^0}{\left(\dfrac{\partial c_O}{\partial x}\right)_{x=0}} = \sqrt{\frac{D_O}{\vec{k}+\overleftarrow{k}}} \approx \sqrt{\frac{D_O}{\vec{k}}}$$

$$(5.31)$$

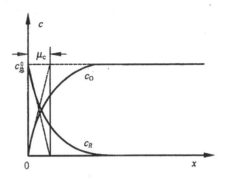

图 5.10　电极表面液层内中继体系的浓度分布

从图中可以看出，基本上只在这一厚度内发生 O 的浓度极化及 R 的再氧化，并且可利用下式求得极限催化电流（$I_{c,d}$）的数值：

$$I_{c,d} = nFD_O \left(\frac{\partial c_O}{\partial x}\right)_{x=0} = nFD_O \frac{c_O^0}{\mu_c} = nFD_O^{1/2}(\vec{k}+\overleftarrow{k})^{1/2}c_O^0$$

$$\approx nFD_O^{1/2}\vec{k}^{1/2}c_{\text{总}}^0 \qquad\qquad (5.32)$$

还不难证明，如果电极表面上 O 未达到完全浓度极化，则在 $x=0$ 处的边界条件为 $c_O = c_O^s \neq 0$ 时催化电流

$$I_c = nFD_O^{1/2}(\vec{k}+\overleftarrow{k})^{1/2}(c_O^0 - c_O^s) \qquad (5.32a)$$

式(5.32)和(5.32a)与式(3.30)和(3.30a)相似．因此，若 O + $ne^- \rightleftharpoons$ R 基本可逆，则极化曲线的形式与式(3.36*)相同，只是其中应以 $I_{c,d}$ 代替 I_d，以及以 I_c 代替 I．

式(5.32)和(5.32a)的适用条件是 $\mu_c \ll \delta$ 以及不发生 X_O 的浓度极化．如果发生了 X_O 的完全浓度极化，则在二式中 $\vec{k}$ 应改用 $\vec{k}' = \vec{k}\left(1 - \dfrac{I_{c,d}^*}{I_{dX_O}}\right)$，其中 $I_{c,d}^*$ 为出现 X_O 的完全浓度极化时极限催化电流的数值．

当采用旋转圆盘电极研究催化电流时，在低转速下由于有 $\delta \gg \mu_c$，因而 $I_{c,d}$ 具有如式(5.32)所示的恒定值而与转速 ω 无关(图 5.11 中低转速端)．当 ω 增大以致 δ 减小到与 μ_c 相当或更薄时，反应区厚度也随 $\omega^{1/2}$ 的增大而线性地减小，因此极限催化电流 $I_{c,d}$ 随 $\omega^{1/2}$ 增大并趋近 O 的扩散极限电流的数值(图 5.11 中高转速端)．利用这一特性，可以判别是否存在平行转化步骤．

当存在平行转化步骤时，在循环伏安曲线的阴极支上当电势足够负时会出现与电势无关的极限电流(图 5.12)，其数值与用式(5.32)表示的 $I_{c,d}$ 相同，表示反应区中的浓度分布已基本达到稳态．在扫描速度足够慢时，曲线上不再出现电流

峰,表示建立稳态浓度分布所需的时间与扫描速度相比可以忽视[3].

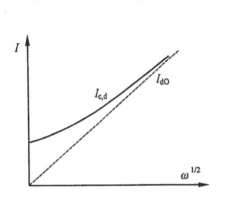

图 5.11　随 ω 增加 $I_{c,d}$ 趋近
I_{dO} 的情况

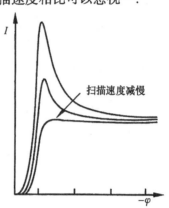

扫描速度减慢

图 5.12　扫描速度对受平行转化步骤控制
的线性电势扫描曲线的影响

式(5.32)和(5.32a)中 $\bar{k}$ 项内包括 c_{X_O}. 因此,催化电流的数值不仅比例于参加电极反应的 O 的浓度,还与不直接参加电极反应的 X_O 的浓度有关. 只要提高 X_O 的浓度,就可以增大 $I_{c,d}$. 由于 $I_{c,d}$ 可以比 I_{dO} 大得多($\mu_c \ll \delta$),在分析化学上常利用催化电流来测定微量组分 O 的浓度. 例如,对于那些能在电极上较快还原并生成可溶性产物的反应粒子如 Fe^{3+},Ti^{4+},Nb^{5+},U^{4+},V^{5+},Mo^{6+},W^{6+} 等,当加入不易在电极上直接还原的强氧化剂如 H_2O_2,NO_3^-,ClO_3^-,ClO_4^- 等后,通过催化历程可显著地提高后一类组分的还原速度,并通过这一效应使前一类离子的检出灵敏度提高几个数量级.

还发现,某些能在电极上吸附的过渡元素络合物是极有效的"催化剂",可能是在电极表面上形成了由金属离子、配位体和强氧化剂共同组成的表面络合物,有利于强氧化剂还原. 例如在 Mo^{6+} -杏仁酸- $KClO_3$ 体系中显示的催化电流要比 Mo^{6+} 的 I_d 大 3 万倍,使 Mo^{6+} 的测量下限达到 $10^{-8} - 10^{-9} mol \cdot L^{-1}$[4],可与分光光度法媲美. 但此例涉及的是吸附在电极表面上的表面络合物所引发的催化效应,而并非电极表面附近液层中的氧化还原反应.

在电分析化学中还常用到各种由有机化合物引起的"氢催化波". 溶液中的质子源(H_3^+O,H_2O,NH_4^+ 等,用 DH^+ 表示)能与某些有机粒子(B)结合生成能在电极上吸附的粒子,并使质子较易在电极上放电,即反应历程为

$$DH^+ + B \Longrightarrow BH_{吸附}^+ + D$$

$$BH_{吸附}^+ + e^- \longrightarrow B + \frac{1}{2}H_2$$

其效果等同于在 B 的作用下降低了电极上氢的析出超电势.

在文献[5]中详细介绍了各种极谱催化波的理论及其在电分析化学中的应用.

从原则上说,由于利用催化反应可以降低 X_O 还原反应的活化能,应亦可用于化学电源和工业电解. 在所谓"间接电解过程"中,常用在电极上氧化生成的高价金属离子为氧化剂,来实现有机物的氧化. 用在 Pb/PbO_2 电极上 Cr^{3+} 氧化生成的 $Cr_2O_7^{2-}$ 来氧化蒽,就是典型的例子. 然而,在实际电解装置中 Cr^{+3} 的氧化与蒽的氧化是在不同的容器中完成的. 这是由于有机物往往能在电极上吸附而易使电极中毒,降低氧化 Cr^{3+} 的效率.

近年来得到一定重视的电流型"酶电极"涉及一类特殊的催化电流. 在均相中典型氧化还原酶的反应历程可用下式表示

$$E_O + S \underset{k_2}{\overset{k_1}{\rightleftharpoons}} E_O S \qquad (\text{酶与底物的络合})$$

$$E_O S \overset{k_3}{\longrightarrow} E_R + P \qquad (\text{酶反应})$$

$$\underline{E_R + M_O \overset{k_4}{\longrightarrow} E_O + M_R \quad (\text{酶的再生})}$$

以上三式相加得到 $\quad S + M_O \longrightarrow P + M_R \qquad (\text{净 反 应})$

式中:S 为待氧化的"底物","P"为其氧化产物;E_O 为酶的氧化形式,E_R 为其还原形式;M_O 为中继体的氧化形式,M_R 为其还原形式;$E_O S$ 为酶与底物生成的活化络合物. 在稳态下,$E_O S$ 的生成速度 $k_1[E_O][S]$ 与消失速度 $[k_2+k_3][E_O S]$ 相等,因此有

$$[E_O S] = K_{\text{米}}^{-1}[E_O][S]$$

式中,$K_{\text{米}} = (k_2 + k_3)/k_1$,常称为均相酶反应的"米氏常数". 采用类似方法还可导出

$$[E_R] = \frac{k_3}{k_4[M_O]} \cdot [E_O S]$$

酶反应速度 $v = k_3[E_O S]$. 当酶分子几乎完全以 $E_O S$ 形式存在时 v 达到最大值 $v_{\text{最大}} = k_3[E_{\text{总}}]$,其中 $[E_{\text{总}}]$ 为以各种形式存在的酶分子的总浓度,也就是 $[E_O S]$ 所能达到的最大值. 由此可将酶反应速度写成

$$v = v_{\text{最大}} \cdot \frac{[E_O S]}{[E_{\text{总}}]} = v_{\text{最大}} \frac{[E_O S]}{[E_O] + [E_R] + [E_O S]}$$
$$= v_{\text{最大}} \frac{[S]}{K_{\text{米}} + \left(1 + \dfrac{k_3}{k_4[M_O]}\right)[S]} \tag{5.33}$$

如酶的再生速度足够快($k_4[M_O] \gg k_3$),则式(5.33)简化为米氏(Michaelis-Menten)公式

$$v = v_{最大} \frac{[S]}{K_米 + [S]} \qquad (5.33a)$$

当[S]足够小时,式(5.33)和(5.33a)均简化为 $v = v_{最大}[S]/K_米$,表示 v 随 [S]线性增长;而二式中当[S]足够大时 v 均趋近于极限值 $v_{极限}$. 按照式(5.33a) $v_{极限} = v_{最大}$,而按式(5.33)$v_{极限} = v_{最大} \cdot (1 + k_3/k_4[M_O])^{-1} < v_{最大}$. 图5.13示 意表示酶反应速度随底物浓度的变化情况.

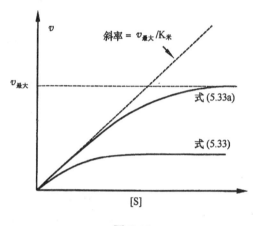

图 5.13

在一般情况下,E_R 及 S 均不能在电极上直接氧化,然而 M_R 却往往可在电极 上氧化. 这就为利用酶电极来检测底物浓度提供了可能性. 设计酶电极时常将酶 均匀分布在电极表面上一定厚度(δ)的薄层(酶层)中,而底物与中继体系来自溶 液相. 如此,稳态下酶层中的情况可用下列微分方程表示:

$$D_S\left(\frac{d^2[S]}{dx^2}\right) = \frac{v_{最大}[S]}{K_米 + (1 + k_3/k_4[M_O])[S]} = D_{M_O}\left(\frac{d^2[M_O]}{dx^2}\right) = -D_{M_R}\left(\frac{d^2[M_R]}{dx^2}\right)$$

解上式时可以采用能导致极限反应电流的边界条件:

$x = 0$ 处　　$[M_O] = P_{M_O}[M_O]_S$,　$[S] = 0$,　　　$[M_R] = 0$;

$x = \delta$ 处　　$[M_O] = P_{M_O}[M_O]_S$,　$[S] = P_S[S]_S$,　$[M_R] = 0$.

各式中 P_i 为 i 粒子在酶层与溶液相之间的分配系数,又下标 S 表示溶液相中的浓 度. 在这些边界条件下,各种粒子在酶层中的分布情况可用图5.14示意表示,而 酶电极上的氧化电流密度

$$I = nFD_{M_R}\left(\frac{d[M_R]}{dx}\right)_{x=0} \qquad (5.34)$$

由图5.14可见,反应生成的 M_R 并不能全部在电极上氧化,而是部分地向溶液相 流失. 如何增大酶层中酶的载量以及如何尽可能地减免 M_R 的流失,是提高酶电

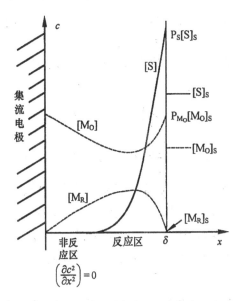

图5.14　各种组分在酶层中的浓度分布示意图

极电流灵敏度的关键.

葡萄糖氧化酶电极是迄今应用得最广泛的酶电极,其基本反应机理为

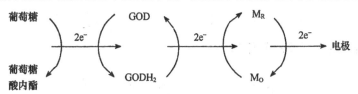

式中,GOD 和 $GODH_2$ 分别表示葡萄糖氧化酶的氧化形式与还原形式. 在生物体中,这一反应天然选择的 M_O/M_R 体系为 O_2/H_2O_2. 在设计葡萄糖酶电极时可利用同一中继体系,也可采用人工合成的中继体系,如 $Fe(CN)_6^{3-}/Fe(CN)_6^{4-}$,二茂铁 Fc^+/Fc 等.

§5.3.2　均相随后转化步骤

若电化学反应的直接产物(R^*)可以溶解在溶液中,然后经过表面液层中的转化反应生成可溶的最终反应产物(R),就称为存在"均相随后转化步骤". 这类电极过程的反应历程可用下式表示:

$$O \xrightarrow{ne^-} R^* \underset{\overleftarrow{k}}{\overset{\overrightarrow{k}}{\rightleftharpoons}} R$$

阳极反应也可能出现随后转化步骤. 例如,当金属电极或汞齐电极在含有络合剂的溶液中阳极溶解时,往往首先生成的是一些配位数较低的络离子,然后通过随后转化反应形成最稳定的络离子品种.

这类电极过程的分析方法与前置转化步骤基本相同. 例如,对于还原反应,当表面层中的浓度变化达到稳态后,可以利用下列微分方程

$$D_R\left(\frac{\partial^2 c_R}{\partial x^2}\right) + \vec{k} c_{R^*} - \overleftarrow{k} c_R = 0 \tag{5.35a}$$

和

$$D_{R^*}\left(\frac{\partial^2 c_{R^*}}{\partial x^2}\right) + \overleftarrow{k} c_R - \vec{k} c_{R^*} = 0 \tag{5.35b}$$

来推导 R,R* 的浓度分布公式. 解式(5.35a, b)时常用的边界条件为

$$x = 0 \text{ 处}, \qquad c_{R^*} = c_{R^*}^s (\text{常数})$$

$$x \to \infty, \qquad c_{R^*} = c_{R^*}^0 = c_R^0/K$$

其中: $K = \vec{k}/\overleftarrow{k}$,即随后转化反应的平衡常数;$c_R^0$ 和 $c_{R^*}^0$ 分别为反应开始前溶液中 R 和 R* 的浓度.

如果认为反应开始前溶液中存在比较大量的 R,且在通过电流时电极表面液层中不发生 R 的浓度变化,即 $c_R = c_R^0$,则按照前节中的解法,可以导出表面层中 R* 的浓度分布为

$$c_{R^*} = c_{R^*}^0 + (c_{R^*}^s - c_{R^*}^0)\exp\left(-\sqrt{\frac{\vec{k}}{D_{R^*}}}\, x\right) \tag{5.36}$$

若 $c_{R^*}^s \gg c_{R^*}^0$,则式(5.36)简化为

$$c_{R^*} = c_{R^*}^0 + c_{R^*}^s \exp\left(-\sqrt{\frac{\vec{k}}{D_{R^*}}} x\right) \tag{5.36*}$$

由式(5.36)可以得到动力电流公式

$$I_k = nFD_{R^*}\left(-\frac{\partial c_{R^*}}{\partial x}\right)_{x=0} = nFD_{R^*}^{1/2} \vec{k}^{1/2}(c_{R^*}^s - c_{R^*}^0) \tag{5.37}$$

而在 $c_{R^*}^0$ 的影响可以忽视时则简化为

$$I_k = nFD_{R^*}^{1/2} \vec{k}^{1/2} c_{R^*}^s \tag{5.37a}$$

式(5.37)和(5.37a)表示 R* 的浓度极化主要是在 厚度为 $\sqrt{D_{R^*}/\vec{k}}$ 的薄层 μ_k 中发生的,与前置转化反应的公式(5.19)在形式上完全一致.

如果反应开始前 R 的浓度较小,或是溶液中本来不存在 R($c_R^0 = 0$),则通过电流时表面层中还将出现 R 的累积并使 I_k 减少. 为了校正这种影响,可以仿照图 5.6 的方法外推得到不受 R 浓度极化影响的动力电流值. 但如果 R*→R 反应不可逆,则 R 的浓度极化对动力电流无影响.

式(5.37)和(5.37a)在形式上与式(5.20*)和(5.20)相似. 但是,由随后转化

反应速度控制的电极过程和由前置转化反应速度控制的电极过程所导致的两类极化曲线具有完全不同的形式. 当电极反应速度由前置转化步骤控制时,极化曲线的形式与扩散控制的电极过程相似. 当超电势足够大时会出现不随电极电势变化的极限电流,且电极电势与 $\lg \dfrac{I_d}{I_d - I}$ 或 $\lg \dfrac{I}{I_d - I}$ 之间呈线性关系. 然而,当电极反应速度由随后转化步骤控制时,由于当电极电势变负时 $c_{R^*}^s$ 不断增大,故不会出现极限电流. 如果假设不发生 O 的浓度极化,且电化学步骤的平衡关系未受到破坏,则根据 Nernst 公式应有

$$c_{R^*}^s = c_O^0 \exp\left[\frac{nF}{RT}(\varphi_{\Psi(O/R^*)}^0 - \varphi)\right]$$

其中, $\varphi_{\Psi(O/R^*)}^0$ 为 O/R* 体系的标准平衡电势. 因此,若不考虑溶液中 R 的浓度变化对随后转化反应速度的影响,则代入式(5.37a)并整理后得到

$$-\varphi = 常数 + \frac{2.3RT}{nF}\lg I_k$$

表示当电极反应速度由均相随后转化步骤控制时会出现半对数形式的极化曲线,即与受电化学步骤控制的电极过程相似.

　　综上所述,当控制步骤发生在电化学步骤之前时会出现与电势无关的极限电流,而控制步骤为电化学步骤或在反应历程中位于其后时则出现半对数关系. 这些普遍规律可用作判别控制步骤性质的重要手段.

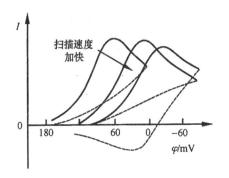
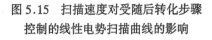

图 5.15　扫描速度对受随后转化步骤
控制的线性电势扫描曲线的影响

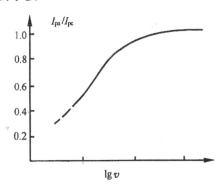

图 5.16　电势扫描速度对阴、
阳极电流峰比值的影响

　　如果 R*→R 不可逆,则还可以利用循环伏安曲线来研究随后转化步骤的动力学(图 5.15). 当扫描速度足够快时,单次阴极扫描中生成的 R* 来不及转化为 R 就又在反向扫描中重新被氧化,因此 R* 好像是稳定的反应产物,并导致伏安曲线具有可逆的性质. 反之,如果扫描速度足够慢,以致阴极扫描中形成的 R* 几乎完

全转化为 R,则电流峰出现在较正的电势,且反向扫描时 R* 不能再被检出. 因此,扫描速度增大时 I_{pa}/I_{pc} 值也增大,终致接近于 1(图 5.16).

§5.4　涉及表面吸附态的表面转化步骤

本节中只考虑具有电化学活性的表面吸附态. 最常见的例子是前置转化反应中直接参加电子交换反应的 O* 或随后转化反应中直接由电子交换反应产生的 R* 分别为表面吸附态. 这类过程的复杂性在于表面吸附态的热力学性质(吸附等温式)与动力学性质要比溶液中的粒子更为复杂. 在本节中我们只根据一些最简单的吸附模型来讨论涉及表面吸附态的前置和随后转化步骤. 与前两节相仿,我们将首先讨论稳态电流和稳态极化曲线,然后讨论表面吸附态对循环伏安曲线的影响.

当前置转化步骤涉及表面吸附态时,若在所选定的电势下只有表面吸附态能直接参加电子交换反应,则电极反应历程可用下式表示:

$$O \underset{\phantom{i^0_{前}}}{\overset{i^0_{前}}{\rightleftharpoons}} O^*_{吸} \underset{}{\overset{ne^-}{\rightleftharpoons}} R$$

其中 $O^*_{吸}$ 为溶液中的粒子 O 的表面吸附态. 虽然式中的前置步骤并非电化学步骤,为了简化公式,我们仍借用电流单位 $i^0_{前}$ 来表示平衡条件下 O 与 $O^*_{吸}$ 之间的交互转化速度.

作为一种较简单的情况,可假设 $O^*_{吸}$ 在电极表面上的吸附行为符合 Langmuir 模型,且不发生 O 的浓度极化. 在这些条件下,吸附速度应与 $(1 - \theta_{O^*_{吸}})$ 成正比,而脱附速度与 $\theta_{O^*_{吸}}$ 成正比. 因此,用电流密度表示的净吸附速度等于

$$I = i^0_{前}\left(\frac{1 - \theta_{O^*_{吸}}}{1 - \theta^0_{O^*_{吸}}}\right) - i^0_{前}\frac{\theta_{O^*_{吸}}}{\theta^0_{O^*_{吸}}} \tag{5.38}$$

式中,$\theta^0_{O^*_{吸}}$ 为建立了吸附平衡时 O* 的覆盖度.

当电极电势变负时,$\theta_{O^*_{吸}}$ 将不断减少;因此,电流趋近极限值

$$I_d = \frac{i^0_{前}}{1 - \theta^0_{O^*_{吸}}} \tag{5.39}$$

按式(5.39) $I_d > i^0_{前}$,这是由于在相应于出现极限电流的条件下 $\theta_{O^*_{吸}} \to 0$,比 $\theta^0_{O^*_{吸}}$ 更小,因而可用于 O 吸附的表面比平衡时更大. 若 $\theta^0_{O^*_{吸}} \ll 1$,则有

$$I_d = i^0_{前} \tag{5.39a}$$

极化曲线的具体形式与 $O^*_{吸}$ 的吸附等温线形式有关. 如果 $\theta_{O^*_{吸}}$、$\theta^0_{O^*_{吸}} \ll 1$,则可

以认为表面层中 $O_{吸}^*$ 的活度 $a_{O_{吸}^*} \propto \theta_{O_{吸}^*}$. 不通过电流时的平衡电势 $\varphi_{平}$ = 常数 + $\dfrac{RT}{nF}\ln\theta_{O_{吸}^*}^0$;而当通过电流时,若电化学步骤的平衡未受到破坏,则有 φ = 常数 + $\dfrac{RT}{nF}\ln\theta_{O_{吸}^*}$. 由此得到

$$\eta_{c} = \varphi_{平} - \varphi = \frac{RT}{nF}\ln\frac{\theta_{O_{吸}^*}^0}{\theta_{O_{吸}^*}} \tag{5.40}$$

若还考虑到当 $\theta_{O_{吸}^*},\theta_{O_{吸}^*}^0 \ll 1$ 时式(5.38)可以简化为

$$I = i_{前}^0\left(1 - \frac{\theta_{O_{吸}^*}}{\theta_{O_{吸}^*}^0}\right) \tag{5.40a}$$

则将式(5.39a)和(5.40a)代入式(5.40)后得到

$$\eta_{c} = \frac{RT}{nF}\ln\left(\frac{I_{d}}{I_{d} - I}\right) \tag{5.41}$$

在形式上与扩散步骤控制的极化曲线[式(3.34)]完全一致. 然而,此时极限电流完全是由于 O 的吸附速度有限而引起的. 在电极表面上的液层中,并不出现 O 的浓度极化.

当随后转化步骤涉及表面吸附态时,电极反应历程可表示为

$$O \underset{}{\overset{ne^-}{\rightleftharpoons}} R_{吸}^* \overset{i_{后}^0}{\rightleftharpoons} R$$

其中 $R_{吸}^*$ 为表面吸附态,并用 $i_{后}^0$ 表示建立了吸附平衡时 $R_{吸}^*$ 与 R 之间的交换速度. 在 R 不发生浓度极化时,相应于净脱附速度的电流密度为

$$I = i_{后}^0\frac{\theta_{R_{吸}^*}}{\theta_{R_{吸}^*}^0} - i_{后}^0\left(\frac{1 - \theta_{R_{吸}^*}}{1 - \theta_{R_{吸}^*}^0}\right) \tag{5.42}$$

式中,$\theta_{R_{吸}^*},\theta_{R_{吸}^*}^0$ 分别为通过及不通过电流时 $R_{吸}^*$ 的表面覆盖度. 若 $\theta_{R_{吸}^*},\theta_{R_{吸}^*}^0 \ll 1$ 则式(5.42)简化为

$$I = i_{后}^0\left(\frac{\theta_{R_{吸}^*}}{\theta_{R_{吸}^*}^0} - 1\right) \tag{5.42a}$$

随着电极电势变负,$\theta_{R_{吸}^*}$ 不断增大,但最大不能超过1. 因此,相应于 $\theta_{R_{吸}^*} \to 1$,由脱附速度控制的电流趋近极限值

$$I_{d} = i_{后}^0\frac{1 - \theta_{R_{吸}^*}^0}{\theta_{R_{吸}^*}^0} \approx \frac{i_{后}^0}{\theta_{R_{吸}^*}^0} \tag{5.43}$$

在 $\theta_{R_{吸}^*},\theta_{R_{吸}^*}^0 \ll 1$ 的电势区域内,可以按照上段中的分析方法推导出

$$\eta_c = \frac{RT}{nF} \ln \frac{\theta_{R_{吸}^*}}{\theta_{R_{吸}^{0*}}} \tag{5.44}$$

用式(5.42a)代入后得到

$$\eta_c = \frac{RT}{nF} \ln\left(1 + \frac{I}{i_{后}^0}\right) \tag{5.45}$$

在 $I \gg i_{后}^0$ 的电流密度范围内式(5.45) 简化为

$$\eta_c = -\frac{RT}{nF} \ln i_{后}^0 + \frac{RT}{nF} \ln I \tag{5.45a}$$

即得到半对数形式的极化曲线.

　　在这里我们看到与前相似的规律:由前置吸附步骤速度控制的稳态极化曲线 [式(5.41)]在形式上与扩散步骤控制的极化曲线相同;而由随后吸附步骤速度控制的稳态极化曲线[式(5.45a)]在形式上与电化学步骤控制的极化曲线相同. 当极化增大时,在由前置吸附步骤速度控制的极化曲线上会出现由极限吸附速度控制的极限电流;然而,在由吸附态随后转化速度控制的极化曲线上,当吸附粒子的覆盖度趋近饱和值时也会出现极限电流,与电化学步骤速度控制的极化曲线不同.

　　以上三式均只适用于表面覆盖度很小的场合. 如果吸附粒子 i 的覆盖度比较大,就不能认为表面层中的活度 $a_i \propto \theta_i$. 这时应根据具体情况,选用较复杂的吸附等温式. 如此求出的极化曲线公式就比较复杂. 若是转化反应中涉及几种吸附粒子,那么在覆盖度较大时还需要考虑各种粒子之间的相互影响. 例如,在这种情况下,Langmuir 吸附等温式应写成

$$\theta_i = \frac{B_i c_i}{1 + \sum B_i c_i} \tag{5.46}$$

式中: c_i 为溶液中 i 粒子的浓度; B_i 为该粒子的吸附平衡常数.

　　当表面吸附态参加电子交换反应时,暂态电流密度 $I(t)$ 由下式决定

$$D_i \left(\frac{\partial c_i}{\partial x}\right)_{x=0} = \frac{v_i I_i(t)}{nF} + \frac{\partial \Gamma_i}{\partial t} \tag{5.47}$$

式中, $I_i(t)$ 表示 i 粒子引起的反应电流密度. 此式表示指向电极表面的反应粒子 i 的扩散流量耗用在两方面:产生反应电流以及引起表面吸附量的变化. 由于吸附量变化只能涉及有限的电量,右方第二项的影响在稳态极化曲线上观察不到,然而却能在暂态曲线和循环伏安曲线上引起一些有趣的现象.

　　可以先分析只有表面吸附态参加的电极过程 $O_{吸}^* \underset{}{\overset{ne^-}{\rightleftharpoons}} R_{吸}^*$. 在反应式中不包括溶液中的 O 和 R,这可以是电势扫描速度很快,以致 O,R 来不及在电极上反应;或是 O 和 R 在电极上的吸附能力很强,当它们在溶液中的浓度还很低时电极表面上

已达到可观的覆盖度,以致扩散传质项对电流的贡献很小. 在这种情况下,式(5.47)可简化为

$$-\frac{\partial \Gamma_{O_{吸}^*}}{\partial t} = \frac{\partial \Gamma_{R_{吸}^*}}{\partial t} = \frac{I}{nF} \tag{5.48}$$

如果认为开始反应前 $\Gamma_{O_{吸}^*}(0) = \Gamma_{O_{吸}^*}^0$,$\Gamma_{R_{吸}^*}(0) = 0$,则当表面吸附态不发生流失时在反应过程中随时有

$$\Gamma_{O_{吸}^*}(t) + \Gamma_{R_{吸}^*}(t) = \Gamma_{O_{吸}^*}^0 \tag{5.49}$$

又如果假设 O* 和 R* 同时吸附时可以采用由式(5.46)表示的吸附等温式,则应有

$$\frac{\Gamma_{O_{吸}^*}(t)}{\Gamma_{R_{吸}^*}(t)} = \frac{\theta_{O_{吸}^*}(t)}{\theta_{R_{吸}^*}(t)} = \frac{B_O c_O(0, t)}{B_R c_R(0, t)}$$

当电子交换反应可逆时,电极电势由下式决定

$$\exp\left\{\left(\frac{nF}{RT}\right)\left[\varphi(t) - \varphi_{\mp(O_{吸}^*/R_{吸}^*)}^0\right]\right\} = \frac{c_O(0, t)}{c_R(0, t)} = \frac{B_R}{B_O} \cdot \frac{\Gamma_{O_{吸}^*}(t)}{\Gamma_{R_{吸}^*}(t)} \tag{5.50}$$

联解式(5.48)~(5.50),并注意到在电极电势向负方向线性扫描时 $d\varphi = -vdt$,可以得到

$$I = \frac{n^2 F^2}{RT} \cdot \frac{v\Gamma_{O_{吸}^*}^0\left(\frac{B_O}{B_R}\right)\exp\left[\left(\frac{nF}{RT}\right)(\varphi - \varphi_{\mp(O_{吸}^*/R_{吸}^*)}^0)\right]}{\left\{1 + \left(\frac{B_O}{B_R}\right)\exp\left[\left(\frac{nF}{RT}\right)(\varphi - \varphi_{\mp(O_{吸}^*/R_{吸}^*)}^0)\right]\right\}^2} \tag{5.51}$$

其图形见图 5.17. 由图可见,当电子交换反应完全可逆时,正向扫描时($d\varphi = vdt$)的曲线与负向扫描曲线完全对称.

　　将式(5.51)对 φ 微分,可以求出电流峰 $\left(即\frac{dI}{d\varphi} = 0\right)$ 处的电势及电流密度分别为

$$\varphi_p = \varphi_{\mp(O_{吸}^*/R_{吸}^*)}^0 - \frac{RT}{nF}\ln(B_O/B_R) \tag{5.52a}$$

和　　　　　$$I_p = \frac{n^2 F^2}{RT} v\Gamma_{O_{吸}^*}^0 \tag{5.52b}$$

式(5.52a)表示若 $B_O \approx B_R$,则 φ_p 实际上是 $O_{吸}^*/R_{吸}^*$ 体系的标准平衡电势(相应于 $\Gamma_{O_{吸}^*} = \Gamma_{R_{吸}^*}$). 若 $B_O \neq B_R$,则其数值与

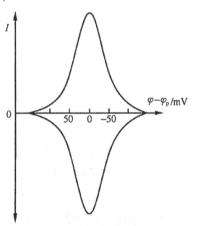

图 5.17　相应于吸附态可逆
氧化还原反应的循环伏安曲线

$\varphi^0_{\Psi,O^*/R^*}$ 有别. 按式(5.52b)，I_p 与扫描速度成正比，与由扩散速度控制的循环伏安曲线不同. 实质在于图 5.18 中曲线下方包含的面积相应于恒定的电量（$= nFT^0_{O吸}$）. 扫描速度愈快，则单位电势坐标所相应的时间愈短，故图形成正比例地加高.

如果两种表面吸附态之间的电化学转换不完全可逆，则循环伏安曲线的两分支不再对称：阴极分支上峰位置将负移，而阳极分支上峰将正移，甚至可能出现阳极分支的消失.

根据式(5.52a)，如 $B_R \gg B_O$，即反应产物在电极上更强烈地吸附，则 φ_p 将显著地比 $\varphi^0_{\Psi,O^*/R^*}$ 更正. 当两种吸附态之间的电子交换反应基本可逆时，在正常的相应于 O $\Longrightarrow$ R 的循环伏安曲线上会显现一对"前波"[图 5.18(a)]. 同理，如果 $B_O \gg B_R$，则会出现"后波"[图5.18(b)]. 这类涉及两种吸附态之间可逆转换的"前波"或"后波"的特点是阴、阳极分支具有镜像对称性.

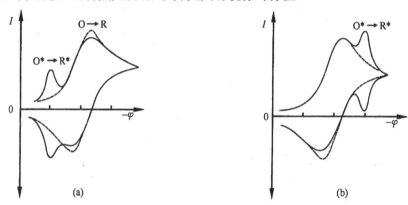

图 5.18　涉及吸附态的循环伏安曲线

(a)$B_R \gg B_O$ 引起的"前波"；(b)$B_O \gg B_R$ 引起的"后波".

Anson 等人曾采用双电势脉冲方法来分析反应历程中是否涉及表面吸附态[6]. 设某一氧化还原电对 O + $n e^-$ $\Longrightarrow$ R 的标准平衡电势为 φ^0_Ψ，且溶液中只存在 O 而没有 R. 实验时先将电极电势保持在足够正的电势 φ_i，使电极上没有电流通过；然后令电极电势阶跃至显著负于 φ^0_Ψ 的电势 φ_f，使 c^S_O 立即降至几乎为零，且 O 以极限扩散速度还原为 R. 经过时间 τ 后，又令电势阶跃回到 φ_i，使在前一阶段中生成的 R 又以极限扩散速度重新氧化为 O. 整个过程中典型的"积分累计的电量（Q）-时间"曲线如图 5.19 所示.

如设反应前在电极表面上不存在 O 的吸附态，并设 $D_O = D_R = D$，则根据 Cottrell 公式[式(3.48)]在 $t \leqslant \tau$ 时应有

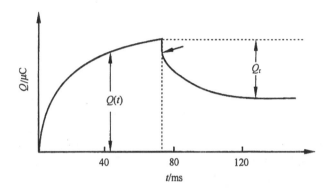

图 5.19　用双电势脉冲法测得的电量（Q）-时间（t）曲线

$$Q(t \leqslant \tau) = \frac{2nFAc_O^0 \sqrt{Dt}}{\sqrt{\pi}} + Q_{双层} \qquad (5.53)$$

而在反向阶跃后（$t > \tau$ 时 ）有

$$Q(t > \tau) = \frac{2nFAc_O^0 \sqrt{D}}{\sqrt{\pi}} [t^{1/2} - (t - \tau)^{1/2}] \qquad (5.54)$$

两式中 A 为电极面积. 在式（5.54）中不包括 $Q_{双层}$，是因为电势已经恢复原值（$\Delta\varphi = 0$）. 若定义 $Q_r(t > \tau) = Q(\tau) - Q(t > \tau)$，则有

$$Q_r(t > \tau) = \frac{2nFAc_O^0 \sqrt{D}}{\sqrt{\pi}} [\tau^{1/2} + (t - \tau)^{1/2} - t^{1/2}] + Q_{双层} \qquad (5.55)$$

因此，将 $Q(t \leqslant \tau)$ 对 $\sqrt{t}$ 作图，或是将 $Q_r(t > \tau)$ 对 $\Theta[\tau^{1/2} + (t - \tau)^{1/2} - t^{1/2}]$ 作图，直线在 Q 轴上的截距均为 $Q_{双层}$，这相当于 O 及 R 均不在电极上吸附时的情况. 如果反应产物能在电极表面上吸附，则式（5.53）不变，而式（5.55）右方需加上相应于 R 吸附态氧化的电量 $Q_{R_{吸}}$，使 Q_r-Θ 直线在 Q 轴上的截距增大. 若 O 能在电极表面上吸附而 R 不能，则在式（5.53）右方要加上相应于 O 的吸附态还原时涉及的电量 $Q_{O_{吸}}$，而式（5.54）基本不变. 换言之，根据各种 Q-时间关系外推至脉冲开始那一瞬间电量的突变（Q 轴上的截距）. 可以计算 $Q_{双层}$ 和 $Q_{O_{吸}}$，$Q_{R_{吸}}$ 等.

吴秉亮等人[7,8]根据同一原理，并利用在旋转圆盘电极上极限扩散过程能很快达到稳态这一特点，推算出更精确的双脉冲极化公式. 他们的分析结果表明，如果将 φ_f 确定在反应产物不能进一步还原的电势，则可根据阳极反应电量 Q_r 与 $\omega^{-1/2}$ 之间的线性关系与直线在 Q 轴上的截距，分别求出反应产物在电极表面上的吸附量及可溶性产物在电极表面上的浓度，藉以区分可溶的和不溶的反应产物. 事实上，所谓"不溶性反应产物"不仅包括吸附态产物，也包括一切能固定在电极表面上的反应产物.

§5.5　电极反应机理及其研究方法

所谓电极反应机理,通常包括两方面的内容:首先,要确定电极反应的历程,即整个电极反应包括哪些分部步骤,以及这些步骤是按照怎样的顺序排列的;其次,要确定各分部反应的动力学参数和热力学参数,其中最重要的是控制步骤的动力学参数,然后是非控制步骤的热力学参数(平衡常数).最好还能知道控制步骤的热力学参数以及非控制步骤的动力学参数.

研究电极反应历程的目的在于:

1. 确定电极反应的控制步骤

在第一章中我们已经指出,研究电极过程动力学的首要目的之一是确定控制步骤,并通过控制步骤来影响整个电极反应的进行速度.某些最简单的电极反应,例如 $Fe(CN)_6^{3-} + e^- \longrightarrow Fe(CN)_6^{4-}$,其全部反应历程不外是反应粒子扩散达到电极表面并与电极表面交换电子.对于这类反应,只要知道控制步骤是扩散步骤或电化学步骤,以及 i^0 和 I_d 的数值就足够了.然而,不能认为只要总的反应式很简单电极反应历程就一定简单.某些反应,例如包括表面转化步骤的电极反应,特别是多电子反应,反应历程往往比总反应式复杂得多.例如,已经弄清 NO_3^- 还原为 HNO_2 的反应是按下列历程进行的

(1) $H^+ + NO_3^- \rightleftharpoons HNO_3$	快的化学平衡
(2) $HNO_3 + HNO_2 \longrightarrow N_2O_4 + H_2O$	慢的转化反应
(3) $N_2O_4 \rightleftharpoons 2NO_2$	快的化学平衡
(4) $2 \times (NO_2 + e^- \longrightarrow NO_2^-)$	慢的电化学反应
(5) $2 \times (NO_2^- + H^+ \rightleftharpoons HNO_2)$	快的化学平衡
$3H^+ + NO_3^- + 2e^- \longrightarrow HNO_2 + H_2O$	总的电极反应

对于这类反应,如果我们不知道反应历程,即使有可能判明控制步骤是电化学步骤或转化步骤,也无法确定这些步骤的化学性质.

2. 确定非控制步骤及其性质

表面上看来,既然电极反应速度是由控制步骤所决定的,就没有必要去注意非控制步骤,特别是它们的动力学性质,其实不然.一方面,由于总的电极反应是由控制步骤和非控制步骤共同组成的,往往不弄清非控制步骤的化学性质也就难以弄清控制步骤的化学性质.另一方面,由控制步骤所决定的只是电极反应速度,而我们所关心的往往除了反应速度之外还有许多其他因素,如反应产物的质量等.

这些因素有时是由非控制步骤的动力学性质所决定的. 例如,进行电镀时我们最关心的就不是镀层的生长速度而是镀层的物理、化学性质. 这些性质大都是由晶核和晶面生长过程(不一定是控制步骤)的动力学规律所决定的.

3. 弄清控制步骤发生转化的可能性

我们知道,所谓电极反应的控制步骤并非绝对不变. 随着反应条件的改变,控制步骤与非控制步骤之间可以相互转化,或者电极过程由纯粹某一步骤控制转变为两种步骤联合控制. 显然,只有当我们全面弄清电极反应的历程及各分部反应的动力学参数以后,才有可能理解、预见和控制它.

此外,从发展学科的角度看,综合研究各类电化学体系的反应机理,将有助于我们提高对各类型基本步骤和各主要类型电极过程的系统认识. 根据这些基本规律,有可能预先估计某一特定电极反应的大致动力学特征,如电极材料、溶液组成和工作条件的可能影响等,对选择电极活性材料、电极催化剂和工艺条件均应有一定的指导意义. 多年来已大量累积了有关各类电极反应历程及动力学参数的基本数据,在文献中曾被系统地整理出来. 然而,还不能认为对各主要类型电极过程已经有了完整的、系统的认识.

过去几十年中研究工作的经验表明,为了确定电极反应历程,大致可以遵循如下的途径:

(1)确定电极反应的总反应式

为了确定总反应式,可以分析通过电流后反应粒子的消耗情况以及生成的反应产物. 如果不存在副反应,还可以根据电化当量来计算各种反应粒子的反应数(v_i)以及反应中涉及的电子数(n). 另一种可用来估计电极反应式的方法是利用热力学数据计算平衡电极电势,再与实测的 $\varphi_\mp$ 相比较. 如果根据某一反应式计算得到的 $\varphi_\mp$ 值与实测值比较接近,则该反应式有可能是实际电极反应式. 但是,采用后一种方法时必须注意到下列几点:第一,由于水溶液中电极电势的变化范围总共不过 $2 \sim 3V$,而计算值与实验值之间总不免有些偏差;因而即使二者比较符合,也还不能认为所假设的反应式一定正确. 第二,不通过外电流时测得的电极电势可能不是平衡电势. 为了确定这个问题,最好能检验搅拌及改变电极表面状态对电极电势的影响. 这些因素不会改变反应粒子的热力学参数,因此也不会影响热力学平衡电势. 但是,如果不通过电流时测得的电势不是平衡电势而是某种稳定电势(参看 §4.2),则改变这些因素时就可能引起电极电势的变化. 第三,即使找到了相应于平衡电势的电极反应式,若通过外电流时引起的超电势数值比较大,实际反应式还可能与平衡电势下的反应式有所不同. 只有在仔细地考虑了上述三方面的问题以后,才可能正确地应用平衡电极电势法来确定电极反应式.

(2)确定电极反应控制步骤的性质

为此,可以采用在前面介绍过的各种判别方法,例如根据极化曲线的形式、搅拌溶液和添加表面活性物质对电极反应速度的影响、以及反应速度的温度系数等等.

(3)确定各反应组分参加各分部步骤的反应级数

反应粒子参加分部反应的反应级数与参加总电极反应的反应数可能不相同.显然,若能确定各种反应粒子参加每一分部反应的反应级数,就可以较有把握地写出反应历程. 对于扩散步骤,只要确定扩散粒子是什么就行了,而往往知道总的电极反应式后就可以做到这一点. 因此,重点在于确定各种反应粒子参加电化学步骤和转化步骤的反应级数. 确定反应级数的基本方法是测定组分浓度对分部反应速度的影响. 例如,设其他条件不变时某一分部反应 j 的进行速度(用电流单位表示) $I_j \propto c_i^{Z_{i,j}}$,则

$$Z_{i,j} = \frac{\partial \lg I_j}{\partial \lg c_i} \tag{5.56}$$

称为 i 粒子参加 j 反应的反应级数.

若是电极反应历程中在该分部反应以前可能还存在其他的分部反应,则测定反应级数时应注意使各种"前置步骤"(指在反应历程中的位置先于该分部反应的那些步骤)基本上保持在平衡状态. 在这种情况下,按式(5.56)测得的反应粒子 i 参加分部反应 j 的"反应级数" $Z_{i,j}$ 可以具有两种不同的含义:

1) 若该粒子直接参加分部反应 j,则测出的 i 粒子的反应级数即 i 粒子参加该分部反应的反应级数.

2) 也可能 i 粒子并不直接参加该分部反应,但能通过某种前置平衡影响直接参加这一分部反应的某些粒子的浓度. 例如,设 i* 直接参加分部反应 j,且具有反应级数 $Z_{i^*,j}$,又该粒子与 i 粒子之间存在前置平衡关系 $c_{i^*} = K c_i^q$,则反应电流 $I \propto c_{i^*}^{Z_{i^*,j}} \propto c_i^{q Z_{i,j}}$ 因此,

$$\frac{\partial \lg I}{\partial \lg c_i} = q Z_{i^*,j}$$

即按式(5.56)测得的为 i 粒子参加 j 分部反应的表观反应级数 $q Z_{i^*,j}$.

由此可见,若某分部反应中 i 粒子的反应级数为零,可以肯定该粒子不参加这一分部反应;但若反应级数不为零,还不能由此得出结论,认为该粒子必然直接参加这一反应.

(4)试行提出电极反应历程方案

在确定了电极反应的总反应式、控制步骤的性质以及一些主要组分参加各分部反应中的反应级数以后,就可以着手草拟电极反应历程的初步方案了. 然而,根据这些初步实验结果往往可以写出几种甚至许多种可能的反应历程. 因此,为了进一步判明究竟其中哪一种或哪几种比较接近客观实际,还需要进行一些辅助判

别实验.在许多情况下,基本化学知识和电化学知识对判别反应历程可以起很大的作用.往往根据这些知识就可以判断哪一些反应历程是比较可能的,而哪一些是根本不可能的.这样就可以大大减少判别性实验的工作量.

对于简单的电极过程,往往仅根据控制步骤的性质以及各组分参加主要分部反应的反应级数即可以获知电极反应历程.在下一节中我们将介绍这类电极反应历程的研究结果.

然而,对于比较复杂的电极反应,仅根据反应粒子和反应产物的反应级数是难以确定电极反应历程的.为了判别几种可能的方案中究竟哪一种比较合理,常常采用下列几种方法:

(1)电极极化性能的细致研究

例如,可以根据所假设的反应历程推导电极反应应具有的极化行为,如稳态极化曲线的形式、半对数极化曲线的斜率、各种暂态极化曲线的形式等,然后与实验结果比较,借以判明哪些方案比较合理.还可以改变溶液中的离子强度或加入表面活性离子,借以改变界面电势分布情况,然后测量这些因素对电极反应速度的影响,并将实测结果与按所设方案推出的理论公式相比较.在某些情况下,还可以根据一定的模型大致计算出相应于每一种反应历程的活化能数值.如果不同反应历程涉及的活化能差别很大,就可以用这一方法来辅助判别究竟哪一种反应历程的可能性较大.

(2)鉴定中间态粒子

有时中间态粒子可以在溶液中累积到一定的浓度,可采用化学分析法加以鉴定.若是中间态粒子的寿命较短,则需要采用"就地即时"检测的方法.在以下§5.7中我们将讨论这些方法.

(3)测定控制步骤的"计算数"

其原理已在§5.1中有所介绍.写到这里,也许还应该费些笔墨讨论一个更深层的问题,即我们到底有多大能力来认识电极反应机理? 迄今在绝大多数情况下我们仍然无法直接观察电极反应历程中分子间的转化过程,而只能通过各种间接的实验现象来认识它,即只能根据在科学实验和生产实践中接触到的现象提出有关反应历程的"模型"(理论),再在实践中反复加以考验.那么,我们对反应历程的认识,到底能在多大程度上反映客观实际呢?

对于这一问题似乎存在不同的看法.有人认为,既然具体的反应历程无法直接观察,则这类事物是不可能被认识的.一切有关反应历程的看法都不过是人主观拟造出来的"逻辑游戏"而已.这种悲观的看法显然是完全谬误的.自然科学的发展历史已经无可置疑地证明人类是有能力认识从小至原子核内部直到大至宇宙深处的各种事物的.但是,另一方面,如果认为这类认识过程可以简单地一次完成,认为根据局部实验现象提出来的并能较好地解释这些局部事实的"理论"就一定是客观真理,也同样会导致有害的结果. 在认识真理的历史长河中,每个发展阶段对具体过程的认识都只具有相对的真理性. 因此,对每一个具体电极反应历程的认识,都只能在多次反复实践和不断总结提高的基础上才能具有比较正确的形式. 若将仅根据部分实验结果得到的看法绝对化,却不注意在更多的实践中去考验这些看法,则不可能真正接近客观真理. 即使对一些所谓研究得比较最成熟的电极反应历程, 也只能看作是完成了认识过程的一定阶段. 随着电极过程动力学理论与实验方法进一步的发展, 我们对于这些过程的认识必然还将进一步深入.

近年来,由于计算技术的飞速进步,采用数值计算的方法来研究电极反应历程日益受到重视.. 利用计算技术可以很快地推算出当电极反应按某一历程进行时应具有的极化行为,以及系统地阐明改变实验参数和动力学参数对电极极化行为应有的影响. 这些无疑是十分有用的. 当选定某一反应历程方案后,还可以通过"曲线拟合法"来推算各动力学参数(和平衡参数)的数值. 这在研究较复杂的电极反应历程时也往往是有用的.

然而,采用曲线拟合法时应该注意:这一方法只能按照选定的反应历程,通过试探调节一些待定的动力学参数,使实验数据与理论公式逐步逼近,从而拟合出各动力学参数可能具有的数值. 因此,基本上不能依靠这类方法来判别所设的反应历程是否正确. 换言之,仍需要首先通过对电极极化行为的实验研究和中间态粒子的实验测定来基本确定所设反应历程的可靠性. 还有,当可供调节的动力学参数比较多时,用拟合法求得的参数值不一定是"惟一解",因而也不一定是客观事物的正确反映. 一切正确结论都只能来自实验数据包含的有用信息,而一切计算方法都只能分析信息而不能创造信息. 适当的"信号处理"方法可以改进信号的质量,即改善"信号/噪声比". 然而,这类方法也只能降低噪声而不能改进信号本身. 当实验数据不足或精确度不够时,任何计算或分析方法都不可能从中提出正确的结论.

由以上的讨论可以看到,测定反应历程时并没有一成不变的方法可以遵循. 只有在多方面接触客观实际的基础上,充分运用电极过程动力学及有关学科的基本知识,并创造性地利用各种实验方法来设计和进行判别性的实验,才能得到比较可靠的结果.

§5.6　利用电化学反应级数法确定电极反应历程

在上一节中我们已经介绍过有关反应级数的概念. 各种分部步骤的反应级数

中最常用到的是反应粒子参加电化学步骤的反应级数,称为"电化学反应级数".通过测定各种反应粒子的电化学反应级数不但有助于弄清电化学步骤的反应式,往往还可以推导出是否存在表面转化步骤,对确定整个电极反应历程常有很大帮助.

设电化学步骤的实际反应式为 $O^* + ne^- \rightleftharpoons R^*$,即 O^*, R^* 为直接参加电子交换步骤的"电极活性粒子". 如通过电流时可以认为 O^*, R^* 与其他各组分之间的平衡关系没有受到破坏,则忽略活度系数项后应有

$$c_{O^*} = K_{O^*} \Pi c_i^{Z_{O,i}}, \quad c_{R^*} = K_{R^*} \Pi c_i^{Z_{R,i}} \tag{5.57}$$

式中:参与决定 c_{O^*} 的诸组分的反应级数为 $Z_{O,i}$ 等,参与决定 c_{R^*} 的诸组分的反应级数为 $Z_{R,i}$ 等;又 K_{O^*} 和 K_{R^*} 分别为相应的平衡常数.

用式(5.57)代入电化学步骤的动力学公式,可以推导出在 $\eta_c \gg \dfrac{RT}{\alpha nF}$ 时的阴极电流密度公式应为

$$I = nFK_c^0 K_{O^*} \Pi c_i^{Z_{O,i}} \exp\left(-\frac{\alpha nF}{RT}\varphi\right) \tag{5.58a}$$

以及在 $\eta_a \gg \dfrac{RT}{\beta nF}$ 时的阳极电流密度公式为

$$-I = nFK_a^0 K_{R^*} \Pi c_i^{Z_{R,i}} \exp\left(\frac{\beta nF}{RT}\varphi\right) \tag{5.58b}$$

因此,若电化学步骤为整个电极反应的惟一控制步骤,则在保持电极电势不变及只改变 k 组分的浓度时,对于阴极反应和阳极反应在大极化时分别有

$$\left(\frac{\partial \lg I}{\partial \lg c_k}\right)_{\varphi, c_{i \neq k}} = Z_{O,k}, \quad \left(\frac{\partial \lg(-I)}{\partial \lg c_k}\right)_{\varphi, c_{i \neq k}} = Z_{R,k} \tag{5.59}$$

换言之,如果不出现各种反应粒子的浓度极化,可以利用不同浓度溶液中测得的极化曲线 ($\eta > \dfrac{100}{n}$mV 处) 最方便地求得各组分的 Z_O 及 Z_R 值.

如果电极反应的交换电流很大,以致无法将电极电势极化到 $\eta > \dfrac{100}{n}$ 毫伏而不出现浓度极化,就需要根据改变组分浓度对 $\varphi_\mp$ 和 i^0 的影响来计算 Z_O 和 Z_R 之值. 根据式(5.58a,b),在 $\varphi = \varphi_\mp$ 时应有

$$i^0 = nFK_c^0 K_{O^*} \Pi c_i^{Z_{O,i}} \exp\left(-\frac{\alpha nF}{RT}\varphi_\mp\right)$$

$$= nFK_a^0 K_{R^*} \Pi c_i^{Z_{R,i}} \exp\left(\frac{\beta nF}{RT}\varphi_\mp\right)$$

由此得到对参加还原反应的粒子 j 应有

$$\partial \ln i^0 = Z_{O,j}\, \partial \ln c_j - \frac{\alpha nF}{RT}\, \partial \varphi_\mp, \quad \partial \varphi_\mp = \frac{RT}{nF}\partial \ln c_j$$

而对参加氧化反应的粒子 k 则有

$$\partial \ln i^0 = Z_{R,k}\partial \ln c_k + \frac{\beta nF}{RT}\partial \varphi_\mp, \quad \partial \varphi_\mp = -\frac{RT}{nF}\partial \ln c_k$$

据此可导出对参加还原反应的粒子

$$\left(\frac{\partial \lg i^0}{\partial \varphi_\mp}\right)_{c_{i\neq j}} = \frac{nF}{2.3RT}(Z_{O,j}-\alpha), \qquad \left(\frac{\partial \lg i^0}{\partial \lg c_j}\right)_{c_{i\neq j}} = Z_{O,j}-\alpha \quad (5.60a)$$

而对参加氧化反应的粒子

$$\left(\frac{\partial \lg i^0}{\partial \varphi_\mp}\right)_{c_{i\neq k}} = \frac{nF}{2.3RT}(-Z_{R,k}+\beta), \qquad \left(\frac{\partial \lg i^0}{\partial \lg c_k}\right)_{c_{i\neq k}} = Z_{R,k}-\beta \quad (5.60b)$$

将 α 及 β 的数值代入后即可求得反应级数 $Z_{O,j}, Z_{R,k}$[①].

推导以上各式时均未考虑界面电势分布对电极反应速度的影响,即假定改变实验条件时 ψ_1 电势基本不变. 因此,在所研究的溶液中支持电解质的浓度应该比较大且保持不变.

如果测出某一组分的 Z_O 及 Z_R 值均为零,则代表该组分不参加电极反应,也不参加涉及 O^* 或 R^* 的平衡. 在大多数情况下, Z_O 和 Z_R 中至少有一项为零;但有时也遇到 Z_O, Z_R 均不为零的情况,表示反应粒子与反应产物之间存在平衡关系.

将这种方法用于研究一些简单的"氧化还原"电极反应,可以比较简便地获知反应历程[9]. 下面我们通过若干实际例子来说明这种分析方法.

图 5.20(a), (b)分别表示单独改变 Tl^+ 或 Tl^{3+} 浓度引起的 $Tl^{3+} + 2e^- \rightleftharpoons Tl^+$ 过程极化曲线的移动. 由图中可以明显地看出,在不出现浓度极化和 $\eta_a > \frac{RT}{\beta nF}$ 的电势范围内,阳极电流与 c_{Tl^+} 成正比而与 $c_{Tl^{3+}}$ 无关;而当 $\eta_c > \frac{RT}{\alpha nF}$ 时,阴极电流与 $c_{Tl^{3+}}$ 成正比而与 c_{Tl^+} 无关. 因此,$Z_{O,Tl^+} = Z_{R,Tl^{3+}} = 0$ 而 $Z_{O,Tl^{3+}} = Z_{R,Tl^+} = 1$.

由此可知,电极反应的实际历程为 $Tl^{3+} + 2e^- \rightleftharpoons Tl^+$,即与总反应式相同. 应用相似的方法研究 $Ce^{4+} + e^- \rightleftharpoons Ce^{3+}$,$Fe^{3+} + e^- \rightleftharpoons Fe^{2+}$ 和 $Mn^{3+} + e^- \rightleftharpoons$

---

① 　在推导式(5.60a),(5.60b)时未考虑反应粒子的反应数. 若反应数不等于1,则式(5.60a)中需改写成

$$\left(\frac{\partial \lg i^0}{\partial \varphi_\mp}\right)_{c_{i\neq j}} = \frac{nF}{2.3RT}\left(\frac{Z_{O,j}}{v_j}-\alpha\right), \qquad \left(\frac{\partial \lg i^0}{\partial \lg c_j}\right)_{c_{i\neq j}} = Z_{O,j}-\alpha v_j \quad (5.60a^*)$$

而式(5.60b)应改写成

$$\left(\frac{\partial \lg i^0}{\partial \varphi_\mp}\right)_{c_{i\neq k}} = \frac{nF}{2.3RT}\left(-\frac{Z_{R,k}}{v_k}+\beta\right), \qquad \left(\frac{\partial \lg i^0}{\partial \lg c_k}\right)_{c_{i\neq k}} = Z_{R,k}-\beta v_k \quad (5.60b^*)$$

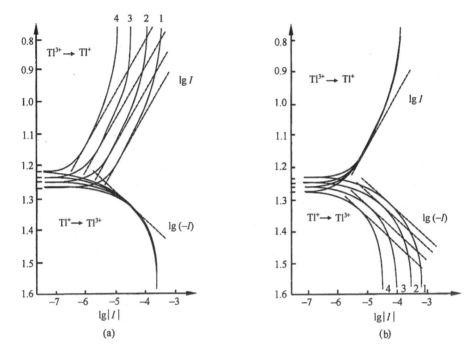

图 5.20　改变反应组分浓度对旋转铂电极(100r/min)上

Tl^{3+} + 2e$^-$ ⇌ Tl$^+$反应极化曲线的影响

底液为 7.5mol·L^{-1} H$_2$SO$_4$,反应离子浓度(mol·L^{-1}):

(a)Tl^{3+} = 10^{-3}

　Tl$^+$: 1. 3×10^{-3}, 2. 10^{-3}, 3. 3×10^{-4}, 4. 10^{-4};

(b)Tl$^+$ = 10^{-3}

　Tl^{3+}: 1. 3×10^{-3}, 2. 10^{-3}, 3. 3×10^{-4}, 4. 10^{-4}.

Mn^{2+}等反应的结果表明,这些反应的实际历程均与总反应式相同.

　　然而,若用类似的方法研究 Mn^{4+} 还原为 Mn^{3+} 的反应,则发现 $Z_{\mathrm{O,Mn^{4+}}} = 0$,$Z_{\mathrm{O,Mn^{3+}}} = 1$,$Z_{\mathrm{R,Mn^{4+}}} = -1$ 和 $Z_{\mathrm{R,Mn^{3+}}} = 2$. 换言之,直接参加还原反应的是 Mn^{3+} 而不是 Mn^{4+}. 又根据 $Z_{\mathrm{R,Mn^{4+}}}$ 和 $Z_{\mathrm{R,Mn^{3+}}}$ 的数值可知直接参加氧化反应的粒子 i 的浓度应与 $c_{\mathrm{Mn^{3+}}}^2 / c_{\mathrm{Mn^{4+}}}$ 成正比,即该粒子应满足平衡关系式 i + Mn^{4+} ⇌ 2Mn^{3+},故显然 i 应为 Mn^{2+}. 由此可见,这一反应的实际历程为

$$
\begin{aligned}
&\mathrm{Mn^{3+} + e^- \rightleftharpoons Mn^{2+}} &&\text{(电化学步骤)}\\
&\underline{\mathrm{Mn^{2+} + Mn^{4+} \rightleftharpoons 2Mn^{3+}}} &&\text{(化学平衡)}\\
&\mathrm{Mn^{4+} + e^- \rightleftharpoons Mn^{3+}} &&\text{(净反应)}
\end{aligned}
$$

　　还有,在含有大量 I$^-$ 的溶液中,I$_2$ 还原为 I$^-$ 的净反应式为 I$_3^-$ + 2e$^-$ ⟶ 3I$^-$. 然而,测量反应级数的结果表明 $Z_{\mathrm{O,I_3^-}} = 0.5$, $Z_{\mathrm{O,I^-}} = -0.5$, $Z_{\mathrm{R,I_3^-}} = 0$ 和 $Z_{\mathrm{R,I^-}} = 1$.

因此,电极反应中的还原产物为 I^-,而直接参加还原反应的粒子 i 应满足平衡关系式 $i + \frac{1}{2}I^- \Longrightarrow \frac{1}{2}I_3^-$,即 i 应为 I. 由此推知,所研究的实际历程应为

$$
\begin{array}{ll}
(I + e^- \Longrightarrow I^-) \times 2 & \text{(电化学步骤)} \\[4pt]
\left.\begin{array}{l}
I_3^- \Longrightarrow I_2 + I^- \\
I_2 \Longrightarrow 2I
\end{array}\right\} & \text{(化学平衡)} \\[6pt]
\hline
I_3^- + 2e^- \Longrightarrow 3I^- & \text{(净反应)}
\end{array}
$$

这种结论乍看起来是出人意外的,因为用分析方法并不能发现溶液中存在与 I_2 平衡的水化碘原子. 然而,如果假设直接参加还原反应的是吸附在电极表面上的碘原子而不是溶液中的碘原子,且认为在表面覆盖度不大时碘原子的吸附量与溶液中的 $c_{I_2}^{1/2}$ 成正比,则 I_3^- 和 I^- 的反应级数仍然不变,而反应历程显然较为合理. 由此可见,虽然根据测量反应级数的结果可以比较客观地提出反应历程,但也不一定能就此对反应历程作出完全肯定的结论.

成功应用电化学反应级数方法的另一经典事例是测定直接在电极上放电的金属络离子品种. 在含有络合剂的溶液中,金属离子与络合剂之间存在一系列"络合-离解"平衡,即从简单水合离子到具有不同配位数的各种络离子都以不同浓度同时存在. 然而,究竟是哪一种或哪几种离子直接参加电子交换反应? 采用电化学级数方法,可以对这一问题作出比较客观的答案.

设金属离子 M^{z+}(以下用 M 表示)与络合剂粒子 X^{p-}(以下用 X 表示)在溶液中形成的主要络离子品种为 $MX_\mu^{(z-\mu p)+}$(以下用 MX_μ 表示),而在电极上直接放电的络离子主要是 $MX_\delta^{(z-\delta p)+}$(以下用 MX_δ 表示),即相应于 M^{z+} 还原为金属 M 的总电极反应式为

$$
MX_\mu + ze^- \Longrightarrow M + \mu X
$$

而电化学步骤可以写成

$$
MX_\delta + ze^- \overset{i^0}{\Longrightarrow} MX_\delta^{\delta p-}
$$

然后通过 $MX_\delta^{\delta p-} \Longrightarrow M + \delta X$ 生成最终反应产物. MX_δ 与 MX_μ 之间的转化反应则为

$$
MX_\delta + (\mu - \delta)X \Longrightarrow MX_\mu
$$

如果有可能在不破坏转化平衡,也不引起浓度极化的条件下进行阳极极化并使 $\eta_a \geqslant \frac{100}{n}$ mV,就可以利用 $\left(\dfrac{\partial \lg(-I)}{\partial \lg c_X}\right) = Z_{O,X} = \delta$ 的关系求出 δ 的数值. 但是,对于 i^0 比较大的体系,用经典方法测量极化曲线时很难满足这些条件. 在这种情况下,除了采用暂态方法和旋转电极方法来减少浓度极化的干扰外,还可以根据改

变组分浓度时 i^0 的变化来确定各组分的电化学反应级数.

将总反应式与式(3.1)比较,可知 $v_{MX_\mu} = 1$, $v_M = -1$ 及 $v_X = -\mu$;又根据式(5.58)和电化学反应级数的定义应有 $Z_{O,MX_\mu} = 1$, $Z_{R,M} = 1$ 及 $Z_{O,X} = -(\mu - \delta)$. 代入式(5.60a),(5.60b),立即分别得到

$$\left(\frac{\partial \lg i^0}{\partial \lg c_{MX_\mu}}\right)_{c_X, c_M} = 1 - \alpha \tag{5.61}$$

$$\left(\frac{\partial \lg i^0}{\partial \lg c_M}\right)_{c_{MX_\mu}, c_X} = 1 - \beta = \alpha \tag{5.62}$$

$$\left(\frac{\partial \lg i^0}{\partial \lg c_X}\right)_{c_{MX_\mu}, c_M} = -(\mu - \delta) + \mu\alpha = \delta - (1 - \alpha)\mu \tag{5.63}$$

可以用碱性溶液中锌汞齐电极上的反应作为例子[10],来说明应用式(5.61)～(5.63)分析络离子还原历程的具体方法.

在强碱性溶液中,当 $c_{Zn^{2+}} \ll c_{OH^-}$ 时,锌离子的主要存在形式是 $Zn(OH)_4^{2-}$,即 $\mu = 4$. 如果在每一系列的实验中分别只改变 $c_{Zn(Hg)}$,$c_{Zn(OH)_4^{2-}}$ 及 c_{OH^-} 三者之中的一项,而保持其他两项不变,则测得的 i^0 数值的变化如图 5.21 所示. 用图中直线

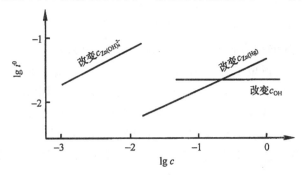

图 5.21　改变 Zn 汞齐/$Zn(OH)_4^{2-}$ 电极体系中各组分浓度对交换电流的影响

(底液 5mol·L^{-1} NaCl)

的斜率分别代入以上诸式可以得到

$$\left(\frac{\partial \lg i^0}{\partial \lg c_{Zn(Hg)}}\right)_{c_{Zn(OH)_4^{2-}}, c_{OH^-}} = \alpha = 0.5$$

及

$$\left(\frac{\partial \lg i^0}{\partial \lg c_{OH^-}}\right)_{c_{Zn(Hg)}, c_{Zn(OH)_4^{2-}}} = \delta - (1 - \alpha)\mu = 0$$

因此,$\delta = 2$,即在电极上直接放电的既不是简单离子 Zn^{2+},也不是浓度最大的络

离子 $Zn(OH)_4^{2-}$,而是具有较低配位数的络离子 $Zn(OH)_2$.

在以上的分析中,我们实际测定的是溶液中络合剂粒子参加电化学步骤的反应级数($Z_{R,X}$),然后据此确定电化学步骤的反应式. 然而需要指出,采用这种分析方法并不能完全判明反应粒子的性质. 例如,若假设 MX_δ 并非溶液中存在的某种络离子,而是电极表面上的某种表面络合物,也可以求得相同的反应级数. 在不少金属络离子的还原反应机理研究中发现,按反应级数法求出的反应粒子往往在溶液中浓度极低,甚至无法测出. 因此,将反应粒子看作是表面络合物似乎更为合理. 由这些例子以及前面讨论过的碘还原的例子可见,仅用电化学反应级数法并不能区别反应粒子是溶液中的粒子还是电极表面上的粒子.

§5.7　中间价态粒子的电化学检测

在§5.2~§5.4 中我们曾讨论过当反应历程中出现 O^*(或 $O_{吸}^*$)和 R^*(或 $R_{吸}^*$)时的情况. 这些粒子是整个反应过程的中间粒子,但却不是电化学反应的中间粒子. 电化学反应的中间粒子具有参加电子交换反应的粒子与其反应产物之间的某一中间价态,因此常称为"中间价态粒子". 确定中间价态粒子的存在及其化学性质的检定对确定反应机理有着重要意义.

为了测定中间价态粒子可采用各种分析手段(包括谱学方法):如果中间价态粒子比较稳定,以致能在溶液中累积到一定浓度,就可采用常规分析方法;但如果中间价态粒子的寿命很短,就只能在反应过程中(或反应前后的瞬间内)用电化学或非电化学的表面分析方法检测. 与非电化学方法相比,用电化学方法检测电极反应的中间价态粒子具有实验设备较简便和解释实验结果比较容易等优点,其缺点则为仅根据中间产物氧化或还原时极化曲线上的特征电势往往难以判明中间产物的化学性质. 换言之,电化学方法较宜用于研究中间价态粒子的动力学而不是鉴定中间产物.

采用电化学方法检测中间产物时可以采用两个电极,在其中之一的表面上进行电化学反应,而在相距很近的另一电极上检测中间产物. 两个电极之间的传质条件必须有很好的重现性,否则检测结果就不具有定量意义. 这类方法中采用得较广泛的是"旋转圆环圆盘电极"(RRDE,简称"旋转环盘电极"). 还有一类检测方法是在同一电极上依次实现电极反应和检测中间产物. 为此,必须将电极电势在能实现电极反应和能检测中间产物的两个电势值(或电势区间)之间快速转换. 属于此类的实验方法有快速循环电势扫描法、双脉冲阶跃法和逆向脉冲极谱等.

前一类方法主要是通过精密机械加工制得间距很小的双电极系统,并用强迫流动的方法在两个电极之间建立稳定的高速液流. 后一类方法则是用电子学方法控制电极电势使之按一定程序变化. 一般来说,用机械方法比用电子学方法技术要求高而设备费用较贵;而且,用电子学方法使电极电势快速转换要比用机械方法形成稳定的高速液流容易得多,因此后一类方法更适宜用于寿命很短的中间价态粒子的检测.

　　然而也应看到,用前一类方法测得的是中间价态粒子的稳态生成速度,而采用后一类方法测得的是暂态生成和消耗情况. 稳态情况的数学处理要比暂态容易得多;在分析电极反应历程时,中间价态粒子的稳态生成条件也往往比暂态条件更有用. 此外,用稳态法测量时电容电流的干扰很小,故这一方法往往较适用于浓度很低的中间价态粒子的检测. 但是,用双电极法只能检测能随液流运动的可溶性中间价态产物,而用程序极化法还可以检测处于表面吸附态的中间价态产物.

　　由于电化学和非电化学方法各有千秋,可在实验工作中根据情况选用或联合使用. 最好能采用非电化学方法来鉴定中间价态粒子的化学性质,而用电化学方法研究其动力学性质. 由于各种非电化学的电极表面分析方法均涉及较复杂的实验设备和技术,下面只简单介绍几种最常用的中间价态粒子的电化学检测方法.

§5.7.1　旋转环盘电极

　　这种电极的结构示意图见图5.22. 在圆盘电极的同一平面上装有与其同心的环电极,盘与环之间用薄层绝缘材料隔离. 环电极用于可溶性反应产物的检测,一般用贵金属制成. 电极旋转时应注意使盘环电极表面上的液流中不出现湍流. 在这一装置中,圆盘电极表面上的液流情况和传质过程与§3.4.2中介绍过的旋转圆盘电极完全相同,在此我们只讨论环电极的行为.

　　当电极反应按 $O \xrightarrow{n_1 e^-} X \xrightarrow{n_2 e^-} R$ 进行时,生成的中间价态粒子 X 除在盘电极上进一步还原外,还有几种可能

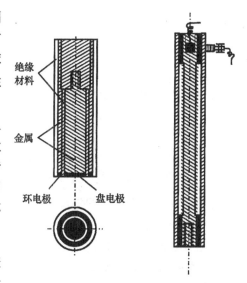

图 5.22　带环的旋转圆盘电极

的去向:(1)达到环电极表面上并在环上氧化(或还原);(2)进入溶液本体;(3)通过歧化反应或其他反应生成不能被环检测的粒子. 因此,在圆盘电极上生成的 X 只有一部分能被环检测. 这一分数称为环电极的捕集系数(N),其定义为

$$N = \frac{|\ I_R/n_R\ |}{|\ I_D/n_1\ |} = \left| \frac{I_R \cdot n_1}{I_D \cdot n_R} \right| \tag{5.64}$$

其中下标 D 和 R 分别代表盘和环,n_R 表示 X 在环电极上参加电化学反应时涉及的电子数. 注意式(5.64)中 I 表示电流强度而不是电流密度.

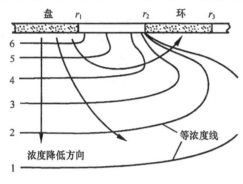

图 5.23　环盘电极表面附近的浓度分布

旋转环盘电极方法在 20 世纪 50 年代末期首先由原苏联 Фрумкин 等人提出[11], 后来又通过 Левич, Bruckenstein 和 Albery 等人的工作[12,13]推导出收集系数的定量公式. 它们的分析计算表明, 当在圆盘电极上生成的 X 完全可溶时, 如果溶液本体中 X 的浓度可以忽视, 且在环电极上保持耗尽 X 的"极限电流条件", 则当 X 在液相中不发生变化的情况下, X 在环盘电极平面附近的浓度分布具有如图 5.23 所示的剖面.

在这种情况下, 环电极的收集系数

$$N^0 = \frac{|\ I_R/n_R\ |}{|\ I_D^*/n_1\ |} = 1 - F\left(\frac{\alpha}{\beta}\right) + \beta^{2/3}[1 - F(\alpha)]$$
$$- (1 + \alpha + \beta)^{2/3}\left\{ 1 - F\left[\left(\frac{\alpha}{\beta}\right)(1 + \alpha + \beta)\right] \right\} \tag{5.65}$$

式中, I_D^* 表示在圆盘电极上生成 X 的电流, 而

$$\alpha = \left(\frac{r_2}{r_1}\right)^3 - 1, \qquad \beta = \left(\frac{r_3}{r_1}\right)^3 - \left(\frac{r_2}{r_1}\right)^3$$

$$F(\theta) = \frac{\sqrt{3}}{4\pi}\ln\left[\frac{(1 + \theta^{1/3})^3}{1 + \theta}\right] + \frac{3}{2\pi}\tan^{-1}\left(\frac{2\theta^{1/3} - 1}{\sqrt{3}}\right) + \frac{1}{4} \tag{5.66}$$

式中, r_1, r_2 和 r_3 分别为盘的半径和环的内半径和外半径. 式(5.65)和(5.66)表示 N^0 只决定于环盘电极的几何尺寸比例而与电极转速无关. 这一结论已被大量实验证实在不出现湍流的情况下是正确的.

N^0 称为环的"理论收集系数". 如果 X 不能在圆盘上进一步反应, 也不在液相中衰变, 则 $N = N^0$. 在文献[12]中已经将对应于不同的 r_2/r_1 和 r_3/r_1 的 N^0 数值用表列出. 但如果 X 在圆盘上进一步反应或在溶液中降解, 则按式(5.64)测出的 $N < N^0$, 且与电极的转速有关. 据此可以计算 X 进一步反应的速度常数. 在第七章中我们将要利用这种方法来估算氧还原时生成的不稳定中间产物 H_2O_2 的动力学性质.

§5.7.2 在同一电极上检测中间价态粒子的电化学方法

由 O 还原生成的中间价态粒子 X 可以具有不同的稳定性,据此可以设计不同的电化学实验方法在同一电极(反应电极)上检测中间价态粒子.

如果 $\varphi_{平,O/X}$ 显著地比 $\varphi_{平,X/R}$ 更正,则在 $\varphi_{平,O/X}$ 附近 X 是"热力学稳定"的.若实现 O→X 及 R→X 时涉及的超电势不大,则在稳态极化曲线和循环伏安曲线上将出现分离良好的两组"波". 在图 3.41 中显示的 TCNQ 分两步还原就是典型的例子. 在乙腈溶液中苯醌按下式分步还原:

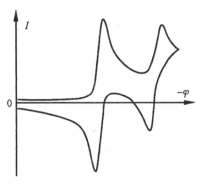

在循环伏安曲线上则表现为两组分离良好的单电子可逆波(图 5.24). 电势扫描速度 v 对两组峰电势及 $I_p/v^{1/2}$ 均无影响,表示每一步反应均具有良好的可逆性.

如果 R^* 能通过某种(非电化学)方式衰变,则循环伏安曲线的形式与扫描速度有关. 相应于 X→R 的还原峰电流以及此后出现的两组阳极峰电流的 $I_p/v^{1/2}$ 值均随 v 增大而变小,可以据此计算 X 的"半衰期"及衰变反应级数等[14].

另一种可能性是中间价态粒子并不具有热力学稳定性,但却由于 X→R 时涉及较高的超电势而使实现这一反应的电势区显著负移,导致在极化曲线上也出现分离良好

图 5.24

的两组波. 氧还原反应中作为中间价态粒子出现的 H_2O_2(或 HO_2^-)就是典型的例子. 在这类情况下,相应 X→R 的那一组"波"具有明显的不可逆性质. 例如:稳态极化曲线具有较大的半对数斜率;而循环伏安曲线上不出现阳极峰.

如果能找到可以实现单独检测中间价态粒子再氧化(或再还原)的"检测电势"($\varphi_{检测}$)区,则可采用在§5.4 中介绍过的"双电势脉冲"方法来检测中间价态粒子. 实验时先在 $\varphi = \varphi_{反应}$ 的脉冲持续时间中在电极表面上生成中间价态粒子,随后在继之而来的 $\varphi = \varphi_{检测}$ 脉冲中实现中间价态粒子的电化学检测. 在文献[15]中曾报道:乙酸可在强正电势脉冲的作用下在电极上生成 C_2H_6,CH_3OH,CO_2 和

氧,而随后可用检测脉冲测出 C_2H_6(酸性液中)和 CH_3OH(碱性液中).

　　近年来通过电化学方法(特别是程序极化法,包括双脉冲法)与各种谱学方法的联合使用,取得了一系列重要的成果. 我们将在本书第七章中讨论若干具体电极过程的反应机理时引用一些这类成果. 然而,详细介绍和讨论这些方法和成果,已超出本书的范围. 有兴趣的读者可进一步阅读文献[16].

参 考 文 献

一般性文献

1. Conway B E, Bockris J O'M, Yeager E, Khay S U M, White R E(Eds). Comprehensive Treatises of Electro-Chemistry, Vol. 7. Pleum,1983

2. *Faraday Discussion*. No.56, Intermediates in Electrochemical Reactions,1973

书中引用文献

[1]　Horiuti J, Ikushima I. *Proc. Imp. Acad. Tokyo*. 1939,15:39

[2]　吉林大学化学系.催化作用基础.北京:科学出版社,1980.第三章

[3]　Saveant J-M, Vianello E. *Electrochim. Acta*. 1965,10:905

[4]　邓家骐,汪乃兴,陈剑铉. 化学世界.1963,17:565;复旦大学学报(自然科学版).1966, 11:197

[5]　高小霞. 分析化学丛书第五卷第五分册,极谱催化波.北京:科学出版社,1991

[6]　Christe J H, Osteryoung R A, Anson F C. *J. Electroanal. Chem*. 1967,13:236

[7]　吴秉亮,孙爱军. 物理化学学报. 1990,6:747

[8]　Wu B L(吴秉亮),Lei H W(雷汉伟),Cha C S(查全性),Chen Y Y(陈永言). *J. Electroanal Chem*. 1994,377:227

[9]　Vetter K J. Transactions of the Symposium on Electrode Processes. Wiley J,1961.47

[10]　Gerischer H. *Z. Physik, Chem*. 1953,202:302

[11]　Frumkin A, Nikrasov L, Levich V, Ivanov Ju. *J. Electroanal. Chem*. 1959,1:84

[12]　Иванов Ю, Левич В. *ДАН СССР*. 1959,126:1029

[13]　Albery W J, Hitchman M. Ring-Disc Electrodes. Oxford:Clarendon Press,1971

[14]　Eggins B R. *Faraday Discussions*. 1973,No. 56:276

[15]　Fleischmann M, Goodridge F. *Discussions Faraday Soc*. 1968,No.45:254

[16]　Lipkowski J, Ross P N(Eds). Electrocatalysis. Wiley-VCH,1998

第六章　交流阻抗方法

§6.1　电解池的等效阻抗

在第四章中我们曾介绍过电极反应动力学参数的暂态测量方法,即利用短暂的恒电流脉冲或恒电势脉冲作为测量信号,同时观察极化电势或极化电流随时间的变化.采用这类方法时,由于整个测量过程在很短时间内完成,而且通过的总电量也很少,故不致引起严重的浓度极化现象,同时对电极表面状态的破坏作用也较轻微.

还可以采用交流电方法来研究界面电化学反应对界面阻抗的影响,称为交流阻抗方法.采用这种方法时用对称的交变电信号来极化电极.如果信号频率足够高,以致每一半周延续的时间足够短,就不会引起严重的浓度变化及表面变化.此外,由于通过交变电流时在同一电极上交替地出现阳极过程与阴极过程,如果阴极反应与阳极反应正好相反,则即使测量信号长时间地作用于电极,也不会导致极化现象的累积性发展.采用这一方法时,电极电势的振幅一般不超过几个毫伏.这时电极的极化行为主要决定于界面的微分电性质,一般可以忽视高次谐波项而使数学处理比较简单.

在介绍交流阻抗方法以前,需要首先引入电极和电解池的"等效阻抗"这一概念.

我们知道,电解池是一个相当复杂的体系,其中进行着电量的转移、化学变化和组分浓度的变化等.这种体系显然与由简单的线性电学元件如电阻、电容、电感等组成的电路全然不同.然而,如果在电解池的两个电极上加上交变电压信号($V_\sim$),则电解池中将通过交变电流($I_\sim$);而且,如果电压信号具有正弦波形并且振幅足够小,所引起的交变电流也将是同一频率的正弦波.对于每一确定的电解池体系,外加交变电压 $V_\sim$ 和所引起的交变电流 $I_\sim$ 二者的振幅成一定的比例,而且二者的相位相差一定的角度.

若只考虑这一特性,我们就有可能利用由电阻 R 和电容 C 串联组成的电路

(———$\underset{R}{\wedge\wedge\wedge}$——$\underset{C}{||}$) 来模拟电解池在小振幅正弦交变信号作用下的电性质[①]. 所谓电解池的等效电路(等效阻抗),是由 R,C(有时还要包括电感 L) 等元件组成的这样一种电路,当加上相同的交变电压信号时,通过电路的交变电流与通过电解池的交变电流具有完全相同的振幅和相位角.

在分析电解池的等效阻抗以前,也许有必要先简单复习一下交流电路的基本性质:

1. 如果电路由纯电阻 R 组成,则交变电压与电流的相位相同(相位移角 $\theta = 0$). 若电压信号为 $V_\sim = V^0 \sin\omega t$,则所引起的电流信号 $I_\sim = I^0 \sin\omega t$. 二者的振幅比 $V^0/I^0 = R$.

2. 如果电路由纯电容 C 组成,若 $V_\sim = V^0 \sin\omega t$,则 $V_\sim$ 与 $I_\sim$ 之间的关系为

$$I_\sim = C\frac{dV_\sim}{dt} = \omega CV^0 \cos\omega t = I^0 \sin\left(\omega t + \frac{\pi}{2}\right)$$

即这种情况下交变电流的相位比电压超前 $90°$($\theta = \frac{\pi}{2}$). 式中 $I^0 = \omega CV^0$;振幅比 $\frac{V^0}{I^0} = \frac{1}{\omega C} = |Z_c|$,后者称为"电容电抗"或简称"容抗".

3. 如果电路由 R,C 串联组成,则当 $V_\sim = V^0 \sin\omega t$ 时有

$$I_\sim = \frac{V^0}{|Z|} \sin(\omega t + \theta)$$

式中:$\theta = \mathrm{ctg}^{-1}(R\omega C)$;$|Z| = \sqrt{R^2 + \left(\frac{1}{\omega C}\right)^2}$. 在这种情况下,显然 $0 < \theta < \frac{\pi}{2}$. 因此,根据 $V_\sim$ 和 $I_\sim$ 之间的相位角 θ 的数值,可以决定等效电路应由纯电阻组成,或纯电容组成,或二者串联组成.

交流阻抗 Z 为向量,因此常写成复数形式 $Z = Z' - jZ''$,其中 Z'、Z'' 分别为实部和虚部. 由于电阻 R 和电容 C 的阻抗分别为 $Z_R = R$ 和 $Z_C = -j/\omega C$,由 R,C 串联组成的电路的阻抗 $Z = R - \frac{j}{\omega C}$. 此外 Z^{-1} 常称为"导纳",用 Y 表示. 当线性元件串联组合时,总阻抗为各元件阻抗的复数和;而当元件并联组合时,总导纳为各元件导纳的复数和.

整个电解池的阻抗可分解为图 6.1 所示的各个部分. 图中 $Z_{电解}$ 称为电极的"电解阻抗",用来表示与界面上电化学反应相对应的等效阻抗,其数值决定于电极

———————————

① 原则上也可以采用由 R,C 并联组成的电路或更复杂的电路来模拟电解池的阻抗,但在一般情况下采用串联电路时数学处理比较简单.

反应的动力学参数及测量信号的频率.

视实验条件的不同,电解池的等效阻抗可以按下面几种情况分别简化:

1. 如果采用两个大面积电极,例如镀了铂黑的电极,则两个电极上的 $C_{双层}$ 都很大. 因而,不论界面上有无电化学反应发生, 界面阻抗的数值都很小 $\left(\approx\dfrac{1}{\omega\,C_{双层}}\right)$. 在这种情况下, 整个电解

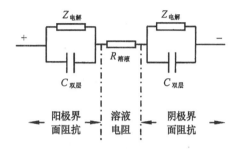

图 6.1　电解池阻抗等效电路的组成部分

池的阻抗近似地相当于一个纯电阻($R_{溶液}$)而 $\theta=0$. 这些也就是测量溶液电导时应满足的条件.

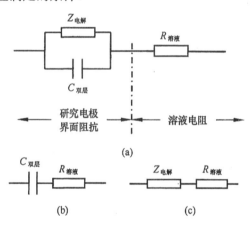

图 6.2　各种条件下电解池等效电路的简化

2. 如果用大的辅助极化电极与小的研究电极组成电解池,则按同理可以忽视辅助极化电极上的界面阻抗. 这时电解池的等效电路可简化为如图 6.2(a) 的形式,其中又可能出现两种不同的情况:

(1) 如果研究电极/溶液界面上不发生电化学反应,即基本满足理想极化电极的条件,则 $|Z_{电解}| \gg \dfrac{1}{\omega\,C_{双层}}$,而电解池的等效电路可简化为图 6.2(b) 的形式,且有 $0<\theta<\dfrac{\pi}{2}$.

这也就是测量界面微分电容时应满足的条件. 若在较浓的溶液中测量,且所用信号的频率不太高,足以导致 $R_{溶液} \ll \dfrac{1}{\omega\,C_{双层}}$,则整个电解池的阻抗与一个电容相近,即 $\theta \approx \pi/2$.

(2) 如果电极反应的速度比较大,因而 $|Z_{电解}| \ll \dfrac{1}{\omega\,C_{双层}}$,则电解池的等效电路可简化为图 6.2(c) 的形式. 这是采用交流阻抗法测量电极反应动力学参数时所应基本满足的条件. 如以后将要看到的,这时一般地有 $0 \leqslant \theta < \dfrac{\pi}{4}$. 又如果溶液的总浓度较大,因而 $Z_{电解} \gg R_{溶液}$,则电解池的阻抗完全由研究电极的 $Z_{电解}$ 决定. 由于 $R_{溶液}$ 可以很精确地单独测定,即使这一项的影响不容忽视,也很容易由电解池总阻抗中减去 $R_{溶液}$ 一项而得到 $Z_{电解}$ 的数值. $C_{双层}$ 的影响也可以用适当的公式加

以校正.

§6.2　交变电流信号所引起的表面浓度波动和电极反应完全可逆时的电解阻抗

在本节及下一节的讨论中,均假定 $C_{双层}$ 和 $R_{溶液}$ 的影响已经得到校正[①],因此只考虑电极阻抗中的电解阻抗部分. 换言之,将不考虑双层电容的存在而近似地认为全部通过电解池的电量都用来引起表面层中的浓度变化. 此外,我们还假设电极表面液层中的传质过程是完全由扩散作用所引起的,即不存在能引起电极电势极化的表面转化步骤.

若通过电解池的交变电流信号为 $I_\sim = I^0\sin\omega t$,又电极反应为 $O + ne^- \rightleftharpoons R$,则不论电极反应的可逆性如何,总有边界条件

$$I^0\sin\omega t = nFD_O\left(\frac{\partial c_O}{\partial x}\right)_{x=0}$$

若将此式与远离电极表面处的另一边界条件 $c_O(\infty, t) = c_O^0$ 联用,则扩散方程 $\frac{\partial c_O}{\partial t} = D_O\left(\frac{\partial^2 c_O}{\partial x^2}\right)$ 有如下形式的解[②]:

$$-\Delta c_{O\sim} = c_O^0 - c_{O\sim} = \frac{I^0}{nF\sqrt{\omega D_O}} \exp\left(-\frac{x}{\sqrt{2D_O/\omega}}\right)\sin\left(\omega t - \frac{x}{\sqrt{2D_O/\omega}} - \frac{\pi}{4}\right)$$

$$(6.1)$$

---

① 如果用电路 ⊶[R ⊓ C][$Z_{电解}$][$C_{双层}$]— $R_{溶液}$ ⊷ 来表示电极等效阻抗的实际组成,而与其等效的测

量电路由标准电阻(R_s)和标准电容(C_s)串联组成,则可以按下式来校正 $C_{双层}$ 和 $R_{溶液}$ 的影响以求出电解阻抗的电阻部分和电容部分:

$$R = -\frac{R^*}{1 + \omega^2 R^{*2}(C^* - C_{双层})^2}$$

和

$$C = (C^* - C_{双层})\left[1 + \frac{1}{\omega^2 R^{*2}(C^* - C_{双层})^2}\right]$$

其中

$$R^* = (R_s - R_{溶液}) + \frac{1}{\omega^2 C_s^2(R_s - R_{溶液})}$$

$$C^* = \frac{C_s}{1 + \omega^2 C_s^2(R_s - R_{溶液})^2}$$

② 由于采用了使电极表面附近液层中 C_O 下降的阴极电流为正电流方向,故 $-\Delta c_{O\sim}$ 与 $I_\sim$ 相对应.

式(6.1)表示,在表面液层中存在着与交变电流频率相同的氧化态粒子浓度波动

$(-\Delta c_{O\sim})$,其振幅 $(\Delta c_{O,最大})$ 为 $\dfrac{I^0}{nF\sqrt{\omega D_O}}\exp\left(-\dfrac{x}{\sqrt{2D_O/\omega}}\right)$. 当 x 增大时

$\Delta c_{O,最大}$ 很快地衰减(图6.3中虚线). 若信号频率增高,则浓度波动振幅减小.

$\left(\dfrac{x}{\sqrt{2D_O/\omega}}+\dfrac{\pi}{4}\right)$ 表示液层中浓度波动落后于交变电流的相位角;距电极表面愈

远,浓度波动的相位角落后也愈大. 图6.3中实线表示某一瞬间表面层中反应粒子的浓度变化 $\Delta c_{O\sim}$ 的分布及其振幅的变化情况.

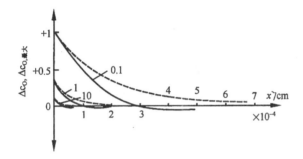

图6.3 用交流电极化电极时当电极表面上浓度波动最大时
附近液层中浓度波动(实线)和振幅(虚线)的分布
曲线旁数字表示交流电的频率(千周),设 $D_O=1\times10^{-5}\mathrm{cm^2\cdot s^{-1}}$.

我们最感兴趣的是电极表面 $(x=0$ 处) 的浓度波动 $(\Delta c_{O\sim}^{s})$. 为此,可在式(6.1)中用 $x=0$ 代入后得到

$$-\Delta c_{O\sim}^{s}=\frac{I^0}{nF\sqrt{\omega D_O}}\sin\left(\omega t-\frac{\pi}{4}\right)\tag{6.2}$$

式(6.2)表示,电极表面上反应粒子浓度波动的相位角正好比交变电流落后45°.

以上只讨论了一种粒子O的浓度波动. 不难证明,如果溶液中同时存在O和R,则表面层中分别存在两种粒子的浓度波动,其中氧化态粒子浓度波动的表示式与式(6.1)和(6.2)相同,而还原态粒子的浓度波动为

$$\Delta c_{R\sim}=c_{R\sim}-c_R^0=\frac{I^0}{nF\sqrt{\omega D_R}}\exp\left(-\frac{x}{\sqrt{2D_R/\omega}}\right)\sin\left(\omega t-\frac{x}{\sqrt{2D_R/\omega}}-\frac{\pi}{4}\right)$$

$$\tag{6.3}$$

和在 $x=0$ 处有

$$\Delta c_{R\sim}^{s}=\frac{I^0}{nF\sqrt{\omega D_R}}\sin\left(\omega t-\frac{\pi}{4}\right)\tag{6.4}$$

比较式(6.1)和(6.3)可以看到,在任何同一地点 (即 x 相同时), $-\Delta c_{O\sim}$ 与 $\Delta c_{R\sim}$

的相位相同,即 c_O 和 c_R 的变化方向正好相反. 如 R 能在电极中溶解(如汞齐电极),还可以在电极内部的表面层中出现 R 的浓度波动.

当电极反应完全可逆及 R 的活度为常数时(例如金属电极与其离子之间的电极反应),电极电势的波动与 O 的表面浓度波动具有完全相同的相位. 因此,由此引起的电极电势波动也比电流波动落后 $45°\left(\theta = -\dfrac{\pi}{4}\right)$. 根据 Nernst 公式,电极电势波动可写成

$$\Delta\varphi_{\sim} = \frac{RT}{nF} \ln \frac{c_{O\sim}^{s}}{c_O^0} = \frac{RT}{nF} \ln\left(1 + \frac{\Delta c_{O\sim}^{s}}{c_O^0}\right) \tag{6.5}$$

如果浓度波动的幅值很小,则根据近似公式 $x \ll 1$ 时 $\ln(1+x) = x$ 可推知,当 $|\Delta c_{O\sim}^{s}| \ll c_O^0$ 时应有 $\ln\left(1 + \dfrac{\Delta c_{O\sim}^{s}}{c_O^0}\right) = \dfrac{\Delta c_{O\sim}^{s}}{c_O^0}$,代入上式后可将该式线性化得到

$$\Delta\varphi_{\sim} = \frac{RT}{nF} \frac{\Delta c_O^s}{c_O^0}$$

再将式(6.2)代入,就得到

$$\Delta\varphi_{\sim} = -\frac{I^0 RT}{n^2 F^2 c_O^0 \sqrt{\omega D_O}} \sin\left(\omega t - \frac{\pi}{4}\right)$$

$$= \Delta\varphi^0 \sin\left(\omega t - \frac{\pi}{4}\right) \tag{6.6}$$

式中, $\Delta\varphi^0 = -\dfrac{I^0 RT}{n^2 F^2 c_O^0 \sqrt{\omega D_O}}$,为电极电势波动的振幅. 由此立即从电势和电流波动的振幅比得到电解阻抗的数值为[①]

$$|Z_{电解}| = \frac{-\Delta\varphi^0}{I^0} = \frac{RT}{n^2 F^2 c_O^0 \sqrt{\omega D_O}} \tag{6.7}$$

考虑到 $-\theta = 45°$,故在由扩散步骤控制的电解阻抗的串联等效电路中,电阻部分($R_{扩}$)与电容部分($C_{扩}$)之间必然存在如下关系:

$$|Z_R|_{扩} = R_{扩} = |Z_c|_{扩} = \frac{1}{\omega C_{扩}} = \frac{|Z_{电解}|}{\sqrt{2}} \tag{6.8}$$

即

$$R_{扩} = \frac{RT}{\sqrt{2}\, n^2 F^2 c_O^0 \sqrt{\omega D_O}} = \frac{\sigma}{\sqrt{\omega}} \tag{6.9}$$

$$C_{扩} = \frac{\sqrt{2}\, n^2 F^2 c_O^0 \sqrt{D_O}}{RT \sqrt{\omega}} = \frac{1}{\sigma \sqrt{\omega}} \tag{6.10}$$

---

① 正向的阴极电流引起 φ 负移和阴极超电势 η 增大,故有 $Z = -\dfrac{\partial\varphi}{\partial I} = \dfrac{\partial\eta}{\partial I}$.

二式中
$$\sigma = \frac{RT}{\sqrt{2}\,n^2 F^2 c_O^0 \sqrt{D_O}} \tag{6.11}$$

如果将电解阻抗写成复数形式,则有

$$Z_{扩} = Z_R + Z_C = R_{扩} - \frac{j}{\omega C_{扩}} = \frac{\sigma}{\sqrt{\omega}}(1-j) \tag{6.12}$$

还可以证明,如果 O,R 两态均可溶,则推导结果在形式上与式(6.9)和(6.10)相同,即仍然有 $\theta = \pi/4$,只是其中

$$\sigma = \frac{RT}{\sqrt{2}\,n^2 F^2}\left(\frac{1}{c_O^0 \sqrt{D_O}} + \frac{1}{c_R^0 \sqrt{D_R}}\right) \tag{6.13}$$

因此,可将两种粒子 O,R 扩散障碍引起的电解阻抗写成两种粒子分别引起的电解阻抗的和

$$Z_{扩} = Z_{O,扩} + Z_{R,扩} \tag{6.14}$$

而任一种粒子 i 引起的电解阻抗为

$$Z_{i,扩} = \frac{RT}{\sqrt{2}\,n^2 F^2 c_i^0 \sqrt{\omega D_i}}(1-j) \tag{6.15}$$

如果不存在 O,R 其中之一的扩散过程,则在式(6.14)中可略去相应的 Z_i 项.

式(6.8)表示,在直角坐标图上 $R_{扩}$ 和 $|Z_c|_{扩}$ 随 $\omega^{-1/2}$ 的变化是重叠的两条直线(图6.4). 根据这一特性可以识别在通过交流电时电极反应速度单纯受扩散步骤控制的电极过程. 由式(6.14)和(6.15)表示的电解阻抗常称为 Warburg 阻抗. 当溶液电阻和界面双层电容的影响不能忽视时,包含 Warburg 阻抗的等效电路如图6.5所示. 图中 $Z_{电解(界面)}$ 是由直接在界面上进行的电化学反应所引起的,我们将在下节中加以讨论. 仅从空间位置考虑,似乎 $C_{双层}$ 只应与 $Z_{电解(界面)}$ 并联;但由于双层充放电过程与电化学反应所耗用的电量是相互独立的,故图中将电化学反应(包括反应粒子的扩散过程)引起的电解阻抗与双层电容并联排列是适合的.

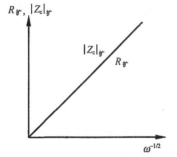

图6.4 当电极反应速度完全由扩散步骤控制时电解阻抗中 $R_{扩}$ 和 $|Z_c|_{扩}$ 随频率的变化

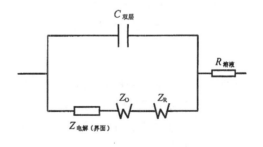

图6.5 包括 Warburg 阻抗的电极等效电路

§6.3　电化学步骤和表面转化步骤对电解阻抗的影响

如果在电极反应历程中电化学步骤的反应速度不够快,则通过交变电流时除了浓度极化外还将出现电化学极化. 这时电解阻抗除扩散障碍引起的 $Z_{扩}$ 外还包括由于电化学极化引起的 $Z_{电解(界面)}$(以下简称 $Z_{电}$).

若电化学步骤的反应速度远小于电极表面上的暂态极限扩散速度,则通过交流电时基本上不出现反应粒子的浓度极化,即电极电势的极化完全是由电化学步骤所引起的,即不会出现可察觉的反应粒子的浓度波动和平衡电势的波动. 根据式(6.2),表面浓度波动的振幅随极化电流的振幅降低和频率增高而减小;因此,只要极化电流振幅足够小和(或)频率足够高,就可以忽略表面浓度的波动而视 $c_O(0,t)$ 为常数,即可认为不发生反应粒子的浓度极化. 当满足这些条件时,交变的极化电流与电极电势波动显然具有相同的相位($\theta = 0$),因此电解阻抗只包括电阻成分($R_电$).

可以在平衡电势附近测量电化学极化引起的电解阻抗,也可以在显著偏离平衡电势处测量. 在后一情况下,交变电信号是叠加在恒定的极化信号上而生效的. 当不出现反应粒子的浓度极化时,可以按电极反应可逆性的不同,分下述几种情况来分析电极反应的等效电阻值:

首先,如果交流电信号引起的电化学极化很小($\eta \ll 25\text{mV}$),即电化学极化基本处在线性区[式(4.17)],则由电化学极化引起的阻抗为

$$Z_电 = R_电 = \frac{d\eta}{dI} = \frac{RT}{nF}\frac{1}{i^0} \qquad (6.16)$$

这一式子是用交流阻抗方法测定电极反应动力学参数时最常用到的公式. 可以应用式(6.16)来测量快速反应的 i^0.

其次,若电极反应完全不可逆,则极化曲线应具有式(4.19)所示的形式. 由此得到与界面电化学反应等效的电解阻抗为

$$Z_电 = R_电 = \frac{\mathrm{d}\eta}{\mathrm{d}I} = \frac{RT}{\alpha nFI} \qquad (6.17)$$

在这种情况下, $R_电$ 与极化电流 I 成反比而与 i^0 无关.

如果电极反应部分可逆,即大致相当于电化学极化 $\eta = 25 \sim 100\text{mV}$,则逆向电流的影响不能忽略. 此时需要利用式(4.16a)微分得到电解阻抗的表示式. 在 $\alpha = \beta = 0.5$ 时

$$Z_电 = R_电 = \frac{2RT}{nFi^0}\Big[\exp\Big(\frac{nF}{2RT}\eta\Big) + \exp\Big(-\frac{nF}{2RT}\eta\Big)\Big]^{-1}$$

$$= \frac{RT}{nFi^0} \mathrm{sech}\left(\frac{nF}{2RT}\eta\right) \tag{6.18}$$

以上诸式(6.16)~(6.18)均系在不出现反应粒子浓度极化的前提下导出的,其共同特征是 $\theta = 0$,即 $Z_{电}$ 中只包含电阻成分. 若通过交变电流时出现了反应粒子的浓度极化,则由于反应粒子的浓度波动在相位上落后于电流波动 $\left(\theta = \frac{\pi}{4}\right)$,而电极电势波动除了与反应粒子的表面浓度波动有关外还要受界面反应动力学的影响,故电势波动虽然在相位上也落后于电流波动,但要比表面浓度波动的相位少落后一些 $\left(\frac{\pi}{4} > \theta > 0\right)$. 这样,就需要在等效电路中引入电容项.

换言之,若反应粒子的浓度不够大,或是交流电的频率不够高,则在电化学步骤的交换电流不大时会同时出现电化学极化和浓度极化. 对于这类情况,可以从下式出发来分析平衡电极电势附近电极反应的等效阻抗:

$$I_\sim = i^0 \left[\frac{c_{O\sim}^s}{c_O^0} \exp\left(\frac{\alpha nF}{RT}\eta_\sim\right) - \frac{c_{R\sim}^s}{c_R^0} \exp\left(-\frac{\beta nF}{RT}\eta_\sim\right) \right] \tag{6.19}$$

式(6.19)与式(4.27)基本一致,但由于通过交流电时 I, η, c_O 和 c_R 都呈现周期性的波动,因此分别改用 $I_\sim, \eta_\sim, c_{O\sim}$ 和 $c_{R\sim}$ 来表示. 将上式微分,在 $\eta \to 0$ 时可以得到

$$\left(\frac{\partial I_\sim}{\partial \eta_\sim}\right)_{\eta \to 0} = i^0 \left[\frac{c_{O\sim}^s}{c_O^0}\frac{\alpha nF}{RT} + \frac{c_{R\sim}^s}{c_R^0}\frac{\beta nF}{RT} + \frac{1}{c_O^0}\left(\frac{\partial c_{O\sim}^s}{\partial \eta_\sim}\right)_{\eta \to 0} - \frac{1}{c_R^0}\left(\frac{\partial c_{R\sim}^s}{\partial \eta_\sim}\right)_{\eta \to 0} \right]$$

若通过交变电流时 O,R 浓度波动的幅度很小,则

$$\frac{c_{O\sim}^s}{c_O^0} \approx \frac{c_{R\sim}^s}{c_R^0} \approx 1$$

代入前式可使其简化为

$$\left(\frac{\partial I_\sim}{\partial \eta_\sim}\right)_{\eta \to 0} = i^0 \left[\frac{nF}{RT} + \frac{1}{c_O^0}\left(\frac{\partial c_{O\sim}^s}{\partial \eta_\sim}\right)_{\eta \to 0} - \frac{1}{c_R^0}\left(\frac{\partial c_{R\sim}^s}{\partial \eta_\sim}\right)_{\eta \to 0} \right]$$

再利用 $\left(\frac{\partial c_\sim^s}{\partial \eta_\sim}\right)_{\eta \to 0} = \left(\frac{\partial c_\sim^s}{\partial I_\sim}\right)_{\eta \to 0}\left(\frac{\partial I_\sim}{\partial \eta_\sim}\right)_{\eta \to 0}$ 关系,可以得到当电极处于平衡电极电势($\eta \to 0$) 时电极反应的等效阻抗为

$$Z_{电解} = \left(\frac{\partial \eta_\sim}{\partial I_\sim}\right)_{\eta \to 0} = \frac{RT}{nFi^0} - \frac{RT}{nFc_O^0}\left(\frac{\partial c_{O\sim}^s}{\partial I_\sim}\right)_{\eta \to 0} + \frac{RT}{nFc_R^0}\left(\frac{\partial c_{R\sim}^s}{\partial I_\sim}\right)_{\eta \to 0} \tag{6.20}$$

式(6.20)表明,当 $\varphi \to \varphi_{平}$ 时 $Z_{电解}$ 包括三个组成部分. 式中右方第一项与式(6.16)完全相同,是由电化学极化所引起的;第二和第三项则分别是由 O 和 R 的浓度极化所引起的. 如果 O 和 R 二者之一不发生浓度极化,则相应的一项消失;如果二者均不出现浓度极化,则式(6.20)还原为式(6.16).

还可以导出,式(6.20)右方后二项与前节中用式(6.12)和(6.13)表示的由扩

散过程引起的电解阻抗是完全一致的,即式(6.20)可以写成

$$Z_{电解} = Z_{电} + Z_{扩} \qquad (6.21)$$

式(6.21)的物理意义是,正如在整个反应历程中扩散步骤与电化学步骤是串联进行的那样,当同时出现电化学极化与浓度极化时,总的电解阻抗也是由这两种过程所分别引起的电解阻抗串联组成的. 如果用 R, C 串联电路来模拟电极反应,则

$$R = R_{电} + R_{扩} = \frac{RT}{nF}\frac{1}{i^0} + \frac{\sigma}{\omega^{1/2}} \qquad (6.22a)$$

$$C = C_{扩} = \frac{1}{\sigma\omega^{1/2}}, \quad |Z_c| = \frac{\sigma}{\omega^{1/2}} \qquad (6.22b)$$

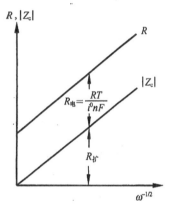

图 6.6
当电极反应速度由扩散步骤及电化学步骤联合控制时电解阻抗中 R 和 $|Z_c|$ 随频率的变化.

式(6.22a)和(6.22b)表示; $R, |Z_c|$ 与 $\omega^{-1/2}$ 之间的关系为相互平行的两条直线,其间垂直距离为 $RT/i^0 nF$(图 6.6). 利用这一关系可以求得 i^0 的数值.

当电极反应的可逆性增大 (i^0 增大) 时,式(6.22a)中 $RT/i^0 nF$ 一项愈来愈小,因而该式愈来愈接近于式(6.9),即 $R_{电}$ 愈来愈小而 R 愈来愈趋近 $R_{扩}$.

事实上,交流阻抗方法与以前介绍过的暂态方法所应用的基本原理是相似的. 这两类方法都设法缩短测量时间以消除浓度极化现象对界面反应测量的干扰. 当采用恒流及恒电势脉冲法时,可将暂态曲线外推到 $t = 0$ 时来实现这一点;而在交流阻抗法中则利用外推到 $\omega \to \infty$ 来达到同一效果.

然而,由于 R 与 $|Z_c|$ 之间的差距是恒定的,不必外推到 $\omega \to \infty$ 也可以求得 i^0 的数值. 所有这些方法的共同缺点是不能避免双层电容的干扰作用. 因此,这三种方法的测量上限也大致相同,均约为 $K = 1 \text{ cm·s}^{-1}$.

采用电势脉冲或电流脉冲法时,可以在同一溶液中利用幅度不同的电压脉冲或电流脉冲一次测出全部极化曲线(包括阳极和阴极分支),然后根据曲线的形式计算动力学参数 i^0, K 和 α 等. 若用交流阻抗法,则在每种体系中只能求得一个 i^0 值. 需要综合处理一系列组分浓度不同的体系,才能求出 α 值. 一般说来,暂态极化曲线所包含的信息比较丰富,而交流阻抗法的单次测量精度较高,因此这两类方法各有优劣.

如果在电极反应历程中除扩散步骤和电化学步骤外还存在表面转化步骤,则还可能出现由于后一类步骤而引起的阻抗. 以下用均相前置转化步骤为例来分析

这一步骤不够快时对电极反应等效阻抗的影响.

在§5.3中我们已经分析过,当包含前置转化步骤的电极过程 $O \underset{\overleftarrow{k}}{\overset{\overrightarrow{k}}{\rightleftharpoons}} O^* \xrightarrow{ne^-} R$ 达到稳态后,在电极表面液层中厚度约为 μ_k 的反应区内出现了 O^* 的浓度极化. 由于浓度极化的建立需要一定时间,故表面层中反应粒子的浓度波动必然在相位上落后于电流波动. 而且,与浓度波动同相位的、由 Nernst 公式决定的电极电势波动也落后于电流波动. 然而,当存在表面转化反应时,由于 O^* 的补充来自两个方面——扩散和转化,其稳态浓度分布的建立要比纯粹扩散控制的过程更快一些,因而电极电势波动落后于电流波动的程度也要小一些,即相位角 $\theta < \dfrac{\pi}{4}$.

与扩散步骤控制的电极过程不同,当电极反应为均相前置转化步骤控制时 θ 不是一个常数,而是随着所用交流电频率的降低而减小,并在 $\omega \to 0$ 时有 $\theta \to 0$. 可以通过对两种极端情况的分析来理解这一现象.

根据式(3.47),若不考虑 O 的浓度极化,则建立有效厚度为 μ_k 稳态反应区所需要的时间(τ)约为 $\sqrt{\pi D\tau} \approx \mu_k$,即 $\tau \approx \dfrac{\mu_k^2}{\pi D} = \dfrac{1}{\pi \overleftarrow{k}}$. 如果所用的交流电频率很低,以致 $\omega^{-1} \gg \tau$,或 $\dfrac{\overleftarrow{k}}{\omega} \gg 1$,则电流周期变化时在表面层中有充分的时间来建立稳态反应区. 在这种情况下,电极表面上 O^* 的浓度波动及电极电势波动与电流波动具有相同的相位;因此 $\theta = 0$,表示 $Z_{电解}$ 中只包括与 ω 无关的电阻项,即 $R_转 = $ 常数 $(= R_转^*)$,$|Z_c|_转 = 0$.

与此相反,如果交流电频率非常高,则由于每一半周的延续时间非常短,就完全来不及建立稳态反应区. 在这种情况下,电极反应主要是 O^* 的直接还原. 由于 O 转化为 O^* 再还原所引起的部分电流可以忽略不计,因此,电极反应的等效阻抗与只受 O^* 扩散控制的电极过程相同. 显然,此时 R 和 $|Z_c|$ 的表达式中不应包括转化反应的动力学参数.

这样,就不难理解为什么当电极反应由均相前置转化步骤控制时,$Z_{电解}$ 的两个组成部分随 $\omega^{-1/2}$ 的变化有如图6.7所示的形式. 图中在高频区内,$R_转 = |Z_c|_转$ 且与 $\omega^{-1/2}$ 成正比;在低频区内,则随着 ω 的减小 $R_转$ 趋近恒定值 $(R_转^*)$ 而 $|Z_c|_转$ 趋近于零.

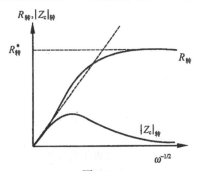

图 6.7

当电极反应速度由液相中前置转化
步骤控制时电解阻抗中 R 及
$|Z_c|$ 随频率的变化.
(不发生电极惰性粒子浓度极化时的情况)

可以证明:当频率足够低以致 $\dfrac{\tilde{k}}{\omega} \gg 1$ 时($\tilde{k}$ 为 $O^* \to O$ 反应的速度常数),单纯由前置转化速度控制的电极过程所相应的等效电路由 $R_{转}$ 和 $C_{转}$ 串联组成,其中

$$R_{转} = \frac{RT}{n^2 F^2} \frac{1}{c_{O^*}^0 \sqrt{D_{O^*} \tilde{k}}} = R_{转}^*, \qquad |Z_c|_{转} = 0 \tag{6.23}$$

而当频率足够高以致 $\dfrac{\tilde{k}}{\omega} \ll 1$ 时则有

$$R_{转} = |Z_c|_{转} = \frac{RT}{n^2 F^2} \frac{1}{c_{O^*}^0 \sqrt{2 D_{O^*} \omega}} \tag{6.24}$$

还可以证明,如果同时出现电化学步骤、O 的扩散步骤与表面转化步骤三个步骤所引起的极化,则前述叠加原理仍然适用. 此时整个电极反应的电解阻抗

$$Z_{电解} = Z_{电} + Z_{O,扩} + Z_{转} \tag{6.25}$$

而 $Z_{电解}$ 的电阻部分与容抗部分分别为

$$R_{电解} = R_{电} + R_{O,扩} + R_{转} \tag{6.26}$$

和

$$|Z_c|_{电解} = |Z_c|_{O,扩} + |Z_c|_{转} \tag{6.27}$$

诸式中各类 R 和 $|Z_c|$ 的表达式均与前面分别介绍过的相同.

§6.4 表示电极交流阻抗的"复数平面图"

本章以前各节中均利用复数阻抗中实部(电阻)和虚部(容抗)随频率的变化关系作图(例如图 6.4,图 6.6 和图 6.7 等). 在电化学文献中还常采用以电极阻抗的虚数部分对实数部分作图的分析法,称为"复数平面图"法. 由于电极阻抗中一般包括容抗项而很少出现感抗项,通常采用 $Z = Z' - jZ''$ 中的 Z'' 对 Z' 作图.

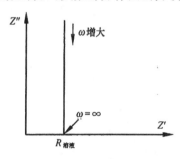

图 6.8 理想极化电极阻抗的复数平面图

理想极化电极的等效电路由 $R_{溶液}$ 和 $C_{双层}$ 串联组成,电极阻抗 $Z = R_{溶液} - \dfrac{j}{\omega C_{双层}}$,故有 $Z' = R_{溶液}$ 为恒定值,而 $Z'' = \dfrac{1}{\omega C_{双层}}$. 此时复数平面图上的阻抗图为一垂直线,其上端由测量时采用的低频下限所决定(图 6.8).

如果电极的等效电路具有如图 6.5 所示的形式,则电极阻抗

$$Z = R_{溶液} + \left(j\omega C_{双层} + \frac{1}{Z_{电解(界面)} + \sigma\omega^{-1/2} - j\sigma\omega^{-1/2}} \right)^{-1}$$

若假设 $Z_{电解(界面)}$ 中只包括实部($= R_{电}$),则上式可整理为

$$Z = \left\{ R_{溶液} + \frac{R_{电} + \sigma\omega^{-1/2}}{(C_{双层}\sigma\omega^{1/2} + 1)^2 + \omega^2 C_{双层}^2(R_{电} + \sigma\omega^{-1/2})^2} \right\}$$

$$- j \left\{ \frac{\omega C_{双层}(R_{电} + \sigma\omega^{-1/2})^2 + \sigma\omega^{-1/2}(\omega^{1/2}C_{双层}\sigma + 1)}{(C_{双层}\sigma\omega^{1/2} + 1)^2 + \omega^2 C_{双层}^2(R_{电} + \sigma\omega^{-1/2})^2} \right\} \qquad (6.28)$$

其中 σ 由式(6.13)确定.

然而,式(6.28)过于复杂,难以分析. 因此,我们可以先考虑两种极端情况:

首先,若频率足够低,则可只保留不含 ω 及只含 $\omega^{-1/2}$ 的项,从而得到

$$Z' = R_{溶液} + R_{电} + \sigma\omega^{-1/2}$$

$$Z'' = \sigma\omega^{-1/2} + 2\sigma^2 C_{双层}$$

在两式中消去 ω 后得到

$$Z'' = Z' - R_{溶液} - R_{电} + 2\sigma^2 C_{双层} \qquad (6.29)$$

根据式(6.29),复数平面图上相应于低频段的阻抗图是一条斜率为1的直线,其延线在横坐标上其截距等于 $R_{溶液} + R_{电} - 2\sigma^2 C_{双层}$(见图6.9). 阻抗线不可能触及横坐标轴,因为即使 $\omega \to \infty$,仍有 $Z' = R_{溶液} + R_{电}$ 和 $Z'' = 2\sigma^2 C_{双层} > 0$.

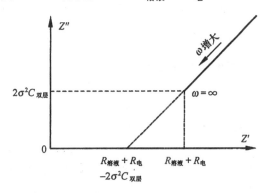

图 6.9　低频阻抗图

其次,若频率足够高,则可在分母中只保留常数项和含 ω^2 的项,及在分子中只保留常数项和含 ω 的项,由此得到

$$Z' = R_{溶液} + \frac{R_{电}}{1 + \omega^2 C_{双层}^2 R_{电}^2}$$

$$Z'' = \frac{\omega C_{双层} R_{电}^2}{1 + \omega^2 C_{双层}^2 R_{电}^2}$$

从两式中消去 ω 后得到

$$\left(Z' - R_{溶液} - \frac{R_{电}}{2}\right)^2 + Z''^2 = \left(\frac{R_{电}}{2}\right)^2 \tag{6.30}$$

式(6.30)表示,在复数平面图上相应于高频段的阻抗曲线是一个半圆,其圆心在 Z' 轴上 $R_{溶液} + \frac{R_{电}}{2}$ 处,而半径等于 $R_{电}/2$(图 6.10).

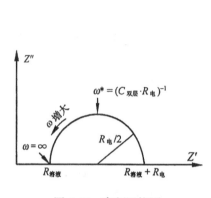

图 6.10　高频阻抗图

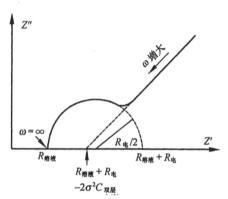

图 6.11　全部频率范围内的复数阻抗图

将图 6.9 与图 6.10 合并,就可以得到覆盖全部频率范围的阻抗图(图 6.11). 根据图的特征可以求出 $R_{溶液}$ 和 $R_{电}$. 又将高频段的 Z'' 对 ω 微分并根据 $\dfrac{\mathrm{d}Z''}{\mathrm{d}\omega} = 0$ 得到相应于半圆顶点的圆频率值的表达式

$$\omega^* = \frac{1}{C_{双层}R_{电}}$$

可以利用这一关系从图上求得 $C_{双层}$ 的数值.

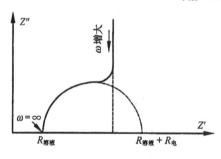

图 6.12　涉及表面吸附态的复数阻抗图

换言之,从复数阻抗曲线上的一些特征点可以直接求出 $C_{双层}$,$R_{溶液}$ 和 i^0 等,这显然是很方便的. 然而,也需要指出,这一方法并不适用研究快速反应. 当 i^0 增大时,圆半径随之缩小,终至难以精确测定. 计算表明,适用范围大致是 $K \leqslant 10^{-2}\mathrm{cm} \cdot \mathrm{s}^{-1}$.

若电极反应涉及表面吸附,则低频段的阻抗主要由 $C_{双层}$ 和 $C_{吸附}$ 并联决定. 这种情况的复数平面图上阻抗曲线的形式如图 6.12 所示.

对复数阻抗图有兴趣的读者可进一步参阅文献[1].

以上各节均用 R,C 组成的等效电路来模拟电解池阻抗,电路中 R,C 的值均与频率有关,即每一确定的 R, C 电路只在通过某一确定频率的交流电时才与电解池等效. 还发展了采用传输线电路来模拟电解池阻抗的方法. 这种电路在任何频率下均与电解池等效,因此又称为绝对等效电路[2].

§6.5　测量电化学体系阻抗的时域方法与频域方法

电化学体系对激励信号的响应决定于体系的传输函数与激励信号的性质,而前者只与体系本身的性质有关而与激励信号无关. 因此,不论采用时域激励方法,如恒电流脉冲法、恒电势脉冲法、循环伏安法等,或是采用频域激励方法,如用频率扫描方法,只要激励信号中覆盖基本相同的频率范围,均应得到相同的结果. 频率扫描方法的实验操作程序比较复杂(需要逐一测量每一频率下的响应),通常需要较长的时间,特别是在低频和超低频区域费时更长. 另一方面,过长的操作时间往往会引起体系本身的变化,如杂质吸附和表面破坏等. 因此,在测量电化学体系的低频响应特性时多采用时域方法. 但是,由于在分析界面过程时大多直接采用频率特性,频域方法也有其优点. 实际上,在许多实验室和商品测试设备中常将这两类方法联合使用.

下面我们首先举例证明:这两类方法不仅在实验上是相通的,而且在数据处理上也是相互联系的.

例如,当采用浓度阶跃方法(电势阶跃法)时,式(3.9)经 Laplace 变换后得到式(3.98). 当激励信号引起的超电势足够小时有 $c_i^S = c_i^0 \exp(nF\eta/RT) \approx c_i^0(1 + nF\eta/RT)$,因此式(3.98)可改写为

$$c_i(x, p) = \frac{c_i^0}{p} - \frac{c_i^0(nF\eta/RT)}{p} \exp\left[-\sqrt{\frac{px^2}{D_i}}\right]$$

而

$$\left(\frac{\partial c_i(p)}{\partial x}\right)_{x=0} = \frac{nF\eta c_i^0}{pRT}\sqrt{p/D_i}$$

$$I(p) = nFD_i\left(\frac{\partial c_i(p)}{\partial x}\right)_{x=0} = \frac{n^2F^2D_i^{1/2}c_i^0}{RTp^{1/2}}\eta$$

由此得到用时域函数表示的阻抗 $Z(p)[= V(p)/AI(p)$,其中 A 为电极面积,$V = \eta, V(p) = \eta/p]$ 为

$$Z(p) = \frac{RT}{n^2F^2AD_i^{1/2}c_i^0}p^{-1/2} \tag{6.31}$$

Fourier 变换可以看作是 Laplace 变量的实部为零,即 $p = j\omega$ 时的一种特例. 因此可以得到用频域参数表达的电解阻抗

$$Z(j\omega) = \frac{RT}{n^2F^2AD_i^{1/2}c_i^0}(j\omega)^{-1/2} \tag{6.32}$$

再根据复数的运算规则得到

$$Z(j\omega) = \frac{RT}{n^2 F^2 A D_i^{1/2} c_i^0} \cdot \frac{e^{-j(\pi/4)}}{\omega^{1/2}}$$

$$= \frac{RT}{n^2 F^2 A D_i^{1/2} c_i^0 \sqrt{2}} \cdot \frac{1-j}{\omega^{1/2}}$$

即从时域方法着手同样可以得到与式(6.15)完全相同的结果. 上式是采用浓度(电势)阶跃边界条件推导得到的. 采用其他波形的激励电势也可以得到同样的结果,因为体系的传输函数与激励波形无关.

测量电解池交流阻抗最经典的设备是交流电桥,与在第二章中所介绍的基本相同. 由于通常是通过 $Z_{电解}$ 的频率效应来分析界面过程,需要在一系列不同频率下测量电极阻抗. 然而,采用交流电桥方法时信号频率很难降低到几个赫兹以下,因而难以提供超低频信息. 采用相敏检波法或锁相放大器可使频率下限达到 1Hz 左右,而且可避免高次谐波和噪声的干扰. 而采用按相关原理设计的"频率响应分析仪",则可以使测量下限低达 $10^{-3} \sim 10^{-4}$Hz.

采用快速 Fourier 变换(FFT)方法则可一次完成整个频率范围内体系电学性质的测量. 原则上,可以采用任一种电流或电势激励波形. 只要能得到相应的响应波形,然后分别对激励波形和响应波形进行 Fourier 变换,并用相应某一频率的复数电压除以相应同一频率的复数电流,就可以得到该频率下体系的复数阻抗,再根据一系列相应于不同频率的阻抗值构成体系的阻抗谱.

由于激励信号中各种频率分量的幅值往往不同,显然激励信号幅值大的那些频率分量会得到大的响应信号,而各分量中那些幅值小的激励信号只能引起较小的响应信号. 在该波形的频谱节点处,信号幅值等于零,即没有激励信号,因此也不会有响应信号. 在进行 Fourier 阻抗计算时,零除以零结果不确定,会完全破坏阻抗谱测量. 此外,电子测量系统不可避免有噪声,也会影响阻抗的测量精度. 因此,测量中既要尽可能地使激励信号包含比较多的频率分量,又要尽可能保证各分量的测量有足够的精度.

实际上,用 FFT 方法测量电化学交流阻抗时激励波形常常是由计算机计算出来的. 它通常由基频和一定数量的奇次谐波相叠加形成,其中基频和各种谐波都具有相同的振幅,但它们的初位相则是随机的. 计算完成后,限制合成波形的振幅使总值不超过线性极化范围,然后以数组形式储存在计算机内. 作为极化电势信号使用时,由计算机控制两个数据点之间的输出时间间隔来控制激励信号的基频. 用同一数组而采用不同的数据输出间隔可以得到不同频段的激励波形,用来测量各个频段的阻抗,构成该体系的阻抗谱. 测量时数据点通过数/模转换器(DAC)输出到恒电势仪的电势输入端,同时通过模/数转换器(ADC)由恒电势仪的电流输出端和电压输出端同时采集工作电极的响应电流和激励电势. 各种参数的快速 Fourier 变换及阻抗谱的计算由计算机程序完成. 计算结果可以根据需要选择不同的显示方式.

FFT 测量装置的原理用图 6.13 示意表示.

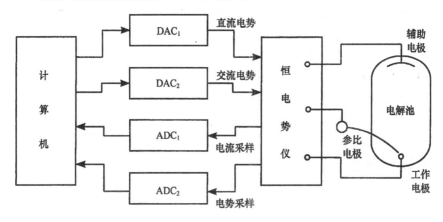

图 6.13　FFT 测量装置示意图

§6.6　有关电化学阻抗谱数据处理若干问题的讨论

在实验测得电化学体系的阻抗谱后,随之而来的问题就是如何应用这些数据求出电极反应的历程及动力学参数. 为此需要进行三个层次的工作:首先,应根据阻抗的频谱特性和相关的电化学知识,草拟应采用什么形式的等效电路;其次,要通过曲线拟合方法拟合出等效电路中各元件应具有什么数值;最后根据这些数值及等效电路的组成求得电化学动力学参数. 以上三方面的工作有时需要反复进行,逐次逼近较满意的结果.

草拟等效电路是整个数据处理工作的出发点,也是整个工作成败的关键. 在 §6.1～§6.3 中我们曾介绍过最基本的一些等效电路. 然而,实际电化学体系往往需要用更复杂的等效电路来模拟. 常见的复杂情况包括反应界面并非平面而是有一定粗糙度与深度的表面、在界面上可能生成吸附层或成相的表面化合物以及各式各样的复杂反应历程等等. 在这些情况下,实验求得的阻抗谱往往偏离在前几节中介绍过的那些阻抗谱的"标准形式". 如何根据偏离情况来修正典型等效电路使之与实验数据更好地吻合,往往是一件需要广泛电化学知识与一定经验的工作.

曲线拟合大多采用牛顿-高斯法. 为了易于收敛,一般都采用能够自动调整步长的方法. 由于电极等效电路的复数表示都相当复杂,通常在拟合曲线时只有选择了合适的初值才能使拟合过程收敛;而若初值选择稍有不当拟合就会失败. 现在已有一些阻抗拟合的商业软件出售. 在现有的电化学阻抗处理软件中,Boukamp[3]的 EQUIVCRT 软件使用面最广. 它不仅可以拟合等效电路的元件值,而且可以根据阻抗数据的特性自行寻找较恰当的等效电路,然后拟合电路元件的数值和求出动力学参数.

EQUIVCRT 软件能够将电极阻抗用电路描述码(CDC)表示,以各个不同频段的某些特征数据为依据,并根据串联电路阻抗等于各元件阻抗之和以及并联电路的导纳为各组成元件导纳之和的原则,将整个电路的阻抗用减法分解成一些支路阻抗的结合,然后对各个支路的阻抗或导纳分别拟合. 由于支路表达式比较简单,拟合比较容易收敛. 采用各个支路分别拟合得到的元件值作为总阻抗拟合的初值,能使拟合收敛的可能性大大提高.

EQUIVCRT 软件分解总阻抗成支路阻抗的过程实际上也是构成等效电路的过程. 用这种反推的方法构成等效电路,可以减少构成等效电路的随意性,并减少拟合残差. 整个拟合过程收敛后,该程序还能够提供相应的模拟阻抗曲线和拟合残差值,以便于进一步的判断.

拟合残差是判断拟合质量的重要依据之一. 残差较小一般表示拟合得到的等效电路和各个元件值可能更接近客观实际. 但是,由于对应于同一套数据可能不只存在一种等效电路与一套元件值,即等效电路与元件值可能并非实验数据的惟一解. 因此,拟合残差小虽然是证实数据处理正确的必要条件,却不是充分条件. 另一方面,残差的大小还与实验数据的精度有关,若实验数据本身质量不高,则残差很难降低,也降低了拟合结果的可信度.

总的来说,数值拟合是一种非常有效的数据处理方法. 通常都可以得到收敛的拟合数据,但是仅根据拟合良好并不能充分证明拟合结果的合理性,因此也可能由此导致错误的结论. 换言之,根据广泛电化学知识和综合各类实验结果提出基本上能表征电化学体系特性的等效电路,仍然是整个工作成败的关键.

经常见到的一类实验数据与典型模型性质的偏差是所谓"阻抗图的旋转". 在图 6.8 中曾显示理想极化电极的复数平面图应为平行于虚轴的直线,然而实验直线往往与虚轴成一定的交角. 图 6.10～6.12 中显示可逆电化学体系的典型阻抗图为完整的半圆,然而实际测得的往往是圆心处在第四象限的不完整的半圆. 这些情况都相应于整个图形顺时钟方向旋转了一定角度,已不能采用由简单的电阻、电容组成的电路来模拟.

为了在形式上模拟具有旋转半圆性质的界面,可以采用如图 6.14 所示的等效电路. 电路中除 C 和 $R_电$ 外还并联了一个阻值与 ω 成反比的电阻 $R' = b/\omega$. 这种

由三个元件并联组成的电路的复数导纳值

$$Y = (R_电^{-1} + \omega/b) + j\omega C = \sigma e^{j\theta} \tag{6.33}$$

而复数阻抗值

$$Z = Y^{-1} = \rho e^{-j\theta} \tag{6.34}$$

式中：$\sigma = \omega C/\sin\theta$；$\rho = 1/\sigma$ 及 $\tan\theta = \omega R_电 bC/(\omega R_电 + b)$. 将这些关系代入式(6.33)和式(6.34)并整理后可以得到

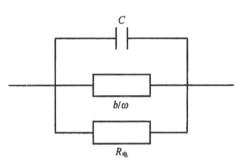

图 6.14　具有旋转半圆性质的等效电路

$$\rho = \frac{\sin\theta}{\omega C} = R_电\left(\cos\theta - \frac{1}{bC}\sin\theta\right)$$

若设 $\alpha = \tan^{-1}\left(\dfrac{1}{bC}\right)$，则上式整理后成为

$$\rho = \frac{R_电}{\cos\alpha}\cos(\theta + \alpha) \tag{6.35}$$

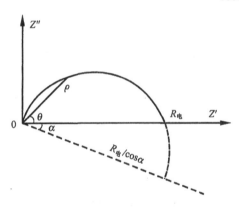

图 6.15　图 6.14 中电路所引起的半圆旋转

在复数平面图(图 6.15)上,式(6.35)是旋转了 α 角的半圆. 若 $\alpha = 0$,则成为正常的半圆. 值得注意的是:不论阻抗半圆是否旋转,在实轴上的截距总是 $R_电$.

至于引起半圆旋转的物理原因,文献中多归结为由于电极表面具有一定的粗糙度而引起的双电层电场的不均匀性(例如文献[4]). 然而在液态汞电极上也曾经观察到半圆旋转,因此实际原因可能更为复杂. 张亚利等人[5]曾经提出阻抗半圆旋转可能与界面电容的介电损耗有关. 当电极表面上存在很薄的氧化物或氮化物层时,介电损耗角在相当宽的频率范围内基本保持恒定,并可能由此引起阻抗半圆旋转一定角度.

§6.7　利用非线性响应测量电化学反应的动力学参数

在以前各节讨论中,均假设测量信号的振幅足够小,因而可将极化曲线当作直线来处理,即利用近似公式 $e^x \approx 1 + x$ 将指数型极化曲线线性化. 所得结果[如式(6.1),(6.6)等]均不包括高次谐波项. 然而,也可以利用极化曲线的非线性性质来测定电极过程的某些动力学参数.

例如,设电极在通过恒定极化电流 I^0 时的电势为 φ,依照式(4.27)应有

$$I^0 = i^0 \frac{c_O^s}{c_O^0} \exp\left[\frac{\alpha nF}{RT}(\varphi_\text{平} - \varphi)\right] - i^0 \frac{c_R^s}{c_R^0} \exp\left[-\frac{\beta nF}{RT}(\varphi_\text{平} - \varphi)\right]$$

若再加上一个交流极化电压 $\Delta\varphi_\sim$,则所引起的电流波动应为

$$\Delta I_\sim = I_\sim - I^0 = i^0 \frac{c_O^s}{c_O^0}\left\{\exp\left[\frac{\alpha nF}{RT}(\varphi_\text{平} - \varphi - \Delta\varphi_\sim)\right] - \exp\left[\frac{\alpha nF}{RT}(\varphi_\text{平} - \varphi)\right]\right\}$$

$$- i^0 \frac{c_R^s}{c_R^0}\left\{\exp\left[-\frac{\beta nF}{RT}(\varphi_\text{平} - \varphi - \Delta\varphi_\sim)\right] - \exp\left[-\frac{\beta nF}{RT}(\varphi_\text{平} - \varphi)\right]\right\}$$

$$= i^0\left\{A \frac{c_O^s}{c_O^0}\left[\exp\left(-\frac{\alpha nF}{RT}\Delta\varphi_\sim\right) - 1\right] - B \frac{c_R^s}{c_R^0}\left[\exp\left(\frac{\beta nF}{RT}\Delta\varphi_\sim\right) - 1\right]\right\} \quad (6.36)$$

其中 $A = \exp\left[\frac{\alpha nF}{RT}(\varphi_\text{平} - \varphi)\right]$,　$B = \exp\left[-\frac{\beta nF}{RT}(\varphi_\text{平} - \varphi)\right]$. 若利用近似公式 $e^x \approx 1 + x$ 将式(6.36)展开,并用 $\Delta\eta_\sim = -\Delta\varphi_\sim$ 代入,则得到

$$\Delta I_\sim \approx \frac{i^0 F}{RT}\left(\alpha A \frac{c_O^s}{c_O^0} + \beta B \frac{c_R^s}{c_R^0}\right)\Delta\eta_\sim \quad (6.37)$$

式(6.37)表示:如果采用的交流极化信号频率足够高和振幅足够小,则不会出现 c_O^s, c_R^s 的波动,故 $\Delta I_\sim$ 应与 $\Delta\eta_\sim$ 有着相同的频率和相位. $\Delta I_\sim$ 中既不出现高次谐波,也不包括直流组分. 当 $I^0 = 0$ 时,$\varphi = \varphi_\text{平}$,$\frac{c_O^s}{c_O^0} = \frac{c_R^s}{c_R^0} = 1$,$A = B = 1$. 此时式(6.37)简化为 $\Delta I_\sim \approx i^0 \frac{nF}{RT}\Delta\eta_\sim = \frac{\Delta\eta_\sim}{R_\text{电}}$,与式(6.16)一致.

然而,若采用近似公式 $e^x \approx 1 + x + \frac{x^2}{2}$,则将式(6.36)展开后得到

$$\Delta I_\sim \approx i^0 \frac{nF}{RT}\left\{\alpha A \frac{c_O^s}{c_O^0}\left[\Delta\eta_\sim + \frac{\alpha nF}{2RT}(\Delta\eta_\sim)^2\right] - \beta B \frac{c_R^s}{c_R^0}\left[-\Delta\eta_\sim + \frac{\beta nF}{2RT}(\Delta\eta_\sim)^2\right]\right\}$$

$$(6.38)$$

当所用极化信号的圆频率为 ω,即 $\Delta\eta_\sim = \Delta\eta^0\sin\omega t$ 时,根据 $2\sin^2\alpha = 1 - \cos2\alpha$ 应有 $(\Delta\eta_\sim)^2 = \frac{(\Delta\eta^0)^2}{2} - \frac{(\Delta\eta^0)^2}{2}\cos2\omega t$. 由此可见,在式(6.38)中右方除频率为 ω 的 $\Delta\eta_\sim$ 项外,还出现了直流极化组分 $(\Delta\eta^0)^2$ 项及圆频率为 2ω 的二次谐波项. 可以利用这些组分来进行某些电极过程动力学参数的测量.

例如,根据式(6.38),二次谐波项的消失条件为

$$\alpha^2 A \frac{c_O^s}{c_O^0} = \beta^2 B \frac{c_R^s}{c_R^0} = (1-\alpha)^2 B \frac{c_R^s}{c_R^0}$$

或
$$P = \frac{(1-\alpha)^2}{\alpha^2} = \frac{c_O^s}{c_O^0} \cdot \frac{c_R^0}{c_R^s} \cdot \frac{A}{B} = \frac{c_O^s}{c_R^s} \exp\left[\frac{nF}{RT}(\varphi_{\mp}^0 - \varphi)\right] \quad (6.39)$$

若 $\alpha = 0.5$，则当 $c_O^s = c_R^s$，即 $\varphi = \varphi_{\mp} = \varphi_{\mp}^0$ 时，式(6.39) 成立．也就是说，在
$\varphi = \varphi_{\mp}^0$ 时二次谐波消失．此电势大致相当于扩散控制的极化曲线上的半波电势
$\varphi_{1/2}$[参见式(3.37)]．

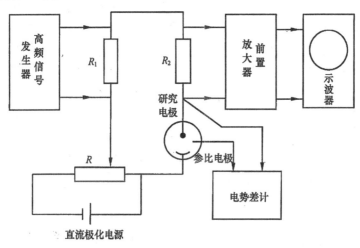

图 6.16　测定二次谐波消失条件的实验电路

采用如图 6.16 所示的实验装置，可
以调节 R 改变 I^0 借以改变 φ 和 c_O^s, c_R^s.
[后二者的数值可用 I^0 和 I_{dO}, I_{dR} 的数
值代入式(3.31)求得]．只要将二次谐波
消失(图6.17)的电势值 φ 代入式(6.39)
求出 P 的数值，即可利用下式计算 α 的数
值

$$\alpha = (1 + \sqrt{P})^{-1} \quad (6.40)$$

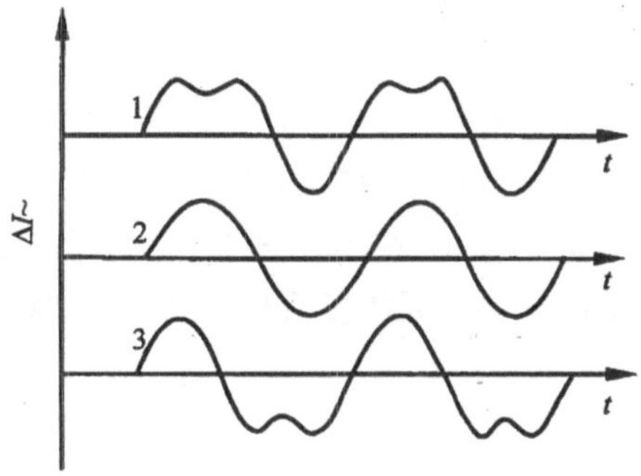

还可以利用加上交流极化电压信号
后出现的直流极化电流——常称为"电
解整流电流"（$\Delta I_{F.R.}$）——来测定电极
反应的动力学参数．根据式(6.38)，其数值应为

图 6.17

1,3 为有二次谐波存在时的波形图；

2 为二次谐波消失时的波形图．

$$\Delta I_{F.R.} = i^0 \left(\frac{nF}{2RT}\right)^2 \left[\alpha^2 A \frac{c_O^s}{c_O^0}(\Delta\eta^0)^2 - \beta^2 B \frac{c_R^s}{c_R^0}(\Delta\eta^0)^2\right] \quad (6.41)$$

当选取 $\varphi = \varphi_{\mp}$，则 $A = B = 1$，$c_O^s = c_O^0$，$c_R^s = c_R^0$，此时(6.41)式简化为

$$\Delta I_{\text{F.R.}} = i^0 \left(\frac{nF}{2RT}\right)^2 (\Delta \eta^0)^2 (\alpha^2 - \beta^2) = i^0 \left(\frac{nF\Delta\eta^0}{2RT}\right)^2 (2\alpha - 1) \quad (6.41\text{a})$$

当测得 α 的数值后,即可根据 $\Delta I_{\text{F.R.}}$ 按式(6.41a)计算 i^0. 此法常称为"电解整流"法.

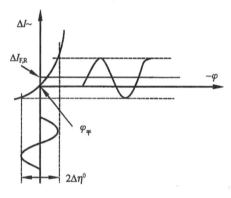

图 6.18　由于极化曲线的非线性与不对称性引起的波形失真与直流组分

这一方法的基本原理可用图 6.18 定性地加以说明:由于 $\varphi_{\text{平}}$ 附近极化曲线的非线性及不对称性($\alpha \neq \beta$),当加上正弦交变电压信号后,将会在交变电流信号中出现二次谐波项引起的波形失真和直流极化组分($\Delta I_{\text{F.R.}}$).

另一类实验方法是用正弦波形的交流极化电流通过研究电极. 此时在电极电势波动中将出现高次谐波项及直流组分 $\Delta\varphi$(平均电极电势的偏移). 也可以利用这些组分来测量快速反应的 i^0,然而计算公式要复杂得多.

上述几种方法的共同特点是界面电容对测量影响较小,因而可以采用频率很高的测量信号(直到 100MHz)来减小扩散传质过程所引起的阻抗,故特别适用于研究 $K = 0.1 \sim 100 \text{cm} \cdot \text{s}^{-1}$ 的快速电极过程. 有关这类方法的详细讨论可参考文献[6].

还需要指出,与本章其他各节中介绍的交流电方法不同,本节中介绍的实验方法均只容许在很短暂的测量时间内施加高频交流信号,故必须采用存储示波器等来测量 $\Delta I_{\text{F.R.}}$ 和 $\Delta\varphi$ 等. 这是由于高频信号所引起的界面升温效应较严重,且 $\Delta I_{\text{F.R.}}$ 还会引起浓度极化和 $\Delta\varphi$ 的漂移,均能影响测量过程.

参 考 文 献

一般性文献

1. Sluyters-Rehbach M, Sluyters J H. Electroanalytical Chemistry. 1970,4:1; Chap 4, in Electrode Kinetics, Principles and Methodology, Vol. 26 of Comprehensive Chemical Kinetics, ed. by Bamford C H. and Compron R G. Elesevier,1986

2. MacDonald D D H, McKubre M C. Modern Aspects of Electrochemistry. 1982,14:61

3. 田昭武. 电化学研究方法. 北京:科学出版社,1984. 第八章

书中引用文献

[1] Rehbach M, Sluyters J H. *Rec. trav. Chim.* 1960,79:1092, 1101; 1962,81:301; 1963,83:525, 535

[2] 见一般性的参考文献 3,p.331

[3] Boukamp B A. *Solid State Ionics*. 1986,18/19:36

[4] Isekiet S. *Electrochim. Acta*. 1972,17:2249

[5] 张亚利,吴秉亮,查全性. 物理化学学报.1989,5:446

[6] Baker G C. Transactions of Symposium on Electrode Processes. J. Wiley,1961. 325

第七章 若干重要电极过程的反应机理与电化学催化

在前几章中我们主要讨论由各类单元步骤控制的电化学过程的动力学特征. 从本章起,我们将转入有关具体电极反应和实用电极的讨论. 在本章中,我们选择氢的析出与氧化反应、氧还原反应、甲醇氧化反应和氯的析出反应为例来说明复杂反应机理的研究方法及由此获得的一些重要结论. 选择这些反应,一方面是由于在电化学科学的发展过程中这些反应曾一再被当作典型反应来研究,许多重要研究方法和重要结论都是通过对这些反应的反复研究而建立的;另一方面,这些反应又各具重要的实用价值,在各类电化学反应器和不少其他体系中经常可以遇到这些反应.

为了调节和控制这些反应的进行速度,除了控制电极电势外往往需要精心控制"电极/溶液"界面的化学性质,其中最重要的可能是中间产物在界面上的吸附强度. 这样,就在电化学科学与催化科学之间形成了常称为"电化学催化"(electro-catalysis,或简称"电催化")的分支学科,专注于研究电极表面对电化学反应的"化学"催化作用. 电化学催化一词最早可能是 20 世纪 30 年代苏联 Kobosev 等人提出的[1],在 20 世纪 60 年代以后经 Bockris,Grubb 等人大力提倡而得到广泛应用. 堀内等人于 30 年代中期发表在苏联期刊上的有关氢原子与金属之间相互作用对质子放电过程活化能的影响[2],至今仍被认为是最重要的奠基性工作. Parsons 曾认为电催化应包括初级效应与次级效应,其中初级效应来自电极表面与反应物及产物(包括中间产物)之间的相互作用,而次级效应包括双电层构造对电极反应速度的影响(例如 ψ_1 效应),后者与电极材料的表面化学性质关系不大[3]. 在一般情况下,初级效应的影响远大于次级效应.

§7.1 氢析出反应

氢析出反应是电解水器(包括再生式氢氧燃料电池与太阳能电解水器)与电解食盐设备中的基本反应,也是许多电解工业与二次电池充电时常见的副反应. 同一反应还常构成金属溶解的共轭反应(见第八章). 在电极过程动力学的发展过程中,氢析出反应是首先受到重视并被当作"最简单的电极反应"(虽然后来证明并不如此)来研究的,所采用的研究方法及所获的主要结果被公认为用经典方法研究电极过程的典范与电极过程动力学的经典内容. 然而,对这一反应的认识在许多方面仍然是不够清楚的. 近代研究技术正在不断提供实验数据使我们有可能深化对这一反应的认识.

§7.1.1　基本实验规律

在许多电极上氢的析出反应都伴随着较大的超电势. 1905 年 Tafel 首先发现,许多金属上的氢析出超电势(η_c,以下简称氢超电势)均服从经验公式 $\eta_c = a + b \lg I$,此式称为 Tafel 公式. 虽然依靠当时的实验技术还不可能提供重现性良好的实验数据,但此后大量精确测量的结果证明 Tafel 公式的基本形式,即 η_c 与 $\lg I$ 之间的半对数关系,在超电势数值大于 0.1V 时仍然是正确的. 在文献 [4~6] 中曾系统收集了有关氢超电势的实验数据.

在大多数金属的纯净表面上,公式中的经验常数 b 具有比较接近的数值 ($\approx 100 \sim 140 \mathrm{mV}$),表示表面电场对氢析出反应的活化效应大致相同. 有时也观察到较高的 b 值($> 140 \mathrm{mV}$),可能引起这种现象的原因之一是在所涉及的电势范围内电极表面状态发生了变化. 在氧化了的金属表面上,也往往测得较大的 b 值.

公式中经验常数 a 的物理意义是当电流密度为 $1\mathrm{A \cdot cm^{-2}}$ 时超电势的数值. 在用不同材料制成的电极上 a 的数值可以很不相同,表示不同电极表面对氢析出过程有着很不相同的"催化能力". 按照 a 值的大小,可将常用电极材料大致分为三类:

1. 高超电势金属($a \approx 1.0 \sim 1.5 \mathrm{V}$),主要有 Pb,Cd,Hg,Tl,Zn,Ga,Bi,Sn 等;
2. 中超电势金属($a \approx 0.5 \sim 0.7 \mathrm{V}$),其中最主要的是 Fe,Co,Ni,Cu,W,Au 等;
3. 低超电势金属($a \approx 0.1 \sim 0.3 \mathrm{V}$),其中最重要的是 Pt,Pd,Ru 等铂族金属.

这种分类方法虽然很简单,然而对电化学实践中选择电极材料还是有一定的参考价值. 例如,高超电势金属在电解工业中常用作阴极材料,借以减低作为副反应的氢析出反应速度和提高电流效率. 在化学电池中则常用这类材料构成负极,使电极的自放电速度不至于太快. 有时还可以将高超电势金属用作合金元素来提高其他金属表面上的氢超电势. 例如,若将工业用纯锌的表面汞齐化,或向其中加入少量的 Pb,Bi(In)等合金元素,都可以减小锌的自溶解速度. 低超电势金属则宜用来制备平衡氢电极,或在电解水工业中用来制造阴极和在氢-氧燃料电池中用作负极材料等.

§7.1.2　氢析出过程的可能反应机理

根据在以前各章中介绍过的各类分部步骤的动力学特征,我们很自然地会想到,既然氢析出过程的基本动力学特征是电极电势与电流密度之间的半对数关系,则整个电极反应的控制步骤只可能是电化学步骤或随后转化步骤. 在进一步分析氢析出反应的具体历程以前,可以首先考察究竟反应历程中可能包括哪些步骤.

氢析出反应的最终产物是分子氢. 然而,两个水化质子在电极表面的同一处同时放电的机会显然非常小,因此电化学反应的初始产物应该是氢原子而不是氢分子. 考虑到氢原子具有高度的化学活泼性 $[\varphi^0_{\mtext{平}(H^+/H)} = -2.106V]$,可以认为在电化学步骤中一般应首先生成吸附在电极表面上的氢原子(MH),然后按某种方式脱附而生成氢分子. 由于氢分子中价键已完全饱和,常温下可以不考虑氢分子在电极表面上的吸附.

如此,在氢析出反应历程中可能出现的表面步骤主要有下列三种:

1.电化学步骤　　　　　$H^+ (或 H_2O) + e^- \Longleftrightarrow MH$ 　　　　　　[A]

2.复合脱附步骤　　　　$MH + MH \Longleftrightarrow H_2$ 　　　　　　　　　　　[B]

3.电化学脱附步骤　　　$H^+ (或 H_2O) + MH + e^- \Longleftrightarrow H_2$ 　　　　[C]

由于历史原因,以上反应中[A]常称为 Volmer 反应;[B]常称为 Tafel 反应;[C]常称为 Heyrovsky 反应.

在任何一种反应历程中必须包括电化学步骤和至少一种脱附步骤,因此,若上面的分析是符合客观实际的,应存在两种最基本的反应历程. 再考虑到每一种步骤都有可能成为整个电极反应速度的控制步骤,则氢析出过程的反应机理可以有下面四种基本方案:

$$电化学步骤　(快) + 复合脱附　　(慢)　　　　　（Ⅰ）$$
$$电化学步骤　(慢) + 复合脱附　　(快)　　　　　（Ⅱ）$$
$$电化学步骤　(快) + 电化学脱附　(慢)　　　　　（Ⅲ）$$
$$电化学步骤　(慢) + 电化学脱附　(快)　　　　　（Ⅳ）$$

这四种方案中,(Ⅱ),(Ⅳ)两个方案称为"缓慢放电机理";(Ⅰ)称为"复合机理";(Ⅲ)称为"电化学脱附机理". 由于在所有这些方案中控制步骤或是电化学步骤或是随后步骤,每一种方案都能导致出现半对数形式的极化曲线.

至于氢析出反应究竟按照这四种可能机理中的哪一种进行,就主要决定于[A],[B],[C]三种步骤的相对进行速度. 显然,实现上述四种方案的条件分别为 $Ⅰ: i^0_A \gg i^0_B \gg i^0_C$; $Ⅱ: i^0_B \gg i^0_A, i^0_C$; $Ⅲ: i^0_A \gg i^0_C \gg i^0_B$; 及 $Ⅳ: i^0_C \gg i^0_A, i^0_B$. i^0_A, i^0_B 及 i^0_C 分别表示[A],[B]和[C]三个步骤的交换电流(虽然[B]为化学反应而不是电化学反应,但为了便于比较我们仍然采用电单位来表示其交换速度).

下面我们将通过具体的例子说明如何根据实验事实来分析氢析出反应机理.

§7.1.3 汞电极上的氢析出反应机理

汞具有理想平滑和容易更新的表面,本身又很容易被提纯. 因此,许多有关氢超电势的基本工作是在汞电极上进行的. 由于普遍重视了溶液和电极表面的净化,世界上不同实验室中在汞电极上获得的氢超电势数据已经能彼此符合到几个毫伏以内. 这样一来,就有可能在相同的基础上分析实验数据并对反应机理作出比较一致的结论.

汞属于高超电势金属. 在这种电极上曾经仔细地证明过,当电流密度在 10^{-10} 到 $10^2 A\cdot cm^{-2}$ 的范围内变化时,氢析出反应的极化曲线在半对数坐标上是一根直线,其斜率为 $0.11\sim0.12V$. 这一实验事实意味着虽然反应速度变化了 10^{12} 倍,然而动力学规律却并没有改变. 类似的情况在动力学研究中是十分罕见的.

为了决定反应历程,可以首先测定氢离子的动力学反应级数. 如果保持溶液中的离子强度不变,也即是电极表面上的界面电势分布情况基本相同,则相应于一定电流密度的超电势值先随溶液 pH 值的增大而变大(图 7.1 中 pH<7 部分),但继续增高溶液的 pH 值却导致超电势降低(图 7.1 中 pH>9 部分). 图 7.1 中的两段直线斜率的符号不同,但斜率值均为 $55\sim58mV$.

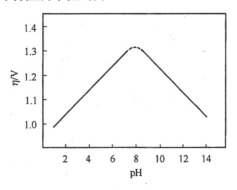

图 7.1

当电流密度一定时($I=10^{-4} A\cdot cm^{-2}$)汞电极上氢超电势随溶液 pH 值的变化.
(电解质总离子强度不变)

利用 $-\left(\dfrac{\partial \lg I}{\partial pH}\right)_{\varphi} = \left(\dfrac{\partial \lg I}{\partial \varphi}\right)_{pH}\left(\dfrac{\partial \varphi}{\partial pH}\right)_{I}$ 的关系,并将由 $\eta_c = \varphi_{\overline{\Psi}} - \varphi = -0.059pH - \varphi$ 得到的 $\left(\dfrac{\partial \varphi}{\partial pH}\right)_{I} = -\left(\dfrac{\partial \eta_c}{\partial pH}\right)_{I} - 0.059$ 代入,则可按下式计算在氢析出反应的控制步骤中氢离子的反应级数:

$$Z_{O,H^+} = \left(\frac{\partial \lg I}{\partial \lg c_{H^+}}\right)_{\varphi} = -\left(\frac{\partial \lg I}{\partial pH}\right)_{\varphi}$$

$$= \left(\frac{\partial \lg I}{\partial \varphi} \right)_{\mathrm{pH}} \left[- \left(\frac{\partial \eta_{\mathrm{c}}}{\partial \mathrm{pH}} \right)_I - 0.059 \right] \tag{7.1}$$

在 Tafel 公式中 $\left(\frac{\partial \lg I}{\partial \varphi} \right)_{\mathrm{pH}} = - \frac{1}{0.118}$；又图 7.1 表明在酸性和碱性溶液中 $\left(\frac{\partial \eta_{\mathrm{c}}}{\partial \mathrm{pH}} \right)_I$ 分别等于 $+0.059$ 和 -0.059. 代入式(7.1)，可以求出酸性和碱性溶液中氢离子的反应级数分别为 1 和 0，表示在酸性溶液中氢离子很可能直接参加控制步骤，而在碱性溶液中电极反应的控制步骤不涉及氢离子.

如果认为，当电化学步骤[A]不是控制步骤时 H^+ 与 MH 之间仍然存在平衡关系，则电极电势一定及 MH 的表面覆盖度(θ_{MH})不大时应有 $\theta_{\mathrm{MH}} \propto c_{\mathrm{H}^+}$. 如此，设反应粒子是 H^+，在[A],[B],[C]三种步骤中氢离子的反应级数应分别为 $1,2,2$；若反应粒子为水分子，则三种步骤中氢离子的反应级数应分别为 $0,2,1$. 由此可见，若认为酸性溶液中的反应粒子为 H^+ 以及碱性溶液中的反应粒子为 H_2O，则整个 pH 范围内电极反应的控制步骤均应为电化学步骤[A].

逐一分析由每一种步骤构成控制步骤时极化曲线应具有的斜率，并与实测结果相比较，也可以得到同样的结论.

例如，如果假设电化学步骤为整个反应的控制步骤，按式(4.19)在 $I \gg i^0$ 时应有

$$\eta_{\mathrm{c}} = - \frac{2.3RT}{\alpha nF} \lg i^0 + \frac{2.3RT}{\alpha nF} \lg I$$

与 Tafel 公式比较，可知 $b = \frac{2.3RT}{\alpha nF}$. 将 $\alpha \approx 0.5$ 和 $n = 1$ 代入就得到 $b \approx 118 \ \mathrm{mV}$ (25℃)，与实验值大致相符.

如果假定复合步骤是控制步骤，则通过电流时吸附氢的表面覆盖度(θ_{MH})大于平衡电势下的数值(θ_{MH}^0). 大量实验结果表明，在汞电极上氢的吸附是十分微弱的. 因此，可以在电极电势公式中用 θ_{MH} 代替活度项 a_{MH}. 这样，不通过电流时的电极电势可写成

$$\varphi_{\mathrm{平}} = \varphi_{\mathrm{平}}^0 + \frac{RT}{F} \ln \frac{a_{\mathrm{H}^+}}{\theta_{\mathrm{MH}}^0}$$

而通过电流时若假定电化学步骤的平衡基本上未受到破坏，则应有

$$\varphi = \varphi_{\mathrm{平}}^0 + \frac{RT}{F} \ln \frac{a_{\mathrm{H}^+}}{\theta_{\mathrm{MH}}}$$

两式相减得到

$$\eta_{\mathrm{c}} = \varphi_{\mathrm{平}} - \varphi = \frac{RT}{F} \ln \frac{\theta_{\mathrm{MH}}}{\theta_{\mathrm{MH}}^0} \tag{7.2}$$

式(7.2)表示,在这种情况下出现的超电势完全是由于吸附氢的覆盖度变化所引起的. 当电极极化时,吸附氢的覆盖度为

$$\theta_{\mathrm{MH}} = \theta_{\mathrm{MH}}^0 \exp\left(\frac{F}{RT}\eta_{\mathrm{c}}\right) \tag{7.3}$$

由此得到受吸附氢复合脱附速度所控制的电极反应速度应为

$$I = 2Fk\theta_{\mathrm{MH}}^2 = 2Fk\theta_{\mathrm{MH}}^{0\,2} \exp\left(\frac{2F}{RT}\eta_{\mathrm{c}}\right)$$

式中, k 为复合反应的速度常数. 若将上式写成对数形式,则有

$$\eta_{\mathrm{c}} = 常数 + \frac{2.3RT}{2F}\lg I \tag{7.4}$$

式中, $b = \dfrac{2.3RT}{2F} = 29.5\mathrm{mV}(25℃)$,只相当于实验值的四分之一.

如果认为电化学脱附步骤是整个电极反应的控制步骤,则根据反应式[C]和式(7.3)应有

$$I = 2FK'c_{\mathrm{H}^+}\theta_{\mathrm{MH}}\exp\left(\frac{\alpha F}{RT}\eta_{\mathrm{c}}\right)$$

$$= 2FK'c_{\mathrm{H}^+}\theta_{\mathrm{MH}}^0\exp\left[(1+\alpha)\frac{F}{RT}\eta_{\mathrm{c}}\right]$$

或改写成对数形式后得到

$$\eta_{\mathrm{c}} = 常数 + \frac{2.3RT}{(1+\alpha)F}\lg I \tag{7.5}$$

如果在式(7.5)中设 $\alpha \approx 0.5$,则应有 $b = \dfrac{2.3RT}{(1+\alpha)F} = 39\mathrm{mV}$,也只相当于实验值的三分之一.

若假设反应粒子是水分子,则按照三种不同控制步骤导出的半对数极化曲线的形式分别与式(4.19),(7.4)和(7.5)完全一致. 因为,当反应粒子改为水分子后,推导极化曲线公式时只要用 $c_{\mathrm{H_2O}}$ 代替 c_{H^+} 就够了. 这一改变只会影响极化曲线公式中的常数项而不会引起 b 值的改变.

由此可见,不论根据动力学反应级数或极化曲线的斜率都得到相同的结论,即在整个 pH 变化范围内汞电极上氢析出反应的控制步骤都只可能是涉及第一个电子的电化学步骤. 换言之,只有"缓慢放电机理"能较圆满地解释所观察到的实验规律.

各类表面活性粒子对汞电极上氢超电势数值往往有显著的影响. 有机表面活性物质如醇类、胺类、酸类等一般引起超电势升高(图 7.2),但不少氮杂环化合物(包括生物碱)及硫醇的衍生物等却能降低氢超电势. 特别值得指出的是,当加入表面活性物质以后,极化曲线上出现氢超电势变化的电势范围与这些活性物质在电极表面上发生吸附的电势范围往往很好地吻合. 由此可见,这些活性物质对氢

超电势的影响是通过它们在电极表面上吸附而实现的.

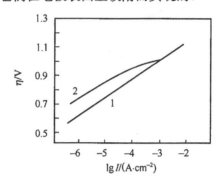

图 7.2　有机表面活性分子对汞电极上氢超
电势的影响

溶液组成：1. 2mol/L HCl；　2. 2mol/L HCl + 己酸.

　　卤素离子和季胺类有机阳离子对氢超电势的影响特别显著. 在酸性溶液中，Cl^-, Br^- 和 I^- 离子在汞电极上按其吸附强度顺序及吸附电势范围(参见图 2.31)在低电势区引起氢超电势降低[7](图 7.3)；有机阳离子则在高电势区引起氢超电势增高(图 7.4 中曲线 3). 在卤素阴离子与季胺阳离子的混合溶液中还可以观察到在很窄的电流密度范围氢超电势的突然变化[8](图 7.4 中曲线 4)，相应于从阴离子吸附转变为阳离子吸附所引起的"电极/溶液"界面上电势分布的突然变化.

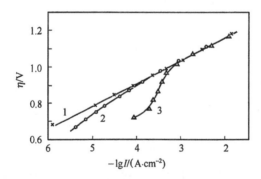

图 7.3　用滴汞电极测得的氢超电势

溶液组成：1. HCl + KCl；2. HCl + KBr；3. HCl + KI.
HCl 浓度为 1mol·L^{-1}，各种盐类浓度均为 2mol·L^{-1}.

　　可以用式(4.34b)来解释这些表面活性离子对氢超电势的影响. 设在酸性溶液中反应粒子为 H^+，用 $z = 1$, $n = 1$ 和 $\alpha = 0.5$ 代入该式后得到

$$I = nFK_c^0 c_{H^+} \exp\left(-\frac{F}{2RT}\varphi\right) \exp\left(-\frac{F}{2RT}\psi_1\right)$$

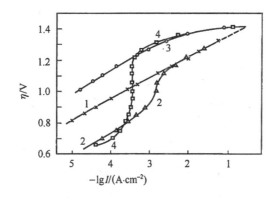

图 7.4　用滴汞电极测得的氢超电势

溶液组成:1. HCl+KCl; 2. HCl+KI; 3. HCl+KCl+Bu₄NBr;

4. HCl+KI+Bu₄NBr. HCl,KCl,KI 浓度均为2mol·L⁻¹,

Bu₄NBr 浓度为 4.5×10⁻⁴mol·L⁻¹.

改写成对数形式后则有

$$\varphi = 常数 + \frac{2RT}{F}\ln c_{H^+} - \frac{2RT}{F}\ln I - \psi_1$$

和

$$\eta_c = \varphi_{平} - \varphi = \frac{RT}{F}\ln c_{H^+} - \varphi$$

$$= 常数 + 0.118\lg I + 0.059pH + \psi_1 \tag{7.6}$$

因此,当阴离子和阳离子在电极上吸附分别引起 ψ_1 电势变负和变正时,按上式应分别引起氢超电势的降低和增高,即与实验事实相符合. 然而需要指出:由于在动力学公式中起作用的是 ψ_1 电势的局部值而不是平均值,很难利用式(7.6) 来定量计算超电势的变化. 有关双电层内电势分布对氢超电势影响的讨论详见文献[9, 10].

通过上面的分析,可以认为氢析出反应中控制步骤的反应式是比较清楚了. 然而,为了弄清全部反应历程,还需要判明吸附氢原子的脱附过程是按照什么机理进行的. 阐明这一问题要比阐明控制步骤的性质更困难一些,因为,既然脱附步骤不是控制步骤,就不容易根据整个电极反应的动力学特征来分析这个问题.

试图解决这个问题的一种方法是根据吸附氢原子的表面覆盖度来估计实现各种脱附方案的可能性. 不难想到,如果原子氢按照复合历程[B]脱附,则脱附速度应为 $v_{复合} = k_{[B]}\theta_{MH}^2$;如果按照电化学历程[C] 脱附,则脱附速度应为 $v_{电脱} = k_{[C]}c_{H^+}\theta_{MH}$. 比较这两个式子可以看出,若吸附氢的表面覆盖度很小,如同在汞电极上测出的那样,则按照复合历程脱附的可能性是很小的,否则就必须假定 $k_{[B]}$ 值大得不合理. 因此,在汞电极上原子氢的进一步反应最可能还是按电化学脱附机理进行.

从原则上说,还可以有另一个方法来判别脱附步骤的反应式:如果吸附氢原子按照复合历程脱附,那么每一次电子传递都必须通过最慢步骤,因此电极反应控制步骤的计算数(参见§5.1) $v = 2$;若按电化学历程脱附,则 $v = 1$. 然而,更仔细的分析表明[11],如果考虑到电极表面上吸附氢覆盖度的变化,则"计算数"的表达式将是相当复杂的,并很难用来判别电极反应历程. 只有在 $\theta_{MH} \ll 1$ 及快步骤和慢步骤的交换电流相差很大时,才能根据这种判别方法得出比较确定的结论. 然而,表面吸附氢量很小的情况大多在高超电势电极材料上出现. 对于这类电极,根本无法在平衡氢电极电势附近测量 $\left(\dfrac{\partial I}{\partial \eta}\right)_{\eta \to 0}$. 因此,虽然有关应用"计算数"来推知电极反应历程的问题在文献中有过不少讨论,在分析氢析出机理时这一方法的价值还是很有限的.

根据现有的一些实验结果看来,至少在 Pb, Cd, Zn, Tl, In, Sn, Bi, Ga, Ag, Au, Cu 等金属表面上氢的析出反应很可能是按照与汞电极上相似的历程进行的,即电化学步骤是整个电极反应速度的决定性步骤. 在这些金属表面上,吸附氢原子均不能达到较高的表面浓度. 因此,放电反应中生成的吸附氢原子很可能主要也是通过电化学反应脱附.

§7.1.4　在低超电势和中超电势金属电极上的氢析出反应机理

研究氢在中超电势和低超电势金属电极表面上的析出机理要比在汞电极上困难得多. 这主要是以下两方面因素所造成的:首先,当氢在这些金属电极上析出时表面上吸附氢原子的覆盖度往往达到较高的数值,而且在不同的表面位置上吸附功往往各不相同;其次,由于在这些电极上氢电极反应的交换电流比较大,只有在通过较大的极化电流密度时才能达到可忽视反向电流项的"高极化区". 由于能通过的最大电流密度不可能超过 H^+ 的极限扩散电流密度,而且在高电流密度下电极表面液层中容易出现氢的过饱和溶解,使半对数极化曲线上线性区(Tafel 关系区)的宽度和斜率测量的精确程度均受到一定的限制.

在前面的讨论中我们曾逐一分析了当氢析出反应的控制步骤分别为电化学步骤、复合步骤和电化学脱附步骤时极化曲线应具有的形式[式(4.19),(7.4)和(7.5)]. 曾由此得出结论,认为只有缓慢放电理论才能满意地解释汞电极上测得的半对数极化曲线的斜率. 由于在大多数其他电极上测得的极化曲线具有大致相同的斜率,似乎由此可以得出结论,认为在其他电极上也只有缓慢放电理论才能比较圆满地解释实验事实. 然而,如果更仔细地分析,就会发现这种想法是过于简单了.

首先,在推导三种不同控制步骤的极化曲线公式时,我们曾经假设氢原子的表面活度与表面覆盖度成比例. 这就等于假设氢原子表面覆盖度很小,而且吸附功不随覆盖度的改变而变化. 此外,在推导极化曲线公式时,我们还假定质子放电生成吸附氢的反应能在全部电极表面上进行. 这一假定显然也只有当氢原子的表面覆盖度很低时才是正确的.

这些假定——均匀表面和低表面覆盖度——在汞电极上无疑是正确的,但在其他电极上就不见得适用. 事实上,大多数固体电极的表面显然是不均匀的,而且在电极表面上吸附氢原子的覆盖度可能达到比较大的数值. 在一些金属表面上,即使在表面覆盖度不大时,氢原子吸附量随 p_{H_2} 的变化也要比线性关系慢得多. 如果考虑到这些因素,则当电极反应的控制步骤为复合步骤或电化学脱附步骤时,也可能出现斜率约为 $2 \times \dfrac{2.3RT}{F}$ 的半对数极化曲线.

例如,如果我们假定随着超电势的增大吸附氢的表面覆盖度不是按照式(7.3)而是按照下式较慢地随电势变化

$$\theta_{MH} = \theta_{MH}^0 \exp\left(\frac{\beta F}{RT}\eta_c\right) \tag{7.7}$$

式中, β 为校正系数 $(0 < \beta < 1)$,则代入复合步骤控制的动力学公式后将得到

$$\eta_c = 常数 + \frac{2.3RT}{2\beta F}\lg I \tag{7.8}$$

只要在式(7.8)中选用适当的 β 值,就可以推导出具有任何斜率值的半对数极化曲线公式.

另一方面,若假设氢原子的表面覆盖度接近饱和值 $(\theta_{MH} \approx 1)$,则代入电化学脱附步骤的动力学公式中并整理后可以得到 $\eta_c = 常数 + \dfrac{2.3RT}{\alpha F}\lg I$. 如果假设 $\alpha = 0.5$,就得到 $\eta_c = 常数 + 2 \times \dfrac{2.3RT}{F}\lg I$. 由此可见,在高度充满吸附氢的电极表面上,当电化学脱附步骤为速度控制步骤时也可以推导出符合实验斜率值的极化曲线公式.

上面我们只考虑了电极表面上氢原子的表面充满度对动力学公式的影响. 事实上,电极表面状况的不均匀性还必然会影响动力学公式中的反应速度常数项,也就是电极表面上各点可以具有不同的反应速度和电流密度. 这种情况即使在氢原子表面覆盖度很小时也能出现,并影响极化曲线的进程.

由此可见,在固体电极上,尤其是在那些吸附氢的能力较强的金属电极上(如Pt,Pd,Ni,Fe 等),不能轻率地认为只有缓慢放电理论才是正确的. 下面的一些事实更迫使我们加强了这种看法.

　　例如,在 Ni 电极上,当切断阴极极化电流后,需要经历较长一段时间电极电势才能恢复到平衡数值. 我们知道,为了使双电层电荷恢复到相应于平衡电势下的数值,应只需很小的电量和很短的时间. 因此,引起 Ni 电极电势缓慢复原的原因,只可能是参加决定电势数值的某些组分的表面浓度在切断极化电流后还需要经历较长一段时间才能恢复到平衡数值. 当 $I \ll I_d$ 时,溶液中不会出现 H^+ 的浓度极化;而且,即令出现了浓度极化,切断电流后浓度极化的消失速度也是比较快的. 因此,很可能是阴极极化过程中在 Ni 电极表面上和与此相邻的电极内部累积了过量的吸附氢. 在切断极化电流后,它们需要通过很慢的、包括在固相中进行的扩散步骤才能自电极上脱除.

　　另一个常常遇到的实验现象是:若氢在某些金属上较长时间地析出,就会使这些金属的机械强度大大降低,并往往可以在金属内部生成充有氢气的空泡,其中氢的压力可达到几百大气压. 这种现象称为“氢脆现象”. 对这种现象最合理的解释似乎是:当发生氢析出过程的同时,在金属电极上生成了超过平衡数量的吸附氢,它们能通过固相扩散进入金属内部,并受到某些夹杂物的催化作用而在金属内部复合为分子氢. 既然空泡中氢的压力能达到如此高的数值,在电极中原子氢的浓度也必然是颇为可观的.

　　还值得提出的是所谓超电势的“传递”现象. 若用金属(例如 Fe 或 Pd)薄膜制成电极,并使薄膜两侧分别与彼此不相连接的电解质溶液相接触,则在薄膜的一侧通过阴极极化电流时可以用参比电极测出在薄膜的另一侧与溶液的交界界面电势也会逐步向负方向移动,表示氢超电势能通过薄膜“传递”. 这种现象显然也只可能是由于在薄膜的一侧表面上生成了过量的吸附氢,并通过薄膜内部扩散达到另一侧所引起的.

　　这些实验事实无可置疑地证明,当阴极极化时在某些金属电极上和电极内部可以出现大大超过平衡数量的吸附氢原子,即吸附氢与氢分子之间的吸、脱附平衡受到严重破坏. 因此,极可能是原子氢的脱附步骤控制或参与控制氢析出反应速度. 然而,究竟控制步骤是复合步骤还是电化学脱附步骤,以及除脱附步骤外是否还存在其他缓慢步骤,却往往不易判明.

　　由复合脱附步骤控制的电极反应速度应具有一个极限值,对于阴极过程这一极限速度相当于表面完全被吸附氢原子充满时的复合速度,而对于阳极过程则相当于电极表面上不存在吸附氢时分子氢分解为吸附氢原子的速度;由电化学脱附步骤控制的电极反应则不具有极限速度. 因此,应有可能根据这一性质来区别两种脱附控制步骤. 然而,对于实际上是否存在这种极限电流,迄今尚未得到公认的结论.

　　在文献中还一再提到,可以利用电解析出氢时的同位素分离效率来判别控制步骤. 然而,不同作者根据理论计算得到的理论分离效率值颇不一致,因而对同一实验事实往往得出完全不同的结论. 在理论计算和实验技术进一步完善以前,还难以据此对氢析出反应历程作出判断.

还可以用交流阻抗法来判断有电子参加的反应步骤的速度. 需要指出,虽然在反应历程中电化学步骤与电化学脱附步骤是"串联"进行的,但对于交流信号而言二者却应看成是并联的. 因此,不论哪一步骤电子交换反应较快(i^0 较大),均能导致交流阻抗降低;而只有在这两种步骤的 i^0 均不高时,才会出现较高的电化学阻抗. 在酸性溶液中平滑铂电极上测出的阻抗数值表明,不论电化学步骤或电化学脱附步骤的进行速度都是有限的.

这些错综复杂的实验现象迫使我们倾向于认为:在中超电势和低超电势金属电极上,氢析出反应的历程远不是那么简单的. 在不同金属上反应历程固然可以不同,即使在同一金属的各部分表面上的反应历程也可以不同. 例如,在一部分电极表面上氢原子的复合过程可能很慢,并成为电极反应的控制步骤;而在另一部分表面上复合过程就可能比较快,因而由电化学步骤决定过程的动力学性质. 在某些金属表面上可能还需要同时考虑电化学极化和吸附氢原子的过量累积,即反应处在"混合区".

种种迹象还表明,在一些电极表面上电化学步骤及脱附步骤的反应活化能相差不大,因此改变电流密度时反应历程可能发生变化. 例如,若比较式(4.19),(7.4)和(7.5),就可以看到电极电势对三种步骤进行速度的影响是不同的. 当 η_c 增大时,复合步骤的速度增加得最快,而电化学步骤的反应速度增加得最慢. 因此,有可能出现这样一种情况,在低电流密度区电极反应速度由复合步骤控制,而在高电流密度区转变为由电化学步骤控制. 当然,还应该注意到式(4.19),(7.4)和(7.5) 都只在吸附氢原子的表面覆盖度很小时才适用. 若是电极表面上的 θ_{MH} 较大,情况就要更复杂得多.

铂是典型的低氢超电势金属,在电化学实践中也经常用到它. 此外,铂还具有容易制备特定的单晶面、表面容易净化、体相中基本上不容纳氢原子以及可以用电化学方法研究在其表面上生成和氧化欠电势沉积(UPD)的吸附氢原子等一系列优点. 因此,铂成为常用来分析中、低超电势金属表面上氢析出机理的典型电极材料.

有关铂电极氢超电势的实验数据相当分散,与汞电极上的情况颇不相同. 造成这种情况显然与实验条件有关,包括电极的制备、晶面的选择、溶液的组成与净化等等. 然而,从"众说纷纭"的数据中也大致可以看出一些基本倾向:在低极化区有可能得到 Tafel 斜率约为 30mV 的半对数极化曲线(图 7.5);在高极化区则更可能得到斜率约为 0.12V 的半对数极化曲线. 如果测量时涉及较宽的电流密度范围,则往往曲线由两段不同斜率的直线所组成(图7.6). 在文献[14]中曾列出不少在若干低超电势和中超电势金属上测得的由两段不同斜率线段组成的极化曲线. 最近在文献[15]中报道了用交流方法测得在铂的不同晶面上半对数极化曲线的斜率连续地增大.

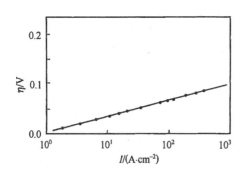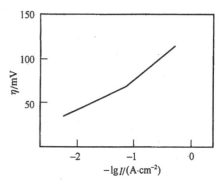

图 7.5　酸性溶液中在 Pt 电极上测得的　　　图 7.6　$1mol \cdot L^{-1}$ H_2SO_4 中 Pt 电极上
Tafel 曲线[12]　　　　　　　　　　　　　的氢析出超电势[13]

由于在铂族金属表面上易于生成吸附氢原子,对低极化区观察到的斜率约为 30mV 的半对数极化曲线一般用复合机理[式(7.4)]解释. 对于在高极化区常观察到的斜率约为 0.12V 的半对数极化曲线,则可用在几乎饱和覆盖吸附氢原子的表面上氢析出反应的电化学脱附机理来解释:

$$MH(\theta \approx 1) + H^+ + e^- \longrightarrow H_2 \qquad [C']$$

根据式[C']可以直接推导出 Tafel 斜率为 $2.3 \times \dfrac{RT}{\alpha F}$ 的半对数极化曲线.

至此,大部分实验结果似乎已经得到合理的解释. 然而,如果我们更仔细地考虑吸附氢原子在铂电极上的行为,就不能不再提出一个问题:作为氢析出反应中间态粒子的吸附氢原子究竟是什么?

在图 2.40 中我们曾经看到,当 Pt 电极电势处在较平衡氢电极(RHE)电势更正的、宽度约为 350~400 mV 的电势区间内时,可以发生氢原子的吸附. 由于发生吸附的电势比 RHE 电势更正,生成的吸附氢常称为"欠电势沉积"(UPD)吸附氢原子. 当多晶 Pt 电极电势达到 RHE 电势时,吸附氢原子的电量达到 208~210 $\mu C \cdot cm^{-2}$,约相当于每个表面 Pt 原子吸附一个氢原子. 在不同的晶面上吸附氢原子的行为各不相同[16,17](图7.7). 比较图 2.40 和图 7.7 可知:当覆盖度较小时生成的主要是(110)面及部分(111)面上的"弱吸附氢";而在高覆盖表面上生成的主要是(100)面及部分(111)面上的"强吸附氢".

然而,如果认为 UPD 吸附氢原子就是氢析出反应中的中间态粒子,则显然存

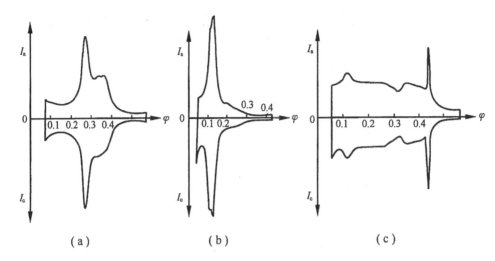

图 7.7 铂电极不同晶面上的电势扫描曲线(条件同图 2.38)

(a) 100 面; (b) 110 面; (c) 111 面.

在矛盾. UPD 吸附氢原子在电极电势达到氢析出电势前已达到饱和覆盖($\theta \approx 1$). 在这种情况下,若氢析出反应速度由 UPD 吸附氢原子复合为氢分子的速度控制,则氢析出速度应与电极电势无关,即理应出现极限电流. 后一结论显然与实验结果不符.

目前大多数人认为:氢析出反应中的中间态粒子并非 UPD 吸附氢原子,而是另一类在比 RHE 电势更负的电势区间内生成的"超电势沉积"(OPD)吸附氢原子. OPD 吸附氢原子的表面覆盖度比 UPD 氢原子低得多,且随氢超电势的提高而不断增大,因而可用来解释低极化区半对数极化曲线的斜率.

OPD 吸附氢原子的存在已由实验证明. 电量测量结果表明这种吸附氢原子可在 UPD 吸附氢原子的基础上连续地生成[15,18]. 在经历了强烈氢析出过程的铂表面上,用光谱方法和电化学方法均证明了新的表面粒子的存在. 例如:在 2030~2090 cm^{-1} 之间可观察到新的相应于弱吸附氢原子的红外吸收峰[19,20];在循环伏安曲线上有时可在强、弱吸附峰之间观察到新的小氧化峰(A3)[21]等等. 这些都证明了与电极表面结合能力更弱因而活性也更高的中间态粒子的存在.

然而,对于这种中间态粒子的本质,目前似乎还缺乏确定和一致的认识. 它们常被称为"顶载"(on-top)或"亚表面态"(subsurface state),而具体含义则不甚明确. 因此,对氢析出反应中间态粒子本质的研究,当今仍然是一项有意义的基础课题[21~23].

§7.1.5 氢析出反应的电化学催化

改变复杂反应活化能与反应速度的主要途径是适当调节中间态粒子的能级.

对氢析出反应而言就是调节作为中间态反应粒子的吸附氢原子的能级. 按照吸附氢原子在电极表面上吸附的强弱,在图 7.8 中可分为两种情况来讨论改变中间态粒子能级对反应速度的影响.

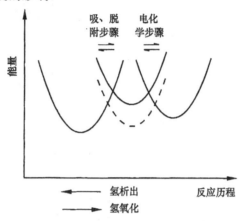

图 7.8 中间态粒子吸附对氢电极过程活化能的影响

首先,对于吸附氢很弱的那些高超电势金属,氢析出反应速度一般是由形成吸附氢缓慢放电的速度控制的. 因此,吸附增强(图中虚线)有利于降低控制步骤的活化能与增大反应速度. 在这种情况下,电极上吸附氢原子的覆盖度一般很小,可不考虑未覆盖部分面积的变化. 其次,对于那些吸附氢较强的低超电势金属,由于中间态的能量很低,生成吸附氢的速度一般较高. 故原子氢的脱附(复合或电化学脱附)往往成为整个反应的控制步骤.

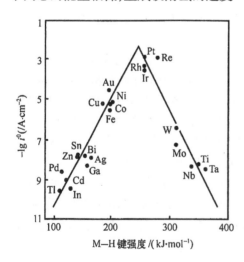

图 7.9 M—H 键强度与氢析出反应交换电流之间的"火山型"关系[23]

在这种情况下,吸附增强将导致控制步骤的活化能增大. 至于反应速度将如何变化,则还需要考虑表面覆盖度的影响以及吸附键强度随表面覆盖度变化等因素的作用. 由于参加电极反应的主要是与表面结合较弱的那一部分吸附氢原子. 更重要的参数应为高覆盖表面上的偏微吸附自由能.

由此可见,随着表面吸附氢键(M—H)的逐渐增强,最初有利于增大氢析出反应速度;但若吸附过于强烈,则反应速度又将下降. 在图 7.9 中可以明显地看到这种趋势,并从中可以看到一条重要的基本规律:当中间态粒子具有适中的能量(适中的吸附键强度和覆盖度)时,往往有最高的反应速度.这一现象常称为"火山型效应"(volcano plots).

由于原子氢的吸附键主要由氢原子中的电子与金属中不成对的 d 电子形成,因此只有过渡族金属才能显著地吸附氢.金属中的 d 电子部分分布在 dsp 杂化轨道上形成金属键,部分以不成对电子的形式存在并引起顺磁性等.通常用"金属键的 d 成分"(d character of metallic bond)来表示杂化轨道中 d 电子云的成分 [①].因此,金属键的 d 成分较高,不成对的 d 电子就较少,M—H 吸附键也就较弱.图 7.10 中表示了氢的吸附热与金属键的 d 成分之间的关系.

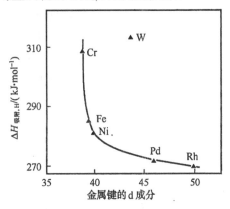

图 7.10　氢的吸附热与金属键的 d
成分之间的关系

然而也应该看到,M—H 键强度与氢析出反应中间态粒子的能级二者之间还是有一定差别的.首先,电极表面上吸附氢原子与电极之间的结合强度除它们之间的相互作用外还要受到来自溶液和双电层中微环境的影响.其次,作为氢析出反应中间态粒子的吸附氢原子并不是在电极表面上大量存在的 UPD 吸附氢原子,而是与表面结合更弱的少量 OPD 吸附氢原子.因此,不应期望氢析出反应动力学参数与 M—H 键强度之间存在严格的定量关系.图 7.9 只是表明:M—H 键强度是决定氢析出反应动力学的重要因素之一.

在电化学实践中,由于价格限制,仅在少数可以不计成本或实在无法取代的场合中实际采用铂电极来实现氢析出反应,例如航天用再生式燃料电池.在大多数情况下,采用如下两类措施来降低氢析出超电势和减少能耗.

在碱性或中性溶液中,可用铁电极(或镀覆高比表面镍层的铁电极)作为阴极.

----

① 若杂化轨道的波函数 $\Psi_h = a\Psi_d + b\Psi_s + c\Psi_p$,其中 Ψ_d,Ψ_s,Ψ_p 分别为 d,s,p 轨道的波函数,则"金属键的 d 成分"等于 $100a^2$.

在正常工作电流密度下氢超电势不超过 0.4V(镀 Ni 后还可降低 0.1～0.15V). 然而在氯酸盐溶液中铁电极不够稳定,近年来部分电解槽改用含 0.2% Pd 或表面铂黑化的 Ti 电极. 引入铂族金属可以降低析氢超电势,但也有成本增高和铂易流失等缺点,还可能引起钛电极变脆(氢脆). 如果在所用介质中 Fe,Ni 是稳定的,可以采用 Raney 合金等方法来制备比表面很大的多孔性电极. 例如,可用强碱处理 Ni-Al 合金(Raney 合金)、Ni-Zn 合金或含硫的镍,以溶去其中的 Al 或 Zn 或 S 而得到多孔电极;或是用镍粉烧结得到多孔性电极. 当通过的表观电流密度相同时,这些电极上的氢超电势可以比平滑铂电极上更低.

近年来不断受到重视的还有多组分电极所表现的"协同效应"(synergetic effect). 所谓"协同效应",系指当电极由一种以上组分构成时,电极上的氢析出超电势低于任一单独组分表面上的氢超电势. 各种组分共存的形式可以是合金、固溶体、表面修饰、或是几种粉末混合后经压制和烧结(包括热压)形成的组合电极(composite electrode).

由 Ni 与 Mo 组成的析氢电极(合金或细粉混合)所显示的协同效应见图 7.11. 由图中可见,几种 Ni/Mo 合金电极表面上的析氢超电势均低于纯 Ni 或纯 Mo 表面上的析氢超电势. 当电流密度相同时所引起的槽压降低可达 0.1～0.15V. 在

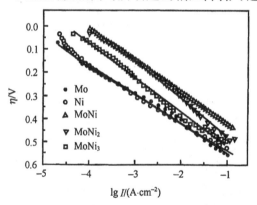

图 7.11　1mol·L^{-1} NaOH 中测得的极化曲线(25℃)[24]
1. Ni;　2. Mo;　3. MoNi;　4. MoNi$_2$;　5. MoNi$_3$.

Ni/Mo 镀层加入微量 Cd 还可以进一步提高析氢电流[25](图 7.12). 由于 Cd 属高超电势金属,这一效应已不能用"火山型"关系(图 7.9)来解释.

目前对 Ni/Mo 电极所显示的协同效应一般解释为在 Ni 表面上形成的吸附氢原子可"溢出"(spillover)至 Mo 表面上复合脱附,引起氢析出超电势显著降低,并避免了在 Ni 上生成氢化物[26]. Pt/WO$_3$ 电极所表现的协同效应其机理可能亦与此类似[27].

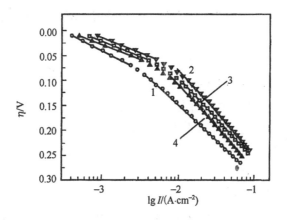

图 7.12 Ni-Mo 电极在含 Cd^{++}溶液中于 -0.3V 极化 1h 对氢析出电势的影响

[Cd^{2+}]: 1. 0; 2. 1.5×10^{-4}; 3. 7.5×10^{-4};

4. 1.5×10^{-3} mol·L^{-1}.

各种二元和三元 Ni 合金镀层的活性比较见文献[28,29]. 在碱性溶液中,当工作电流密度为每平方厘米几百毫安时完全有可能达到氢析出超电势不超过 $0.3\sim0.4$V,已能基本满足工业电解槽的需要. 然而,虽然许多合金电极连续工作时其寿命可达几千小时或更长,但若停止通电或断续工作时电极活性会不断衰退,在氧化性介质中则衰退更快. 这就严重限制了这类电极的实用价值. 最近有在氯酸盐电解槽中采用 Ti/RuO$_2$ 析氢电极的报道[30],显然是企图利用 Ti 和 RuO$_2$ 的电化学稳定性. 在氯酸盐电解液中,氢在 RuO$_2$ 电极上的析出超电势比在 Fe 和 Ti 电极上的都低(图 7.13).

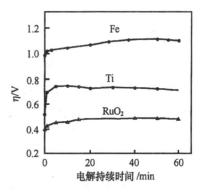

图 7.13 氯酸盐溶液中各种金属阳极的电势随电解时间的变化

($I=250$mA·cm^{-2})

在文献[31]中还报道了以稀土型贮氢合金作为基底的 Ni/Mo 镀层在 30% KOH 中用作析氢电极时的稳定性与良好的耐停放和耐短路性能. 估计是贮氢合金具有的高放电容量导致停放后电极电势能较长时间稳定地保持在较负的数值,并由此保护 Ni/Mo 镀层免受碱性介质的腐蚀作用.

§7.1.6 氢的阳极氧化

当溶液的 pH 值不太高时,氢的电离过程只可能在一些贵金属(Pt, Rd, Rh,

Ir 等)电极表面上发生. 在碱性溶液中, 由于平衡氢电极电势负移了 0.9V 左右, 在 Ni 电极上也有可能实现这一过程.

主要是受到燃料电池研究的推动, 对这一过程的研究工作重点集中在半浸没电极上和气体扩散电极中实现的氢的氧化反应, 以及高效催化剂的制备等等. 此处先讨论全部浸没在溶液中的平滑电极表面上氢的氧化反应历程. 按照前面介绍过的分析方法不难想到, 氢的电离反应历程应包括下列步骤:

1. 分子氢的溶解及扩散达到电极表面;

2. 溶解氢在电极上"离解吸附"($H_2 \rightleftharpoons 2MH$), 包括按电化学机理离解形成吸附氢原子, 如在酸性溶液中 $H_2 \rightleftharpoons MH + H^+ + e^-$;

3. 吸附氢的电化学氧化. 在酸性溶液中为 $MH \longrightarrow H^+ + e^-$; 在碱性溶液中则为 $MH + OH^- \longrightarrow H_2O + e^-$.

在上述反应历程中, 既包括了 H_2, H^+(或 OH^-)等粒子的扩散与 H_2 的离解吸附这样一些非电化学过程, 又包括电化学氧化与电化学离解吸附这样一些电化学过程. 当电极反应速度由电化学氧化速度或电化学离解吸附速度控制时, 阳极电流密度随电极电势变化的具体形式可能相当复杂, 因为在可以实现氢电离反应的电极表面上吸附氢原子的覆盖度往往比较高, 所涉及的吸附等温线比较复杂.

若是电极反应速度受分子氢的离解吸附速度控制, 或是由溶液中溶解氢分子的扩散速度控制, 则当阳极电流密度增大到一定数值后就会出现不随电极电势变化的极限电流. 区别这两种控制步骤所引起的极限电流是比较容易的, 因为溶解氢的扩散速度与搅拌速度的平方根成正比; 然而, 如果电极表面上不发生分子氢的浓度极化, 则离解吸附过程的极限速度与搅拌无关. 此外, 还可以根据溶解氢分子的反应级数来区别这两类控制步骤: 如果氢的离解吸附是控制步骤, 则分子氢的反应级数为 1; 当溶液中氢的扩散为控制步骤时氢的反应级数也为 1; 而若控制步骤是吸附氢原子的电离, 则低覆盖度时氢的反应级数为 1/2, 然后随吸附氢原子的覆盖度增大而下降.

用旋转圆盘电极在 $0.5\text{mol} \cdot \text{L}^{-1}$ H_2SO_4 中测得当氢在 Pt 电极上电离时极化曲线的形式如图 7.14[31a]. 曲线的特点是增大阳极极化后很快出现极限电流. 而且, 若电极电势继续变正, 则阳极电流再度下降.

在低极化区及电极的旋转速度(m)不大时, 电流的数值与 $\sqrt{m}$ 成正比(图 7.15 左端);

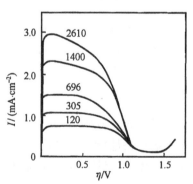

图 7.14　$0.5\text{mol} \cdot \text{L}^{-1}$ H_2SO_4 中旋转铂电极上氢电离过程的极化曲线

曲线旁注明的数字为电极转速(r/min),

$p_{H_2} = 0.1 \text{MPa}$.

且分子氢的反应级数等于1,极化曲线的形式也与扩散过程控制的极化曲线公式相符,表示此时电极反应速度是受溶液中溶解氢分子的扩散速度所控制的. 然而,若增大电极旋转速度,即使在低极化区也可以观察到不随 m 变化的极限电流(图7.15右端),而且极限电流值几乎不随电极电势变化(图7.14中左方). 因此,很可能是分子氢的离解吸附速度也不很大. 当增大液相传质速度后,分子氢在电极上的离解吸附步骤就变成整个电极反应的控制步骤了. 分子氢在电极表面上的吸附速度与电极表面状态有很大关系. 如果电极表面未经过活化处理,或者溶液中含有能减弱氢吸附键的阴离子(如 Cl^-,Br^- 等,见图7.15),则增大电极转速时电流更早地转为混合控制及表面转化速度控制.

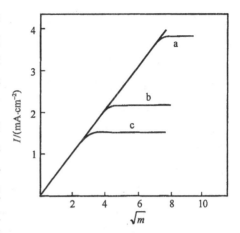

图7.15　氢电离反应极化曲线上的极限电流随电极转速的变化

$\eta_a = 45mV$；m 为电极转速(r/s).

溶液组成：a. $0.5mol \cdot L^{-1} H_2SO_4$；

b. $1mol \cdot L^{-1} HCl$；　c. $1mol \cdot L^{-1} HBr$.

由此可见,若不采取有效措施来增大液相传质速度,则在低极化区电极过程往往是由分子氢的扩散速度控制的. 为了制备高性能的燃料电池氢电极,需要十分重视液相传质过程,否则电极材料的催化性能就难以发挥出来. 在大多数场合下,不宜采用搅拌溶液的办法,而必须建立特殊的电极结构,使气体溶解和扩散达到反应表面的速度增大几个数量级. 在§9.4中将进一步讨论这方面的问题.

当不搅拌溶液时,在低极化区极化曲线的形式由电极材料的电催化性质所决定. 图7.16为在氢电极平衡电势附近测得的阴、阳极极化曲线. 各曲线的阴、阳极分支有很好的对称性,显示阴、阳极反应的控制步骤很可能相同,即分别为吸附氢原子的复合和氢分子的离解吸附. 然而,阴、阳极反应中涉及的中间粒子可能并不相同,特别当极化较大时. 阴极反应中涉及的是具有高反应活性的"顶载"吸附

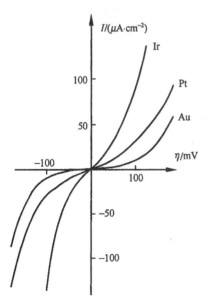

图7.16　$0.05mol \cdot L^{-1} H_2SO_4$ 中 Ir,
Pt 和 Au 电极上氢的析出和氧化

氢原子;而在阳极反应中则可能主要是"弱吸附氢"(见图7.7)直接参加氧化反应.

图7.14中在高极化区($>+1.2$V时)出现了数值很低且完全与搅拌速度无关的电流,表示此时电极反应速度完全受表面反应速度控制. 根据前面有关铂电极表面状态的讨论,可知在$+1.0$V附近铂电极上开始形成氧的吸附层和氧化物层. 显然,在氧化了的铂电极表面上,氢的吸附速度与吸附氢的平衡覆盖度都大大降低了,故引起电流密度下降. 但由于在$+1.2\sim+1.5$V一段电势范围内电极表面状态还在不断发生变化,很难肯定在这一段极化曲线上电极反应速度是否完全由分子氢的极限吸附速度所控制.

在碱性溶液中,Pt和Pd电极表面上氢电极反应的i^0值比酸性溶液中约低一个数量级. 在1mol·L^{-1}KOH溶液中测得的极化曲线形式与在H$_2$SO$_4$溶液中测得的相仿,且低极化区的最大电流值与氢压成正比,表示分子氢的反应级数为1. 因此,分子氢很可能直接参加控制步骤. 在$\eta_a>0.5\sim0.6$V后,电流急速下降到与氢压基本无关的数值.

为了节约贵金属,曾不断尝试在碱性溶液中采用各种形式的镍催化剂来实现氢的阳极氧化. 碱性溶液中Ni电极上氢电极反应的i^0约为$10^{-5}\sim10^{-6}$A·cm^{-2},比溶解氢的I_d要小$1\sim2$个数量级,因此电化学极化不可忽视. Ni电极的另一特点是氧化生成Ni(OH)$_2$的电势只比同一溶液中的平衡氢电极电势正0.11V左右. 若考虑到在生成Ni(OH)$_2$前就可能发生OH的吸附,或是在强碱中能生成可溶性的HNiO$_2^-$离子,则Ni的稳定电势区只能延伸到约比平衡氢电极电势正$60\sim80$mV处(图7.17). 图中曲线上的最大电流值不超过20μA·cm^{-2},已不可能是溶解氢的扩散速度控制.

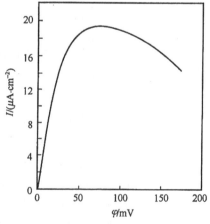

图7.17　1mol·L^{-1}NaOH中光滑Ni
电极上氢的氧化

因此,当考虑采用 Ni 作为碱性介质中的氢电极催化剂时,首先应致力于增大催化剂的比表面,使有效反应表面积至少比表观面积大 $10^3 \sim 10^4$ 倍;同时应采用特殊结构的气体电极以加快氢的溶解与扩散速度. 只有采取这些措施后,才有可能在极化不大于 50mV 的前提下,得到 $100\text{mA} \cdot \text{cm}^{-2}$ 左右的阳极电流. 而若极化超过 $80 \sim 100\text{mV}$,则由于电极本身不断受到破坏,就不能期望电极能长期稳定地工作了. 将 KBH_4 与镍盐作用生成的含硼的镍催化剂(常称为"硼化镍")对氢的氧化有很高的电催化活性,但它的化学稳定性并不比纯镍更高[32].

§7.2　氧还原反应

实践中经常遇到氧电极反应. 例如,在电解水和阳极氧化法制备高价化合物时,氧析出是主要反应或难以完全避免的副反应. 在各种类型的空气电池和燃料电池中,阴极(正极)反应几乎总是氧的还原. 氧还原反应,特别在近乎中性的介质中,还常是金属自溶解过程的主要共轭反应,其进行速度对金属材料的腐蚀速度往往起决定作用. 此外,至少从原则上说,工业上应可用电解法直接还原氧制备过氧化氢(氧还原反应的中间产物);又若在电解氧化时用氧还原构成阴极反应(代替氢析出反应),应可显著降低电能消耗. 然而,由于种种原因,包括氧的高效电化学还原不易实现,这些方案迄今未在电化学工业中得到实际应用. 还有,在细胞内线粒体中实现的氧还原过程也可能是按电化学历程进行的,对生物体内的能量转换起着极为重要的作用.

然而,对于这一显然十分重要的电极过程,我们的认识水平远不如对氢电极过程. 导致出现这种情况的原因主要有下列几方面:

首先,氧电极过程是复杂的四电子反应. 在反应历程中往往出现中间价态的粒子,如过氧化氢(包括碱性溶液中的 HO_2^-)、中间价态含氧吸附粒子或金属氧化物等. 例如,当出现过氧化氢时,就要同时考虑至少三对氧化还原体系. 这些体系在酸性和碱性溶液中的反应式与标准平衡电势见下表:

	反　应　式	$\varphi_{\text{平}}^0/\text{V}$
酸性溶液	$O_2 + 4H^+ + 4e^- \rightleftharpoons 2H_2O$	1.23
	$O_2 + 2H^+ + 2e^- \rightleftharpoons H_2O_2$	0.67
	$H_2O_2 + 2H^+ + 2e^- \rightleftharpoons 2H_2O$	1.77
碱性溶液	$O_2 + 2H_2O + 4e^- \rightleftharpoons 4OH^-$	0.40
	$O_2 + H_2O + 2e^- \rightleftharpoons HO_2^- + OH^-$	-0.07
	$HO_2^- + H_2O + 2e^- \rightleftharpoons 3OH^-$	0.87

由表中可以看出,不论在酸性或碱性溶液中,H_2O_2/H_2O 体系的 $\varphi_{平}^0$ 都比 O_2/H_2O体系的 $\varphi_{平}^0$ 要正得多. 因此,从热力学角度看,H_2O_2 和 HO_2^- 是不稳定的中间价粒子. 换言之,过氧化氢的浓度几乎总是由动力学因素而不是热力学因素决定的,因此使反应历程的分析较为复杂.

其次,氧电极反应的可逆性很小. 即使在 Pt,Pd,Ag,Ni 这样一些常用作氧电极"催化剂"的表面上,按氧还原反应的极化曲线外推求得 $\varphi_{平}$ 处 i^0 的数值不超过 $10^{-9}\sim10^{-10}A\cdot cm^{-2}$. 若用氢电极反应的标准来衡量,都只能算作是高超电势金属. 因此,氧还原时总是伴随着很高的超电势,而几乎无法在热力学平衡电势附近研究这一反应的动力学,甚至至今氧的平衡电势仍难以建立. 对于究竟是什么原因导致实验测得的氧电极稳定电势总在 1V 左右(相对可逆氢电极)而不是1.23V,迄今亦未得到普遍公认的说法.

§7.2.1　氧还原反应的"直接四电子"与"二电子"途径

由于氧还原反应的复杂性(涉及 4 个电子及 2~4 个质子的转移,和 O—O 键的断裂),可以写出各种各样的反应机理和历程. 例如在[33]中列举的氧电极反应历程就有 14 种之多,而考虑到不同的控制步骤时可能的反应机理竟超过 50 种方案. 在这种情况下,虽然根据片面的实验事实并不难提出能"自圆其说"的反应历程,但要真正肯定任何一种反应历程显然不是能轻易做到的.

基于这一原因,在氧还原反应的机理研究中,大多并不企图像研究氢析出反应机理那样逐一分析各种可能的反应历程与控制步骤,而着力于分析最基本的反应类型,其中最主要的是所谓反应的"直接四电子途径"与"二电子途径".

在许多电极表面上,氧分子首先得到两个电子还原为 H_2O_2(或 HO_2^-),然后再进一步还原为水. 这一基本反应类型常称为"二电子反应途径". 按照这类反应途径,在酸性和中性溶液中氧还原反应的基本历程如下:

$$1.\ O_2+2H^++2e^-\longrightarrow H_2O_2 \quad (电化学反应) \quad [D]$$

$$2.\begin{cases} H_2O_2+2H^++2e^-\longrightarrow 2H_2O & (电化学反应) \quad [E] \\ 或\ H_2O_2\longrightarrow \frac{1}{2}O_2+H_2O & (催化分解) \quad [F] \end{cases}$$

在碱性溶液中,反应的最终产物为 OH^-,同时中间产物 H_2O_2 能按照 $H_2O_2+OH^-\rightleftharpoons HO_2^-+H_2O$ 离解$(pK_a=11.7)$. 因此,在强碱性溶液中氧还原过程按二电子途径进行时的基本反应历程为

$$1.\ O_2+H_2O+2e^-\longrightarrow HO_2^-+OH^- \quad (电化学反应) \quad [D']$$

$$
2.\begin{cases} HO_2^- + H_2O + 2e^- \longrightarrow 3OH^- & \text{（电化学反应）} \quad [E'] \\ \text{或 } HO_2^- \longrightarrow \dfrac{1}{2}O_2 + OH^- & \text{（催化分解）} \quad [F'] \end{cases}
$$

事实上,所谓"二电子反应途径"又可分为两大类:一类是生成 H_2O_2 后不再进一步还原,即全部反应中涉及的电子数为 2,而 H_2O_2 为最终反应产物;另一类是生成的 H_2O_2 可进一步还原为水或 OH^-. 后一类"二电子反应"又可称为"由两个二电子反应串联组成的四电子反应",或简称为"串联反应".

另一大类反应历程中不出现可被检测的过氧化氢,即表现为氧分子连续得到四个电子而直接还原成 H_2O(酸性液中)或 OH^-(碱性液中). 这一基本反应类型常称为"直接四电子反应途径". 需要指出,在反应中是否可以检测出过氧化氢,显然与所采用的检测手段有关. 由于在氧还原反应机理研究中常采用带环的旋转圆盘电极(RRDE)中的环电极来检测盘电极上可能生成的过氧化氢,实际上是以"能否生成溶液中的过氧化氢"作为区分"直接四电子途径"与"二电子途径"的判据.

在大多数电极表面上,氧还原反应按"二电子途径"进行,或是"二电子"与"直接四电子"两种途径同时进行(后一情况常称为反应按"平行机理"进行). 换言之,出现二电子途径的可能性显著高于直接四电子途径. 造成这种情况的主要原因是氧分子中 O—O 键的离解能高达 $494kJ \cdot mol^{-1}$,而质子化生成过氧化氢后 O—O 键能降至 $146kJ \cdot mol^{-1}$. 显然,通过中间产物过氧化氢的反应途径有利于降低氧还原反应的活化能.

在某些电极表面上,氧还原为过氧化氢的反应与过氧化氢进一步还原的反应发生在截然不同的电势区域(实现后一反应的电势要比实现前一反应的电势更负得多). 在一定的电势范围内,过氧化氢可以作为(动力学)稳定的中间产物存在. 汞电极即属此类. 在含氧的 KCl 溶液中测得的极谱曲线上(图 7.18),可以看到高度相等的两个双电子波,分别相应于反应[D]和[E]. 两个波的半波电势相差约0.8V,因此在汞电极上可以方便地对氧还原反应的两个阶段分别进行研究.

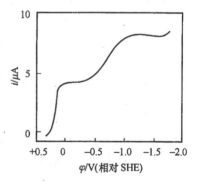

图 7.18　KCl 溶液中测得的氧还原极谱波

极谱曲线上左方第一个波相应于反应[D],其平衡电极电势可用下式表示

$$\varphi_平 = +0.67 + \frac{RT}{2F}\ln\frac{p_{O_2}a_{H^+}^2}{a_{H_2O_2}}$$

$$= +0.67 + \frac{RT}{2F}\ln\frac{p_{O_2}}{a_{H_2O_2}} - 0.059\mathrm{pH} \tag{7.9}$$

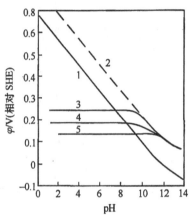

图 7.19　氧还原为 H_2O_2 时极谱半
波电势随溶液 pH 的变化

1. O_2/H_2O_2 体系的标准平衡电势；2. O_2 /H_2O_2 可逆极谱波的半波电势(计算值)；3. 在不含卤素离子的缓冲溶液中测得的半波电势；4. 含有 $0.9\mathrm{mol \cdot L^{-1}}$ Cl^- 的缓冲溶液中测得的半波电势；5. 在含有0.45 $\mathrm{mol \cdot L^{-1}}$ Br^- 的缓冲溶液中测得的半波电势.

图 7.19 中曲线 1 表示当 $p_{O_2}=1$ 及 H_2O_2 的分析浓度为 $1\mathrm{mol \cdot L^{-1}}$时, $\varphi_平$值随溶液 pH 值的变化. 曲线 2 为 O_2/H_2O_2 可逆极谱波应有的半波电势值. 二曲线在 pH>10 后显著地偏离直线关系, 这是由于随着溶液 pH 增大 H_2O_2 能更多地离解为 HO_2^-, 因此 $a_{H_2O_2}$减低了.

在不含卤素离子的酸性和中性溶液中 (pH<10), 当氧在汞和汞齐电极上还原为 H_2O_2 时,实际测得的半波电势由图 7.19 中曲线 3 表示. 与曲线 2 比较,可见实际测得的半波电势显著低于理论计算值,即出现了较大的超电势.

在酸性和中性溶液中实际测得的半波电势与 pH 值无关,表示 H^+ 的动力学反应级数为零. 若是在 $I \ll I_d$ 的电流密度范围内进行测量,则可以观察到电极电势与电流密度之间存在如下的关系:

$$\varphi = 常数 + \frac{2RT}{F}\ln c_{O_2} - \frac{2RT}{F}\ln I \tag{7.10}$$

由此可知 O_2 的动力学反应级数为 $\left(\dfrac{\partial \ln I}{\partial \ln c_{O_2}}\right)_\varphi = 1$.

根据这些实验事实,可以推知在酸性和中性溶液中氧还原为 H_2O_2 时的控制步骤为$O_2 + e^- \longrightarrow O_2^-$. 因此,若超电势较大以致可以忽视逆反应的影响,按式 (4.33b)阴极电流密度应为

$$I = 2FK_c^0 c_{O_2}\exp\left[-\frac{\alpha F}{RT}(\varphi - \psi_1)\right] \tag{7.11}$$

写成对数形式则有

$$\varphi = 常数 + \frac{RT}{\alpha F}\ln c_{O_2} - \frac{RT}{\alpha F}\ln I + \psi_1 \tag{7.12}$$

在 $\psi_1 = 常数$ 和 $\alpha = 0.5$ 时与式(7.10) 完全相符. 根据式(7.12) 还可以预测当加

入能在电极表面上吸附的阴离子致使 ψ_1 电势变负后,相应于同一电流密度的极化电势值应向负方向移动. 图 7.19 中曲线 4,5 表示加入 Cl^-,Br^- 后极谱半波电势都向负方向移动,与式(7.12)的推论相符合.

由于在控制步骤中生成的 O_2^- 离子具有很强的反应能力,它很容易继续和氢离子以及第二个电子化合而成 H_2O_2,并可以认为在 O_2^- 与 H_2O_2 之间存在平衡关系

$$O_2^- + H^+ + e^- \Longrightarrow HO_2^-$$

$$HO_2^- + H^+ \Longrightarrow H_2O_2$$

在碱性溶液中,极谱曲线上第一个波的半波电势与假设电化学反应完全可逆时计算得到的半波电势值(图 7.19)相同,极谱曲线的形状也与可逆波一致,表示这一电极反应的可逆程度比较大. 若在同时含有 O_2 和 H_2O_2 的溶液中连续测量阴、阳极极化曲线,则可以得到单一的氧化还原波(图 7.20),表示电极反应是基本可逆的(相当于 $K \geqslant 10^{-3} \mathrm{cm \cdot s^{-1}}$).

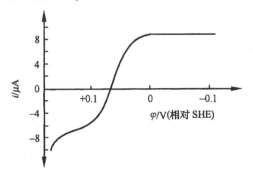

图 7.20

在 pH=13.3 及为氧所饱和并含有 H_2O_2

$(2.2 \times 10^{-3} \mathrm{mol \cdot L^{-1}})$ 的溶液中测得的阳、阴极极谱曲线

图 7.18 中在 $-0.5V$ 左右开始的第二个还原波相当于 H_2O_2 在汞电极上还原为 H_2O(或 OH^-)的过程,其波形具有明显的不可逆性质. 与 H_2O_2/H_2O 体系的 $\varphi_平$ 比较,可知反应涉及的超电势很大,在酸性溶液中竟超过 2V. 在用滴汞电极测得的极谱曲线上,第二个波的半波电势在 pH<10 时与溶液的 pH 值无关,在 pH>10 时则随溶液 pH 值的增大而变负(图 7.21). 计算结

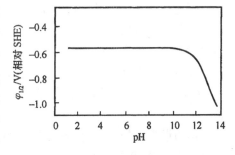

图 7.21　H_2O_2 还原反应的极谱半波电势随溶液 pH 值的变化

果表明,当 pH>10 时,极谱半波电势的移动完全是由于 H_2O_2 离解为 HO_2^-,以致 H_2O_2 的浓度降低而引起的. 因此,在整个 pH 范围内 H^+ 的反应级数均为零.

若校正了 H_2O_2 的浓度变化以后,则在 pH=1~13 的范围内极化曲线服从下列公式:

$$\varphi = 常数 + \frac{4RT}{F}\ln c_{H_2O_2} - \frac{4RT}{F}\ln I \qquad (7.13)$$

由此可知 H_2O_2 的反应级数为 $\left(\dfrac{\partial \ln I}{\partial \ln c_{H_2O_2}}\right)_\varphi = 1$.

根据这些初步实验事实,当 H_2O_2 汞在电极上还原时电极反应的控制步骤可能是 $H_2O_2 + e^- \longrightarrow HO + OH^-$.

这一步骤中涉及双氧键断裂,因此活化能较高. 按此,阴极电流密度可写成

$$I = 2FK_c^0 c_{H_2O_2}\exp\left(-\frac{\alpha F}{RT}\varphi\right) \qquad (7.14)$$

由于这一反应只能在很负的电势范围内进行,推导(7.14)式时没有考虑 ψ_1 电势对反应速度的影响.

如果在式(7.14)中设 $\alpha = 0.25$,则与式(7.13)符合. 不过,我们目前还不清楚,为什么当 H_2O_2 在电极上还原时出现这样低的传递系数.

除了汞电极外,氧在碳、石墨、金电极上也主要按"二电子"反应途径还原. 然而,由于在一些电极表面上氢析出超电势不像汞电极上那么高,有时观察不到相应于 H_2O_2(或 HO_2^-)进一步还原的"第二波".

§7.2.2 混合"二电子"/"直接四电子"反应的 RRDE 研究

在清洁的铂表面和某些过渡金属大环化合物的表面上氧分子主要按直接四电子反应途径还原. 大多数氧还原催化剂能部分地实现直接四电子反应,同时又生成一些 HO_2^-,而且实现直接四电子反应与二电子反应的电势区往往交互重叠,即不像汞电极上那样在极化曲线上出现分离良好的两个波. 对于这类混合过程,最常用旋转环盘电极(RRDE)来研究其动力学规律,即在盘电极上实现氧的还原过程,而用环电极检测(氧化)在盘电极上生成并能进入溶液的中间产物过氧化氢.

作为最简单的情况,分析旋转环盘电极数据时可以采用如图 7.22 所示的反应模式[34]. 在稳态下每一种粒子的生成速度与消耗速度相等,因此在旋转盘电极上 O_2(以下用下标 A 表示)和 H_2O_2(以下用下标 B 表示)的物料平衡方程分别为

$$O_2: \qquad \gamma_A \sqrt{\omega}(c_A^0 - c_A^s) = (k_1 + k_2)c_A^s \qquad (7.15)$$

$$H_2O_2: \quad k_2 c_A^s = \gamma_B \sqrt{\omega} c_B^s + k_3 c_B^s \qquad (7.16)$$

式中, $\gamma_i = 0.62 D_i^{2/3} v^{-1/6}$. 由式(7.16)可知, $\dfrac{c_A^s}{c_B^s} = \dfrac{k_3 + \gamma_B \sqrt{\omega}}{k_2}$.

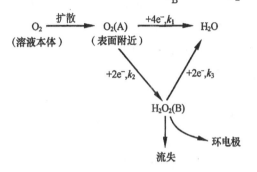

图 7.22　最简单的氧分子还原模式

盘电极上的总电流(I_D)是各个反应途径所产生的电流的总和,故在面积为 A 的盘电极上有[①]

$$I_D = 4FAk_1 c_A^s + 2FAk_2 c_A^s + 2FAk_3 c_B^s \qquad (7.17)$$

考虑到 H_2O_2 离开圆盘电极的速度为 $A\gamma_B \sqrt{\omega}(c_B^s - c_B^0)$,若设 $c_B^0 = 0$ 及 H_2O_2 不能在液相中分解,则环电极上 H_2O_2 的极限氧化电流应为

$$I_R = 2FA\gamma_B \sqrt{\omega} c_B^s N^0 \qquad (7.18)$$

式中, N^0 为 RRDE 系统的理论收集系数(参见§5.7.1).

合并式(7.17),(7.18),可得到

$$\frac{I_D}{I_R/N^0} = \frac{2k_1 + k_2}{\gamma_B \sqrt{\omega}} \cdot \frac{c_A^s}{c_B^s} + \frac{k_3}{\gamma_B \sqrt{\omega}}$$

$$= \left(1 + \frac{2k_1}{k_2}\right) + 2k_3\left(1 + \frac{k_1}{k_2}\right)\bigg/ \gamma_B \sqrt{\omega} \qquad (7.19)$$

式(7.19)表示 $\dfrac{I_D}{I_R/N^0} - \omega^{-1/2}$ 关系为一直线,其斜率为 $2k_3\left(1 + \dfrac{k_1}{k_2}\right)\bigg/ \gamma_B$,而截距为 $\left(1 + \dfrac{2k_1}{k_2}\right)$,可据此求出 k_3. 此外,若截距为 1 则表示 $k_1 \ll k_2$,即直接四电子反应

① 本书以前各节中均用 I 表示电流密度. 然而,考虑到在有关旋转环盘电极系统的文献中习惯采用 I_D 及 I_R 表示盘和环电极上的总电流,本节中采用了与此习惯相同的符号. 请读者注意不要引起混淆.

途径可以忽视. 当极化曲线上出现相应于氧完全按四电子还原的极限电流 $I_{D(L)}$ 时,还可以根据 $I_{D(L)} = 4FA\gamma_A\sqrt{\omega}\,c_A^0 = 4FA(k_1 + k_2 + \gamma_A\sqrt{\omega})c_A^s$ 求出 [1]

$$\frac{I_{D(L)} - I_D}{I_R/N^0} = 1 + 2\frac{k_3}{k_2}\frac{\gamma_A}{\gamma_B} + \frac{2\gamma_A\sqrt{\omega}}{k_2} \tag{7.20}$$

联合分析式(7.19)和(7.20)的斜率和截距,可以求出全部动力学参数 k_1, k_2 和 k_3.

如果进一步考虑 H_2O_2 可能在电极上歧化,以及在低极化下(特别在碱性介质中)生成 H_2O_2 的反应有一定的可逆性,则需要在反应模式中增加 k_4(歧化反应速度常数)和 k_2' [30](图 7.23).

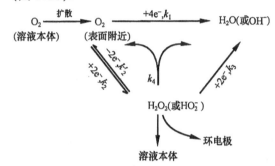

图 7.23　考虑 H_2O_2 歧化与再氧化的反应模式

按照这种反应模式,在稳态下应有

$$O_2:\qquad \gamma_A\sqrt{\omega}(c_A^0 - c_A^s) + k_2'^* c_B^s = (k_1 + k_2)c_A^s \tag{7.21}$$

$$H_2O_2:\qquad k_2c_A^s = \gamma_B\sqrt{\omega}(c_B^s - c_B^0) + (k_2'^* + k_3^*)c_B^s \tag{7.22}$$

式中, $k_2'^* = k_2' + \dfrac{k_4}{2}; k_3^* = k_3 + \dfrac{k_4}{2}$ [2],而圆盘电极上的总电流为

$$\begin{aligned}
I_D &= 4FAk_1c_A^s + 2FAk_2c_A^s + 2FA(k_3^* - k_2'^*)c_B^s \\
&= 2FA[(2k_1 + k_2)c_A^s + (k_3^* - k_2'^*)c_B^s] \tag{7.23}
\end{aligned}$$

若将环电极保持在能使 H_2O_2 完全氧化的电势("极限电流区"),并假设 H_2O_2 在液相中不分解及 $c_B^0 = 0$,则将式(7.18)与式(7.22)合并后得到

---

① 溶解氧扩散达到电极表面的速度为 $\gamma_A\sqrt{\omega}(c_A^0 - c_A^s)$,而在表面反应中的消耗速度为 $(k_1 + k_2)c_A^s$. 稳态下二者相等,故有 $\gamma_A\sqrt{\omega}c_A^0 = (k_1 + k_2 + \gamma_A\sqrt{\omega})c_A^s$.

② 从图 7.23 中可以看出,由于 k_2' 和 $\dfrac{k_4}{2}$ 并联而不可分割,k_3 和 $\dfrac{k_4}{2}$ 也是如此,故可用 $k_2'^*$,k_3^* 代替而使模式简化. 可认为 $k_2'^*$ 是 H_2O_2 重新还原生成氧的反应速度常数;而 k_3^* 是 H_2O_2 进一步还原生成水的反应速度常数.

$$c_A^s = \frac{I_R}{2k_2N^0FA}\left(1 + \frac{k_2^{'*} + k_3^*}{\gamma_B\sqrt{\omega}}\right) \tag{7.24a}$$

和
$$c_B^s = \frac{I_R}{2N^0FA\gamma_B\sqrt{\omega}} \tag{7.24b}$$

代入式(7.23)整理后得到

$$\frac{I_D}{I_R/N^0} = \left(1 + \frac{2k_1}{k_2}\right) + \left[\left(1 + \frac{2k_1}{k_2}\right)(k_2^{'*} + k_3^*) + (k_3^* - k_2^{'*})\right]\frac{1}{\gamma_B\sqrt{\omega}} \tag{7.25}$$

式(7.25)表示,若将 $\dfrac{I_D}{I_R/N^0}$ 对 $\omega^{-1/2}$ 作图,应得到一

直线(图 7.24). 直线在纵坐标上的截距为 $1 + \dfrac{2k_1}{k_2}$,而其

斜率为 $\left[\left(1 + \dfrac{2k_1}{k_2}\right)(k_2^{'*} + k_3^*) + (k_3^* - k_2^{'*})\right]/\gamma_B$. 显

然,若截距等于1,则表示 $k_1 \ll k_2$,即二电子反应途径占
绝对优势.

为了求出全部动力学参数,还可以利用 O_2 还原时的

极限电流值 $I_{D(L)} = 4FA\gamma_A\sqrt{\omega}\,c_A^0 = 4FA[(k_1 + k_2 +$

$r_A\sqrt{\omega})c_A^s - k^{'*}c_B^s]$. 整理后得到

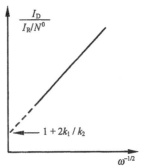

图 7.24

$$\frac{I_{D(L)} - I_D}{I_R/N^0} = \left(1 + 2\frac{k_2^{'*} + k_3^*}{k_2}\frac{\gamma_A}{\gamma_B}\right) + \frac{2\gamma_A\sqrt{\omega}}{k_2} \tag{7.26}$$

式(7.26)表示,将 $\dfrac{I_{D(L)} - I_D}{I_R/N^0}$ 对 $\omega^{1/2}$ 作图也可以得到一条直线. 从直线的斜

率可以直接求出 k_2;而式(7.25)与式(7.26)联解时可根据两个截距值和两个斜率
值求出全部动力学参数.

式(7.25)和(7.26)都是在极化电势不变(即诸 k 值均为常数)的条件下推导
出来的,按此求出的动力学参数即为该电势下的参数. 如果在不同电势下测量 I_D
和 I_R 随 ω 的变化,就可以算出不同电势下的各种 k 值.

Wroblowa 等人考虑到在电极反应中生成的中间粒子 H_2O_2 应处于吸附态,认
为反应模式中应包括 H_2O_2 的吸、脱附反应速度常数 k_5 和 k_5'(图 7.25)[35]. 根据
这一反应模式可以推导出

$$\frac{I_D}{I_R/N^0} = \left(1 + \frac{2k_1}{k_2} + A^*\right) + A^*\frac{k_5'}{\gamma_B\sqrt{\omega}} \tag{7.27}$$

式中,$A^* = \dfrac{2k_1}{k_2k_5}(k_2^{'*} + k_3^*) + \dfrac{2k_3^*}{k_5}$,和

$$\frac{I_{D(L)} - I_D}{I_R/N^0} = \left(1 + 2\frac{\gamma_A}{\gamma_B}\frac{k_5'}{k_5}\frac{k_2'^* + k_3^*}{k_2}\right) + \frac{2\gamma_A}{k_2}\left(1 + \frac{k_2'^* + k_3^*}{k_5}\right)\sqrt{\omega} \qquad (7.28)$$

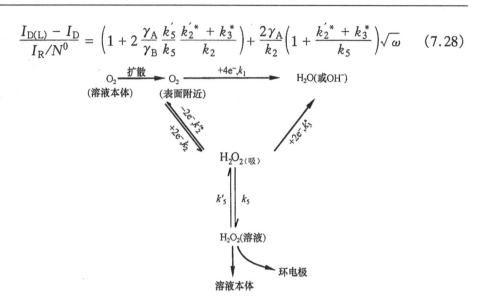

图 7.25　考虑 H_2O_2 吸附态的反应模式

　　这一模式可能较前两种模式更为合理. 然而,由于式(7.27)和式(7.28)中包括六个待定的动力学参数,仅根据两个直线关系已无法全部解出. 这一情况表明,实验数据中所包含的信息已不足以用来分析较复杂的反应模式. 如果利用测量参数之间的较高次关系,应可计算出较多的动力学参数和采用较复杂的反应模式;但这就要求实验数据具有更高的精确度,也就是包含更可靠的信息. 换言之,实验数据中所含的信息是认识的源泉,而可能采用的反应模式的复杂程度则要受限于实验数据中所包含的信息的数量和质量.

　　以上分析还表明,当采用不同的反应模式时,对同样的实验数据可以有不同的解释. 比较式(7.19),(7.25)和(7.27),或是比较式(7.20),(7.26)和(7.28),可见按不同反应模式推导出的 $\frac{I_D}{I_R/N^0}$-$\omega^{-1/2}$ 关系及 $\frac{I_{D(L)} - I_D}{I_R/N^0}$-$\omega^{1/2}$ 关系的斜率和截矩在大多数情况下均有不同的表达式,即对同一组实验结果可以有不同的解释. 例如,若 $\frac{I_D}{I_R/N^0}$-$\omega^{-1/2}$ 关系线在纵坐标上的截距大于1,则根据图7.22和图7.23所表示的反应模式应有 $k_1 > 0$,即存在直接四电子反应途径;然而,根据图7.25所表示的反应模式,此时 k_1 仍然可以等于0$\left(只要\frac{k_3^*}{k_5} > 0\right)$,即仍可能并不存在直接四电子反应途径. 由此可知,选择反应模式时必须慎重,否则就近乎只是逻辑游戏了.

　　从原则上讲,还可以采用更复杂的反应模式,例如在反应模式中包括 O_2 的吸

附以及 O_2 与 H_2O_2 的竞争吸附;还可以在模式中包括更多的中间态粒子,如超氧离子、OH 基等. 例如在文献[36]中曾提出比前几种模式更为详尽的反应模式. 这样做无疑会使反应模式更为合理. 然而,要能用上这些更复杂的反应模式,就必须有更多更精确的实验数据,并找出实验参数之间更细致的关系,以及测出更多种中间态粒子的存在及其浓度和它们的反应动力学规律.

由于这些原因,近年来文献中分析用旋转环盘电极测得的氧还原数据时应用得最广泛的仍然是用图 7.23 所表示的反应模式和式(7.25)及(7.26). 实验曲线一般有如图 7.26 所示的形式. 在低极化下氧在盘电极上还原时会生成一些 H_2O_2;在一定电势区间内环电极上测得的 H_2O_2 的氧化电流随极化电势负移和盘电流的增大而增大. 但当盘电势继续负移时 H_2O_2 在盘电极上进一步反应的速度加大,导致环电流又趋减小. 各种电极上氧还原动力学规律很不相同,因此需要仔细地分析 I_D 和 I_R 随 ω 和 φ 的变化.

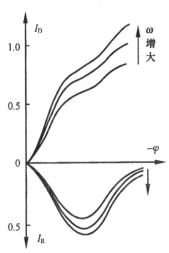

图 7.26　氧还原过程的盘电流与环电流

除 RRDE 方法外,另一判别四电子反应、混合二电子/四电子反应与二电子反应的简单方法是直接测量反应电子数 (n). 从原则上说,如果氧在溶液中的溶解度及其扩散系数为已知值,应可根据极限扩散电流值计算 n 值. 上述三类反应的 n 值分别为 4,2 < n < 4 及 2. 采用微电极或旋转圆盘电极可以精确确定 n. 利用粉末微电极(参见 §9.6)还可以测定粉末材料表面上的 n 值. 然而,这种方法只适用于出现明确扩散极限电流的电势区域,并不能保证当 $I < I_d$ 时电极反应涉及的电子数与此相同.

§7.2.3　若干电极上的实验结果及其分析

早期的实验结果主要是利用多晶材料制成的旋转环盘电极系统获得的. 近年来由于单晶电极和单晶旋转圆盘电极制备方法的进展[37],已有不少在单晶电极表面上获得的实验结果.

在碱性溶液中,金是最活泼的氧还原催化剂之一. 碱性溶液中多晶金电极上氧在高极化下主要还原成 HO_2^-,此时 $\dfrac{I_D}{I_R/N^0}$-$\omega^{-1/2}$ 和 $\dfrac{I_{D(L)} - I_D}{I_R/N^0}$-$\omega^{1/2}$ 关系线在纵坐标上的截距均接近于 1[35,38][图 7.27(a),(b)]. 不论按图 7.23 或图 7.25 表示的反应模式均可得出结论:认为 k_1,k_2^* 和 k_3^* 几乎等于零,即不但基本上不存在直接四电子反应途径,且生成的 HO_2^- 也不能进一步分解. 当极化较低时,两图中直线

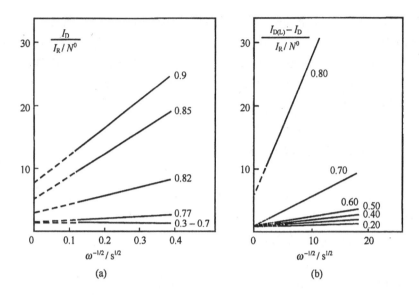

图 7.27　KOH 溶液中用旋转环盘电极测得的氧在多晶金电极上的还原过程
（曲线旁数字为相对同溶液中的平衡氢电极测出的电势值）

的截距与斜率均加大,表示 $\dfrac{k_1}{k_2}$ 加大,而且 $k_2'^* + k_3^*$ 也增大了. 但如果根据由图7.25
表示的反应模式和式(7.27),(7.28),这也可能只是 $k_2'^* + k_3^*$ 增大所引起的.

　　碱性溶液中在单晶面电极上测得的实验结果表明:只有在 Au(100) 面上能于
低极化区（$-0.2 \sim 0.1\mathrm{V}$）实现氧分子的四电子还原反应;而在 Au(110) 和 Au
(111)面上不仅极化较大,且只能生成 $\mathrm{HO_2^-}$（图 7.28）. 由此可见,碱性液中 Au 电

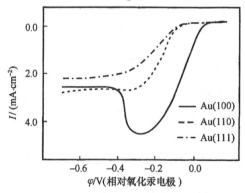

图 7.28　用不同晶面金盘电极在 $0.1\mathrm{mol \cdot L^{-1}}$
NaOH 中测得的极化曲线
电极转速 1600r/min,电势扫速 $50\mathrm{mV \cdot s^{-1}}$.

极对氧还原反应的高电催化活性主要是(100)晶面引起的.

RRDE 研究表明,在 Au(100)晶面上于低极化区不生成能被环电极检测到的 HO_2^- (图7.29),与图7.28一致. 实现直接四电子反应的电势区正好与 Au(100)晶

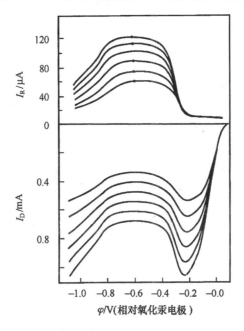

图 7.29　Au(100)单晶面上氧还原反应的 RRDE 测量

面上生成 $AuOH^{(1-\lambda)-}$ 吸附层的电势区相同[在 Au(100)面上 OH^- 的饱和吸附电量为 $120\mu C \cdot cm^{-2}$,而在 Au(111)面上只有 $15\mu C \cdot cm^{-2}$,表示在 Au(111)面上基本不生成 OH 吸附层],显示可能是适当覆盖度的 OH 吸附层促进了氧分子的离解吸附与直接四电子还原. 在低极化区氧还原过程的 Tafel 斜率约为 120mV;而 O_2 和 HO_2^- 的反应级数分别为 1 和 0. 因此,控制步骤很可能是第一个电子的转移. 图 7.29 中高极化区盘电流再度增大而环电流下降,显示直接四电子反应再度加强.

在酸性溶液中,氧在金电极上的还原是非常缓慢的过程[在 Au(100)面上略快一些]. 在所有晶面上都只能实现二电子反应,且具有相同的 Tafel 斜率(120mV),表示控制步骤均可能亦为第一个电子的转移.

对于铂电极,不论在酸性或碱性溶液中,在小电流密度(低极化)下氧还原反应极化曲线的 Tafel 斜率均约为 60mV,而在大极化下这一斜率变成约 120mV. $\dfrac{I_D}{I_R/N^0}-\omega^{-1/2}$ 关系线显示小极化下在纵标上的截距约等于1,表示主要为二电子反应;而极化增大时截距迅速增大,表示直接四电子反应渐成为主要反应途径(图

7.30、图 7.31）. 这一现象很可能与在低极化相对应的电势区间内 Pt 表面上存在氧或含氧粒子的吸附层有关. 如果先将电极表面仔细预还原,则氧还原电流密度增大而 Tafel 斜率保持不变. 图7.32显示在极化较大时 $\dfrac{I_D}{I_R/N^0}$ 随 $\omega^{-1/2}$ 的变化.

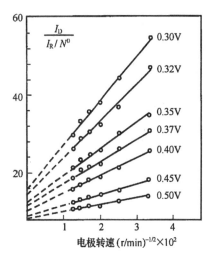

图 7.30　85% H_3PO_4 中 Pt 电极上
的氧还原过程
（电势相对同溶液中的平衡氢电极）

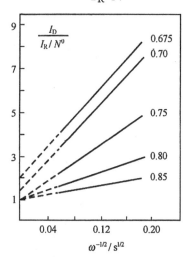

图 7.31　0.1mol KOH 中氧在 Pt
电极上的还原
（曲线旁数字为相对同溶液中
的平衡氢电极测出的电势值）

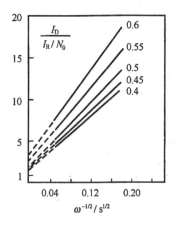

图 7.32　氧在预还原 Pt 电极上的还原
（曲线旁数字为相对平衡氢电极测得的电极电势）

当极化不太高时直线在纵轴上的截距显著大于一,表示以直接四电子反应为主;而极化很大时截距趋近 1,表示直接四电子反应再度受到抑制.

在铂的不同晶面上均能实现氧分子的四电子还原,其动力学参数相差不大[39]. 半对数极化曲线的 Tafel 斜率在小极化下均为 60mV,而在大极化下转为 120mV. 惟一例外是当 Pt(111)面上生成强吸附氢原子后氧的还原反应主要按二电子反应途径进行. 在浓 H_3PO_4 溶液中,由于四面体型磷酸阴离子能在 Pt(111)面强吸附,使氧还原反应电势负移,而且极化曲线上只能观察到单一的高 Tafel 斜率(120mV). 近年来用 RRDE 研究发现,在 H_2SO_4 中亦可观察到类似的现象[40].

银在酸性和碱性溶液中都是良好的氧还原电催化剂,虽然它在小极化下(特别是氧电极的开路电势下)不够稳定. 在银的不同晶面上均能实现氧的四电子还原. 在酸性介质中的催化活性顺序为 Ag(111)＞Ag(100)＝Ag(110);在碱性介质中则 Ag(100)的活性最高[41]. 与金相比[除 Au(100)面外],银电极的高电催化活性可能与其表面上易生成氧的吸附层有关.

§7.2.4　氧还原反应的电化学催化

各种不同电极表面对氧还原反应的电催化行为显然与氧分子及各种反应中间粒子在电极上的吸附行为有关. 然而,由于氧还原反应的复杂性——涉及O—O键的断裂与质子的添加,含氧吸附层对反应机理与反应动力学的影响也相当复杂. 在上面我们已经看到,在 Au 和 Ag 表面上出现氧的吸附层时有利于直接四电子反应的进行,而在 Pt 表面上含氧吸附层则能阻化四电子反应.

Yeager 认为,氧分子在电极上的吸附大致有三种方式:

1. Griffiths 模式[图 7.33(a)]

氧分子横向与一个过渡金属原子作用. 氧分子中的 π 轨道与中心原子中空的 d_{z^2} 轨道相互作用;而中心原子中至少部分充满的 d_{xz} 或 d_{yz} 轨道向氧分子的 π^* 轨道反馈. 这种较强的相互作用能减弱 O—O 键,甚至引起 O_2 的离解吸附,有利于 O_2 的直接四电子还原. 在清洁的铂表面以及铁酞菁分子上,氧的活化很可能是按这一模式进行的.

2. Pauling 模式[图 7.33(b)]

氧分子的一侧指向过渡金属原子,并通过 π^* 轨道与中心原子中的 d_{z^2} 轨道相互作用. 按这种方式吸附时氧分子中只有一个原子受到较强的活化,因此有利于实现二电子反应. 在大多数电极材料上氧的还原可能是按这种模式进行的.

3. 桥式模式[图 7.33(c)]

如果中心原子的性质与空间位置均适当,氧分子也可以同时受到两个中心原子的活化而促使分子中两个氧原子同时被活化. 这种吸附模式显然有利于实现四电子反应途径.

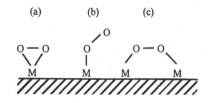

图 7.33 氧分子在电极上的不同吸附模式

(a)Griffths 模式; (b)Pauling 模式; (c)桥式模式.

然而,对于在各种电极表面上氧的吸附方式迄今并无可靠的谱学证据.

从原则上说,Griffiths 模式与 Pauling 模式均属"单址(single site)吸附", 而桥式模式属"双址(dual site)吸附". 研究结果表明:如果在 Pt 表面上欠电势沉积(UPD)少量吸附 Ag 原子,对氧的还原有显著阻化作用,显示氧分子可能主要是按桥式"双址"模式吸附在 Pt 表面上[42].

从实用角度出发,不论在酸性或碱性介质中,Pt 与 Pt 族元素及其合金都是最理想的氧还原催化剂. 通过优化催化剂及气体扩散电极制备工艺,铂的用量已可降至 $0.5mg \cdot cm^{-2}$ 以下. 在碱性介质中,Au,Ag 和碳电极都具有一定的实用性,但输出电流的能力与工作寿命仍明显逊于 Pt 电极.

由于碱性溶液中在许多电极(包括汞电极)上氧还原为 H_2O_2 的反应具有良好的可逆性,氧还原电极的工作电势往往主要取决于电极表面 H_2O_2(HO_2^-)的残余浓度. 如果 H_2O_2 分解较快,其表面残余浓度较低,则氧还原电极的工作电势较正,即电化学极化较小. 碱性溶液中 O_2/OH^- 电对与 O_2/HO_2^- 电对的 φ_{Ψ}^0 值相差 0.47V,因此只有当 HO_2^- 的表面残余浓度降至 $10^{-19}M \cdot cm^{-3}$ 时才能达到 O_2/OH^- 电对的 φ_{Ψ} 值. 不少氧还原催化剂的设计,即是按照促进 HO_2^- 分解这一思路进行的. 掺有 MnO_2 等过渡金属氧化物的碳空气电极很有可能也是按这种机理工作的,已被证明具有很好的实用性. 焦绿石型氧化物是一类重要的氧电极反应催化剂,不但能催化氧的还原,还能催化氧的析出. 因此,这类电催化剂有可能用来建立"双功能"氧电极,组成可充电的"金属/空气电池"及"再生式"燃料电池. 在中性和碱性溶液中,氧在铁表面上的还原速度是决定铁腐蚀速度的重要因素. 在清洁的铁表面上可较快地实现氧分子的直接四电子反应;当表面上出现钝化前的氧化物时氧还原反应主要按串联四电子反应机理进行,较清洁表面要慢一些;而当铁表面钝化后惟一的反应产物是 HO_2^-. 在金电极上欠电势沉积的 Tl,Pb,Bi 和 Cu 的吸附层亦能促进 H_2O_2 的进一步还原,即实现按"串联反应"机理进行的四电子反应[43].

　　另一大类得到较广泛重视的氧还原反应电催化剂是过渡金属大环配合物. 最常见的大环配体包括酞菁(Pc)、四苯基卟啉(TPP)、四甲基苯基卟啉(TMPP)等. 中心金属离子包括 Cr,Fe,Mn,Ni,Co 等. 催化剂可以是沉积或吸附在载体上或是溶解在电解质中的配合物,也包括电极表面上的配合物经灼烧后的残存物,其中有些能催化四电子反应(如 FePc、MnPc),有些只能支持二电子反应(如 CoPc).

　　对于这类电催化剂的反应机理,一种较流行的说法是中心金属离子通过价态变化促进了氧分子的还原. 图 7.34 显示:只有那些氧化还原电势与氧还原电极的工作电势(0.0～ − 0.3V)相近的金属大环配合物能较有效地催化氧的还原,有力地支持了上述看法. 然而,这一理论无法解释为什么 Pt 的大环配合物及不含过渡金属中心离子的氢型大环配合物也有一定催化活性.

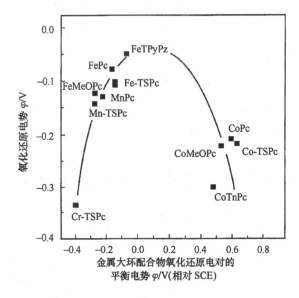

图 7.34

0.1mol·L⁻¹ NaOH 中石墨电极上利用不同金属大环配合物实现的氧还原电势
(工作电流密度 50μA·cm⁻²)与配合物($M^{2+/3+}$)氧化还原电势之间的关系.

　　另一种看法认为处在配合物平面中心的金属离子能在与平面垂直的方向上吸附 O_2 分子或 OH^- 等阴离子,并引起氧分子的活化. 曾用 Mössbauer 谱证明 FePc 八面体中轴向 OH^- 的存在. Yeager 曾提出如下的反应机理:

$$M(3+)OH^- \rightleftharpoons M(2+) + OH$$

$$M(2+) + O_2 \rightleftharpoons M(3+)O_2^-(吸)$$

$$M(3+)O_2^-(吸) + e^- \longrightarrow 中间产物$$

其中,M(2+或3+)为过渡金属中心离子,而最后一步为控制步骤.然而,这一看法中假设氧分子的吸附是"单址"的,对O—O键的活化作用应该不强,因此难以解释有时可观察到的氧分子的直接四电子还原.

曾有光谱数据支持当四磺酸铁芙菁(TSPcFe)在电极上吸附时能与氧分子生成二聚型 TSPcFe-O-O-FeTSPc. 根据这种"双址"模式可以较好地解释 O—O 键的活化与氧分子的直接四电子还原反应. Anson 等人发现[44],在某些含有两个过渡金属原子的"双核"大环化合物("面对面"型、蚌型、或平面双核型,见图 7.35)的作用下,氧的还原过程中基本不出现 H_2O_2.

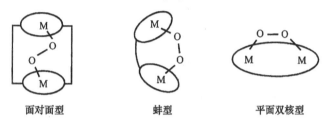

面对面型　　　　　　　蚌型　　　　　　　平面双核型

图 7.35　双核大环化合物催化剂

利用过渡金属大环配合物有可能部分取代贵金属氧还原催化剂. 这样不仅有利于降低成本,还可以减少或避免一氧化碳、甲醇等对催化剂的毒化作用(见§7.3).

对氧还原反应和氧电极反应有兴趣的读者可进一步参阅文献[45,46].

§7.3　甲醇的电化学氧化

近年来甲醇的电化学氧化研究受到很广泛的重视. 这主要是期待以这一反应为基础的直接甲醇燃料电池(DMFC)能在未来的能源体系(特别是电动车体系)中占据一定地位. 目前氢-氧燃料电池系统的制造工艺已基本成熟,但尚缺乏车载高效贮氢容器或车载高效氢发生器,因此至少短期内无法生产有广泛实用价值的商品燃料电池电动车. 如果能开发出效率较高的直接甲醇燃料电池,就可以绕过车上贮氢或制氢的困难. 小型 DMFC 还有可能用作移动式电器的高比能电源.

直接甲醇燃料电池中阳、阴极反应和净反应分别为

阳极(负极)　　　　$CH_3OH + H_2O \longrightarrow CO_2 + 6H^+ + 6e^-$

阴极(正极)　　　　$1.5O_2 + 6H^+ + 6e^- \longrightarrow 3H_2O$

净反应　　　　　　$CH_3OH + 1.5O_2 \longrightarrow CO_2 + 2H_2O$

根据热力学数据,可计算出在酸性溶液中及室温下这一电池的理论电动势为

1.21V,而理论比能量为 2.43 kWH·kg^{-1}. 在地面使用时不计来自空气中的氧的重量,因此理论比能量可提高至 6.08 kWH·kg^{-1}. 显然,甲醇的电化学氧化可看作是高比能电化学体系. 由于甲醇价廉易得,且在室温下为液体故只需简单容器,如能开发出高效直接甲醇燃料电池系统,应有良好的实用前景.

开发直接甲醇燃料电池的主要困难来自两方面:

首先是甲醇氧化反应的电化学催化. 即使采用铂催化剂,这一电池的工作电压也只有 0.4～0.5V,只有理论电动势的 35%～40%,导致电池系统的实际比能量严重降低.

其次是甲醇往往能透过电解质层达到阴极(正极)表面,称为甲醇的"穿越"(crossover). 这一现象不仅会引起甲醇的额外损耗,还常引起空气电极的催化剂中毒,使电池的工作电压进一步降低.

本节主要分析甲醇阳极氧化反应的机理、电极表面中毒机理和这一反应的电化学催化,并从电催化角度简略地讨论空气电极催化剂的抗甲醇性能.

§7.3.1　基本实验现象

研究甲醇的电化学氧化时主要采用铂阳极. 当阳极极化很小时,在铂电极上得不到相应于甲醇氧化的稳态阳极电流. 当施加一定的极化电势后,阳极电流随时间增长而不断下降,直至趋近很低的背景电流值. 因此,不可能用稳态电流方法来研究小极化下的甲醇电氧化过程.

在甲醇溶液中,如果先将铂电极电势保持在不发生阳极反应的数值(例如0.0V 左右,相对平衡氢电极,下同),然后跃迁至 0.5V,则可观察到如图 7.36 所示的暂态电流. 暂态电流随时间很快衰减,表示甲醇电氧化生成的中间产物能很快引起电极表面"中毒",即失去电催化活性.

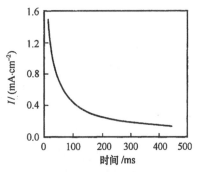

图 7.36

在含 1mol·L^{-1} CH$_3$OH 的 1mol·L^{-1} H$_2$SO$_4$ 中当电极电势由 0.0V 跃迁至 +0.5V 后观察到的电流衰减.

采用循环伏安方法在甲醇的酸性溶液中测得的典型曲线如图 7.37 所示. 在铂电极电势达到 0.55V 以前,除了在0V 附近出现不大的"氢峰"外,基本上不出现阳极电流,表示当电势扫速≤50～100mV·s^{-1}时电极表面主要处在"中毒"状态. 当极化电势达 0.6V 后,阳极电流开始迅速上升,但在 1.0V 后又下降. 负向扫描时在电极电势达到 0.9V 以前基本不出现阳极电流,但在 0.8V 左右阳极电流再度激增,并延伸到比正向扫描出现阳极电流时更负的电势.

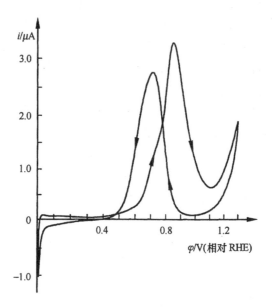

图 7.37 在酸性甲醇溶液中测得的循环伏安曲线

溶液组成:$0.5mol \cdot L^{-1}$ H_2SO_4 + $1mol \cdot L^{-1}$ CH_3OH.

比较图 7.37 和铂电极在酸性溶液中的循环伏安图(图 2.40),可知甲醇溶液中的铂电极在大致相当于"氢区"和"双层区"的电势区间内表面很快中毒,而在接近铂表面上开始吸附含氧粒子的电势处甲醇开始以较快的速度阳极氧化. 然而,当铂表面氧化程度增高和吸附态含氧粒子浓度增大后,阳极电流又降低了. 负向扫描时,阳极电流峰处在相应于铂电极表面上含氧粒子的还原过程接近完成的电势. 因此,可以大致总结出如下的实验规律:

1. 在洁净的或覆盖有吸附氢原子的铂表面上,甲醇氧化反应生成的中间价态粒子能使表面失去电催化活性即导致电极"中毒";

2. 当铂表面轻微氧化时(吸附态含氧粒子的氧化程度较低、覆盖度也不太高时),电极对甲醇氧化具有最大的电催化活性;

3. 当铂电极表面严重氧化后,甲醇的阳极氧化速度又受到严重抑制.

由此可见,有效的甲醇阳极氧化很可能涉及与电极表面结合较弱的中间价态粒子与轻微氧化了的表面铂原子之间的相互作用.

§7.3.2 甲醇阳极氧化时在铂电极上形成的吸附态中间粒子

综上所述,甲醇在铂电极上氧化时出现的严重极化,主要是电氧化过程中生成的中间产物所引起的表面中毒现象. 因此,究竟主要是哪些表面态中间粒子引起表面中毒,以及哪些表面态中间粒子具有较高的反应活性,就成了研究甲醇阳极氧化反应机理的中心内容.

在低于 170K 的温度下,甲醇能在铂表面上离解吸附,生成吸附态的 CO 和原子氢. 当表面上存在化学吸附氧时,在 140K 以下甲醇能以 CH_3O 的形式吸附,但在较高的温度下仍分解生成吸附态的 CO 和 H.

用电势阶跃和电势扫描方法测定的结果表明[47]:在小极化下生成吸附态中间产物所需电量与彻底氧化这些中间产物(生成 CO_2)时所需电量大致相同. 由此推知,中间产物应是甲醇分子失去三个电子后生成的,很可能是 $\equiv$C—OH,以下简称

$COH_{吸}$(虽然根据电量测量结果无法分辨 $\equiv$C—OH 与 $-C{\overset{O}{\underset{H}{\diagup}}}$,后者以下简称

$CHO_{吸}$). 在较高极化下及高浓度甲醇溶液中,生成的表面中间产物不仅覆盖度较高,其氧化程度也较高. 在后一情况下生成中间产物所需电量要比彻底氧化它们时所需电量约高 1 倍[48],显示中间粒子是甲醇分子四电子氧化反应的产物,很可能是 $\equiv$C=O (有时写成—C=O),以下简称 $CO_{吸}$.

在文献[49]中曾仔细研究 Pt 的各种单晶面经甲醇毒化后在 $HClO_4$ 或 H_2SO_4 溶液中用电化学方法彻底氧化吸附中间产物时所需的电量. 实验结果表明:每个表面 Pt 原子上吸附的中间产物彻底氧化时伴随 1.5~2.0 个电子的转移,表示吸附粒子为 CO 或氧化程度更高一些的粒子品种. 由此可见,在铂电极上甲醇的离解吸附产物绝非单一品种. 虽然其中最主要的可能是 $CO_{吸}$ 和 $COH_{吸}$(这些也是基本得到公认的引起表面中毒的粒子),但很可能还包括比这些粒子氧化程度更高一些或更低一些的粒子. 因此,尽管按氧化电量计算吸附粒子的平均氧化程度与 CO 相近,由甲醇分子离解吸附生成的吸附层的组成与一氧化碳分子在铂上生成的吸附层还是有区别的. 两种吸附层的电化学活性亦不相同.

从 20 世纪 80 年代初开始,成功地利用原位红外光谱来研究甲醇阳极氧化时在铂电极上出现的吸附态中间产物. 最初报道:用电化学调制红外光谱(EMIRS)方法在酸性甲醇溶液中只能在低极化区检测出吸附态的 CO. 在 1800~2300cm^{-1} 范围内得到的谱图与在用一氧化碳饱和的溶液中得到的很相似(比较图 7.38a 和 b),其中 2000 ~ 2100cm^{-1} 间出现的强特征峰被指认为按线性方式吸附的 CO (Pt—C=O),而在 1900cm^{-1} 附近出现的弱特征峰来自按桥式吸附的

$CO{\left(\begin{matrix}Pt \\ \diagdown \\ C=O \\ \diagup \\ Pt\end{matrix}\right)}$,但不曾观测到相应于 Pt_3COH 的信号[50]. 后来用差分 Fourier

变换红外光谱(SNIFTIRS)又检测出—CH$_2$OH，CHOH，—CHO 和—COH 等吸附态[51]. 将这一方法与差分电化学质谱(DEMS)方法联用，在实现甲醇电化学氧化的同时还检测出较大量的 Pt$_3$COH[52]. 至此，几乎所有能设想到的吸附粒子及其生成条件均通过谱学方法得到指认. 采用原位光谱方法的优点是特征峰的频率和强度能提供有关吸附键性质以及吸附分子在表面上的排列方式等信息，这是电量测量所无法提供的. 然而，仅采用光谱方法难以确定吸附粒子的电化学活性.

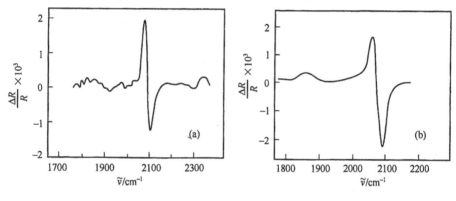

图 7.38

(a) 在用 CO 饱和的 1mol·L^{-1} HClO$_4$ 中测得的 EMIRS 谱, 电势阶跃 0.0／0.35V;

(b) 在含 0.5mol·L^{-1}甲醇的 1mol·L^{-1} H$_2$SO$_4$ 中测得的 EMIRS 谱, 电势阶跃 0.05／0.45V.

根据以上实验事实，甲醇在铂表面上的电氧化行为可大致归纳为如图 7.39 所示的历程：

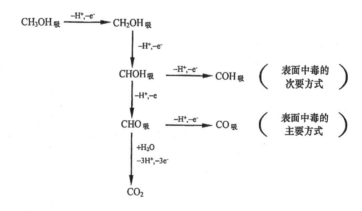

图 7.39　甲醇在铂电极表面上的电化学氧化历程

§7.3.3　甲醇的电氧化机理与电化学催化

根据前面介绍过的甲醇分子的电化学吸附行为和历程,以及吸附粒子与电极表面相互作用(吸附键)的强弱,目前大多数人倾向于认为反应历程中最重要的电活性粒子是 $CHO_{吸}$(可能还有 $COOH_{吸}$)而在低极化下最主要的毒化粒子是 $CO_{吸}$(可能还包括 $COH_{吸}$). 因此,甲醇电化学氧化历程中最关键部分的细节如图 7.40 所示.

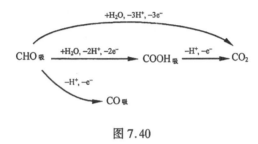

图 7.40

在低极化下,由于 $CO_{吸}$ 不能进一步氧化,其不断生成引起电极表面的累积性中毒. 这是实现甲醇氧化反应时出现高超电势的主要原因. 据此,为了降低超电势可以从两方面着手:

1. 增大 $CHO_{吸}$ 的电氧化速度,例如 $CHO_{吸} + OH_{吸} \longrightarrow CO_2 + 2H^+ + 2e^-$,以减少 $CO_{吸}$ 的生成;

2. 增大 $CO_{吸}$ 的电氧化速度,例如 $CO_{吸} + OH_{吸} \longrightarrow CO_2 + H^+ + e^-$.

由此可见,不论按哪一途径都需要增大 $OH_{吸}$ 的表面覆盖度. 在纯净的铂表面上,只有在电极电势达到 0.6V 左右才会出现 $OH_{吸}$,这就解释了为什么只有在极化电势达到 0.6V 后才会出现稳态的甲醇氧化电流.

显然,为了改善这种情况,可试在铂表面上引入那些能在较低电势下生成 $OH_{吸}$ 的组份. 要做到这一点并不难,在表面上引入任何比铂更活泼的金属应均可达到此目的. 然而,考虑到直接甲醇燃料电池多采用酸性电解液(特别是多采用强酸性的聚全氟磺酸离子交换膜电解质),只有贵金属能在甲醇阳极氧化的电势下具有必要的电化学稳定性.

目前使用得最成功的是 Pt/Ru 催化剂,可使直接甲醇燃料电池工作电压约提高 0.15~0.2V(图 7.41). 一般认为:由于 Ru 表面上开始出现 $OH_{吸}$ 的电势比较低,在 Pt/Ru 合金表面上可在比铂电极上甲醇的氧化电势更低的电势范围内实现如下反应:

$$Pt—CHO_{吸} + Ru—OH_{吸} \longrightarrow Pt + Ru + CO_2 + 2H^+ + 2e^-$$

$$Pt—CO_{吸} + Ru—OH_{吸} \longrightarrow Pt + Ru + CO_2 + H^+ + e^-$$

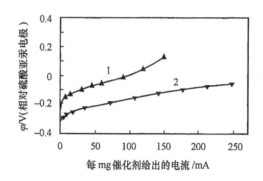

图 7.41　在含 $1mol\cdot L^{-1}$ 甲醇的 $2.5mol\cdot L^{-1}$
H_2SO_4 中($60℃$)测得的极化曲线
催化剂：1. Pt；2. Pt/Ru.

现场红外光谱方法证明：在 $Pt_{0.9}Ru_{0.1}$ 合金的表面上，不但 $CO_{吸}$ 特征峰的强度要弱得多，表示其覆盖度要比在铂表面上小得多，而且不能在合金表面上累积[53].

如果以上机理成立，即 Pt/Ru 催化剂按"双功能"模式工作(在 Pt 表面上吸附甲醇，同时由 Ru 表面提供 $OH_{吸}$)，则最理想的催化表面应为 Pt:Ru = 1:1. 实际经验表明：大致含 50% Ru 的 Pt/Ru 催化剂具有最高的电催化活性，支持了上述看法. 事实上，不论是采用 Pt/Ru 合金、或是在 Pt 表面上沉积 Ru、或用混合盐热分解、或是二者共同沉积在载体上，只要在电极表面上 Pt，Ru 同时存在，就总可以观察到对甲醇氧化反应电催化活性的提高.

对甲醇电化学吸附、电氧化机理与电催化氧化有兴趣的读者可进一步阅读文献[54,55,55a].

§7.3.4　适用于直接甲醇燃料电池的氧阴极催化剂

在直接甲醇燃料电池中，由于甲醇(特别当浓度较高时)能穿透电解质层(通常是厚度仅为 $100\sim200\mu m$ 的聚合物电解质膜)，甲醇能与空气电极接触并在该电极上氧化. 这一效应除了引起甲醇的额外消耗外，还会造成两方面的不良后果：首先，甲醇在阴极上的氧化会使空气电极的电势变得较负，即电池的工作电压降低；其次，甲醇还可能使空气电极催化剂中毒，引起电池电压进一步降低. 由于铂能催化甲醇氧化，即使采用铂作为空气电极催化剂也不能解决这些问题.

解决这些问题可以从两方面着手：一是合成甲醇不易透过的电解质膜，一是选用对甲醇不敏感的阴极催化剂. 由于电解质膜厚度很小，估计很难做到甲醇完全不透过. 换言之，通过改进电解质膜虽可显著减少甲醇的无端损失，但估计不易完全避免甲醇对空气电极工作性能的不良影响. 因此，发展耐甲醇空气电极催化剂仍属必要.

从 20 世纪 70 年代以来,已发展了若干系列的耐甲醇空气电极催化剂[55a]:

最早采用的是过渡金属大环配合物,例如四硝基苯基卟啉铁[Fe(PP(NO$_2$)$_4$)]. 这类化合物中有些具有很好的活性与选择性,但稳定性仍不够令人满意.

一些过渡金属氧化物,特别是那些较易交换氧的具有钙钛矿型或焦绿石型结构的氧化物,往往在碱性介质中对氧的还原反应具有良好的电催化活性与选择性[56],但在酸性溶液中氧化物晶格中的"B"金属组份仍会缓慢溶解,并引起阴极催化剂的逐渐失活.

Chevrel 相过渡金属硫化物是迄今比较最成功的耐甲醇催化剂,其特征是含中央八面体金属原子簇 M$_6$X$_8$(M 为高价过渡金属,X 为 S,Se,Te 等硫族元素). 研究表明,混合过渡金属原子簇化合物 Mo$_{6-x}$M$_x$X$_8$ 具有最高的活性,且能实现氧分子的直接四电子还原[57].

最近发现载在碳粉上的 MRu$_5$S$_5$(M = Mo$_2$,Rh,Re)也是很稳定的耐甲醇氧电极催化剂[58]. 当采用载有 RhRu$_{5.9}$S$_{4.7}$(0.75mg·cm^{-2})的高比表面炭粉为阴极催化剂时,在大电流密度下电池的工作电压只比采用铂催化剂低几十毫伏;而在小电流密度下采用前者比采用后者时电池的工作电压更高.

§7.4　氯的阳极析出反应

由于 Cl$_2$/Cl$^-$ 体系的热力学平衡电势具有很正的数值,氯析出反应总是在氧化了的电极表面上实现的. 在许多氧化物电极表面上,Cl$_2$/Cl$^-$ 体系的氧化还原过程具有很高的可逆性. 因此,氯电极反应(2Cl$^-$ ⇌ Cl$_2$ + 2e$^-$)的平衡电势、交换电流密度、平衡电势附近的 Tafel 斜率和传递系数等都是可通过实验测得的参数. 这一点与氧电极很不相同.

另一方面,在含有 Cl$^-$ 的溶液中,析氯反应与析氧反应常常竞争进行. 除了在酸性极强的介质中,析氧反应的平衡电势均低于析氯反应的平衡电势,也就是从热力学角度看对析氧反应有利(图 7.42 中实线). 然而,在许多氧化物电极表面上,氯析出反应的超电势要比析氧超电势低得多(图 7.42 中虚线). 因此,在 pH<3 的溶液中析氯反应一般占优势,但析氧反应的影响往往仍不能完全忽视. 例如,在一些氧化物电极上测得的氯电极"平衡"电势(以及小电流极化时的工作电势)低于平衡电势的理论值,显然是氧电极反应与氯电极反应按下式在电极表面上同时(共轭)进行所引起的"混合电势"(参见§4.2.4):

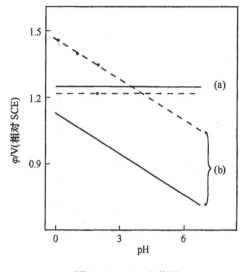

图 7.42　pH-电势图

(a) Cl_2/Cl^-；(b) O_2/H_2O.

实线为热力学平衡电势；虚线为用 $1mA\cdot cm^{-2}$ 阳极极化时在 RuO_2 电极上测得的工作电势.

$$2Cl_2 \xrightarrow{\ +4e^-\ } 4Cl^-$$

$$2H_2O \xrightarrow{\ -4e\ } O_2 + 4H^+$$

根据实验测得的混合电势值与理论 Cl_2/Cl^- 平衡电势值二者之间的偏差,可以大致估计电极表面对析氧反应的催化活性(二者之间偏差愈小,表示析氧反应的影响愈不重要).

在本节中主要是从比较实用的角度来讨论食盐电解工业中有关阳极的若干问题. 虽然其中也涉及有关氯析出反应机理研究情况的简单介绍,但并不全是"电催化"问题. 采用这样的叙述方式,主要原因之一是氯析出反应的工艺研究(至少在时间上)领先于基础研究.

电解食盐生产碱与氯气是规模最大、耗电也最多的电化学工业,已有 100 年以上的历史. 长期以来,在食盐电解槽中主要采用石墨阳极. 石墨阳极上的氯析出超电势并不很高,但采用石墨阳极有两方面的严重缺点:首先是石墨阳极在食盐电解槽中的工作条件下不够稳定,电极不断氧化生成 CO_2,同时因电极崩坏而形成的炭粉渣会附着在隔膜上. 电极氧化后变薄,引起内阻增大和阴、阳极之间的间距增大,导致槽压增高. 在正常条件下,石墨阳极的工作寿命不超过 $1\sim2$ 年. 其次,电解时在石墨电极上形成的大量气泡往往悬浮在电解液中而使阴、阳极之间的溶液电阻显著增大,称为"气泡效应".

20 世纪 60 年代后期出现的"尺寸稳定阳极"(dimentionally stable anode, DSA)可以说是近 50 年来电化学工业的一次重大技术进步. 然而,这一电极系统主要的研究和开发完全是在工业实验室中秘密进行的,而从事基础研究的科学工作者在有关 DSA 的专利发表前完全没有开展有关 RuO_2 等氧化物阳极的工作[59,60]. 这在电化学科学发展史中不能不说是一个罕见的事例.

采用 DSA 阳极后,可使食盐电解槽的工作电压显著降低、工作电流密度显著增大、工作寿命大大延长,同时达到节约能量、增大产量和降低成本几方面的效果. 虽然这些效果都与采用新型材料和工艺制备的 DSA 阳极有关,因而有时也称为"电催化"效应;然而,起关键作用的因素并不是氯析出反应活化能和超电势的降低,而是电极的电化学稳定性大幅提高. 由此可见,当涉及实用电极时,对电化学

反应的催化能力与电极本身的电化学稳定性是同等重要的,二者缺一不可. 在
§7.1.5 中讨论非贵金属析氢电极时,我们已遇到过这种情况.

在试图发展更稳定高效的阳极取代石墨电极的过程中,首先想到的是钛阳极
(20 世纪 50 年代中期起已开始纯钛的规模化商品生产). 钛表面上能自动生成保
护性氧化物膜,但由于表面层电阻太高,钛电极不能用作阳极. 后来发现钛能与不
少金属及导电性氧化物形成电阻很小的接触界面,遂奠定了在钛基体表面上覆盖
贵金属或氧化物的基本结构. 发展初期曾试用 Pt 或 Pt/Ir 合金表面层. 氯在用特
种(涂布/热解)工艺制备的这类电极表面上析出时超电势很低;但是,由于使用过
程中贵金属损耗大、运转成本高,以及与汞阴极联用时易因汞齐化而失活等原因,
这类电极在工业中并未得到实际应用. 后来发展了采用 RuO_2/TiO_2 混合涂层的电
极(常称为"钌钛阳极"),不但氯析出超电势低,而且非常稳定,工作寿命可达 10 年
以上. 从 20 世纪 70 年代初期起钌钛阳极在各种类型的工业食盐电解槽中逐渐扩
大使用,目前已成为析氯、生成氯酸盐和次氯酸盐的电解槽中使用得最广泛的阳
极. 由于 Ru 是贵金属中最价廉的一种,采用 RuO_2 取代 Pt 能使电极制造成本大为
降低. 此外,钌钛阳极一般为栅状或网格结构,有利于气体析出. 采用钌钛阳极与
采用石墨阳极时汞阴极电解槽工作电压的比较见图 7.43.

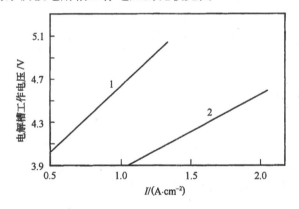

图 7.43 60℃ 时汞阴极食盐($310g·L^{-1}$)电解槽的工作电压
1. 石墨阳极; 2. 钌钛阳极.

然而,具体的分析表明,引起槽压差别的主要原因并不是氯的析出超电势(用
钌钛阳极取代石墨阳极所引起的超电势降低只有 $0.1\sim0.2V$),而是电解液中的电
阻降与气泡效应的改善. 采用尺寸稳定的钌钛阳极可减少阴、阳极之间的距离和
溶液电阻;而且气泡可以通过电极网格中的空隙直接上升溢出,大大减轻气泡效应
所引起的电极间电阻增大.

　　对于石棉隔膜电解槽和离子交换膜电解槽,采用尺寸稳定的钌钛阳极是十分有利的. 采用后者所带来的主要好处一方面是工作寿命长;另一方面是由于不必考虑电极厚度的变化,因而可以采用更薄的电解槽与更小的电极间距. 换言之,电极的尺寸稳定性和电化学稳定性所带来的好处大于析氯超电势降低所引起的能耗减少. 事实上,后来的研究还证明,在钌钛阳极上观察到的氯析出超电势的降低主要是由于表面积增大所引起的,而不是由于反应活化能改变所引起的"电催化"效应.

　　从实用角度考虑,如何提高氯析出的电流效率和避免氧析出是重要的电催化课题. 食盐电解槽中的阳极必须具备氯析出超电势低而氧析出超电势高的特性,二者之间的差别应达到 $0.3\sim0.35V$. 当钌钛涂层中 RuO_2 的含量不高于 50% 时可满足这一要求. 由于 RuO_2 和 TiO_2(金红石型)晶体具有相同的对称性和很相近的晶格常数,二者能在广泛的配比范围内形成混晶. 在 X 射线衍射图上两种组份的衍射线条无法分辨而形成较宽的峰.

　　对于氯析出反应的机理,迄今仍无完全确定的看法,在 RuO_2,Co_3O_4 和 $NiCo_2O_4$ 等电极上得到的最基本实验规律是:这一反应的 Tafel 斜率总在 $35\sim40mV$ 之间,Cl^- 的动力学反应级数恒为 1 以及溶液的 pH 值对反应动力学有显著影响(H^+ 离子浓度升高能抑制析氯反应速度).

　　如果仅考虑 Tafel 斜率(它往往是用来推断反应历程的主要手段),似乎有两种可能的机理:

　　1. $Cl^- \rightleftharpoons Cl_{吸} + e^-,$　　　　　　$2Cl_{吸} \longrightarrow Cl_2$

　　2. $2Cl^- \rightleftharpoons Cl_{2(电极)} + 2e^-,$　　　$Cl_{2(电极)} \longrightarrow Cl_{2(溶液)}$

前一机理可称为"复合脱附机理";后一机理可称为"反应产物迁移机理". 若假设这两种机理中的第二步为速度控制步骤,均可导出 Tafel 斜率约为 $40mV$ 的极化曲线公式. 然而,按照这两种机理,Cl^- 的动力学反应级数均应为 2,与实验事实不符. 在文献[61]中曾假设氯析出反应的机理为

$$Cl^- \xrightarrow[(快)]{-e^-} Cl_{吸} \xrightarrow[(慢)]{-e^-} Cl_{吸}^+ \xrightarrow[(快)]{+Cl^-} Cl_2$$

如果认为由 $Cl_{吸}$ 生成 $Cl_{吸}^+$ 的步骤为速度控制步骤,可以导出 $b\approx40mV$ 及 Cl^- 的反应级数为 1. 然而,为了更可靠地确定氯析出反应机理,还需要做大量的工作.

　　由于氯电极反应式中并未涉及氢离子,溶液 pH 值对氯析出反应动力学的影响很可能与过渡金属氧化物电极的工作机理有关. 如果认为氧化物电极的电催化行为是按氧化还原催化剂的运行方式实现的,即过渡金属原子本身周而复始地反复变化,如 $Ni^{2+}\longleftrightarrow Ni^{3+}$,$Co^{3+}\longleftrightarrow Co^{4+}$,$Ru^{4+}\longleftrightarrow Ru^{6+}$ 等,而在价态变化中涉及 H^+(如 $-M-OH \longrightarrow -M=O + H^+ + e^-$),或是涉及 $-M-OH_2^+ \rightleftharpoons -M-OH$

$+H^+$，$—M—OH \Longrightarrow —M \Longrightarrow O+H^+$ 之类的表面变化，则动力学公式中也会出现氢离子浓度. 文献曾对具体的机理有过不少讨论[62,63].

研究氯电极反应机理的困难主要来自氧化物电极表面的复杂性. 表面催化层大多是形貌复杂的混合晶体. 在电催化过程中表面的氧化程度与水化程度均不断经历复杂的变化. 此外，还由于涉及较高的电流密度范围，反应物与反应产物的浓度极化以及固、液相中的 IR 降都会影响极化曲线的测量结果.

参 考 文 献

一般性文献

1. Comprehensive Treatise of Electrochemistry, ed. by Conway B E, Bockris J O'M, Yeager E, Khan S U M, White R E. V.7, Plenum, 1983

2. Electrocatalysis (Proceedings of ISE Meetings), *Electrochim . Acta*, V.24, No.11, 1984; V.39, No.11/12, 1994; V.44, No.8/9, 1998; V.45, No.25/26, 2000

3. Electrocatalysis, ed. by Lipkowski J, Ross P N. Wiley-VCH, 1998

4. Interfacial Electrochemistry, ed. by Wieckowski A. Marcel Dekker, 1999, Part IV

书中引用文献

[1] Kobosev N, Monblanowa W. *Acta Physicochim . USSR*. 1934, 1: 611

[2] Horiuti J, Polanya M. *Acta Physicochim . USSR*. 1935, 2: 505

[3] Parsons R. *Surf . Sci*. 1964, 2: 418

[4] Kuhn A T, Mortimer C J, Bond G C, Lindley J. *J . Electroanal . Chem*. 1972, 34: 1

[5] Trasatti S. *J . Electroanal . Chem*. 1972, 39: 163

[6] Brooman E W, Kuhn A T. *J . Electroanal . Chem*. 1974, 49: 325

[7] Чюан-синь Тза (查全性), Иофа З А. *ДАН СССР*. 1959, 126: 1308

[8] Чюан-синь Тза (查全性), Иофа З А. *ДАН СССР*. 1959, 125, 1065

[9] Frumkin A N. in Adv. Electrochem. and Electrochem. Engineering, ed. by Delahay P. Interscience, V.1, 1961. Chap.2; V.3, 1963. Chap. 5

[10] Фрумкин А Н. Потенциалы Нулевого Заряда, Изд. Наука, Глава 9. 1982

[11] Фрумкин А Н. *ДАН СССР*. 1958, 119: 318

[12] Adzic R R, Spasojevic M D, Despic A R. *Electrochim . Acta*. 1979, 24. 569

[13] Schuldiner S, Hoare J P. *Can . J . Chem*. 1959, 37: 228

[14] Enyo M. 见一般性参考文献 1, p.290

[15] Barber J, Morin S, Conway B E. *J . Electroanal . Chem*. 1999, 446: 125

[16] Clavilier J, Faure R, Guinet G, Durand R. *J . Electroanal . Chem*. 1980, 107: 205

[17] Clavilier J, Armand D, Wu B L (吴秉亮). *J . Electroanal . Chem*. 1982, 135: 159

[18] Lei H (雷汉伟), Wu B (吴秉亮), Cha C (查全性). *J . Electroanal . Chem*. 1992, 332: 257

[19] Nickols A J, Bewick A. *J . Electroanal . Chem*. 1988, 243: 445

[20] Nanbu N, Kitamura F, Ohsaka T, Tokuda K. *J . Electroanal . Chem*. 2000, 485: 128

[21]　Martins M E, Zinola C F, Andreasen G, Salvarezza A C, Arvia, A J. *J. Electroanal. Chem*. 1998,445: 135

[22]　Xu X Wu D Y, Ren B, Xian H, Tian Z Q (田中群). *Chem. Phys. Lett*. 1999,311: 193

[23]　Conway B E, Jerkvewicz G. *Electrochim. Acta*. 2000,45: 4075

[24]　Jaksic J M Vojnovic M V, Krstajic N V. *Electrochim. Acta*. 2000,45: 4151

[25]　Simpraga R, Bai L (白力军), Conway B E. *J. App. Electrochem*. 1995,25: 628

[26]　Highfield J G, Claude E, Oguro K. *Electrochim. Acta*. 1999,44: 2805

[27]　Tseung A C C, Chen K Y. *Catalysis Today*. 1997,38: 439

[28]　Raj I A, Vasu K I. *J. App. Electrochem*. 1990,20: 32

[29]　Raj I A. *Int. J. Hydrogen Energy*. 1992,17: 413

[30]　Jin S, Van Neste A, Ghali E. *J. Electrochem. Soc*. 1997,144:4272

[31]　Hu W, Cao X, Wang F, Zhang Y. *Int. J. Hydrogen Energy*. 1997,22: 441

[31a]　Фрумкцм АН, Айказэн ИА. *ДАН СССР*. 1955,100:315

[32]　周运鸿, 查全性, 高荣, 王丽峰. 高等学校化学学报. 1981, 2: 351

[33]　Damijanovic A, Dey A, Bockris J O'M. *Electrochim. Acta*. 1966,11: 791

[34]　Damijanovic A, Genshaw M A, Bockris J O'M. *J. Phy. Chem*. 1966,45: 4057

[35]　Wroblowa H S, Yen C P, Razumney G. *J. Electroanal. Chem*. 1976,69:195

[36]　Anastasijevic N A, Vesovic V B, Adzic R R. *J. Electroanal. Chem*. 1987,229: 305, 317

[37]　Anastasijevic N A, Strbac S, Adzic R R. *J. Electroanal. Chem*. 1988, 240:239

[38]　Тарасевич М Р, Радюшкина К А, Филиновский В Ю, Бурштейн Р Х. *Электрохим*. 1970,6: 1522

[39]　Markovic N M, Adzic R R, Cahan B D, Yeager E B. *J. Electroanal. Chem*.1994, 377: 249

[40]　Markovic N M, Geistager H, Ross P M. *J. Phy. Chem*. 1995,99: 3411

[41]　Isakovic M, Adzic R. 见一般性参考文献 3, p.221

[42]　Adzic R R. in Electrocatalysis, Proc. Symp. Electrochem. Soc. 1982. 309

[43]　Adzic R R. in Adv. in Electrochem. and Electrochem. Engineering, ed. by Gerischer H, Tobias C. v.13. 1984. 159

[44]　Collman J P, Anson F C, Denisevich P, Konai Y, Marroco M, Koval C. *J. Am. Chem. Soc*. 1980, 102: 6027

[45]　Adzic R. 见一般性参考文献 3, p.197

[46]　Tarasevich M R, Sadkowski A, Yeager E. 见一般性参考文献 1, 301

[47]　Bagotzky V S, Vassilyev Yu B. *Electrochim. Acta*. 1967, 12: 1323

[48]　Biegler T et al. *J. Electrochem. Soc*. 1967,114: 904; *J. Phy. Chem*. 1968,72: 1571

[49]　Sun S G (孙世刚), Clavilier J. *J. Electroanal. Chem*. 1987, 236: 95

[50]　Beden B, Lamy C, Bewick A, Kumimatsu K. *J. Electroanal. Chem*. 1981, 121: 343; 1982,142: 345

[51]　Sun S G (孙世刚), Clavilier J, Bewick A. Extd. Abstr. 38th ISE Meeting, 1987. 1~1

[52]　Vielstich W, Christensen P A, Weeks S A, Hamnett A. *J. Electroanal. Chem*. 1988,242: 327

[53]　Kabbabi A, Faure R, Durand R, Beden B, Hahn F, Leger J-M, Lamy C. *J. Electroanal. Chem*. 1998, 444: 41

[54]　Bedan B, Lamy C, Leger J-M. Modern Aspects of Electrochemistry, V.22,1992. p.97

[55]　Hamnett A. 见一般性参考文献 4, Chap.47

[55a]　Hogarth M P,Ralph T R. *Platinum Metal Rev*., 2002,46:146

[56]　Egdell P G, Goodenough J B, Hamnett A, Naich C C. *J. Chem. Soc. Faraday Trans. I*. 1983,79:
　　　893

[57]　Aleno-Vante N, Tributsh H, Solorza-Feria O. *Electrochim. Acta*. 1995, 40: 567

[58]　Reeva R W, Christensen P A, Hamnett A, Scott K. *Electrochim. Acta*. 2000;45: 4237

[59]　Beer H B. *J. Electrochem. Soc*. 1980,127: 303C

[60]　Hayfield P C S. *Plat. Met. Rev*. 1998,42: 27, 46, 116

[61]　Эренбуря Р Г, Кришталик Л И, Ярощевская И П. *Электрохим*. 1975, 11: 1068

[62]　Эренбург Р Т. *Электрохим*. 1984,20: 1602

[63]　Trasatti S. *Electrochim. Acta*. 1987,32: 369

第八章 金属电极过程

§8.1 研究金属电极过程时所遇到的特殊问题

由金属与金属离子所组成的电极体系在生产实践中有着很大的重要性,在电镀工业、湿法冶金、化学电源、金属的防蚀、电解加工(包括电抛光)和电分析等领域中都涉及这类电极过程. 但是,我们对这类过程的了解却远逊于对氢的析出过程等. 早期有关金属电化学的研究大多偏重在工艺方面. 虽然其中有些也涉及电极反应历程,但由于实验方法本身的局限性以及实验技术不能保证数据的重现性,很难对这些过程的历程作出比较确定的结论.

研究金属电极过程所遇到的困难主要来自三个方面:

首先,许多金属电极的界面步骤进行得很快;因而,在用经典极化曲线方法研究电极过程时,电极反应速度往往是液相传质步骤控制的. 分析在这种情况下测出的动力学数据,不可能揭示界面步骤的动力学规律.

其次,在固态金属电极表面上同时进行着电化学(反应粒子得到或失去电子)过程和结晶(晶格的生长或破坏)过程. 这两类步骤的动力学规律交叠作用,因而使极化曲线具有比较复杂的形式,增大了分析数据的困难.

再次,我们知道,固态金属表面本来就是不均匀的,晶体的生长只能在晶面上某些特殊部位进行. 因此,表面污染对电结晶过程的影响特别严重. 除非十分仔细地处理及净化电极和溶液,很难获得重现性良好的结果. 此外,在金属电极过程进行的同时,还不断发生着电极表面的生长或破坏. 因此,如何在实验过程中控制电极表面状态的变化,以及如何计算真实电极面积和真实电流密度,都成为十分困难的问题.

采用前几章中介绍过的一些暂态方法和交流电方法,可以减少测量过程中电极表面附近液层中的浓度极化和表面状态的变化,有利于突出界面反应的动力学性质和在实验过程中保持电极表面条件基本不变. 此外,还可以利用液态金属电极,特别是汞电极和汞齐电极来绕过结晶过程的影响而单独研究电化学步骤的动力学规律. 通过这些方法,已经测出了不少金属电极上界面步骤的动力学参数,归纳出金属电极上电极过程的某些基本规律,并就一些对金属电极过程动力学参数影响较大的因素,如卤素离子、表面活性物质和络离子的形成等,进行了比较系统的研究.

应当指出,虽然近年来对金属电极过程的研究取得了一些成就,但目前理论与实际之间还存在着很大的距离. 例如,目前在理论工作中研究得较深入的还只是若干最简单的体系,所采用的方法也主要是单因子研究法. 然而,电镀、电冶金和金属的电化学腐蚀等重要的实际过程都往往涉及相当复杂的体系和多种因素的综合作用,因而在解决实际问题时,现有的理论所起的作用还是比较有限的.

§8.2　有关金属离子还原过程的若干基本实验事实

从原则上讲,只要电极电势足够负,任何金属离子都有可能在阴极上还原及电沉积. 但是,若溶液中某一基本组分(例如溶剂本身)的还原电势比金属离子的还原电势更正,则实际上不可能实现金属离子的还原过程. 例如,在近乎中性的水溶液中,即使在高氢超电势金属表面上,当电势达到 $-1.8\sim-2.0V$(氢电势标)时也会发生氢的猛烈析出,因而也就难以实现 $\varphi_{\mathbb{P}}$ 比这个数值更负的阴极过程.

在周期表中,金属按照活泼性顺序排列. 因此,我们可以利用周期表来大致归纳实现金属离子还原过程的可能性. 若金属元素在周期表中的位置愈靠左边,它们在电极上还原及电沉积的可能性也愈小;反之,金属在周期表中的位置愈靠右边,则这些过程愈容易实现. 在水溶液中大致以铬分族为分界线. 位于铬分族右方诸金属元素的简单离子都能较容易地自水溶液中电沉积出来(表 8.1);而位于铬分族左方的金属元素不能在电极上电沉积. 在铬分族诸元素中,除铬能较容易地自水溶液中电沉积外,钨、钼的电沉积都极困难(然而还是可能的). 这种划分方法同时考虑了热力学因素和动力学因素. 若只从热力学数据考虑,则水溶液中 Ti^{2+},V^{2+} 等离子的电积过程应该还是可以实现的.

表 8.1

周　　期																	
第　三	Na	Mg									Al	Si	P	S	Cl	Ar
第　四	K	Ca	Sc	Ti	V	Cr	Mn	Fe	Co	Ni	Cu	Zn	Ga	Ge	As	Se	Br	Kr
第　五	Rb	Sr	Y	Zr	Nb	Mo	Tc	Ru	Rh	Pd	Ag	Cd	In	Sn	Sb	Te	I	Xe
第　六	Cs	Ba	稀土金属	Hf	Ta	W	Re	Os	Ir	Pt	Au	Hg	Tl	Pb	Bi	Po	At	Rn
					→水溶液中有可能电积				→氰化物溶液中可以电积				→非金属					

　　若涉及的电极过程不是简单金属离子还原成纯金属,则"分界线"的位置可以有很大的变化.例如,可能出现下列各种情况:

　　1. 若金属电极过程的还原产物不是纯金属而是合金,则反应产物中金属的活度比纯金属小,使 $\varphi_{平}$ 正移,因而有利于还原反应的实现.最明显的例子是当采用汞作为阴极时,在水溶液中碱金属、碱土金属和稀土金属离子都能在电极上还原生成相应的汞齐.还常观察到,在异种金属表面上,可在比 $\varphi_{平}^0$ 更正的电势沉积出单原子层或不足单原子层的金属,称为"欠电势沉积".

　　2. 若溶液中金属原子以比简单水化离子更稳定的络离子形式存在,则为了实现还原反应就必须由外界供给更多的能量,因而体系的 $\varphi_{平}$ 变得更负,并使金属析出变得较困难.例如,在氰化物溶液中,只有铜分族元素及在周期表中位于铜分族右方的金属元素才能在电极上析出,即分界线的位置向右方移动了.在含有其他络合剂的介质中,也可以观察到类似的现象.在含有不同络合剂的溶液中,分界线的位置不同,而且金属的活泼性顺序也不全相同.

　　一般说来,若金属离子的外电子层中存在空的 $(n-1)d$ 轨道,并在形成络离子时被用来组成杂化轨道,则所形成的络离子一般稳定性比较高,它们在电极上也较难析出.这就说明了为什么过渡族元素往往容易生成稳定性较高且不易在电极上析出的络离子.

　　3. 在非水溶剂中,金属离子的溶剂化能可能与这些离子在水溶液中的水化能相差很大.因此,在各种非水溶剂中金属的活泼性顺序可能与水溶液中颇不相同.此外,各种溶剂的分解电势也各不相同.因此,某些于水溶液中不能电沉积的金属元素可以在适当的有机溶剂中电沉积,例如 Li,Mg,Al.

　　实现电沉积过程时可能出现各种各样的极化现象,如浓度极化、电化学极化以及由于转化反应和结晶过程所引起的极化现象等.如何控制伴随金属电沉积过程的极化,是一个有着重大实际意义的问题.在化学电源中,我们总是力图创造最有利的条件,使金属电极反应的极化最小,从而得到较高的能量转换效率.在湿法冶金中,减小极化也是降低生产成本的重要途径之一.电镀工业中的情况则正好相反,由于超电势较大时得到的金属镀层往往具有较好的物理化学性质,实践中总是采取各种措施来增大伴随电沉积过程的极化.

　　可以利用在平衡电势下测出的交换电流的数值来比较各种金属离子还原时涉及的电化学极化.下面我们主要利用文献[1]中所载的实验数据,归纳出以下几条实验规律:

　　(1) 碱金属和碱土金属电极体系的交换电流都很大,相应的反应速度常数 K $\geqslant 10^{-1} \mathrm{cm \cdot s^{-1}}$.因此,虽然采用了快速研究方法,也只能测量电极反应速度的数量级;对于其中一些最快的电极反应,甚至这一点也做不到.由此可知,导致这些金属不易自水溶液中析出的原因主要来自热力学方面,而不是动力学方面.

(2) 过渡族元素金属电极体系的交换电流大都很小,因此用经典的稳态极化曲线方法即可观测到明显的电化学极化. 例如 Fe/1 mol·L^{-1} FeSO$_4$ 体系的交换电流约为 1×10^{-8}A·cm^{-2}($K\approx5\times10^{-11}$cm·s^{-1}),而 Ni/1 mol·L^{-1} NiSO$_4$ 体系的交换电流只有 2×10^{-9}A·cm^{-2}($K=1\times10^{-11}$cm·s^{-1}). 钛、钒等则因交换电流密度太小,实际不能实现水溶液中的电沉积.

(3) 当铜分族元素以及在周期表中位于其右方的各金属元素与相应的金属离子组成电极时,测得的交换电流值要比过渡族金属电极大得多. 在这些体系中,若仅采用经典方法测量极化曲线,往往不易观察到电化学极化. 但是,用暂态方法和交流电方法可测出电化学步骤的反应速度. 例如,在只含有 NO$_3^-$ 或 ClO$_4^-$ 阴离子的底液中,Cu$^+$,Tl$^+$,Ag$^+$,Hg$_2^{2+}$,Pb^{2+},Cd^{2+} 等离子在汞齐电极上的反应速度常数高达 $K\geqslant10^{-1}$cm·s^{-1},因而即使用快速方法也难以精确地测量;但是 Zn^{2+}($K=3.5\times10^{-3}$cm·s^{-1}),Cu^{2+}($K=4.5\times10^{-2}$cm·s^{-1})等离子的还原速度就要慢一些;至于 Bi^{3+}($K=3\times10^{-4}$cm·s^{-1}), In^{3+}($K\approx1\times10^{-6}$cm·s^{-1})的还原反应就更慢,以致用经典的极谱方法也能得到"不可逆波"了. 我们知道,Cd^{2+} 与 In^{3+},Zn^{2+} 的外层电子结构几乎相同,而 Pb^{2+} 与 Bi^{3+} 的外层电子也具有相近的结构. 因此,这里已不能简单地只用外层电子构造的不同来解释电极反应可逆程度的巨大差别了.

§8.3　简单金属离子的还原过程与阴离子的影响

如果用汞齐电极进行实验以消除电结晶过程的干扰,并注意防止出现浓度极化,则一价金属离子还原过程(M$^+$ + e$^-$ ⟶ M)的极化曲线公式应为

$$I = i^0\left[\exp\left(\frac{\alpha F}{RT}\eta\right) - \exp\left(-\frac{\beta F}{RT}\eta\right)\right] \tag{8.1}$$

其中交换电流

$$i^0 = FK\,c_M^\alpha\,c_{M^+}^{(1-\alpha)} \tag{8.2}$$

在 Tl 汞齐/Tl$^+$(1mol·L^{-1} HClO$_4$)及 Ag/Ag$^+$(1mol·L^{-1} HClO$_4$)[2]体系中均已证明式(8.1),(8.2)是正确的,并有 $\alpha\approx0.5$.

金属离子的还原过程(不包括液相传质步骤)大致经历下列几个阶段:首先是电极表面液层中金属离子周围水分子的重排和水化程度降低,致使中心离子中空的价电子能级提高到与电极中的费米能级相近;然后电子在电极与离子之间跃迁,形成仍然保留部分水化层的金属原子;继之金属原子失去剩余的水化层,并成为金属晶格上或液态金属中的金属原子. 部分失水的金属离子能直接吸附在电极表面

(金属的晶面或液态金属表面)上(图 8.1),使电子不受水化层的障碍而能在离子与电极之间快速往复传递. 由于电子的振动频率极高,可以认为电子出现在离子中或金属中的概率大致相近,即这种中间态粒子具有一定的离子性质,所带有的电荷约为金属离子电荷的某一分数. 这些中间活化态常称为"吸附原子(adatom)",有时也称为"吸附离子(adion)",其特点是保留部分水化层和部分离子电荷,因此称为原子或离子都不很确切;然而,一般习惯仍称为吸附原子.

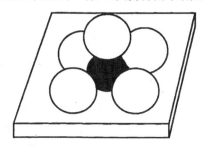

图 8.1　电极表面上的吸附原子(示意图)
〇为水分子;　●为金属离子.

多价离子的还原过程更复杂一些. 以二价金属离子为例,主要有四种可能的反应历程:

$$(a) \quad M^{2+} + 2e^- \longrightarrow M \qquad (一步还原)$$

$$(b) \quad \begin{array}{l} M^{2+} + e^- \longrightarrow M^+ \\ M^+ + e^- \longrightarrow M \end{array} \qquad (分步还原)$$

$$(c) \quad \begin{array}{l} M^{2+} + e^- \longrightarrow M^+ \\ 2M^+ \longrightarrow M^{2+} + M \end{array} \qquad (中间价离子歧化)$$

$$(d) \quad \begin{array}{l} M^{2+} + M \longrightarrow 2M^+ \\ M^+ + e^- \longrightarrow M \end{array} \qquad (中间价离子还原)$$

在 §5.1 中曾经提出,二价离子同时得到两个电子直接还原为金属的可能性是较小的. 实验结果表明,除了那些热力学稳定的中间价离子(如 Fe^{2+}, Cu^+, Sn^{2+}, Cr^{3+} 等)外,其他多价金属离子还原时大都不易检测出中间价离子的存在,且阳极极化曲线的坡度往往显著地比阴极极化曲线要小. 看来除了少数离子可能一步还原外,多价离子分步还原时往往是第一个电子的转移[$M^{z+} + e^- \longrightarrow M^{(z-1)+}$]比较困难,因此不易检测出中间价离子;且按这一机理根据式(4.43a)可以解释为什么阴、阳极极化曲线的坡度显著不同 $(\beta > \alpha)$. 引起这种情况的原因可能是高价离子(M^{z+})与次高价离子[$M^{(z-1)+}$]之间的溶剂化程度差别往往较大,因此电子转移时涉及较高的重组能与较高的活化能.

简单金属离子电极过程的动力学参数往往与溶液中的阴离子种类有关,特别是卤素离子对大多数金属电极体系的阳极过程与阴极过程均有显著的活化作用.由于卤素元素广泛存在,这种活化现象出现得很广泛,并常具有很大的实际意义.在电化学生产中,我们常采用氯化物电解液来加大金属电极反应的可逆性.例如,在锌锰电池中采用 NH_4Cl、用 Mg 和 Al 等金属作为负极的化学电池中采用氯化物或溴化物作电解质、在金属的电解加工时采用高浓度的氯化物溶液等.进行金属离子的极谱分析时也常在底液中加入大量 Cl^-,俾使某些不易在电极上还原的离子(如 Bi^{3+},In^{3+} 等)能给出形状与可逆波相近的极谱波.然而,氯离子的活化作用并非总是带来有益的结果,例如海水腐蚀和盐水腐蚀与 Cl^- 的活化作用分不开;在氯化物溶液中电沉积镍、铁时出现的极化比硫酸盐溶液中的小得多,不利于生成平滑紧密的镀层.

卤素离子活化金属电极过程的可能机理是这些离子与金属离子相互作用而形成了某些较易在电极表面上放电的络离子品种.我们知道,卤素离子可以和不少金属离子形成络合物,其中的一部分且具有很小的不稳定常数(如 $AuCl_4^-$,$PdCl_4^{3-}$,$PtCl_4^{2-}$,$TlCl_4^-$ 等),因而能使 $\varphi_平$ 发生显著的移动.但是,许多实验事实表明,生成络离子并不是出现活化效应的必要前提.例如 Zn^{2+} 与 Cl^-,Br^-,I^- 等几乎不生成络合物,然而卤素离子对锌电极反应却有明显的活化作用.在含有不同阴离子的溶液中,锌汞齐电极上 $Zn^{2+}+2e^- \rightleftharpoons Zn(Hg)$ 的反应速度常数有着如下的数值:

溶液成分($1mol \cdot L^{-1}$)	KNO_3	KCl	KBr	KI
$K /(cm \cdot s^{-1})$	3.5×10^{-3}	4.0×10^{-3}	8×10^{-3}	7×10^{-2}

在某些电极体系中,当加入的卤素离子浓度远小于金属离子浓度时,就可以观察到明显的活化效应.这类现象显然不能用形成络离子来解释.

有人认为:卤素离子能活化金属电极过程,主要是由于这些离子能在电极/溶液界面上吸附,因此改变了双电层结构及其他一些界面性质;在有卤素离子吸附的电极表面上,金属电极反应的活化能比较低.在 §2.3 中我们曾经看到卤素离子能在许多金属表面上吸附,其表面活性均随电极表面正电荷密度的增大而加大,而活性顺序一般为 $I^->Br^->Cl^-$.将卤素离子的表面活性变化规律与它们对电极反应的活化效应相互对比,就不难看到二者之间确存在一定的平行关系:

首先,不同卤素离子对金属电极反应的活化效应顺序几乎总是与它们的表面活性顺序一致的.前面提过的不同卤素离子对锌电极反应的活化效应就是一个典型的例子.

其次,在不同的电极电势下,卤素离子对电极反应的活化效应有着很大的差别. 普遍的规律是：电极电势愈正，它们的活化效应也就愈强. 若比较同浓度 Cl^- 对 Bi^{3+}，In^{3+}（数据取自文献[3]），Zn^{2+} 三种电极反应的活化效应，就可以明显地看到这一点.

电极反应	$Bi^{3+} \rightleftharpoons Bi(Hg)$	$In^{3+} \rightleftharpoons In(Hg)$	$Zn^{2+} \rightleftharpoons Zn(Hg)$
电极电势/V （相对当量甘汞电极）	-0.10	$-0.61 \longrightarrow -0.64$	-1.02
不含 Cl^- 时的反应速度	$K = 3 \times 10^{-4} \text{cm} \cdot \text{s}^{-1}$	$i^0 = 1.6 \times 10^{-4} \text{A} \cdot \text{cm}^{-2}$	$K = 3.5 \times 10^{-3} \text{cm} \cdot \text{s}^{-1}$
加入 $1 \text{mol} \cdot \text{L}^{-1}$ Cl^- 后的反应速度	$K > 1 \text{cm} \cdot \text{s}^{-1}$	$i^0 = 5.0 \times 10^{-4} \text{A} \cdot \text{cm}^{-2}$	$K = 4 \times 10^{-3} \text{cm} \cdot \text{s}^{-1}$

此外，卤素离子对同一电极体系的阳极反应往往比对阴极反应有更大的活化作用. 我们还将要看到，不少金属的阳极溶解速度甚至与卤素离子浓度的若干次方成正比.

若认为电极电势愈正卤素离子在电极表面上吸附也愈强，则上述各种实验现象就可以得到定性的解释. 然而，具体的计算表明，卤素离子对金属电极过程的活化作用并不能定量地用这些离子所引起的 ψ_1 电势变化，即所谓"ψ_1 效应"来解释. 卤素离子所引起超电势降低往往显著大于这些离子所引起的 ψ_1 电势变化. 为了解释在实验中观察到的效应，曾经提出过如下的一些看法：

在 §4.5 中我们曾经提到，在动力学公式中应该采用 ψ_1 电势的局部值而不是用电毛细方法测得的或按双电层理论公式计算得到的 ψ_1 电势的平均值. 在被吸附的卤素离子附近，ψ_1 电势的局部值显然要比平均值更负一些，因此引起的 ψ_1 效应也要更大一些. 这种"局部 ψ_1 效应"的说法可以定性地解释卤素离子所引起的 $\Delta\eta$ 与 $\Delta\psi_1$ 之间的偏差. 但是，由于目前还很难定量地计算 ψ_1 电势的局部值，尚无法断言仅根据由于静电引力而引起的局部 ψ_1 效应能否定量地解释观察到的全部实验事实，还是必须假设阴离子与金属离子之间存在着更深刻的相互作用，即形成了所谓"表面络合物".

为了解释卤素离子的活化作用，还曾经提出过"离子桥"的理论[4]. 在这一理论中考虑到卤素离子的外电子层具有较大的变形性；因此，如果这些离子参与组成"活化络合物"（过渡态），则金属离子的"脱配位体过程"（包括"脱水化过程"）和电子的传递过程都只需要较低的活化能. 比较形象化的说法是由卤素离子组成了能促进电极反应的"离子桥". "离子桥"的理论曾被用来解释 Cl^- 对溶液中 $Fe^{2+} \rightleftharpoons Fe^{3+}$，$In^{2+} \rightleftharpoons In^{3+}$ 等反应的活化效应[5]. 这类电子交换反应的反应速度常数与加入的 Cl^- 离子浓度成正比. 若认为加入 Cl^- 后交换反应的过渡态为 $M^{z+} \cdot Cl^- \cdot M^{(z+1)+}$，就能解释 Cl^- 的动力学反应级数. 量子力学计算表明，在这种情况下电子交换反应的活化能要低得多.

上述几种说法并不一定相互排斥. 例如,如果在"络离子理论"中认为在电极上反应的粒子主要是"表面络合物",或是在"局部 ψ_1 效应理论"中认为阴离子与金属离子之间存在着超出静电作用的相互作用,那么也就很难说它们与"离子桥"理论有多大的区分了. "桥"的理论只是试图进一步说明为什么这种由卤素离子与金属离子组成的"表面结构单位"更有利于电极反应的进行.

通过上面的分析,可以断言卤素离子对金属电极过程的活化效应主要是一种界面效应,但其中涉及的卤素离子和金属离子之间的相互作用往往不能用简单的双电层模型来定量地解释,即必须认为二者之间存在更深刻的相互作用.

§8.4　金属络离子的还原

络合剂对金属离子的电化学析出反应有着很大的影响,包括热力学影响和动力学影响. 以下分别对这两方面加以讨论.

从热力学角度看:在含有络合剂的溶液中,金属离子能形成比简单水化离子更稳定的络离子,其还原为金属的反应就必然涉及更大的自由能变化,因此体系的平衡电势 $\varphi_{平}$ 变得更负. 在金属电沉积的生产实践中,常利用此现象使不同金属的电极电势趋近而实现合金的沉积和避免金属置换反应的发生.

在含有络合剂的溶液中,具有不同配位数的各种络离子以及"未络合"的水化离子等与络合剂之间存在一系列的"络合——离解平衡". 在平衡状态下,各种离子以不同的浓度同时存在,而各种氧化还原电对具有相同的平衡电势值. 每一品种浓度的大小与相应的稳定常数及溶液的组成(如金属离子总浓度与络合剂总浓度之比、pH 值等)有关. 体系中浓度最大的络离子品种称为金属离子的"主要存在形式".

从动力学角度看,在含络合剂的溶液中,各种络离子的动力学性质各不相同,而直接参加电极反应的主要离子品种(常称为"电极活性粒子")并不一定是金属离子的"主要存在形式". 因此,讨论金属络离子的还原历程时,不仅需要确定在溶液中存在哪些金属络离子及其平衡浓度,而且要弄清是哪一种或哪几种离子直接参加电子交换反应.

过去曾有过一种流行的看法,认为络离子总是先离解为简单水合离子(以下简称为"简单离子"),然后在电极上放电. 不难证明,大多数场合下这种看法是错误的. 例如,在 $1\text{mol}\cdot\text{L}^{-1}$ HClO_4 中,Ag/Ag^+ $(3\times10^{-2}\text{mol}\cdot\text{L}^{-1})$ 体系的平衡电势 $\varphi_{平}=0.710\text{V}$,交换电流 $i^0=1.7\text{A}\cdot\text{cm}^{-2}$ 及 $\alpha=0.26$. 据此算出在加入 $1\text{mol}\cdot\text{L}^{-1}$ NaCN 后的同一体系(平衡电势 $\varphi_{平}=-0.529\text{V}$)中,简单离子的平衡浓度仅为

3×10^{-23}mol·L^{-1},而在新的平衡电势下简单离子引起的交换电流仅为 8×10^{-16} A·cm^{-2}. 与在络合物体系中测得的交换电流 $i^0 = 2.8\times10^{-3}$A·cm^{-2} 比较,简单离子的作用可以完全忽略不计.

由此推广不难得出结论:若加入络合剂后所引起的平衡电极电势负移不小于 $0.4/n$V,而 i^0 的降低不超过 $2\sim3$ 个数量级,则完全可以忽略简单离子放电对总电流的贡献. 在大多数具有实用价值的络离子体系中上述条件均能满足,因此电极反应中不可能是简单离子的直接放电.

另一种看法认为是金属络离子的主要存在形式直接在电极上放电. 然而,这种看法也大有问题."主要存在"的络离子大多具有较高或最高的配位数,因而中心离子在放电过程中涉及的配体层结构改组较大,故一般需要较高的活化能. 此外,大多数金属络离子的电极反应是在荷负电的电极表面上进行的,而不少配体都荷负电,因此配位数较高的络离子往往更强烈地受到双电层电荷的排斥作用.

在上述各种因素的共同影响下,那些具有适中浓度和适中反应能力的配位数较低的络离子往往更容易成为主要的、直接参加电子交换反应的"电极活性粒子". 曾经采用§5.6中介绍过的电化学反应级数方法测出若干络合体系中直接在电极上放电的电活性离子品种. 在表8.2中列出由此得出的一些结果.

表 8.2

电极体系	络离子的主要存在形　式	直接在电极上放电的络离子
Zn(Hg)/Zn^{2+}, $C_2O_4^{2-}$	[$C_2O_4^{2-}$]大时, $Zn(C_2O_4)_3^{4-}$ [$C_2O_4^{2-}$]小时, $Zn(C_2O_4)_2^{2-}$	ZnC_2O_4
Zn(Hg)/Zn^{2+}, CN^-, OH^-	$Zn(CN)_4^{2-}$	$Zn(OH)_2$
Zn(Hg)/Zn^{2+}, NH_3	$Zn(NH_3)_3(OH)^+$	$Zn(NH_3)_2^{2+}$
Cd(Hg)/Cd^{2+}, CN^-	$Cd(CN)_4^{2-}$	[CN^-]<0.5mol·L^{-1}时, $Cd(CN)_2$ [CN^-]>0.5mol·L^{-1}时, $Cd(CN)_3^-$
Ag/Ag^+, CN^-	$Ag(CN)_3^{2-}$	[CN^-]<0.1mol·L^{-1}时, $AgCN$ [CN^-]>0.2mol·L^{-1}时, $Ag(CN)_2^-$
Ag/Ag^+, NH_3	$Ag(NH_3)_2^+$	$Ag(NH_3)_2^+$
Au/Au^+, CN^-	$Au(CN)_2^-$	$AuCN$
Pd/Pd^{2+}, Cl^-	$PdCl_4^{2-}$	$PdCl_2$
Ni/Ni^{2+}, SO_4^{2-}	$Ni(SO_4)_2^{2-}$, $NiSO_4$	$NiSO_4$ 或 Ni^{2+}
Cu/Cu^{2+}, SO_4^{2-}	$Cu(SO_4)_2^{2-}$, $CuSO_4$	$CuSO_4$ 或 Cu^{2+}

在一般情况下,金属从络离子体系中析出比从简单水溶液体系析出更困难,即涉及更大的电化学极化. 例如[6],Cd汞齐(1%)电极在 2.2×10^{-3}mol·L^{-1} Cd^{2+} + 0.5mol·L^{-1} Na_2SO_4 溶液中测得的 $i^0 = 4.0\times10^{-2}$A·cm^{-2},而在 2.3×10^{-3}

$mol \cdot L^{-1}$ $Cd^{2+} + 2.0 \times 10^{-2} mol \cdot L^{-1}$ NaCN $+ 5 mol \cdot L^{-1}$ NaCl 溶液中的 $i^0 = 5 \times 10^{-4} A \cdot cm^{-2}$. 又如前曾述及,在向 Ag/Ag^+, $HClO_4$ 体系中添加 KCN 后, i^0 降低了 3 个数量级. 这一实验规律在生产实践中有广泛应用. 特别是在电镀工艺中常采用络合物体系来减小金属电极体系的交换电流密度和提高金属的析出超电势,藉以改善镀液性能与镀层质量.

然而,不能用金属络离子的自由能较低来解释金属电沉积时出现的极化增大,也就是不能认为络离子的稳定常数愈大,超电势也愈大. 在络离子的平衡电极电势公式中,已考虑了络合作用引起的自由能变化. 当加入络合剂前后的电极体系分别处于其相应的平衡电势下时,金属离子(简单离子或络合离子)在溶液中和金属晶格中的电化学势差并无不同. 换言之,形成络离子时金属离子的自由能变化只影响金属电极体系的热力学性质——平衡电极电势,而与体系的动力学性质——超电势——并没有直接关系. 可以举出不少实例说明在 $pK_{不稳}$ 与金属的析出超电势之间并不一定存在平行关系. 例如 Bi^{3+} 能与 Cl^- 生成相当稳定的络离子 $BiCl_6^{3-}$,其 $pK_{不稳} \approx 6.8$;但在 HCl 中铋电极反应的交换电流比在 $HClO_4$ 中大得多. 又例如,在强碱性溶液中 Zn^{2+} 主要以 $Zn(OH)_4^{2-}$ 存在,其 $pK_{不稳} \approx 15.4$;但强碱性溶液中锌电极反应的可逆性很大,可在碱性化学电池中用作负极材料. 在氰化物溶液中 Zn^{2+} 能与 CN^- 形成 $Zn(CN)_4^{2-}$,其 $pK_{不稳}$ 值(≈ 16.9)与 $Zn(OH)_4^{2-}$ 的 $pK_{不稳}$ 值相差不大,但锌从氰化物溶液中析出时出现的极化现象要比从碱溶液中析出时大得多. 由此可见:不能仅根据络离子的热力学稳定性来估计析出金属时的极化值.

决定金属络离子电极体系中电子交换反应活化能的主要因素应是反应粒子在电极表面形成"表面络合物"的吸附热及其电子构型改组形成活化络合物时所涉及的能量变化. 那些在溶液中能与金属离子形成稳定络离子的配位体大多也参与组成直接参加电子交换步骤的反应粒子,其中配位体与中心离子之间的相互作用强度与溶液中络离子的 $pK_{不稳}$ 值有一定的平行关系. 因此,若溶液中络离子的 $pK_{不稳}$ 值较大,则表面络合物中配位体与金属离子之间的相互作用也往往较强,并使反应粒子改组为活化络合物时涉及的能量变化也较大,即金属离子还原时的活化能较高. 由此可以大致解释为什么采用 $pK_{不稳}$ 值较大的络离子往往能提高极化. 但是,如果配位体能形成有利于电子传递的"桥",则电极反应的活化能将显著降低. 因此,由这类配位体与金属离子组成的络离子即使 $pK_{不稳}$ 值较大,也往往比简单金属离子更容易在电极上放电.

按照以上分析,应可按照配位体的性质将金属络离子大致分为两类:对于那些不能形成电子"桥"的配位体,其中包括 NH_3, CN^-, CNS^-,大部分含氧酸阴离子以及多胺、多酸等有机配位体,如果金属络离子的 $pK_{不稳}$ 较大,则往往金属的析出超电势也较高;然而,很难期望二者之间在数值上有什么平行关系. 然而,对于那些有利于电子交换的"桥"式配位体,例如卤素离子(OH^- 可能也属于此类),若络离子的 $pK_{不稳}$ 值越大,则电极反应的活化能可能反而越小.

还需要指出,由于电极反应的本质是界面反应,因而不论在溶液中络合剂与金属离子形成什么样的络离子,络合剂只能通过影响界面上反应粒子的组成、它们在界面上的排列方式及界面反应速度,才可能改变金属离子的电极反应速度. 因此,除了考虑络合剂在溶液中的性质外,还必须考虑其界面性质. 前面已经提到,直接参加电子交换反应的粒子很可能是某种与溶液中络离子的"主要存在形式"组成不同的表面络合物. 有一些实验事实表明,某些直接参加电子交换反应的络离子可能只在电极表面上存在. 例如在碱性锌酸盐镀液中加入三乙醇胺可以显著提高锌的析出超电势,但根据 $pK_{不稳}$ 值计算,在碱性溶液中三乙醇胺与 Zn^{2+} 几乎不生成络离子. 还有一些"低氰"镀液配方中 CN^- 的浓度显著低于金属离子的浓度,因此对金属离子的主要存在形式不可能有多大影响,但却能提高极化和改善镀层性质. 这些事实只可能解释为加入的"络合剂"按照某种"界面方式"影响了金属离子的电沉积过程,即所加入的"络合剂"主要起着"表面活性(络合)剂"的作用. 进一步研究电极表面、金属离子和络合剂三者之间的相互作用,必将有助于提高对金属络离子电沉积过程的认识.

还发现在某些场合下,含有不只一种配位体的混合配体络合物可更有效地调节金属离子的析出超电势,即有时电镀液中同时加入两种络合剂可以得到更好的效果. 当镀铜液中同时含有 $P_2O_7^{4-}$ 和 NH_3 时,$[Cu(P_2O_7)]^{2-}$ 和 $[Cu(P_2O_7)(NH_3)]^{2-}$ 都参加电极反应[7]. 在文献[8]中较系统地阐述了这种观点. 事实上,具有低配位数的络离子也可以看成包含水分子的混合配体络合物.

§8.5 有机表面活性物质对金属还原过程的影响

大多数有机物都或多或少地具有电极表面活性. 在电镀、金属防护等电化学实践中,人们常有意识地添加一些特殊的表面活性物质来影响电极过程. 一般情况下,表面活性物质的用量很少(加入浓度一般为 $10^{-6}\sim10^{-2}\,mol\cdot L^{-1}$),不足以将反应粒子大量转化为络合物. 它们对电极过程的影响显然与它们在电极/溶液界面上的吸附有关.

在电镀工艺中,广泛采用添加各种有机物的方法来改善镀液和镀层的性能. 大部分有机添加剂的作用机理是增大金属离子还原过程的电化学极化和促进新晶核的形成速度,使镀层细致、均匀(参见§8.6). 有些添加剂还能促进某些晶面的择优取向,改进镀层的光亮程度. 后一作用显然与有机添加剂在不同晶面的吸附行为差异有关. 还有些添加剂能影响镀层的内应力,或是影响气泡在镀层上的附着能力等等. 换言之,有机添加剂对镀层的影响是一个相当复杂的现象. 在本节中我们不可能全面讨论这些问题,只对有机添加剂影响金属电极过程动力学的机理作些探讨.

　　吸附粒子对电极反应动力学的影响程度,往往与它们在电极表面上的浓度,即覆盖度有关. 如果在电极表面上有机活性粒子的覆盖度未达到饱和覆盖,则表面上未覆盖部分的影响不容忽视. 作为最简单的模型,可以设想电极表面划分为"覆盖部分"和"未覆盖部分",在单位电极表面上它们所占的面积分别为 θ 和 $(1-\theta)$. 在这两部分表面上电极反应的活化能不同,因此需要分别用 k_1 和 k_2 来表示"覆盖表面"和"未覆盖表面"上的反应速度常数. 如果假定这两部分表面上的电极反应独立地进行,则电极表面上总的电流密度可以写成

$$I = \frac{nF}{v_i}[k_1\theta + k_2(1-\theta)]c_i \tag{8.3}$$

在大多数情况下, $k_1 \ll k_2$;因而,若 θ 不太大,则式(8.3)可以近似地写成

$$I = \frac{n}{v_i}Fk_2(1-\theta)c_i \tag{8.4}$$

按照式(8.4),可以近似地认为在"覆盖表面"上根本不进行电化学反应,而表面活性物质对电极反应的阻化作用可以看作是吸附层的"封闭效应". 根据这种模型,可以认为在达到近乎完全覆盖 ($\theta \approx 1$) 以前电极反应历程没有改变,只是有效电极表面减小了,因此传递系数也不应发生变化. 实验表明,当加入环己烷时,滴汞电极上 $Ti^{3+} \rightleftharpoons Ti^{4+}$ 反应的 i^0 值与 $(1-\theta)$ 成正比,与上述模型的结论一致[9].

　　但是,若同一体系中加入百里香酚,则同一反应的 i^0 比 $(1-\theta)$ 减小得更快. 还曾经测出,当汞电极上二己胺的覆盖度由 0.8 增大至 0.9 时,Cd^{2+} 的还原电流减小两个数量级[10]. 这些实验事实表明,将电极表面划分为彼此无关的"覆盖部分"与"未覆盖部分"显然是过分简单了. 事实上,由于吸附粒子在电极表面上的二维热运动,它们在表面上的位置具有动态统计分布性质,因而并不存在确定的"覆盖表面"与"未覆盖表面". 当电极表面上存在表面活性分子的吸附层时,如果反应粒子突入吸附层,就会因影响吸附层中表面活性分子的分布而受到排斥. 当 θ 较大时,反应活化能的重要组成部分是在吸附层中为了形成允许反应粒子进入的"孔"所耗费的功(W_d),而反应电流密度比例于 $\exp(-W_d/kT)$. θ 愈大 W_d 也愈大. 然而,对于涉及表面吸附粒子的体系,难以根据反应速度的温度系数来估算反应活化能,因温度升高会导致 θ 变小并由此引起反应速度加大,使计算得到的活化能数值偏大. 当温度升高至一定数值后,表面活性物质急剧地从电极表面脱附,并

失去对电极反应的阻化效应. 大多数情况下,在达到吸附粒子从表面急剧脱附的温度以前,已可观察到阻化效应的急剧下降,表示表面反应的势垒已经降低.

表面活性物质所引起的阻化效应往往与溶液的 pH 值有很大关系. 由于金属还原过程一般是正离子在荷负电的表面上反应,当溶液 pH 值升高时,弱酸型的添加剂即可能因离解为阴离子而失去表面活性和阻化作用;然而,阳离子型(如季胺盐)和分子型添加剂(如樟脑、非离子型表面活性剂)就没有这些缺点[11]. 因此,后一类活性物质可在 pH 值较高的溶液中及较负的电势范围内使用. 由于介电常数较小的有机分子易受到强表面电场的排斥而引起脱附,选择用于负电势区的有机添加剂时还应注意添加剂分子的介电常数.

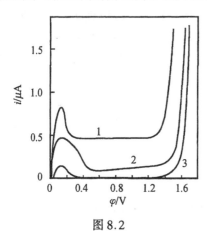

图 8.2

加入不同浓度的 $(C_6H_5CH_2)_3N$ 对 $0.5mol \cdot L^{-1}$ H_2SO_4 中 Bi^{3+} 还原极谱波的影响.

活性物质浓度:1. 0; 2. 1/128 饱和; 3. 饱和.

当吸附粒子在电极表面上的覆盖达到饱和或甚至出现多层吸附时,反应粒子穿过吸附层时往往需要越过较高的势垒. 如果这种势垒足够的高,以致反应粒子穿透吸附层的过程形成了新的控制步骤,就会出现与电极电势无关的极限电流(图 8.2). 在这种情况下,吸附层对电极反应的阻化效应常称为"穿透效应".

在某些情况下,吸附在电极表面上的有机分子能改变界面上的电势分布情况,并通过"ψ_1 效应"来影响电极反应速度. 当有机活性物质按照这种机理影响电极反应速度时,有些吸附层可以阻化电极反应,而有些可以有活化作用;即使是同一种有机活性物质的吸附层,它对不同电极反应速度的影响也可以完全不同. 当添加剂按照"ψ_1 效应"影响电极反应速度时,应能加速带有异号电荷的反应粒子的反应速度,而阻化带有同号电荷粒子的反应. 在 $0.1mol \cdot L^{-1}$ $HClO_4$ 中,十二烷基硫酸离子能增大 Cu^{2+} 还原极谱波的可逆性[19]. 四烷基铵阳离子对许多金属离子的还原反应有强烈的阻化作用,但却能加速 $Fe(CN)_6^{3-}$ 和 $PtCl_4^{2-}$ 的还原速度. 在这些例子中,"ψ_1 效应"无疑是重要的.

然而,在大多数情况下观察到的有机分子和离子吸附层对电极反应速度的影响却显然不能用"ψ_1 效应"来解释. 例如,当电极表面上形成有机粒子的吸附层后,往往能使金属离子还原极谱波的半波电势向负方向移动 0.5V 以上. 显然,ψ_1 电势的变化决不可能达到这种数值. 有些表面活性阴离子对金属离子的电沉积过程也有明显的阻化作用;还有许多吸附层对电极反应的影响是"有选择"的,即使反应粒子所带电荷的符号和数量完全相同,它们所受的阻化作用却往往很不相同. 这些实验事实都无法用"ψ_1 效应"来解释. 此外,卤素离子和硫脲则往往能显著减弱各种添加剂的阻化作用,其影响幅度也不能用 ψ_1 效应解释. 很可能是它们直接参与组成反应过渡态并起着电子桥的作用. 在文献[12]中较系统地讨论了各类表面活性物质的吸附电势范围和吸附层对电极过程的阻化能力. 在不同电势下同一活性物质可能具有不同结构的吸附层和阻化能力.

综上所述,当溶液中加入有机添加剂时,核心问题是吸附层的结构和覆盖度、在表面层中金属离子与添加剂以及来自溶液的其他组分(阴离子、溶剂分子等)组成什么形式的表面反应粒子,以及在吸附层中这些粒子具有怎样的反应能力.

还需要指出:吸附层主要是对电化学步骤和其他直接在表面上发生的步骤(如电结晶等)的反应速度有较大的影响,而对扩散步骤和表面液层中的转化速度不会有多大作用. 因此,如果未加入表面活性物质时整个电极反应速度的控制步骤是扩散步骤或表面液层中的转化步骤,而在加入表面活性物质后电化学步骤和其他表面步骤的进行速度虽然受到阻止,却还不足以形成新的缓慢步骤,则整个电极反应的进行速度不发生变化. 在这种情况下,并不是吸附层不引起阻化效应,而是所引起的阻化效应不会表现出来. 作为一般性原则,可以认为任何阻化因素都只有在能影响整个反应的控制步骤或是能导致出现新的控制步骤时才会表现为有效的. 有机添加剂往往对"慢"反应(界面反应速度控制)的效果比较显著,而对"快"反应(其稳态反应速度一般受扩散控制)却常常表现为"无效",原因即在于此.

大多数表面活性物质不直接参加电化学反应,因此它们在阴极上应该是"非消耗性"的,然而实践表明,电解液中添加的活性物质大多需要定期补加. 除可能在溶液中分解或是在阳极上氧化(如抗坏血酸)外,引起活性物质消耗的主要原因是它们常夹杂在镀层中,有些还能在电极上还原(如胡椒醛、香格兰醛等). 这些"阴极消耗性添加剂"在电镀实践中有时可用作"平整剂"或"光亮剂"(参见§8.7).

与加入络合剂的方法相比,加入表面活性物质藉以控制金属电极过程的方法有不少优点:如加入浓度小因而成本较低、对溶液中金属离子的化学性质没有影响致使废水较易处理,以及一般不具有毒性等. 然而,也不应忽视这种方法的缺点:如容易引起夹杂并使镀层的纯度和机械性能下降、不宜在高温下使用、容易产生泡沫并由此引起新的废水处理问题,以及浓度的测定和控制较为困难等.

§8.6 电结晶过程的动力学

电结晶过程是一个相当复杂的过程. 即使电积层只是原有晶体的继续生长,这一过程也至少包括金属离子"放电"和"长入晶格"两个步骤;实际的电沉积过程还涉及新晶粒的形成. 能影响晶面和晶核生长的因素很多,如温度、电流密度、电极电势、电解液组成(主盐、络合剂、阴离子、有机添加剂等)等. 这些因素对电结晶过程的影响直接表现在所得到电沉积层的各种性质上,例如沉积层的致密程度、反光性质、分布的均匀性、镀层和基体金属的结合强度以及机械性能等等. 因此,研究电结晶过程有相当重要的实际意义.

§8.6.1　未完成晶面上的生长过程

晶面上占有不同位置的金属原子具有不同的能量. 例如,在理想晶体的晶面上,金属原子可以占有如图 8.3 中所示的 a,b,c 三种位置,其配位数分别为 1,2,3,能量也顺次降低. 晶面上的原子只有达到 c 位置后才能稳定下来. 据此,晶面的生长应有可能按照不同的方式进行:

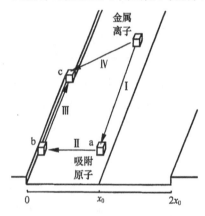

图 8.3　电结晶过程的几种可能历程

1. 放电过程只在"生长点"上发生(图 8.3 中过程 IV). 当晶面的生长按照这种方式进行时,放电步骤与结晶步骤合而为一.

2. 放电过程可以在晶面上任何地点发生,形成晶面上的"吸附原子"(图 8.3 中过程 I),然后,这些吸附原子($M_{吸}$)通过晶面上的扩散过程转移到"生长线"和"生长点"上来(图 8.3 中过程 II, III). 按这种历程进行时,放电过程与结晶过程是分别进行的,而且在金属表面上存在一定浓度的吸附原子.

3. 吸附原子在晶面上扩散的过程中,热运动可导致彼此之间偶然靠近而形成新生的二或三维原子簇,以及新的生长点和生长线. 如果这种原子簇达到了一定尺寸,还可能形成新的晶核.

已知液体电极的全部表面都能用来进行放电反应,因此,如果固体电极表面上只能在少数生长点上实现放电过程,则在同一金属的固态和液态表面上测出的 i^0 数值应有很大差别. 在汞的熔点(−38.89℃)附近测得的交换电流数值见图 8.4,表示固态和液态表面上 i^0 的差别不超过 10% ～ 20%[13]. 在固态(28℃)和液态(30℃)镓电极上, i^0 数值的差别也在实验误差范围之内[14]. 由此可见,在固态汞电极和镓电极表面上,电子交换过程都可以在全部表面上进行. 计算结果也表明:当水化离子在晶面上放电形成水化程度仍然较高的吸附原子时,过程中涉及的活化能要比在生长点或生长线上放电形成完全或大部分脱除水化层的金属原子时涉及的活化能低得多[15].

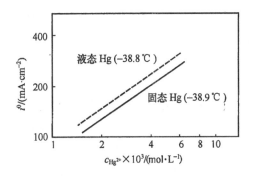

图 8.4 45% $HClO_4$ 中固态和液态汞电极上的交换电流

然而,由于 i^0 的测量是在平衡电势下进行的,交换电流的数值主要由吸附原子与金属离子之间的电子交换速度所决定. 因此,不能根据交换电流的数值来估算由吸附原子的表面扩散速度所控制的结晶速度,以及这一速度与放电速度 (I/nF) 比较能不能构成新的缓慢步骤. 根据晶格原子与吸附原子之间交换速度,以及吸附原子与金属离子之间电子交换速度二者的相对大小,可能出现下面两种极端情况:

首先,如果吸附原子与晶格原子之间的交换速度很快,以致通过净电流时基本上不破坏二者之间的平衡关系,则结晶步骤就可看作是一种"快"的随后转化步骤. 在这种情况下,金属离子放电后形成的吸附原子通过表面扩散实现晶面的生长,而通过阴极电流对表面上吸附原子的覆盖度与分布情况影响不大.

反过来,如果单位表面上由吸附原子表面扩散步骤控制的结晶速度比 i^0 小得多,则在距生长点较远处的吸附原子很少有可能扩散到生长点上来. 在这种情况下,金属离子主要是通过液相扩散达到晶面上的生长点附近,然后直接放电(或通过很短的表面扩散途径)进入晶格. 这样,特别是当生长点表面浓度不大时,就会显著增大局部的电流密度并引起电极电势的极化,即出现了"结晶超电势"($\eta_{结晶}$). 在这种情况下,整个晶面上吸附原子的表面浓度($c_{M_{吸}}$)也将超过平衡时的数值 ($c_{M_{吸}}^0$). 若认为吸附原子与溶液中金属离子之间的电子交换平衡基本上未被破坏,又吸附原子的表面覆盖度 $\theta_{M_{吸}} \ll 1$,则阴极极化时由于结晶步骤缓慢而出现的超电势应为

$$\eta_{结晶} = \frac{RT}{nF}\ln\frac{c_{M_{吸}}}{c_{M_{吸}}^0} = \frac{RT}{nF}\ln\left(1 + \frac{\Delta c_{M_{吸}}}{c_{M_{吸}}^0}\right) \tag{8.5}$$

式中,$\Delta c_{M_{吸}} = c_{M_{吸}} - c_{M_{吸}}^0$.

为了比较电子交换步骤与扩散结晶步骤的相对速度,需要单独测定电子交换

步骤的交换电流,再与总的反应速度相比较. 如果扩散、结晶等步骤的影响可以忽略不计,或是容易加以校正,则不难根据 i^0 的数值判别通过外电流时出现的极化现象是否仅由于电子交换步骤缓慢所引起,或者尚存在其他的缓慢步骤(例如表面液层中的前置转化反应).

一般说来,在电极反应的历程中是否存在液相中的前置转化步骤以及它们的动力学性质与所用电极性质无关,因而可以利用汞电极或汞齐电极来研究. 只要生成的汞齐浓度不超过饱和度,在这些电极上不可能存在扩散步骤以外的随后步骤. 极谱研究的结果表明:Ag^+,Hg^{2+},Cu^{2+},Pb^{2+},Zn^{2+} 等简单金属离子在电极上

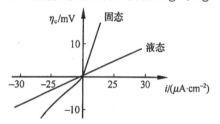

图 8.5　在固态和液态镓电极上测
得的稳态极化曲线

还原时不存在慢的前置转化步骤. 因此,如果这些离子在固体电极上还原时出现的极化现象比汞或汞齐电极上更大,就只可能是吸附原子缓慢结晶所引起的.

如果有可能在基本相同的温度下比较同一金属固态和液态表面上的稳态极化曲线,也可以判明在固态电极表面上的结晶过程能否形成缓慢步骤. 在固态镓和液态镓电极上测得的不包括浓度极化影响的稳态极化曲线见图 8.5. 可以看到,当电流密度相同时固态镓电极上的超电势约比液态电极上大 3 倍. 这只能是结晶步骤缓慢所引起的.

在 $1\,mol \cdot L^{-1}\,HClO_4$ 中用暂态方法测出 $Ag/Ag^+(0.1\,mol \cdot L^{-1})$ 体系的交换电流约为 $4.5\,A \cdot cm^{-2}$. 因此,若通过 $I = 300\,\mu A \cdot cm^{-2}$ 的电流,在浓度极化可以忽视的初始阶段,由于电化学极化所引起的超电势应为 $\eta_k = \dfrac{RT}{F}\dfrac{I}{i^0} \approx 1.6 \times 10^{-6}\,V$[参考式(4.17)]. 然而,实际观察到的电势极化却达到几个毫伏(图8.6)[16],可见结晶步骤的速度比电化学步骤约小三个数量级.

实验结果还表明,在许多其他电极上吸附原子的表面结晶速度也是不大的. 如果电结晶过程的净速度较大,就会出现结晶超电势. 通过吸附原子进行的结晶

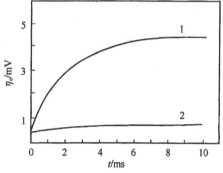

图 8.6　$0.1\,mol \cdot L^{-1}\,AgClO_4 + 0.9\,mol \cdot L^{-1}$
$HClO_4$ 溶液中的银电极用恒电流
极化时的"电势-时间"曲线

1. 阴极电流密度为 $300\,\mu A \cdot cm^{-2}$ 时实际
测得的曲线;

2. 由于电化学极化及溶液中电阻降而引起
的超电势(计算值).

步骤速度缓慢的可能原因是:吸附原子的表面浓度很低、或者是它们的表面扩散系数很小、或者是生长点的表面密度很小,以致吸附原子的扩散途径比较长等等.

如果认为当金属电极晶面上的吸附原子到达生长线(晶体台阶,图 8.3 中的 b 位置)后能较快地向生长点(图 8.3 中的 c 位置)转移,则结晶过程的迟缓只能是吸附原子的表面扩散缓慢所引起的. 在这种情况下,晶面上相邻两台阶之间的吸附原子浓度分布必然是不均匀的. 假定晶体表面上两平行台阶之间的距离为 $2x_0$,而台阶的长度远大于此值;并设左边台阶为坐标原点,而以垂直于台阶的方向为 x 方向,则两平行台阶之间的中线位置为 x_0. 如此,吸附原子的表面浓度 $c_{M吸}$ 和局部电流密度仅是 x 的函数,且在中线左右两侧有完全对称的浓度分布. 当晶面上的浓度分布达到稳态时,晶面上各处金属离子还原生成吸附原子的速度等于吸附原子的扩散流失速度,即应有

$$D(\partial^2 c_{M吸}/\partial x^2) - i(x)/nF = 0 \qquad (8.6)$$

式中,$i(x) = i^0[(c_{M吸}/c_{M吸}^0)\exp(\alpha nF\eta/RT) - \exp(-\beta nF\eta/RT)]$. 解式(8.6)时可采用如下的初始条件与边界条件:

$$c_{M吸}(x, 0) = c_{M吸}(0, t) = c_{M吸}^0, \qquad (dc_{M吸}/dx)_{x=x_0} = 0$$

从而得到晶面上吸附原子的分布公式

$$c_{M吸}/c_{M吸}^0 = \exp(nF\eta/RT) + [1 - \exp(nF\eta/RT)]\exp(-x/\lambda_0)$$
$$\cdot [1 + \exp(-2(x_0 - x)/\lambda_0)]/[1 + \exp(2x_0/\lambda_0)] \quad (8.7)$$

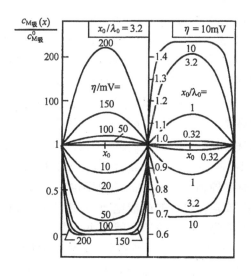

图 8.7　吸附原子浓度的表面分布

式中, $\lambda_0 = (nFDc_{M_{吸}}^0 / i^0)^{\frac{1}{2}} \exp(\beta nF\eta/2RT)$, 常被称为吸附原子表面扩散过程的穿透深度, 其数值主要与吸附原子的扩散系数、交换电流密度和金属析出超电势有关. 当 x 显著大于 λ_0 时, $c_{M_{吸}}/c_{M_{吸}}^0 \approx \exp(nF\eta/RT)$, 即不存在吸附原子的表面浓度梯度和有效的表面扩散传质过程. 图 8.7 中表示了两平行台阶之间吸附原子浓度的表面分布.

§8.6.2 平整晶面上晶核的形成与生长

在理想平整的晶面上不存在生长点. 因此, 在已有的平整晶面上晶体继续生长的前提是在晶面上出现新的晶核. 新的晶核和晶体可以在同种材料的晶面上形成, 也可在不同材料的基底上形成. 新晶核的生成往往涉及较高的析出超电势, 相应于在晶面上吸附原子的浓度大大超过平衡时的数值.

在自然界中, 生成新相总是和"偏离平衡"相联系的. 自饱和溶液中生成新的晶粒或者是自饱和蒸汽中凝结得到新的液滴都不能在平衡状况下发生. 实现这些过程的必要条件是体系中存在一定的"过饱和现象". 在电结晶过程中, 也只有出现了一定数值的"超电势"后才可能生成新的晶粒.

为什么生成新的"独立相"时总要出现这类过饱和现象呢?

首先是"伟相"(例如大的晶体)与"微相"(例如细小的晶体)有着不同的化学势. 后者比前者有更大的比表面, 因而每一摩尔物质就有更大的表面能与总能量. 换言之, "微相"总要比"伟相"更活泼一些. 由于这种能量差别, 微小的晶体具有较大的溶解度, 微小的液滴也具有较高的蒸汽压. 同样, 由微晶组成的金属电极就具有较负的平衡电极电势. 因此, 大晶体的饱和溶液对微晶而言是不饱和的, 因而后者在这种溶液中也是不稳定的. 同理, 在由大晶体构成的金属电极的平衡电极电势下同一金属的微晶也是不稳定的. 由此推知, 只有在对大晶体而言已经是过饱和的溶液中微晶才是稳定的; 而且过饱和程度愈大, 能稳定存在的微晶的临界尺寸也愈小. 仿此, 只有在比由大晶体金属组成的电极的平衡电势更负的电势下微晶才是稳定的; 而且电势愈负, 可以稳定存在的微晶的临界尺寸也愈小. 如果偶然生成的微晶没有达到这种临界尺寸, 则它们就会很快的再溶解, 而极少有机会继续长大. 因此, 形成这种具有临界尺寸的微晶所需要的能量就相当于形成新晶粒过程的活化能; 而形成具有这种临界尺寸微晶的速度也就是形成新晶粒的速度. 在过饱和度较大的溶液中, 或是在较负的电极电势下, 由于微晶的临界尺寸较小, 它们的生成能也较小, 因此新晶粒的形成速度就要快一些.

可以用半径为 r 的半球形晶核(三维晶核)为例来分析生成新晶核的临界条件和晶核形成速度: 形成半球形晶核时增加的表面自由能 $\Delta G_{表面} = \pi r^2 \sigma$ (πr^2 为由圆形基底生长为半球时增加的表面积, σ 为表面自由能); 而生成半球晶本体时伴

随的自由能变化为 $\Delta G_{本体} = \frac{2}{3}\pi r^3 \Delta G_V$，其中，$\Delta G_V$ 为生成单位体积晶体时的自由能变化. $\Delta G_V = -\frac{nF\eta}{V}$，其中，$V$ 为摩尔体积. 这一关系式表明自由能的降低是由于电极反应的不可逆性所引起的. 因此，形成半球晶核的全部自由能变化为

$$\Delta G = \Delta G_{表面} + \Delta G_{本体}$$

$$= \pi r^2 \sigma - \frac{2}{3}\pi r^3 \frac{nF\eta}{V} \tag{8.8}$$

在图 8.8 中画出了 ΔG 随 r 的变化. 从图中可以看出在 $r = r_{临界}$ 时 ΔG 有极大值. 当 $r < r_{临界}$ 时球晶继续生长伴随着自由能升高，因此小的球晶是不稳定；而当 $r \geqslant r_{临界}$ 时球晶生长变成了自由能降低的自发过程.

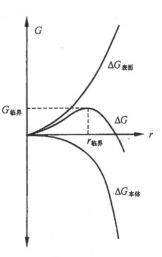

图 8.8　球晶自由能随半径的变化

将式(8.8)微分求得相应于 ΔG 最大值的 $r_{临界}$ 为

$$r_{临界} = \frac{\sigma V}{nF\eta} \tag{8.9}$$

而将式(8.9)代入式(8.8)，即可得到半球晶核形成过程的活化能

$$\Delta G_{临界} = \frac{1}{3}\frac{\pi\sigma^3 V^2}{(nF\eta)^2} \propto \eta^{-2} \tag{8.10}$$

从而得到新晶核的生成速度

$$V_{成核} = K \exp\left(-\frac{1}{3}\frac{\pi\sigma^3 V^2}{(nF\eta)^2}\right) \propto \exp(-A/\eta^2) \tag{8.11}$$

从式(8.11)可以看到，成核速度随 η 增大. 仿此，还可以求得在晶面上生成高度为 h 的圆柱形二维晶核的各种参数分别为

$$r_{临界} = \frac{\sigma V}{nF\eta} \tag{8.12}$$

$$\Delta G_{临界} = \pi\frac{\sigma^2 hV}{nF\eta} \tag{8.13}$$

及

$$V_{成核} = K' \exp\left(-\pi\frac{\sigma^2 hV}{nF\eta}\right) \tag{8.14}$$

Budevski 等人曾用精心设计的实验证实了式(8.11)和式(8.14)所描述的晶核生成速度与超电势之间关系的正确性[17, 18].

在实际电沉积过程中，由于已形成的稳定晶核在晶面上不断长大，使晶面上可供形成新晶核的剩余表面不断减少. 同时，成长中的晶核不断地从附近溶液中"吸

取"反应粒子,导致出现浓度极化而使其附近的局部区域不可能再产生新的晶核. 假定各晶核的生长不相互重叠,并认为初始状态下单位电极表面上可用于形成晶核的活性点的密度 (N) 为定值 N_0,而活性点转化为稳定晶核的成核速度与未转化的活性点数密度 $N(t)$ 成正比,即

$$- \, \mathrm{d}N/\mathrm{d}t = AN(t) \tag{8.15}$$

式中,A 为成核速度常数. 由式(8.15)可求得 $N(t) = N_0\exp(-At)$,由此导出成核速度

$$- \, \mathrm{d}N/\mathrm{d}t = AN_0\exp(-At) \tag{8.16}$$

及晶核密度 $\qquad N_0 - N(t) = N_0[1 - \exp(-At)] \tag{8.17}$

式(8.17)表示,单位面积上的晶核密度与时间的关系可以出现两种极端情况:当 A 很大以致在 t 很小时已有 $At \gg 1$ 和 $N(t) = 0$,即在极化开始的瞬间所有活性点都转化为晶核,称为"瞬时成核";而当 A 很小以致 $At \ll 1$ 时,有 $N_0 - N(t) = N_0At$,表示晶核数密度与时间有线性关系,称为"连续成核".

在 Fleischmann 提出的单个二维晶核的生长模型中[19],假定晶核是厚度 h 为定值(单原子或分子厚)的圆盘(图8.9),其面积在 X,Y 平面上径向扩展. 在恒电

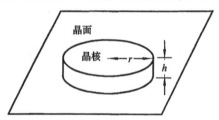

图 8.9　二维成核模型中的圆盘晶核

势条件下,吸附原子融入晶核的结晶步骤速度与晶核的周边长度成正比,因此相应于单个晶核成长的电流为

$$i = nFk \cdot 2\pi r \tag{8.18}$$

式中,圆形晶核的半径 r 是时间的函数.

从法拉第定律可知 $i = (nFd/M) \cdot 2\pi r \cdot \mathrm{d}r/\mathrm{d}t$,其中 d 和 M 分别为沉积物的密度和摩尔质量. 代入式(8.18)即可得到任意时刻的晶核半径 $r = Mkt/d$,而与单个晶核生长相应的电流为

$$i = 2\pi nFk^2Mt/d \tag{8.19}$$

以及单位电极面积上全部互不重叠的二维晶核的生长电流-时间关系为

$$I = 2\pi nFk^2MN_0t/d \qquad \text{(瞬时成核)} \tag{8.20a}$$

$$I = \pi nFk^2MAN_0t^2/d \qquad \text{(连续成核)} \tag{8.20b}$$

　　然而,在实际电沉积过程中,晶核的生成与长大总会引起重叠,故孤立晶核生长模型只适用于极化早期.随着时间的推移,相邻晶核必将长大、靠拢和交叠(图8.10),并伴随着晶核周边长度的不断减少.为了处理交叠问题曾提出多种理论,并得大致相近的结果.例如,Avrami 曾经导出:若单位面积上不受交叠影响而自由扩展的二维晶粒的顶部面积为 S_{ex}(图8.10b 中所有圆面积之和),而由于交叠影响实际晶粒总面积的和为 S(图8.10a 中实线包围的面积),则二者之间的关系为

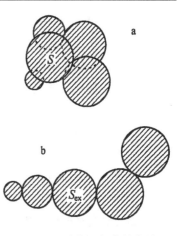

$$S = 1 - \exp(- S_{ex}) \qquad (8.21)$$

图8.10　晶核生长中的交叠

(a) 交叠生长的晶核及顶面积 S;

(b) 假定不交叠生长的晶核及其扩展的顶面积 S_{ex}.

根据式(8.20a)或(8.20b)求出瞬时成核或连续成核条件下的自由扩展面积 S_{ex},代入式(8.21)可求得实际晶粒总面积 S 和相应的晶核生长电流密度.

$$I = (2\pi nFk^2 MN_0 t/d)\exp(- \pi k^2 M^2 N_0 t^2/d^2) \qquad （瞬时成核）(8.22a)$$

$$I = (\pi nFk^2 MAN_0 t^2/d)\exp(- \pi k^2 M^2 AN_0 t^3/3d^2) \qquad （连续成核）(8.22b)$$

从式(8.22a,b)可以看出暂态电流有极值,与其相应的电流与时间在图8.11 中用 I_m 与 t_m 表示.该图描述了与瞬时成核和连续成核二维生长情况相应的无量纲电流时间响应曲线.上述二维晶核生长的处理方法很容易推广到其他几何形状晶核的生长,如 Armstrong 等曾导出圆锥形晶核三维生长的电流暂态表达式[20].

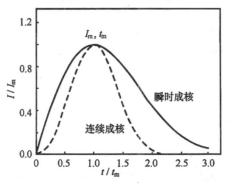

图8.11　圆盘晶核二维生长融入控制的

无量纲电流与时间的关系

Sharifker 等曾导出液相传质控制时半球晶核三维生长的电流表达式[21].它

们将晶核看作是半径为 r 的半球微电极. 当晶核的生长受溶液中的扩散步骤控制时,晶核的成长电流为 $i = 2\pi nFDcr$. 若认为指向半球晶核的三维扩散过程可以用指向半径为 r_d 的平面圆的一维扩散过程来模拟,即 $2\pi Dcr = \pi r_d^2 Dc/\sqrt{\pi Dt}$,就可用 Avrami 处理平面圆交叠的方法来处理三维晶核的交叠。由此导出如下的表达式.

$$I = (nFD^{½}c/\pi^{¼}t^{½})[1 - \exp(- N_0\pi kDt)] \qquad (瞬时成核) \quad (8.23a)$$
$$k \equiv (8\pi cM/d)^{½}$$
$$I = (nFD^{½}c/\pi^{½}t^{½})[1 - \exp(- AN_0\pi k'Dt^2/2)] \quad (连续成核) (8.23b)$$
$$k' \equiv (4/3)(8\pi cM/d)^{½}$$

式(8.23a,b)表示的暂态电流也有极值. 图 8.12 中曲线描述了当半球晶核的三维生长受扩散控制时无量纲电流响应曲线.

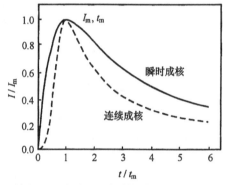

图 8.12　半球晶核扩散控制三维生长的
无量纲电流与时间的关系

　　然而,瞬时成核与连续成核仅仅是成核速度常数很大和很小时出现的两种极端情况,在实际体系中更多更普遍的应是介于二者之间的情况. 不预先设定这两种极端情况时导出的电流密度暂态方程式具有更普遍的意义,然而数学处理非常繁琐. 喻敬贤等人曾采用遗传算法演化优化出更合理精确的参数[45].

§8.6.3　实际晶面的生长过程

　　实际晶体中总是包含大量的位错. 如果晶面绕着位错线生长,特别是绕着螺旋位错线生长,生长线就永远不会消失(图 8.13). 在某些电沉积层的表面上,用低倍显微镜就可以观察到螺旋形的生长阶梯. 一些"金字塔"形的晶粒则可能是一对方向相反的螺旋位错所引起的.

　　如果电沉积过程在很低的极化下进行,则镀层往往由粗大的晶粒所组成. 由于在许多情况下希望得到由数目众多的晶粒所组成的电沉积层(一般说来,这种沉

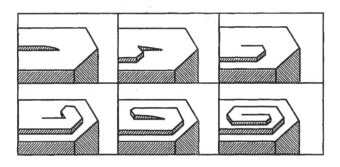

图 8.13 晶体沿位错生长形成的螺旋位错形貌

积层也是比较紧密细致的),就必须设法增大超电势. 然而,不能只靠增大电流密度来提高超电势. 若因电流密度过高而引起严重的金属离子的浓度极化,则往往得到树枝状或海绵状沉积物.

为了减小电沉积时获得的晶粒的尺寸,必须设法提高电极反应本身的不可逆程度,而不是破坏液相中的平衡. 在电镀工业中大量使用各种含有络合剂(特别是氰化物)或有机添加剂的溶液来获得性质优良的镀层,就是一类例子. 在电结晶过程中,有机表面活性物质在晶面上吸附能减小放电步骤的可逆性并使新晶粒的生成速度增大. 它们还可以吸附在原有晶面上,特别是生长点上,并因此减慢了原有晶面生长速度. 采用添加有机表面活性剂方法的缺点是往往导致电沉积层中有较多的有机夹杂物,影响所获得金属镀层的纯度,有时还会引起镀层脆性增大和与基本金属结合不良.

有关电结晶的理论和实践进一步可参阅文献[19,22,23].

§8.7 有关电极表面上金属沉积速度分布的若干问题

§8.7.1 金属沉积速度的宏观分布

当阴、阳极平行放置时,如不存在边缘效应,在电极表面上电流分布是均匀的,因而金属的沉积速度和沉积层的厚度也完全均匀. 但若阴极的几何形状比较复杂或阴、阳极平面并非平行对峙,则阴极上各处的电流密度及金属沉积速度与镀层厚度可能有较大的差别. 在电镀实践中镀件的形状可能是各种各样的,而又希望各处镀层厚度相差不大;因此,除了适当安排阴、阳极的位置外,往往要求镀液体系具备能使几何形状复杂的镀件上各处金属镀层分布比较均匀的能力,称为镀液的"分散能力"好(在与阳极距离不同的阴极表面上沉积比较均匀)或"深镀能力"好(在深孔内沉积比较均匀).

可以用一个简单的模型来推导究竟哪些是影响镀液分散能力和深镀能力的主

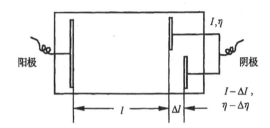

图 8.14　电极间距离对电流密度分布的影响

要因素. 在图 8.14 中与阳极平行的阴极由两部分组成,距离阳极的距离分别为 l 及 $l + \Delta l$. 假设阳极上的电流密度均匀,即各处的 η_a 相同,并假定不存在边缘效应和阴极极化的变化,则两部分阴极上的电流密度(I 和 $I - \Delta I$)应与它们和阳极之间的距离成反比,即

$$\frac{I - \Delta I}{I} = \frac{l}{l + \Delta l} = 1 - \frac{\Delta l}{l + \Delta l} \approx 1 - \frac{\Delta l}{l} \qquad (8.24)$$

式(8.24)表示在距阳极较远的电极上电极密度较小. 此式称为电流的"一次分布式". 在实际体系中,则由于存在阴极超电势,两部分阴极上的电流密度和超电势(η 和 $\eta - \Delta \eta$)应满足下式:

$$Il\rho_l + \eta = (I - \Delta I)(l + \Delta l)\rho_l + \eta - \Delta \eta$$

式中,ρ_l 为溶液的比电阻. 整理后得到

$$\frac{I - \Delta I}{I} = 1 - \Delta l \left[l + \frac{1}{\rho_l}\left(\frac{\partial \eta}{\partial I}\right) \right]^{-1} \qquad (8.25)$$

式中,$\frac{\partial \eta}{\partial I}$ 为 $I = I$ 时极化曲线的斜率. 式(8.25) 称为电流的"二次分布式".

　　比较式(8.24)和(8.25)可以看出,由于存在阴极极化,电流的二次分布总是要比一次分布更均匀. 如果 $\frac{1}{\rho_l}\left(\frac{\partial \eta}{\partial I}\right)$ 一项显著大于 l,则电流分布基本均匀. 上述模型虽然简单,然而,由此导出的基本结论对于其他更复杂的情况仍然定性地适用,即电流密度分布的不均匀程度主要决定于 $\frac{1}{\rho_l}\left(\frac{\partial \eta}{\partial I}\right)$. 在生产实践中,常采用增大极化曲线斜率和提高溶液电导等手段来使电流分布的不均匀程度尽量减小. 有时还可以采用较大的电镀槽以增大 l,或是采用形状与镀件相对应的阳极来减小 Δl.

　　决定电镀体系深镀能力的主要因素同样是溶液的比电阻与极化曲线的斜率. 可用以下 §9.3 中推导出的多孔电极的特征厚度公式[式(9.9)]来估计反应电流深入细孔内部的可能性.

　　阴极上金属(M)的沉积速度和镀层厚度与电流密度和阴极电流效率的乘积成

正比. 在一般情况下,阴极效率随电流密度增大而降低,因此金属分布比电流分布更均匀. 然而,在某些镀液中也观察到阴极效率随电流密度增大,这就使金属分布比电流的二次分布(甚至比一次分布)更不均匀.

§8.7.2　整平剂与光亮剂的作用机理

当金属在电极上析出时,除了上述宏观电流分布外,还可能出现各种形式的微观分布. 几乎所有实际的"平面"电极表面均不是理想平面而是"粗糙"的,即存在各种各样的突出部分和凹陷部分. 当金属在基体上沉积时,可能重复原有基体表面的粗糙形貌,也可能使粗糙程度增大或减小. 当溶液中含有某些微量组分时,沉积层能优先填补凹陷部分而生成较平整的表面,有时还会形成反光能力良好的平滑表面. 这些活性组分称为"整平剂"或"光亮剂",在电镀工艺中有着广泛的应用.

由于在"平面"电极上局部微米级的凸出或凹陷的尺寸与电极间距离相比微不足道,不能采用前述改善分散能力的办法来影响微观电流分布. 何况提高分散能力最多能使镀层均匀分布,而不是平整效应所要求的金属在凹陷部分沉积较快.

为了能产生整平效应,加入的整平剂应该满足三个条件:(1)能阻化金属的电析出过程;(2)能在阴极上消耗,即属于"阴极消耗性添加剂",所谓"消耗"系指能在阴极上反应而失去活性或者夹杂在镀层中;(3)其消耗速度受电极表面附近液层中扩散传质速度限制,应满足的条件是活性物质扩散达到电极表面的速度应能阻化突出部分的生长,而剩余部分已不足以深入凹处阻化凹陷部分的生长. 因此,若这类平整剂加入过多或过少,均能使平整效应减弱.

图 8.15 中画出了当极化电势为恒定值时用旋转圆盘电极在加有香豆素的 $NiSO_4$-H_3BO_3 镀镍溶液中测得的电流密度和转速之间的关系. 与一般由扩散控制的电极过程相反,这种体系中电流密度随电极旋转速度增大而减小,表示电极反应速度是由阻化剂扩散达到电极表面的速度所控制的. 还曾测出香豆素的消耗速度与按式(3.30a)计算得到的数值一致. 在酸性光亮镀铜液中也得到了类似的结果. 当采用

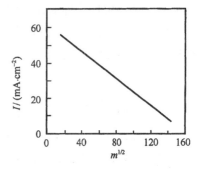

图 8.15

在含有香豆素($0.15\mathrm{g}\cdot\mathrm{L}^{-1}$)的硫酸镍-硼酸镀镍液中测得的圆盘电极转速(m)对电流密度的影响.

二巯基噻唑啉作为整平剂时,曾发现存在一个"最佳浓度",相应于图 8.16 中显示的转速-电流关系具有最大斜率的浓度. 还可以用显微镜观察凹坑处镀层的剖面,采用逐步分层沉积技术直接观察整平作用的进程[24].

采用能催化副反应(如氢析出)的消耗性添加剂也能引起平整效应. 这些添加

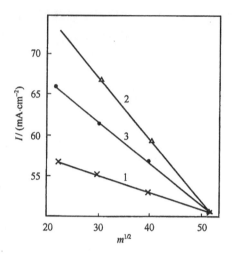

图 8.16　电流密度-转速关系

二巯基噻唑啉浓度单位为 $mol \cdot L^{-1}$:1. 0.001;

2. 0.005; 3. 0.01.

剂在电极上消耗的速度受扩散传质速度限制,因此主要在突出部分催化副反应的进行,使金属析出过程的电流效率降低. 例如,在碱性锌酸盐镀锌液中加入 WO_4^{2-},MoO_4^{2-} 和在镀镉液中加入 Ni^{2+} 均能改善镀层的光泽,均可能与这些组分还原后夹杂在镀层表面能使氢析出超电势降低有关.

　　除了平整效应外,光亮剂的作用机理还与它们对镀层中晶面排列方式的影响有关[25~27]. 不过,对这一方面目前还缺乏深入的研究. 有关沉积层的微观分布进一步可参阅文献[28,29].

§8.7.3　突出生长

　　当金属在阴极上析出时,有时会形成一些自电极表面向液相中迅速延伸的沉积物,如枝晶和晶须等,统称为"突出生长". 利用这种现象可以电解制备金属纤维或粉末,但在化学电池中却常由于枝晶生长而引起电极间短路. 因此,认识这类沉积物的生成规律有一定的实际意义.

　　在电极表面的突出部位上,扩散层厚度小于表面上扩散层的平均厚度 δ. 因此,在金属离子析出速度受扩散控制的条件下,突出部位上的电流密度较大,导致突出点相对于沉淀物平面的平均高度迅速增长. 在文献[30]中曾导出突出点高度 $Y(x, t)$ 与时间有如下的关系:

$$Y(x, t) = Y^0 \exp(t/\tau)$$

其中
$$\tau = \frac{nF}{V} \left[\frac{I_d^*}{i^0 \exp\left(\frac{\alpha nF}{RT}\eta\right)} + \delta \right]^2 \bigg/ I_d^* \left[1 - \exp\left(-\frac{nF}{RT}\eta\right) \right] \tag{8.26}$$

式中：Y^0 为突出点的初始高度；V 为沉积物的摩尔体积；$I_d^* = nFDc_{M^{n+}}^0$（为 $\delta = 1$ 时的极限扩散电流密度）；τ 称为突出生长过程的"诱导时间"．当 $t < \tau$ 时 $Y(x,t) \approx Y^0$，即突出物的高度变化不大；而当 $t > \tau$ 时，突出高度随时间指数性地增大，很快形成显著的突出物．τ 越小，出现突出生长的可能性越大．

因此，如果 $I_d^* \ll i^0 \exp\left(\frac{\alpha nF}{RT}\eta\right)$，则可将式(8.26)分子中括号内第一项略去，在 η 很大时可以得到 $\tau \propto \delta^2/c_0^0$．表明金属离子浓度越大，越接近完全浓度极化，则 τ 越小而出现突出生长的可能性也越大．增大电流密度提高浓度极化和加强对流减小扩散层厚度，是促使出现突出生长的基本条件．

反之，如果 i^0 很小则 τ 可能具有较大的数值，表示电化学极化控制的金属析出过程不易出现突出生长．这里我们再一次看到了增大电化学反应的不可逆性对改善镀层性质的重要性．

虽然上述模型没有考虑突出点的生长可能因三维扩散传质效应而增强，上述分析仍然较好地解释了经验规律，即在金属离子浓度很高和交换电流密度很大的体系中，当采用较大电流密度极化时最容易出现突出生长．例如，在锌酸盐溶解度很高的碱性电池中，当用较大电流密度充电时特别容易出现枝晶短路，以及在同类的电解液中可以制备疏松的电解锌粉．

§8.8　金属的欠电势沉积

当金属原子在异种金属电极表面上还原时，有时可以观察到当电极电势还显著地正于沉积金属的标准平衡电势时金属离子就能在基底上还原，生成单原子厚度的沉积层．这种现象称为金属离子的"欠电势沉积"（underpotential deposition，简称 UPD）．

例如，酸性溶液中 Pb/Pb^{2+} 的 $\varphi_平^0 = -0.126\,V$（相对 SHE）；然而在电势扫描曲线上可以看到（图 8.17），大约从 $+0.4V$ 起 Pb^{2+} 即开始在金电极表面上可逆地沉积，并在 $0.05V$ 附近出现的峰值电流．在金单晶的不同晶面上的测量结果表明，单原子铅沉积层的覆盖度 $\theta_{Pb} = 0.22 \sim 0.6$（按 Pb^{2+} 二电子还原计算）[31]．Tl^+ 在银晶面上欠电势沉积时涉及的电量也大致相仿[32]．氢原子在贵金属表面上的电化学吸附（参见§2.5）实质上也就是氢原子的欠电势沉积．

析出欠电势的定义为

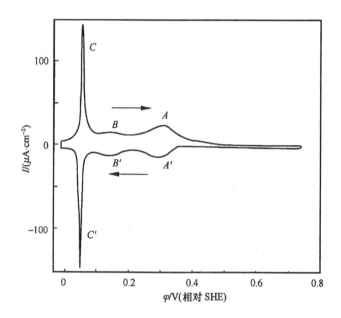

图 8.17　$1\text{mol} \cdot \text{L}^{-1}\,\text{Pb}(\text{NO}_3)_2 + 1\text{mol} \cdot \text{L}^{-1}\,\text{HClO}_4$ 中金
电极上铅的欠电势沉积

$$\Delta\varphi_{\text{UPD}}(\theta) = \varphi(\theta) - \varphi_{\Psi}^0 \tag{8.27}$$

式中: φ_{Ψ}^0 为沉积金属离子的标准平衡电势; $\varphi(\theta)$ 为相应于欠电势沉积层覆盖度
为 θ 时的电势. 根据热力学原理,出现欠电势沉积原因只可能是沉积原子与基底
原子之间有着比沉积原子之间更强的相互作用,也就是在异种金属基底表面上单
层沉积原子的化学势比在同种金属表面上更低,即

$$\mu_{\text{M}} - \mu_{\text{吸}}(\theta) = ze_{\text{o}}[\varphi(\theta) - \varphi_{\Psi}^0] = ze_{\text{o}}\Delta\varphi_{\text{UPD}}(\theta)$$

式中, μ_{M} 表示同种金属表面上沉积原子的化学势,而 $\mu_{\text{吸}}(\theta)$ 表示同一原子在异种
金属表面上的化学势.

Kolb 等人发现,相当于一定 θ 值的 $\Delta\varphi_{\text{UPD}}$ 与两种金属的电子脱出功差值之间
大致有线性关系[33]. 图 8.18 中收集的实验数据大致可用以下的关系式归纳:

$$\Delta\varphi_{\text{UPD}(\theta=0.2)} = 0.5(W_{\text{e}^-,\text{基底}} - W_{\text{e}^-,\text{M}}) = 0.5\Delta W_{\text{e}^-} \tag{8.28}$$

这一关系表示,出现欠电势沉积($\Delta\varphi_{\text{UPD}} > 0$)的前提是 $W_{\text{e}^-,\text{基底}} > W_{\text{e}^-,\text{M}}$,因此主
要是较活泼金属在较不活泼金属基底上发生欠电势沉积. 由于两种金属之间的脱
出功差别,电子应部分由沉积原子向基底金属原子转移,即二者之间的键应有一定
的离子键性质,而沉积原子仍保持部分正电荷,称为"吸附价".

实验结果还表明,随电极电势负移和覆盖度增加,欠电势沉积层的结构将发生
某些变化. 在较正电势区,覆盖度很小的沉积原子是随机分布的,而且部分放电离

子所占比例也较大;而在较负低电势区,吸附原子的覆盖度增加,并部分地转化为
二维有序分布.

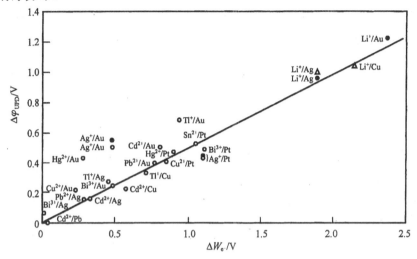

图 8.18　电子脱出功差值对 $\Delta\varphi_{UPD}$ 的影响

图中:○代表水溶液; ●代表乙腈; △代表丙烯碳酸.

已经研究了 Li^+, Tl^+, Cu^{2+}, Pb^{2+}, Cd^{2+}, Hg^{2+}, Bi^{3+}, Sb^{3+}, As^{3+} 等在 Pt, Pd, Au, Ag 等表面上和 Ag^+ 在 Pt, Pd, Au 等表面上的欠电势沉积现象,包括 $\Delta\varphi_{UPD}$ 和 θ 随电势和沉积离子浓度的变化等. 在非水溶液中还可以研究碱金属离子的欠电势沉积. 这些结果已在文献[34,35]中被系统地整理出来.

研究欠电势沉积,一方面有助于提高对金属/溶液界面的认识,另一方面也有一定的实际意义. 由于单原子厚度的异种金属能显著改变界面附近的电势分布和影响溶剂分子的取向,并改变基底金属表面的吸附行为和反应能力,在电催化和金属与合金电沉积研究中颇受重视.

事实上,我们经常有意或无意地涉及欠电势沉积现象. 例如,长期以来一直在镀铂溶液中加入少量 Pb^{2+} 来增进铂黑的活性,其机理很可能是 Pb 的欠电势沉积能加快晶核的形成速度.

§8.9　金属的阳极溶解与钝化现象

金属电极的阳极过程要比其阴级过程更复杂一些,大体包括以下两类情况:

1. "正常的"阳极溶解过程,在这一阶段中直接生成溶液中的金属离子;

2. 阳极反应中生成不溶性的反应产物并常出现与此有关的钝化现象.

§8.9.1　正常的金属阳极溶解

对于"正常的"金属阳极溶解过程,可采用经典的极化曲线方法或暂态方法在 $\eta_a > \dfrac{100}{n}$ mV 的电势区内测出不受浓度极化现象干扰的阳极极化曲线,然后根据半对数极化曲线外推得到平衡电极电势附近 i_a 随电极电势的变化情况. 这种方法的缺点是当 η_a 较大时往往不易避免浓度极化和钝化现象的干扰,且利用外推法就等于假定在所研究的全部电势范围内阳极反应的历程没有变化,与实际情况不一定相符.

还可以在不同电势下直接测量阳极极化电流密度. 例如,若在一系列组分浓度不同的体系中用交流阻抗法测定不同电势下的 i^0 值($= i_a$, i_c),并较正组分浓度的影响后,就可以利用不同电势下的 i_a 值来绘制极化曲线. 此外,可以采用示踪原子来直接测量单方向的反应速度.

应用这些方法在平衡电极电势附近测出的阳极极化曲线($\varphi - i_a$)在半对数坐标上大都很接近一根直线. 根据直线的斜率可以求出阳极反应传递系数(β)的数值. 大量的实验结果还表明,如此求得的 βn 值与 αn 值相加后往往与反应电子数(n)很接近(见表8.3),表示在所涉及的电势范围内电极反应机理没有变化.

表 8.3

电 极 体 系	按式(4.7a)和(4.7b)计算得到的表观传递系数值	
	αn	βn
Ag^+/Ag	0.5	0.5
$Tl^+/Tl(Hg)$	0.4	0.6
Hg^{2+}/Hg	0.6	1.4
Cu^{2+}/Cu	0.49	1.47
$Cu^{2+}/Cu(Hg)$	0.4	1.6
Cd^{2+}/Cd	0.9	1.1
$Cd^{2+}/Cd(Hg)$	0.4~0.6	1.4~1.6
Zn^{2+}/Zn	0.47	1.47
$Zn^{2+}/Zn(Hg)$	0.52	1.40
$In^{3+}/In(Hg)$	0.9	2.2
$Bi^{3+}/Bi(Hg)$	1.18	1.76

由表中的数据可见,在大多数多电子反应的半对数极化曲线上,阳极支的斜率往往显著的小于阴极支的斜率. 在前面(§8.3)我们曾讨论过,多价金属离子的阴极还原历程中包括若干个单电子步骤,其中最慢的往往是"第一个电子"的转移

$[M^{z+} + e^- \longrightarrow M^{(z-1)+}]$;因此,阳极溶解反应的控制步骤很可能是"最后一个电子"的转移$[M^{(z-1)+} \longrightarrow M^{z+} + e^-]$,并引起阳极反应的表观传递系数显著大于阴极反应(参见§5.1). 据此,阳极极化增大时中间价粒子的浓度应显著增大. 目前已有若干实验事实支持这一推论. 例如,当铟汞齐和铋汞齐阳极溶解时可用第三电极检测出溶液中的 In^+ 和 Bi^+[36]. 若中间价粒子累积达到较高浓度,还可能引发某些其他反应. 例如,Cu^+ 可能通过歧化反应 $2Cu^+ \longrightarrow Cu^{2+} + Cu$ 引起铜的再沉积. 又如某些活性较高的中间粒子可能被溶液中的活性组分氧化[例如 $M^{(z-1)+} + H^+ \longrightarrow \frac{1}{2} H_2 \uparrow + M^{z+}$],并使金属阳极溶解过程的表观电流效率超过100%,即出现"负差效应"(参见§8.10). 在一定条件下,还可能生成稳定的中间价化合物,包括沉淀和络离子等(例如 InI).

在平衡电极电势附近测得的极化曲线上还可以发现,溶液的组成,如溶液中含有的阴离子、络合剂和表面活性物质等均对阳极反应速度有影响. 在前面我们已经看到,这些因素对体系的 i^0 有显著影响;因此,它们对平衡电势附近的阴、阳极过程均有一定影响是意料中事. 但是,阴离子的种类及浓度对阳极极化曲线的影响往往比对阴级极化曲线更大. 在 §8.3 中曾经讨论过卤素离子对金属离子还原过程的影响机理,认为在大多数情况下可以用所谓"局部 ψ_1 效应"或"离子桥"的理论来解释阴离子对阴极过程的活化作用. 然而,当改变溶液中的阴离子浓度时,不少金属的阳极溶解速度服从下列公式:

$$i_a = kc_A^r \cdot \exp\left(\frac{\beta F}{RT}\eta_a\right) \tag{8.29}$$

式中:A^- 为 Cl^-,Br^-,I^-,OH^- 等;r 常为 $1 \sim 3$ 之间的整数[37](图 8.19). SO_4^{2-} 对 Fe[38],Ni[39] 的溶解也有类似的活化作用. 这种关系表明,在金属的阳极溶解过程中阴离子的作用很可能已不限于通过改变双电层结构来影响电极反应速度,而是以一定的反应级数(可能是形成表面络合物)直接参加电极反应了.

然而,并不是所有的阴离子都能加速阳极溶解过程. Колотыркин 等人曾将阴离子对阳极溶解过程的影响分为两类:若阴离子能与金属表面原子生成与晶格结合较弱和水化程度较高的表面络合物,则有利于金属溶解;但若阴离子在金属电极表面上吸附过强而形成水化程度很低的、不易溶的表面络合物,则反而阻碍了溶解过程.

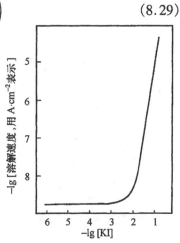

图 8.19　KI 浓度对 $0.5 mol \cdot L^{-1}$
H_2SO_4 中 Cd 电极阳极溶解
速度的影响

因此,常遇到这类情况,某些阴离子在阳极极化不大时对金属溶解过程有活化作用,而当电势变正后由于吸附增强反而能促进钝态的出现. 还有,由于表面位置有限,当溶液中同时存在几种阴离子时出现的活化效应是各种阴离子竞争吸附的结果,而不是各种离子活化效应的加和. 例如,当阳极极化不大时 OH⁻ 对许多金属的阳极溶解有一定的活化效应,但若加在氯化物溶液中,则可能妨碍活化效应更强的 Cl⁻ 的吸附,反而表现为阻化效应.

有一定的实验结果表明,不应忽视表面层中水分子对正常的金属阳极溶解过程的活化作用. 水分子可能参与组成表面活化络合物,因此在高浓溶液(其中 a_{H_2O} 显著降低)中往往可以观察到阳极反应速度降低. 曾经测出[40],当锌在 KF-KOH 混合溶液中溶解时,若保持总离子强度不变,则锌的溶解速度随 c_{KOH} 增大而加快,表示 OH⁻ 具有一定的活化效应;但若保持 c_{KOH} 不变,则增大总离子强度反而使阳极溶解速度减慢. 若不考虑 F⁻ 的特性吸附,后一现象只可能是 a_{H_2O} 降低所引起的. 由此可以解释,为什么在单纯 KOH 溶液中当增大 c_{KOH} 时锌的溶解速度首先增大,在 $c_{KOH} \approx 7 \sim 8\,mol \cdot L^{-1}$ 左右达到最大值,然后又趋减小. 在强酸及强碱溶液中,不少金属的溶解速度也在某一较高的浓度附近具有最大值. 因此,上述关于水分子参加组成活化络合物的反应历程可能有一定的普遍适用性.

关于络合剂和表面活性物质对金属溶解过程影响的系统研究还不多见. 一般说来,那些能使金属离子还原时极化增大的络合剂及表面活性物质也能使金属阳极溶解时的极化增大,并使表面溶解比较均匀,但也可能因此导致较易出现钝化现象. 若溶液中存在络合剂,金属阳极在平衡电势附近溶解时显然首先生成配位数较低的络离子.

实际晶体的溶解过程往往是首先在晶面上的缺陷处发生的. 这些位置上的金属原子与晶格结合较弱而与溶液中的溶剂分子及阴离子等有较强的相互作用. 不同晶面的阳极溶解速度也有差别,一般规律是低指数晶面上原子间结合较强,因而溶解较慢. 在溶解后剩下的表面上低指数表面往往占优势.

金属中的少量杂质对金属的阳极溶解也往往产生很大的影响. 如电镀镍中使用含硫0.02%镍阳极时阳极极化比采用电解镍阳极时降低了 400 多毫伏,而酸性镀铜中使用含磷 0.05% 的铜阳极比纯铜阳极极化增大了许多. 在金属腐蚀过程中,也观察到大量有关微量组份对金属自溶解速度有重大影响的事例.

§8.9.2　金属的表面钝化

若将铁片置于很稀的 HNO_3 中,可见铁片溶解并有氢析出,其反应速度随酸的浓度加大而增长. 然而,在浓 HNO_3 中铁反而是稳定的. 其他金属亦有类似的表现. 金属在具有一定强度的氧化性介质中变得不溶的现象称为金属的钝化. 在以上的例子中,引起金属钝化的原因是化学氧化剂的作用,因此观察到的现象称为"化学钝化".

还可以通过电化学极化来实现金属表面的钝化. 当金属按"正常的"阳极反应机理溶解时,若电极电势愈正(阳极极化愈大),则金属的溶解速度也愈大. 但是,在许多情况下可以观察到正好与此相反的情况:当阳极极化超过一定数值后,金属的溶解电流不但不随极化增大,反而剧烈减小. 这一现象称为"电化学钝化".

为了研究金属钝化现象,最方便的实验方法是采用控制电势的极化方式测量阳极极化曲线,在每一电势下停留较长的时间,使电流达到基本稳定的极化数值,或是用很低的电势扫描速度(不大于 $0.1\sim1\mathrm{mV\cdot s^{-1}}$)测定伏安曲线. 图 8.20 中所示是 Cr 在 $0.5\mathrm{mol\cdot L^{-1}}$ H_2SO_4 中测得的典型的表征金属钝化过程的阳极极化曲线. 在这类极化曲线上一般可以观察到四个不同的区域:在曲线的 AB 段金属正常地溶解;在 BC 段发生了钝化过程,这时金属的溶解速度随着电极电势的变正而很快减小;在 CD 段电极处于比较稳定的钝化状态, 这时往往可以观察到很小的、几乎与电极电势无关的电流(Cr 电极上最大正常溶解电流要比钝态电流大 10^6 倍);在 DE 段则电流再度随电极电势的变正而增大. 引起电流再度增大的原因可以是金属溶解速度重新增大——"超钝化现象"(在 Cr 电极上相应于生成 CrO_4^{2+}),也可以是其他的电极过程引起的(如氧析出等). 在某些体系中不存在 DE 段,而 CD 段的宽度可以延伸到几十伏以上. 由于极化曲线的形式比较复杂,在曲线上存在上升阶段与下降阶段,故同样的电流密度可以在不同的极化电势下出现. 因此,只有采用控制电势的方法才能测得与电势变化方向基本无关的比较完整的极化曲线. 在图 8.20 中可以明显地看到极化曲线上阳极电流有一最大值. 相应于最大金属正常溶解电流处的电势常称为"临界钝化电势"($\varphi_{钝化}$),而相应的最大电流密度值则称为"临界钝化电流密度"($I_{钝化}$).

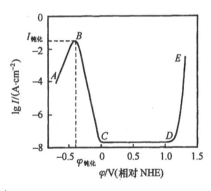

图 8.20　Cr 在 $0.5\mathrm{mol\cdot L^{-1}}$ H_2SO_4 中的阳极极化曲线

图 8.21 中显示的是"化学钝化"与"电化学钝化"实验结果的比较. 图中实线是 Ni 在 $0.5\ \mathrm{mol\cdot L^{-1}}$ H_2SO_4 中的稳态阳极极化曲线;而各实验点表示加入不同浓度的各种氧化剂后 Ni 片的稳定电势与溶解速度(用阳极电流密度表示). 各实验点与阳极极化曲线完全吻合,表示各种氧化剂都是按电化学机理影响金属的溶解速度,即由金属和氧化剂的电化学极化性质决定体系中金属的稳定电势,而由稳定

电势值决定金属的溶解速度(阳极电流密度). 上述实验结果表明各种氧化剂是根据其电化学性质(平衡电势和极化行为),而不是其化学组成,来影响金属的溶解过程. 因此,可以推知在一般情况下各种氧化剂("钝化剂")并不参与组成钝态金属表面的化学过程. 这就证明了"化学钝化"与"电化学钝化"在本质上并无差别,只是采用了不同措施来实现金属电极电势的极化.

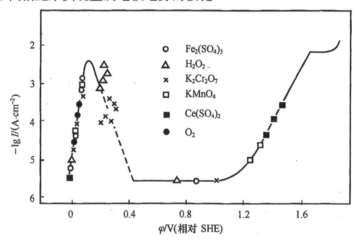

图 8.21　采用不同浓度的各种氧化剂使 Ni 片钝化与电化学
钝化实验结果的比较

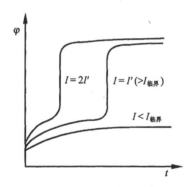

图 8.22　用恒电流极化时测得
的"时间-电势"曲线

也可以采用通过恒定电流密度的极化方法来研究金属钝化现象. 实验表明:如果恒电流极化时所用的阳极电流密度 $I < I_{钝化}$,则金属可以长时间地溶解而不发生钝化. 然而,即使 $I > I_{钝化}$,也只有在电流通过一定时间($t_{钝化}$)后才会出现钝态. 或者说,为了建立钝态需要通过一定的电量($Q_{钝化} = It_{钝化}$). I 愈小,则建立钝态所需要的时间愈长,$Q_{钝化}$ 也愈大(图 8.22). 在文献中曾经提出过各种经验公式来表示这些参数之间的关系. 例如,当 Fe 在 $0.2\,\mathrm{mol\cdot L^{-1}}\ H_2SO_4$ 溶液中阳极极化时曾观察到$(I - I_{钝化})t_{钝化} = $ 常数;某些其他体系的阳极行为则服从 $It_{钝化}^{1/2} = $ 常数,或$(I - I_{钝化})t_{钝化}^{1/2} = $ 常数.

如果进行阳极极化的同时搅拌溶液,则在极化电流密度不变时 $t_{钝化}$ 一般随搅拌强度增大而加长. 如果极化电流密度不大,则加强搅拌后甚至可以完全防止钝化现象出现. 然而,如果 $t_{钝化}$ 很短($I \gg I_{钝化}$),则搅拌溶液的效果不明显.

显然,实验观察到的 $Q_{钝化}$ 值并非全部用来建立引起金属钝化的表面结构,而是其中一部分用于生成可溶性产物,可能还有一部分用于生成并不引起金属钝化的固态产物. 具体的电量分配则决定于体系的性质与所采用的实验条件。

研究钝化现象有很大的实际意义. 在一些情况下,可以利用这一现象来减低金属的自溶解或阳极溶解速度;在另一些情况下,又希望避免钝化现象的出现. 例如,除了少数贵金属外,大多数金属在具有强氧化性的酸中本来是极不稳定的,但实际上可用铁罐装运浓硫酸和浓硝酸. 还有,由于含有一定比例镍、铬等合金元素的"不锈钢"在许多强腐蚀性介质中极易钝化,就可以利用这类合金钢代替贵金属来制造经常与强氧化性介质相接触的化工设备. 在碱性溶液中常将铁、镍等金属用作"不溶性阳极",也是利用了这些金属在碱性介质中易于钝化的特性. 然而,在化学电源中钝化现象常常带来有害的后果,使最大输出电流密度以及活性物质的利用率降低. 钝化现象对电镀槽中的溶解性阳极也有类似的不良效应. 若希望化学电源在较低温度下工作,则钝化现象所带来的危害性往往更大. 但是,有时也可以利用钝化现象来改善化学电源的某些指标. 例如,可将铁粉制成"半钝化"状态,使铁电极在强碱中的自溶解速度有所降低,但又不过分严重地影响电极的放电特性. 如能有控制地使二次电池在放电过程中的某一适当阶段出现钝化现象,还可以避免由于过分深度放电而引起的电极结构破坏.

由于钝化现象出现的广泛性,它在很早就一再被注意到. 基于原子能、航天、化学等工业对金属材料不断提出了新的要求,并由于化学电源和金属防护等科学的进展,有关钝化现象的研究得到很大的重视. 而测量技术的进步,特别是电化学技术、示踪原子、椭圆偏振法、电子显微镜和各种表面分析仪器的广泛应用,也使我们有可能较深入地研究金属的钝化过程. 这些研究工作主要集中在两方面:一方面是研究各种材料在不同介质中的阳极行为,另一方面是探讨钝化过程的机理.

有关各种材料的钝化行为在文献中已有系统的记载(例如文献[41,42]). 这类资料无疑有很大的应用价值. 例如最常用的镍铬不锈钢主要包括三种相:固溶相、晶界碳化物($Cr_{33}C_6$或 Cr_7C_3)和金属晶粒表面附近的贫碳层. 这三种相的阳极行为见图 8.23. 从图中可见在活性溶解区和钝化区贫碳层溶解较快,而在超钝化区则碳化物很快溶解,并引起严重的晶间腐蚀现象.

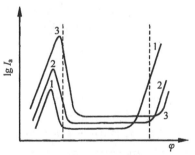

图 8.23　NiCr 不锈钢中各种组分的阳极极化曲线

1. Cr 的碳化物; 2. 固溶相本体;
3. 贫碳区.

在钝化现象的研究过程中,对金属钝化的机理有过不少争论. 基本存在两种不同的看法. 大多数人认为:金属表面上出现钝化现象是由于金属溶解时在表面上生成紧密的、覆盖性良好的固态产物独立相(成相膜),把金属表面和溶液机械地隔离开来,使金属的溶解速度大大降低. 这种看法常被称为钝化现象的"成相膜理论".

另一部分人则认为:成相的反应产物膜并非出现钝化现象的必要条件. 在某些条件下,只要在电极上生成不足单层的吸附粒子,就可以导致钝态的出现. 这种看法常被称为钝化现象的"吸附理论".

应该承认:某些粒子(例如体积较大、水化程度较低的含氧阴离子 SO_4^{2-}, PO_4^{3-} 等)在金属电极表面上吸附后,确能减低交换电流密度与阻化金属的溶解过程. 若通过足够大的阳极极化电流,可以在通过的电量少于形成反应物单层所需电量时出现电势大幅正移(图8.22). 在这类的特例中,当电势开始大幅正移时,金属表面上可能确实不存在成相的反应物膜.

然而,也必须看到,在几乎所有稳定地钝化了的金属表面上,特别是那些有实用价值的稳定地处于钝态的金属表面上,成相膜的存在是普遍的客观事实. 采用各种实验方法测量的结果都支持这一结论. 可以将钝化了的金属表面用很小的阴极电流进行活化,并根据阴极电量计算电极表面上固态反应物的数量及平均覆盖厚度. 在某些钝化了的金属表面上,还可以直接观察到成相膜的存在,并可以测定其厚度及组成. 早期就曾用偏光方法证明在钝化了的金属表面上存在大量小晶体. 后来更广泛地利用椭圆偏光法在许多钝化了的金属电极上测量了钝化膜的厚度. 若采用适当的溶剂(例如 $I_2 + 10\%$ KI),还可以单独溶去基体金属铁而分离钝化膜,以便进一步测定其厚度及组成. 利用 Auger 电子能谱和电子衍射法则可以直接分析钝化膜的组成. 根据分析结果,我们得知大多数钝化膜系由金属氧化物组成. 除了氧化物外,铬酸盐、磷酸盐、硅酸盐及难溶的硫酸盐和氯化物等都可以在一定条件下组成钝化膜.

基于以上的讨论,在本节中我们主要分析在电极表面上生成的固态反应物膜对金属溶解过程的阻化作用及由此导致的金属钝化现象.

在电极表面上生成固态反应物膜的前提是在电极反应中能生成固态反应产物. 若溶液中不含有络合剂、沉淀剂等组份,电极反应的性质大都主要决定于溶液的 pH 值及电极电势. 大多数金属在强酸性溶液中生成溶解度很大的金属离子;部分金属在强碱性溶液中也可以生成具有一定溶解度的酸根离子(如 ZnO_2^{2-}, PbO_2^{2-} 等);然而,在近中性溶液中阳极反应产物——大多数是氢氧化物——的溶解度一般很小,因而实际上可以认为是不溶解的. 这些数据已被整理成所谓"pH-电势图",或称为电化学相图[42]. 根据这类相图可以判定各种反应产物的生成条件.

然而,由于这些相图都是根据平衡体系的热力学性质制成的,只能用它们来估计平衡条件下生成固相产物的可能性. 实际金属的钝化过程则可能要更复杂一些. 例如,大多数金属在酸性溶液中按照热力学计算似乎不可能生成固相产物,然而却仍然可能出现金属的钝化. 这时在金属表面上生成的固相膜显然是非平衡条件下形成的介稳反应产物.

另一方面,生成固相反应产物也并不构成出现钝态的充分条件,即并非任何固态产物都能导致钝态的出现. 金属溶解时可以首先生成液相中的离子,然后再与溶液中某一组分相互作用而生成固态产物. 这类由于"液相反应"而生成的沉淀往往是疏松的,有时就根本不附着在电极表面上. 疏松的固相沉积物不能直接导致金属钝化,而只能障碍金属的正常溶解过程,即减小反应表面和增大局部反应表面上的阳极电流密度和极化,但可能因此促进钝化现象的出现. 例如铅蓄电池放电时硫酸铅主要是通过液相反应生成的,因而只在生成了厚达约一个微米的盐层时才可能诱发电极的钝化. 在 Cd,Zn 等电极表面上生成的氧化物或氢氧化物层也往往是疏松的,层中的溶液相仍具有良好的离子导电性.

由此可见,只有那些直接在金属表面上生成的、致密的金属氧化合物(或其他盐)层才有可能导致出现钝态,而处于钝态的金属表面的行为则决定于氧化物层的性质(电子和离子导电性、溶解速度等). 有一类金属如 Al,Ta,Nb,Zr 等表面上生成的氧化物是致密的,具有无定型结构和高电阻,因此稳定钝态的电势范围可延伸到几十伏(甚至几百伏),而钝态溶解电流几乎为零. 这些金属常被称为具有整流性质(即只能通过阴极电流)的"阀金属". 在大多数其他金属表面上形成的钝化膜很可能是表面金属原子与定向吸附的水分子之间相互作用的产物[图 8.24(a)],在碱性溶液中则可能是表面金属原子与吸附 OH$^-$ 离子作用产生的[图 8.24(b)]. 曾用 O^{18} 标记原子直接证明,在 0.5mol/L H$_2$SO$_4$ 中的 Ni 电极上,由水分子形成的第一层"氧层"能使金属的溶解速度降低几个数量级.

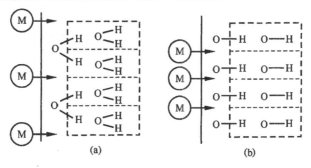

图 8.24

当表面上形成了完整的钝化膜后,由于膜具有一些离子导电性,膜的继续生长和金属的缓慢溶解过程是透过膜而实现的. 考虑到膜的厚度不过几十埃而膜两侧

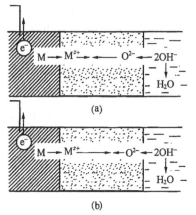

图 8.25　表面氧化物膜的生长机理

的电势差约为十分之几到几伏,则膜内的电场强度可能高达 $10^6 \sim 10^7 \mathrm{V \cdot cm^{-1}}$. 在具有这种强度的电场作用下,根据不同离子在膜内电迁速度的相对大小,可以主要是金属离子通过膜迁移到膜/溶液界面上来与阴离子相作用[图 8.25(b)],也可以主要是阴离子通过膜迁移到金属/膜界面上来与金属离子相作用[图 8.25(a)]. 如果钝化膜具有一定的电子导电性,也可以在钝化膜/溶液界面上实现液相中的电子交换反应.

当钝态金属的溶解过程稳态地进行时,膜必然具有不变的厚度,也就是膜的生长速度与溶解速度相同. 我们知道,膜的溶解是一个纯粹的化学过程,其进行速度应与电极电势无关. 因此,钝态金属的稳态溶解速度也应与电极电势无关. 这一推论在大多数情况下与实验结果相符合. 另一方面,离子在膜内的迁移速度显然与膜内的电场强度有关;既然膜的稳态生长速度与电势无关,就意味着稳态下膜内的电场强度是一个常数. 换句话说,在不同的极化电势下稳态膜的厚度是不同的. 极化电势愈大,稳态膜也就愈厚;但膜内的电场强度、离子迁移速度以及膜的稳态生长速度却都与电极电势无关.

由于铁的广泛实用价值,对其钝化行为的研究受到长期而广泛的重视,由此获得的结果对于过渡金属也具有典型意义. 除了测量稳态阳极极化曲线外,采用交流阻抗方法可以较明确地揭示不同阶段的反应机理. 图 8.26 中绘出了铁在除了

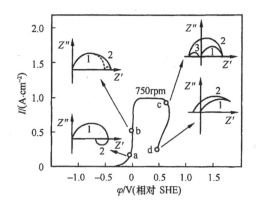

图 8.26

$1 \mathrm{mol \cdot L^{-1}} \ \mathrm{H_2SO_4}$ 中 Fe 在"活化–钝化"过渡电势区的稳态极化曲线和几个电势下的阻抗谱图.

氧的 $pH=1$ 的硫酸溶液中测得的稳态极化曲线和交流阻抗图谱[43]. 在低频下出现的电容性半圆来源于吸附中间物的弛豫过程. 某些条件下在阻抗图谱上同时出现不只一个低频半圆,清楚地显示了不只一种吸附中间物的存在.

根据采用这类实验方法所得到的实验结果,推导出铁在硫酸或高氯酸溶液中不同阶段的阳极反应机理大致如下[44]:

1. 活性溶解区 $(0 < \theta_{(FeOH)_{吸}} < 1)$

$$Fe + H_2O \rightleftharpoons (FeOH)_{吸} + H^+ + e^-$$

$$(FeOH)_{吸} \longrightarrow FeOH^+ + e^- \qquad (慢)$$

$$FeOH^+ + H^+ + (n-1)H_2O \rightleftharpoons Fe^{2+} \cdot nH_2O$$

2. 过渡区 $(\theta_{[Fe(OH)_2]_{吸}} \longrightarrow 1)$

$$(FeOH)_{吸} + H_2O \rightleftharpoons [Fe(OH)_2]_{吸} + H^+ + e^-$$

3. 预钝化区 $(\theta_{[Fe(OH)_3]_{吸}} \longrightarrow 1)$

$$[Fe(OH)_2]_{吸} + H_2O \rightleftharpoons [Fe(OH)_3]_{吸} + H^+ + e^-$$

4. 形成钝化层 $(\theta_{[Fe(OH)_3]_{吸}} = 1,$ 转换成无孔氧化物层)

$$2[Fe(OH)_3]_{吸} \rightleftharpoons Fe_2O_3 + 3H_2O$$

$$[Fe(OH)_2]_{吸} + Fe_2O_3 \rightleftharpoons Fe_3O_4 + H_2O$$

以上过程在几百毫伏的电势范围内逐步发生. 当达到完全钝化后在铁的表面上形成了一层无孔的含氧化合物膜,几乎完全阻止了铁基体的正常溶解过程. Mörsbouer,Auger,XPS,SIMS,EXAFS 等谱学结果清楚地表明:铁表面的钝化膜是一种非晶态、非化学计量、组分变化范围很宽的高价铁的羟基氧化物,其化学组成、物理结构均随电势的改变而变化. 当其厚度为 $1 \sim 2$ 个单层时,就开始显著影响铁的阳极溶解电流密度。充分干燥后的钝化膜则有可能转化为结晶态的 $\gamma\text{-}Fe_2O_3$.

对在金属表面上出现钝态的各个阶段,卤素离子均具有一定的"活化作用". 当金属还处在活化态时,它们可以与水分子及 OH^- 等在电极表面上竞争吸附,延缓或阻止钝化过程的进行;当金属表面上存在成相的钝化膜时,它们又可以在金属氧化物与溶液之间的界面上吸附,并由于扩散及电场的作用进入氧化物层成为膜内的杂质组分. 这种掺杂作用能显著改变膜的离子导电性,使金属的稳态溶解速度增大. 如果溶液中同时存在卤素离子与能促进金属钝化的其他离子(OH^-, CrO_4^{2-} 等),则在一定条件下可以观察到金属表面状态在钝态与活化态之间快速振荡(图 8.27). 这类的振荡现象有时可以具有很高的频率,表示钝态与活化态之间的转换过程可以很迅速地完成.

当具有活化作用的卤素阴离子浓度较低,或者电极电势距 $\varphi_{钝化}$ 较近时,明显的活化作用往往只表现在局部电极表面上. 这时常出现"点蚀",即电流密度(溶解

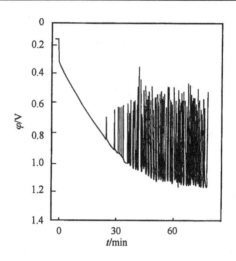

图 8.27　不锈钢在 $0.1\ mol \cdot L^{-1}\ NaCl + 0.05$
$mol \cdot L^{-1}\ K_2CrO_4$ 溶液中的"时间-电势"曲线
（不通过电流时）

过程)主要集中在一些点上. 在这些点上显现半球形的凹坑,并由于局部电流密度很高凹坑的内表面被"抛光". 若卤素离子浓度增大,则被活化的电极表面增大,最后全部表面都被"电化学抛光". 在图 8.28 中示意表明了金属阳极溶解时可能出现的各种状态. 图中曲线的位置与所选用的体系有关. 若金属较易钝化,或者卤素离子的活化能力较弱,则钝化区向卤素离子浓度增大的方向扩张;反之,若金属不易钝化或卤素离子的活化效应强,则钝化区收缩. 因此,某些不易钝化的金属能在高浓度卤素离子溶液中直接由活化区转变到抛光区.

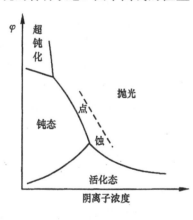

图 8.28　卤素离子浓度与电极电势
对金属表面状态的影响

还需要指出,由于各种阴离子是通过在金属表面上竞争吸附或竞争嵌入钝化层而影响金属的阳极的行为,它们具有的"活化作用"或"钝化作用"往往是相对而言的. 某些阴离子可能在一般情况下表现为"活化因素",但当与活化作用比之更强的其他阴离子共存时则可能表现为"钝化因素".

§8.10　不通过外电流时金属的溶解过程("自溶解"过程)

从热力学观点考虑,在许多介质中大多数以单质形式存在的金属是不稳定的. 即使不通过电流,它们也能和介质作用而生成各种化合物,同时引起金属结构的破坏. 这种现象称为金属的腐蚀. 国民经济中由于金属腐蚀而带来的直接和间接的损失是非常惊人的. 因此,研究金属腐蚀机理和防腐蚀措施有重大的实际意义.

金属的腐蚀过程属于氧化还原反应,可以按两种不同的机理进行,即所谓化学腐蚀和电化学腐蚀. 当按照前一机理进行时,电子在金属与氧化组分之间直接传递,因而金属的氧化与介质中氧化组分的还原是一次发生的、不可分割的过程,它服从异相反应的动力学规律. 金属与干燥气体的作用就属于这种类型. 在某些不引起电离的液体介质中,金属的腐蚀也是按照这一机理进行的. 若是电子的传递是间接的,则金属的氧化过程与具有离子导电性的溶液中的氧化组分的还原过程就可以在一定程度上看作是彼此独立的、分开进行的过程. 此二者组成一对平行的、进行速度相等的"共轭反应",其中任一反应的进行速度均遵从电极过程动力学规律. 当金属与电解质溶液相作用时,由于电量可以通过金属及溶液传递,上述两种过程可以(虽然不一定)在不同的地点发生. 这种情况就称为金属的电化学腐蚀,或是金属按电化学机理"自溶解".

事实上,不仅电解质溶液中金属的腐蚀是按照电化学机理进行的,金属在大气和土壤中的腐蚀也往往按照同一机理进行. 这是由于土壤总是潮湿的,其中的液相溶有各种盐类;大气中也总含有水分、腐蚀性气体及盐类尘埃. 暴露于大气或土壤中的金属,其表面总存在溶解了各种电解质的水膜. 这就为金属按电化学机理溶解提供了必要的客观环境. 一般认为,金属的电化学腐蚀现象要比化学腐蚀现象出现得更为广泛.

在水溶液中,与金属溶解反应"共轭"进行的还原反应主要是氢的析出或溶解氧的还原(许多情况下仅部分还原为 H_2O_2). 这两种情况分别为"氢离子去极化"和"氧去极化".

为了估计各种腐蚀过程进行的可能性,最好利用根据 pH-电势图改制得到的"pH-电化学稳定性图". 图 8.29 中(a)为铁的 pH-电势图;(b)为根据(a)绘制的 pH-电化学稳定性图;(c)为根据实验结果绘制的稳定性图. 绘制(b)时假定只要生成固相产物(Fe_3O_4, Fe_2O_3)就一定出现钝态,与实际情况不全相符. 然而,从整个说来图 8.29(b)和(c)之间的符合程度还是令人满意的. 图中虚线 a 和 b 分别表示 O_2/H_2O 电对和 H^+/H_2 电对的平衡电势与溶液 pH 值之间的关系. 在 a 和 b 两线之间的区域内,金属自溶解过程的共轭反应只可能是溶解氧的还原. 在 b 线以下

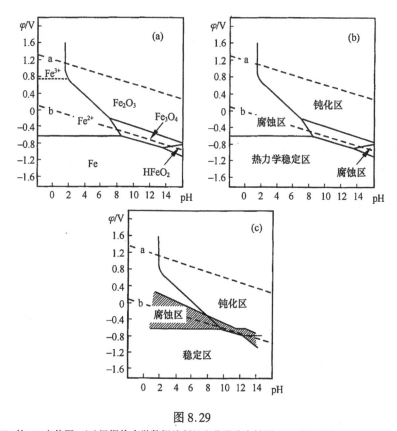

图 8.29

(a)Fe 的 pH-电势图；(b)根据热力学数据绘制的电化学稳定性图；(c)实际测得的稳定性图.

的区域内,则共轭反应往往主要是氢的析出;但如果金属表面上的氢析出超电势很高而溶液中又存在溶解氧,在这一区域中氧的还原也可能成为主要的或不可忽视的共轭反应. 各种金属的这类稳定性图在文献[42]中均有介绍.

从图中可以看到存在两类稳定区——热力学稳定区和钝态区. 当溶液酸度不太高时,可利用阳极极化法使电极电势从腐蚀区极化达到钝态区,此即所谓"阳极保护";也可以用阴极极化法使电极电势从腐蚀区转移到热力学稳定区,即所谓"阴极保护".

可用下列式子表示金属自溶解体系中发生的电极反应.

$$M \underset{\overleftarrow{i}_{\text{I}}}{\overset{\overrightarrow{i}_{\text{I}}}{\rightleftharpoons}} M^{n_{\text{I}}+} + n_{\text{I}} e^- \qquad\qquad [\text{I}]$$

$$R \underset{\overleftarrow{i}_{\text{II}}}{\overset{\overrightarrow{i}_{\text{II}}}{\rightleftharpoons}} O + n_{\text{II}} e^- \qquad\qquad [\text{II}]$$

其中:式[I]是金属的电离过程;式[II]表示氧化组分(O)的还原过程. 式(II)仍

然写成氧化反应的形式,是为了以下讨论的方便. 诸式中分别用 $\vec{i}_j$ 和 $\overleftarrow{i}_j$ 表示 j 反应的氧化电流密度和还原电流密度. j 反应正向进行的净速度为 $\vec{V}_j = (\vec{i}_j - \overleftarrow{i}_j)/n_j F$;逆向反应的净速度为 $\overleftarrow{V}_j = (\overleftarrow{i}_j - \vec{i}_j)/n_j F$,其中 n_j 为 j 反应中涉及的电子数.

若体系中同时存在 k 种氧化还原反应,则在不通过外电流的稳态条件下,各氧化电流的总和与各还原电流的总和必然相等,即

$$\sum_{j=1}^{k} \vec{I}_j = \sum_{j=1}^{k} \overleftarrow{I}_j, \quad \sum_{j=1}^{k} \overleftarrow{i}_j A_c = \sum_{j=1}^{k} \vec{i}_j A_a \tag{8.30}$$

式中:$\vec{I}_j,\overleftarrow{I}_j$ 分别表示 j 反应的正、反向电流;A_a 和 A_c 分别表示金属表面上进行氧化反应和还原反应的反应区面积. 作为最简单的情况,可以假设所有反应均能在全部表面(A)上均匀地进行,即有 $A_a = A_c = A$;又如果腐蚀电极为一种纯金属,且溶液中只存在一种氧化组分,即 $k = 2$. 此时式(8.30)可简化为

$$\vec{i}_I + \vec{i}_{II} = \overleftarrow{i}_I + \overleftarrow{i}_{II} \tag{8.31}$$

据此,用电流表示的金属的净溶解速度 ($\vec{I}_I$) 和氧化组分的净还原速度($\overleftarrow{I}_{II}$) 之间应有如下关系

$$\vec{I}_I = A(\vec{i}_I - \overleftarrow{i}_I) = A(\overleftarrow{i}_{II} - \vec{i}_{II}) = \overleftarrow{I}_{II} \tag{8.32}$$

式(8.32)显示出以电流表示的反应[Ⅰ]的正向净速度与反应[Ⅱ]的逆向净速度相等(即组成一对"共轭反应").

当金属按电化学机理自溶解时,涉及的任一电极反应都是独立的,其进行速度只决定于电极电势、该反应的动力学参数和所涉及的反应粒子浓度. 因此,若是知道了每一项电流随电极电势变化的稳态表达式,代入式(8.32)就可求出不通过外电流时腐蚀体系在稳态条件下的电极电势(稳定电势),通常称腐蚀电势,在本章中用 φ^* 表示. 若所有反应的进行速度均服从电化学极化的动力学公式,则有:

$$i_I^0 \{\exp[f_{a,I}(\varphi^* - \varphi_{\Psi,I})] - \exp[-f_{c,I}(\varphi^* - \varphi_{\Psi,I})]\}$$
$$= i_{II}^0 \{\exp[-f_{c,II}(\varphi^* - \varphi_{\Psi,II})] - \exp[f_{a,II}(\varphi^* - \varphi_{\Psi,II})]\} \tag{8.33}$$

式中:$f_{cj} = \alpha_j n_j F/RT$;$f_{aj} = \beta_j n_j F/RT$;$\varphi_{\Psi,j}$ 为 j 电极反应的平衡电势. 在大多数情况下,式(8.33)中的四项电流并不总是同等重要,对金属自溶解速度起决定作用的往往只是其中的一项或两项. 这样,方程式求解就大大简化了. 下面通过对几个典型体系的分析来说明这类问题的处理方法.

§8.10.1　金属电极反应交换电流密度较大的体系

铅在硫酸中的自溶解、锌在非氧化性酸和无氧的碱性溶液中的溶解等均属这类体系. 以铅在硫酸中的溶解过程为例,所涉及的一对共轭电极反应为

$$Pb \underset{\overleftarrow{i}_I}{\overset{\overrightarrow{i}_I}{\rightleftharpoons}} Pb^{2+} + 2e^- \qquad [I]$$

$$H_2 \underset{\overleftarrow{i}_{II}}{\overset{\overrightarrow{i}_{II}}{\rightleftharpoons}} 2H^+ + 2e^- \qquad [II]$$

与铅电极反应[I]相比较,在铅表面上氢析出反应[II]的交换电流密度很小,即 $i_{II}^0 \ll i_I^0$. 代入式(8.31)和(8.33)可得 $\overrightarrow{i}_I \doteq \overleftarrow{i}_I$,或

$$\varphi^* \approx \varphi_{\Psi,I} \qquad (8.34)$$

表明腐蚀体系的稳定电势约等于铅电极的平衡电势 $[= \varphi_{\Psi,I}^0 + (RT/2F) \ln c_{Pb^{2+}}]$. 由于这一电势比氢的平衡电极电势 $\varphi_{\Psi,II}$ 负得多,必然有 $\overleftarrow{i}_{II} \gg \overrightarrow{i}_{II}$. 仿此,可以得到这类金属的自溶解速度 $I_{溶}^0$(即腐蚀电流密度).

$$I_{溶}^0 = \overrightarrow{i}_I - \overleftarrow{i}_I = \overleftarrow{i}_{II} = i_{II}^0 \exp[-f_{c,II}(\varphi_{\Psi,I} - \varphi_{\Psi,II})] \qquad (8.35)$$

从式(8.35)可以看出,在这种类型的腐蚀体系中,金属的自溶解速度完全由氢析出反应的动力学控制,因此常称为反应受"阴极控制"或"氢析出控制".

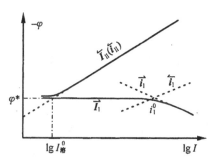

图 8.30 H₂SO₄ 中 Pb 的自溶解过程和阴、阳极极化曲线

用图解法也可以得出相同的结论. 图 8.30 中用实线表示硫酸溶液中铅电极上阴、阳极反应的极化曲线,其中 $\overrightarrow{I}_I$ 相应于铅的溶解,而 $\overleftarrow{I}_{II}$ 相应于氢的析出. 图中 $\overrightarrow{I}_I$,$\overleftarrow{I}_{II}$ 两线相交处 $\overrightarrow{I}_I = \overleftarrow{I}_{II} = I_{溶}^0$,该处的电势即为铅自溶解时的稳定电势 φ^*,而 $I_{溶}^0$ 可看作是共轭反应的"交换电流",亦即为铅的自溶解速度(用电流表示).

如果希望减缓这类体系中金属的自溶解速度,就必须提高金属表面上氢析出反应的超电势. 为此可设法提高金属的纯度,尽量除去有害的低氢超电势金属杂质. 例如在各种化学电池中用电解纯铅和电解纯锌,以降低铜、铁等杂质的含量. 还可以在金属中加入具有高氢超电势的合金元素,例如锌负极表面的汞齐化,或加入 Pb,Cd 等金属. 降低介质的酸度,或是加入能提高氢析出反应超电势的有机表面活性物质(即缓蚀剂,见下),也是减慢这类金属自溶解速度的有效措施.

§8.10.2 金属电极反应交换电流密度较小的体系

铁在非氧化性酸中的自溶解可作为这一类体系的典型例子. 在铁表面上进行的一对共轭反应为

$$Fe \underset{\overleftarrow{i}_{\mathrm{I}}}{\overset{\overrightarrow{i}_{\mathrm{I}}}{\rightleftharpoons}} Fe^{2+} + 2e^- \qquad [\mathrm{I}]$$

$$H_2 \underset{\overleftarrow{i}_{\mathrm{II}}}{\overset{\overrightarrow{i}_{\mathrm{II}}}{\rightleftharpoons}} 2H^+ + 2e^- \qquad [\mathrm{II}]$$

其中反应[Ⅰ]的 i_{I}^0 较小,与铁表面上氢电极反应的 i^0 相差不大. 然而,由于(Ⅰ),(Ⅱ)反应的平衡电相距较远,与它们所组成的腐蚀体系的稳定电势也相距较远,因此金属自溶解时两个电极反应都将出现很大的极化,即有 $\overrightarrow{i}_{\mathrm{I}} \gg \overleftarrow{i}_{\mathrm{I}}$, $\overleftarrow{i}_{\mathrm{II}} \gg \overrightarrow{i}_{\mathrm{II}}$. 据此可将体系的式(8.33)简化为

$$i_{\mathrm{I}}^0 \exp[f_{a,\mathrm{I}}(\varphi^* - \varphi_{\overline{\Psi},\mathrm{I}})] = i_{\mathrm{II}}^0 \exp[-f_{c,\mathrm{II}}(\varphi^* - \varphi_{\overline{\Psi},\mathrm{II}})] \qquad (8.36)$$

整理后得到

$$\varphi^* = (f_{a,\mathrm{I}} + f_{c,\mathrm{II}})^{-1}(\ln\frac{i_{\mathrm{II}}^0}{i_{\mathrm{I}}^0} + f_{a,\mathrm{I}}\varphi_{\overline{\Psi},\mathrm{I}} + f_{c,\mathrm{II}}\varphi_{\overline{\Psi},\mathrm{II}}) \qquad (8.37)$$

式(8.37)中由于 i_{I}^0 与 i_{II}^0 相差不大,$\ln(i_{\mathrm{II}}^0/i_{\mathrm{I}}^0)$ 一项的贡献不大,因此 φ^* 总具有 $\varphi_{\overline{\Psi},\mathrm{I}}$ 和 $\varphi_{\overline{\Psi},\mathrm{II}}$ 之间的数值. 据此,可求出稳定电势下的金属自溶解电流密度和氢析出反应的电流密度为

$$I_{\overline{\aleph}}^0 = (i_{\mathrm{I}}^{0 f_{c,\mathrm{II}}} \cdot i_{\mathrm{II}}^{0 f_{a,\mathrm{I}}})^{\frac{1}{f_{a,\mathrm{I}} + f_{c,\mathrm{II}}}} \cdot \exp\left[\frac{f_{a,\mathrm{I}} \cdot f_{c,\mathrm{II}}}{f_{a,\mathrm{I}} + f_{c,\mathrm{II}}}(\varphi_{\overline{\Psi},\mathrm{II}} - \varphi_{\overline{\Psi},\mathrm{I}})\right] \qquad (8.38)$$

式(8.38)明确显示:这类体系的 $I_{\overline{\aleph}}^0$ 与组成共轭反应的两个电极反应的热力学参数和动力学参数均有关,因此常称为"混合控制". 图8.31中描绘出了酸性溶液中铁的自溶解过程.

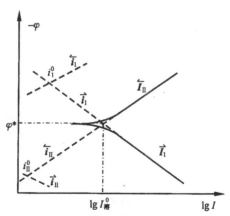

图8.31　酸性溶液中 Fe 的自溶解过程

对于这一类电极体系,采用任何方法减小金属电极反应的 i_{I}^0 或氢电极反应

i_{II}^0,都可以降低金属的腐蚀速度. 例如,可用与上一类体系中采用的相同措施来提高氢析出超电势,或加入能阻化金属阳极溶解过程的有机表面活性物质. 这些措施一般都能减缓金属的自溶解速度.

§8.10.3　由氧化剂扩散速度控制的金属自溶解过程

在中性和碱性介质中,由于 H^+ 离子的浓度很小,氢的平衡电势变负. 在这类介质中,若金属的活泼性不高,则金属溶解过程的共轭反应(Ⅱ)往往不是氢的析出反应,而是溶液中溶解氧的还原反应,即组成共轭反应的一对电极反应为

$$M \underset{\overleftarrow{i}_{\mathrm{I}}}{\overset{\overrightarrow{i}_{\mathrm{I}}}{\rightleftharpoons}} M^{n+} + ne^- \qquad\qquad [\mathrm{I}]$$

$$2OH^- \underset{\overleftarrow{i}_{\mathrm{II}}}{\overset{\overrightarrow{i}_{\mathrm{II}}}{\rightleftharpoons}} \frac{1}{2}O_2 + H_2O + 2e^- \qquad\qquad [\mathrm{II}]$$

这是由于氧的还原可以在较正的电势下发生. 但是,由于溶液中溶解氧的浓度很小(约为 $10^{-3}\mathrm{mol\cdot L^{-1}}$),氧还原反应的速度往往受溶解氧的扩散速度所限制,即

$$\overleftarrow{I}_{\mathrm{II}} = I_{d\mathrm{O}} = nFAD_{\mathrm{O}}c_{\mathrm{O}}/\delta = \overrightarrow{I}_{\mathrm{I}} = I_{\text{溶}}^0 \qquad (8.39)$$

若金属的阳极溶解过程完全受电化学步骤控制,则将式(8.39)和式(8.32)合并后得到

$$Ai_{\mathrm{I}}^0 \exp[f_{\mathrm{a,I}}(\varphi^* - \varphi_{\text{平,I}})] = I_{d\mathrm{O}}$$

整理后有

$$\varphi^* = \frac{1}{f_{\mathrm{a,I}}}\ln\frac{I_{d\mathrm{O}}}{Ai_{\mathrm{I}}^0} + \varphi_{\text{平,I}}$$

将式(8.39)代入上式,则有

$$\varphi^* = \frac{1}{f_{\mathrm{a,I}}}\ln\frac{nFD_{\mathrm{O}}c_{\mathrm{O}}}{i_{\mathrm{I}}^0\delta} + \varphi_{\text{平,I}} \qquad (8.40)$$

上述关系式表明,在此情况下,金属的自溶解速度只与溶解氧的浓度以及溶液的流动情况(δ)有关,而稳定电势则是由两个反应的动力学因素和热力学因素共同决定的.

从图 8.32 中可以清楚地看出,在这类体系中,金属的自溶解速度完全受氧的极限扩散速度控制. 因此,在同一介质中,不同金属可以具有几乎相同的自溶解速度($I_{\text{溶}}^{0'} = I_{\text{溶}}^{0''} = I_{\text{溶}}^{0'''}$). 至于不同金属的稳定电势,则主要由反应[Ⅰ]极化曲线的位置所

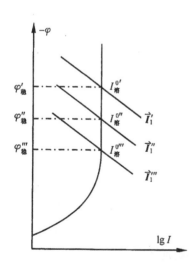

图 8.32　受溶解氧扩散速度控制的金属自溶解过程

决定,因此各具有不同的数值. 常将这类体系中金属的自溶解过程称为受"氧扩散控制". 在这类体系中,减低金属自溶解速度的基本方法是设法降低溶液中氧的浓度,或者增加氧的扩散途径.

§8.10.4　易钝化金属的自溶解过程

易钝化金属的阳极极化曲线大致有如图 8.33 中实线所示的形式. 氧化剂浓度不同时反应[Ⅱ]的极化曲线则用 $\overleftarrow{I}_{\mathrm{II}}'$,$\overleftarrow{I}_{\mathrm{II}}''$,$\overleftarrow{I}_{\mathrm{II}}'''$ 分别表示. 由于金属阳极极化曲线的形式比较复杂,需要分别考虑下列几种不同情况:

首先,如果金属已处在钝态,则只要腐蚀体系中氧化组分的极限还原电流比钝态金属的稳态溶解电流大,金属就会继续保持钝态. 这时金属的自溶解速度完全由钝态金属的极限溶解速度所决定,而与氧化组分的浓度无关. φ^* 的数值则主要是氧化组分的还原电势所决定(图 8.33 中 a_1,a_2,a_3 各点).

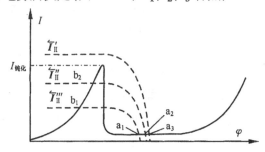

图 8.33　易钝化金属的自溶解过程

然而,如果金属本来处于活化状态,且氧化组分的浓度较小,致使其极限还原电流($\overleftarrow{I}_{\mathrm{II}}'''$的水平段)小于金属的临界钝化电流值($I_{钝化}$),则在腐蚀体系中金属将保持活化态(图中 b_1 点). 在这种体系中,加大氧化组分的浓度可能出现两种不同的效果;如果增大浓度后氧化组分的极限还原电流值仍然不超过 $I_{钝化}$,则金属依然处在活化态,且自溶解速度随氧化组分浓度的增大而正比地增加(图中 b_2 点);但是若增大浓度后氧化组分的还原电流超过了 $I_{钝化}$,则将引起电极电势向正方向大幅度地移动,同时金属的自溶解速度下降到相应于图中 a_3 点的数值,也即是金属表面转变为钝态了. 根据这一分析很容易理解,为什么在用氧化剂使金属"化学钝化"时所用氧化剂的浓度必须超过某一临界浓度值. 若氧化剂的浓度低于"临界钝化浓度",则不但不能使金属发生钝化,反而将加速其自溶解过程.

在这一类体系中,减低金属自溶解速度的主要方法是选用在该介质中很容易钝化($I_{钝化}$ 小),而且钝态溶解电流也很小的金属材料,并注意保证溶液中存在足够的能使金属转变为钝态的氧化组分浓度. 有时还须用阳极电流或强氧化剂预先使金属转变为钝态,如生产实践中常采用化学或电化学钝化工艺. 在这类体系中,减低溶液中卤素离子的浓度也是有利于降低金属的自溶解速度的,因为卤素离子往往能使 $I_{钝化}$ 增大和钝态溶解电流提高,有时还能引起点蚀现象.

在各种实际的金属自溶解体系中,还可以遇到其他类型的共轭反应,或是一个过程受扩散步骤控制而另一个过程是混合控制,或是一个过程受电化学步骤控制而另一个过程是混合控制等等. 虽然这些情况比较复杂,但根据类似上述的处理方法也不难导出相应的稳定电势和金属自溶解电流的表达式,或是用图解法分析各项因素对它们的影响.

§8.10.5　缝隙腐蚀

在实际的金属表面上往往存在着各种不均匀性(如结构、组分、晶态、应力、杂质、浓度不均匀等),使各种电极反应在金属表面的不同局部上具有不同的反应速度. 往往阳极反应集中在某些称为"阳极区"的局部上进行,而若在某些局部集中进行阴极反应,就称为阴极区. 当金属表面可以划分为宏观或微观的阳极区和阴极区时,就形成了各种各样的"局部腐蚀电池". 例如,处在小孔或缝隙内部的腐蚀介质,其含氧量往往与外表面上的整体介质中不同. 由此造成的小孔或缝隙腐蚀,是大气中最普遍、最有害的金属局部腐蚀现象.

以铁表面上的小孔为例(图 8.34):小孔内介质中的溶解氧因得不到补充而很

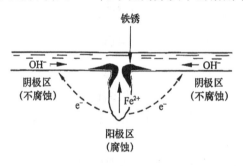

图 8.34　金属小孔腐蚀的自催化机构

快耗尽,使孔内的铁表面上只发生铁的阳极溶解. 阳极溶解产物经水解以及与少量孔外扩散进来的氧反应,在小孔开口处的壁上及四周生成铁锈,其反应为

$$Fe \longrightarrow Fe^{2+} + 2e^-$$
$$Fe^{2+} + 2H_2O \longrightarrow Fe(OH)_2 \downarrow + 2H^+$$
$$4Fe^{2+} + O_2 + 10H_2O \longrightarrow 4Fe(OH)_3 \downarrow + 8H^+$$

这些反应可使小孔中介质的 pH 值下降到 1.5~2,成为酸性很强的溶液. 另一方

面,由于在外部表面上介质中的溶解氧很容易得到补充,能始终保持较高的浓度,并能以较高的电流密度在外表面上按下式还原

$$O_2 + 2H_2O + 4e^- \longrightarrow 4OH^-$$

致使外表面上介质的pH值上升,铁电极的电势正移,并引起铁表面钝化.这样,就形成以小孔外部作为阴极区,而以小孔内部作为阳极区的局部电池.这一局部电池短路放电而引起铁的孔腐蚀.

此外,在电场的作用下,介质中的阴离子还会沿着与电流相反的方向移动,而在小孔内富集.实验表明:小孔内部溶液中的氯离子浓度可因此高达几个摩尔/升,进一步活化金属的溶解过程.这一过程具有自催化反应的特点,随着过程的进展而愈演愈烈.同时,由于阴极面积大而阳极面积小,小孔腐蚀会很快地发展,成为一种危害性极大的腐蚀形态.

关于其他形成局部电池的原因以及形成局部电池后金属的腐蚀情况,可参阅有关金属腐蚀专著,如一般性参考文献3,4.

§8.10.6　金属缓蚀剂

为了减缓金属在介质中的自溶解速度,除了涂层之外,在介质中加入缓蚀剂是使用得最多的保护手段.中性介质中大多用无机缓蚀剂;而在酸性介质中,则由于无机缓蚀剂效果降低,更多地采用有机缓蚀剂.

由于金属自溶解过程是由阳极过程、阴极过程、液相传质过程和固相导电过程串联组成,因此,只要降低了其中一个过程的反应速度,就能阻滞其他过程的进行速度,包括金属的自溶解速度,并且引起稳定电势的移动.能抑制阳极反应,并使稳定电势正移的缓蚀剂称为"阳极缓蚀剂".另一类"阴极缓蚀剂"则主要抑制阴极反应,并使稳定电势负移.某些无机含氧酸根离子能促进金属在表面上形成致密的、附着良好的阻化膜.这些含水或不含水的氧化物膜能有效地将金属表面与腐蚀介质隔离,从而降低金属的溶解速度,因而这类缓蚀剂常称为氧化膜型缓蚀剂.MoO_4^{2-},NO_2^-,CrO_4^{2-}在无溶解氧的介质中也能使金属表面产生氧化膜,因而对钢铁有很好的缓蚀效果;而BO_3^{3-},HPO_4^{2-},CO_3^{2-}则必须在有氧的环境中才有缓蚀效果,其作用机理显然与氧引起的金属钝化现象有关.当钙盐、锌盐、铝盐、磷酸盐、碳酸盐、聚磷酸盐等一类无机化合物存在于介质中时,金属自溶解导致阴极区附近的pH值下降就会使这些盐类与介质中的某些组分或金属的溶解产物相互作用而生成附着在表面上的阻化膜,往往能阻滞金属的自溶解.在中性介质中,大多使用无机盐类缓蚀剂.

在酸性介质中,则更多地使用有机缓蚀剂.有机缓蚀剂往往能同时影响阳极反应和阴极反应.从式(8.37)可以看出,如果缓蚀剂对阴、阳极反应的影响大致相

同,则体系的稳定电势可以很少改变或者不改变;而如果对阴、阳极反应的影响程度明显不同,则稳定电势将向正的或负的方向移动.

许多学者认为,若缓蚀剂分子中极性基团的中心原子能提供孤对电子,则有利于和过渡金属原子中空的 d 轨道结合而形成较强的配位吸附键. 对于抑制铁在酸中的溶解,$(CH_3)_3N$ 比 $[(CH_3)_4N]^+$ 有更大的缓蚀作用,可能是由于前者能向金属提供孤对电子. 若比较含 N 与含 S 的化合物,常发现含 S 的化合物更易于在金属表面吸附,可能也是因为后者更倾向于提供孤对电子而形成配位键. 噻吩及其衍生物对铁在 H_2SO_4 中的缓蚀作用与取代基的极化性能之间有平行关系[46]. 比较分子量几乎相等的环胺($\boxed{C_{10}H_{20}NH}$)和 $(C_5H_{11})_2NH$ 对铁在酸性溶液中的缓蚀效率,可见由于环胺中 N 原子的孤对电子具有 π 电子性质,能使 C—N—C 键发生弯曲并增强了它提供电子对的能力,遂可形成较强的吸附键和具有较强的缓蚀作用[47]. 在同系物中,碳链长度增加也能使得缓蚀效果增加,而支链则往往妨碍吸附而使缓蚀性能降低. 吡啶衍生物中取代基的链长与缓蚀效率的对数成直线关系[48]. 近年来的实践表明,采用缩合的方法得到长链的有机物由于分子中含有多个极性基团,往往能在金属/溶液界面上实现多中心吸附,因而具有良好的缓蚀性能[49,50]. 近年还发现,用含有活泼氢的酮、炔、酚与伯胺、仲胺等通过胺甲基化反应缩合生成的一系列 Mannich 碱是一类优良的缓蚀剂,并以其抗高温浓盐酸的特殊性能倍受重视[51,52]. 有机缓蚀剂与卤素离子的联合使用则往往导致出现协同效应,使缓蚀作用显著增强[52~54].

§8.11　通过外电流对金属自溶解速度的影响

根据式(8.30),若 $\sum \vec{I}_j \neq \sum \overleftarrow{I}_j$,则诸反应不完全是"共轭"的. 在这种情况下,金属表面上必然有净电流流过,其数值为

$$- I = \sum \vec{I}_j - \sum \overleftarrow{I}_j \text{(适用于阳极电流)} \tag{8.41a}$$

或　　　　　　　$$I = \sum \overleftarrow{I}_j - \sum \vec{I}_j \text{(适用于阴极电流)} \tag{8.41b}$$

若只存在一种反应[I]和一种反应[II],例如溶解反应速度由金属阳极溶解过程和氢析出过程联合控制,则上式进一步简化为

$$- I \text{(阳极电流)} = \vec{I}_I - \overleftarrow{I}_{II} \tag{8.41a*}$$

$$I \text{(阴极电流)} = \overleftarrow{I}_{II} - \vec{I}_I \tag{8.41b*}$$

显然,若 $\varphi = \varphi^*$,则 $\vec{I}_I = \overleftarrow{I}_{II}$ 而 $I = 0$. 图 8.35 中表示这类体系中 $I,(-I)$ 与 $\vec{I}_I$,$\overleftarrow{I}_{II}$ 之间的关系. 图中各曲线的形式与平衡电势附近的极化曲线的形式(图 4.8)很

相似,其中 φ^* 相应于 $\varphi_{\text{平}}$,而 $I_{\text{溶}}^0$ 相应于 i^0. 然而,图 4.8 和图 8.35 只是形式上相似,二图中的极化曲线有着本质的不同. 当 $\varphi = \varphi_{\text{平}}$ 时,体系处于热力学平衡状态,此时电极上没有净反应发生,而 i^0 表示可逆交换速度;$\varphi = \varphi^*$ 时则体系不处于热力学平衡状态,这时金属以相应于 $I_{\text{溶}}^0$ 的速度不断溶解.

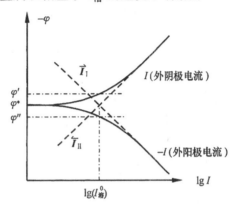

图 8.35　外电流对金属溶解度和氢析出
速度的影响

还可以根据图 8.35 来分析外电流对金属溶解速度和氢析出反应速度的影响:

若是在电极上通过阴极电流,则金属电极所具有的电势 φ' 将比 φ^* 更负,这时氢析出反应的速度增大,而金属的溶解速度却减小了. 这种效应称为“阴极保护作用”,在适当的场合下可以用来有效地减低金属溶解速度. 但是,根据第四章中所讨论过的原理不难推出,只有在通过的外电流显著地大于 $I_{\text{溶}}^0$ 时才能造成显著的电势偏移和金属溶解速度的降低. 因此,对金属自溶解速度很大的那些体系(如强酸性溶液中金属的溶解),若采用阴极保护方法就必须经常通过相当强大的电流,故实际意义不大.

当电极上通过阳极电流时的情况正好与上述相反. 这时电极电势向正方向偏移(图 8.35 中 φ''),因而金属的溶解过程加快了,而氢析出反应速度有所降低. 换言之,当增大阳极电流时,金属的溶解过程逐渐变得主要是依靠通过外电流来实现——阳极溶解,而不是依靠共轭反应来实现——“自溶解”. 当外电流足够大($\gg I_{\text{溶}}^0$)时,在电极上发生的过程就与前几节中讨论过的金属阳极溶解过程没有什么差别了.

通常在阳极极化时可以观察到金属电极表面上氢析出速度的显著降低,即与图 8.35 中所预期的一致. 这种效应称为“正差效应”. 但有时也可以观察到正好与此相反的情况,即在阳极极化时氢的析出速度不但并不降低,反而显著的加快. 与此同时,金属的溶解速度也显著大于图 8.35 中所预期的速度. 这种效应常称为

"负差效应".

引起"负差效应"的原因可能是金属剧烈溶解时原来覆盖在金属表面上的氧化膜被破坏了,而在新暴露出来的纯净金属表面上氢的析出速度较大. 这样一来,图中相当于 $\hat{I}_{II}$ 的那一条极化曲线就会显著的向下移动,并使共轭体系的 $I_{溶}^0$ 和金属的自溶解速度都有所增大. 在铝电极上出现的"负差效应"很可能是这种原因所导致的.

若在金属溶解过程中可以生成活泼性很高的中间产物,则它们也可能与 H^+ 离子或 H_2O 作用而析出氢. 例如 Кабанов 等人曾经提出假说[55],认为在镁电极溶解时首先生成 Mg^+,而部分 Mg^+ 可以通过 $Mg^+ + H^+ \longrightarrow Mg^{2+} + 0.5H_2 \uparrow$ 进一步氧化. 这样,在通过阳极电流时增大了电极表面层中 Mg^+ 的浓度,也就加快了氢析出反应的进行速度. 当反应按照这种机理进行时,消耗于溶解镁的电量显著低于按直接氧化为 Mg^{2+} 计算得到的理论值.

将那些阳极极化时负差效应较显著的金属(Al, Mg 等)用作化学电池中的负极材料显然有一定困难,因为当电池放电时它们的自溶解速度会加快,并引起活性材料的无端消耗和电池的比能量降低. 然而,在采用非水溶液的体系中,有可能绕过这一问题.

如果金属溶解时共轭反应的极化曲线有着与图 8.35 中不同的形式,虽然可以采用相似的方法来分析外电流对金属溶解速度的影响,但是上面的结论不一定适用. 例如,对于易钝化的金属,可以采用通过阳极电流的方法使金属转变为钝态,并使其溶解速度大大降低. 这种方法称为"阳极保护"方法,在某些场合下能极有效地减低金属自溶解速度.

§8.12　金属自溶解速度的电化学测定

可用电化学方法较快地测量出金属的自溶解速度,借此了解金属在某一介质中的稳定性、评价金属的耐腐蚀能力,以及评估各种防护手段的有效性等. 常用的方法主要有极化曲线外推法和线性极化法.

§8.12.1　极化曲线外推法

当体系的腐蚀速度受金属的溶解过程和氢析出过程混合控制时,在腐蚀电势下金属离子的还原反应和氢的氧化反应可以忽略,因此有

$$I_{溶}^0 = Ai_I^0 \exp[f_{a,I}(\varphi^* - \varphi_{平,I})] = Ai_{II}^0 \exp[-f_{c,II}(\varphi^* - \varphi_{平,II})]$$

$$(8.42)$$

而当腐蚀电极阳极极化时有

$$(-I) = \vec{I}_{\mathrm{I}} - \vec{I}_{\mathrm{II}} = A i_{\mathrm{I}}^0 \exp[f_{\mathrm{a,I}}(\varphi - \varphi_{\mp,\mathrm{I}})] - A i_{\mathrm{II}}^0 \exp[-f_{\mathrm{c,II}}(\varphi - \varphi_{\mp,\mathrm{II}})] \tag{8.43}$$

利用式(8.42)将式(8.43)中 i_{I}^0，i_{II}^0，$\varphi_{\mp,\mathrm{I}}$，$\varphi_{\mp,\mathrm{II}}$ 消去后得到

$$(-I) = I_{\mathrm{溶}}^0 \{\exp[f_{\mathrm{a,I}}(\varphi - \varphi^*)] - \exp[-f_{\mathrm{c,II}}(\varphi - \varphi^*)]\} \tag{8.44a}$$

同样,阴极极化时可导出

$$I = I_{\mathrm{溶}}^0 \{\exp[-f_{\mathrm{c,II}}(\varphi - \varphi^*)] - \exp[f_{\mathrm{a,I}}(\varphi - \varphi^*)]\} \tag{8.44b}$$

将式(8.44a),(8.44b)与式(4.16a),(4.16b)比较,可以看出他们非常相似. 因此,与在图4.8中采用极化曲线外推法求 i^0 的方法相似,可在图(8.35)上用极化曲线外推法直接求得腐蚀电流 $I_{\mathrm{溶}}^0$,并求得相应的 Tafel 斜率:

$$\mathrm{d}\varphi / \mathrm{dlg}(-I) = 2.303/f_{\mathrm{a,I}} = 2.303RT/\beta_{\mathrm{I}} n_{\mathrm{I}} F \tag{8.45a}$$

$$-\mathrm{d}\varphi / \mathrm{dlg}I = 2.303/f_{\mathrm{c,II}} = 2.303RT/\alpha_{\mathrm{II}} n_{\mathrm{II}} F \tag{8.45b}$$

在某些体系中,由于金属离子的浓度很低而不可能给出可观的还原电流密度. 在这类场合中虽然稳定电势仍接近金属电极的平衡电势,但仍然只需要考虑金属的溶解电流和氢析出电流,故本方法仍然适用.

极化曲线外推法是一种经典的稳态方法,它具有抗少量溶解氧和氧化还原性杂质干扰的能力,对于一些低腐蚀速度的体系是很有用的. 但由于测量速度较慢,往往由于金属表面在测量过程中发生变化和稳定电势的漂移等,较难得到重现性良好的测量数据.

§8.12.2 线性极化法

和在热力学平衡电势附近外电流与超电势之间的线性关系[式(4.17)]相似,从式(8.44a)和(8.44b)也可以推出在腐蚀电势附近外电流与极化电势之间有线性关系,并可据此求出腐蚀电流 $I_{\mathrm{溶}}^0$:

将式(8.44a)偏微分得到

$$\frac{\partial(-I)}{\partial \varphi} = I_{\mathrm{溶}}^0 \{f_{\mathrm{a,I}} \exp[f_{\mathrm{a,I}}(\varphi - \varphi^*)] + f_{\mathrm{c,II}} \exp[-f_{\mathrm{c,II}}(\varphi - \varphi^*)]\} \tag{8.46}$$

当诸 $f(\varphi - \varphi^*) \ll 1$ 时,上式可简化为

$$\frac{\partial(-I)}{\partial \varphi} = (f_{\mathrm{a,I}} + f_{\mathrm{c,II}}) I_{\mathrm{溶}}^0 \tag{8.47a}$$

同样,从式(8.44b)可以得到

$$-\frac{\partial I}{\partial \varphi} = (f_{\mathrm{a,I}} + f_{\mathrm{c,II}}) I_{\mathrm{溶}}^0 \tag{8.47b}$$

从式(8.47a,b)可以看出:在 φ^* 附近极化电势与外电流之间有直线关系,而从直

线的斜率可求出 $I^0_{溶}$. 还可以根据这种关系将腐蚀体系的"极化电阻"或"腐蚀电阻"R_p 定义为

$$R_p = -\frac{\partial \varphi}{\partial I} = \frac{1}{f_{a,I} + f_{c,II}} \cdot \frac{1}{I^0_{溶}} \tag{8.48}$$

如果用 Tafel 斜率 b 来表示,则有

$$R_p = \frac{b_{a,I} \cdot b_{c,II}}{2.303(b_{a,I} + b_{c,II})} \cdot \frac{1}{I^0_{溶}} \tag{8.49}$$

由此可见,在稳定电势附近($|\Delta\varphi| \leqslant 5\sim20\text{mV}$),金属自溶解体系的极化曲线是线性的,可利用它的斜率来求腐蚀速度. 这一方法常称为"线性极化法". 然而,必须强调指出,利用式(8.49)测量 $I^0_{溶}$ 的前提是:

1. φ^* 远离 $\varphi_{平,I}$ 和 $\varphi_{平,II}$,以至于 $\vec{I}_I$ 和 $\vec{I}_{II}$ 两项的影响可以忽略.

2. 阴、阳极过程均完全只受电化学步骤控制,而没有浓度极化、电阻极化和腐蚀产物膜的干扰. 近年来,许多学者又推导出了各种条件下的线性极化方程,可应用于 φ^* 接近 $\varphi_{平}$ 的体系[56],存在浓度极化的体系[57]以及有固相产物的体系[58]等.

由于极化电阻 R_p 是一个稳态参数,采用小信号方波电势(电流)法测量时,要注意是否真正摆脱了暂态扩散过程和双层电容充电过程的影响. 采用交流阻抗法时还要注意,若测量频率不够低,所测得的可能不是极化电阻 R_p. 按式(8.49)测量 R_p 并求 $I^0_{溶}$ 时,还必须先知道 $b_{a,I}$ 和 $b_{c,II}$,这些参数需要用其他方法求得. 曾先后有人提出三点法、四点法、相交法、弱极化区极化曲线法以及计算机模拟处理等,均能程度不同地解决上述困难. 这些分析结果表明,要正确运用线性极化技术,必须对体系的反应机理有基本的了解,才能求出比较符合实际的溶解速度.

最后还需要指出,金属的自溶解往往是持续时间很长的过程,其进行速度常随时间有显著变化. 因此,用电化学方法在较短时间内测得的"自溶解速度"并不一定能反映长时间内的平均反应速度.

参 考 文 献

一般性文献

1. Bockris J O'M, Damjanovic A. Modern Aspects of Electrochemistry, Vol. 3. Butterworths, 1964. 224~346

2. Bockris J O'M, Despić A R. Physical Chemistry, Vol. 9B, ed. by Ering H, Handerson D, Jost W. Acad. Press, 1970. Chap. 7

3. Corrosion Mechanisms, ed. by Mansfeld F. Marcel Dekker, 1987

4. Jones D A. Principles and Protection of Corrosion. Macmillan, 1992

书中引用文献

[1]　Tauaka N, Tamamushi R. *Electrochim Acta*. 1964, 9: 963

[2]　Despić A R, Bockris J O'M. *J. Chem. Phys*. 1960, 32: 389

[3]　Лосев В В, Молодов А И.　*ДАН СССР*. 1960, 130: 111

[4]　Heyrovsky J. *Diss. Faraday Soc*. 1947, 1: 212

[5]　Libby W F. *J. Phys. Chem*. 1952, 56: 863

[6]　Gerischer H. *Z. Elektrochem*. 1953, 57: 604

[7]　金野英隆,永山政一. 金属表面技术. 1976, 27:135

[8]　方景礼. 多元络合物电镀. 北京:国防工业出版社,1983

[9]　Delahay P, Trachtenberg I. *J. Am. Chem. Soc*. 1958, 80: 2094

[10]　Лошкарев М А, Лошкарев Ю М, Курина И П. *Электрохим*. 1977, 13: 715

[11]　黄德东,查全性. 化学学报. 1962,28:5

[12]　查全性. 科学技术报告(无氰电镀专集). 北京:科学技术文献出版社,1974. 214

[13]　Gerischer H, Stauback K E. *Z. Physik. Chem*. (*N. F.*). 1956, 6: 118

[14]　Bockris J O'M., Enyo M. *J. Electrochem. Soc*. 1962, 109: 48

[15]　Conway B E, Bockris J O'M. *Proc. Roy. Soc*. 1958, A 248: 394

[16]　Gerischer H. Proceedings of the 9th meeting of CITCE. 1959, 352

[17]　Budevski E, Bostanoff W, Witanoff T, Stoiroff Z, Kotzewa Z, Kaischew R. *Electrochim. Acta*. 1966, 11: 1697

[18]　Milchev A, Stoyanov S. *J. Electroanal. Chem*. 1976, 72: 33

[19]　Fleischmann M, Thirsk H R. *Adv. Electrochem and Electrochem. Engineering*. 1963, 3: 123

[20]　Armstrong R D, Harrison J A. *J. Electrochem. Soc*. 1969, 116, 328

[21]　Scharifker B, Hills G. *Electrochim. Acta*. 1983, 28: 879

[22]　Thirsk H R, Harison J A. A Guide to the Study of Electrode Kinetics. Acad. Press, 1972. Chap. 3

[23]　*Electrochim. Acta*. Vol. 28, 1984, NO.7

[24]　陈文亮,邹津耘,黄国英,吴博平,娄世荣. 武汉大学学报(自然科学版). 1978, No. 3: 23

[25]　喻敬贤,陈永言,黄清安. 武汉大学学报(自然科学版). 1996, 42: 686

[26]　陈永言,喻敬贤,张红,黄清安. 武汉大学学报(自然科学版). 1998, 44: 183

[27]　Yu J X, Chen Y Y, Yang H X and Huang Q A. *J. Electrochem. Soc*. 1999, 146: 1789

[28]　Kardos O, Gardner F. *Adv. Electrochem. and Electrochem. Engineering*. 1963, 2: 145

[29]　Kardos O. *Plating*. 1974, 61: 129, 229, 316

[30]　Despić A R, Diggle J, Bockris J O'M. *J. Electrochem. Soc*. 1968, 115: 507

[31]　Yeager E. 1982 年来华讲学报告,参见 Adzic R, Yeager E, Cahan B D. *J. Electrochem. Soc*. 1974, 121: 474

[32]　Bewick A, Thomas B. *J. Electroanal. Chem*. 1975, 65: 911

[33]　Kolb D M, Przasnyski M, Gerischer H. *J. Electroanal. Chem*. 1974, 54: 25

[34]　Kolb D M. *Adv. Electrochem and Electrochem. Engineering*. 1978, 11: 125

[35]　Jüttner K, Lorenz W J. *Z. Phys. Chem. N. F*. 1980, 122: 163

[36]　Losev V V. *Electrochim. Acta*. 1970, 15: 1095

[37]　Колотыркин Я М. *Успех хпм*. 1962, 31: 332

[38] Головина Г Г, Флорианович Г М, Колотыркин Я М. *Защ. Металлов* . 1966, 2: 41

[39] Лоповок Г Г, Колотыркин Я М, Медведева Л А. *Защ. Металлов* . 1966, 2: 527

[40] Dirkse T P, Hampson N A. *Electrochim. Acta*. 1971, 16: 2049; 1972, 17: 135, 383, 387, 813, 1113

[41] Sato N, Okamoto G. Comprehensive Treatise of Electrochem. ed. by Bockris J O'M, Conway B E, Yeager E, White R E. Vol. 4. 1981. 193

[42] Pourbaix M. Atlas d'équilibres électrochimiques á 25℃. Gauthier-Villars, 1963

[43] Keddam M, Mattos O R, Takenouti R. *J. Electrochem. Soc*. 1981, 128: 257

[44] Lorbeer P, Lorenz W J. *Corr. Sci*. 1981, 21: 79

[45] Yu J X, Cao H Q, Chen Y Y, Kang L S, Yang H X. *J. Electroanal. Chem*. 1999, 471: 69

[46] Szklarska-Smialowska Z, Kamiski M. Ext. Abstr. of 5th International congress on Metallic Corrosion. Tokyo, 1972. 217

[47] Hackerman N, Hurd R M, Annand R R. *Corr*. 1962, 18: 37t

[48] Antropov L I. *Corr. Sci*. 1967, 7: 607

[49] 姚录安,蒋嘉,旷富贵,邹津耘. 中国腐蚀与防护学报. 1989, 9:176

[50] 曹殿珍,曹家绶,陈家坚,祝英剑,高洪雷,万方林. 腐蚀科学与防护. V. 2, No. 2. 1990. 16

[51] 卜宪章,汪的华,邹津耘,甘复兴. 电化学. 1997, 3:55

[52] 汪的华,卜宪章,邹津耘,甘复兴. 中国腐蚀与防护学报. 1999, 19:14

[53] Aramaki K, Hagiwara M, Nishihara N. *J. Electrochem. Soc*. 1988, 135: 1364

[54] Hackerman N. *J. Electrochem. Soc*. 1966, 113: 677

[55] Кокоулина Д В, Кабанов Б Н. *ЖФХ* . 1960, 34: 2469

[56] Albaya H C, Caba O A, Bessone J B. *Corr. Sci*. 1973, 13: 287

[57] Mansfeld F, Oldham K B. *Corr. Sci*. 1971, 11: 787

[58] Hausler R H. *Corr*. 1977, 33: 117

第九章 多孔电极

§9.1 多孔电极简介

制备实用电极大多采用粉末材料,包括电活性粉末材料(粉末本身参加电化学氧化还原反应)与粉末电催化剂(粉末本身不参加净反应)等. 由粉末材料所制成的电极大多有一定孔隙率,因此称为"多孔电极". 有时还直接采用多孔材料(如多孔碳板,泡沫金属片等)作为电极. 多孔电极的主要优点是具有比平板电极大得多的反应表面,有利于电化学反应的进行.

用多孔电极组成电化学装置时,电极中的孔隙可以有各种不同的填充方式. 当电极内部的孔隙完全为电解质溶液充满时,就称"全浸没多孔电极". 在一些其他场合,电极中的孔隙只部分地被电解质相充满,而剩余的孔隙由气相或与电解质相有别的其他液相充填. 当多孔电极与固相电解质膜接触时,后者一般不能嵌入电极的孔隙中. 在这种情况下,除非采取其他改进措施(见§9.5),电极与电解质相的接触主要局限于二者的端面之间.

多孔电极工作时,其内表面往往并不能均匀地被用来实现电化学反应,即使全浸没电极也不例外. 孔隙内流体中的传质阻力与固、液相电阻能在多孔电极内部引起反应物及产物的浓度极化与固相和电解质相内部的 IR 降,导致电极内部各处"电极/电解质相"界面上极化不均匀,即电极的全部内表面不能同等有效地发挥作用,其后果是部分地抵消了多孔电极比表面大的优点.

研究多孔电极的主要目的在于分析这种电极的基本电化学行为,及找出优化电极性能的基本原则. 为此,要首先建立多孔体及其中各种组分(反应粒子、电荷等)传输过程的物理模型,然后将以前各章中讨论过的电极过程基本原理应用于这些模型,求出多孔电极极化行为的解析解或数值解. 显然,求解的难易和结论的精确性与模型的简化程度有关. 为了不使分析过程过于复杂,在本章以下各节中忽略了多孔电极的结构细节,而采用具有统计平均意义的各种参数的"有效值". 这种处理方法无疑对结论的精确性有些影响. 然而,考虑到多孔电极结构的复杂性,无论采用多么复杂的模型仍不免与实际情况有差距,即理论推算所得结论仍然只可能是"原则性"的和"准定量"的. 本章中采用简化模型和各种参数的有效值所得到的主要结论与采用更复杂得多的方法处理时得到的结论并无质的差别. 因此,我们也就"何乐而不为(简化)"了.

§9.2 多孔体的基本结构和传输参数

多孔体最主要的结构参数是比表面和孔隙率. 粉末材料的比表面常用"重量比表面" $S/(m^2 \cdot g^{-1})$ 表示. 表征多孔电极的比表面则一般用"体积比表面" $S^*/(cm^2 \cdot cm^{-3})$,即单位体积多孔体所具有的表面积. 有时也用"表观面积比表面" $S'/(cm^2 \cdot cm^{-2})$ 来表示,其定义为与每单位表观电极面积相应的实际表面积.

粉末材料和多孔体的比表面测量多采用吸附法,如 BET 法. 如此求得的表面积值与所用的吸附物有关,因吸附分子不能进入比分子尺寸更小的孔中. 通常采用 N_2 为吸附分子,并假定每个 N_2 分子的吸附面积为 $16.2 Å^2$. 另一类测量方法是基于电化学原理,包括测量界面电容值或电化学吸附量来计算表面积. 例如,铂的表面积可用吸附原子氢的氧化电量来测定. 通常假定,当铂的表面被吸附氢原子饱和覆盖时,氧化电量为 $208\sim210\mu C \cdot cm^{-2}$. 用电化学方法测出的比表面值可称为"电化学比表面",它相应于能有效参与某一确定电极反应的那一部分表面.

多孔体的总孔隙率可根据吸满液体后的增重来测定,也可以根据粉末材料的真实比重及多孔体的视比重计算求得. 除总孔隙率外,孔隙体积按不同孔径的分布也是重要的结构参数. 孔径分布曲线可用压入不能润湿表面的液体或用毛细管凝结方法来测定. 有关具体的比表面和孔隙结构测量方法可参阅有关的专著[1].

由于我们主要关心的是多孔体中的电化学过程,有必要简单讨论一下比表面、孔隙率及孔径分布等数据对多孔电极的电化学行为,特别是对用于实现电化学反应的有效表面积有什么影响.

组成粉末材料的粉粒可能是"实心"的(即不具内表面),也可能具有由裂纹等引起的内表面,还可能是由更细粉粒组成的"团粒",后者具有更大的内表面. 因此,在由粉末材料制成的多孔体中大多包含两大类孔隙:一类是由粉粒之间空隙组成的"粗孔"(孔径一般为微米级或更大),另一类是由粉粒内部空隙所形成的"细孔"(孔径一般为亚微米级或更小). 在多孔电极的孔径分布曲线上,往往可以看到与此相应的两个孔径分布峰值. 如果在制备多孔电极时有意加入"发孔剂",则往往可以形成更大的孔隙.

上述"粗"、"细"两类孔隙在电化学反应中起着不同的作用. 由于"粗孔"孔径较大,且大多彼此贯通,这类孔所组成的网络往往是反应粒子和离子电荷传输的主要通道,其孔壁则构成电极过程的主要反应表面. "细孔"的作用则与此很不相同. 它们不仅较细,而且较少彼此贯通,因此对反应粒子和离子电荷的传输影响较小.

至于细孔的内壁能否用来实现电化学反应,则主要决定于这些孔能否被电解质溶液浸润以及反应粒子和产物进出这些孔的速度. 实际经验表明:具有大量内表面的某些活性碳虽然比表面值很高(可达 $1000\text{m}^2\cdot\text{g}^{-1}$ 以上),用这种材料制成的多孔电极其电化学性能往往比不上用碳黑材料制得的. 炭黑虽然比表面较低,但其中内表面所占比例要少得多.

分析多孔电极的电化学行为时,可以将多孔体看作是由若干个网络相互交错形成,其中包含由固相导电粒子组成的电子导电网络,一个或一个以上占有全部或部分孔隙的电解质网络和其他液相网络,有时还包含气相网络. 因此,在分析多孔体中物质和电荷的传输过程时,首先要弄清过程是在哪一网络相中进行的. 其次,处理多孔体内某一网络相(i)中的传质过程时,一方面要考虑该相的比体积(V_i),即单位体积多孔体中该相所占有的体积;另一方面还要考虑该相的曲折系数(β_i). 所谓某一网络相的曲折系数,系指多孔体中通过该网络相传输时实际传输途径的平均长度与直通距离之比. 例如,图 9.1 中"直通孔"的 $\beta = 1$ 而"曲折孔"的 $\beta \approx 3$. 显然,如果多孔体结构是各向异性的,则曲折系数的数值与传输方向有关.

当孔径相同时,曲折孔的比体积(或比截面积)比直通孔的大 β 倍,而同样条件下的传输速度只有直通孔的 $1/\beta$. 因此,多孔体内某一网络相(i)中的传输速度应与 V_i/β_i^2 成正比. 例如,通过多孔体中 i 网络相扩散时的"有效扩散系数"

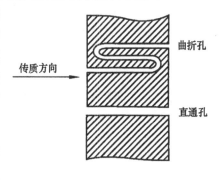

$$D_{有效(i)} = D_{(i)}^0 \cdot \frac{V_i}{\beta_i^2} \qquad (9.1)$$

式中:$D_{(i)}^0$ 为整体相 i 中同一粒子的扩散系数;而同一网络相的表观比电阻

图 9.1 曲折孔与直通孔

$$\rho_i = \rho_i^0 \frac{\beta_i^2}{V_i} \qquad (9.2)$$

式中:ρ_i^0 为整体相的比电阻;网络相的其他传输参数的表观值也可依此类推.

对于由微粒堆积(包括压制)而成的多孔体,孔的方向是任意分布的,可以证明大致有 $\beta = \sqrt{3}$. 然而,对于经过滚辗制成的多孔膜,则孔的方向往往倾向于和滚辗方向平行,因此,当传质方向与膜平面垂直,即透过膜传输时,β 值要更高一些.

以下各节中主要利用这些结构参数和表观传输参数来分析各种类型多孔电极的电化学行为.

§9.3　全浸没多孔电极

作为一种最简单的情况,我们首先分析只包括两个网络相(固相和电解质相网络)的"全浸没多孔电极",并假定多孔电极中的固相网络只负担电子传输和提供电化学反应表面,而本身不参加电氧化还原反应(即所谓"非活性电极"或"催化电极"). 对于这类多孔电极,其内部不同深度处电化学极化的不均匀性可以主要是由于孔隙中电解质网络相内反应粒子的浓度极化所导致,也可以主要是固、液相网络中的电阻所引起的. 我们首先分析后一种情况,它主要发生在反应粒子浓度很大及表观电流密度也较高时. 在化学电池和工业电解槽中常遇到这类情况.

§9.3.1　固、液相电阻所引起的不均匀极化

分析这种情况时,我们假设层状多孔电极以一侧接触溶液;并设全部反应层中各相具有均匀的组成,即不发生反应粒子的浓度极化;还假设反应层的全部厚度中各相的比体积与曲折系数均为定值. 当满足这些假设时,可以用如图9.2所示的等效电路来分析界面上的电化学反应和固、液相电阻各项因素对电极极化行为的影响.

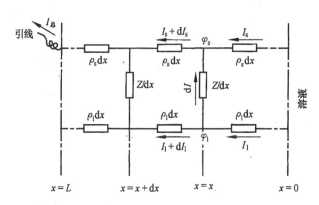

图9.2　多孔电极的等效电路

图中将表观面积为$1cm^2$、厚度为 L 的多孔电极按平行于电极表面的方向分割成厚度为dx的许多薄层,薄层中固相和液相的电势分别用 φ_s 和 φ_1 表示(以下均用下标s和l表示固、液相). 因此,界面上阴极反应的超电势 $\eta = \varphi_1 - \varphi_s +$ 常数,或 $d\eta = d(\varphi_1 - \varphi_s)$. 按 x 方向流经薄层中固相和液相的电流分别用I_s和 I_1 表示;并用 $\rho_s dx$ 及$\rho_1 dx$ 来模拟每一薄层x方向的固、液相电阻,其中 ρ_s 及 ρ_1 分别为固相及液相的表观比电阻. 电路中还在固、液相电阻之间用 Z/dx 来模拟薄层中电化学

反应的"等效电阻". 电荷通过这一电阻在固、液相之间转移.

如果设真实反应表面上的极化曲线为 $I' = F(\eta)$, 则反应层中电化学反应的局部体积电流密度为

$$\frac{\mathrm{d}I}{\mathrm{d}x} = \frac{\mathrm{d}I_s}{\mathrm{d}x} = -\frac{\mathrm{d}I_l}{\mathrm{d}x} = S^* I' = S^* F(\eta) \tag{9.3}$$

式中 S^* 为单位体积多孔层中的反应表面(即"体积比表面", 用 $\mathrm{cm}^2 \cdot \mathrm{cm}^{-3}$ 表示). 因此, 电化学反应的体积等效比电阻(Z)可用下式表示

$$Z = \eta \Big/ \left(\frac{\mathrm{d}I}{\mathrm{d}x}\right) = \frac{\eta}{S^* F(\eta)} \tag{9.4}$$

在固相电子导电良好的多孔电极中一般有 $\rho_s \ll \rho_l$, 因此可以认为 $\mathrm{d}\varphi_s/\mathrm{d}x = 0$. 而 $\mathrm{d}\eta = \mathrm{d}\varphi_l = -I_l \rho_l \mathrm{d}x$. 由此得到 $\dfrac{\mathrm{d}I_l}{\mathrm{d}x} = -\dfrac{1}{\rho_l}\left(\dfrac{\mathrm{d}^2\eta}{\mathrm{d}x^2}\right)$, 代入(9.4)式后有

$$\frac{\mathrm{d}^2\eta}{\mathrm{d}x^2} = \frac{\rho_l}{Z}\eta \tag{9.5}$$

式(9.5)为不考虑固相电阻, 也不出现浓度极化时多孔电极极化的基本微分方程, 其解的具体形式由式(9.4)和选用的边界条件决定. 作为最简单的情况, 可以采用电化学极化很小时的极化曲线公式 $I' = i^0 \dfrac{nF}{RT}\eta$[式(4.17)]. 代入式(9.4)后得到 $Z = \dfrac{RT}{nF}\dfrac{1}{i^0 S^*}$, 对于一定的电极结构和反应体系可当作常数来处理.

当 ρ_l/Z 为常数时, 式(9.5)的通解为 $\eta = A\mathrm{e}^{\kappa x} + B\mathrm{e}^{-\kappa x}$, 其中 $\kappa = (\rho_l/Z)^{1/2}$. 用下列边界条件

$$\begin{cases} \eta_{x=0} = \eta^0 & (\eta^0 \text{ 为溶液一侧中用参比电极测得的 } \eta \text{ 值}) \\ \left(\dfrac{\mathrm{d}\eta}{\mathrm{d}x}\right)_{x=L} = 0 & (\text{即 } x = L \text{ 处 } I_l = 0) \end{cases} \tag{9.6}$$

代入后得到电极内深度不同的各薄层的界面超电势分布公式

$$\eta(x) = \eta^0 \frac{\mathrm{e}^{\kappa(x-L)} + \mathrm{e}^{-\kappa(x-L)}}{\mathrm{e}^{\kappa L} + \mathrm{e}^{-\kappa L}} = \eta^0 \frac{\cosh[\kappa(x-L)]}{\cosh(\kappa L)} \tag{9.7}$$

$$\frac{\mathrm{d}\eta(x)}{\mathrm{d}x} = \kappa\eta^0 \frac{\sinh[\kappa(x-L)]}{\cosh(\kappa L)} \tag{9.7a}$$

$$\left(\frac{\mathrm{d}\eta}{\mathrm{d}x}\right)_{x=0} = -\kappa\eta^0 \tanh(\kappa L) \tag{9.7b}$$

而多孔电极全部厚度内所产生的总电流密度(即表观电流密度)

$$I_{\text{总}} = I_{l(x=0)} = -\frac{1}{\rho_l}\left(\frac{\mathrm{d}\eta}{\mathrm{d}x}\right)_{x=0} = \eta^0 (\rho_l Z)^{-1/2}\tanh(\kappa L) \tag{9.8}$$

当 $\kappa L \geqslant 2$ 时, $\tanh(\kappa L) \approx 1$, 此时式(9.8)中的 $\tanh(\kappa L)$ 项可以略去. 因此, 常设

$$L_\Omega^* = -\eta^0 \cdot \left(\frac{d\eta}{dx}\right)_{x=0}^{-1} = 1/\kappa = (Z/\rho_1)^{1/2} = \left(\frac{RT}{nF}\frac{1}{i^0 S^* \rho_1}\right)^{1/2} \quad (9.9)$$

称为反应层的"特征厚度"[①]. 当反应层的厚度 $L \geqslant 2L_\Omega^*$ 时, $I_{总}$ 就很少随 L 而增大. 而对于"足够厚"($L \geqslant 3L_\Omega^*$)的反应层

$$I_{总} = \eta^0 (\rho_1 Z)^{-1/2} = \eta^0 \left(\frac{nF}{RT}\frac{i^0 S^*}{\rho_1}\right)^{1/2} \quad (9.8^*)$$

式(9.8^*)表示, $I_{总}$ 与 η^0 之间存在线性关系. 但是, 与平面电极上 $I \propto i^0$[式(4.17)]不同, $I_{总}$ 与体积交换电流密度($i^0 S^*$)的平方根成正比.

由式(9.7)还可以求得电极内不同深度处的体积反应电流密度

$$\frac{dI}{dx} = \eta/Z = \frac{RT}{nF}\frac{\eta^0}{i^0 S^*} \cdot \frac{\cosh[\kappa(x-L)]}{\cosh(\kappa L)} \quad (9.10)$$

由于当 $x=0$ 时 $\cosh[\kappa(x-L)]/\cosh(\kappa L)=1$, 故 $\left(\frac{dI}{dx}\right)_{x=0} = \frac{RT}{nF}\frac{\eta^0}{i^0 S^*}$, 代入式(9.10)后可将该式改写成

$$\frac{dI}{dx} = \left(\frac{dI}{dx}\right)_{x=0}\frac{\cosh[\kappa(x-L)]}{\cosh(\kappa L)} \quad (9.10^*)$$

与式(9.7)比较, 可知反应层内部体积反应电流密度的分布与 η 的分布有着完全相同的形式. 这实际上是假定局部电流密度与局部超电势成正比($I' = i^0 \frac{nF}{RT}\eta$)所导致的直接后果. 图9.3表示当多孔电极厚 $L \gg L_\Omega^*$ 时电极内部"固/液"界面超势及体积反应电流密度的分布情况.

如果多孔电极中的极化较大, 以致不能忽略极化曲线的非线性, 则真实反应表面上的电化学极化公式应采用[②]

$$I' = i^0 \left[\exp\left(\frac{\alpha nF}{RT}\eta\right) - \exp\left(-\frac{\beta nF}{RT}\eta\right)\right]$$

$$= 2i^0 \sinh\left(\frac{nF}{2RT}\eta\right) \qquad (当 \alpha = \beta 时)$$

代入式(9.3)得到体积反应电流密度

---

① 当 $x = L_\Omega^* = 1/\kappa$ 时, $\frac{\cosh[\kappa(x-L)]}{\cosh(\kappa L)} = \frac{\cosh(1-\kappa L)}{\cosh(\kappa L)} = \frac{e^{1-\kappa L} + e^{\kappa L-1}}{e^{\kappa L} + e^{-\kappa L}}$. 若 $\kappa L \gg 1$, 则可略去 $e^{-\kappa L}$, $e^{1-\kappa L}$ 项而等于 e^{-1}. 因此, 可认为 L_Ω^* 的定义是相应于 η 降至 η^0/e 时的反应层深度. 根据式(9.8), 当反应层厚度 $L = L_\Omega^*$ 时, $I_{总}$ 为无限厚电极的76.2%; 而 $L = 2.65L_\Omega^*$ 时, $I_{总}$ 为无限厚电极的99%.

② 由于多孔电极内部固、液界面超势的局部值(η)随 x 增大而减小, 即使 η^0 较大也不能在极化曲线公式中忽略逆反应项.

$$\frac{\mathrm{d}I}{\mathrm{d}x} = 2i^0 S^* \sinh\left(\frac{nF}{2RT}\eta\right) \quad (9.11)$$

和　$$\frac{\mathrm{d}^2\eta}{\mathrm{d}x^2} = \rho_1\left(\frac{\mathrm{d}I}{\mathrm{d}x}\right) = 2i^0 S^* \rho_1 \sinh\left(\frac{nF}{2RT}\eta\right)$$

$$(9.11^*)$$

利用关系式 $\dfrac{\mathrm{d}^2\eta}{\mathrm{d}x^2} = \dfrac{1}{2}\dfrac{\mathrm{d}}{\mathrm{d}\eta}\left(\dfrac{\mathrm{d}\eta}{\mathrm{d}x}\right)^2$ 及积分

公式 $\int \sinh x\,\mathrm{d}x = \cosh x$,将上式一次积分后

可整理成

$$\left(\frac{\mathrm{d}\eta}{\mathrm{d}x}\right)^2 = \frac{8i^0 S^* \rho_1 RT}{nF}\cosh\left(\frac{nF}{2RT}\eta\right) + 常数$$

对于"足够厚"的电极,当 $x \to \infty$ 时 $\eta = 0$ 和

$\dfrac{\mathrm{d}\eta}{\mathrm{d}x} = 0$,可知积分常数等于 $-\dfrac{8i^0 S^* \rho_1 RT}{nF}$

代入原式并利用关系式 $\sinh^2\left(\dfrac{x}{2}\right) =$

$\dfrac{1}{2}(\cosh x - 1)$ 可以得到

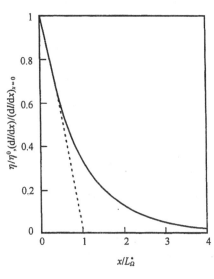

图 9.3

当多孔电极足够厚时粉层中"固/液"界面超
电势与体积反应电流密度的分布

$$\left(\frac{\mathrm{d}\eta}{\mathrm{d}x}\right)^2 = \frac{16i^0 S^* \rho_1 RT}{nF}\sinh^2\left(\frac{nF}{4RT}\eta\right)$$

及　　　　$$\frac{\mathrm{d}\eta}{\mathrm{d}x} = -\sqrt{\frac{16i^0 S^* \rho_1 RT}{nF}}\sinh\left(\frac{nF}{4RT}\eta\right) \quad (9.11a)$$

和　　　　$$\left(\frac{\mathrm{d}\eta}{\mathrm{d}x}\right)_{x=0} = -\sqrt{\frac{16i^0 S^* \rho_1 RT}{nF}}\sinh\left(\frac{nF}{4RT}\eta^0\right) \quad (9.11b)$$

式中右侧取负号是由于反应层中 $\mathrm{d}\eta/\mathrm{d}x$ 恒为负值. 由此得到

$$I_1 = -\frac{1}{\rho_1}\left(\frac{\mathrm{d}\eta}{\mathrm{d}x}\right) = \sqrt{\frac{16i^0 S^* RT}{\rho_1 nF}}\sinh\left(\frac{nF}{4RT}\eta\right) \quad (9.11c)$$

当 $x = 0$ 时,$I_1 = I_总$,$\eta = \eta^0$,故极化较大时多孔电极的极化曲线公式为

$$I_总 = \sqrt{\frac{16i^0 S^* RT}{\rho_1 nF}}\sinh\left(\frac{nF}{4RT}\eta^0\right)$$

$$= \sqrt{\frac{4i^0 S^* RT}{\rho_1 nF}}\left[\exp\left(\frac{nF}{4RT}\eta^0\right) - \exp\left(-\frac{nF}{4RT}\eta^0\right)\right] \quad (9.12)$$

与平面电极上相应的极化曲线公式[式(4.16a)]比较,式(9.12)的特点是 $I_总$ 与

$(i^0 S^*)^{1/2}$ 成正比及指数项的幂比式(4.16a)中小一半. 当 $\eta^0 \gg \dfrac{nF}{4RT}$ 时,可以忽略

式(9.12)右方括号中第二项,经整理后得到

$$\eta^0 = -\frac{2.3RT}{nF/4} \lg\left(\frac{4i^0 S^* RT}{\rho_1 nF}\right)^{1/2} + \frac{2.3RT}{nF/4}\lg I_\text{总}$$

$$= 常数 + \frac{0.236}{n}\lg I_\text{总} \tag{9.13}$$

与式(4.19)相比,在多孔电极上半对数极化曲线的斜率加大了一倍. 这种情况常称"双倍斜率"或"高斜率".

由式(9.12)所表示的极化曲线形式见图9.4中曲线a,图中曲线b为i^0相同时平面电极上的极化曲线. 比较二曲线可知多孔电极主要在低极化区比平面电极的极化小得多;在中等极化区,多孔电极上的极化也较小,但由于曲线斜率大一倍,故迅速接近平面电极上的极化曲线. 导致出现这种情况的主要原因是有效反应区随极化增大而迅速减薄,使多孔电极的极化性能越来越趋近平面电极了. 从曲线上 a 段的发展趋势看,在高极化区多孔电极上的极化甚至可能超过平面电极,事实上当然不可能如此. 当有效反应区的厚度减小到与多孔电极中的微孔孔径相近时,本节中的推导方式就不再有效. 在高极化区,实际极化曲线大致按曲线c渐趋近平面电极的极化曲线.

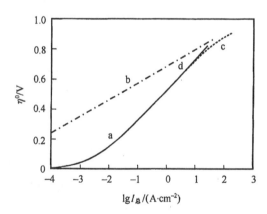

图9.4 多孔电极的极化曲线

若固相电阻的影响不能忽视,则应考虑

$$\text{d}\varphi_\text{s} = -I_\text{s}\rho_\text{s}\text{d}x$$

$$\text{d}\eta = \text{d}(\varphi_1 - \varphi_\text{s}) = (-I_1\rho_1 + I_\text{s}\rho_\text{s})\text{d}x$$

和

$$\frac{\text{d}^2\eta}{\text{d}x^2} = -\rho_1\frac{\text{d}I_1}{\text{d}x} + \rho_\text{s}\frac{\text{d}I_\text{s}}{\text{d}x} = (\rho_\text{s} + \rho_1)\frac{\text{d}I}{\text{d}x} = \frac{\rho_\text{s} + \rho_1}{Z}\eta \tag{9.5a}$$

用真实反应表面上的电化学极化公式 $I' = 2i^0\sinh\left(\frac{nF}{2RT}\eta\right)$代入,整理后得到

$$\frac{\mathrm{d}^2\eta}{\mathrm{d}x^2} = 2i^0 S^* (\rho_s + \rho_l)\sinh\left(\frac{nF}{2RT}\eta\right) \tag{9.5b}$$

与式(9.11*)比较,式(9.5b)中只是用 $\rho_s + \rho_l$ 代替了 ρ_l. 然而,由于固相中存在电压降,边界条件式(9.6)不再适用,而需要改为

$$\begin{cases} (\mathrm{d}\eta/\mathrm{d}x)_{x=0} = -\rho_l I \\ (\mathrm{d}\eta/\mathrm{d}x)_{x=L} = \rho_s I \end{cases} \tag{9.6a}$$

这样就大大增加了数学分析的复杂性.

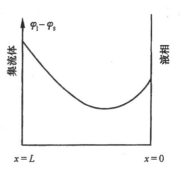

图 9.5　当固相电阻不能忽视时多孔电极内部的极化分布

较简便的方法是采用数值计算法,在文献[2]中详述了解决这一问题的方法与计算程序,并算出了各种情况下电极内部的极化分布与表观极化曲线的形式. 当 ρ_s 的影响不能忽视时,电极内部的极化分布大致有如图 9.5 所示的形式,其特征是往往在电极厚度的中部出现局部极化最小值. 主要反应区的位置则决定于 ρ_s 与 ρ_l 的相对大小,当 $\rho_l > \rho_s$ 时,反应区主要集中在靠近液相的一侧;而当 $\rho_s > \rho_l$ 时,则反应区主要集中在靠近集流引线一侧.

§9.3.2　粉层中反应粒子浓度变化所引起的不均匀极化

若反应粒子浓度较低而固、液网络导电性良好,则引起多孔电极内部极化不均匀的主要原因往往是反应粒子在孔隙中的浓度极化. 在这种情况下,电极内部不同深度处反应界面上电化学极化值相同,且等于按常规方法用置于多孔电极外侧的参比电极测得的数值(η^0). 此外,由于受到电极表面外侧整体液相中反应粒子传质速度的限制,能实现的稳态表观电流密度不能超过整体液相中传质速度决定的极限扩散电流密度. 采用多孔电极作为电化学传感器时常利用这一性质. 在化学电池和电解装置中,一些杂质在多孔电极上的电化学行为往往亦由此决定.

进一步可分两种情况来讨论多孔电极上的这类过程:首先,若多孔电极上的表观交换电流密度 $i^{0\prime} = i^0 S' \gg I_d$ (式中 S' 为"表观面积比表面", I_d 为电极表面外侧液相中传质速度引起的极限扩散电流密度),则当极化不太大及孔隙中传输速度足够快时多孔层中液相内部各点反应粒子的浓度与端面上(c^s)相同,且等于按电极电势和 Nernst 公式所规定的数值(参见§4.2). 换言之,在这种情况下多孔电极与表面粗糙度很大的平面电极等效,其极化曲线公式则与式(3.36)和(3.36*)完全相同. 由于多孔电极的 S' 一般远大于1,故满足 $i^0 S' \gg I_d$ 要比满足 $i^0 \gg I_d$ 更容易,即在多孔电极上更容易出现"可逆型"极化曲线. 即使不能满足 $i^0 S' \gg I_d$,

若多孔层较薄且孔隙中反应粒子的传输速度足够大,当多孔层内部的反应界面上出现电化学极化时孔隙内反应粒子的浓度仍可保持均匀,并等于端面上的浓度 c^s.

因此,根据孔隙中反应粒子传输速度的不同,可以出现如图 9.6 所示的三种情况:其中曲线 1 相当于上段中介绍过的情况(粉层内不出现浓度极化);而曲线 2,3 分别表示当粉层"不足够厚"和"足够厚"时出现的浓度极化分布情况. 当粉层"不足够厚"时,直至粉层最深处 $(x = L)$ 反应粒子的浓度仍显著大于零,因而若粉层更厚则多孔电极可有更大的反应速度(电流输出). 当粉层"足够厚"时,在粉层深处反应粒子的浓度与 c^s 相比已降至可以忽略的数值. 因此,即使增大粉层厚度也不可能输出更大的电流密度.

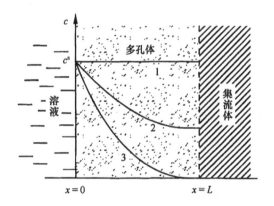

图 9.6　反应粒子在多孔层中的几种典型浓度分布

显然分析相应于图 9.6 中曲线 1 的情况时只需要考虑电极的表观面积比表面(S',其数值等于 $S^* L$). 因此,当 $\eta^0 \gg \dfrac{\alpha nF}{RT}$ 时电流密度公式和半对数极化曲线公式可分别写成

$$I_{总} = \frac{c^s}{c^0} i^0 S^* L \exp\left(\frac{\alpha nF}{RT}\eta^0\right) \tag{9.14}$$

及
$$\eta^0 = -\frac{2.3RT}{\alpha nF}\lg\left(\frac{c^s}{c^0} i^0 S^* L\right) + \frac{2.3RT}{\alpha nF}\lg I_{总} \tag{9.15}$$

当 c^s 随电流密度变化(即电极端面外侧溶液中出现浓度极化) 时则有

$$\frac{2.3RT}{\alpha nF}\lg\left[\frac{I_{总}}{I_d - I_{总}}\right] = 常数 + \eta^0 \tag{9.15a}$$

式中,I_d 为整体液相中反应粒子完全浓度极化所引起的极限扩散电流密度. 若设 $n = 1$,$\alpha = 0.5$,则由式(9.15)和(9.15a)表示的半对数极化曲线的斜率均为 118mV. 此值称为"低斜率",是粉层中不出现浓度梯度的表征.

为了分析图 9.6 中曲线 2 和 3 所表示的情况,可用下式来表达局部体积电流密度：

$$\frac{\mathrm{d}I}{\mathrm{d}x} = \frac{c(x)}{c^0} i^0 S^* \exp(\eta^*) = nFD_{有效(1)}\left(\frac{\mathrm{d}^2 c}{\mathrm{d}x^2}\right)$$

或

$$\left(\frac{\mathrm{d}^2 c}{\mathrm{d}x^2}\right) = \frac{c(x)}{c^0} \cdot \frac{i^0 S^*}{nFD_{有效(1)}} \exp(\eta^*) = \kappa_c^2 \cdot c(x) \qquad (9.16)$$

其中

$$\kappa_c = \left(\frac{i^0 S^*}{nFD_{有效(1)} c^0}\right)^{1/2} \exp\left(\frac{\eta^*}{2}\right), \quad \eta^* = \frac{anF}{RT}\eta^0 \qquad (9.17)$$

由于在粉层中出现了浓度极化,在式(9.16)中引入了$\frac{c(x)}{c^0}$项. 此外,上式中采用

$\exp\left(\frac{anF}{RT}\eta^0\right)$来表示电化学极化的影响,即假设电极反应完全不可逆;若电极反应

部分可逆,则在式(9.16)中需用$2\sinh\left(\frac{nF}{2RT}\eta^0\right)$项来代替$\exp(\eta^*)$项. 然而,如此

只在电化学极化很小时给出不同的结果. 为了解析方便我们只分析式(9.16).

解式(9.16)中可采用以下的边界条件：

$$\begin{cases} c(x = 0) = c^s \\ \left(\dfrac{\mathrm{d}c}{\mathrm{d}x}\right)_{x=L} = 0 \end{cases} \qquad (9.18)$$

将式(9.16),(9.18)与式(9.5),(9.6)比较,可见它们在数学形式上完全一致. 因此,可以仿照式(9.7)直接写出下列解：

$$c(x) = c^s \frac{\cosh[\kappa_c(x - L)]}{\cosh(\kappa_c L)} \qquad (9.19)$$

$$\frac{\mathrm{d}c}{\mathrm{d}x} = \frac{\kappa_c c^s \sinh[\kappa_c(x - L)]}{\cosh(\kappa_c L)} \qquad (9.19a)$$

$$\left(\frac{\mathrm{d}c}{\mathrm{d}x}\right)_{x=0} = -\kappa_c c^s \tanh(\kappa_c L) \qquad (9.19b)$$

及

$$I_{总} = I_{1(x=0)} = -nFD_{有效(1)}\left(\frac{\mathrm{d}c}{\mathrm{d}x}\right)_{x=0}$$

$$= c^s \left(\frac{nFD_{有效(1)} i^0 S^*}{c^0}\right)^{1/2} \exp\left(\frac{\eta^*}{2}\right) \tanh(\kappa_c L) \qquad (9.20)$$

式(9.19b)及(9.20)中的$\tanh(\kappa_c L)$项均由于粉层不足够厚所引起. 当$\kappa_c L \geqslant 2$时这一项可从两式中略去,并由此推出反应层的"有效厚度"为

$$L_c^{*'} = -c^s\left(\frac{\mathrm{d}c}{\mathrm{d}x}\right)_{x=0}^{-1} = 1/\kappa_c$$

$$= \left(\frac{nFD_{有效(1)} c^0}{i^0 S^*}\right)^{1/2} \exp(-\eta^*/2) \qquad (9.21)$$

表示其数值与 η^* 有关. 然而式中右方最后一项的变化不会很大,因此,常用下式表示由粉层中反应粒子浓度极化所引起的反应层的"特征厚度":

$$L_c^* = \left(\frac{nFD_{\text{有效}(1)}c^0}{i^0 S^*}\right)^{1/2} \qquad (9.21a)$$

当 $L \ll L_c^{*'}$ 时,粉层中不存在浓度变化;而在 $L \geqslant 3L_c^{*'}$ 时,粉层深处的反应粒子已基本耗尽,即粉层已"足够厚"了. 因此,图 9.6 中的三种情况大致相当于 $L \ll L_c^{*'}$,$L = 0.1L_c^{*'} \sim 2L_c^{*'}$ 及 $L \geqslant 3L_c^{*'}$.

如果假设 c^s 不随 η^* 变化,即假定整体溶液相不出现反应粒子的浓度极化,则在粉层足够厚时可略去 $\tanh(\kappa_c L)$ 项而将式(9.20)写成

$$\eta^0 = \text{常数} + \frac{2.3 \cdot 2RT}{\alpha nF}\lg I_{\text{总}} \qquad (9.20a)$$

当 $n = 1, \alpha = 0.5$ 时,$\eta^0 - \lg I_{\text{总}}$ 关系的斜率为 236mV,与式(9.13) 相同. 由此可见,双倍斜率是粉层不均匀极化的普遍表征,不论造成不均匀极化的原因是反应层中的 IR 降或是反应粒子的浓度极化,均能导致反应层的有效厚度随 η^0 增大而不断减薄,并引起出现双倍斜率.

如果整体溶液中出现了浓度极化,则 c^s 不再是常数. 此时情况要更复杂一些. 我们将在"粉末微电极"一节(§9.6)中分析这类情况.

§9.3.3　电化学活性粒子组成的多孔电极

前面所讨论的多孔电极极化行为,主要适用于电极中固相只提供反应表面,而本身不参加电化学氧化还原反应的场合. 这时组成电极的粉末主要起着"电化学催化剂"的作用. 然而,在其他一些场合中,尤其是用作化学电源的电化学装置中,电极往往由直接参加电化学氧化还原反应的粉末组成,也就是所谓"电化学活性电极"(简称"电活性电极"). 这就增大了问题的复杂性.

在分析后一类多孔电极时应同时看到两个方面:一方面,在每一确定的瞬间,前述各项有关多孔电极极化行为的基本原则大多仍然适用,如基本极化公式、固相和液相电阻及反应物浓度极化对反应层位置及其有效厚度的影响等等;另一方面,又要看到在极化过程中粉末的氧化还原状态不断变化,及由此引起的反应物浓度和固、液相电阻的不断变化等. 特别是,由于多孔电极内部的极化分布本来就往往是不均匀的,电化学反应造成的影响在电极内不同深度处也是不均匀的. 因此,多孔电极内部极化分布的不均匀性随极化时间的持续而不断变化. 另一方面,贮存于多孔电极内部的电活性物质的总量是有限的,迟早终将耗尽. 这样,在连续极化(不断输出电流)的过程中多孔电极的极化行为不断地变化,主要是有效反应区的位置、厚度及其反应能力不断变化,同时还涉及固、液相导电能力的变化. 这些变

化大都伴随着超电势的增大,终至粉层中的反应物基本耗尽而不再具有输出电流的能力.

显然,企图定量解析电活性多孔电极放电反应的全过程是相当困难的;用计算机模拟的方法则有助于处理一些难以用解析方法处理的问题. 对后者有兴趣的读者可参阅文献[3~5]. 然而,即使是定性的考虑也可以导出一些有用的结论. 例如,利用前节中讨论过的基本极化机理,可以大致估计电活性多孔电极的适当厚度,以及在充放电过程中有效反应区的位置及其移动情况等等.

当涉及有关化学电源中多孔电极的极化问题时,由于在这类电化学装置中电解质相内参加反应的粒子(如水溶液电池中的 H^+,OH^-,锂电池中的 Li^+ 等)的浓度一般较高,常构成主要导电组分,因而引起这些粒子移动的机理包括电迁移,而不仅是扩散. 这时,对于对称型电解质溶液,根据式(3.39)有效反应层的"特征厚度"公式[式(9.21a)]应改写成[①]:

$$L_c^* = \left(\frac{2nFD_{有效(l)}c^0}{i^0 S^*} \right)^{1/2} \tag{9.21b}$$

比按式(9.21a)计算所得值大 41%.

当设计化学电源电极的厚度时,如果期望尽可能高的功率输出(即全部粉粒均能同时参加电流输出),则极片厚度不应显著大于 L_Ω^* 或 L_c^*(选其中较小的一个). 计算 L^* 时需要知道 $i^0 S^*$(单位体积中的交换电流),可用以下粉末微电极一节中所介绍的方法测出.

在一些容量较大而内部结构较简单的一次电池中,往往采用较厚的粉层电极(如锌锰电池中的"炭包"). 当输出较大电流时,在电极厚度方向上的极化分布一般是不均匀的. 因此,有必要大致估计有效反应区的位置及其在放电过程中的移动情况. 在放电的初始阶段,反应区主要是位于粉层表面附近或其最深处(导流引线附近),取决于 ρ_s 和 ρ_l 中哪一项数值较大(参见图9.5). 随着放电的进行及活性物质的消耗,反应区逐渐向内部或外侧移动. 这就提出一个问题:当化学电池中较厚的活性粉层电极放电时,什么是较理想的初始反应区的大致位置以及其移动方向?这一问题的答案大致取决于 ρ_s 及 ρ_l 在放电过程中如何变化:

大多数情况下 $\rho_l \gg \rho_s$,这时反应区的初始位置在电极靠近整体液相一侧的表面层中,且随放电进行而逐渐内移. 一般说来,这种情况是比较理想的,因为在这种情况下由于放电反应而可能引起的 ρ_s 的增大不会严重影响放电的进行. 然而,

---

① 有些书中写成: $L_c^* = \left[\frac{nFD_{有效(l)}c^0}{i^0 S^*(1-t_i)} \right]^{1/2}$,其中 t_i 为反应粒子的传递数. 当 $t_i = 0.5$ 时此式与式(9.21b)相同,而在 $t_i \to 0$ 时变成式(9.21a).

若反应产物能在孔内液相中沉积(如 Zn 电极,$SOCl_2$ 电极),则由于电极表面层中的微孔逐渐被阻塞,会使表面层中的液相电阻不断增大,导致电极极化增大. 从这一角度看,当电极反应可能引起液相中出现沉积时,尽可能减小 ρ_l 使初始反应区的位置处于粉层深处(靠近引流导线一侧)可能是有利的. 然而,若放电反应能引起 ρ_s 增大,则深层处活性物质优先消耗也会引起电池内阻显著上升和极化增大.

§9.4　气体扩散电极

§9.4.1　高效气体电极的反应机理——薄液膜理论

氢、氧等气体在溶液中的溶解度只有 $10^{-3} \sim 10^{-4} mol \cdot L^{-1}$. 因此,在全浸没的电极上由于溶解气体的传质速度限制不可能获得显著的电流密度.

Will 曾用简单的实验生动地说明提高活性气体及其反应产物液相传质速度的重要性[6]. 将长 1.2cm 外表面积为 2.4cm^2 的圆筒状铂黑电极(内表面用绝缘材料覆盖)全浸没在 4$mol \cdot L^{-1}$ H_2SO_4 中,并保持电极电势为 0.4V(相对 SHE),在用氢饱和了的静止溶液中只能得到不足 0.1mA 的阳极电流. 然而,如果将电极上端提出液面 3mm 左右,则输出电流大增(图 9.7),几乎可达到与每分钟旋转几千转的圆盘电极上相近的电流密度. 但若继续提高电极,输出电流却不再增大,表明在半浸没电极上只有高出液面 2~3mm 的那一段能最有效地用于进行气体电极反应. 用显微镜能观察到在这一段电极表面上存在薄液膜.

上述实验现象可用图 9.8 来解释:氢可以通过几种不同的途径在半浸没电极表面上氧化,其中每一途径都包含氢迁移到电极表面与反应产物 H^+ 离子迁移到整体溶液中去这样一些液相传质过程. 若有一项液相传质过程的途径太长,如途径 b 中 H_2 的扩散或途径 c 中 H^+ 离子的扩散(包括电迁)那样,就不可能给出较大的电流密度. 按途径 d 反应时吸附氢还要通过固相表面上的扩散才能到达薄液膜上端的电极/溶液界面,因此更为困难. 然而,若反应大致按途径 a 进行,则氢与 H^+ 离子的液相迁移途径都比较短,因此这一部分电极表面就成为半浸没电极上最有效的反应区.

从上述实验结果可以看到,制备高效气体电极时必须满足的条件是电极内部有大面积的气体容易到达而又与整体溶液较好地连通的薄液膜. 因此,这种电极必然是较薄的三相多孔电极(常称为"气体扩散电极"),其中既有足够发达的"气孔"网络使反应气体容易传递到电极内部各处,又有大量覆盖在催化剂表面上的薄液膜;这些薄液膜还必须通过"液孔"网络与电极外侧的溶液通畅地连通,以利于液相反应粒子(包括产物)的迁移. 当然,固相的电阻也不能太大,否则工作时将在固相中出现显著的电压降.

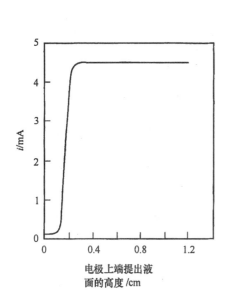

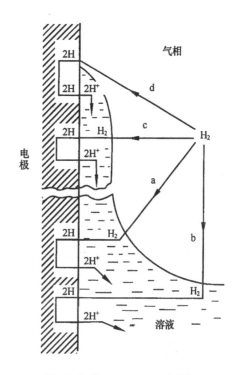

图9.7　电极部分提出液面(暴露于氢气氛中)对氢的氧化反应电流的影响

图9.8　半浸没气体电极上的各种可能反应途径

§9.4.2　高效气体电极的结构

当今常用的气体扩散电极主要有三种结构形式.

1.双层电极(图9.9)

电极用导电粉末及适当的发孔性填料分层压制和烧结制成. 电极中的"细孔层"(其中只有细孔)面向电解液,"粗孔层"(其中有粗孔也有细孔)面向气室. 若导电粉末本身不具备电化学催化剂的性能,还要通过浸渍等方法在孔内沉积催化剂. 此类电极的内表面往往是亲水的. 因此,若气室中不加压,则电解液将充满电极内部,甚至流入气室;但如果将气体压力调节到适当的数值,也可以使气体进入粗孔层中的粗孔内而不突入细孔,同时在粗孔的内表面上形成通过充液细孔网络与整体电解液连通的薄液膜. 根据毛细管公式,气体进入半径为 r 的亲水毛细管的临界压力为

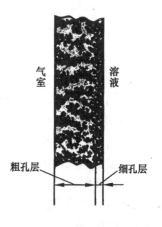

图9.9　双层电极
(示意图)

$\dfrac{2\sigma\cos\theta}{r}$, 式中 σ 和 θ 分别为气、液相之间的界面张力和接触角. 因此, 气体的工作压力 (P) 应满足 $\dfrac{2\sigma\cos\theta}{r_{细}} > P > \dfrac{2\sigma\cos\theta}{r_{粗}}$, 式中 $r_{粗}$ 和 $r_{细}$ 分别为粗孔和细孔的半径. 若气压过低 $\left(P < \dfrac{2\sigma\cos\theta}{r_{粗}}\right)$, 则粗孔将完全被电解液充满; 而若气压过大 $\left(P > \dfrac{2\sigma\cos\theta}{r_{细}}\right)$, 则气体将透过细孔层进入电解液. 事实上, 电极中粗、细孔的半径都不是均一的. 当气室中压力逐渐增大时, 粗孔按孔径大小的顺序依次充入气体. 通常双层电极中的粗孔半径约为几十微米, 而细孔半径不超过 $2\sim3\mu m$, 因此常用的气体工作压力约为 $50\sim300$kPa.

2. 防水电极

通常用催化剂粉末(有时还加入导电性粉末)和憎水性微粒混合后经辗压或喷涂及适当的热处理后制成. 常用的憎水性材料为聚乙烯、聚四氟乙烯等. 由于电极中含有 $\theta > 90°$ 的憎水组分, 即使气室中不加压力, 电极内部也有一部分不会被溶液充满的孔 ——"气孔". 另一方面, 由于催化剂表面是亲水的, 在大部分催化剂团粒的外表面上均形成了可用于进行气体电极反应的薄液膜(图 9.10). 实际防水电极在面向气室的表面上还覆盖一层完全憎水的透气膜, 以防电解液透过电极的亲液孔进入气室. 这种电极的特点是工作时气体不需加压, 因此特别适用作为空气电极, 用来实现空气中氧的还原.

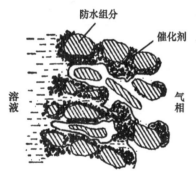

图 9.10　防水电极
(示意图)

3. 隔膜电池

电池由两薄片用催化剂微粒制成的电极与隔膜层(例如石棉纸膜或聚合物电解质膜)结合组成(图 9.11). 所用隔膜内部不具有微孔, 或是其中微孔的孔径比电极内微孔的孔径更小, 故加入的电解液首先被隔膜所吸收, 然后才用于浸湿电极. 若适当控制加入电解液的量, 就可以使电极处在"半干半湿"的状态, 即其中既有大面积的薄液膜, 又有一定的气孔. 这种电极容易制备、催化剂利用效率也较高, 且不可能"漏气"或"漏液", 其最大的缺点是工作时必须严格控制电解液的量, 否则容易导致电极"淹没"(气孔不足和液膜太厚)或"干涸"(液膜太薄、液相传质和导电能力太低). 若两侧气室压力不平衡就会导致一侧催化层淹没而另一侧催化层干涸.

从反应机理看, 这三类气体扩散电极并无原则上的区别, 只是用来建立三相适

当分布的方法不同. 任一类电极都可以
看成是由"气孔"、"液孔"和"固相"三种
网络交织组成,分别担任着气相传质、液
相传质和电子传递的作用. 在气-液界面
上进行气体的溶解过程,而在固-液界面
上进行电化学反应. 这种电极内部可能
出现各种极化现象,如气相和液相中反
应粒子的浓度极化、液相和固相内的 IR
降(有时称为"电阻极化")、反应界面上
的电化学极化等,其本质与常规电极表

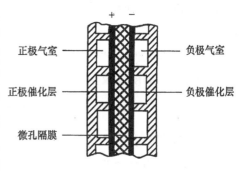

图 9.11 隔膜电池

面上的极化并无区别. 然而,由于电极反应在三维空间结构内进行,距电极表面不
同深度处的极化情况往往有所不同. 因此,气体扩散电极的极化曲线公式要比平
面电极和全浸没多孔电极的极化公式更为复杂. 下面将通过一些最简单的例子来
说明气体扩散电极中极化现象的基本机理与特点.

§9.4.3 气体扩散电极中气、液相的传质能力

为了对气体扩散电极中的液相传质能力有粗略的概念,可试以强碱性溶液中的
氢电极反应为例进行大致的估算. 这一反应的反应式为 $\frac{1}{2}H_2 + OH^- \longrightarrow H_2O + e^-$.
设生成的水主要通过气相排除,则通过液相迁移的粒子主要是 OH^- 离子. 按式
(3.39),由极限液相传质速度所决定的极限电流应为 $I_d = 2FD_{有效}\frac{c^0_{OH^-}}{\delta}$. 用
$D_{有效} \approx 1 \times 10^{-6} cm^2 \cdot s^{-1}$($D^0_{OH^-} = 2 \times 10^{-5} cm^2 \cdot s^{-1}$,设气体扩散电极中 $V_l = 0.2$,
$\beta_l^2 = 4$)和 $c^0_{OH^-} = 8 \times 10^{-3} mol \cdot cm^{-3}$ 代入,则在 $\delta = 0.01 cm (100 \mu m)$ 时 $I_d \approx$
$160 mA \cdot cm^{-2}$. 由此可见,即使反应粒子的初始浓度很高,气体扩散电极中的液相
传质能力也并不大,因而气体扩散电极内部有效反应层的厚度一般不会超过几十
微米,而采用更厚的催化层并不会显著改善电极的输出能力.

当采用纯净的反应气体时,若不考虑反应生成物的逆流传质过程,则气相传质
的主要方式是流动而不是扩散. 若采用不纯工作气体,则由于其中反应气体的分
压一般较高,也需要考虑气体的整体流动而不能直接应用式(3.16).

可将不纯工作气体(例如空气)所含组分分为两组,其中"1"为能在电极上反应
的组分(例如空气中的氧),"2"为惰性组分(例如空气中的氮和惰性气体等). 如此
组分"1"的流量可写成

$$J_1 = -D_{12}\left(\frac{\partial c_1}{\partial x}\right) + \left(\frac{c_1}{N}\right)J_{总}$$

式中: c_1 和 c_2 分别为两组分的浓度; D_{12} 为组分"1"在"2"中的扩散系数, $N = c_1 + c_2$. 右方第一项表示浓度梯度引起的扩散流量, 第二项表示由于气体整体流动 ($\boldsymbol{J}_\text{总}$) 而引起的组分"1"的流量. 若气孔内压差可以忽视, 则 N 为常数.

当气孔内的浓度极化达到稳态后, 显然有 $\boldsymbol{J}_2 = 0$ 而 $\boldsymbol{J}_1 = \boldsymbol{J}_\text{总}$, 故上式可写成

$$\boldsymbol{J}_1 = -D_{12}\left(\frac{1}{1 - c_1/N}\right)\frac{\mathrm{d}c_1}{\mathrm{d}x}$$

设透气层厚度为 δ, 而取该层面向气室的表面为 $x = 0$, 即反应区在 $x \geqslant \delta$ 处, 则由于在 $x = 0 \to \delta$ 的范围内不发生反应故 $\boldsymbol{J}_1$ 必为定值, 因此可按下式积分

$$\boldsymbol{J}_1\int_{x=0}^{x=\delta}\mathrm{d}x = -D_{12}\int_{c_1=c_1^0}^{c_1=c_1^\text{s}}\frac{\mathrm{d}c_1}{1 - c_1/N}$$

得到

$$\boldsymbol{J}_1 = \frac{D_{12}N}{\delta}\ln\frac{1 - c_1^\text{s}/N}{1 - c_1^0/N} = \frac{D_{12}N}{\delta}\ln\frac{N - c_1^\text{s}}{c_2^0}$$

式中, c_1^s 为 $x = \delta$ 处组分 1 的浓度. 用 $c_1^\text{s} = 0$ 代入, 就得到相应于透气层极限气相传质速度的极限电流密度为

$$I_\text{d} = \frac{nFD_{12}N}{\delta}\ln\frac{N}{c_2^0} = \frac{nFD_{12}}{\delta}c_1^0\left[\frac{N}{c_1^0}\ln\left(\frac{N}{c_2^0}\right)\right] \tag{9.22}$$

与式 (3.16*) 比较, 式 (9.22) 右方多了一项校正项

$$f = \frac{N}{c_1^0}\ln\left(\frac{N}{c_2^0}\right)$$

对于空气电极, $n = 4$, $N = 4\times10^{-5}\text{mol·cm}^{-3}$ (25 ℃, 常压下), $\frac{N}{c_2^0} \doteq \frac{1}{0.8}$, 故 $f = 1.11$. 若设 D_{12} 的有效值为 $2\times10^{-2}\text{cm}^2\cdot\text{s}^{-1}$ (按 $D_{12}^0 = 0.2\text{cm}^2\cdot\text{s}^{-1}$, $V_g = 0.4, \beta_g^2 = 4$ 估计) 和 $\delta = 0.5\text{mm}$, 则代入式 (9.22) 后得到 $I_\text{d}\approx1.5\text{A·cm}^{-2}$. 如果燃料气是含氢量较高 (>50%) 的混合气体 ($D_{12}^0\approx0.8\text{cm}^2\cdot\text{s}^{-1}$), 则 I_d 可达每平方厘米几安. 然而, 不应由此得出结论, 认为气相反应粒子的传递不会形成气体电极过程的障碍步骤. 上述讨论均只涉及透气层内部的传递过程, 而在实际电化学装置中还可能出现由于透气层表面上气流不畅而引起的气相反应物的浓度极化. 特别是对于大尺寸电池和气室厚度很小的电池组, 如何设计气路和通风方式使气体电极表面上各处均有充分的反应物供应, 仍然是很复杂的工程技术问题.

§9.4.4 气体扩散电极极化的模型

由前述气体扩散电极的结构可见, 不论何种类型的电极均主要包括两种结构区域: 其一是由气孔和表面憎水性较强的颗粒所组成的"干区"; 另一是由电解液和

被其浸湿的颗粒所组成的"湿区". 两种区域犬牙交错而构成气体电极.

　　为了分析气体扩散电极的极化行为,曾提出过各种各样的物理模型,如单孔模型、弯月面液膜模型等等. 本书作者则倾向于认为"薄层平板模型"能较好地反映电极中的情况,且易于数学分析,因而以下主要介绍根据这种模型得到的分析结果.

　　薄层平板模型认为:气体电极的催化层中由"干区"和"湿区"犬牙交错组成的网络可以等效为由"干"和"湿"两种纤维组交错成的纤维束,并可假设所有纤维均垂直于电极表面而且是"直通"的(图9.12). 两种纤维的截面尺寸大致与电极截面图上干区和湿区的平均尺寸相当. 当采用这一模型时,需采用前面介绍过的各种传递参数(如扩散系数、电导率等)的"表观值"来处理多孔层中的过程. 若进一步考虑到两种区域犬牙交错时并不存在主要是某一种区域包围另一种区域的情况,则"干"、"湿"二种区域的平均表面曲率半径应无差别. 这样,就可以进一步将纤维束模型简化为"薄层平板模型"[7](图9.13),其中"干区薄层"和"湿区薄层"的厚度分别与气体扩散电极中"干区"和"湿区"的平均截面尺寸相对应. 按照这种模型,厚度为微米或亚微米级的"干区薄层"和"湿区薄层"以垂直于电极表面的方向交错平行分布而形成催化层. 只要分析"干层/湿层"界面,并考虑在垂直于电极表面方向上的 IR 降及反应粒子的浓度分布,就可以推导出极化曲线公式.

　　一般说来,气孔中传递阻力往往较小,同时 $\rho_1 \gg \rho_s$. 在这些前提下,引起气体扩散电极上出现极化的原因主要有三方面:

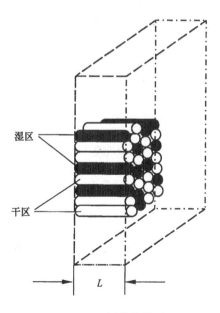

图 9.12　纤维束模型

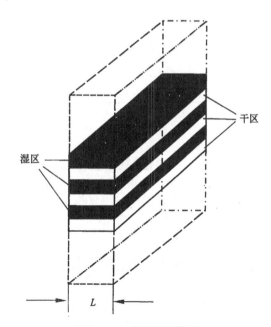

图 9.13　薄层平板模型

1. 湿区中溶解反应气体和反应产物的浓度极化;

2. 液相网络电阻引起的 IR 降;

3. "固/液"界面上的电化学极化.

以上三项中可能有一项或多项是决定极化值的主要因素.

在文献[8]中,本书作者曾经详细分析了可能出现的各种情况. 由于篇幅限制,在本节中不再重复. 在图 9.14 中示意表示当以上三项极化机理中的一项或一项以上机理引起电极极化时典型极化曲线的形式. 图 9.15 示意表示当上述三项机理共同作用时催化层中有效反应区的典型分布情况. 这时有效反应区集中在靠近液相的一侧,并优先分布在湿区薄层的表面附近. 造成这种情况的原因分别是液相网络中的 IR 降及溶解反应气体的浓度极化. 这一图像定性地显示了在大多数情况下气体扩散电极的催化层中有效反应区的基本位置,可以用来考虑优化电极性能的途径.

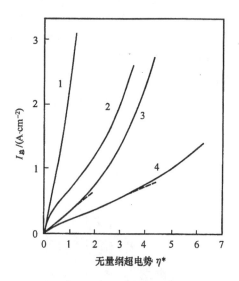

图 9.14　各种极化机理引起的极化曲线

1. 单纯电化学极化;　2. 电化学极化+液相 IR 降;

3. 电化学极化+溶解气体液相传质障碍;　4. 电化学极化+液相 IR 降+液相传质障碍.

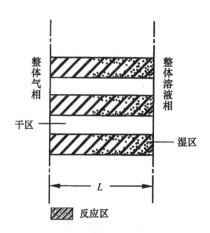

图 9.15　三项机理共同作用时催化层中有效反应区的分布,其中黑点表示反应区位置.

§9.5　"多孔电极/固态聚合物电解质膜"界面上的反应机理

在电化学装置中有时采用固态聚合物电解质膜(SPE 膜,以下简称"离子膜"),包括两类很不相同的使用方法:

在一些装置中,离子膜被用作两部分电解质溶液(液相)之间的分隔物,藉以减少或避免阴、阳极上反应物(包括反应产物)之间的相互作用;而电极本身仍浸泡在电解质溶液中. 采用离子膜的食盐电解槽就是典型例子. 在这类场合中,多孔电极的行为与前面介绍过的"全浸没电极"基本相同,只是在分析槽电压时必须考虑离子膜的离子导电能力.

在另一些装置中,离子膜是惟一的离子导电相(或是至少阴、阳极两者之一只与离子膜直接接触). 多孔电极被紧压在离子膜表面上而形成电化学反应界面. 然而,由于多孔电极和离子膜都是有一定机械强度且具有平滑表面的固相,二者之间的接触面积不可能很大. 换言之,在这种情况下多孔电极的大部分表面与不导电或导电性不良的气相或液相(如气体、纯水、离子导电性很低的有机液体或有机溶液等)接触,而不是直接与离子膜接触. 采用离子膜的氢-氧燃料电池和直接甲醇燃料电池,就是这类装置的实例. 在新型锂二次电池中,也试图采用锂离子导电膜来改善电池的安全性和充放电寿命等性能.

在本节中我们主要讨论后一类装置中"多孔电极/离子膜"组合体的反应机理. 中心问题是:既然电化学反应只可能在"电极/离子膜"界面上进行,而这一界面又只涉及多孔电极全部表面中的很小一部分,那么大量并未与离子膜直接接触的表面是如何起作用的? 后一类表面只与不导电或导电性很低的介质接触,因此显然不可能直接参加界面电化学反应. 换言之,它们的作用只可能是作为反应粒子的"源"或反应产物的"贮藏所",并通过固相表面上或固相内部的传输过程间接地参与在电化学界面上发生的电氧化还原过程.

迄今有关这类反应机理的实验研究并不多见. McBreen 首先用实验定性地证明上述机理的存在[9]. 他分别用一层和两层细铂丝网压在氢离子型全氟磺酸 Nafion 膜上测量循环伏安曲线,发现用两层网时氢区和氧区电流都显著增大. 这一实验结果清楚地表明:虽然第二层铂网并未与膜直接接触,其表面上的吸附氢原子和含氧吸附粒子仍然能参与"铂/离子膜"界面上的电化学反应. 这只可能解释为吸附粒子能较快地在铂表面上迁移.

不久前我们用粉末微电极方法(详见下节)更仔细地研究了这类过程的反应机理[10]. 所采用的实验装置见图 9.16,其中

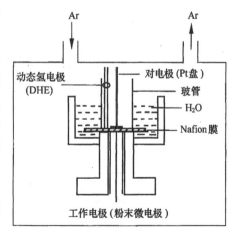

图 9.16

采用粉末微电极方法研究"多孔电极/离子膜"
组合体极化行为的实验装置

粉末微电极紧压在离子膜上形成反应界面. 在用铂黑粉末电极测得的循环伏安曲线上(图 9.17), 当电势扫描速度 (v) 很小时吸附氢原子的氧化电流峰值(I_p) 与扫速大致成正比[图 9.18(a)], 且 I_p-v 关系的斜率与同一粉末电极浸在 H_2SO_4 溶液中时测得的(图中虚线)基本相同, 表示几乎全部铂黑表面均能参与界面化学反应. 在较高扫速下则 I_p 与 $v^{1/2}$ 之间有线性关系[图 9.18(b)], 表示电化学界面上的反应速度受粉层内表面上吸附氢原子的表面迁移速度控制. 根据高扫速区的斜率还可以估算吸附粒子在粉层中的表观扩散系数.

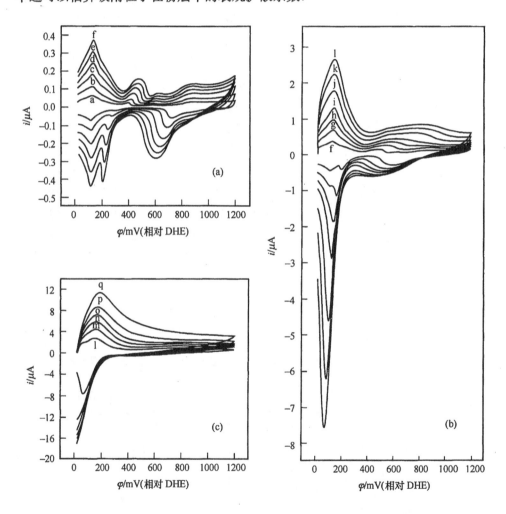

图 9.17　用铂黑粉末微电极压在 Nafion 膜上测得的循环伏安曲线

电极扫速(mV·s^{-1}): a.1; b.2; c.4; d.6; e.8; f.10; g.20; h.30; i.40; j.60; k.80; l.100; m.200; n.300; o.400; p.600; q.1000.

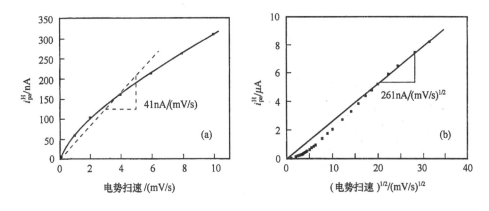

图 9.18 吸附氢原子氧化电流峰随电势扫速的变化

此外,还观察到"粉层/膜"界面上强吸附粒子氧化还原反应的可逆性要比在 H_2SO_4 溶液中差得多. 例如图 9.17 中强吸附氢原子和含氧吸附粒子的反应电流峰位置均随扫速移动,而当同一粉末电极浸在 H_2SO_4 溶液中时则在相同扫速下不出现此类现象.

所观察到的现象可用来解释"粉层/膜"界面上输出电流的机理. 由于只有在与膜直接接触的少数铂黑粒子表面上反应物能直接参加界面电化学反应,其他粒子表面上的吸附态反应物必须首先迁移到这些直接与膜接触的粒子表面上才能实现氧化还原反应. 换言之,吸附在粉层中面积很大但不与膜直接接触的内表面上的大量反应粒子要集中到面积小得多的"粉粒/膜"界面上才能实现电子交换反应. 因此,反应界面上的局部电流密度可能相当高. 相比之下,当粉层电极全浸没在 H_2SO_4 溶液中时,几乎粉层的全部内表面均可用于实现电子交换的反应. 这就一方面解释了为什么在"粉层/膜"界面上会观察到更严重的极化现象,另一方面也指出了增大粉层与膜之间的接触面积可能是改善"粉层/膜"电极输出电流能力的重要途径. 大致有两类措施可以改善粉层与膜之间的接触:一类是采用高压特别是热压方法(通过升温提高膜的可塑性)来形成面积更大且结合更强的反应界面;另一类是用聚合物电解质的溶液修饰粉末电极的内表面,使反应界面能较好地深入粉层内部. 实践证明,综合采用这两类措施对改善输出性能相当有效.

如果所采用的催化剂是分散在载体上的,例如分散在碳粉表面上的微粒铂催化剂,则情况要更复杂一些. 在这类情况下,当粉层内表面上的吸附反应粒子向反应界面移动时将涉及反应粒子从催化剂表面向载体表面逸出(spillover),以及在载体表面上的迁移,甚至可能多次在两种表面之间转移. 我们已经用实验证明:当采用铂/碳催化剂时这类迁移过程不仅是可以实现的,而且可以有相当高的传质速度[11]. 这就为在"粉层/膜"电极系统中采用载体催化剂提供了理论根据.

§9.6　粉末微电极

为了研究粉末材料的电化学行为,按常规方法需要先制成粉末电极. 传统的方法是先将粉末与一定比例的黏结剂混合,然后通过涂布、加压或滚辗等工艺成型;有时还需要经过热压或烧结才能达到一定的机械强度. 这类工艺不仅比较繁琐和费时,往往重现性也不佳. 加入黏结剂或经热压、烧结后粉末的性能还可能发生变化. 近年来在武汉大学电化学研究室发展了粉末微电极方法,为研究粉末材料的电化学性能创造了一种简便实用的技术[12].

§9.6.1　粉末微电极的制备方法与特点

先将铂微丝热封在玻璃毛细管中,截断后打磨端面至平滑,形成铂微盘电极,然后将电极浸入热王水中腐蚀微盘表面,使形成一定深度的微凹坑,再经清洗后即可用于填充待研究的粉末材料. 铂丝的半径一般在 $30\sim250\mu m$ 之间. 凹坑的深度大致与微孔直径相近,以便于清洗和牢固地填充粉末. 微凹坑的半径(r_0)可用测量显微镜测定. 微凹坑的有效深度(l)可根据未填充电极在 $Fe(CN)_6^{3-}$ 溶液中的极限扩散电流值(i_d)计算,所用公式为

$$i_d = FDc \Big/ \left(\frac{\pi r_0}{4} + l \right)$$

式中: D, c 分别为 $Fe(CN)_6^{3-}$ 的扩散系数和浓度; $\frac{\pi r_0}{4}$ 为微电极外侧液相中的有效扩散层厚度.

填充粉末时先将少量粉末铺展在平玻璃板上,然后直握具有微凹坑的电极,采用与磨墨大致相同的手法在覆有粉末的表面上反复碾磨,即可使粉末紧实地嵌入微凹坑. 图 9.19 是嵌入粉末后微电极端面的典型照片.

与传统的微盘电极(§3.11)相比,粉末微电极的主要特点是具有高得多的反应表面. 当微电极的表观面积相同时,后者的真实表面积要比前者大数百倍至数千倍. 因此,同一反应在粉末微电极上显示更高的表观交换电流密度与更好的可逆性.

图 9.19　粉末微电极的端面

与采用传统方法制备的粉末电极片相比,粉末微电极的优点主要有三方面:

1. 粉末用量少,一般只需几微克;

2. 制备方法简易,不需用黏结剂和导电添加剂,也不需要热压和烧结等工艺;

3. 电极厚度更薄,较易实现在全部厚度中均匀极化.

因此,粉末微电极方法特别适用于多种粉末材料本征电化学性质的筛选.

§9.6.2　电催化粉末微电极

这种微电极的粉层由不参加净电化学反应的催化剂粉末组成,即粉末只提供电化学催化表面,而反应物处在溶液相中. 电催化粉末微电极主要用于两方面:

1. 用来表征各种粉末态电催化剂的电化学性能(即筛选电催化剂);

2. 用作高性能电化学传感器来检测溶液中电化学活性组分的浓度.

由于粉层很薄,若溶液导电率较高则一般可不考虑粉层中 IR 降所引起的不均匀极化. 因此,可以根据溶液相中及粉层内部是否出现反应粒子的浓度极化分下列几种情况来讨论:

当粉末微电极端面外侧的溶液相中及粉层内部均不出现反应粒子的浓度极化时,情况与§9.3 中讨论过的情况完全相似. 例如,对于完全不可逆反应,可以仿照式(4.19)写出

$$\eta^0 = -\frac{2.3RT}{\alpha nF}\lg(\pi r_0^2 \, li^0 S^*) + \frac{2.3RT}{\alpha nF}\lg i \qquad (9.23)$$

式中:i 为通过粉末微电极的电流;$\pi r_0^2 li^0 S^*$ 项为全部粉层表面上的交换电流值. 因此,可用式(9.23)来计算 αn 和 $i^0 S^*$ 值. 后者是粉末电催化剂的一个重要参数,表示单位体积粉末电极的交换电流值,即使无法分离为 i^0 和 S^* 也有其实用价值.

对于完全不可逆的电极反应,如果在溶液中不出现反应粒子的浓度极化,然而在粉层中出现浓度极化,则需用式(9.20)来计算电流密度 $I_{总}$,而用 $i = \pi r_0^2 I_{总}$ 来计算粉末微电极上的电流. 当粉层"足够厚"时,可以略去 $\tanh(\kappa_c l)$ 项而得到形式与式(9.20a)相似的具有"双倍斜率"的半对数极化曲线.

如果在粉末微电极外侧溶液中出现了反应粒子的浓度极化,则需要考虑粉层外侧表面附近溶液中 c^s 的变化,为此可利用微盘电极的极限电流公式

$i_d = 4nFDc^0 r_0$ 及 $c^s = c^0\left(\dfrac{i_d - i}{i_d}\right)$ 等关系式来处理.

为了使粉末微电极上极化曲线的推导"井然有序",有必要先分析粉层中和粉层外侧液相中反应粒子出现浓度极化的顺序. 当粉层端面外侧液相中开始出现浓度极化时,相应的电流密度大致为 $I'_{总} = 0.1i_d/\pi r_0^2 = 0.4nFDc^0/\pi r_0 \approx 0.1c^0/r_0$ (设 $n=1, FD\approx1$);而粉层中开始出现浓度极化的条件可估计为 $-(\mathrm{d}c/\mathrm{d}x)_{x=0} = c^0/10l$,相应的电流密度可估计为 $I''_{总} = -nFD_{有效(l)}(\mathrm{d}c/\mathrm{d}x)_{x=0} = nFD_{有效(l)}c^0/10l$,

故 $I'_{总}/I''_{总}=(nFD_{有效(l)})^{-1}l/r_0\approx10l/r_0(n=1,FD_{有效(l)}\approx0.1)$。因此,若 $l\geqslant r_0$(一般粉末微电极均符合此条件),则 $I'_{总}\gg I''_{总}$。换言之,当极化电流增大时,在粉末微电极上一般总是先出现粉层中的浓度极化。

　　根据这一估算,并假设粉层中不出现 IR 降,则随着极化电流增大会顺序出现四种情况(图9.20):

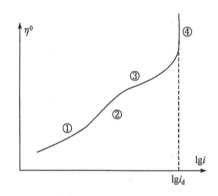

图9.20　粉末微电极上完全不可逆反应的半对数极化曲线(示意图)
① 粉层及外侧溶液中均不发生浓度极化;② 粉层中浓度极化发展;
③ 粉层内反应物耗尽,电极等效为"表面粗糙的平面电极";
④ 外侧溶液中出现浓度变化,最终引起扩散极限电流 i。

　　当极化电流很小,以致粉层中及外侧液相中均不出现浓度极化时,首先出现可用式(9.23)描述的极化曲线;此时半对数极化曲线 $\eta^0\text{-}\lg i$ 的斜率为"正常斜率"。

　　当极化电流逐渐加大以致粉层中出现反应粒子的浓度极化后,极化曲线可用式(9.20)描述。当反应层不断减薄达到粉层可视为"足够厚"时,式(9.20)可改写为(9.20a)式,此时的半对数极化曲线 $\eta^0\text{-}\lg i$ 具有"双倍斜率"。

　　然而,当极化电流进一步增大时,实际反应区的厚度 $L_c^{*\prime}$ 不会如式(9.21)所预示的那样随 $\eta^*\to\infty$ 而趋近于零,而只会减少到某一由粉层表面粗糙程度决定的极限值;此后粉层电极等效于"表面粗糙的平面电极"。因此,以上导出的具有"双倍斜率"的半对数极化曲线不会无限延伸,而显示平面电极特征的具有"正常斜率"的极化曲线将再度出现,相当于具有恒定表面积的"粗糙平面电极"上的极化曲线。由此可见,在粉末微电极的 $\eta^0\text{-}\lg i$ 极化曲线上,有可能先后出现两段相互平行而又互不相交的具有"正常斜率"的半对数关系曲线,分别对应于整体粉层与粉层表面的电化学反应能力。根据后一段具有"正常斜率"的曲线不能求出粉层的反应能力。

　　最后,当电流增大至在粉层外侧的液相中反应粒子开始出现浓度极化后,用粉末微电极测得的极化曲线变得与微盘电极上测得的相似,此时 $\eta^0\text{-}\lg\left(\dfrac{i}{i_d-i}\right)$ 为具有"正常斜率"的直线,并最后出现极限电流 $i_d=4nFDc^0r_0$。当 c^0,D,r_0 均为已知值时可根据 i_d 计算电极反应涉及的电子数 n。在图 9.20 中示意表明用粉末微电极测得的极化曲线的各个阶段。

粉末表面上反应粒子氧化还原时涉的电子数是一项很难用其他方法测量的重要反应参数。采用粉末微电极方法可根据 i_d 值方便地求出 n 的数值,是这一方法的突出优点。在图 9.21 中显示了在用不同碳粉材料填充的粉末微电极上测得的氧还原曲线,根据其 i_d 值可以估算出不同粉末材料表面上的 n 值,表示氧在不同的碳粉表面上还原时二电子反应与四电子反应所占有的份额颇不相同。然而,由此测得的只是极限电流区的反应电子数,而不能保证在电流上升段电极过程的反应电子数与此相同。这也是所有根据极限电流数值测量 n 值时难以绕过的共同困难。

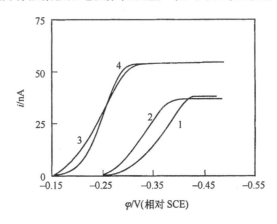

图 9.21 用 $r_0=25\mu m$ 粉末微电极在 KOH 溶液中测得的氧化还原极化曲线
1. 乙炔黑; 2. RB碳粉; 3. 用 TMPPCo 修饰了的乙炔黑;
4. 用 TMPPCo 修饰了的 RB 碳粉

§9.6.3 电活性粉末微电极

这种粉末微电极的粉层主要由参加电极反应的固态粒子组成,主要用于研究和筛选制备化学电池的电活性粉末材料. 除了制备简易、粉末用量少和不需黏结剂外,粉末微电极的主要优点是:由于粉层很薄及溶液相一般导电性良好,因而在粉层中不易出现因 IR 降引起的不均匀极化,故可采用更高的体积电流密度和更快的充放电制度. 利用粉末微电极方法可以重点研究粉末材料本身的电化学行为,包括发生在"粉末/溶液"界面上的电化学过程,以及粉粒内部的电荷传递与物质转递. 当镍、锰、钴等过渡金属氧化物、贮氢合金及锂离子电池中的正、负极嵌锂材料在电池中充放电时,均涉及电活性离子(H^+,Li^+离子等)在粉粒中的迁移、嵌入及脱嵌.

可以根据需要采用不同的极化程序来研究电活性粉末材料的行为:

为了了解电极活性材料所经历的氧化还原反应的全貌,可在一定电势区间内测定单周循环伏安图. 图 9.22 中画出了几种嵌锂过渡金属氧化物的阴、阳极伏安曲线,从中可大致看出在所研究的电势范围内有几组氧化还原过程、它们的反应电势以及电极反应的可逆性等. 为了模拟电池的充放电性能,则可采用恒电流极化方法(图 9.23). 这些曲线不仅测量简便及可采用更快的充放电速度,而且测得的极化值往往小于用传统方法测出的数值,表示采用粉末微电极方法可以减小或完全避免 IR 降和浓度极化现象的干扰,致使测量结果能更好地表征粉末的本征电化学性能.

还可以采用循环伏安方法来估计电活性粉末材料的循环充放电性能. 图 9.24

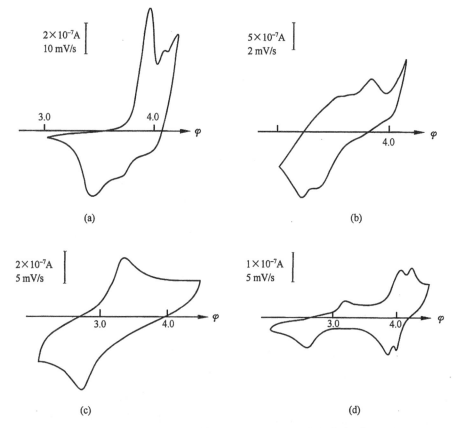

图 9.22　用粉末微电极方法测得的几种嵌锂氧化物的循环伏安曲线,参比电极为锂片

(a) Li_xCoO_2; (b) Li_xNiO_2; (c) 化学掺杂 MnO_2; (d) λ-MnO_2.

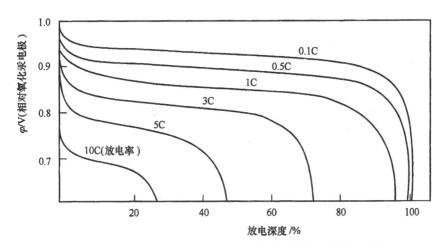

图 9.23 用粉末微电极测得的稀土型贮氢合金的恒电流放电曲线

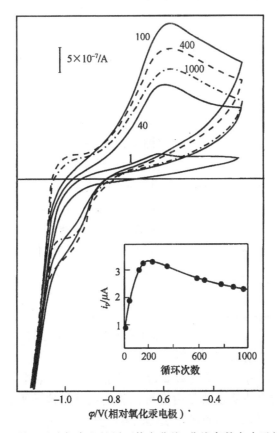

图 9.24 稀土型贮氢合金的循环伏安曲线,曲线旁数字表示循环次数
(电势扫速 20mV/s,插图表示峰电流的变化)

表示的是典型混合稀土型贮氢合金的循环伏安曲线. 根据峰值氧化电流的变化 (图 9.24 中插图)可以明显地看到贮氢合金的活化过程及性能缓慢衰退等阶段. 如此测得的循环寿命数据与采用传统方法测得的二者之间有较好的平行关系,而采用粉末微电极方法所费的时间要短得多. 这就提供了一种可以比较快速地测试电活性材料循环寿命的实验方法. 然而也应该指出:按图 9.24 所示电势扫描速度测量时,粉末材料的充、放电深度低于按传统方法测量时达到的深度,即采用前一方法时粉粒内部深处的利用率较低. 采用两种方法测出贮氢合金的循环寿命比较接近,显示引起贮氢合金放电容量衰退的过程可能主要发生在粉粒表面上.

§9.6.4　粉末微电极上的"薄层电流"与"吸附电流"

多孔电极和粉末微电极由于具有很大的内表面,且其上覆有薄层液体,因此采用这类电极测量时可出现两类在平面电极上难以观察到的电流——"薄层电流"及"吸附电流".

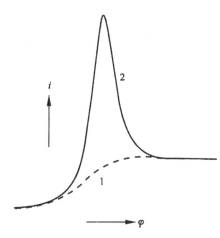

图 9.25　在用粉末微电极测得的循环伏安曲线上出现的"薄层电流"
（虚线为用半径相同的微盘电极测得的）

"薄层电流"是粉层内部液相网络中所含电活性组分的氧化还原反应所引起的. 由于液相甚薄(一般是微米或亚微米级),"薄层电流"的持续时间很短,因而在电势扫描曲线上常表现为叠加在正常曲线上的尖峰(图 9.25). 峰电量(Q_p)由液相网络中反应粒子的总量 m(m = 反应粒子浓度 × 孔隙总体积)所决定,故 $Q_p = nFm$ 不随扫描速度(v)变化,而电流峰值 i_p 则与 v 成正比. 粉末微电极上薄层电流峰的性质与文献[13]中有关"薄层电化学"的分析结果完全一致,在此不再复述.

在非活性粉末微电极上,有时可观察到比薄层电流峰大得多的电流峰. 后者一般为吸附在粉层内表面上的反应粒子所引起,故称为"吸附电流峰". 吸附电流峰的电量 $Q_p = nF\Gamma_i S^* l$,其中 Γ_i 为反应粒子在表面上的吸附量($mol \cdot cm^{-2}$). 通过测量 Q_p 的数值以及其随液相中反应粒子浓度的变化情况,即可判定电流峰主要是由溶解粒子还是吸附粒子所引起. 当液相中反应粒子的浓度为已知值时,溶解粒子引起的峰电量可按 $Q_p = nFm$ 计算;而吸附粒子引起的峰电量往往显著大于此值. 此外,薄层电流峰的高度与液相中反应粒子的浓度成正比;而吸附电流峰的高度与液相反应粒子浓度之间的关系大致呈

Langmuir 型,即在较高浓度下达到饱和值. 若将粉末微电极转移至空白溶液中,则薄层电流峰一般较快消失,而吸附电流峰往往变化不大. 当 Γ_i 一定时,吸附电流峰值 i_p 亦与扫速成正比.

　　由于吸附电流峰不仅灵敏度高(特别在反应粒子浓度低时),且峰的半宽度较窄(对理想可逆波约为 $0.1V$),故各个峰之间往往分离良好. 在适当的场合下,粉末微电极上的吸附电流峰可用于超低浓度组分的检测,且较少受到其他电活性组分的干扰. 例如,采用这一方法可在有大量抗坏血酸共存时测量微量多巴胺(图9.26)[14]. 图中在 $0.2\ V$ 左右的一对氧化还原峰系吸附在碳粉表面上的多巴胺所引起. 当多巴胺的浓度处在线性吸附区时,峰的高度与微量多巴胺的浓度成正比;而 $-0.1V$ 处的峰电流主要是溶液中抗坏血酸引起的"薄层电流".虽然溶液中抗坏血酸的浓度比多巴胺高几百倍,但由于前者不在碳粉表面吸附,所引起的电流峰不高.两组电流峰分离良好,因此大量存在的抗坏血酸并不干扰微量多巴胺的测量.

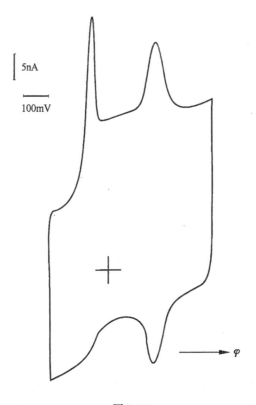

图 9.26

$1\ mmol\cdot L^{-1}$抗坏血酸与 $10\ \mu mol\cdot L^{-1}$多巴胺在 $0.1\ mol\cdot L^{-1}$磷酸盐缓冲液中测得的循环伏安曲线

在图 9.27 中画出了当中性磷酸盐缓冲液中含有 0.5 mmol·L^{-1}的抗坏血酸（AA）和各 50 μmol·L^{-1}的多巴胺（DA）、尿酸（UA）、对乙酰氨基苯酚（APAP）和黄嘌呤（X）时用粉末微电极测得的循环伏安曲线[15]. 各微量组分所引起的电流峰分离良好，且全然不受抗坏血酸存有的干扰.

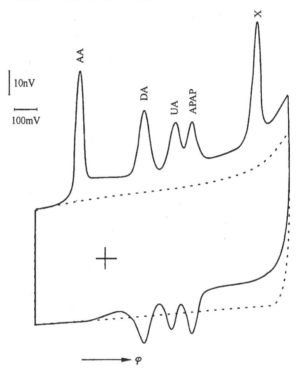

图 9.27

　　与常见的稳态电化学极化曲线（例如图 3.41）不同，图 9.27 中各组分的响应讯号具有"峰"的形式，而不是像图 3.41 中的那样呈现阶梯状"波"的形式. 当响应讯号曲线以一族"峰"的形式呈现时，各组分之间的相互干扰显然较少. 各种波谱曲线即为大家最熟悉的例子. 为什么在波谱曲线上各种组分的响应讯号以互不干扰的"峰"的形式出现，而在稳态电化学极化曲线上却以"波"的形式出现呢? 在谱学实验中，当激发源的能量连续扫描时，每一组分只能与特定波长的激发能量相互作用并在该波长显示"吸收峰"，而其他组分则在该波长处为"非活性"，故各组分不相互干扰. 在电势扫描时，每一活性组分有一开始在电极上反应的电势"阀值"（"分解电势"）. 只要极化电势超越此阀值，该组分即可在电极上连续反应. 因此，极化电势愈大，能同时在电极上反应的组分数也愈多; 它们之间的相互干扰也愈严重. 当采用粉末微电极进行电势扫描时，则当极化电势达到某一组分的反应电势后，粉层表面上和粉层中液相内的反应粒子将在较窄的电势范围内"耗尽"出局,因此该组分不再干扰极化电势更大处其他组分的响应讯号,遂使各组分之间的相互干扰大为减轻.从这个意义说,图 9.27 所示的曲线更类似波谱曲线,因此也许可称之为"电化学谱".

参 考 文 献

一般性文献

1. Austin L G. Handbook of Fuel Cell Technology, ed. by Berger C. Prentice Hall, 1968. 136~212, 332~357
2. 查全性,陆君涛等. 武汉大学学报(自然科学版). 1975,No.3:83
3. Chizmadzev Yu A, Chirkov Yu G. Comprehensive Treatise of Electrochemistry, ed. by Yeager E, Bockris J O'M, Conway B E, Sarangapani S. Vol. 6. 1983. Chap. 5

书中引用文献

[1]　吉林大学化学系.催化作用基础. 北京:科学出版社,1980.第二章
[2]　杨汉西,陆君涛,查全性. 武汉大学学报(自然科学版).1981,No.1: 57; 1982, No:2,101
[3]　Fan D, White A. *J. Electrochem. Soc.* 1991, 138:17
[4]　Dayle M, Fuller T F, Newman J. *J. Electrochem. Soc.* 1993,140:1526; 1994,141:1
[5]　Mauracher P, Karden E. *J. Power Sources.* 1997,67:69
[6]　Will F G. *J. Electrochem. Soc.* 1963,110:145
[7]　Чирков Ю Г, Щтейнберг Г В, Баранов А П, Багоцкий В С. *Электрохимия*. 1973, 9:655
[8]　查全性,陆君涛等. 武汉大学学报(自然科学版). 1975,No.3 :83
[9]　McBreen J. *J. Electrochem. Soc.* 1985,132:1112
[10]　Tu W Y(涂伟毅), Liu W J(柳文军), Cha C S(查全性), Wu B L(吴秉亮). *Electrochim. Acta.* 1998, 43:3731
[11]　Liu W J(柳文军), Wu B L(吴秉亮), Cha C S(查全性). *J. Electroanal. Chem.* 1999, 476:101
[12]　Cha C S(查全性), Li C M(李长明), Yang H X(杨汉西), Liu P F(刘佩芳). *J. Electroanal. Chem.* 1994,368:47
[13]　Bard A J, Faulkner L R. Electrochemical Methods. J. Wiley. 1980. 407~413
[14]　Chen J(陈剑), Cha C S(查全性). *J. Electroanal. Chem.* 1999, 463:93
[15]　Xiao L F(肖利芬), Chen J(陈剑), Cha C S(查全性). *J. Electroanal. Chem.* 2000, 495:27

第十章　固态化合物电极活性材料的电化学

在处理溶液中活性物质的电极反应时,人们通常将其作为单个粒子在表面上的氧化还原来处理,而忽略反应粒子之间的相互作用. 这一简化方法在处理涉及固态化合物的电极过程时显然是不合适的. 固体作为大量原子紧密结合的凝聚态,其中单个原子或分子的运动受到整体结构的强烈制约.

具有不同结构和形态的固态化合物可以用作同一类电极反应的活性物质;同一类固态化合物也可用于不同类型的电极反应. 由于固体在结构、形态和性质上的多样性,目前还没有"统一"的理论来描述固态结构与电化学反应性质之间的关系. 然而,这并不防碍我们根据电极反应的类型来探索合适的固态化合物的结构特征,或是按固体的结构和性质来分析电极反应的性质. 基于这种考虑,本章试图按典型的固体结构类型来分析与之相关的几类重要的电化学反应. 固态金属也广泛地用作电极活性物质,对其电化学行为已在第八章中进行了讨论,本章中不再重复. 固态电解质在电极反应中仅用作离子导体,在本章也不予专门讨论. 本章讨论的重点是用作电极活性材料的无机固态化合物的电化学行为.

§10.1　固态化合物中的电子和离子导电现象

§10.1.1　固体中的电子状态

固体可以看作是大量原子或分子的紧密集合体,其中原子核和内层电子以一定的三维有序排列形成点阵骨架结构,而外层电子不再专属于某一原子,即可以离域地运动. 固体中的电子结构可以定性地用分子轨道能带理论来描述. 根据分子轨道理论,两个原子轨道线性组合形成两个分子轨道:一个成键轨道和一个反键轨道. 固体可看作是含有巨大数目原子(譬如 $2N$ 个)的分子,而 $2N$ 个原子轨道的组合产生 $2N$ 个分子轨道,包括 N 个成键轨道与 N 个反键轨道. N 个成键轨道的能量都低于单个原子轨道的能量,而 N 个反键轨道的能量均高于原来原子轨道的能量(图 10.1). 因此,在一定能量范围就形成了大量能级相近的分子轨道的密集分布,常称之为能带.

如果某一能带全部由原子的 s 轨道组成,通常称之为 s 带. 同样,如果能带全由 p 轨道或 d 轨道组成,则称之为 p 带或 d 带. 如果两个能带的能量差别较大,则

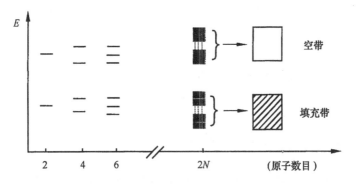

图 10.1　2N 个原子组成固体时形成的分子轨道

能带之间往往出现带隙. 如果相邻的两个能带较宽或能级相近,两个能带也可能重叠.

量子力学计算表明,可将固体看作周期性变化的势场,其中的电子在能量分布上不连续,只允许在某些能量范围内或者说某些能带之中. 这种属于能量允许的能带区域称为允许带,而不存在电子态的区域被称为禁带. 若将能级密度函数 $N(E)$ 随能量的变化作图,可以清楚地反映出电子能级的分布状态. 图 10.2 给出了元素铍的能级密度分布图. 从图中可以看到 1s 带为电子充满带,2s 和 2p 带相互重叠而均为部分充满. 允许带中的能级密度呈不均匀分布,其中心区能级密度最大,而两侧则比较稀疏. 在 1s 带和 2s 带之间存在着明显的禁带,在禁带之中能级密度为零.

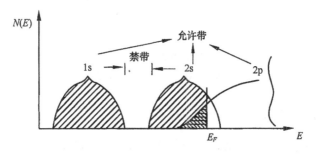

图 10.2　金属 Be 的能带结构和能级密度

根据以上固体能带的基本知识,就不难理解为什么各种固态材料的电导性能差异悬殊. 仅按电导率分类,固态化合物可分为良导体(电导率 $\sigma \geqslant 10^5$ $\Omega^{-1} \cdot cm^{-1}$)、半导体($\sigma = 10^4 \sim 10^{-6}\ \Omega^{-1} \cdot cm^{-1}$)和绝缘体($\sigma \leqslant 10^{-8} \sim 10^{-12}\Omega^{-1} \cdot cm^{-1}$). 这三类材料的典型能带结构如图 10.3 所示. 绝缘体的能带特征是最高被充满的能带与其邻近的空带之间存在着很宽的禁带间隙,一般在 4~5 个电子伏特以上[图 10.3(a)].由于价带被完全充满,其中不可能有空的能级,所以电子不可能在能级间转移.另一方面,价带中的电子获得足够的能量激发到上面空带中的概率也极小,因此这类材料的电子电导率实际上可以忽略不计.形成良导体的一种可能情况是价带只部分充满[图 10.3(b)],即其中存在大量空的能级,价电子很容易跃迁到能量相近的空能级上而呈现出高的电导率;另一种可能情况是全充满的价带与上面的空带非常接近或相互重叠[图 10.3(c)].因此价带中较高能级上的电子可以跃迁到空带能级上形成自由电子.半导体中的能带分布情形与绝缘体相似[图 10.3(d)],只是价带与空带之间的间隙较小,即禁带宽度较窄,通常在 $0.5\sim3.0\,\mathrm{eV}$ 之间.由于禁带宽度较小,价带中的部分电子可能受到热激发而越过禁带进入上面的空带,成为自由电子.由于空带获得电子后能产生导电性,因此又称之为导带.另一方面,在价带中电子被激发到导带上的同时,在价带上出现缺电子能级,称之为"空穴".价带中的电子可以跃迁到这个空穴中而使原来占据的能级形成新的空穴.这种空穴的移动相当于正电荷的移动,由此产生的电流常称为空穴电流.

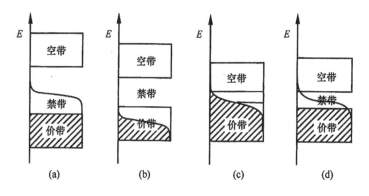

图 10.3　几种典型的能带结构和电子分布形式
(a) 绝缘体; (b),(c) 金属; (d) 半导体.

§10.1.2　固态化合物中的离子导电过程

上述讨论中忽略了离子对材料电导率的贡献.在许多固态化合物中,电子导电和离子导电过程并存.离子在固态材料中的迁移常是固态电化学反应过程中的重要步骤.

离子导电的本质是离子在固体晶格中的长程移动.在大多数通过离子键或共价键结合形成的完整晶体中,常温下离子只能在它们的晶格点位上振动,并不发生明显的迁移,因此离子电导率可以忽略.然而,大多数固态化合物中的结构点阵实际上都存在大量的缺陷.这些缺陷(图 10.4)可能是晶格中出现空位(Schottky 缺陷),或是原子或离子从正常位置迁移到晶格的间隙位置而形成的(Frenkel 缺陷).或是由外部杂质引起的晶格原子置换或价态变化所产生的空位. 离子不断填充空位和原子在间隙位之间跃迁是大多数固态化合物离子导电的基本机理. 这种由于固体结构缺陷所产生的离子导电性在常温下往往并不显著,只有在高温下由于晶格原子热运动加剧并同时产生大量新的缺陷,离子电导才能达到可观的程度.

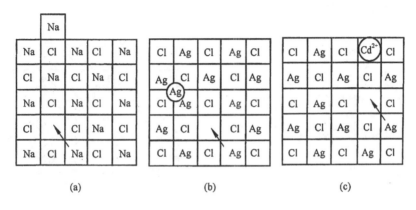

图 10.4 固体晶格中常见的缺陷类型(箭头指示空位)

(a) Schottky 缺陷;(b) Frenkel 缺陷;(c) 杂质点缺陷.

然而,若干固态化合物在不太高的温度甚至常温下就表现出很高的离子导电性. 例如,$RbAg_4I_5$ 在室温下离子电导率高达 $0.25\ \Omega^{-1}\cdot cm^{-1}$. 这类离子电导率很高的化合物常被称为固体电解质. 仅从缺陷引起的原子迁移机理来考虑,很难解释固体电解质的高电导率. 大量的研究表明,在常温下显示高离子导电性的化合物常具有下列的结构特征:

首先,在晶格结构中必须存在着大量可自由移动的离子. 换言之,导电离子不能只局限在特定的晶格点位上,而应能在晶格结构中比较自由地移动. 以 α-AgI 为例(147℃时的电导率高达 $1\ \Omega^{-1}\cdot cm^{-1}$),其中 I^- 离子按体心立方结构排列构成晶格骨架,而银离子可以按 2 配位、3 配位或 4 配位的方式占据各种不同的间隙位置. 细致的研究表明,尽管银离子最倾向于采取 4 配位方式占据四面体间隙,但由于在各类晶格间隙中银离子的能量相差不大,仍然可近似地认为银离子在各类晶格间隙中随机分布. 这样,大量的银离子就很容易地在不同晶格间隙中跃迁,因而表现出较高的离子导电性.

为了保证离子的高迁移速率,晶体结构中还必须具有通畅开放的离子通道. 所谓离子通道是指在由固定离子构成的晶格骨架中,具有可供迁移离子部分占据且相互连通的空间间隙. 图 10.5 示意性地给出了典型的一维和二维离子通道. 在硬碱锰矿($A_2B_8O_{16}$)结构中,八个八面体(BO_6)组成一个截面为正方形的一维离子通道. 结构中的 A 离子(如 K^+, Cs^+ 等)可以稳定地客居通道中心,并与周围 8 个氧原子成键. β-氧化铝中的层状结构是二维离子通道的典型代表[图 10.5(b)],密实的 Al_2O_3 尖晶石层通过稀疏的氧桥相连接,而在由后者构成的平面中含有大量可供 Na^+ 离子占据的空位,因而 Na^+ 离子可以在这一平面上的不同位置之间快速迁移. 不难想象,含有三维离子通道的化合物具有更高的离子导电性,但因结构的复杂性此处不再讨论.

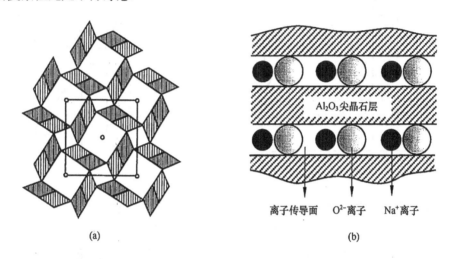

(a)　　　　　　　　　　　　　　　　(b)

图 10.5

(a) 具有一维离子通道的硬碱锰矿; (b) 具有二维离子通道的 Al_2O_3 的结构示意图.

一般说来,不同的骨架结构适应不同离子的迁移. 对于用作电化学活性材料的离子导电化合物,在选择骨架的结构时除了考虑与迁移离子的适配外,尚须考虑电化学应用中的一些特殊要求,如电子电导率、电化学稳定性等.

虽然已有多种模型可用来计算固态离子电导率,但由于实际固态离子导电过程涉及到的缺陷的浓度和种类、迁移离子浓度、跃迁速率等基本参数往往不确定,目前尚不能从理论上可靠地阐明固态离子导电过程的机理及影响因素.

§10.1.3　化学掺杂的效果

为了提高固态化合物的导电性,人们经常采用化学掺杂的方法. 下面简单地讨论化学掺杂对无机固态化合物导电性的影响.

金属氧化物是最常用的固态电极活性材料. 由于这类化合物大多具有半导体的性质,可以通过典型杂质半导体的能带变化来说明掺杂的效果. 例如,纯硅是本征半导体[图 10.6(a)]. 如果在高纯硅中掺入微量的砷原子,则每个砷原子与硅形成 4 个 Si-As 共价键后还会多出一个电子. 这些多出的电子不可能进入已被电子充满的价带,而只能占据稍低于导带的一些分离能级[图 10.6(b)]. 由于这些能级不足以形成连续的能带,这些能级上的电子不能自由运动. 然而,即使在常温下也会有部分电子具有足够的热能跃迁到能量高出不多的导带中,遂具有自由电子的导电性. 这类掺杂过程引起的额外能级称为施主能级,而相应的杂质半导体称为 n-型半导体.

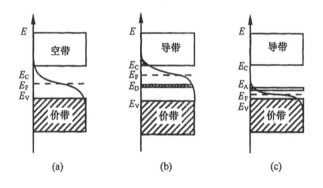

图 10.6 半导体的能带结构和电子分布示意图
(a) 本征半导体;(b) 掺杂 n-型;(c) 掺杂 p-型.

如果将微量的三价元素如镓掺杂到高纯硅中,则为了形成 4 个 Si—Ga 键还缺少一个电子,相当于在固体的价带中引入一个空穴,并引起空穴导电性. 由此引起的能带结构变化如图 10.6(c)所示. 这类掺杂过程产生的额外能级称为受主能级,而相应的杂质半导体称为 p-型半导体.

化学掺杂的效果表现在两个方面:一是可以大幅度提高半导体的电导率. 以硅为例:室温下纯硅的电导率约为 10^{-2} $\Omega^{-1}\cdot cm^{-1}$,而按原子比掺入 10 万分之一的硼原子后电导率增加 10^3 倍. 另一方面,可以通过选择掺杂元素的化学性质来控制导电方式(电子导电或空穴导电).

许多金属氧化物都表现出掺杂半导体的性质. 例如,在 NiO 中掺入 Li_2O 后可形成固溶体 $Li_x Ni_{1-x}^{2+} Ni_x^{3+} O$. 在室温下,未掺杂的 NiO 的电导率只有约 10^{-10} $\Omega^{-1}\cdot cm^{-1}$,而经掺杂达到 $x=0.1$ 后电导率激增至约 10^{-1} $\Omega^{-1}\cdot cm^{-1}$.

化学掺杂也可以显著改变固态化合物的离子导电性. 首先,化学掺杂能够增加离子导电过程中载流子(移动离子和离子空位)的浓度. 如前所述,晶格中离子导电的基元步骤是空位和间隙原子之间的迁移,因此化学掺杂作为产生空位和间隙原子的有效方法,能显著增大化合物的离子导电性. 在一般的化学掺杂过程中总是以较高价或较低价阳离子部分置换原晶格中的阳离子. 在这一过程中,为了保持晶体的电中性,置换离子附近必然产生空位或间隙离子. 图 10.7 中概括了掺杂后的 4 种可能效果.

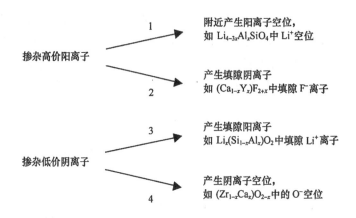

图 10.7　掺杂引起的缺陷类型

　　说明掺杂效果的一个例子是 $Li_{4-3x}Al_xSiO_4$. 当高价阳离子 Al^{3+} 的掺入量为零(分子式中 $x=0$)时,晶体结构中一组特殊的 Li^+ 的点位全部被占据因而不存在可移动的空位,与此相应的电导率约 $10^{-9}\ \Omega^{-1}\cdot cm^{-1}$. 随着 x 增大,晶格中 Li^+ 空位数目随之增大,遂导致电导率急剧上升. 在 $x=0.25$ 时,电导率达到最大值约 $10^{-5}\ \Omega^{-1}\cdot cm^{-1}$. 但若进一步增加 Al 的掺入量达到 $x=0.5$,则可供 Li^+ 迁移的点位全部空置. 在这种情况下,由于不存在可移动的 Li^+,固体的电导率又降至 $10^{-9}\ \Omega^{-1}\cdot cm^{-1}$ 以下. 这种离子电导率随掺杂量的复杂变化正好反映出可移动载流子与空位二者必须同时具有较高的浓度,才能导致出现较高的离子导电性.

　　化学掺杂影响离子电导的另一种机理是改变离子跃迁速率. 决定跃迁速率的因素既涉及骨架结构的几何因素,也涉及迁移离子与晶格中离子之间的库仑作用. 一个很好的例子是:采用半径较小($<0.97\text{Å}$)的一价或二价金属离子部分置换 β-氧化铝中的 Al^{3+} 后,可以减少间隙层中氧原子的数目,降低离子传导平面上低价金属离子的迁移阻力,使离子电导率增加. 但是,目前还没有总结出能描绘掺杂过程对离子跃迁影响的普遍规律.

§10.2　"固态化合物电极/溶液"界面

　　在第二章中已对金属电极/溶液界面的结构和性质作了详细的讨论. 在所采用的模型中,金属电极上的剩余电荷被看作是集中在电极表面,而将溶液中的离子作为点电荷来处理,两者之间通过静电作用形成双电层. 然而,用于描述固态化合物电极/溶液界面,这一模型就显得过于简单. 大多数无机化合物中的自由电子浓度不高,因此剩余电荷引起的电势分布能深入固体内部,并由于离子电荷的粒子性而使局部电势分布情况更为复杂. 此外,固体化合物的表面呈现出化学上的多样性,且与电解质溶液接触后经常出现组成和结构的变化.

适合作为电极活性材料的固态化合物大多兼具电子和离子导电性,并表现出半导体的特征. 为了不失一般性,本节中主要以具有半导体性质的金属氧化物为例,来讨论"固态化合物电极/溶液"界面的基本性质.

§10.2.1 "半导体/溶液"界面的能带描述

与金属/溶液界面上双电层的起因相似,当半导体电极浸入电解质溶液后,荷电粒子由于在固相和液相中的电化学势不同而发生相间转移,使得固体和溶液中出现符号相反的剩余电荷. 例如,将 TiO_2 放到含有 $[Fe(CN)_6]^{3-/4-}$ 的溶液中,由于 TiO_2 的 E_F 能级(~ -4.4 eV)高于 $[Fe(CN)_6]^{3-/4-}$ 氧化还原电对的 $E_{F,O/R}(\sim -4.9 eV)$,电子将越过 TiO_2 固体表面进入溶液中的氧化还原电对,导致在界面的半导体一侧中出现带正电的剩余电荷,同时在溶液一侧中出现带负电的剩余电荷. 达到平衡后,溶液中的 $E_{F,O/R}$ 与半导体中的 E_F 相等,而在两相间产生电势差,其数值与两相之间的初始费米能级差($E_F - E_{F,O/R}$)直接关联.

在金属中自由电子的浓度很高($\sim 10^{22} \cdot cm^{-3}$). 相比之下,电极表面剩余电荷的浓度($\sim 10^{12} \cdot cm^{-3}$)要低得多. 因此,金属表面上的剩余电荷可完全集中在表面上,而对电子浓度影响甚微,故金属相内部不存在电势梯度. 在半导体电极中的情况则不然. 本征半导体内的电子浓度一般为 $10^{15} \sim 10^{17} \cdot cm^{-3}$,这一数值大致相当于 $10^{-5} \sim 10^{-7} mol \cdot L^{-1}$ 的稀溶液中的离子电荷浓度. 在电荷密度如此低的介质中,表面剩余电荷的分布势必显著延伸到固体内部. 也就是说,半导体一侧的剩余电荷不再集中分布在表面上,而是形成了有一定厚度的空间电荷区. 据此,可认为"半导体/溶液界面"包括三种不同的电荷分布区:半导体一侧的空间电荷层、界面上的紧密双电层(Helmholtz 层)和液相中的分散层. 图 10.8 表示出这类界面结构的示意图.

半导体/溶液界面上的紧密双层和溶液中的分散层的起因与结构同金属电极/溶液界面上的情况一样(见第二章),这里不再重复. 导致半导体电极性质明显区别

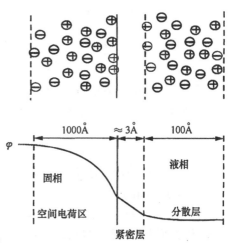

图 10.8　半导体(n-型)/溶液界面
结构示意图(表面荷正电时)

于金属电极的重要原因是空间电荷层的存在. 为了分析空间电荷层中电荷和电势的分布,需要首先了解半导体中电荷的存在形式及其相互作用.

在半导体中存在四种电荷:导带中的自由电子 n_0、价带中的空穴 p_0、带正电荷的施主原子 N_D 和带负电荷的受主原子 N_A,其中前二种是可移动电荷,后二种为固定电荷. 当半导体(n-型)与溶液接触时,如果固体表层中的电子转移到表面附近液相中的能级上,则表面形成缺电子区域,而空间电荷层主要由固定的施主正电荷构成(耗尽层). 在这种情况下,空间电荷层的电势由体相内到表面层中逐渐下降,造成表层中的电子能带向上弯曲[图 10.9(a)]. 如果半导体电极与液相接触时表面附近液相中的还原剂把电子注入到 n-型半导体中,在半导体表面就出现电子的富集层. 这时空间电荷区的电势在表面处向上弯曲,电子能带则向下弯曲[图 10.9(b)]. 若半导体电极的表面层中不带有剩余电荷,则表面层中的电子能带不随空间位置变化而表现为"平带",此时的电极电势称为平带电势 φ_{fb}.

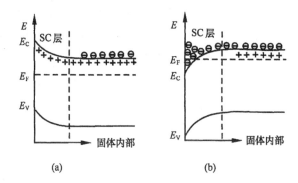

图 10.9　n-型半导体表面空间电荷(SC)层类型

(a) 耗尽层; (b) 富集层.

半导体空间电荷区内的电势梯度 $(d\varphi/dx)$ 和空间电荷区的有效厚度 (L_{sc}) 可以仿照溶液中扩散层的处理方法求得(见 §2.4). 对于本征半导体:

$$\frac{\partial \psi}{\partial x} = \pm \left[\frac{32\pi n_i kT}{\varepsilon_{sc}}\right]^{\frac{1}{2}} \sinh(y/2) \qquad (10.1)$$

式中: n_i 为本征载流子浓度; $y = e_0[\psi(x) - \psi(b)]/kT$,表示表面层中 (x) 处与本体内部 (b) 之间的电势差; ε_{sc} 为半导体材料的介电常数. 根据特定的边界条件,通过对式(10.1)积分就可求出空间电荷层的电势分布和电荷分布. 例如,对于 n-型半导体表面层中出现耗尽层时的情况,空间电荷层的有效厚度 L_{sc} 可写为[1]

$$L_{sc,n} = \left(\frac{\varepsilon_{sc} kT}{4\pi e_0^2 N_D}\right)^{\frac{1}{2}} \qquad (10.2)$$

式中, N_D 为施主能级的浓度. 在一般的情况下, L_{sc} 的数值远大于紧密层的厚度和溶液分散层厚度. 因此,电极电势的改变所引起的空间分布变化主要存在于半导体的空间电荷层中.

测量微分电容是反映界面电荷随电势变化的灵敏方法. "半导体/溶液界面"的等效电容值由空间电荷层、紧密双层和分散层三者的电容值串联而成. 由于电势的变化主要体现在空间电荷层中,因此整个界面的微分电容可以近似地看作是固体表面空间电荷层的电容,即应有

$$\frac{1}{C_{界面}} = \frac{1}{C_{SC}} + \frac{1}{C_{紧}} + \frac{1}{C_{分散}} \approx \frac{1}{C_{SC}} \tag{10.3}$$

可以推导出,当 n-型半导体表面层中出现耗尽层时,界面电容随电极电势变化的表达式为

$$\frac{1}{C_{界面}^2} = \frac{1}{C_{SC}} = \frac{2}{\varepsilon_{sc}e_0 N_D}\left(\varphi - \varphi_{fb} - \frac{kT}{e_0}\right) \tag{10.4}$$

式(10.4)被称为 Mott-Schottky 公式,式中 $C_{界面}^{-2}$ 与电极电势之间呈简单的线性关系. 因此,根据实验测得的 $C_{界面}^{-2}$-φ 关系,可以从斜率及截距求得半导体的掺杂浓度 N_D 和平带电势 φ_{fb}. 后者在半导体电化学中是一个非常重要的参数,可以根据它判别任一电势下电极表面层中的电荷和电势的分布形式,从而估计电极反应的可能机理. 此外,还可以根据平带电势及其他参数推估半导体表面层中能带的位置.

§10.2.2 固/液界面上的表面态

上节中关于固/液界面性质的描述主要集中在固体一侧的空间电荷区. 事实上,由于固体表面晶体学和化学上的不均匀性,电极表面上会出现有别于整体的局部能级,称为表面态能级或简称"表面态".

表面态的形成有多种起源,其中最普遍的是由于表面剩余价键引起的表面能级. 在固体中晶格点阵呈现周期性有序排列. 这种排列在表面处突然中断,使表面原子具有方向朝外的悬空轨道,这种表面不饱和键常被形象化地称为"悬空键". 由于悬空键的存在,固体表面可与体相交换电子和空穴. 如果悬空键中的电子被激发至导带,则能使表面带正电. 反之,若悬空键从体相中俘获电子与悬空键中原有的电子配对,就会引起表面带负电. 这种作用效果相当于在表面上存在施主能级或受主能级. 很明显,固体表面各种形式的位错和缺损,以及表面原子周围化学键的变化都可能产生表面态. 如果每一个表面原子都能产生一个表面能级,则由此引起的表面态密度应约为 $10^{15}\,\mathrm{cm}^{-2}$. 但事实上这些剩余价键的大部分被表面杂质原子或氧原子所饱和,在一般情况下表面态浓度仅在 $10^{10} \sim 10^{12}\,\mathrm{cm}^{-2}$ 之间.

另一类表面态是由吸附粒子所引起. 如果吸附粒子的电子亲合力较强,它们吸附在电极表面能与表面电子键合,则相当于形成受主能级. 反之,若吸附粒子的电子亲合力较弱时,则它们倾向于向固体表面提供电子,即其功能相当于表面施主能级.

表面态不仅可以影响空间电荷层,还可以影响表面上的电荷分布,即影响半导体一侧空间电荷区中的能带分布和溶液一侧紧密层和分散层中的电势分布,其影响程度则由表面态密度以及它们在禁带中的能级位置决定. 能量在 E_F 以上的受主型表面态及能量在 E_F 以下的施主型表面态均不能与体相交换电子. 只有能量在 E_F 以下的受主型表面态和能量在 E_F 之上的施主型表面态才能影响表面能带分布曲线和表面电荷密度.

综上所述,理想的半导体/溶液界面是不存在的. 若表面态密度小于 $10^{12}\,cm^{-2}$,一般可以忽略它的影响;而若超过 $10^{13}\,cm^{-2}$,就必须加以考虑. 在后一情况下,电极电势变化所引起的紧密层中的电势变化甚至可以大于空间电荷层中的电势变化. 这时半导体表面处能带的位置不再固定,而随溶液中 O/R 电对的 $E_{F,O/R}$ 移动;此时表面层中能带弯曲情况的变化则不显著,即发生所谓"费米能级钳定"(Fermi level pinning)的现象(图 10.10). 这可以理解为高密度的表面态能与体相大量交换电荷,引起了高的表面电荷密度,并因此屏蔽了外界对空间电荷层的影响. 当表面态密度非常高时,半导体表面上可出现电子能级的简并而使其性质类似于金属. 当表面态密度 $\geqslant 10^{13}\,cm^{-2}$ 时(约相当于 1% 的表面覆盖度),由于紧密层微分电容 $C_{紧}$ 的影响,在 C-φ 曲线上会出现驼峰.

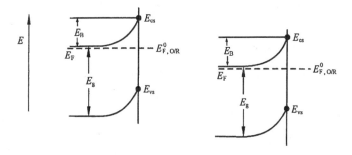

图 10.10 Fermi 能级钳定现象

如果表面上还存在吸附离子或离子化了的表面基团,则溶液一侧的电容由紧密层电容与吸附层电容并联组成. 此时整个半导体/溶液界面微分电容的等效电路如图 10.11 所示. 表面态之类表面电荷的存在会使 C-φ 关系变得相当复杂. 当利用 Mott-Schottky 关系测平带电势等参数时,必须考虑各种因素的影响并加以校正,才能得到正确的数值.

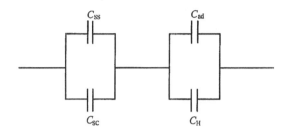

图 10.11　半导体/溶液界面电容的等效电路

C_{SS}为表面态电容；　　C_{SC}为空间电荷层电容；

C_{ad}为表面吸附电荷电容；　　C_H为紧密层电容.

§10.2.3　"氧化物电极/溶液界面"的化学描述

在上述固体/溶液界面的能带模型中,没有考虑固体表面化学组成和结构的变化,而只是单纯地从电荷转移的角度描述固/液界面的电化学性质.然而,对于用作电极活性材料的固体化合物,电荷转移过程总是伴随着固相的组成变化和结构变化.

不同类型的固态化合物电极具有显著不同的电化学行为.考虑到氧化物电极在电化学中的广泛应用,下面主要从表面化学反应的角度来介绍氧化物/水溶液界面的电化学性质.

当氧化物电极浸入水溶液电解质后,由于离子在固液两相中的化学势不同,会发生离子的相间转移,其结果使固相表面层的化学组成和结构不同于整体相.这种特殊的表面层称为过渡层(见图 10.12),其厚度一般为若干个原子层.在靠液相一侧,过渡层与溶液中的离子组分通过相间交换建立平衡;而在靠固相本体一侧,过渡层与整体相之间也会发生与此相应的离子转移.

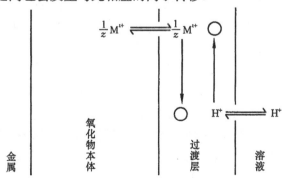

图 10.12　过渡层表面质子化的反应模型

首先考虑氧化物电极浸入水溶液后在界面上发生的质子交换反应. 当离子转移达到平衡时,固体电极体相、过渡层和溶液中金属离子和质子的电化学势应当分别相等,即应有:

$$\bar{\mu}_{M^{z+}}^{b} = \bar{\mu}_{M^{z+}}^{t} \tag{10.5a}$$

$$\bar{\mu}_{H^+}^{l} = \bar{\mu}_{H^+}^{t} \tag{10.5b}$$

$$\Delta\bar{\mu} = \bar{\mu}_{H^+}^{t} - \frac{1}{z}\bar{\mu}_{M^{z+}}^{t} \tag{10.5c}$$

以上诸式中用上标 b,t,l 分别表示固相本体、表面过渡层和液相,$\Delta\bar{\mu}$ 表示在固相表层中 H^+ 与 $\frac{1}{z}M^{z+}$ 化学势的差值. 若将离子 i 的电化学势表示为 $\bar{\mu}_i = \mu_i^0 + kT\ln a_i + z_ie_0\varphi$,代入式(10.5a,b,c)并设 $z=2$,$a_{M^{z+}}^{b}=1$,整理后得到:

$$[\alpha_{M^{2+}}^{t}]^{1/2} = K_a\exp[e_0(\varphi^b - \varphi^t)/kT] \tag{10.6a}$$

$$\alpha_{H^+}^{l} = K_b\alpha_{H^+}^{t}\exp[e_0(\varphi^t - \varphi^l)kT] \tag{10.6b}$$

$$\alpha_{H^+}^{t} = K_c[\alpha_{M^{2+}}^{t}]^{1/2} \tag{10.6c}$$

诸式中 φ^b,φ^t 和 φ^l 分别表示固相本体、固体表面和附近液相的电势,K_a、K_b 及 K_c 为用化学势表示的平衡常数:

$$K_a = \exp[(\mu_{M^{2+}}^{b0} - \mu_{M^{2+}}^{t0})/2kT]$$

$$K_b = \exp[(\mu_{H^+}^{t0} - \mu_{H^+}^{l0})/kT]$$

$$K_c = \exp\left[\left(\frac{1}{2}\mu_{M^{2+}}^{t0} - \mu_{H^+}^{t0} + \Delta\bar{\mu}\right)\Big/kT\right]$$

将式(10.6a,b,c)中的 $\alpha_{M^{2+}}^{t}$ 和 $\alpha_{H^+}^{t}$ 消去,得到电极电势与溶液 pH 值的关系:

$$\varphi^b - \varphi^l = 2.3kT[-\lg(K_aK_bK_c) + \lg\alpha_{H^+}^{l}]/e_0$$
$$= 常数 - 0.059pH \tag{10.7}$$

表示电极电势与溶液 pH 值之间存在与平衡氢电极相似的线性关系. 大多数不溶性氧化物电极在电解质水溶液中的行为都符合式(10.7)[2]. 因此,可以认为过渡层模型可能是氧化物/水溶液界面的一种较好的化学描述.

作为电极活性材料的氧化物大多具有阳离子导电性质. 在水溶液电解质中,表面层中的变化涉及到 M^{2+},H^+,OH^-,O^{2-} 和 H_2O 之间的相互作用. 根据过渡层理论,在靠溶液一侧过渡层与液相之间存在 H^+ 与 OH^- 的平衡,而在靠近固体本体一侧主要是 M^{2+} 与 O^{2-} 的平衡. 据此,可以写出氧化物本体/表面过渡层/溶液间的离子平衡方程(以 MO 表示氧化物组成,即假设金属离子为二价):

$$H^+(l) \Longleftrightarrow H^+(t)$$
$$MO + 2H^+(l) \Longleftrightarrow M^{2+}(t) + H_2O(l)$$

$$H_2O(l) \Longrightarrow OH^-(t) + H^+(l)$$

$$H_2O(l) \Longrightarrow O^{2-}(t) + 2H^+(l)$$

括号中的 t, l 分别表示固体表面过渡层和溶液相. 类比于化学吸附的描述方法, 离子在过渡层中的活度可以用"占据度"(晶格中离子占据阳离子点位的分数)θ 来表示. 如果以 θ_{2+}, θ_+ 分别表示 M^{2+} 离子和 H^+ 离子在过渡层中的占据度, 则 M^{2+} 离子的电化学势和活度可以写作:

$$\bar{\mu}_{M^{2+}}^{t} = \mu_{M^{2+}}^{t0} + kT\ln\left(\frac{\theta_{2+}}{1 - \theta_+ - \theta_{2+}}\right) + 2e_0\varphi^t$$

$$\frac{\theta_{2+}}{1 - \theta_+ - \theta_{2+}} = K(\alpha_{H^+}^l)^2\exp\left[-2e_0(\varphi^t - \varphi^l)/kT\right]$$

上式中 K 为与表面层及溶液中质子交换平衡有关的常数. 用电化学势相等表示离子平衡, 并以晶格位置占据度 θ 表示离子活度, 可以导出表面剩余电荷 σ_s 与电极电势的关系(详细推导见文献[3]):

$$\frac{\sigma_s}{e_0N_s} = \frac{1}{2}\alpha\,\sinh[(e_0/kT)(\varphi^t - 常数)] \tag{10.8}$$

上式中 α 为一常数($0 < \alpha \leqslant 1$), 其数值与诸离子交换反应的平衡常数有关. N_s 表示单位面积上的晶格点位数. 通过类似(10.7) 式的推导过程, 可以导出:

$$\varphi^t - \varphi^l = 2.3(kT/e_0)[常数 - pH] + (kT/e_0)\sinh^{-1}(2\sigma_s/e_0N_s\alpha) \tag{10.9}$$

有了式(10.9)所示的电荷-电势关系, 就可以按照 Gouy-Chapman 对稀溶液中剩余电荷分布的处理方法, 定量分析氧化物/过渡层/溶液界面的电势分布和电荷分布. 详细的数学推导见文献[3], 其主要结论有:

由于$(\sigma_s/e_0N) \ll 1$, 当 $\alpha \sim 1$ 时式(10.9) 中含 α 项的数值很小, 可以忽视; 据此得到$\varphi^t - \varphi^l \approx 2.3(kT/e_0)$[常数 - pH], 也就是说过渡层/溶液相界面上的电势差满足 Nernst 关系, 而本体/氧化物过渡层界面上的电势差与 pH 无关. 在这种情况下, 氧化物/溶液界面上的电势分布有着如图 10.13 中实线所示的形式, 而在氧化物本体内部电势恒定, 离子浓度呈均匀分布.

当 α 值足够小($\ll 1$)时, 表面剩余电荷将显著减少, 导致固体/溶液界面上的电势差($\varphi^t - \varphi^l$)可以忽略不计. 这时的电势分布主要体现在固相内部. 如果氧化物层足够厚和导电粒子浓度足够低, 则固相内、外两侧间的电势差也能满足 Nernst 关系, 而表面层与液相间的电势差与 pH 无关(如图 10.13 中虚线所示).

在过渡层模型中, 固体表面剩余电荷是由 H^+ 或 OH^- 在界面上转移所引起, 因而也是溶液 pH 值的函数. 将式(10.9)对 pH 微分, 就得到氧化物/溶液界面微分电容表达式:

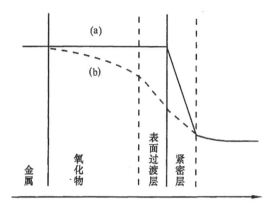

图 10.13　过渡层模型中的电势分布

(a) $\alpha \sim 1$ 时；(b) $\alpha \ll 1$ 时.

$$\frac{1}{C_\mathrm{t}} = \frac{1}{C_\alpha} + \left[\left(\frac{2\sigma_\mathrm{s}}{e_0 N_\mathrm{s}} \right)^2 + \alpha^2 \right]^{-1/2} \frac{1}{C^0} \tag{10.10a}$$

式中：$C_\alpha = -\dfrac{e_0}{2.3kT}\dfrac{d\sigma_\mathrm{s}}{d(\mathrm{pH})}$ 为界面空间电荷层所引起的微分电容,来自溶液 pH 值的变化；$C_\mathrm{t} = d\sigma_\mathrm{s}/d(\varphi^\mathrm{t} - \varphi^\mathrm{l})$,为界面真实电容；$C^0 = N_\mathrm{s} e_0^2 / 2kT$. 在 $\alpha^2 \gg (2\sigma_\mathrm{s}/e_0 N_\mathrm{s})^2$ 条件下,式(10.10a)可以简化为

$$\frac{1}{C_\mathrm{t}} \approx \frac{1}{C_\alpha} + \frac{1}{\alpha C^0} \approx \frac{1}{C_\alpha} + \frac{e_0 N_s}{2\sigma_\mathrm{s}} \frac{1}{C^0} \tag{10.10b}$$

式中,α 与表面过渡层中正负离子的平衡常数有关. 如果正、负离子在过渡层中的占据度相当($\alpha \sim 1$),则 $C_\mathrm{t} \approx C_\alpha$. 若正负离子的占据度相差很大,则 C_t 由式 (10.10b) 表示,这时测量的 C_t 相当于远离零电荷电势的情况.

§10.3　固态化合物参加的电化学过程

　　固态化合物电极活性材料基本上包含了所有结构类型的材料. 由于化学结构和反应性质的差异,不同类型的固态化合物电极表现出迥然不同的电化学特性. 由于电极材料结构的特殊性(如聚合物电极、嵌入型电极、半导体电极等)而产生的特殊的电极过程将在本章后半部分专门讨论. 本节重点考虑固态电极活性材料参加的电化学过程的一般规律. 在固态化合物参加的电化学反应过程中,总是涉及到固体化学组成的变化,并往往涉及固体结构的变化. 为了描述的方便,可将常见的固态化合物电极反应分为"结构发生重大变化"和"结构基本不变"两大类进行讨论.

§10.3.1　结构发生重大变化的电极体系

大多数固体电极材料在作为反应物参加的电极过程中,晶体结构同时发生变化. 根据反应产物的存在形态,可以将固体电极反应归纳为以下三种类型:

1. 生成可溶性产物的反应

许多以活泼金属作为阳极活性物质的电极反应属于这一类型,例如化学电源中广泛使用的金属负极锌和锂. 这类金属电极通过阳极反应溶解后,很难再通过阴极还原重现金属电极原来的形貌. 所以,这种类型的金属大都只能用作一次电池的阳极材料,而往往难以用于构成二次电池. 有关这类金属阳极过程的分析详见本书第八章.

离子型或共价型固态化合物在参加电化学反应时,无论是在阳极氧化还是阴极还原过程中,经常会出现可溶性的反应产物或中间反应产物. 那些生成可溶性最终产物的活性固体材料对于设计二次电池大都不具有重要的应用价值,因此这里不作进一步讨论. 感兴趣的读者可参阅文献[4].

2. 通过溶解及再沉淀生成固相产物的反应

这一类反应过程大致经历两个步骤:固态化合物首先生成溶解性中间产物,然后中间产物再转变为固相产物. 铅酸电池中的反应是这类电极过程的典型例子. 铅酸电池的负极活性物质为铅粉,其放电反应分两步进行:

$$Pb \longrightarrow Pb^{2+} + 2e^-$$
$$Pb^{2+} + SO_4^{2-} \longrightarrow PbSO_4$$

铅负极首先发生电化学溶解生成的溶液中的 Pb^{2+} 离子,然后与附近电解液中的 SO_4^{2-} 离子反应,生成不溶性的 $PbSO_4$. 这一反应过程如图 10.14(a)所示. 铅负极的充电反应为上述反应的逆过程. 由于 $PbSO_4$ 属于典型的绝缘体,电子不能通过 $PbSO_4$ 传递. 因此,在铅负极放电后的充电过程中,首先是 $PbSO_4$ 在 Pb 表面附近的溶液中溶解生成游离的 Pb^{2+} 离子,然后 Pb^{2+} 离子再获得电子还原为单质铅.

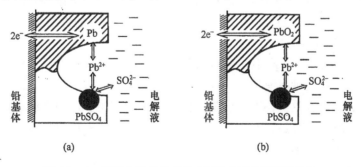

图 10.14　铅酸电池中的负极反应(a)和正极反应(b)

　　铅酸电池的正极反应过程也是通过这种溶解结晶机理进行的. 由于正极活性物质 PbO_2 为电子良导体, 放电反应按下式分两步进行:

$$PbO_2 + 4H_3O^+ + 2e^- \longrightarrow Pb^{2+} + 6H_2O$$

$$Pb^{2+} + SO_4^{2-} \longrightarrow PbSO_4$$

即反应的第一步为 PbO_2 通过电化学溶解生成游离的 Pb^{2+} 离子, 然后与溶液中 SO_4^{2-} 离子结合生成不溶性的 $PbSO_4$. 正极的充电反应则正好与此相反, 即首先 $PbSO_4$ 溶解释放出 Pb^{2+} 离子, 然后 Pb^{2+} 离子在电极上电化学氧化生成 PbO_2 晶粒 [图 10.14(b)].

　　由以上诸式可以看出, 铅酸电池的正极和负极在放电时均按"电化学溶解-化学结晶"的方式进行, 而在充电时均按"化学溶解-电化学结晶"的方式进行. 根据这种反应机理能够较好地解释铅酸电池体系的工作特性.

　　铅酸电池的一个特点是可以大电流放电但难以大电流充电. 按照上述反应机理分析, 放电过程中的速度控制步骤应当是 Pb 和 PbO_2 的电化学溶解, 而随后的化学结晶速度并不直接影响放电速度. 因此, 即使后一步骤不足够快, 也只会造成溶液中的过饱和而基本上不影响电极反应速度. 一般而言, 由于 Pb 和 PbO_2 电极均具有高分散粉末多孔电极的结构, 其电化学溶解速度足以支持很高的表观放电电流密度. 铅蓄电池的充电过程则不然. 由于 $PbSO_4$ 的溶解度很小(在 30% H_2SO_4 溶液中约为 $2.75\,mg \cdot L^{-1}$), 大部分 Pb^{2+} 离子均存贮于固相晶格中. 因此, 正负极在充电时, 由于反应物 $PbSO_4$ 的溶解速度限制以及 Pb^{2+} 离子的浓度和扩散速度限制, 充电无法以大电流密度进行. 铅酸电池的另一问题是长期在深度放电后或充电不足的状态下保存, 均会导致电池容量与循环寿命的衰减. 这主要是在这些条件下有利于细小的硫酸铅晶体成长为粗大坚实的晶体, 使其溶解度和溶解速度均进一步降低. 当电极表面一旦被厚实的硫酸铅所覆盖时, 电极附近溶液的有效电导率与其中 Pb^{2+} 离子的有效扩散系数均急剧下降, 导致充、放电性能下降. 这些问题在一定程度上可以通过加入各种添加剂来改善. 吸附在微细晶体表面上的表面活性物质可以通过降低表面自由能而减缓 $PbSO_4$ 的再结晶(粗化)速度, 以保持其较松散的结构.

　　从铅酸电池这个例子, 我们可以看到当固态电极反应中涉及溶解性中间产物时, 所形成的二次电池具有以下一些特点:

　　一方面, 由于在这类固态化合物电极反应中反应物和产物之间的电化学转变在化学上和结晶学上是可逆的, 有可能利用这类电极体系构成具有较好循环性能的二次电池; 另一方面, 决定二次电池充、放电行为的重要因素是溶解性中间态反应产物的浓度. 若可溶性中间反应产物的平衡浓度较低(也就是固态反应物的溶解度及溶度积较低),对于限制其扩散范围以及容易基本上在原位上生成固态反应物是有利的,对于容易造成较高的过饱和程度与形成较细的晶粒也是有利的. 然而,对于那些有中间态产物参加的反应步骤,若中间产物的浓度过低则显然不利于这些步骤的快速进行.

与铅酸电池相比,在采用锌负极的碱性二次电池中,放电时产生的中间态可溶性产物$Zn(OH)_4^{2-}$的溶解度要高得多. 因此,虽然碱性锌二次电池可以用很高的电流密度充、放电,在充、放电过程中电极的形变与活性物的位置转移均比较严重,限制了这类电池的循环寿命.

为了保证电极在充、放电循环过程中的稳定性,固相产物的晶体生长方式有至关重要的作用. 在理想情况下,产物的粒度和位置应与原来反应物粒子保持基本一致[图10.15(a)],这样才能保持电极结构的稳定性. 如果产物的晶格尺寸及填充密度与反应物相差太大,则在充、放电过程中电极势必发生显著膨胀和收缩,并往往因此导致电极结构崩溃. 如果产物在反应粒子表面形成致密的成相膜[图10.15(b)],则可能隔断反应物与溶液之间的接触,阻塞反应的进行.

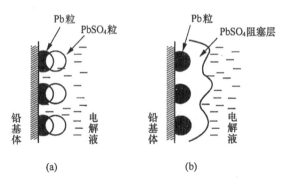

图 10.15　Pb 电极上反应产物 PbSO$_4$ 的两种生长形态
(a) 理想形态; (b) 阻塞形态.

3. 生成新相表面膜的反应

在这里新相表面膜指的是在电极活性材料表面生成的连续致密的固相产物层. 与固态电极通过"溶解结晶"生成的固态产物不同,固态反应产物新相表面膜直接在表面上生成并覆盖表面,而前者可能只是部分地附着在电极表面上,或是根本不与电极表面接触而独立存在于电极附近.

固态表面膜的组成结构和性质千差万别. 对于电化学反应的进行,最重要的性质可能是表面膜的导电性. 如果反应中生成的固态化合物表面膜为绝缘体,就意味着电极反应表面被完全阻塞,使电极反应无法继续进行.

然而,在固态化合物电极表面上由于生成反应产物膜而引起电极反应完全阻化的情况并不多见. 在许多情况下,表面绝缘膜的性质会因电极极化或表面重构而改变. AgO 电极还原生成的表面层在极化过程中发生的变化就是一个从绝缘体变为良导体的例子. AgO 电极放电时其表面首先被还原生成几乎绝缘的 Ag_2O(电导率约为 $10^{-8}\Omega^{-1}\cdot cm^{-1}$)表面膜,在放电曲线上表现为短暂的高电压平台(见图 10.16). 与这一平台相对应的电极反应为

$$2AgO + H_2O + 2e^- \longrightarrow Ag_2O + 2OH^- \tag{10.11}$$

随着放电过程进行,表面膜逐渐覆盖 AgO 粒子的全部表面而阻化反应的进行,导致电极电势迅速负移至能引起 Ag_2O 按下式还原为 Ag 的电势:

$$Ag_2O + H_2O + 2e^- \longrightarrow 2Ag + 2OH^- \tag{10.12}$$

当表面绝缘层中部分 Ag_2O 转变为 Ag 原子后,表面膜的导电性大幅提高. 与此同时,Ag 原子还能与 AgO 反应生成 Ag_2O:

$$Ag + AgO \longrightarrow Ag_2O \tag{10.13}$$

使反应按式(10.12)持续进行,最终使全部 AgO 转变成 Ag(含少量 Ag_2O). 这些过程在放电曲线上表现为图 10.16 中的低电压平台.

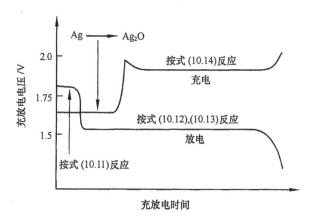

图 10.16　氧化银电极的充放电反应

在充电过程中则首先是 Ag 氧化成 Ag_2O. 当在 Ag 表面上形成完整的 Ag_2O 绝缘层后,电极电势迅速升高(见图 10.16 中充电曲线). 然而,当电势正移到一定程度后又导致 Ag_2O 的氧化:

$$Ag_2O + 2OH^- \longrightarrow 2AgO + H_2O + 2e^- \tag{10.14}$$

按这一反应在表面相中生成导电性良好的 AgO 使氧化反应能够继续进行,且使电极电势保持基本稳定. 部分 AgO 还可能与 Ag 按式(10.13)反应生成 Ag_2O,再按上式生成 AgO. 如此反复进行,最终使全部 Ag 和 Ag_2O 氧化成为 AgO. HgO 和

CuO 等电极的反应机理可能也与此类似. 这类反应的特点是固态活性电极表面上首先反应生成独立的表面膜相,然后通过表面膜中的化学和电化学反应完成从反应物到产物的转化.

在某些高活性电极表面上生成的表面膜具有单一快离子导体的性质. 金属锂电极是这类体系的一个典型例子. 当锂浸入由非质子溶剂组成的溶液后,表面很快生长出致密的表面膜. 这类表面膜的化学组成和结晶形态与溶液组成有关. 在含 1 mol·L^{-1} $LiAlCl_4$ 的 $SOCl_2$ 中,表面膜的主要成分为 Li_2O,$LiCl$ 和单质 S;而在含 1 mol·L^{-1} $LiPF_6$ 的丙烯碳酸脂(PC)中,表面膜的主要组成为 Li_2CO_3 和 Li_2O. 大量实验事实表明:在已研究过的各种由非质子溶剂组成的溶液中,在金属锂电极表面上形成的膜尽管在化学组成上各不相同,但都具有锂离子导体的特征. 因此,金属锂与电解液之间的界面实际上是"金属/固体电解质"界面. 锂电极的阳极溶解反应可以看作为锂离子通过固体电解质表面膜进入溶液的过程,而阴极还原过程则可看作是溶液中的锂离子透过固体电解质表面膜在电极上结晶的过程(图 10.17). 锂离子电池中嵌锂炭负极表面上的情况与此十分类似. 当具有石墨结构的炭电极在 1 mol·L^{-1} $LiPF_6$ 的 EC＋DMC 混合溶液中充电时,在炭表面上首先生成一层致密的锂离子导电膜,常称为"固体电解质中间相"

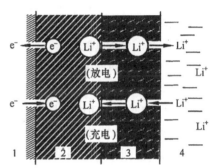

图 10.17　锂电极的充、放电过程
1. 集流体; 2. 锂电极; 3. 锂离子
导电固态电解质中间相; 4. 电解液.

(SEI). 锂离子在石墨中的电化学嵌入和脱嵌反应都必须经过表面膜中的扩散传递过程来实现. 对金属锂负极和嵌锂炭负极的实验结果表明,这类固态锂离子导体表面膜对锂电极反应的动力学性质并无明显的阻化效应,然而却极为有效地防止了金属锂与溶液之间的化学相互作用,使锂二次电池成为可能.

固体电解质中间相表面膜一方面隔断了电极材料和电解质溶液之间的接触,避免了电极的化学腐蚀,使原本不稳定的电极变得实际上相当稳定;另一方面,这种表面膜提供了反应离子的快速迁移通道,使电极反应能够快速进行. 遗憾的是,在 Na,K,Mg,Al 这样一些活泼金属表面上,迄今未发现具有类似性质的固态离子导电型表面膜,因而现在还难以利用这些金属负极来组成高性能的二次电池.

许多固态化合物的电极反应不涉及可溶性中间粒子. 反应首先在固液界面上进行,形成与产物组成和结构相似的表面层,然后通过表面层与固体本体之间的电子和离子转移使固相内部逐渐被利用. 当固态反应按这种机理进行时,要求反应生成的固体表面层同时具有良好的电子导电性与离子通道,以保证固相反应的进

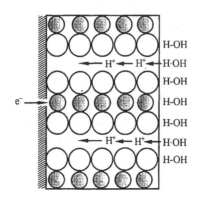

图 10.18　MnO_2 在水溶液中
的放电机理

图中：○为 O^{2-}；●为 Mn^{4+}

行. 二氧化锰在水溶液中的反应可以作为这类反应的一个例子. 如图 10.18 所示，MnO_2 放电反应的第一步是通过与溶液中质子反应在表面生成固相水锰石（MnOOH）表面层，然后质子沿晶体原子层间的离子通道向内部扩散；同时固相本体中由 Mn^{4+} 构成的空穴源源不断向表面扩散，获得电子形成阴极电流. 因此，总的反应过程可写成

$$MnO_2 + H_3O^+ + e^- \longrightarrow MnOOH + H_2O$$

若质子和电子迁移通畅，则上述反应表现出较小的超电势，并能实现较高的活性物质的利用率. 为满足这一要求，通常采用晶体中结构缺陷较多的 γ-MnO_2，或在晶格中掺入适当的杂质原子. 然而，由于反应产物 MnOOH 在酸性介质中容易发生歧化反应生成可溶性 Mn^{2+} 离子，而在碱性介质中会进一步生成惰性的 Mn_2O_3 结晶，致使 MnO_2 电极在水溶液中的可充性往往不能令人满意. 因此，很难利用 MnO_2 来组成高性能二次电池.

§10.3.2　活性材料结构基本保持不变的电极体系

在上述几类固体电极反应中，电极活性材料的晶体结构均发生了重大变化（化学和物相的变化）. 这些变化的反复进行往往引起电极结构的剧烈改变，并显著影响电极的工作寿命. 由此不难想象，如果在电化学反应前后活性电极材料的晶体结构能基本保持不变，应当有利于使电极保持良好的循环寿命.

固溶体是化学组成可变但固相结构基本不变的一类体系. 当固溶体用作活性电极材料时，固相的结构基本保持不变，而其化学计量随充、放电的进程而变化. 镍-氢化物电池中的金属氢化物负极和氢氧化亚镍正极的反应均可看作是典型的固溶体电极反应.

金属氢化物电极的活性材料为储氢合金（MH），它能够可逆地吸收氢气形成固溶体或金属氢化物. 储氢合金的吸放氢特性一般采用如图 10.19 所示的压力组成等温线（PCT 曲线）来描述. 图中 α 相为氢-合金固溶体相，β 相为金属氢化物相，中间平台区为两相共存区. 储氢合金的吸、放氢过程也可以通过电化学方式进行. 当储氢电极充电时，溶液中的水分子或水化质子在合金表面上还原生成氢原子，随之扩散到合金体相中形成金属固溶体或氢化物. 当电极放电时，储存在合金中的氢通过扩散达到电极表面并重新被氧化生成水或 H^+ 离子（图 10.20）. 在碱

性溶液中储氢合金的电化学吸、放氢反应可用下式表示:

$$M + xH_2O + xe^- \xrightarrow[\text{放电}]{\text{充电}} MH_x + xOH^- \tag{10.15}$$

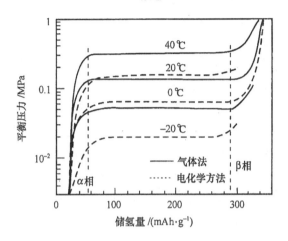

图 10.19　储氢合金 LaNi$_5$ 的 PCT 曲线

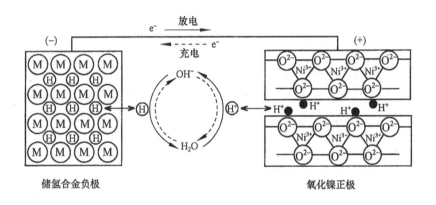

图 10.20　镍-金属氢化物电池充、放电机理示意图

按照热力学公式,上述可逆反应的平衡电极电势为

$$\varphi = \varphi^0_{H_2O/OH^-} + \frac{RT}{F} \ln \frac{\alpha_{H_2O}}{\alpha_H \cdot \alpha_{OH^-}} \tag{10.16}$$

在采用碱性溶液中的可逆氢电极(RHE)的电势为零点时,上式可以写成 $\varphi \approx$ $-0.031 \log p_{H_2}$,式中 p_{H_2} 为与储氢合金电极平衡的氢分压. 与传统的金属负极相比,储氢合金负极具有许多优点. 首先,储氢电极充、放电的机理是氢原子在合金中的溶解和脱出,当储氢量在一定范围内变化时不会引起固相结构的变化. 因此,

可以期望这一体系能有较长的循环寿命. 其次,氢在合金表面上的电化学反应速度和质子在金属原子间隙中的扩散速度都很快,有可能在极化不大时实现大电流充、放电. 此外,吸、放氢反应的主要部分在 PCT 图中的两相共存区进行,因此在充、放电曲线上可出现很宽的电压平台.

镍-金属氢化物电池中的正极活性物质为 β-Ni(OOH). 这种化合物具有如图 10.20 右侧所示的层状晶体结构,其中镍离子和上下两层氧原子构成原子密实层,而两个原子密实层之间靠范德华力结合. 由于密实层之间的结合力较弱,其中可以容纳质子、水分子及其他离子. 当 β-Ni(OOH) 正极放电时,电极表面晶格中的 Ni^{3+} 离子从外电路获得电子还原为 Ni^{2+} 离子,使附近的氧离子呈现过剩负电荷. 这时由水分子离解生成的 H^+ 离子能迅速跃迁至层间氧离子附近,中和局部剩余负电荷. 随着电子不断跃迁到晶体内部的 Ni^{3+} 离子上,H^+ 离子也同时源源不断地沿层间向内部扩散,直到晶体内部几乎所有的 Ni^{3+} 都被还原为 Ni^{2+} 离子,生成 β-Ni(OH)$_2$. 充电过程的机理则正好与此相反. 电子不断从 Ni^{2+} 离子上移出使后者氧化成 Ni^{3+} 离子;同时处于层间的 H^+ 离子从晶格中脱出与溶剂中的 OH^- 离子化合成水,使 β-Ni(OH)$_2$ 晶格重新氧化成 β-NiOOH 晶格. 因此,氧化镍正极的充、放电反应可以写为

$$\text{NiOOH} + \text{H}_2\text{O} + \text{e}^- \underset{\text{充电}}{\overset{\text{放电}}{\rightleftharpoons}} \text{Ni(OH)}_2 + \text{OH}^- \tag{10.17}$$

在上述反应过程中,氧化镍晶体的结构并未发生显著变化,只是随反应深度不同结构骨架中包含的质子浓度有所不同. 若以镍氧化物中 Ni(OH)$_2$ 的摩尔分数来定义反应深度(L),则平衡电极电势与反应深度之间的关系可写成

$$\varphi_{\Psi,\text{NiOOH/Ni(OH)}_2} = \varphi^0_{\Psi,\text{NiOOH/Ni(OH)}_2} - 0.059\log\alpha_{\text{OH}^-} + 0.059\log\frac{1-L}{L} \tag{10.18}$$

还要指出,在式(10.17)中 β-Ni(OH)$_2$ 是稳定的绝缘体,不利于充电初期固相中的电子传递. 为了提高电子导电性,一般以 Li^+ 置换晶格中的部分 Ni^{3+} 离子. 这样一来,为了保持晶格内部的电中性,即使放电完成后 Ni^{3+} 离子也不可能全部被还原成 Ni^{2+} 离子,使 β-Ni(OH)$_2$ 相始终保持一定的空穴导电性. 在制备 Ni(OH)$_2$ 时,还常加入少量钴用来置换部分镍. 充电时 Co(OH)$_2$ 能被氧化成 CoOOH,而放电时却由于其还原电势较负而不会再被还原为 Co(OH)$_2$. 这类措施也能使氧化镍晶体在放电终了时保持一定的导电性.

由上面讨论可见,对于 Ni(OH)$_2$ 之类的固态化合物电极,尽管在充放电过程中晶体结构基本保持不变,但其化学组成却处于不断改变之中. 因此,活性材料的电导率和其中离子的迁移率均随充、放电的进行而变化. 文献中曾报道氧化态和

还原态氧化镍电极的电导率分别为 $10^{-4}\Omega^{-1}\cdot cm^{-1}$ 和 $10^{-10}\Omega^{-1}\cdot cm^{-1}$,而其中 H^+ 离子的扩散系数分别为 $10^{-8}\ cm^2\cdot s^{-1}$ 和 $10^{-11}\ cm^2\cdot s^{-1[5,6]}$. 在不同充、放电深度时这些参数的巨幅波动必然会引起各种反应过程速率的显著变化,在讨论电极反应动力学性质时必须加以考虑.

在由储氢合金负极与氢氧化亚镍正极组合构成的镍-金属氢化物电池中,电池的充、放电反应式为:

$$Ni(OH)_2 + M \underset{\text{放电}}{\overset{\text{充电}}{\rightleftharpoons}} NiOOH + MH \tag{10.19}$$

因此,反应的充电过程可看作是质子从正极晶格中脱出而溶入负极合金之中;而放电过程则是氢原子从合金负极中脱出而溶入正极晶格之中. 在充、放电过程中,正、负极材料的固相结构均未发生重大的变化.

镍-金属氢化物电池的典型放电曲线如图 10.21 所示. 为了补偿储氢合金在循环过程中的性能衰退,以及在密闭电池过充电时实现氧循环,设计电池时一般采用正极容量限制的原则. 在中、小电流密度下,正极的放电容量均能达到或接近理论值. 在大电流(1C 率)放电时,电池容量也能达到正常值的 90% 以上. 既使以更大电流(例如 3C 率)放电,输出容量也可达额定容量的 80%. 图 10.22 中给出了镍-金属氢化物电池的循环寿命曲线. 图中数据表明,在全充放的条件下循环 2000 周以后电池的容量衰减仅仅 10% 左右,显示出当采用充、放电反应中结构不变的电极体系组成电池时可能获得的优异循环性能.

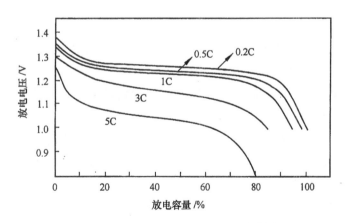

图 10.21　镍-金属氢化物电池的放电曲线

将要在下一节中讨论的嵌入型电极也属于充、放电反应中电极结构基本保持不变的电极体系. 嵌入型电极通过离子在正、负极材料中的嵌入和脱嵌反应来贮存和释放电化学能量. 事实上,上述储氢合金电极和氧化镍电极也可以看作是氢离子(质子)嵌入和脱嵌型电极.

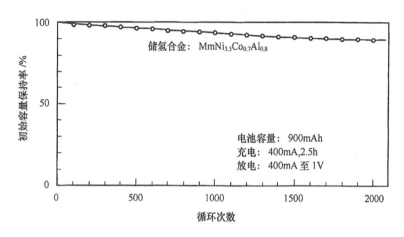

图 10.22　方型镍-金属氢化物电池充、放电循环过程中的容量衰减[7]

§10.4　嵌入型电极反应

§10.4.1　嵌入型电极过程

电化学嵌入反应是指电解质中的离子(或原子、分子)在电极电势的作用下嵌入电极材料主体晶格(或从晶格中脱嵌)的过程. 嵌入型电极反应可用下式表示:

$$A^+ + e^- + \langle S \rangle \rightleftharpoons A\langle S \rangle \tag{10.20}$$

式中:A^+表示嵌入的正离子;$\langle S \rangle$表示主体晶格中可供正离子嵌入的单元结构;而$A\langle S \rangle$表示嵌入化合物. 阴极嵌入过程可以简单描述为:随着电极电势的负移,来自外电路的电子进入嵌入化合物中未充满的导带,导致部分金属离子的化学价降低,并引起周围的阴离子负电荷过剩;电解质中的正离子遂迁入主体晶格中阴离子附近的空位,保持晶格的电中性和结构稳定. 正离子从阳极脱嵌的反应机理则正好与此相反. 嵌入和脱嵌反应的进行速度与电极电势有关,而嵌入粒子的数量决定于嵌入反应过程消耗的电量.

为了实现上述过程,嵌入反应体系必须具备一定的特殊结构. 首先,主体晶格的结构骨架应当稳定,在嵌入和脱嵌反应的过程中基本不发生变化;其次,嵌入体系中的主体晶格内应存在一定数量的离子空位与离子通道,使嵌入粒子能够在这些空位之间自由移动,即能可逆地嵌入或脱嵌.

嵌入化合物的发现已有近百年历史;而将嵌入化合物作为电极活性材料则是近20年的事,其中最重要的应用性成果是采用嵌锂化合物构成高性能锂离子电池. 目前大多数研究工作集中在可嵌锂电极材料的合成、结构与反应性质. 本节的讨论重点也在这些方面.

§10.4.2　嵌入化合物的结构特征

嵌入化合物属于非计量化合物,其结构特点主要表现在主体晶格骨架中存在合适的离子空位与离子通道. 如前所述,离子通道就是由晶格中间隙空位相互连接形成的连续空间.

在同一晶体的晶格骨架中可能同时存在若干不同类型的间隙空位. 常见的晶格间隙空位有八面体、四面体和三角棱柱形空位. 离子嵌入对于晶格间隙空位有一定的选择性,如半径较小的 Li^+ 离子倾向占据八面体和四面体间隙,而较大的离子(如 Na_xTiS_2 中的 Na^+ 离子)则可能占据三角棱柱空位. 一般来说,嵌入的金属离子倾向于占据四周均匀分布着负离子的间隙空位,而尽可能地与附近的金属离子保持较远距离.

由晶格间隙互相连通的方式决定嵌入离子通道的空间形式. 如果间隙空位只在一个方向上相互连通,即只允许嵌入离子在一个方向上移动,则通道称为一维离子通道;若间隙空位在一个平面内相互连通,使嵌入离子能在整个平面内自由迁移,则称为二维离子通道. 同样,若固体中间隙空位在上下、左右和前后三个方向上均相互连通,则称这种固体中存在三维离子通道.

离子通道的空间分布形式直接影响离子的可嵌入性. 一维离子通道很容易受到晶格中杂质或位错等的影响而被堵塞. 因此,具有这种结构的化合物大多不适于用作离子嵌入材料. 目前常用的嵌锂正极材料如 Li_xCoO_2, Li_xNiO_2, Li_xTiS_2 等都属于包含二维离子通道的层状结构化合物(图10.23). 在这类化合物中,过渡金

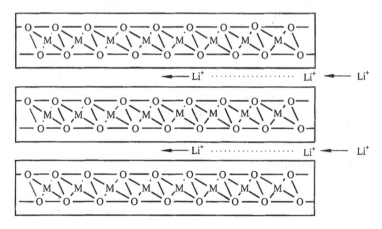

图 10.23　层状过渡金属氧化物的结构与 Li^+ 离子的嵌入

属离子位于两层氧(或硫)原子之间的八面体中. 金属和非金属原子之间通过化学键结合形成原子密实层;而两层密实层之间则靠范德华力(如二硫化物)或嵌入阳离子引起的静电力(如 Li_xCoO_2)相结合. 这种结构中包含的二维离子通道非常有利于离子嵌入和脱嵌反应. 一方面,离子嵌入不引起原子密实层的结构改变,因而有利于层状结构的稳定;另一方面,在这种以弱相互作用维系的晶格层间空隙中,离子具有良好的移动性. 此外,这种结构中的层间距离具有较大的伸缩性,可以允许不同大小的离子和分子嵌入. 然而,后一性质对这类材料的电化学应用来说也可能是不利的. 杂质和溶剂分子的共嵌入可能导致嵌入反应的电流效率降低,还可能引起晶格主体结构的变化. 从原则上说,包含三维离子通道的嵌入化合物既能允许嵌入离子的高速移动,又可避免其他组分的共嵌入,应当是较理想的嵌入型电极材料. 有关这些方面的研究探索一直在进行,也发现了许多类型具有潜在优势的嵌入型正极材料,如掺杂的锂锰尖晶石[8],非晶钒氧化物类等[9].

嵌入离子在离子通道中的扩散是通过空位跃迁或离子的填隙跳迁的方式进行的. 若只从这一点来看,嵌入化合物中的离子扩散方式与一般固体中的离子迁移并无不同. 因此,§10.1中有关对固体中离子迁移影响因素的分析在原则上亦适用于嵌入化合物. 然而,也应看到两种情况之间的不同之处:首先,嵌入离子只能占据主体晶格中的某些空位或空隙位,而不能与主体离子相互取代;其次,在离子嵌入过程中,固态化合物同时与外界进行电子交换反应,以保持电中性. 换言之,在嵌入离子迁移的同时,固态化合物的主体晶格不断发生化学组成和电性质的变化,因此情况较一般固态离子导体中的扩散现象更为复杂. 有关嵌入化合物中离子扩散的机理现在尚不十分清楚.

上面曾经提到,嵌入化合物的晶格结构在嵌入和脱嵌反应过程中应保持基本不变. 这一特性对许多嵌入材料来说大多可以在一定的嵌入(脱嵌)量范围内基本具备. 因此,人们有时将嵌入电极反应等同于固溶体电极反应. 与常见的固溶体的性质相似,一旦嵌入量超出某一范围,嵌入化合物就可能发生结构的重大变化或崩溃. 例如,对于 Li_xCoO_2 和 Li_xNiO_2,当 $x<0.5$ 时 Co 和 Ni 离子就会位移到间隙层中引起层状结构崩溃. 对于 $Li_{1+x}Mn_2O_4$,当嵌入量 $x>0.5$ 后尖晶石结构也会发生较严重的不可逆畸变. 因此,在嵌入型电极的应用中,需要严格控制嵌入量的变化范围.

§10.4.3　嵌入反应中的电子

为了分析嵌入反应中电子进入主体晶格后占据何种位置,以及如何引起主体晶格电子能态的变化,必须首先了解嵌入化合物中电子结构的特点. 绝大多数嵌入化合物是过渡金属氧化物或二硫化物. 在这些化合物中,氧(或硫)原子的外层 p

轨道与过渡金属原子的 p 轨道和外层 d, s 轨道重叠,产生一系列新的能带. 这些能带常采用贡献最大的原子轨道符号来标记(图 10.24).

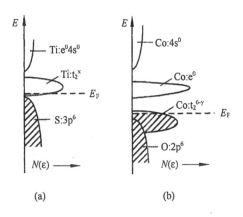

图 10.24　(a) $Li_x TiS_2$ 和(b) $Li_x CoO_2$ 的能带结构示意图

在图 10.24 中给出了两种典型嵌入正极材料的能带结构图. 在 $Li_x TiS_2$ 的能带图中,充满的 $S:3p^6$ 带(价带)与 $Ti:t_2$ 带(导带,主要由低能量 d 轨道组成)几乎重叠,而费米能级 E_F 位于后者的底部附近. 因此,在嵌入电极反应中,电子最可能的选择就是进入 t_2 带. 随着电子逐步加入到 t_2 带中,E_F 随之上移. 在 $Li_x CoO_2$ 能带结构中[图 10.24(b)],全充满的 $O:p^6$ 带与 $Co:t_2$ 带部分重叠,而 E_F 位于半充满的 t_2 带的上部. 由于重叠能带中的电子能级要显著低于原来 Co 原子轨道中的 s, d 能级,使电子易于从后者中移走而引起较高的表观阳离子价态. 嵌入反应中电子进入(或脱出)的能级位置主要是 t_2 能带中 E_F 附近的能级. 因此,当采用具有这类电子能带结构的化合物作为嵌入正极时,所获得的电极电势可能明显高于根据过渡金属离子变价推算出的预期值.

反应过程中嵌入的阳离子主要通过两种方式影响主体晶格的电子结构:一方面,由于嵌入的阳离子总是位于阴离子附近,它所携带的正电荷通过库仑引力降低了 p 电子的能量,其效果是使 p 能带下降;另一方面,嵌入阳离子的正电荷能引起周围阴离子的极化,而阴离子极化后产生的偶极正端又会吸引邻近的 d 电子,使后者的能量降低. 这两方面的作用效果都是使电子能级降低. 对 $\lambda\text{-}MnO_2$ 和 $LiMn_2O_4$ 进行的量子力学计算表明,嵌入锂离子能导致所有的能带向低能方向位移,但对能带中的态密度影响甚微[10].

以上讨论中似乎未提及电子转移引起过渡金属离子的价态变化. 实际上,嵌入化合物能带图中的 t_2 能带主要由过渡金属原子的低能量 d 能级构成,并保持了 d 电子轨道的特征. 电子进入(移出)t_2 能带引起 d 电子能量升高(降低),与过渡金属离子得到(失去)电子导致其价态降低(升高)是等效的,只是用能带描述或化学描述时所采用的表述方式不同而已.

§10.4.4　嵌入型电极的热力学

在电化学热力学中,平衡电极电势 φ_{Ψ} 是特别重要的物理量. 知道了平衡电极电势 φ_{Ψ} 与反应组分浓度、体系温度等变量之间的关系,就可以推导出与电极反应相联系的热力学状态函数的变化(如 ΔG,ΔH,ΔS 等).

然而,对于嵌入型电极来说,由于并不确定什么是嵌入化合物的“标态”,也就难以确定嵌入型电极反应的标准电极电势,以及其他热力学参数的标态值. 据此,在本节中不讨论如何表述嵌入化合物的标准热力学函数,而只介绍当嵌入化合物组成发生变化时,相关热力学参数变化的实验测量.

考虑一个由嵌入化合物电极(I)和对嵌入离子为可逆的参比电极(R)所组成的电池. 如果两个电极中嵌入离子的电化学势不相等,则联通外电路后将导致嵌入离子在两电极间转移,即在两个电极中分别发生嵌入和脱嵌反应;同时,电子在两极电势差的驱动下通过外电路流动. 在平衡条件下,电池体系所做的最大功与两电极间嵌入离子的电化学势差相联系:

$$- zFE_{\Psi} = \bar{\mu}_{M^{z+}}^{I} - \bar{\mu}_{M^{z+}}^{R} \tag{10.21}$$

上式中 $\bar{\mu}_{M^{z+}}^{I}$,$\bar{\mu}_{M^{z+}}^{R}$ 分别表示 I 和 R 中嵌入离子 M^{z+} 的电化学势,E_{Ψ} 为电池的平衡电势,也就是嵌入化合物电极相对于参比电极的电极电势. 在嵌锂材料研究中,为了使问题简化,通常采用金属锂作为参比电极.

由于 E_{Ψ} 容易精确测定,通过测量 E_{Ψ} 随反应电量的变化(换算成嵌入度 X 的变化,X 用一摩尔主体中嵌入的 M^{z+} 的摩尔数表示),就可以推算其他热力学函数值. 根据化学势的定义 $\mu = \partial G / \partial X = \partial H / \partial X - T \partial S / \partial X$,结合(10.21)式所表示的关系,可以直接写出:

$$E_{\Psi(X,T,P)} = - \frac{1}{zF} \left(\frac{\partial G}{\partial X} \right)_{T,P} \tag{10.22a}$$

$$(\partial S / \partial X)_{T,P} = zF (\partial E_{\Psi(X,T,P)} / \partial T)_{X,P} \tag{10.22b}$$

$$(\partial H / \partial X)_{T,P} = E_{\Psi(X,T,P)} + T(\partial S / \partial X)_{T,P} \tag{10.22c}$$

当嵌入化合物的嵌入度从初始值 X 改变到 $X + \Delta X$ 时,嵌入体系的热力学状态函数的变化可以根据式(10.22a,b,c)积分求出:

$$\Delta G = - zF \int_{X}^{X+\Delta X} E_{\Psi(X,T,P)} dX \tag{10.23a}$$

$$\Delta S = zF \int_{X}^{X+\Delta X} (\partial E_{\Psi(X,T,P)} / \partial T)_{X,P} dX \tag{10.23b}$$

$$\Delta H = zF \int_{X}^{X+\Delta X} [T(\partial E_{\Psi(X,T,P)}/\partial T)_{X,P} - E_{\Psi(X,T,P)}]dX \quad (10.23c)$$

应当注意的是,上述公式中的 E_{Ψ} 值是相对于参比电极测出的,因而据此计算的反应自由能变化 ΔG 和焓变 ΔH 也与参比电极的选择有关. 然而,ΔS 仅与 $(\partial E_{\Psi}/\partial T)$ 有关,因此与参比电极的选择无关. $E_{\Psi(X,T,P)}$ 随 X 的变化情况通常采用库仑滴定法或微电流充放电方法来测定. 测量过程中应保证反应体系尽可能接近平衡条件.

§10.4.5 嵌入反应的动力学特征与测量

电化学嵌入反应过程至少应包括三个串联的步骤:待嵌入离子通过液相中的扩散或对流传质过程迁移至电极表面、在固/液界面处转移进入固相及在固相中的扩散. 通常,待嵌入离子在液相中浓度($\sim 1 mol \cdot L^{-1}$)和扩散系数($D \sim 10^{-5}$ $cm^2 \cdot s^{-1}$)均分别比在嵌入化合物中的这些参数(浓度 $\sim 10^{-2} mol \cdot L^{-1}$,$D \sim 10^{-10}$ $cm^2 \cdot s^{-1}$)要大得多,因此在讨论嵌入反应的动力学时一般可以忽略液相中传质过程的影响. 当通过电流后,固体的整体相及表面层中均将出现嵌入离子与补偿荷电粒子的浓度变化与不均匀分布.

对于嵌入离子在固/液界面转移过程的细节,在文献中很少见到认真的讨论. 在分析嵌入电极反应的动力学时,一般都回避了表面转移这一重要步骤,而将固相扩散作为惟一的反应速度控制步骤来处理. 实际上,在嵌入型电极的交流阻抗图的中等频率区,往往呈现出明显的表面反应特征. 本节中先讨论单纯由扩散过程控制的反应,然后介绍包括考虑表面转移过程影响的动力学处理办法.

造成粒子迁移的动力为该粒子的电化学势梯度. 设粒子 i 在电化学势梯度 $\mathrm{grad}\,\overline{\mu}_i$ 作用下所受的力为 $F = -\mathrm{grad}\,\overline{\mu}_i$,而迁移速度为 v,则该粒子的迁移率 $b_i = \dfrac{v}{F} = -\dfrac{v}{\mathrm{grad}\,\overline{\mu}_i}$,而流量

$$J_i = -c_i b_i \mathrm{grad}\,\overline{\mu}_i$$
$$= -c_i b_i \mathrm{grad}\,\mu_i - c_i b_i z_i e_0 \mathrm{grad}\,\varphi \quad (10.24)$$

式中:右方第一项为化学势梯度的影响(根据 $\mu_i = \mu_i^0 + kT\ln a_i$,也就是活度项 $\ln a_i$ 梯度的影响),可称为扩散项;第二项为电势梯度的影响,可称为电迁项. 对上式中右方第一项利用 $c = \mathrm{d}c/\mathrm{d}\ln c$ 的关系,可以写出 x 方向的扩散流量

$$J_{x,i,D} = -b_i kT \frac{\mathrm{d}\ln a_i}{\mathrm{d}\ln c_i} \frac{\mathrm{d}c_i}{\mathrm{d}x}$$

$$= -D_i W \frac{\mathrm{d}c_i}{\mathrm{d}x} = -\tilde{D}_i \frac{\mathrm{d}c_i}{\mathrm{d}x} \quad (10.24a)$$

其中 $D_i = b_i kT$,为按 Fick 第一律定义的扩散系数;校正项 W 为 Wagner 因子的一种表现形式,是由于体系偏离理想状态造成的; $\tilde{D}_i$ 可称为化学扩散系数.

　　当溶液中有浓度相对较高的"支持电解质"时,式(10.24)中右方第二项可以忽略. 但是,在固相中一般不存在与"支持电解质"相当的组分,因此只能通过电荷符号相反的离子或电子(或空穴)的迁移来保持电中性. 据此应有

$$\sum_j z_j \boldsymbol{J}_i = 0 \qquad (10.25)$$

　　一般情况下,在式(10.25)中只需要考虑两种最快的迁移荷电粒子(1,2),而由这两种"快"粒子中迁移相对较慢的那一种粒子的迁移速度控制整个迁移过程的速度. 根据 $z_1 c_1 = - z_2 c_2$,代入式(10.25)得到 $\tilde{D}_1 = \tilde{D}_2 = \tilde{D}$,表示两种粒子的迁移由于受电中性条件的约束而协同地进行.

　　对于固相内部的电场分布情况我们往往并不知道,但可以通过引入诸粒子传递数(t_i)而将式(10.24)改写成[11]:

$$\boldsymbol{J}_{x,i} = - D_i \left(\frac{\partial \ln a_i}{\partial \ln c_i} - \sum_j t_i \frac{z_i \partial \ln a_i}{z_j \partial \ln c_i} \right) \frac{dc_i}{dx}$$

$$= - D_i W \frac{dc_i}{dx} = \tilde{D} \frac{dc_i}{dx} \qquad (10.24b)$$

在式(10.24a,b)中, dc_i/dx 均为 x 方向上的浓度梯度,注意不要与嵌入度 X 相混淆. 当由嵌入正离子与电子(或空穴)组成一对协同迁移的荷电粒子时,由于电子(e^-)一般具有较高的迁移率(其迁移数一般接近 1),而离子的迁移速度要慢得多,因而后者的迁移速度是决定电极反应速度的主要因素. 根据式(10.24b)分析,要提高离子扩散速度,只有增大 W 因子.

　　当离子和电子的活度系数保持恒定的情况下, W 因子的表达式可简化为

$$W = t_{e^-} \left(1 + z_i \frac{\partial \ln c_{e^-}}{\partial \ln c_i} \right) \qquad (10.26)$$

考虑到电中性条件 $dc_{e^-} = z_i dc_i$, W 因子又可写为

$$W = t_{e^-} \left(1 + z_i^2 \frac{c_i}{c_{e^-}} \right) \qquad (10.26a)$$

从上式可以看出,要想获得足够大的 W 因子,迁移离子与电子的浓度之比必须足够大,同时电子的迁移数也不能太小. 这些要求似乎彼此有些矛盾,然而在许多半导体氧化物中能较好地被满足. 例如,在 Ag_2S 中电子浓度低但迁移率很高,以致于电导率由电子导电为主;但由于 Ag^+ 离子浓度高($\sim 3.4 \times 10^{22} cm^{-3}$),使测得的离子扩散系数高达 $4 \times 10^{-4} cm^2 \cdot s^{-1}$. 当合适的化学组成能提供协同良好的荷电粒子对时, W 因子的增强作用可达近万倍.

　　当自由电子的浓度很低时,可以通过内部电场的作用力来解释对异号离子迁

移的增强作用. 电子由于速度高而移动超前于离子, 在短距离内造成电荷分离而产生一个强大的局部电场, 驱动离子加速迁移. 如果电子浓度较高的话, 则内部电场很容易被少数反向运动的电子所屏蔽. 因此, 可以认为在半导体氧化物中引起离子迁移的主要原因是固体内部离子的浓度梯度; 但在快速迁移过程中, 局部电场可以形成重要的驱动因素.

W 因子可以从库仑滴定曲线("电极电势-嵌入度"关系曲线)求出. 如果将离子浓度 c_i 与嵌入度 X_i 联系起来($d\varphi/dlnc_i' = X_i d\varphi/dX_i$), 结合 Nernst 公式可以写出

$$\frac{dlna_i}{dlnc_i} = -\frac{z_i e_0 X_i}{kT}\frac{d\varphi}{dX_i} \qquad (10.27)$$

表示库仑滴定曲线的斜率 $d\varphi/dX_i$ 与式(10.24a)中的 W 因子成正比. 通过式(10.27)可求出 W 因子与嵌入度 X_i 之间的关系, 而利用电势阶跃后的电流衰减曲线可以求出化学扩散系数 $\tilde{D}$, 然后根据 Fick 定律求解扩散控制下嵌入过程动力学参数.

嵌入反应的界面步骤是嵌入离子从电极表面附近溶液中转移到电极表面固相层中的过程. 决定这一过程的热力学及动力学性质的主要因素应当是电极电势、电极附近液相中嵌入离子浓度和固体表面空位的占据率. 由于这种过程与电极表面的特性吸附过程之间存在一定的类似, 有些研究者采用 Frumkin 吸附等温线来处理"嵌入电极/溶液"界面上的离子转移问题(例如文献[12]).

如果将嵌入反应的界面转移看作是液相中嵌入离子在固体电极表面上的"特性吸附", 仿照 Frumkin 吸附等温线(参见§2.7)可写出表面离子嵌入度 (X^s) 与电极电势的关系:

$$X^s/(1 - X^s) = exp[f(\varphi - \varphi^0)]exp(-gX^s) \qquad (10.28)$$

式中: φ, φ^0 为平衡状态下电极电势和标准电极电势; g 为相互作用因子; $f = F/RT$. 嵌入度随电势的变化可直接由式(10.28)微分得到

$$dX^s/d\varphi = f[g + 1/X^s + 1/(1 - X^s)]^{-1} \qquad (10.29)$$

而与嵌入反应相应的微分电容可以表示为

$$C_{嵌入} = Q_{max}dX^s/d\varphi \qquad (10.29a)$$

式中, Q_{max} 为饱合嵌入电荷, 相当于单位固体表面上所有可用空隙位均被占据时嵌入离子的电荷量.

将式(10.28)代入考虑了嵌入离子表面覆盖度的缓慢电荷转移极化曲线公式, 例如可修改式(4.16b)成为

$$-I = \vec{k}(1 - X^s)exp[(1 - \alpha)f(\varphi - \varphi^0)] - \overleftarrow{k}X^s exp[\alpha f(\varphi - \varphi^0)]$$

$$(4.16b^*)$$

再将式(10.28)代入, 即可得到嵌入反应的极化曲线[12].

利用上述一些基本方程,可以推导出各种暂态电化学方法(如慢扫描循环伏安法、恒电势间歇滴定、电化学阻抗谱等)的计算公式. 通过将理论计算结果与实测曲线拟合,就可以解析出嵌入反应的动力学特征参数和反应机理. Leri 等人采用这一方法研究了锂在石墨[13]和 Li_xCoO_2[14]等材料中的嵌入反应动力学. 根据 Frumkin 等温线模型计算得出的数据与实测的循环伏安曲线和电化学阻抗谱之间能较好地互相吻合.

§10.5　电化学活性聚合物

自从发现聚合物的导电性以来,将导电聚合物作为新型电化学材料的研究一直处于积极的探索和不断的发展之中. 经过多年持续不断地努力,全固态聚合物电解质的性能已有大幅度提高. 固态全氟磺酸膜已成功地用于离子膜燃料电池;增塑化了的聚合物电解质也已成功地用于锂二次电池. 基于导电聚合物的化学修饰电极已在电化学催化和电化学分析中得到广泛使用. 将具有电化学活性的导电聚合物用作二次电池活性材料也显示出良好的实用前景. 总之,导电聚合物已经作为一种新型的电化学材料进入众多电化学应用领域,越来越显示出其发展潜力和应用价值. 本节不打算对聚合物材料的电化学性质进行系统的讨论,仅通过对典型体系的分析来介绍聚合物作为电极活性材料时最基本的反应过程和电极行为.

§10.5.1　聚合物的导电性质

聚合物是由众多相同的结构单元重复排列组成的长链大分子,其链上的电子运动可用一维固体的能带理论来描述. 对大多数聚合物而言,其链上的碳原子主要是以经 sp^3 杂化后形成的 σ 键相结合,形成价键饱和的分子链. 由于 σ 键的轨道重叠度很大,成键电子的定域性很强. 另一方面,由于大量 σ 轨道重叠而形成的成键能带与反键能带之间的带隙很宽(~8 eV),因此一般的聚合物都表现为优良的绝缘体而不具有电化学活性.

然而,有些聚合物中碳原子组成的长链包含单键和双键的交替排列,即表现为共轭结构. 在这种结构中,碳原子采用 sp^2 或 sp 杂化轨道成键,而每个碳原子贡献一个或两个 π 电子形成 π 键. 长链中的 π 轨道重叠形成能带,其中 π 成键轨道形成价带,而 π* 反键轨道形成导带. 由于 π 键的定域性较弱,π 电子并不束缚在某个特定的键上,而具有一定的离域化倾向. 文献中报道在具有共轭双键的聚合物中电子能带的能隙值一般约为 2~3 eV,与本征半导体中的能隙宽度相近. 在室温下,典型共轭聚合物如聚乙炔的电导率不超过 $10^{-5}\Omega^{-1}\cdot cm^{-1}$. 从应用角度看,这么低的电导率与绝缘体并无多大差别.

然而,与无机半导体的情况相似,一旦对共轭聚合物进行化学掺杂,即掺入电子施主或电子受体,则聚合物的电导率急剧增大. 例如,当聚乙炔中掺杂 1% 的 Br,I 或 AsF_5 后,其电导率可以升高 10 个数量级,即其导电性质发生从半导体到金属的本质变化. 化学掺杂的作用机理被认为是产生了不成对的 π 电子. 这种 π 电子处于能隙中央的非键轨道能级之中,因而很容易作为施主或受主能级与导带或价带之间发生电子转移反应而使聚合物碳链成为带电体. 这种聚合物 P 与施主 D 或受主 A 间的电荷转移可以表示为

$$P_x + xyA \longrightarrow (P^{y+}A_y^-)_x$$

及

$$P_x + xyD \longrightarrow (P^{y-}D_y^+)_x$$

以聚乙炔为例,上述掺杂反应可形象地表示为

即聚合物因掺杂发生的电子交换而生成离子自由基,在物理学上也称为"极化子"(polaron). 由于极化子带有正电荷或负电荷,当它们沿着共轭双键在链上运动时便成为导电的载流子. 许多共轭聚合物经过这类掺杂后电导率达到金属所具有的数值. 例如,聚(硫-3,7-二苯并噻吩)经 AsF_5 掺杂后的电导率为 $18.5\Omega^{-1}\cdot cm^{-1}$, 聚呋喃经 ClO_4^- 掺杂后电导率为 $10\Omega^{-1}\cdot cm^{-1}$. 如此高的电子导电率完全可以满足电极活性材料的应用要求.

另一类改变聚合物导电性的方法是掺入无机盐. 一般聚合物在常温下不含有自由的离子,因此不具有离子导电性. 然而,如果将无机盐溶入(或者说掺入)由聚合物组成的结构网络,也可能形成具有离子导电性的聚合物复合材料.

无机盐在聚合物中的溶解性取决于无机离子与聚合物之间的相互作用. 根据聚合物-盐的络合理论,若希望聚合物网络容纳某种无机盐,聚合物的链段上必须含有能与无机阳离子配位的阴离子,才可以作为聚合物-无机盐复合离子导电材料的骨架. 聚酯和聚醚中的氧(—Ö—),聚亚胺中的氮(—ṄH—),以及聚硫醇中的硫(—Ṩ—)等都具有与无机阳离子配位的能力,因而这类聚合物能够溶解一定量的无机盐而形成聚合物与盐的络合物.

盐类在溶液中的溶解是靠极性溶剂分子的溶剂化作用使带电离子的自由能降低而实现的. 在聚合物这种极性很弱的介质中金属盐能否溶解,在很大程度上取

决于其中阴离子的电性质. 一般来说, 那些具有较低晶格能且体积较大的单价阴离子, 如 ClO_4^-, AsF_4^-, PF_4^-, SCN^-, $CF_3SO_3^-$ 等, 往往比较容易在聚合物中溶解. 由这类阴离子组成的金属盐在聚合物中的溶解度往往较高, 而由体积和极化都很小的单原子阴离子如 F^- 所组成的盐类则几乎不溶.

与纯粹聚合物相比, 聚合物–金属盐络合物的离子电导要大若干数量级. 例如, 在聚氧化乙烯 (PEO) 中溶解 $LiClO_4$ 后, 其室温下的离子电导率达到 10^{-6} $\Omega^{-1} \cdot cm^{-1}$, 而在 100℃ 时则接近 $10^{-4}\Omega^{-1} \cdot cm^{-1}$. 然而, 到目前为止, 人们对于离子导电率高的聚合物体系中离子的导电机制还缺乏深刻的认识. 曾试图类比无机固体电解质和熔盐电解质的离子导电机理提出离子输运模型和自由体积模型; 但是, 由于在解释聚合物中离子迁移机理时缺乏特征性, 难于满意地解释聚合物离子导体中的动力学过程. 大量实验事实表明, 聚合物离子导体中离子的运动主要是由非晶态的链段运动所引起. 链段的运动直接导致金属离子-聚合物配位键的松弛和断裂, 使金属阳离子得以在局部电场作用下扩散跃迁. 这种阳离子的跃迁可以发生在同一条链上的不同配位点之间, 也可以在不同链之间进行 (如图 10.25 所示). 为了利于离子跃迁, 聚合物应具有很低的玻璃化转变温度, 以使其链段具有高的迁移率和低的旋转阻力. 根据这些设想合成的一些新的聚合物结构, 如无规聚醚类和梳状高分子等, 在溶解无机盐后室温下聚合物的离子电导率可达 $10^{-3}\sim$

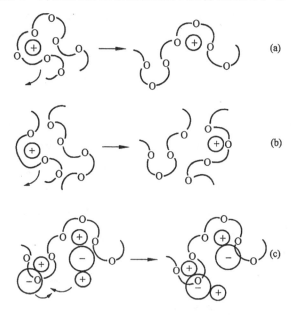

图 10.25　聚合物中阳离子跃迁的可能方式

(a) 链内跃迁; (b) 链间跃迁; (c) 离子簇间跃迁.

$10^{-6}\Omega^{-1}\cdot cm^{-1}$.

§10.5.2　电化学掺杂反应

"掺杂"一词常用来形象地表示聚合物结构中因引入外来基团而使电导率大幅升高的现象. 由于聚合物在电极上进行的电化学氧化或还原具有与化学掺杂同样的效果,常常使用"电化学掺杂"来称呼共轭聚合物在电极上的氧化还原过程.

以聚乙炔为例,这类聚合物材料在 $LiClO_4 + PC$ 溶液中的阳极氧化反应如下:

$$(CH)_x + xyClO_4^- \rightleftharpoons [(CH^{y+})(ClO_4^-)_y]_x + xye^-$$

在上述反应中,聚合物被部分氧化成缺电子的正离子;同时,为了保持聚合物链段的电中性,阴离子 ClO_4^- 从溶液中嵌入到聚合物结构之中. 这种氧化反应也称为 p-型掺杂. 与此类似,也可以通过阴极极化使聚合物部分还原(n-型掺杂),例如:

$$(CH)_x + xye^- + xyLi^+ \rightleftharpoons [(CH^{y-})Li_y^+]_x$$

反应中包括了阳离子从溶液中迁移到聚合物内部的过程.

与聚合物的化学掺杂反应相比,电化学掺杂反应具有许多特点. 首先,电化学掺杂是高度可逆的反应过程. 通过改变电极极化方向即可将电子从聚合物中抽出或注入;溶液中的离子插入或退出聚合物的过程也是可逆的. 一般情况下,电化学掺杂不会引起聚合物链结构的破坏. 其次,通过电化学方法既可以进行 p-型掺杂,又可进行 n-型掺杂. 将同一种聚合物材料分别用作正极和负极,通过外加电压可同时在正、负极上分别发生 p-型和 n-型掺杂过程. 聚乙炔正、负极分别进行 p-型掺杂和 n-型掺杂后电极电势随掺杂量的变化情况如图 10.26 所示. 随着电化学掺杂反应的进行,正极上的聚乙炔变成具有较强氧化性的正极活性物质,其电极电势可高达 3.6V(相对 Li/Li^+)以上,而负极上的聚乙炔则变为还原性较强的负极活性物质. 这一例子说明,通过电化学掺杂可使惰性的聚合物变为具有较高

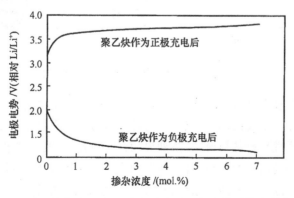

图 10.26　聚乙炔作为电池正、负极充电时电极电势随掺杂量的变化

电解液为 $1mol\cdot L^{-1}\ LiClO_4 + PC$.

电化学活性的正、负极活性物质. 它们既可以单独用作电池的正极和负极,也可以同时用作正极和负极活性材料而构成化学电池. 此外,采用常规的化学掺杂方法难以使许多含有共轭双键的长链聚合物(如聚吡咯、聚噻吩等)改性,但却可以通过电化学掺杂使它们变成电极活性材料,并且其氧化或还原容量可以通过掺杂浓度来控制. 电化学掺杂的另一优点是通过控制电势和溶液组成可以合成出具有特殊物理化学性质的电活性聚合物.

电化学掺杂过程(以 p-型掺杂为例)的基本图象如图 10.27 所示. 全部反应过程包括三个基本步骤:(1) 溶液相中的阴离子从溶液本体扩散到聚合物表面-液相扩散步骤;(2) 电子从聚合链段上转移到金属基体上-电子导电步骤;(3) 阴离子在聚合物体相中扩散到与正电荷邻近的空位上-固相扩散步骤. 因为掺杂聚合物的电子电导率接近金属中的数值,可以认为电子导电过程不会引起明显的 IR 降. 此外,与固相中离子迁移相比,溶液中阴离子的浓度和迁移率要高得多,因而也不需要考虑液相中传质过程的影响. 这样一来,电化学掺杂过程进行速度的控制步骤就只能是对离子在固相中的扩散步骤.

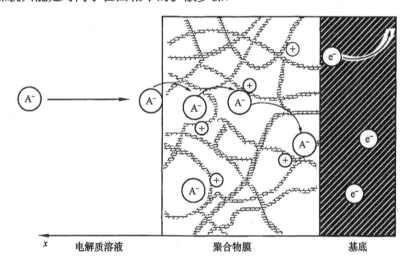

图 10.27　聚合物电极 p-型掺杂示意图

定量测定电极活性聚合物中离子的扩散性质涉及很大的困难. 一方面,聚合物链段的长度和形状复杂多变,它们在溶液中的吸液率和伸缩率等亦难于控制,因此很难建立重现性良好的聚合物/溶液界面. 另一方面,聚合物电极反应过程中往往涉及到不止一种离子的迁移,使问题更加复杂. 用石英晶体微天平方法对聚吡咯电极中离子扩散行为的研究结果表明,离子在聚合物中的运动性质主要由阴离子的尺寸大小所决定. 如果聚吡咯膜电极中含有 ClO_4^- 或 BF_4^- 之类的小阴离子,则阳极氧化过程主要表现为阴离子在聚合物中迁移以补偿氧化点位上正电荷的变化. 当聚吡咯膜中含有大的聚阴离子时,则氧化过程中聚合物链段上的正电荷变化主要通过阳离子移入膜内或从膜中迁出来中和. 若聚吡咯膜中含有大小适中的阴离子,则氧化过程中可以同时出现阴离子的嵌入和阳离子的脱出.

根据这一机理,通过改变溶液中电解质的种类,特别是离子的大小,就可以改变聚合物中离子扩散的性质,从而改变聚合物电极反应的动力学性质. Naoi 等人曾经采用聚苯乙烯磺酸钠或十二烷基磺酸钠作为支持电解质进行聚吡咯膜电极的电化学掺杂[15]. 由于这些尺寸较大的阴离子在聚吡咯中移动困难,电化学掺杂过程中涉及的电荷补偿过程主要靠溶液中阳离子的迁移来实现. 一般来说,由于尺寸较小的阳离子的迁移速度比阴离子快得多,因而由阳离子迁移速度决定的电极反应速度明显地要高一些.

§10.5.3 电化学活性聚合物电极的结构和反应类型

许多共轭聚合物经过电化学掺杂后表现出良好的电化学活性和氧化还原反应的可逆性. 同时,由于聚合物材料本身具有重量轻、柔韧性好和容易成膜等特点,人们一直试图采用掺杂聚合物作为电池活性材料. 早期多采用经过电化学p-型掺杂形成的聚合物作为正极活性材料,与金属负极构成二次电池体系,如锂-聚吡咯电池 $Li/LiClO_4 + PC/(C_4H_5N)_x$,其充、放电反应式为

$$(C_4H_5N)_x + xyLiClO_4 \underset{放电}{\overset{充电}{\rightleftharpoons}} [(C_4H_5)^{y+} + (ClO_4^-)_y]_x + xyLi$$

在这种电池体系中,聚合物正极的充、放电反应按照电化学掺杂和脱掺机理进行. 充电过程中聚合物正极失去电子被氧化成聚阳离子,同时伴随着阴离子 ClO_4^- 的嵌入;负极反应则是金属锂的电沉积. 在放电反应过程中,聚合物正极获得电子被还原,同时向溶液相释放出 ClO_4^- 离子;负极反应则为金属锂的溶解.

这类电池体系的输出性能主要由阴离子在聚合物中的迁移行为所决定的. 电化学测量表明,大多数阴离子在聚合物中的扩散系数大致在 $10^{-10} \sim 10^{-12} cm^2 \cdot s^{-1}$ 的范围内. 这一数值与液相中的离子扩散系数($\sim 10^{-5} cm^2 \cdot s^{-1}$)、层状嵌入化合物中 Li^+ 离子的扩散系数($10^{-7} \sim 10^{-9} cm^2 \cdot s^{-1}$)及氧化物电极中质子的扩散系数($10^{-8} \sim 10^{-9} cm^2 \cdot s^{-1}$)相比,数值明显偏低,因此聚合物电极的电流输出能力很差. 通常掺杂聚合物电极的充、放电能力不超过几个毫安/平方厘米,很难满足一般应用的要求.

在这类聚合物电极反应中,充、放电深度与阴离子掺杂度 y 密切相关. 以聚吡咯反应为例,每释出电量为 F 的电子必然伴随着 1 mol ClO_4^-(99.5 g)的掺杂,这就使活性材料的重量比能量严重降低. 此外,还必须有一定数量过剩的 $LiClO_4$ 来

维持电解质的浓度与导电率. 因此,这类电化学体系不可能具有较高的重量比能量. 这类聚合物电极的另一问题是往往存在严重的自放电现象. 产生这一现象的可能原因是聚合物的柔性链段结构中很容易发生电解液组分的共嵌入,后者在高氧化态的聚合物活性点位上发生化学反应使之失活.

选择合适的电解液是改善聚合物电极电化学稳定性的关键. 为了解决这些问题,人们提出过具有复合结构的聚合物电极. 在这类电极结构中,阴离子被固定在聚合物链结构之中,使电极反应机理从阴离子迁移为主变为阳离子的迁移反应[15].

这种结构类型的聚苯胺(PAN)电极及其反应过程如图 10.28 所示. 聚合物正极分为内、外两层:内层由 PAN 和较小的阴离子 X^-($X^- = ClO_4^-$, Cl^- 等)所组成;靠近溶液的外层则由 PAN 和大的聚阴离子 PA(如聚苯乙烯磺酸根 PSS)构成. PSS 由于体积大而在聚合物中移动困难,实际上可看作是固定在 PAN 交链网络之中. 这样,整个电极相当于表面被PSS修饰了的PAN电极. 由于PSS表面层的阻

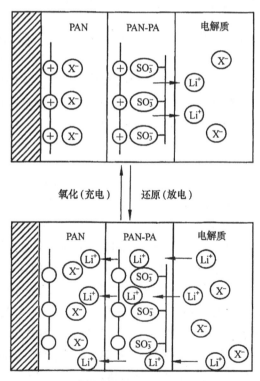

图 10.28　聚苯胺复合电极反应历程示意图

—○—,—⊕— 为 PAN;　X^- 为 ClO_4^-,Cl^-等;

PA 为 PSS等.

挡,电极内部和溶液中的阴离子很难通过电极表面,而较小的阳离子却能畅通无阻地通过表面.

经过 PSS 表面层修饰的聚苯胺电极在充、放电过程中不再涉及到阴离子的嵌入和脱出,取而代之的是阳离子的脱出和嵌入,如图 10.28 所示. 电化学氧化过程中 PAN 链段失去电子,而锂离子从聚合物中迁移到溶液中. 当 PAN 还原时,为了中和电极内部多余的负电荷,锂离子从溶液中迁移进入聚合物结构内部. 在整个氧化还原过程中,阴离子被固定在聚合物的交联结构之中. 电子探针微分析和元素分析结果证实了上述机理. 实验还证明,具有这种复合结构的聚苯胺电极 (PAN-ClO$_4^-$/PAN-PSS)的充、放电容量与单一的 PAN-ClO$_4^-$ 或 PAN-PSS 电极相比有了大幅度提高,其充、放电速度和循环寿命也有明显改善.

另一类聚合物电极是将电化学活性聚合物作为导电性结构骨架来固定有机小分子,而通过有机小分子的电化学聚合和解聚过程来实现氧化还原反应. 在这类电极中,活性聚合物同时兼作电子中继体和结构骨架,而有机小分子化合物则主要用作电化学活性物质. 聚苯胺/有机二硫化物(如二巯基-噻二唑,简称 DMcT)复合电极是这类电极的一个典型例子.

在充电时,二硫化物(DMcT)单体被氧化聚合成为聚二硫化物,所释放的电子转移到氧化态的 PAN 上使其还原. 同时,部分氧化态 PAN 还可能与 DMcT 反应生成还原态的 PAN,而 DMcT 则被氧化形成聚二硫化物. 由于有机二硫化物的导电性极差,且放电过程中形成的低分子量化合物容易溶解流失,尽管它们的电聚合反应具有很高的理论比能量,但实际上很难将它们单独作为电极活性材料应用. 采用这种复合电极结构后,聚苯胺一方面作为分子分散的电子集流体改善了活性物质的电导率;另一方面,由于氧化掺杂聚苯胺上正氮离子与 S$^-$ 离子之间的静电吸引,对有机二硫化物分子起到固定化作用,从而提高了活性物质的利用率. 图 10.29 中给出这种复合电极的循环伏安曲线. 当采用单一的二硫化物或聚苯胺作为活性材料时,氧化还原电流都比较小;而经过聚苯胺修饰

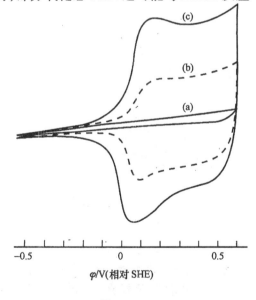

图 10.29

采用(a)二硫化物 DMcT (b)聚苯胺(PAN)和(c) PAN/DMcT 复合层修饰玻碳电极测得的循环伏安曲线.

的二硫化物电极能输出的氧化还原电流显著提高. 文献[16]中报道用2,5-二巯基-1,3,4-噻二唑构成的复合电极其初始循环容量达到300mAh·g^{-1},经100多周循环后电极容量仍保持在170mAh·g^{-1}以上,并且这种聚合物电极能以 0.5C 率充、放电.

§10.6　固体电极的光电化学

光电化学反应是指当光照引起电极/溶液界面上的某些反应粒子处于激发态时而进行的电化学反应. 从应用的角度来看,光电化学提出了以电化学方式进行太阳能转换的新思路,可能对未来解决能源和环保问题创造新的技术途径. 从基础研究的意义来看,光电化学提供了认识电极表面的新手段. 由光电化学研究获得的成果加深了人们对于电化学界面及其反应能力的认识,对推动电化学基础理论的发展有一定积极意义.

§10.6.1　半导体电极表面的光电效应

在§10.2 中已分析过,在电解质溶液中半导体电极表面存在着空间电荷层,并导致固相表层中的电子能带弯曲. 如果用一束波长合适的光照射半导体电极

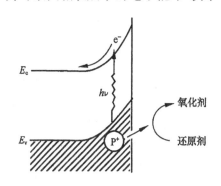

图 10.30　n-型半导体电极光电化学反应示意图

(以 n-型为例)的表面上,价带中的电子就会受激跃迁到导带,同时在价带中出现空穴,即形成空穴-电子对. 由于在空间电荷层中存在着电场,使得受激产生的电子-空穴对电荷发生分离. 光生电子在电场作用下向半导体本体迁移,光生空穴则向表面移动(图 10.30). 光生电子-空穴对的分离,使原来的表面电场减弱和能带弯曲减小,并使电极电势发生变化. 这种由光激发产生的电极电势变化称为光生电势 φ_{ph}. 显然,φ_{ph} 的大小与入射光的频率分布、强度和光照前的能带弯曲程度有关. 从原则上说,若使用足够强的光照,可使空间电荷层能带弯曲完全消失而达到平带情况,这时测得的光生电势具有最大值.

如果用导线、负载及对电极构成外部回路,则可观察到光生电流. 通常,半导体电极的光电流-电压关系表现出单向特征. n-型半导体电极在光照下只能导致出现阳极光电流;而在 p-型半导体电极上则只出现阴极光电流. 影响半导体电极光电效应强度的主要参数有半导体材料的禁带宽度 E_g、平带电势 φ_{fb}、空间电荷层

厚度、表面状态以及溶液组成等,下面通过一些具体例子来说明.

图 10.31 表示了 n-型半导体电极与金属对电极(M)组成的光电化学体系在光照下可能发生的几种情况. 在以下的讨论中,假设溶液中的氧化还原电对能在

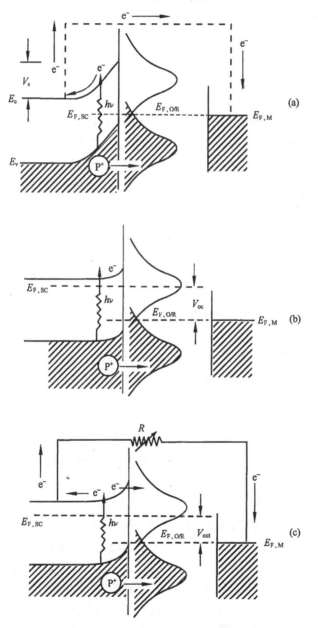

图 10.31　光照下的 n-型半导体/溶液界面
(a) 外部短路时; (b) 开路时; (c) 外电路中接入负载时.

金属电极上可逆地氧化还原,因此金属电极中的 Fermi 能级 $E_{F,M}$ 恒等于氧化还原电对的 Fermi 能级 $E_{F,O/R}$. 在短路的情况下[图 10.31(a)],半导体电极中的费米能级 $E_{F,SC}$ 与金属对电极的 E_F^M 相同,均等于 $E_{F,O/R}$. 当受到光照时,光生空穴向电极表面移动并跃迁到溶液中使其中的还原剂氧化. 而光生电子向固相本体移动经外电路到达金属对电极,在对电极上使溶液中的氧化剂还原. 在这种情况下,外电路中没有电压降,当然也不会产生电功;但外电路的电流引起 R 和 O 分别在两个电极界面上氧化和还原反应. 由于在这种情况下电池电压为零,且溶液中也不会出现净反应,光能最终全部沉积为热能.

在开路的条件下[图 10.31(b)],当 n-型半导体电极受到光照时,表面层中的空穴浓度显著大于它的初始平衡浓度,使表面位垒降低而半导体的 E_F 上移. 这样就造成半导体电极与金属对电极二者之间的 Fermi 能级差,表现为光电化学电池的开路电压 V_{OC}. V_{OC} 是光照下该体系可能提供的最高电压值,其数值总是比禁带宽度小一些. 在这种情况下,半导体电极上由光生电子引起的还原反应与光生空穴引起的氧化反应速度相等(外电路中没有的光生电流). 光生电子-空穴对的能量在表面复合过程中转变为热能而损失.

图 10.31(c)为当外电路中接有负载时的情况. 这时光生电子在光生电压 V_{ph} 的驱动下经外电路流向对电极,并在通过负载时作电功. 如果选择恰当的氧化还原电对,就可以较有效地实现光能转化为电能的过程,而过程中溶液里的氧化还原电对不发生净化学变化.

在上述的光电化学电池中,要想获得高的转换效率,半导体材料的禁带宽度必须与入射光波长匹配. 半导体材料中实现本征吸收的基本条件为 $E = h\nu \geqslant h\nu_0 = E_g$,即能发生本征吸收的最低光频率为 ν_0,称为本征吸收下限. 相对应的极限波长 λ_0 为

$$\lambda_0(\text{用 }\mu m\text{ 表示}) = \frac{1.24}{E_g(\text{用 eV 表示})} \tag{10.30}$$

因此,根据半导体材料的 E_g 值,可以计算出相应的本征吸收波长上限值 λ_0. 例如,Si 的 $E_g = 1.12eV, \lambda_0 = 1.1\mu m$;GaAs 的 $E_g = 1.43eV, \lambda_0 = 0.87\mu m$. 吸收波长上限值都在红外区;而 CdS 的 $E_g = 2.12eV, \lambda_0 = 0.513\mu m$,处在可见区.

从充分利用太阳能的角度来考虑,为了能够吸收大部分的太阳光能量,半导体的禁带宽度应在 1.4eV 左右. 禁带宽度大于此值的半导体仅能吸收太阳光谱中波长较短部分的能量,因而引起的光电流较弱. 另一方面,如果 E_g 更小,则能引起的光生电压 V_{OC} 也会相应地减小,同样会使太阳能转换为电能的效率降低.

溶液中氧化还原对的 $E_{F,O/R}$ 的数值也会影响光电化学电池的输出性能. 当使用 n-型半导体光电极时,一般希望 $E_{F,O/R}$ 低一些,即电对的还原性较强. 这样会增大暗态下半导体表面层能带的弯曲程度,在光照时获得的开路电压 V_{OC} 也较

高.然而,$E_{F,O/R}$也不能低于半导体表面价带的边缘,否则将不利于溶液中的还原剂俘获价带上的光生空穴.通常认为,$E_{F,O/R}$的理想位置是处在价带边缘附近.

半导体表面上的表面态对光转换效率有很大影响,往往扮演表面复合中心的角色.如果光生电子-空穴对在电极表面的表面态上复合,则光能仅转换为热能而不发生任何化学变化,遂使光电转换效率下降.因此,为了提高光电转换效率,应尽量清除表面态以杜绝表面复合反应.

§10.6.2 典型的光电化学反应过程

光电化学反应大致可分为三类.第一类为光电解反应.这类反应利用半导体电极上光生电子或空穴来还原或氧化目标化合物,使光能转换为化学能.这类反应中由于其潜在应用价值因而研究得最多的是太阳能光解水反应.

图 10.32 给出了用 n-型半导体电极光电解水的反应机理.在入射光照射下半导体(SC)表面受激产生电子-空穴对(e^-,p^+).在空间电荷层电场的作用下,光生电子 e^- 通过外电路到达 Pt 对电极,导致溶液中的 H^+ 离子还原生成 H_2;而光生空穴在半导体表面引起 H_2O 氧化生成 O_2.反应过程可以写作:

$$SC + h\nu \longrightarrow SC^*(e^- + p^+) \qquad\qquad 光激发过程$$

$$2H^+ + 2e^- \longrightarrow H_2 \qquad\qquad Pt\,电极上的阴极还原$$

$$H_2O + 2p^+ \longrightarrow \frac{1}{2}O_2 + 2H^+ \qquad\qquad 半导体电极上的阳极氧化$$

$$H_2O + h\nu \longrightarrow \frac{1}{2}O_2 + H_2 \qquad\qquad 总反应$$

图 10.32 中所描绘的图像是近乎理想的能量匹配状态.按照光电化学基本原理,可以推算出为了实现这一反应所必须具备的条件大致如下:首先,半导体电极

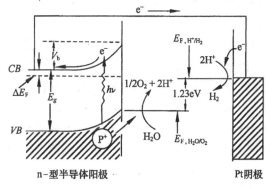

图 10.32 利用 n-型半导体电极实现光电解水反应示意图

的禁带宽度 E_g 必须满足下式

$$E_g \geqslant \Delta E_F + e(1.23 + V_b + \eta_c) \qquad (10.31)$$

式中:ΔE_F 与 V_b 的意义如图 10.32 中所示;η_c 为析氢过电势. 式(10.31)的意义是保证 $E_{F,H_2O/O_2}$ 位于价带顶之上. 如果该 E_F 低于价带顶,则空穴难以有效地越过价带顶引起 H_2O 的氧化. 此外,为了保证氢还原反应的进行,还要求半导体电极的 E_F 必须等于或高于 $E_{F,H^+/H_2} + \eta_c$,使半导体光生电子的能量可以满足析氢反应的要求. 按式(10.31)估算可知,欲使水分解,半导体光电极材料的禁带宽度 E_g 必须大于 2.5eV. 大多数实际用作水光解研究的半导体电极都是 $E_g>3eV$ 的材料.

其次,为了有效实现半导体表面的光激跃迁,光子的能量还必须满足 $h\nu \geqslant E_g$. 按照上述 $E_g \sim 3.0eV$ 的估计,入射光的波长应小于约 $0.4\mu m$. 换言之,可用的光能只占太阳光谱的很小部分,因此,按上述方式进行的光电解水过程的能量转换效率自然不会令人满意了.

显然,要同时满足电化学光解水的各项要求是十分困难的. 不但要求各种能级位置之间近乎理想的搭配,还要求电极表面对氢、氧析出反应电催化性能良好. 目前还未找到真正具有实用价值的、适用于光电解水的半导体电极. 采用光电解方法实现某些其他化学反应则似乎要容易一些.

例如,在金属电极上 $\frac{1}{2}N_2 + 3H^+ + 3e^- \longrightarrow NH_3$ 反应的交换电流极小,但在光的作用下,采用 p-GaP/6MKOH/TiO$_2$ 电解池可获得 $0.37mA \cdot cm^{-2}$ 的电解电流,并获得 NH_3,$HCOOH$ 和 $HCHO$ 等产物[17]. 此外,用光电解法合成有机物(如 CO_2 的还原),以及利用光生高能中间产物杀菌和处理废水,均获得一定程度的成功. 光合作用的光电化学模拟也受到一定的重视.

第二类光电化学反应为电化学光电池. 在这类体系中,溶液中含有一对可逆氧化还原电对,而在半导体电极和对电极上的反应互为逆反应. 反应过程中不涉及净的化学变化,其目标则为光能转换为电能.

图 10.33 中以组成为 CdS/S, S^{2-}/M 的电池为例,来说明电化学光电池的工作原理. 当 CdS 光电极受到光照时,光生电子和空穴在表面电场的作用下按图中箭头所指的方向分离并分别流向对电极和半导体电极表面参加如下的电极反应:

$$CdS + h\nu \longrightarrow CdS^*(e^- + p^+) \quad \text{半导体电极中的光激发反应}$$
$$S^{2-} + 2p^+ \longrightarrow S \quad\quad\quad\quad \text{半导体电极表面上的光氧化反应}$$
$$S + 2e^- \longrightarrow S^{2-} \quad\quad\quad\quad \text{对电极上的阴极还原反应}$$

$$\overline{S + S^{2-} \longrightarrow S^{2-} + S \quad\quad\quad\quad\quad\quad\quad \text{电池总反应}}$$

由此可见,光电池反应并不引起体系的化学组成发生任何变化,但在外电路中

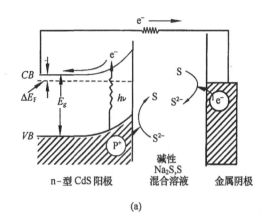

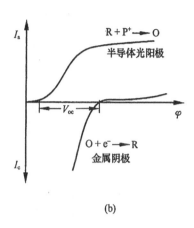

(a) (b)

图 10.33

(a) 半导体光电池作用原理；(b)电流-电压曲线.

获得了电功,即光电化学池相当于一个光能/电能转换器. 光电化学池的转换效率除了与所用电化学体系的热力学和动力学因素有关外,还与半导体光电极的物理和化学性质有关,并要求两类材料的性质之间有适当的匹配. 光电池的最大开路电压 V_{OC} 等于半导体的平带电势和溶液中氧化还原电对的 $\varphi_{\Psi,O/R}$ 之差,即 $V_{OC} = \varphi_{\Psi,O/R} - \varphi_{fb}$. 因此,在 n-型半导体带边位置不变的前提下,可以选择具有较高 $\varphi_{\Psi,O/R}$ 的氧化还原电对,但是 $E_{F,O/R}$ 的位置不能超过价带边缘. 当采用同一氧化还原电对时,φ_{fb} 愈负则 V_{OC} 愈大. 与前述不同的是,为了提高光吸收效率,可采用具有较小 E_g 值的半导体电极,而不必像光电解水那样受到诸多限制. 目前文献中报道的这类电化学光电池的太阳能转换效率可达 13% 以上,基本上接近物理太阳能电池的转换率,存在的问题则在于电化学光电池的长期稳定性. 有关各类光电化学器件的进展综述可进一步参阅文献[18].

第三类重要的光电化学过程为电化学发光(ECL)反应. 发光过程是由电化学反应产生的受激粒子的辐射复合反应所引起. 过程中由于电极电势的变化产生表面或液相中荷电粒子的激发态,然后又通过光辐射回到稳态[19].

图 10.34 给出了一种典型的 ECL 反应机理. 受主分子 A 在阴极上俘获光生电子后还原为阴离子自由基 $A^{-\cdot}$,而施主分子 D 在阳极上氧化为阳离子自由基 $D^{+\cdot}$.

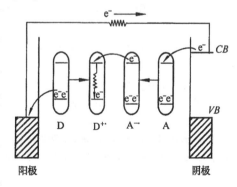

图 10.34 电化学发光过程示意图

两种自由基可以分别在相距很近的不同电极(例如旋转环盘电极)上生成,也可以通过电势调制方法在同一电极上交替生成. 两者在溶液中发生电荷交换反应生成激发态分子 D^*,随之激发态分子 D^* 发生辐射跃迁而发光. 这一反应过程可表示为

$$A + e^- \longrightarrow A^{-\cdot} \qquad \text{阴极极化引起的阴离子自由基生成反应}$$

$$D \longrightarrow D^{+\cdot} + e^- \qquad \text{阳极极化引起的正离子自由基生成反应}$$

$$A^{-\cdot} + D^{+\cdot} =\!=\!= A + D^* \quad \text{两种自由基淹没生成激发态分子}$$

$$D^* \longrightarrow D + h\nu \qquad\qquad\qquad \text{激发态分子辐射跃迁}$$

上述整个反应可看作是通过电极反应将电能转换成光能的过程. 许多实际的 ECL 反应采用半导体电极,在反应过程中涉及到表面电荷的激发和辐射跃迁.

与其他固态电-光转换器件相比,ECL 反应的特点是可通过电极电势调制来改变发光的强度和波长,实现可控波长的电光转换. 近年来发现的多孔硅电极在电势调制下出现的高效光发射现象[20],为 ECL 现象的实际应用展示了令人鼓舞的新希望.

对于各类光电化学池和光电化学池器件的实用化,除了光、电或光、电化学之间的转换效率外,目前存在的主要困难在于半导体电极的电化学稳定性(即如何避免出现电化学和光电化学腐蚀).

参 考 文 献

一般性文献

1. Solid State Electrochemistry, ed. by Bruce P G. Cambridge University Press, 1995

2. 查全性著. 电极过程动力学导论(第二版).北京:科学出版社,1987.第 12 章

3. 雀部博主编,曹铺等译.导电高分子材料.北京:科学出版社,1989.第 2,4 章

4. Comprehensive Chemical Kinetics, Vol. 27, ed. by Compton R G. Elsevier,1987

5. Bockris J O M, Khan S U M. Surface Electrochemistry, A Molecular Level Approach. Plenum, 1993. Chap. 2,5

6. Bard A J, Faulkner L R. Electrochemical Methods, 2nd Ed. Wiley J. 2001. Chap.18

书中引用文献

[1]　参阅一般性参考文献 2,p.499~503.

[2]　Ahmed S M. in Oxides and Oxide Films ed. by Diggle J W. Vol.1, Marcel Dekker, NY. 1973. 402~431

[3]　Dignam M J. *Can. J. Chem*. 1978,56：595

[4]　O'Sullivan E J M, Calvo E J. in Comprehensive Chemical Kinetics, ed. by Compton R G. Vol.27. 1987. Chap. 2

[5]　Motori A, Sandrolini F. *J. Power Sources*. 1994, 48:361

[6]　Motupally S, Streinz C, Weidner J W. *J. Electrochem. Soc*. 1995, 142:1401

[7]　Sakai T, Mula K, Miyamura H et al. in Proceedings of the Symposium in Hydrogen Storage Materials and Electrochemistry ed, by Corrigan D A, Srinivasan S. *The Electrochemical Socity Inc*. 1992. 78

[8]　Thackeray M M. *J. Electrochem. Soc*. 1995, 142:2558

[9]　Parant M J, Passerine S, Owens B B, Smyrl W H. *J. Electrochem. Soc*. 1999, 146:1346

[10]　Berg K, Goransson B, Thomas J O. Abstract of 9th International Meeting on Lithium Bateries. Ediburgh, UK, 1998

[11]　参阅一般性参考文献 1,第 8 章

[12]　Levi M D, Aurbach D. *Electrochim. Acta*. 1999, 45:167

[13]　Levi M D, Aurbach D. *J. Electroanal. Chem*. 1997, 421:79

[14]　Levi M D, Salitra G, Markovsky B et al. *J. Electrochem. Soc*. 1999, 146:1279

[15]　Naoi K, Lien M, Smyrl W H. *J. Electrochem. Soc*. 1991, 138:440

[16]　Sotomura T, Tastuma T, Oyama N. *J. Electrochem. Soc*. 1996, 143:3152

[17]　Monheit D, Grayer S, Godinger N et. al. Abstracts of the 5th International Conference on Photochemical Conversion and Storage of Solar Energy. Osaka, 1984. 75

[18]　Tryk D A, Fujishima A, Honda K. *Electrochim. Acta*. 2000, 45:2363

[19]　Bard A J, Faulkner L R. Electrochemical Methods, 2nd Ed. Wiley, 2001. 736~745

[20]　Canham L T. *Appl. Phys. Lett*. 1990, 57:1046

主　题　索　引

（一）中文以汉语拼音为序

(二) 英文以拉丁字母为序